编委会

主　编　韩雪涛

副主编　吴　瑛　韩广兴

编　委　张丽梅　马梦霞　朱　勇　张湘萍

王新霞　吴鹏飞　周　洋　韩雪冬

高瑞征　吴　玮　周文静　唐秀鸯

吴惠英

微视频
全图讲解系列

扫描书中的"二维码"
开启全新的微视频学习模式

微视频学电工

数码维修工程师鉴定指导中心　组织编写
韩雪涛　主编　吴　瑛　韩广兴　副主编

電子工業出版社
Publishing House of Electronics Industry
北京·BEIJING

内 容 简 介

本书采用“全图方式”系统全面地介绍电工相关的基础知识和专业技能，打破传统纸质图书的学习模式，将网络技术与多媒体技术引入纸质载体，开创“微视频”互动学习的全新体验。读者可以在学习过程中，通过扫描页面上的“二维码”即可打开相应知识技能的微视频，配合图书轻松完成学习。

本书适合初学者、专业技术人员、爱好者及相关专业的师生阅读。

扫描书中的“二维码”
开启全新的微视频学习模式

图书在版编目（CIP）数据

微视频学电工/韩雪涛主编. --北京：电子工业出版社. 2017.9
（微视频全图讲解系列）
ISBN 978-7-121-32540-3
Ⅰ. ①微… Ⅱ. ①韩… Ⅲ. ①电工－图解 Ⅳ. ①TM-64
中国版本图书馆CIP数据核字（2017）第203892号

责任编辑：富　军　特约编辑：刘汉斌
印　　刷：北京京师印务有限公司
装　　订：北京京师印务有限公司
出版发行：电子工业出版社
　　　　　北京市海淀区万寿路173信箱　邮编 100036
开　　本：787×1092　1/16　印张：22.25　字数：569.6千字
版　　次：2017年9月第1版
印　　次：2019年4月第3次印刷
定　　价：59.80元

凡所购买电子工业出版社的图书，如有缺损问题，请向购买书店调换。若书店售缺，请与本社发行部联系，联系及邮购电话：（010）88258888，88254888。

质量投诉请发邮件至zlts@phei.com.cn，盗版侵权举报请发邮件至dbqq@phei.com.cn。

本书咨询联系方式：（010）88254456。

前言

电工技能是电工从业人员必须掌握的基础技能。无论是从事电气设计、安装还是电路检修，都必须了解电工电路的特点、电气部件的种类结构及电工操作、检修的基本方法。尤其是随着电气化程度的提升，电工从业的范围越来越广，电工领域的岗位类别和从业人员的整体数量也逐年增加。电工从业人员的技术培训需要具备电路识读和检测等基础技能。电工技能的培训理论与实际联系紧密，广大职业院校在专业知识和技能的教学上理论与实践严重脱节，企业无法承担过重的培训成本，加之电工领域新产品、新技术、新工艺、新材料的不断发展，电气线路的智能化程度越来越高，如何能够在短时间内让读者学到符合就业需求的实用电工技能已成为电工培训的关键。

编写本书的目的就是使读者能够在短时间内掌握电工从业的专业知识和各项实用操作检测技能。为了能够编写好本书，我们依托数码维修工程师鉴定指导中心进行大量的市场调研和资料汇总，将目前电工领域的岗位需求进行系统的整理，以国家职业资格标准作为依据，结合岗位实际需求，全面系统地编排出适合读者自主学习电工专业知识和实操技能的培训体系架构，在此基础上，按照上岗从业的训练模式安排电工电路知识和电工实操技能，确保图书的实用价值。

在表达方式上，本书打破传统文字叙述的表达方式，取而代之的是“全图演示”，从元器件基础知识的讲解到元器件识别检测与选用案例的训练，所有内容都依托大量的“图”来表现，实物照片图、操作示意图等“充满”整本图书，将读者的学习习惯由“读”变成了“看”。

在培训方式上，本书打破传统纸质图书的教授模式，将网络技术、多媒体技术与传统纸质载体相结合，在图书中首次加入“二维码微视频”互动学习的概念，将书中难以表达的知识点和技能点通过“微视频”的方式加以展现，读者在学习过程中可以使用手机扫描相应页面出现的“二维码”，即可通过微视频与图书互动完成学习。这种全新的互动学习理念可使读者学习效率更高，学习效果更好，学习自主性也大大提升，在“视觉震撼”的同时享受轻松、愉快的“学习过程”。

作为技能培训图书，本书着力操作演练和技能案例训练，大量的数据、资料和操作重点、要点都融入大量的训练案例之中，以全图的方式加以展现，将读者的技能培训方式由“想”变成了“练”。

另外，为了确保专业品质，本书由数码维修工程师鉴定指导中心组织编写，由全国电子行业资深专家韩广兴教授亲自指导。编写人员有行业资深工程师、高级技师和一线教师。本书无处不渗透着专业团队的经验和智慧，使读者在学习过程中如同有一群专家在身边指导，将学习和实践中需要注意的重点、难点一一化解，大大提升了学习效果。

值得注意的是，电工操作、安装、检测要求具备专业的电路知识和丰富的实操技能。要想活学活用、融会贯通需结合实际工作岗位进行循序渐进的训练。因此，为读者提供必要的技术咨询和交流是本书的另一大亮点。如果读者在工作学习过程中遇到问题，可以通过以下方式与我们联系交流：

数码维修工程师鉴定指导中心　　网址：http://www.chinadse.org

联系电话：022-83718162/83715667/13114807267　　E-mail:chinadse@163.com

地址：天津市南开区榕苑路4号天发科技园8-1-401　　邮编：300384

编　者

目录

第1章 电工电路基础

1.1 电和磁

变化的电流可以产生变化的磁场，变化的磁场也可以产生变化的电流。下面将学习电和磁的基本概念及电与磁之间的关系。

1.1.1 电和磁的基本概念

电流与磁场可以通过某种方式互换，在学习电与磁之间的关系之前，先了解电和磁的基本概念。

1 电的基本概念

电具有同性相斥、异性相吸的特性，如图1-1所示，当使用带正电的玻璃棒靠近带正电的软木球时会相互排斥；当使用带负电的橡胶棒靠近带正电的软木球时，会相互吸引。

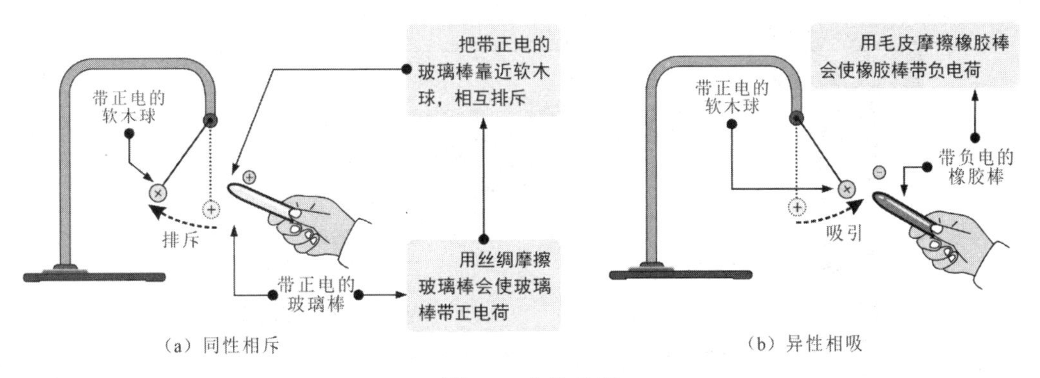

（a）同性相斥　　（b）异性相吸

图1-1 电的性质

提示

当一个物体与另一物体相互摩擦时，其中一个物体会失去电子而带正电荷，另一个物体会得到电子而带负电荷。这里所说的电叫做静电。其中，带电物体所带电荷的数量叫“电量”，用 Q 表示，电量的单位是库仑，1库仑约等于6.24×1018个电子所带的电量。

电根据种类及特性可分为直流电和交流电。直流电包括直流电流和直流电压；交流电包括交流电流和交流电压。因此有必要先了解一下电流和电压的概念。

电流的大小等于在单位时间内通过导体横截面的电量，称为电流强度，用符号 I 或 $i(t)$ 表示。

图1-2为电流的基本概念和相关知识。

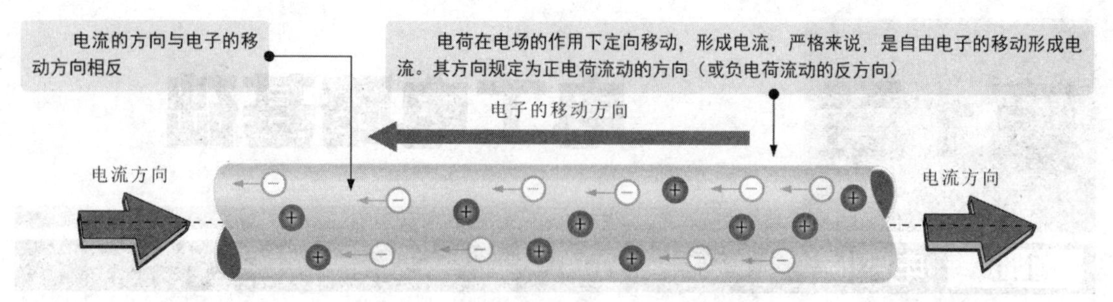

图 1-2　电流的基本概念和相关知识

提示

设在 $\Delta t = t_2 - t_1$ 时间内，通过导体横截面的电荷量为 $\Delta q = q_2 - q_1$，则在 Δt 时间内的电流强度可用数学公式表示为

$$i(t) = \frac{\Delta q}{\Delta t}$$

Δt 为很小的时间间隔。时间的国际单位制为秒（s）。电量 Δq 的国际单位制为库仑（C）。电流 $i(t)$ 的国际单位制为安培（A）。

电压的大小等于单位正电荷受电场力的作用从 A 点移动到 B 点所做的功。电压的方向规定为从高电位指向低电位的方向，如图 1-3 所示。

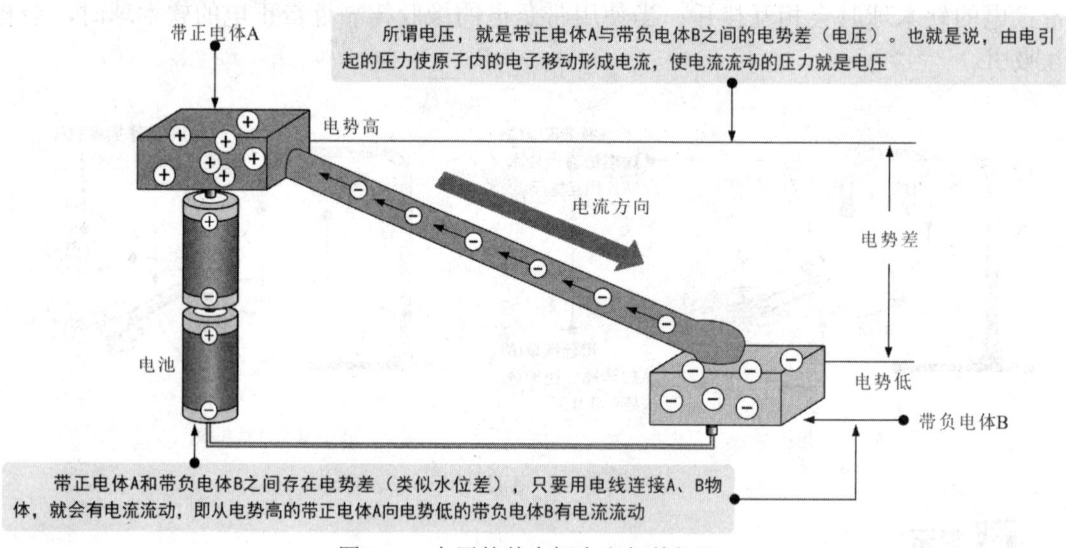

图 1-3　电压的基本概念和相关知识

提示

常用的电流单位有微安（μA）、毫安（mA）、安（A）、千安（kA）等，与安培的换算关系为

$$1\mu A = 10^{-6}A \quad 1mA = 10^{-3}A \quad 1kA = 10^{3}A$$

电压的国际单位制为伏特（V），常用的单位有微伏（μV）、毫伏（mV）、千伏（kV）等，与伏特的换算关系为

$$1\mu V = 10^{-6}V \quad 1mV = 10^{-3}V \quad 1kV = 10^{3}V$$

一般由电池、蓄电瓶等产生的电流为直流，即电流的大小和方向不随时间变化，也就是说，正、负极始终不改变，记为“DC”或“dc”，如图 1-4 所示。

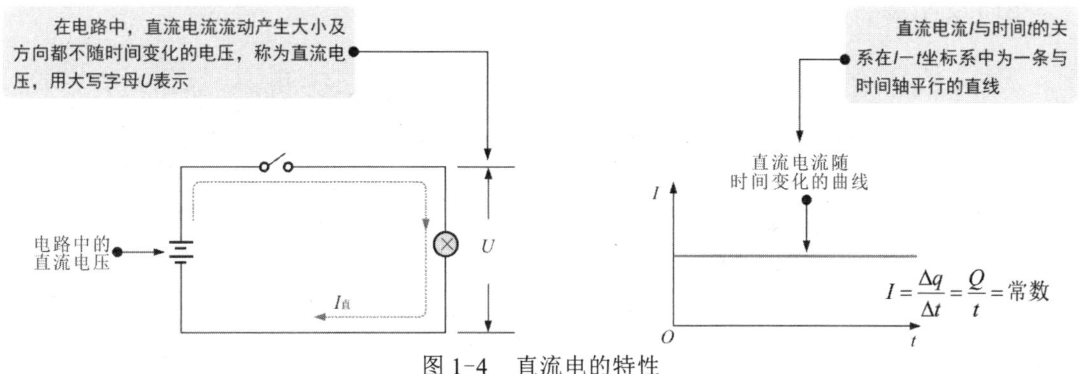

图 1-4　直流电的特性

交流电的电流大小和方向（即正、负极性）会随时间的变化而变化，用“AC”或“ac”表示，如图 1-5 所示。

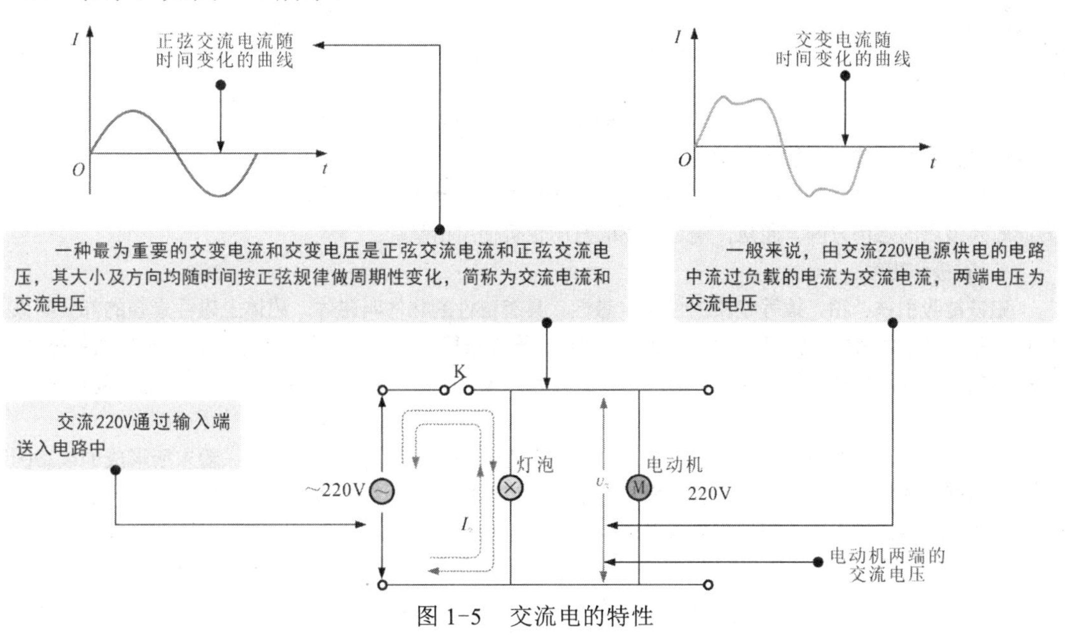

图 1-5　交流电的特性

提示

交流电也有交变电流和交变电压两种：交变电流是指电流的大小和方向（即正、负极性）随时间的变化而变化，用“AC”或“ac”表示。交流电又分为交流电源（作为能量源，如照明电灯用的电源）和交流信号（表示一定信息内容的电流或电压）。

交流电流的瞬时值要用小写字母 i（t）表示；交变电压是指大小和方向随时间变化而变化的电压，瞬时值用小写字母 u 或 u（t）表示。

2　磁的基本概念

一般提起磁，很多人便会想到磁石或磁铁能吸引铁质物体，指南针会自动指示南北方向。一般物质被称为无磁性或非磁性物体（或材料）。事实上，任何物质都具有磁性，只是有的物质磁性强，有的物质磁性弱；任何空间都存在磁场，只是有的空间磁场强度强，有的空间磁场强度弱。

图 1-6 为磁的基本概念。

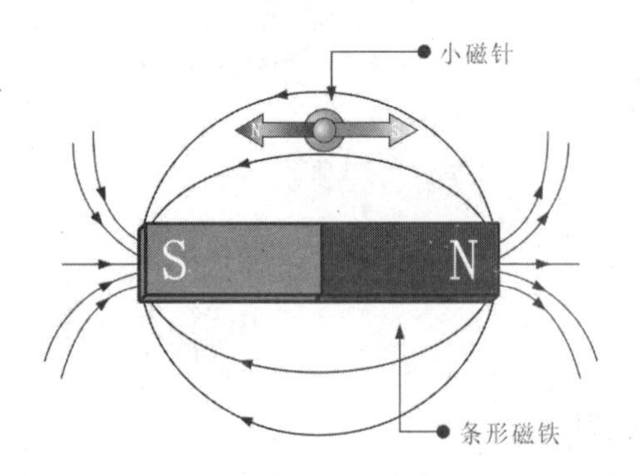

在条形磁铁磁场的作用下，铁质粉末受到磁场作用排列成有规律的图案，有如磁力线在磁极之间的分布状态

图 1-6　磁的基本概念

提示

◇ 磁场

磁场是磁体周围存在的一种特殊物质。磁体间的相互作用力是通过磁场传送的。在线圈、电动机、电磁铁和磁头的磁隙附近都存在磁场。

磁场具有方向性，判断磁场的方向可将自由转动的小磁针放在磁场中的某一点，小磁针 N 极所指的方向即为该点的磁场方向。通常，确定磁场的方向也可使用指南针。

◇ 磁极和磁性

磁铁能吸引铁、钴、镍等物质的性质叫磁性。具有磁性的物体叫磁体。磁体上磁性最强的部分叫做磁极。两个磁极之间相互作用，同性磁极互相排斥，异性磁极互相吸引。当一棒状磁体处于自由状态时，总是倾向于指向地球的南极或北极。指向北极的称为北极，简称 N 极。指向南极的称为南极，简称 S 极。

◇ 磁感线

磁感线是为了理解方便而假想的，在两个磁极附近和两个磁极之间被磁化的铁粉末所形成的纹路图案是很有规律的线条，从磁体的 N 极出发经过空间到磁体的 S 极，在磁体内部从 S 极又回到 N 极，形成一个封闭的环。通常说磁力线的方向就是磁性体 N 极所指的方向。

◇ 磁通量和磁通量密度

穿过磁场中某一个截面磁力线的条数叫做穿过这个面的磁通量，用 $\varPhi$ 表示，单位是韦伯。垂直穿过单位面积的磁力线条数叫做磁通量密度，用 B 表示，单位是特斯拉（T）。

◇ 导磁率

磁通密度 B 与磁场强度 H 的比值叫导磁率，用 μ 表示（$\mu=B/H$）。空气的导磁率 $\mu=1$。高导磁率的材料，如坡莫合金和铁氧体等材料的导磁率可达几千至几万，是导磁率很高的材料，常用来制作磁头的磁芯。

◇ 磁场强度和磁感应强度

磁场强度和磁感应强度均为表征磁场性质（即磁场强弱和方向）的两个物理量。由于磁场是电流或者说运动电荷引起的，而磁介质（除超导体以外不存在磁绝缘的概念，故一切物质均为磁介质）在磁场中发生的磁化对源磁场也有影响（场的迭加原理）。因此，磁场的强弱可以有两种表示方法。

在充满均匀磁介质的情况下，若包括介质因磁化而产生的磁场在内时，用磁感应强度 B 表示，单位为特斯拉 T，是一个基本物理量；单独由电流或者运动电荷所引起的磁场（不包括介质磁化而产生的磁场时）用磁场强度 H 表示，单位为安培每米，是一个辅助物理量。

磁感应强度是一个矢量，它的方向即为该点的磁场方向。匀强磁场中各点的磁感应强度大小和方向均相同。用磁感线可形象地描述磁感应强度 B 的大小，B 较大的地方，磁场较强，磁力线较密；B 较小的地方，磁场较弱，磁力线较稀；磁力线的切线方向即为该点磁感应强度 B 的方向。

1.1.2 电和磁的关系

电流与磁场可以通过某种方式互换，即电流感应出磁场或磁场感应出电流。

1 磁的基本知识

电流感应磁场的过程如图 1-7 所示。

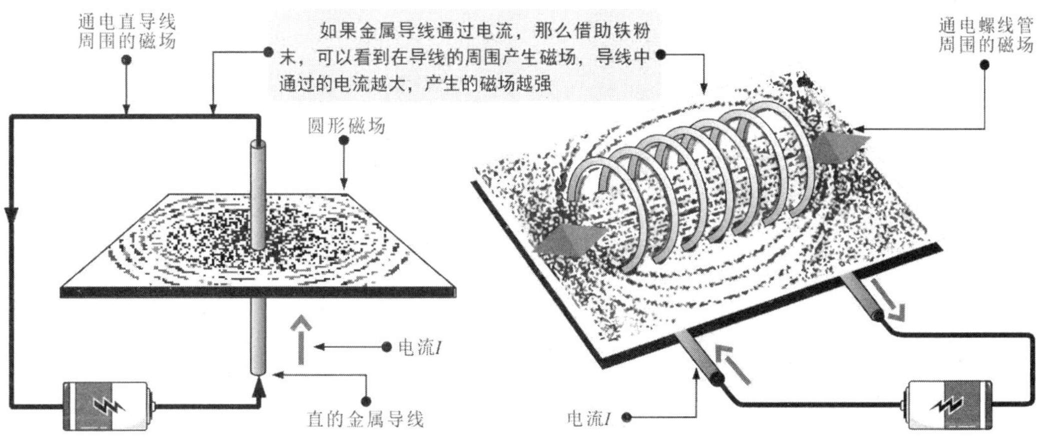

图 1-7 电流感应磁场的过程

提示

如果一条直的金属导线通过电流，那么在导线周围的空间将产生圆形磁场。导线中流过的电流越大，产生的磁场越强。磁场成圆形，围绕导线周围，磁场的方向根据右手法则，拇指的方向为电流方向，其余四指为磁场磁力线方向。通电的螺线管也会产生出磁场。从图中可以看出，在螺线管外部的磁场形状和一块条形磁铁产生的磁场形状是相同的，磁场方向遵循右手定则。

提示

在流过导体的电流方向和所产生的磁场方向之间有着明确的关系。安培定则是表示电流和电流激发磁场的磁力线方向关系的定则，也叫右手螺旋定则。

直线电流的安培定则：用右手握住导线，让伸直的大拇指所指的方向跟电流的方向一致，那么弯曲的四指所指的方向就是磁力线的环绕方向；环形电流的安培定则：让右手弯曲的四指和环形电流的方向一致，那么伸直的大拇指所指的方向就是环形电流中心轴线上磁力线（磁场）的方向，如图 1-8 所示。

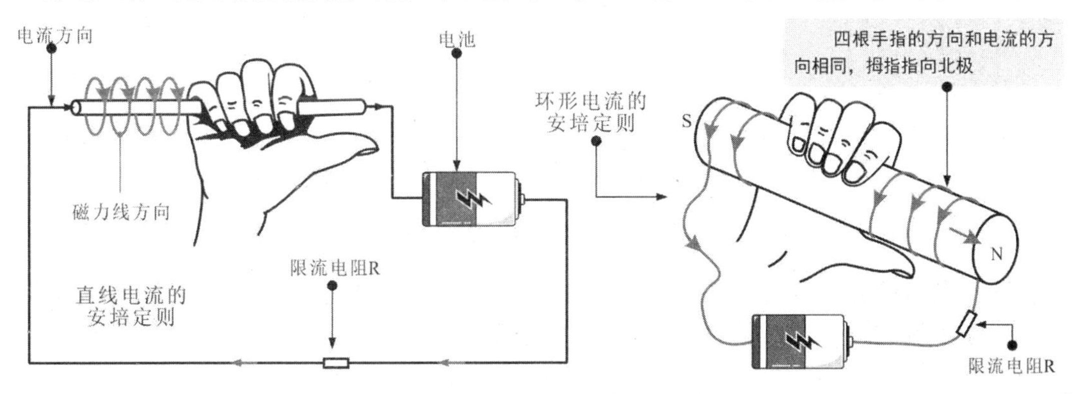

图 1-8 安培定则（右手螺旋定则）

磁场也能感应出电流，把一个螺线管两端接上检测电流的检流计，在螺线管内部放置一根磁铁。当把磁铁很快地抽出螺线管时，可以看到检流计指针发生了偏转，而且磁铁抽出的速度越快，检流计指针偏转的程度越大。同样，如果把磁铁插入螺线管，检流计也会偏转，但是偏转的方向和抽出时相反，检流计指针偏摆表明线圈内有电流产生，如图 1-9 所示。

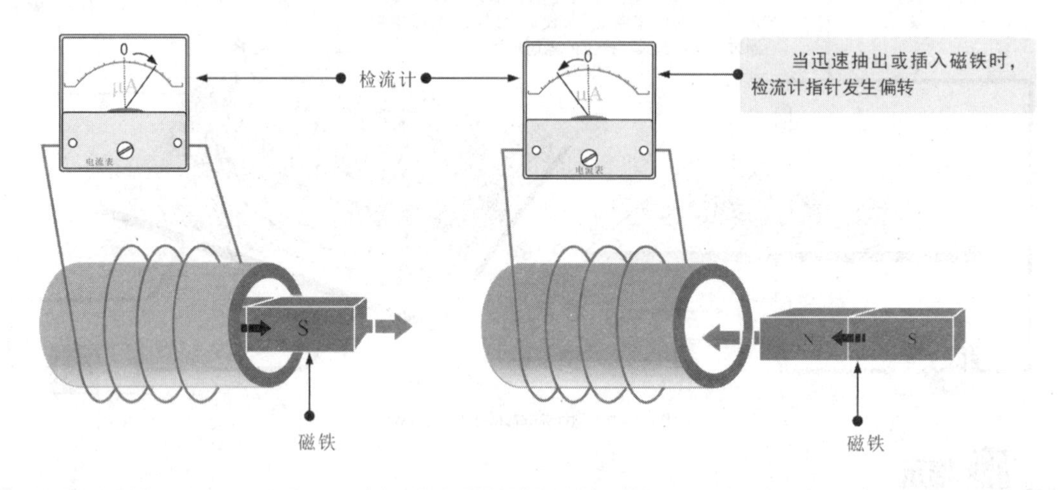

图 1-9 磁场感应电流（1）

当闭合回路中一部分导体在磁场中做切割磁感线运动时，回路中就有电流产生；当穿过闭合线圈的磁通发生变化时，线圈中有电流产生。这种由磁产生电的现象，称为电磁感应现象，产生的电流叫感应电流，如图 1-10 所示。

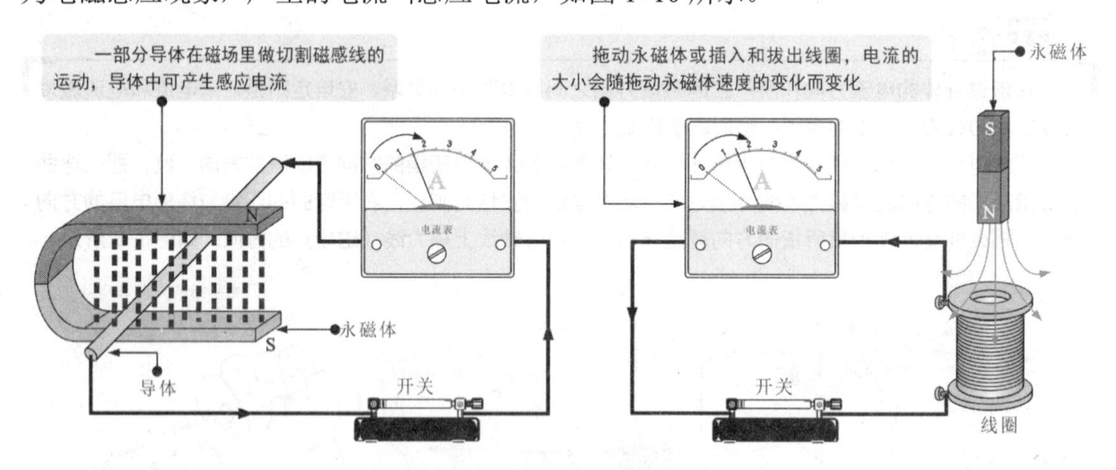

图 1-10 磁场感应电流（2）

感应电流的方向与导体切割磁力线的运动方向和磁场方向有关，即当闭合回路中一部分导体做切割磁力线运动时，所产生的感应电流方向可用右手定则来判断，伸开右手，使拇指与四指垂直，并都跟手掌在一个平面内，让磁力线穿入手掌，拇指指向导体运动方向，四指所指的即为感应电流的方向，如图 1-11 所示。

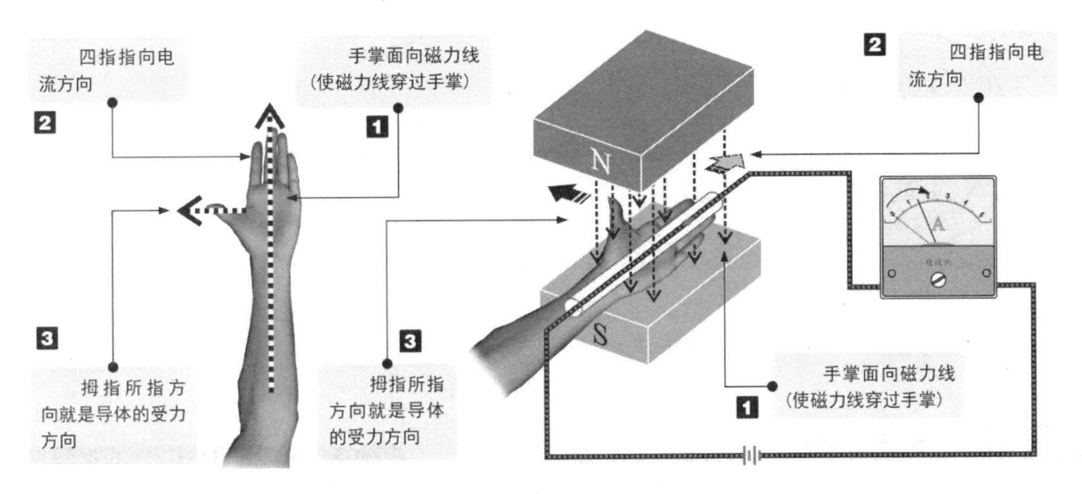

图 1-11　感应电流方向的判断

1.2　交流电与交流电路

生活中使用的大部分电器产品都需要有交流电才可以正常工作，并且是直接使用交流 220V 供电。

1.2.1　认识交流电

交流电（Alternating current，AC）一般是指电流的大小和方向随时间做周期性的变化。日常生活中所有的电器产品都需要有供电电源才能正常工作，大多数的电器设备都由市电交流 220V、50 Hz 作为供电电源。这是我国公共用电的统一标准。交流 220V 电压是指火线对零线的电压。交流电是由交流发电机产生的。交流发电机可以产生单相和多相交流电压，如图 1-12 所示。

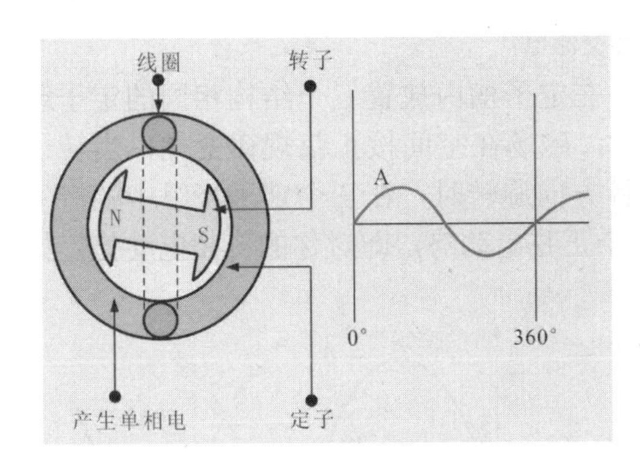

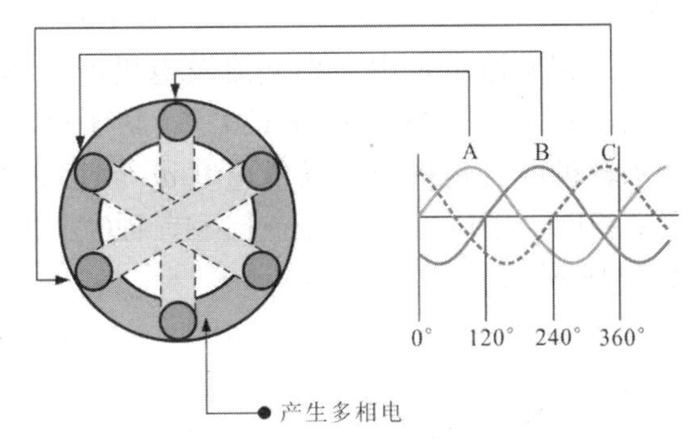

图 1-12　单相交流电和多相交流电的产生

1　单相交流电

单相交流电是以一个交变电动势作为电源的电力系统，在单相交流电路中，只具有单一的交流电压，电流和电压都按一定的频率随时间变化，如图 1-13 所示。

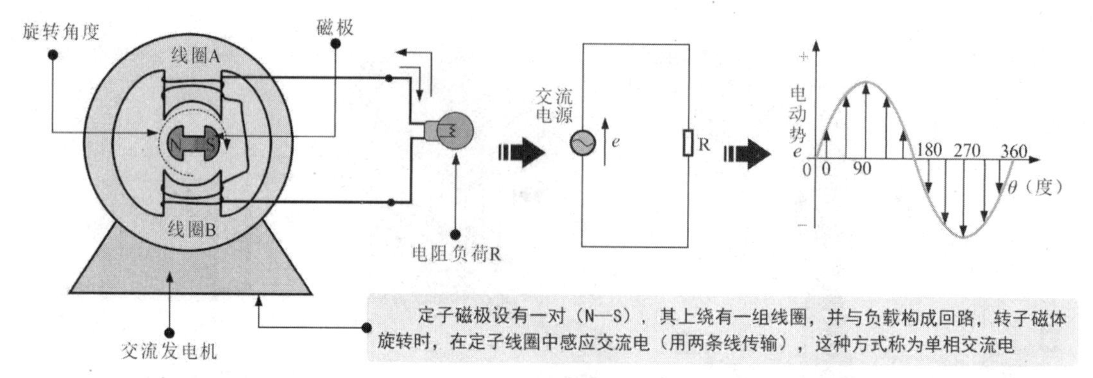

图 1-13　单相交流电

2　多相交流电

用于电力传输和电力设备的交流电有两相交流电和三相交流电两种。

交流发电机内设有两组定子线圈，互相垂直地分布在转子外围。转子旋转时，两组定子线圈产生两组感应电动势。这两组电动势之间有 90° 的相位差。这种电源为两相电源，如图 1-14 所示。

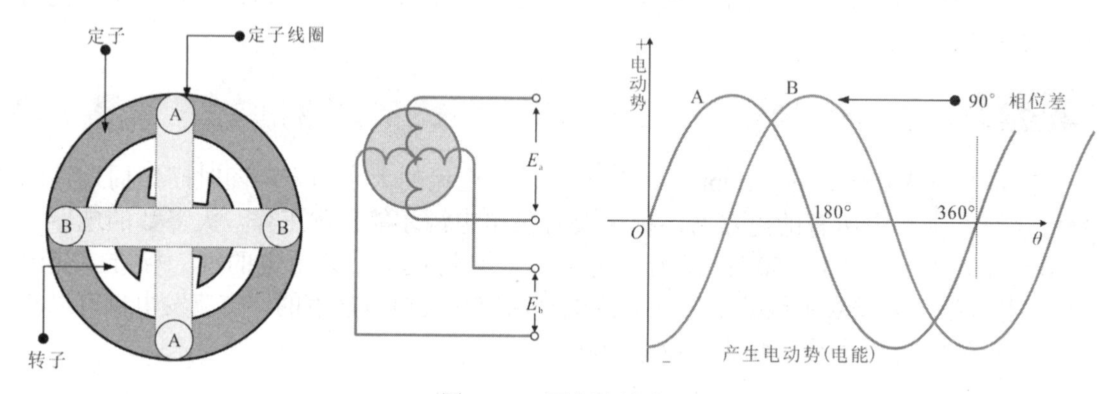

图 1-14　两相交流电

三相交流电是由三相交流发电机产生的。在定子槽内放置三个结构相同的定子绕组 A、B、C，在空间互隔 120° 。转子旋转时，磁场在空间按正弦规律变化，当转子由水轮机或气轮机带动以角速度 ω 等速顺时针方向旋转时，在三个定子绕组中就产生频率相同、幅值相等、相位上互差 120° 的三个正弦电动势，即对称的三相电动势，如图 1-15 所示。

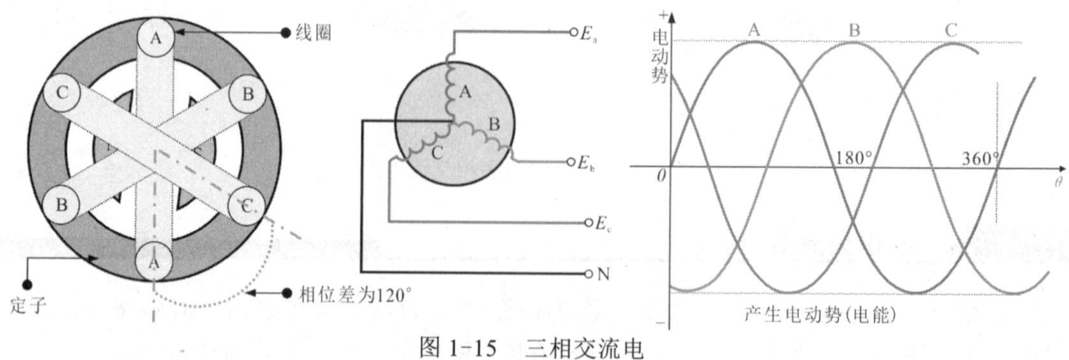

图 1-15　三相交流电

提示

通常，把三相电源线路中的电压和电流统称为三相交流电。这种电源由三条线来传输。三线之间的电压大小相等（380V）、频率相同（50Hz）、相位差为120°。三相380V交流电源是我国采用的统一标准。

三相电路是由三相电源、三相负载及三相线路组成的。单相电路由单相电源、单相负载和线路组成。单相电路就是由一根相线和一根零线组成的电路。三相电路是由三根相线和一根零线组成的交流电路。一般单相电路电压为220V，多为家庭和办公室用；三相电路电压为380V，多为动力用。

1.2.2 交流电路的应用

根据交流电供电相数的不同，所应用的交流电路也不相同。大部分单相交流电路应用于照明或家庭用电；多相交流电路应用于工业生产、输电或供配电领域。

1 单相交流电路的应用

单相交流电路是由单相电源、单相负载和线路组成的，有一根火线和一根零线，为了安全可再加一根地线。一般情况下，单相交流电源的电压为220V。

图1-16为家庭中单相交流电的分配情况。其中，空调器、洗衣机、风扇等对电压稳定性要求不高的电器分为一个支路；电视机、电脑等信息类电器分为一个支路；电灯、微波炉等分为一个支路。

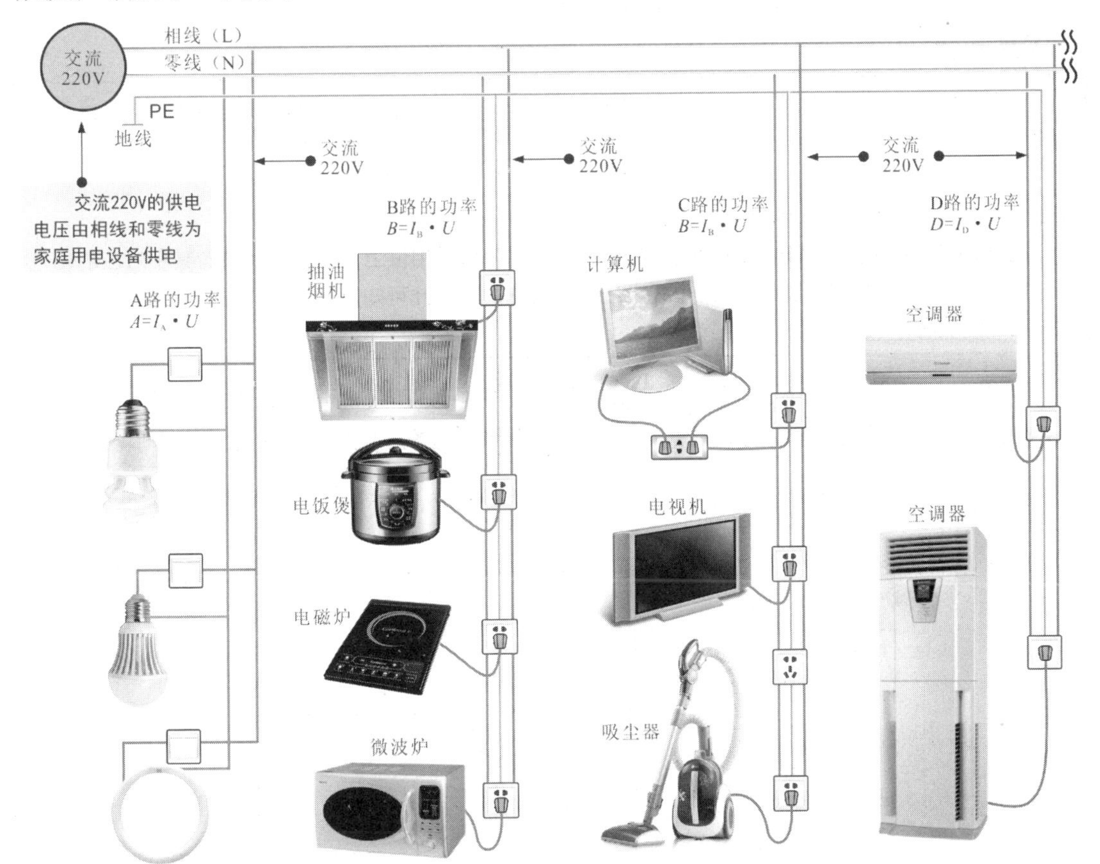

图1-16　单相交流电路的应用

三相交流电路应用的范围较广，在不同的环境中，三相交流电路的连接方法与负载的连接方法有所区别。

星形连接方式是把三相绕组的末端连接在一起形成一个节点，称为电源的中点或零点，如图 1-17 所示。从中点引出的线称为中线或零线，用字母 N 表示。从三相绕组首端引出的三根导线称为端线或相线，用黄、绿、红三色表示相序中 A、B、C 三相相线。

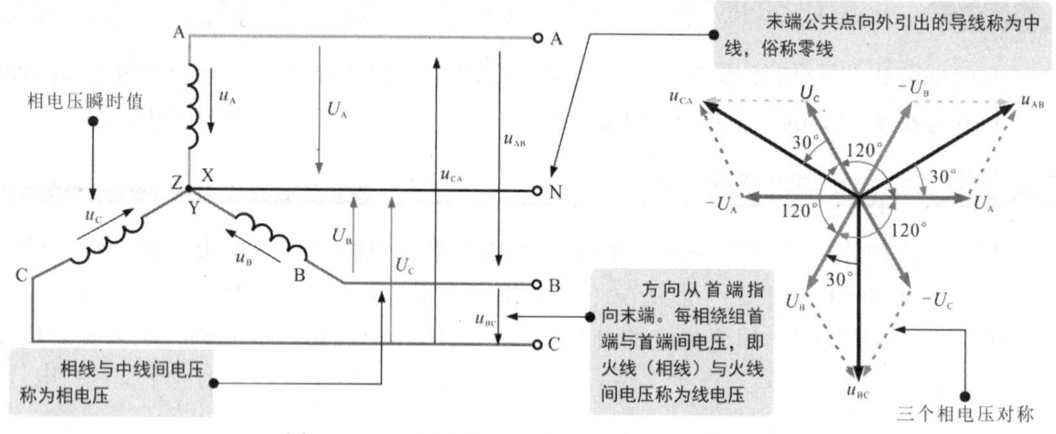

图 1-17　三相交流电路的星形（Y）连接方法

提示

电源的中性点总是接地的，因此相电压在数值上等于各相绕组的首端电位。线电压和相电压之间的关系为

$$u_{AB}=U_A-U_B \qquad u_{BC}=U_B-U_C \qquad u_{CA}=U_C-U_A$$

其中，$\frac{1}{2}u_{AB}=U_A\cos30° \rightarrow u_{AB}=\sqrt{3}U_A=1.732U_A$ 。

也就是说，数量上，线电压 u_{AB} 是相电压 U_A 的 1.732 倍；相位上，线电压超前与其相对应的相电压 30° 。可得出电源星形连接时的三个线电压也是对称的。由此可知，三相电源绕组 Y 形连接时，可以向负载提供两种电压。

三角形（△）连接方式是三相电源的另一种连接方式，是将三相绕组的首、末端依次相连，从 3 个点引出 3 条火线，接成一个闭合回路，如图 1-18 所示。

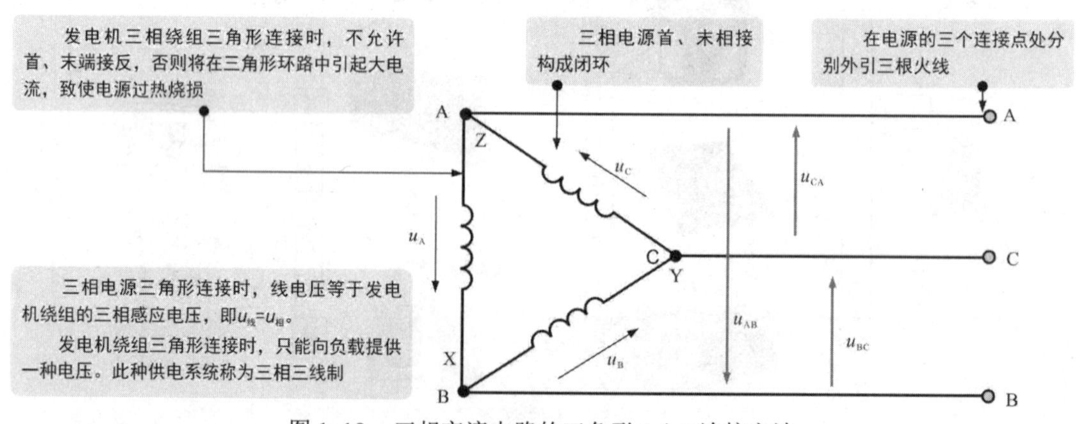

图 1-18　三相交流电路的三角形 (△) 连接方法

提示

用来产生对称三相电动势的电源称为对称三相电源。三相电源具有结构上对称的三相绕组A-X、B-Y、C-Z，分别称为A相、B相和C相。A、B、C称为三相绕组的首端，X、Y、Z称为三相绕组的末端，每相绕组电动势的正方向由末端指向首端。

图1-19为三相交流电路负载的连接方法。负载有单相负载和三相负载之分。单相负载应根据额定电压接入电路。若负载所需的电压是电源的相电压，应将负载接到端线与中线之间；若负载所需的电压是电源的线电压，应将负载接到端线与端线之间。

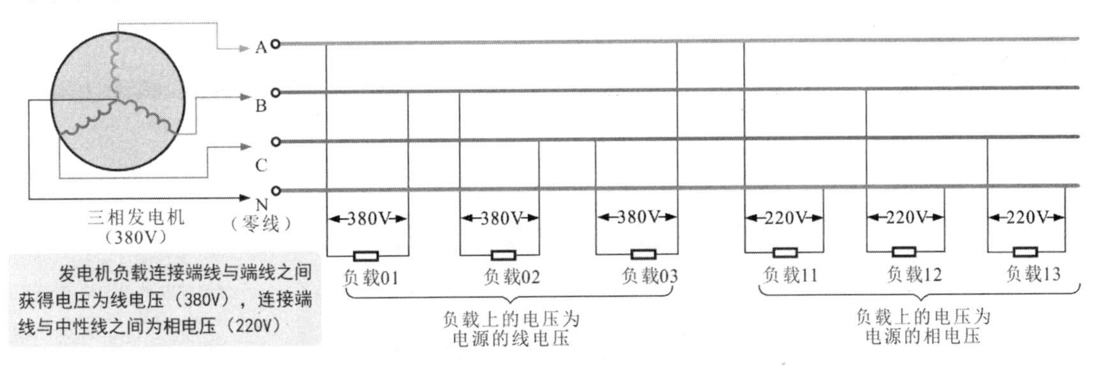

图1-19　三相交流电路负载的连接方法

负载星形连接电路的特点是负载两端的电压为电源的相电压，如图1-20所示。

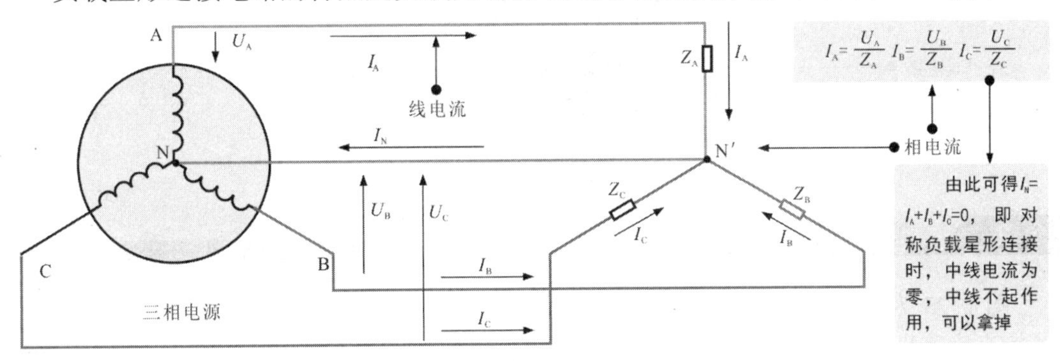

图1-20　负载星形（Y形）连接的三相交流电路

将三相负载首、末相接构成一个闭合的环，由三个连接点分别向外引出端线，就构成了负载三角形连接的三相三线制电路，如图1-21所示。

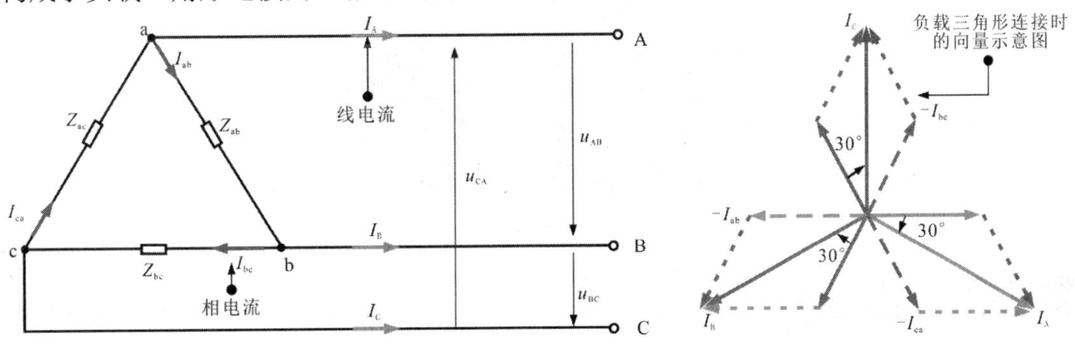

图1-21　负载三角形（△形）连接的三相交流电路

1.3 常用的电气设备和供电线路

在电工领域，通常由多个电气设备组合构成供电线路为设备供电或提供照明，因此在学习相关线路前，应先了解一些常用的电气设备和常见的供电线路。

1.3.1 常用的电气设备

在电工操作环境中，常用的电气设备主要有配电用断路器、限流断路器、漏电断路器及电度表等。

1 配电用断路器

图 1-22 为配电用断路器的实物外形。

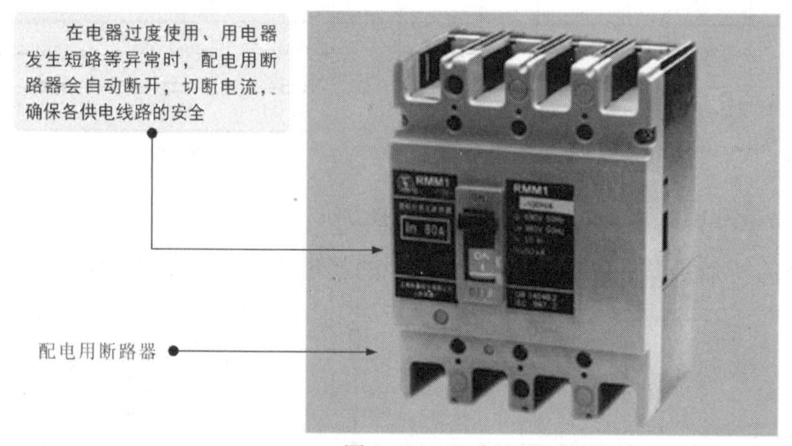

普通家庭室内配线各支路的最大电流为20A，超过20A 时，触点会自动断开

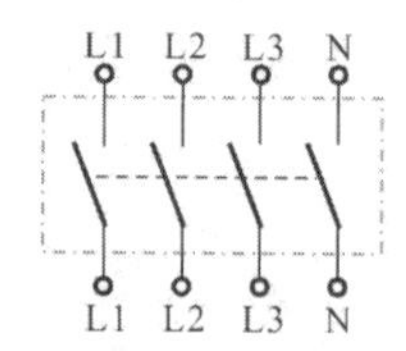

图 1-22 配电用断路器的实物外形

2 限流断路器

图 1-23 为限流断路器的实物外形。

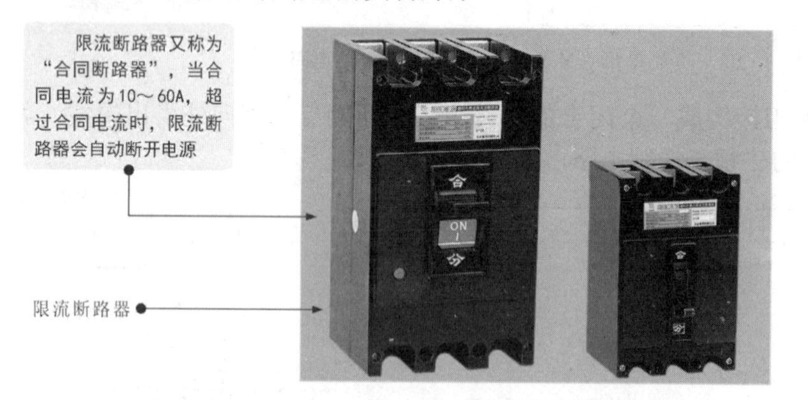

普通插座的数量和使用电器的功率等决定所需要电流的大小，这种电流称为“合同电流”

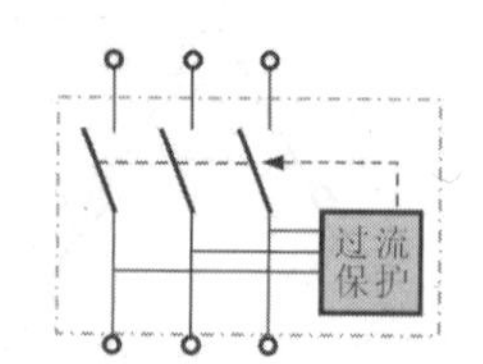

图 1-23 限流断路器的实物外形

3 漏电断路器

图 1-24 为漏电断路器的实物外形。

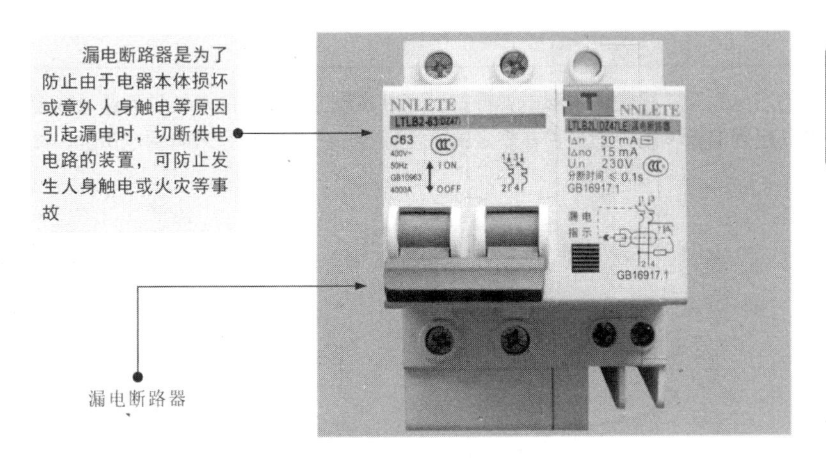

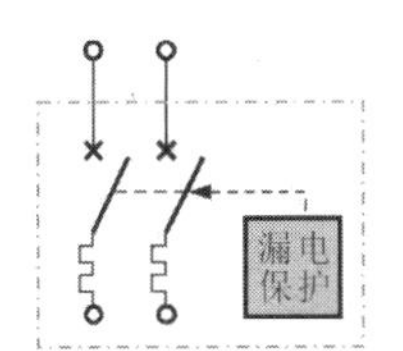

图 1-24　漏电断路器的实物外形

提示

在使用时，若电器出现漏电故障，则漏电断路器会迅速测出并自动切断电流，确保用户安全，如图 1-25 所示。

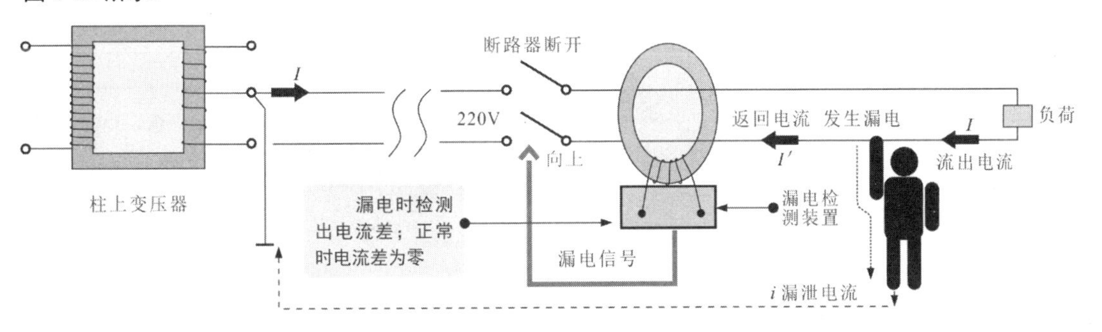

图 1-25　漏电断路器的功能原理

4　电度表

图 1-26 为电度表的实物外形。

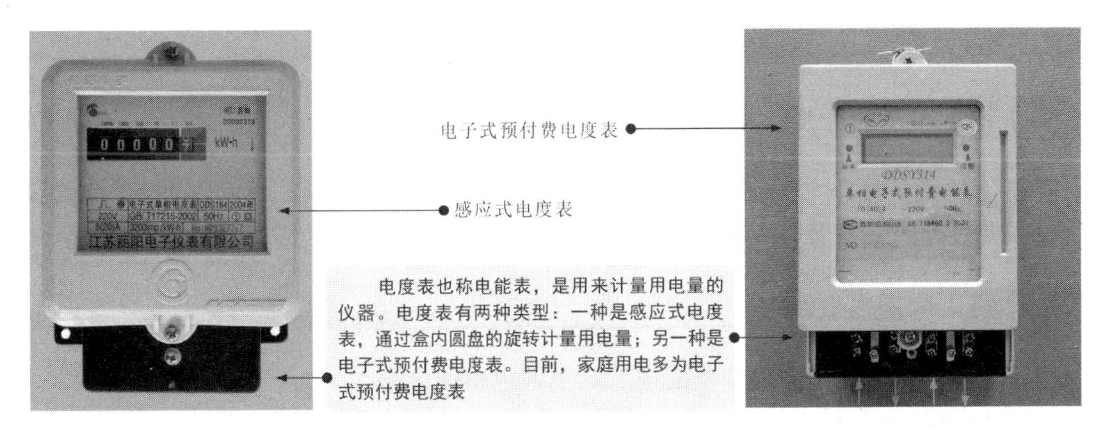

图 1-26　电度表的实物外形

提示

在供电线路中，为了便于用电管理、日常使用和电力维护，可以将以上涉及到的电气设备通过线缆连接在一起构成配电盘，可以起到监视作用，即是否在规定的电流数范围内用电和是否有漏电情况，如图 1-27 所示。

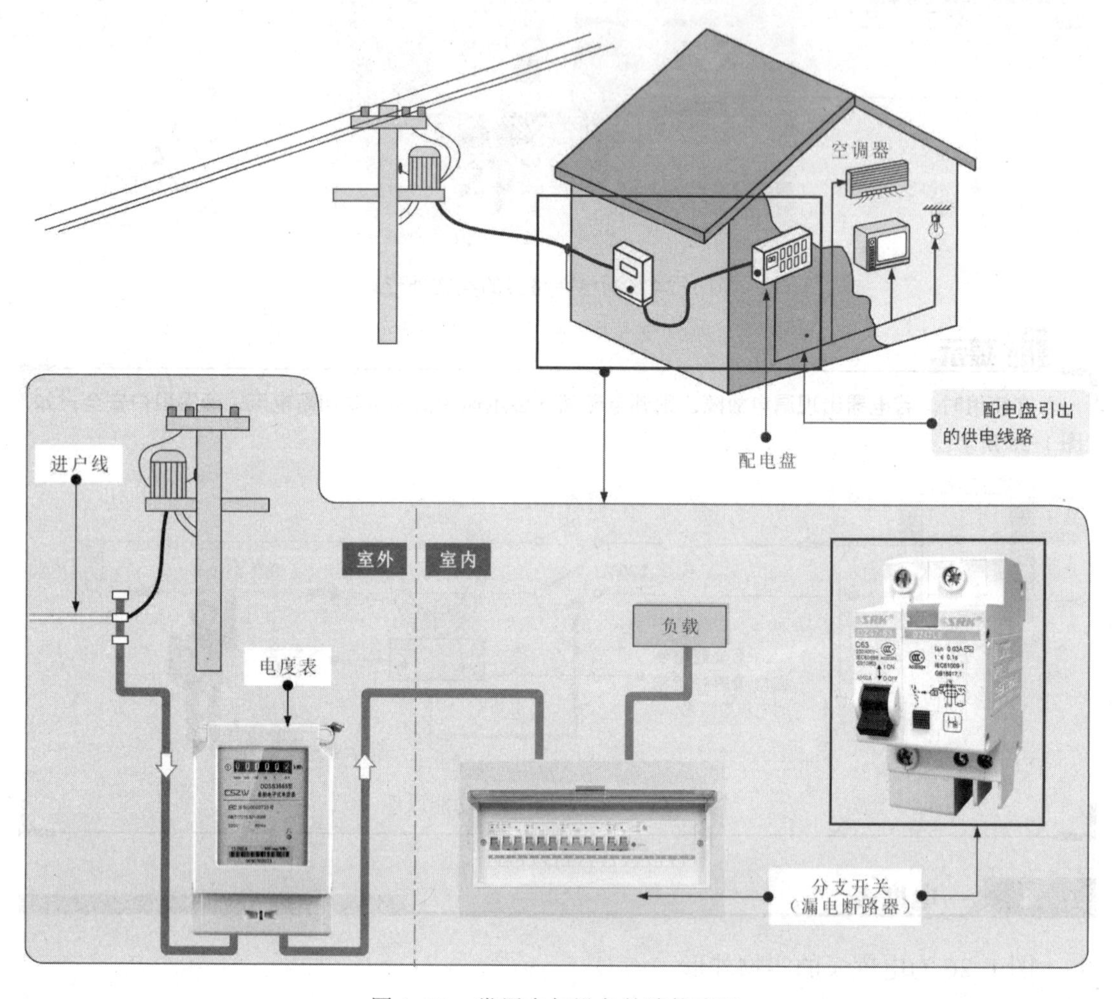

图 1-27　常用电气设备的连接应用

1.3.2　常见的供电线路

常见的供电线路主要有家庭供电线路和大型电器供电线路。其中，大型电器供电线路主要是指农用电器与厂房电器的供电。

1　家庭供电线路

家庭供电线路用来完成整体配电方式及各电路的分配。

图 1-28 为家庭供电线路的配电方式。家庭的室内配线是从配电线路（引入线）经过电度表与配电盘连接，再从配电盘分支分配到各房间。

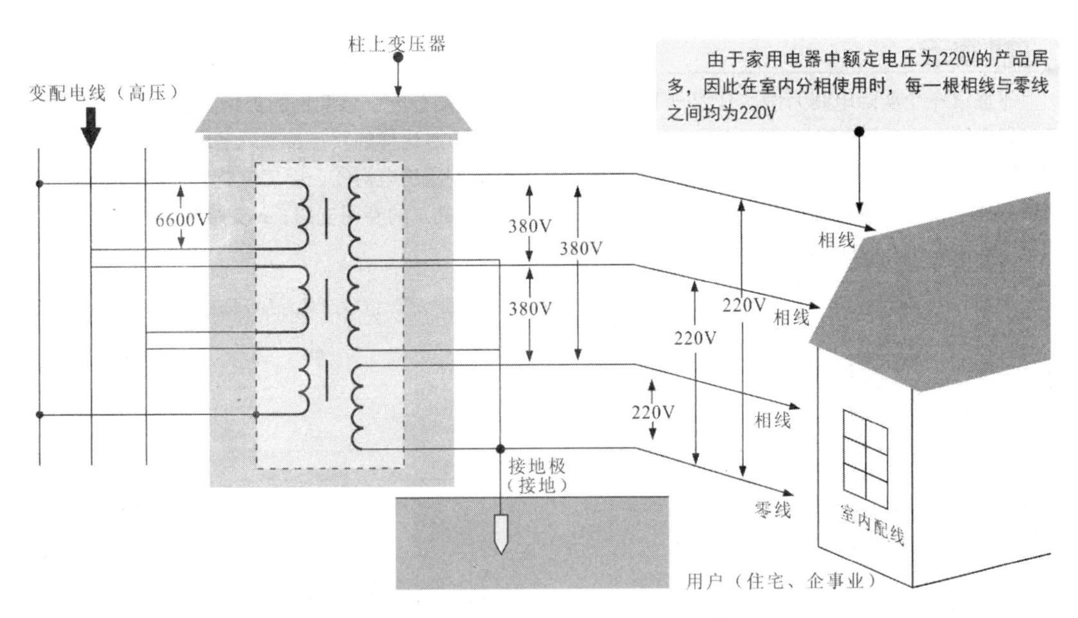

图 1-28　家庭供电线路的配电方式

家庭供电线路可以根据需要分支，各支路的配线用断路器向插座、开关、电灯及其他负荷配电，如图 1-29 所示。

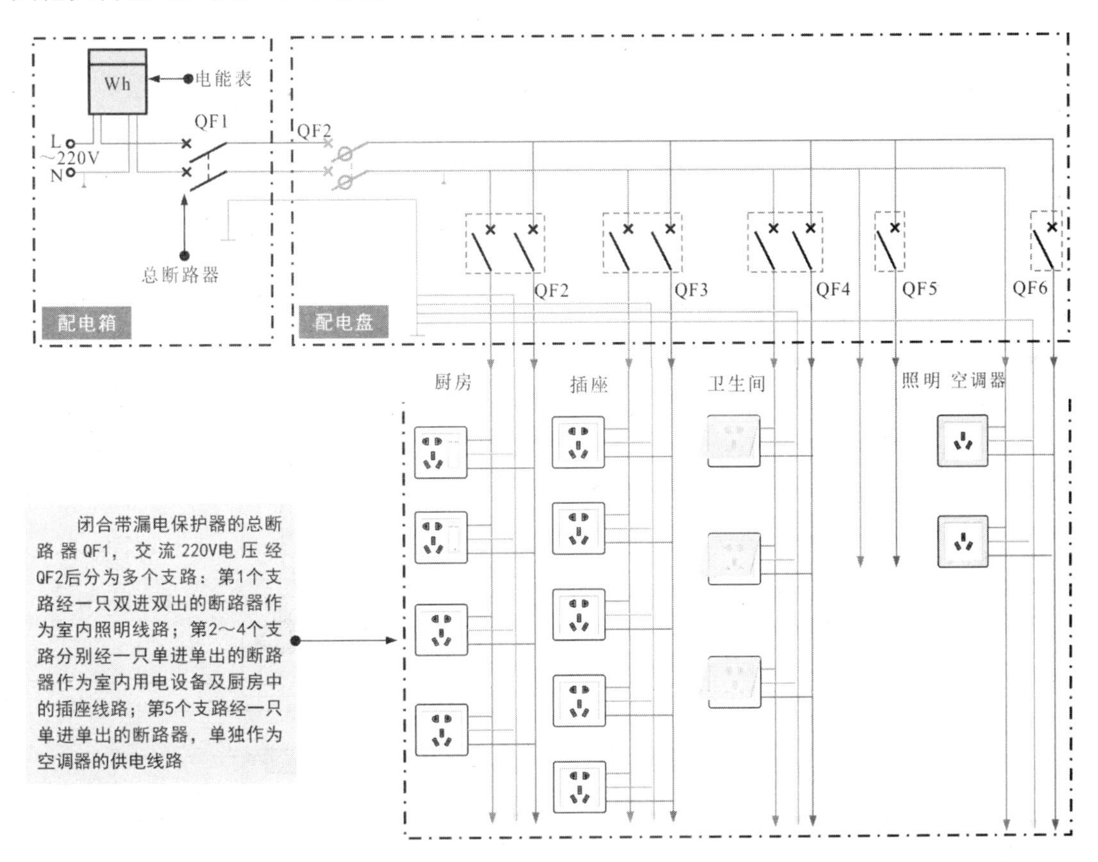

图 1-29　家庭供电线路的电路分配

提示

下面以一个实际电路为例，介绍一下家庭供电线路的电路分配。该实例的支路由 3 条普通支路和 2 条专用支路，共 5 条支路构成，如图 1-30 所示。市电 220V 通过这样的路径给家庭各用电设备提供电源。b 支路由正门前的电灯①、正门内的电灯②、休息室电灯③、厨房电灯④、厨房洗物台上的墙壁日光灯、厨房插座 + 换气扇等负载构成；d 支路是室外灯（带自动开关）的专用支路；e 支路为室内空调器（室内机 1 和室外机 0）的专用支路，使用两外线间的 220V 电压。

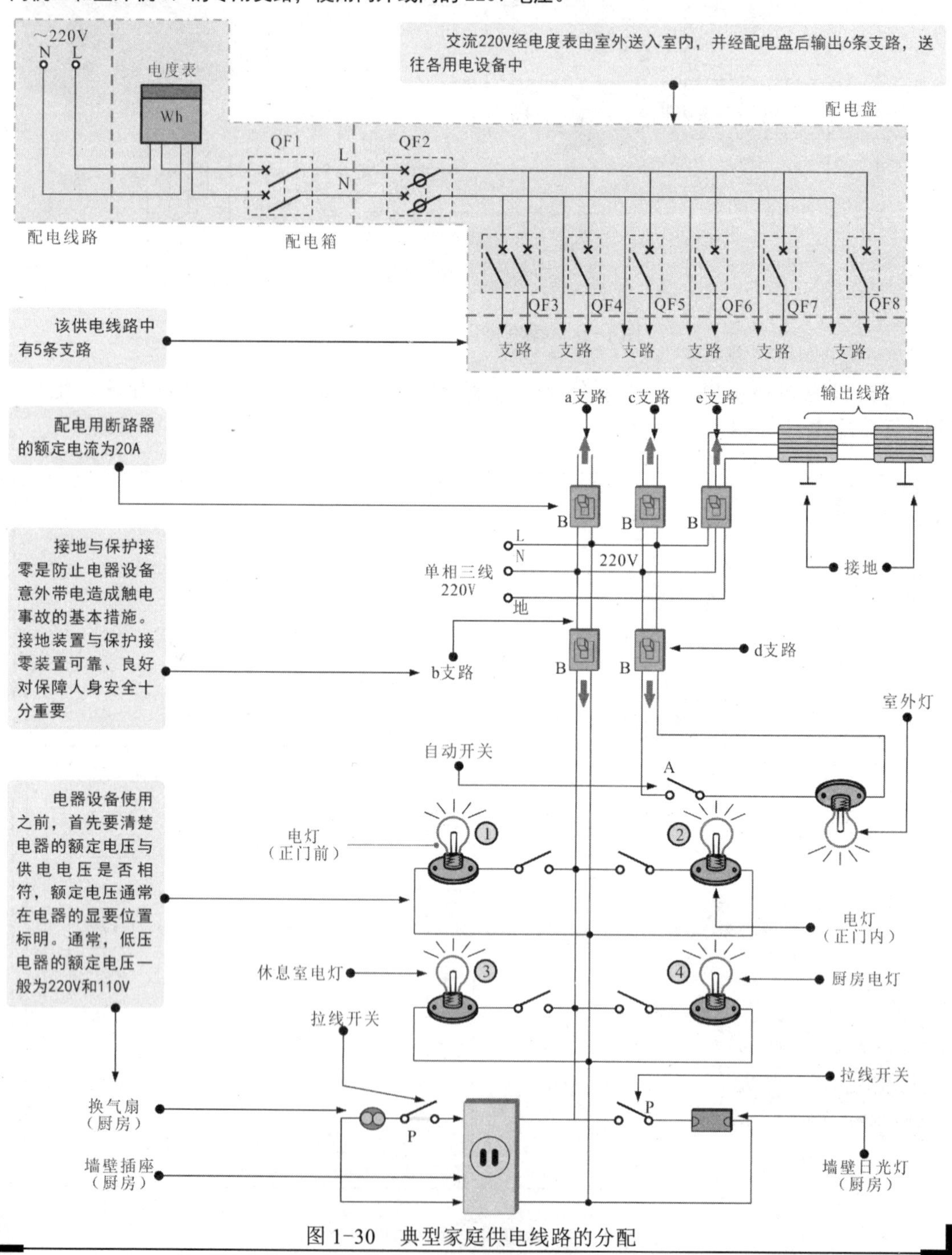

图 1-30　典型家庭供电线路的分配

2　大型电器的供电线路

消耗功率比较大的电器设备，如农用排灌设备、农用机械、机床、电焊机等都直接由三相 380V 电源供电。这些设备需要的电能比较多，对安全性、可靠性都要求比较高，且往往与高电压和大电流相关，因而传输线路和相关器件也有特殊的要求。下面就以不同的几个供电实例介绍一下大型电器设备的供电线路，如图 1-31 所示。

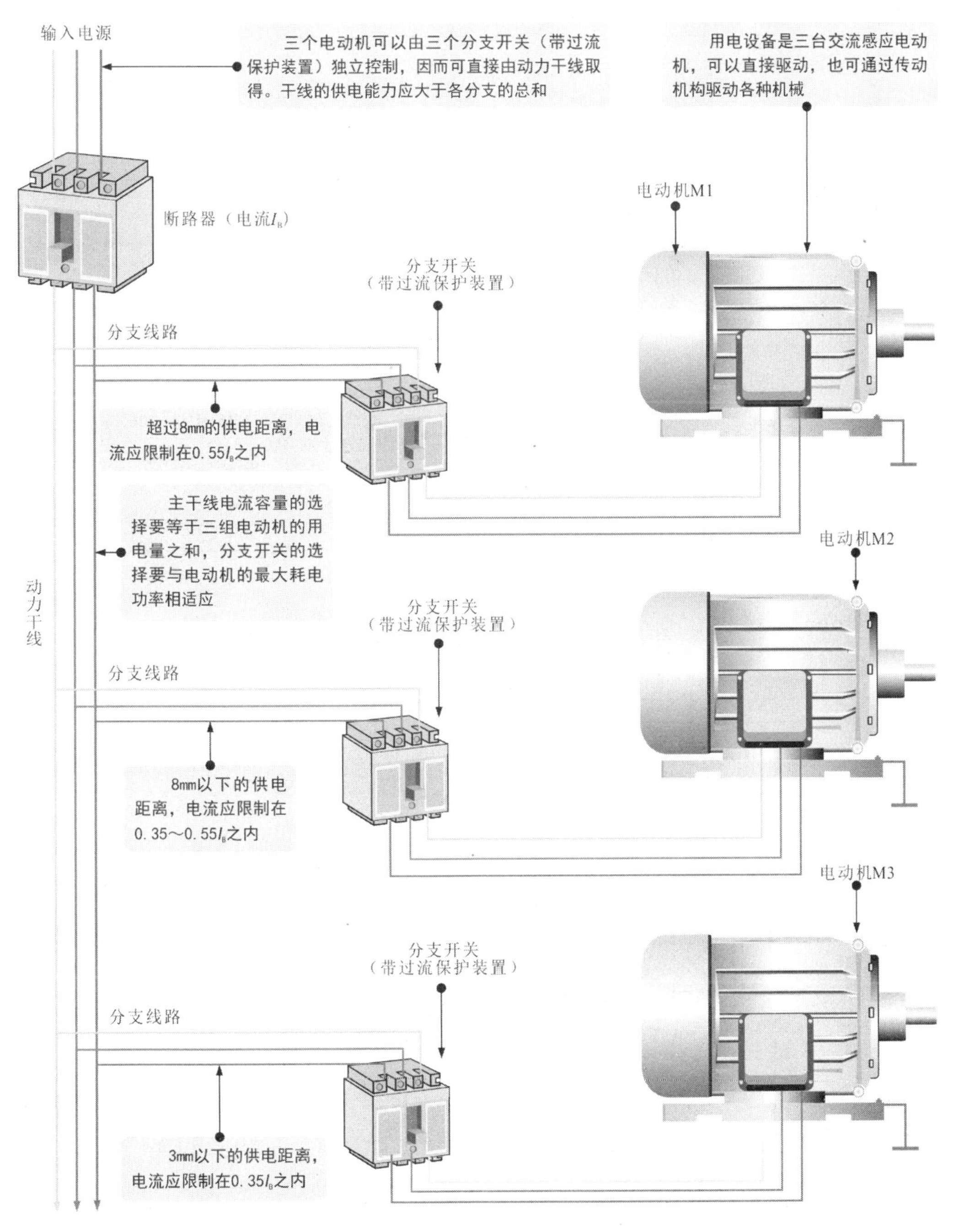

图 1-31　三相交流 380V 分支供电系统

有些供电线路直接由三相交流 380V 为设备供电。其中主要的用电设备是三相感应电动机，广泛用于各种加工机械中，如图 1-32 所示。

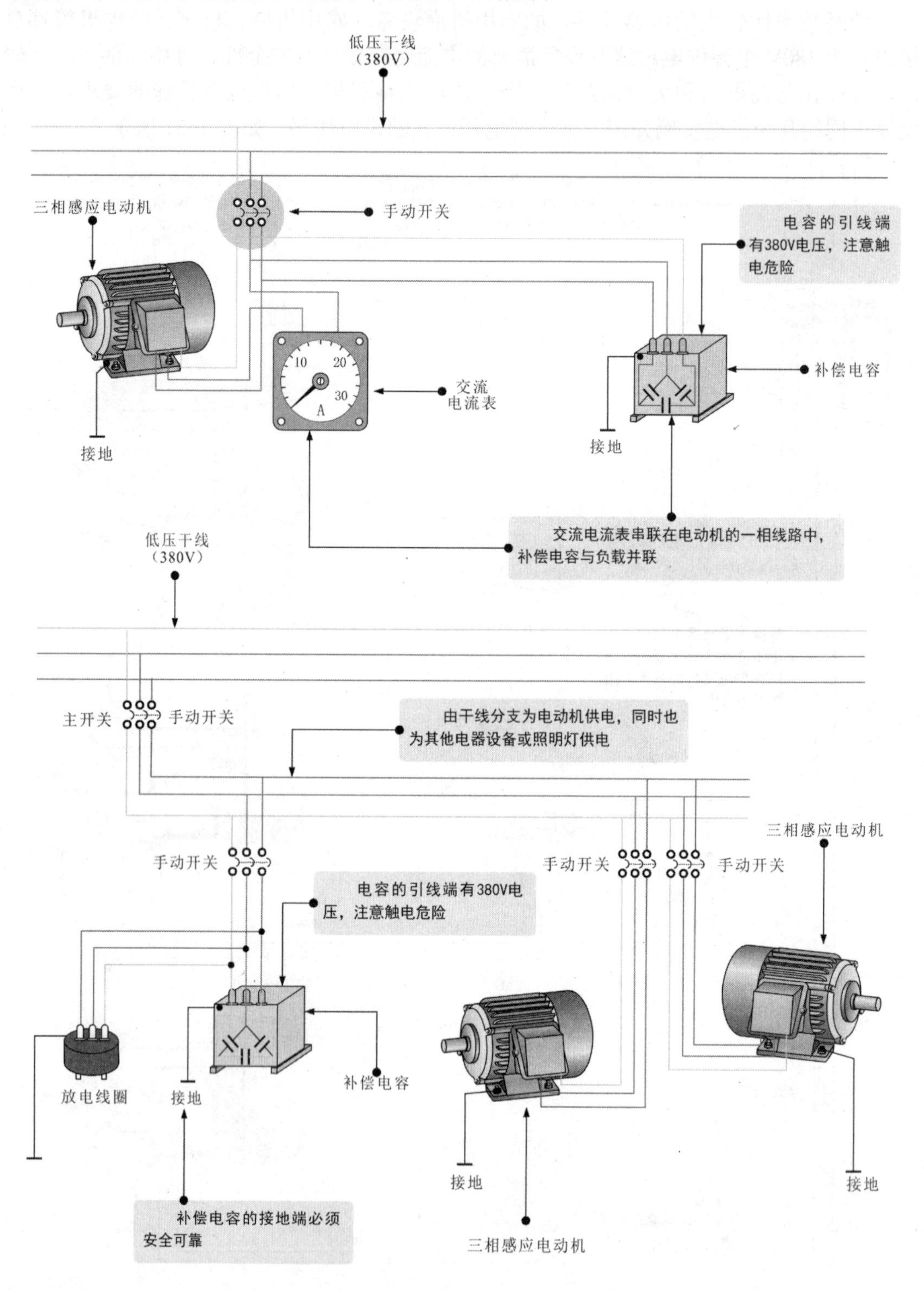

图 1-32　三相交流 380V 直接供电系统

第2章 电工操作安全与急救

2.1 电工触电危害与产生原因

2.1.1 触电的危害

触电是电工作业中最常发生的，也是危害最大的一类事故。触电所造成的危害主要体现在，当人体接触或接近带电体造成触电事故时，电流流经人体可对接触部位和人体内部器官等造成不同程度的伤害，甚至威胁到生命，造成严重的伤亡事故。

触电电流是造成人体伤害的主要原因。触电电流的大小不同，触电引起的伤害也会不同。触电电流按照伤害大小可分为感觉电流、摆脱电流、伤害电流和致死电流，如图 2-1 所示。

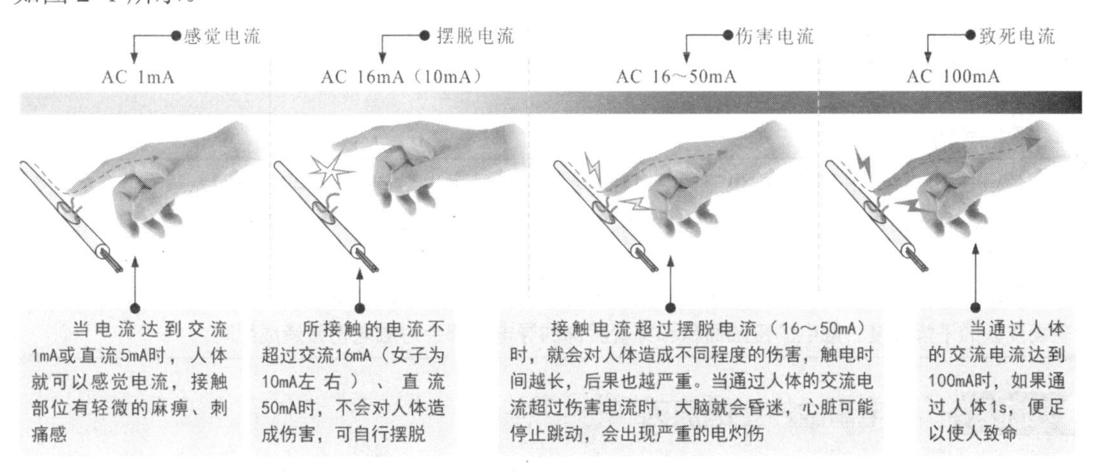

图 2-1 触电电流的大小

根据触电电流危害程度的不同，触电的危害主要表现为“电伤”和“电击”两大类。

其中，“电伤”主要是指电流通过人体某一部分或电弧效应而造成的人体表面伤害，主要表现为烧伤或灼伤，如图 2-2 所示。

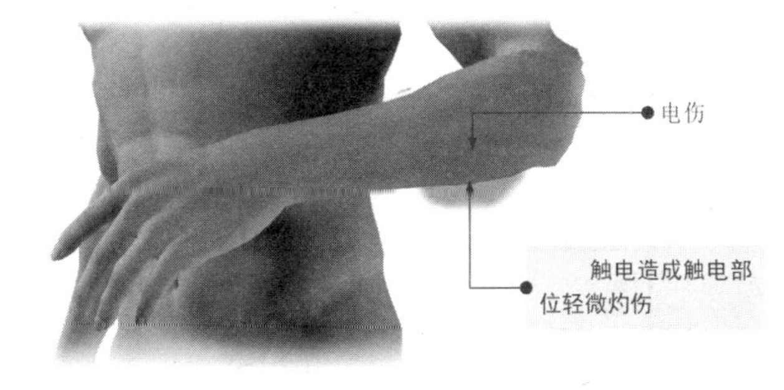

图 2-2 电伤对人体的危害

在一般情况下，虽然“电伤”不会直接造成十分严重的伤害，但可能会因电伤造成精神紧张等情况，从而导致摔倒、坠落等二次事故，间接造成严重危害，需要注意防范，如图 2-3 所示。

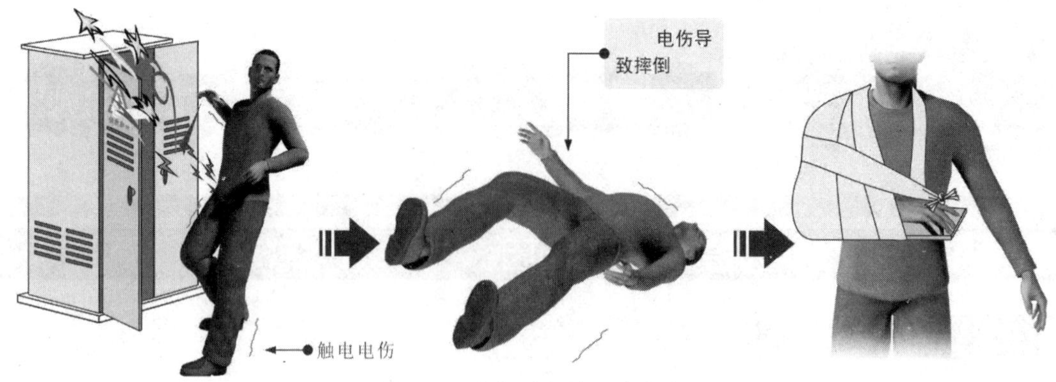

图 2-3　电伤引起的二次伤害

“电击”是指电流通过人体内部造成内部器官，如心脏、肺部和中枢神经等的损伤。电流通过心脏时，危害性最大。相比较来说，“电击”比“电伤”造成的危害更大，如图 2-4 所示。

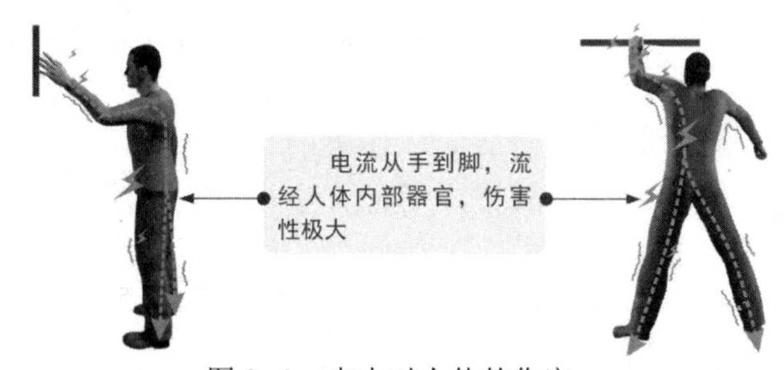

图 2-4　电击对人体的伤害

提示

值得一提的是，不同的触电电流频率对触电者造成的损害也会有差异。实验证明，触电电流的频率越低，对人身的伤害越大，频率为 40 ～ 60Hz 的交流电对人体更为危险，随着频率的增高，触电危险的程度会随之下降。

除此之外，触电者自身的状况也在一定程度上会影响触电造成的伤害。身体健康状况、精神状态及表面皮肤的干燥程度、触电的接触面积和穿着服饰的导电性都会对触电伤害造成影响。

2.1.2　触电事故产生的原因

人体组织中有 60% 以上是由含有导电物质的水分组成的。人体是导体，当人体接触设备的带电部分并形成电流通路时，就会有电流流过人体造成触电，如图 2-5 所示。

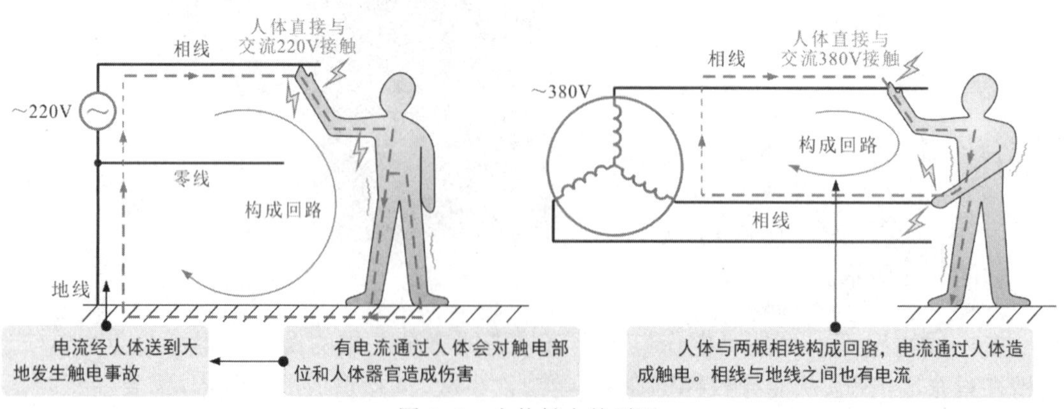

图 2-5　人体触电的原因

触电事故是电工作业中威胁人身安全的严重事故。触电事故产生的原因多种多样，大多是因作业疏忽或违规操作，使身体直接或间接接触带电部位造成的。除此之外，设备安全措施不完善、安全防护不到位、安全意识薄弱、作业环境条件不良等也是引发触电事故的常见原因。

1 作业疏忽或违规操作易引发触电事故

电工人员连接线路时，因为操作不慎，手碰到线头引起单相触电事故；或是因为未在线路开关处悬挂警示标志和留守监护人员，致使不知情人员闭合开关，导致正在操作的人员发生单相触电，如图 2-6 所示。

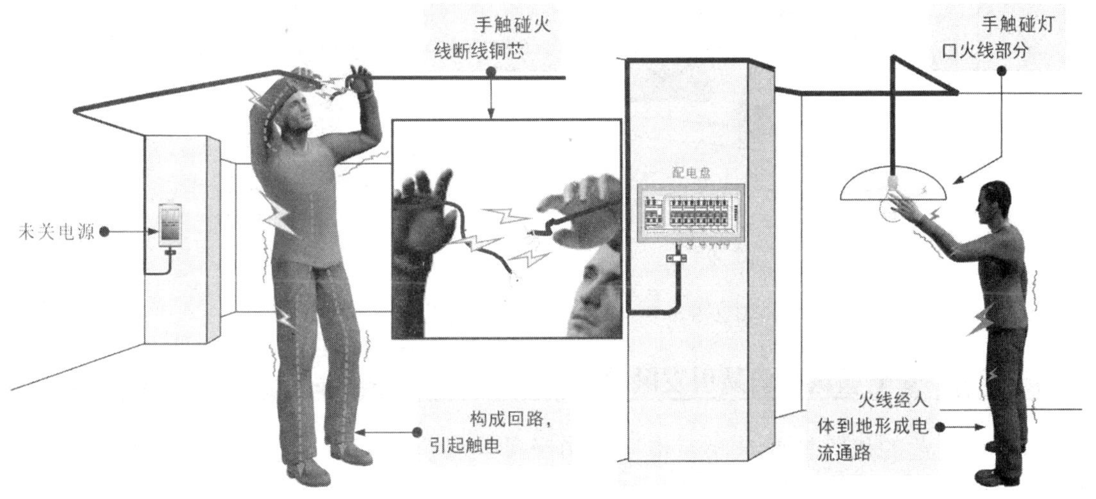

图 2-6 作业疏忽或违规操作易引发触电事故

提示

单相触电是电气安装、调试与维修操作中最常见的一类事故，是指在地面上或其他接地体上，人体的某一部分触及带电设备或线路中的某相导体时，一相电流通过人体经大地回到中性点引起的触电。

2 设备安全措施不完善易引发触电事故

电工人员进行作业时，若工具绝缘失效、绝缘防护措施不到位、未正确佩戴绝缘防护工具等，极易与带电设备或线路碰触，进而造成触电事故，如图 2-7 所示。

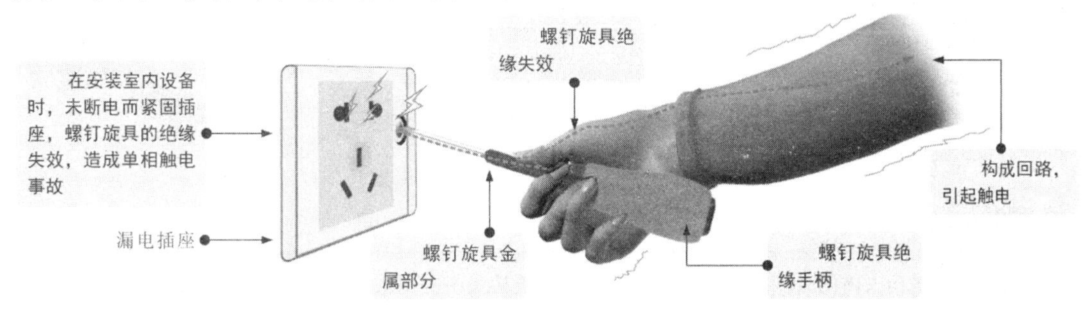

图 2-7 设备安全措施不完善引发触电事故

3 安全防护不到位易引发触电事故

电工操作人员在进行线路调试或维修过程中，未佩戴绝缘手套、绝缘鞋等防护措施，碰触到裸露的电线（正常工作中的配电线路，有电流流过），造成单相触电事故，如图 2-8 所示。

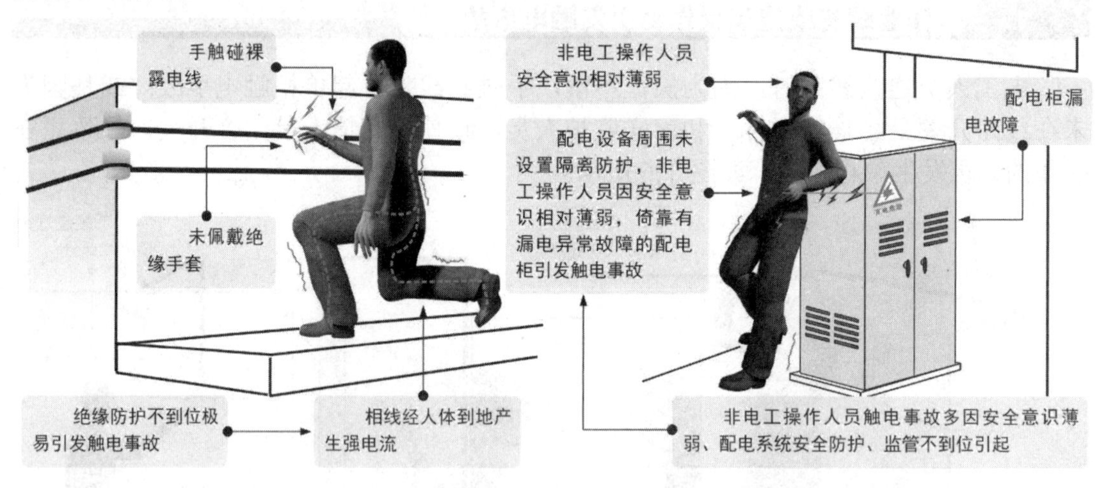

图 2-8　安全防护不到位易引发触电事故

4 安全意识薄弱易引发触电事故

电工作业的危险性要求所有电工人员必须具备强烈的安全意识，安全意识薄弱易引发触电事故，如图 2-9 所示。

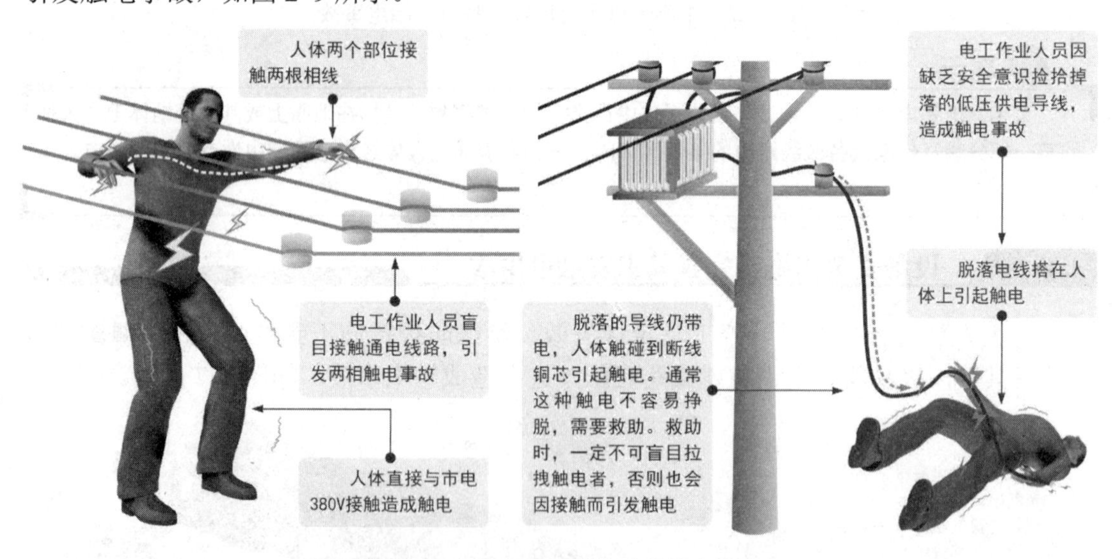

图 2-9　安全意识薄弱易引发触电事故

提示

两相触电是指人体两处同时触及两相带电体（三根相线中的两根）所引起的触电事故。这时人体承受的是交流 380V 电压，危险程度远大于单相触电，轻则导致烧伤或致残，严重会引起死亡。

5　缺乏安全常识引发触电事故

当一些电力线路或设备出现不明显的安全隐患时，因缺乏必要的安全常识也可能误闯入触电区域而引发触电事故，如跨步触电，如图 2-10 所示。

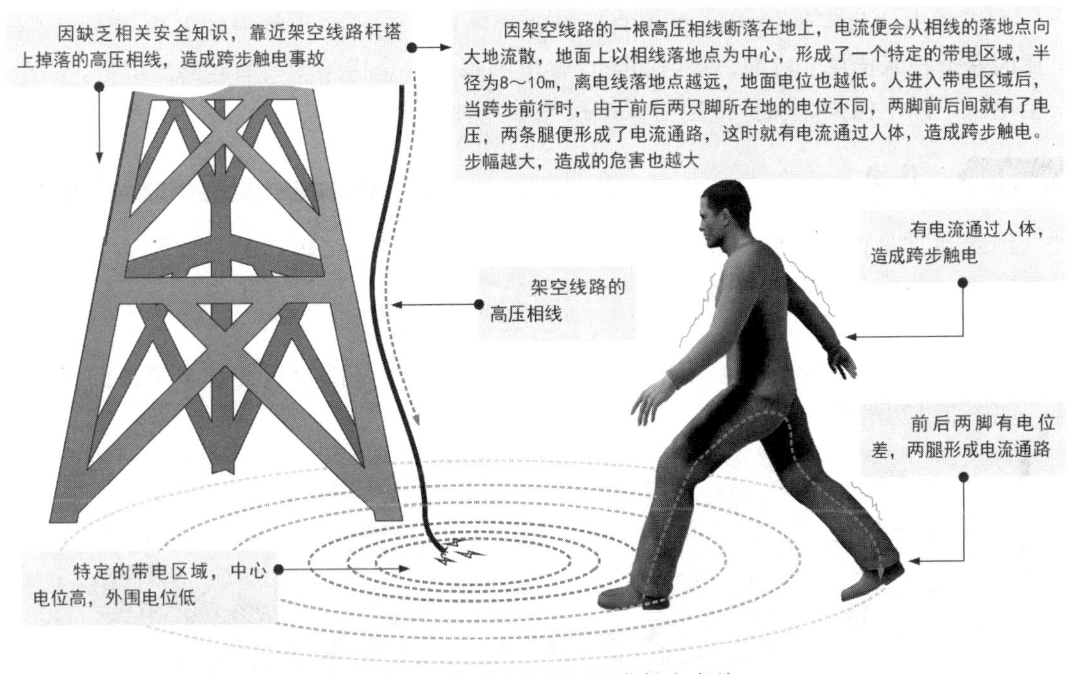

图 2-10　缺乏安全常识引发触电事故

6　环境条件不良引起触电事故

在雷电天气时，电工人员接触金属物体、导线等容易被引入的雷电击中引起触电，如图 2-11 所示。

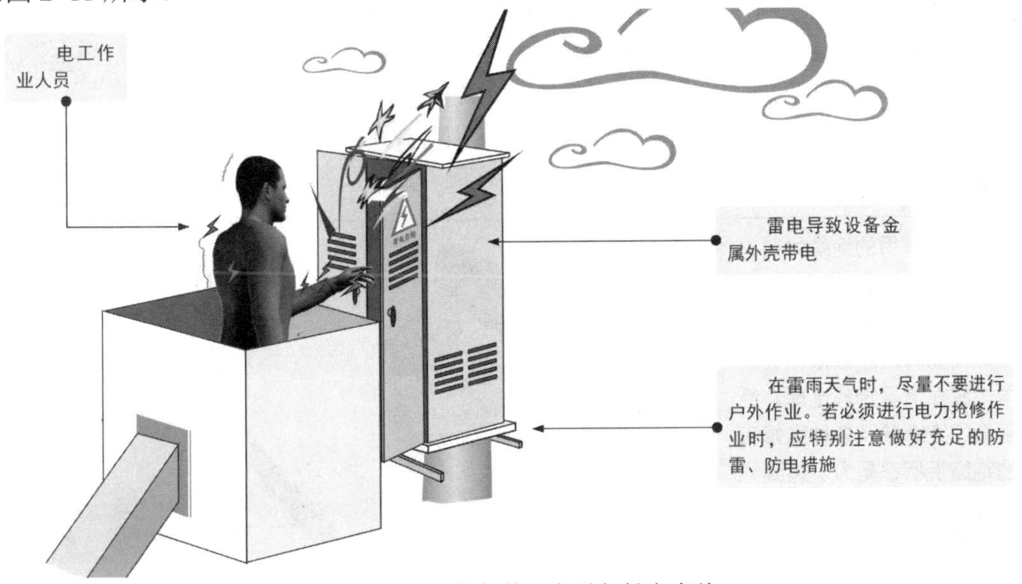

图 2-11　环境条件不良引起触电事故

2.2 电工触电的防护措施与应急处理

2.2.1 防止触电的基本措施

由于触电的危害性较大，造成的后果非常严重，为了防止触电的发生，必须采用可靠的安全技术措施。目前，常用的防止触电的基本安全措施主要有绝缘、屏护、间距、安全电压、漏电保护、保护接地与保护接零等几种。

1 绝缘

绝缘通常是指通过绝缘材料使带电体与带电体之间、带电体与其他物体之间进行电气隔离，使设备能够长期安全、正常工作，同时防止人体触及带电部分，避免发生触电事故。

良好的绝缘是设备和线路正常运行的必要条件，也是防止直接触电事故的重要措施，如图 2-12 所示。

操作人员拉合电气设备刀闸时，应佩戴绝缘手套，实现与电气设备操作杆之间的电气隔离

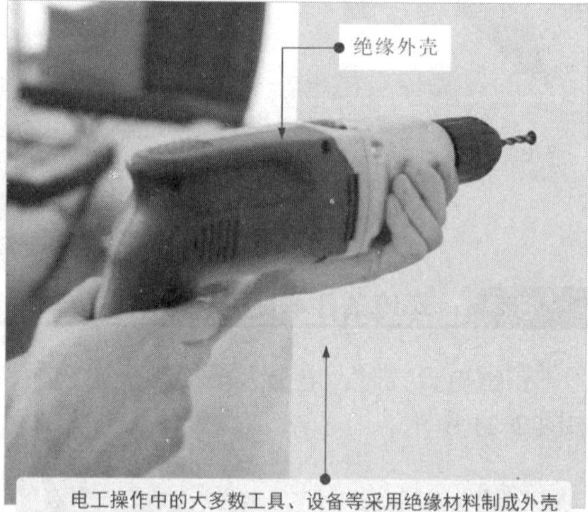

电工操作中的大多数工具、设备等采用绝缘材料制成外壳或手柄，实现与内部带电部分的电气隔离

图 2-12　电工操作中的绝缘措施

提示

目前，常用的绝缘材料有玻璃、云母、木材、塑料、胶木、布、纸、漆等，每种材料的绝缘性能和耐压数值都有所不同，应视情况合理选择。绝缘手套、绝缘鞋及各种维修工具的绝缘手柄都是为了起到绝缘防护的作用，如图 2-13 所示，绝缘性能必须满足国家现行的绝缘标准。

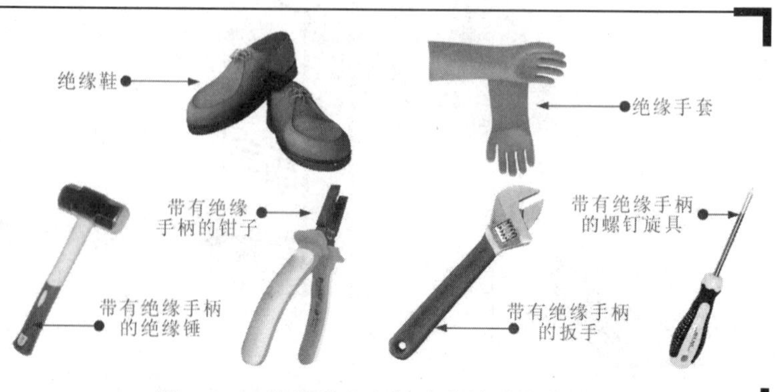

图 2-13　绝缘设备和具有绝缘防护的工具

绝缘材料在腐蚀性气体、蒸汽、潮汽、粉尘、机械损伤的作用下，绝缘性能会下降，应严格按照电工操作规程进行操作，使用专业的检测仪对绝缘手套和绝缘鞋定期进行绝缘和耐高压测试，如图 2-14 所示。

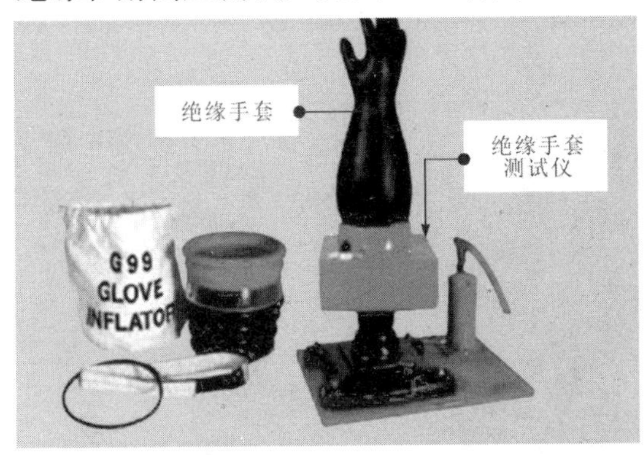

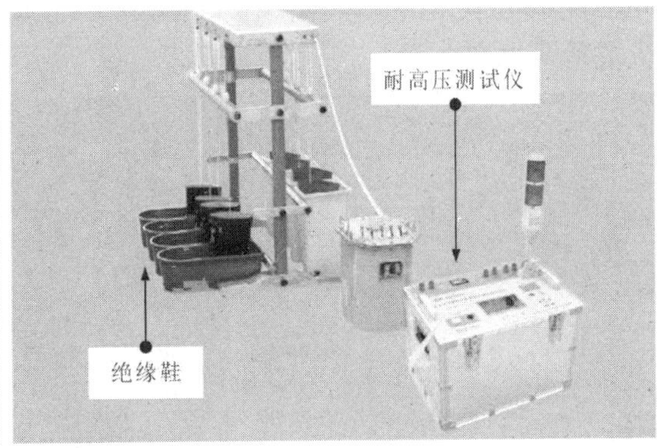

图 2-14　绝缘测试

提示

对绝缘工具的绝缘性能、绝缘等级进行定期检查，周期通常为一年左右。防护工具应当进行定期耐压检测，定期试验周期通常为半年左右。常见绝缘工具和防护工具的定期试验参数见表 2-1。

表 2-1　常见绝缘工具和防护工具的定期试验参数

定期试验时间	防护工具	额定耐压(kV/min)	耐压时间（min）
6个月	低压绝缘手套	8	1
	高压绝缘手套	2.5	1
	绝缘鞋	15	5
12个月	高压验电器	105	1
	低压验电器	40	1
	绝缘棒	三倍电压	5

2　屏护

屏护通常是指使用防护装置将带电体所涉及的场所或区域范围进行防护隔离，如图 2-15 所示，防止电工操作人员和非电工人员因靠近带电体而引发的直接触电事故。

图 2-15　屏护措施

提示

常见的屏护防护措施有围栏屏护、护盖屏护、箱体屏护等。屏护装置必须具备足够的机械强度和较好的耐火性能。若材质为金属材料，则必须采取接地（或接零）处理，防止屏护装置意外带电造成触电事故。屏护应按电压等级的不同而设置，变配电设备必须安装完善的屏护装置。通常，室内围栏屏护高度不应低于 1.2m，室外围栏屏护高度不应低于 1.5m，栏条间距不应小于 0.2m。

3 间距

间距一般是指作业时，操作人员与设备之间、带电体与地面之间、设备与设备之间应保持的安全距离，如图 2-16 所示。正确的间距可以防止人体触电、电气短路事故、火灾等事故的发生。

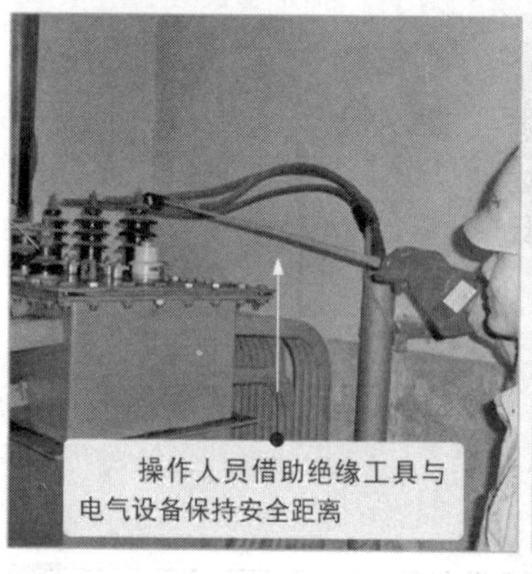

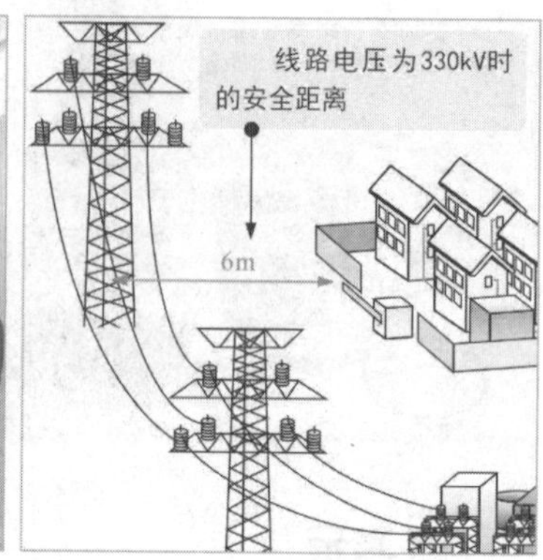

图 2-16　间距措施

提示

带电体电压不同，类型不同，安装方式不同等，要求操作人员作业时所需保持的间距也不一样。安全间距一般取决于电压、设备类型、安装方式等相关的因素。表 2-2 为间距类型及说明。

表 2-2　间距类型及说明

间距类型	说明
线路间距	线路间距是指厂区、市区、城镇低压架空线路的安全距离。一般情况下，低压架空线路导线与地面或水面的距离不应低于6m。330kV线路与附近建筑物之间的距离不应小于6m
设备间距	电气设备或配电装置的装设应考虑到搬运、检修、操作和试验的方便性。为确保安全，电气设备周围需要保持必要的安全通道。例如，在配电室内，低压配电装置的正面通道宽度，单列布置时应不小于1.5m。另外，带电设备与围栏之间也应满足安全距离要求（具体数值参考本书中的“带电设备部分到各种围栏的安全距离”表中规定）
检修间距	检修间距是指在维护检修中人体及所带工具与带电体之间、与停电设备之间必须保持的足够安全距离（具体数值参考本书中的“工作人员工作中正常活动范围与带电设备的安全距离”和“设备不停电时的安全距离”表中规定）。 起重机械在架空线路附近作业时，要注意与线路导线之间应保持足够的安全距离

4 安全电压

安全电压是指为了防止触电事故而规定的一系列不会危及人体的安全电压值，即把可能加在人身上的电压限制在某一范围之内，在该范围内电压下通过人体的电流不会造成人身触电，如图 2-17 所示。

42V：危险环境中使用的手持电动工具应采用42V安全电压。如无特殊安全结构或措施，应采用42V或36V安全电压

36V：有电击危险环境中，使用的手持式照明灯和局部照明灯应采用36V或24V安全电压。注意，超过24V安全电压时，必须采取防止直接触及带电体的保护措施

24V：隧道、矿井等潮湿场所，工作地点狭窄、行动不便及周围有大面积接地导体环境时，采用24V或12V安全电压

12V：在特别潮湿场所和金属容器内，工作照明电源电压不得大于12V

6V：在水下作业等场所工作应使用6V安全电压

我国规定，不同环境下安全电压极限值的等级为42V、36V、24V、12V、6V（工频有效值）。若电气采用的实际工作电压超过安全电压值时，必须按规定采取保护措施，避免直接接触带电体。国家电网规定，一般环境下的安全电压为36V，安全电流为10mA

图 2-17　安全电压

提示

需要注意，安全电压仅为特低电压的保护形式，不能认为仅采用了“安全”特低电压就可以绝对防止电击事故发生。安全特低电压必须由安全电源供电，如安全隔离变压器、蓄电池及独立供电的柴油发电机，即使在故障时，仍能够确保输出端子上的电压不超过特低电压值的电子装置电源等。

5 漏电保护

漏电保护是指借助漏电保护器件实现对线路或设备的保护，防止人体触及漏电线路或设备时发生触电危险。

漏电是指电气设备或线路绝缘损坏或其他原因造成导电部分破损时，如果电气设备的金属外壳接地，那么此时电流就由电气设备的金属外壳经大地构成通路，从而形成电流，即漏电电流。当漏电电流达到或超过规定允许值（一般不大于 30mA）时，漏电保护器件能够自动切断电源或报警，以保证人身安全，如图 2-18 所示。

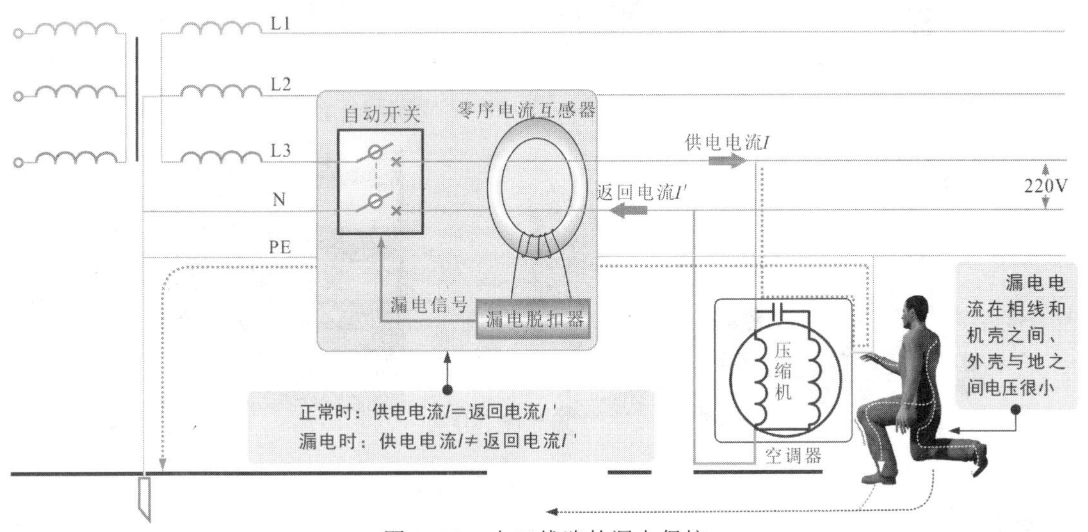

图 2-18 电工线路的漏电保护

6 保护接地与保护接零

保护接地和保护接零是间接触电防护措施中最基本的措施，如图 2-19 所示。

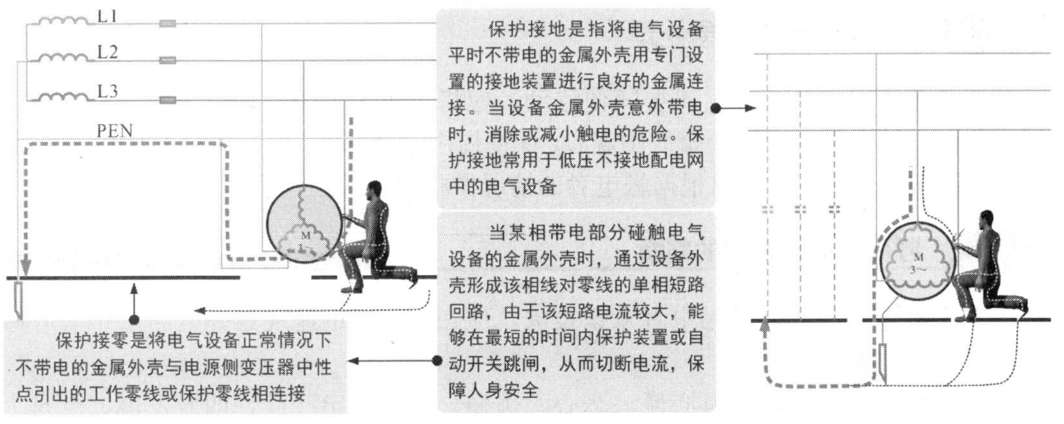

图 2-19 电动机外壳接地的漏电保护方式

2.2.2 摆脱触电的应急措施

触电事故发生后，救护者要保持冷静，首先观察现场，推断触电原因，然后采取最直接、最有效的方法实施救援，让触电者尽快摆脱触电环境，如图 2-20 所示。

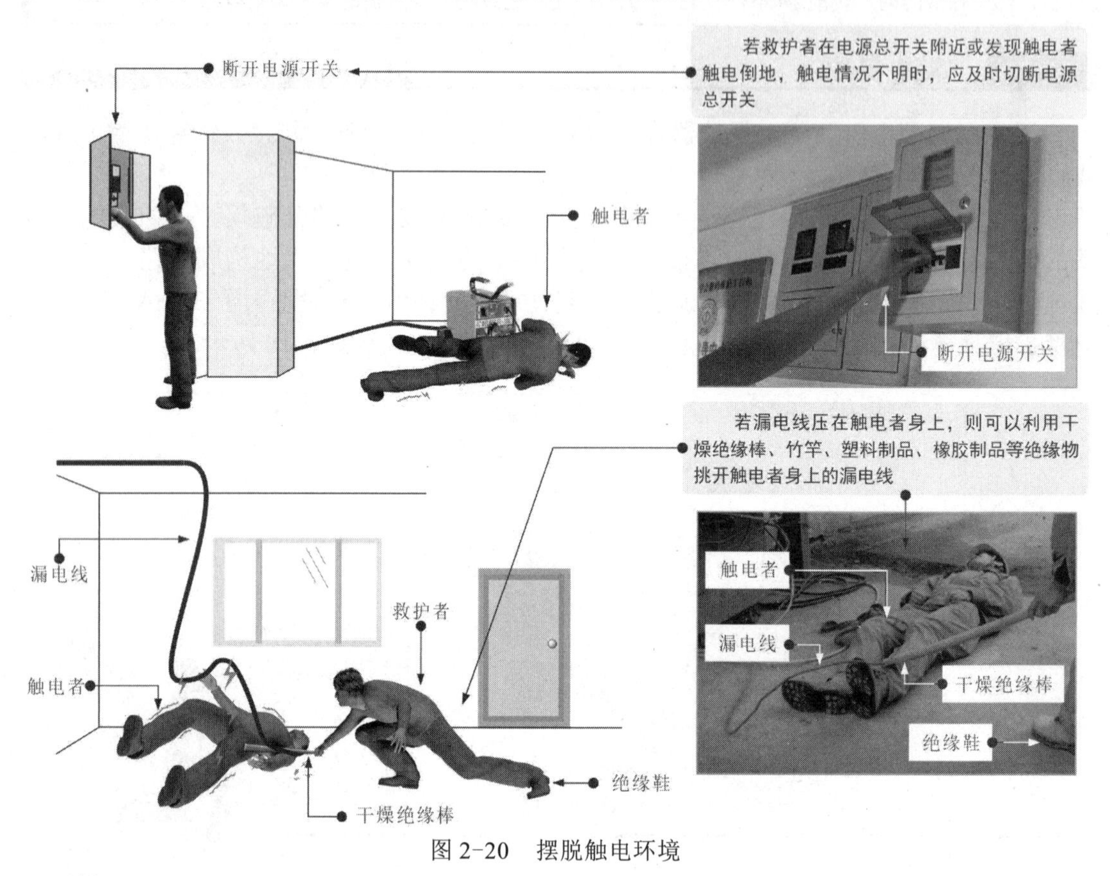

图 2-20　摆脱触电环境

提示

特别注意，整个施救过程要迅速、果断，尽可能利用现场现有资源实施救援，以争取宝贵的救护时间，绝对不可直接拉拽触电者，否则极易造成连带触电。

2.2.3 触电急救的应急处理

触电者脱离触电环境后，不要随便移动，应将触电者仰卧，并迅速解开触电者的衣服、腰带等，保证正常呼吸，疏散围观者，保证周围空气畅通，同时拨打 120 急救电话，做好以上准备工作后，就可以根据触电者的情况做相应的救护。

1 呼吸、心跳情况的判断

当发生触电事故时，若触电者意识丧失，应在 10s 内迅速观察并判断触电者呼吸及心跳情况，如图 2-21 所示。

若触电者神志清醒，但有心慌、恶心、头痛、头昏、出冷汗、四肢发麻、全身无力等症状，应让触电者平躺在地，并仔细观察触电者，最好不要让触电者站立或行走。

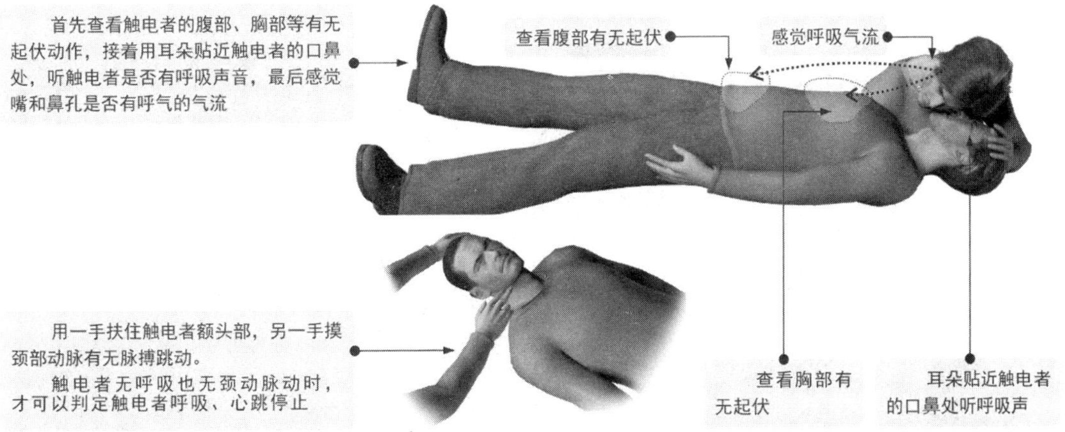

首先查看触电者的腹部、胸部等有无起伏动作，接着用耳朵贴近触电者的口鼻处，听触电者是否有呼吸声音，最后感觉嘴和鼻孔是否有呼气的气流

查看腹部有无起伏

感觉呼吸气流

用一手扶住触电者额头部，另一手摸颈部动脉有无脉搏跳动。

触电者无呼吸也无颈动脉动时，才可以判定触电者呼吸、心跳停止

查看胸部有无起伏

耳朵贴近触电者的口鼻处听呼吸声

图 2-21　触电的急救措施

若触电者已经失去知觉，但仍有轻微的呼吸和心跳，让触电者就地仰卧平躺，让气道通畅，把触电者的衣服及有碍于呼吸的腰带等物解开，帮助呼吸，在 5s 内呼叫触电者或轻拍触电者肩部，判断触电者意识是否丧失。在触电者神志不清时，不要摇动触电者的头部或呼叫触电者。

图 2-22 为触电者的正确躺卧姿势。

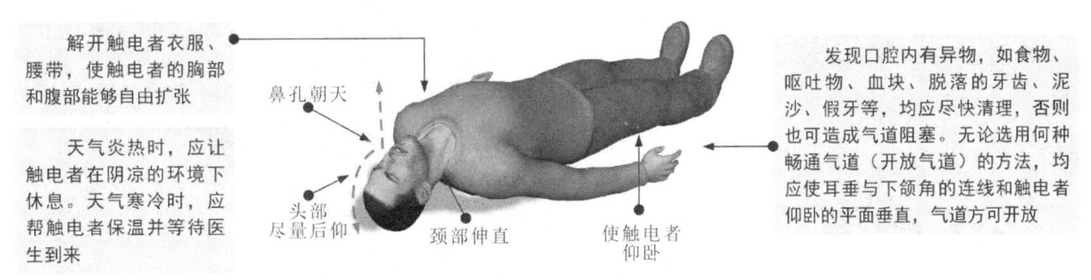

图 2-22　触电者的正确躺卧姿势

2　急救措施

在通常情况下，若正规医疗救援不能及时到位，而触电者已无呼吸，但是仍然有心跳时，应及时采用人工呼救法救治。

在人工呼吸前，首先要确保触电者口鼻畅通，迅速采用正确规范的手法做好人工呼吸前的准备工作，如图 2-23 所示。

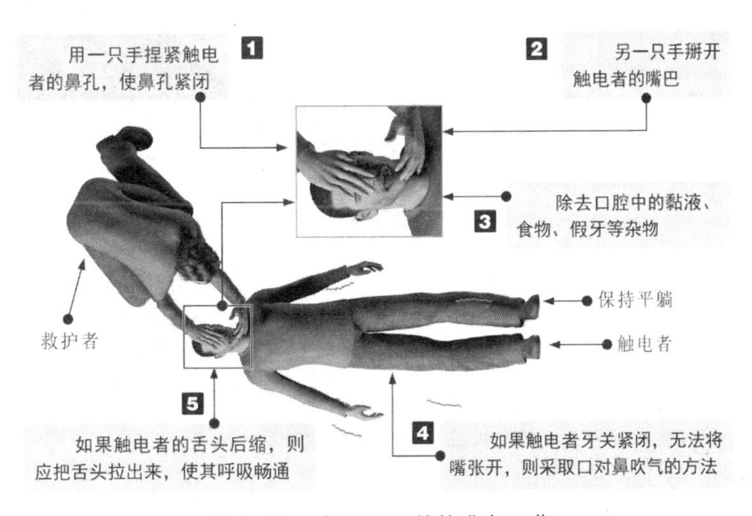

图 2-23　人工呼吸前的准备工作

做完前期准备后，开始进行人工呼吸，如图 2-24 所示。

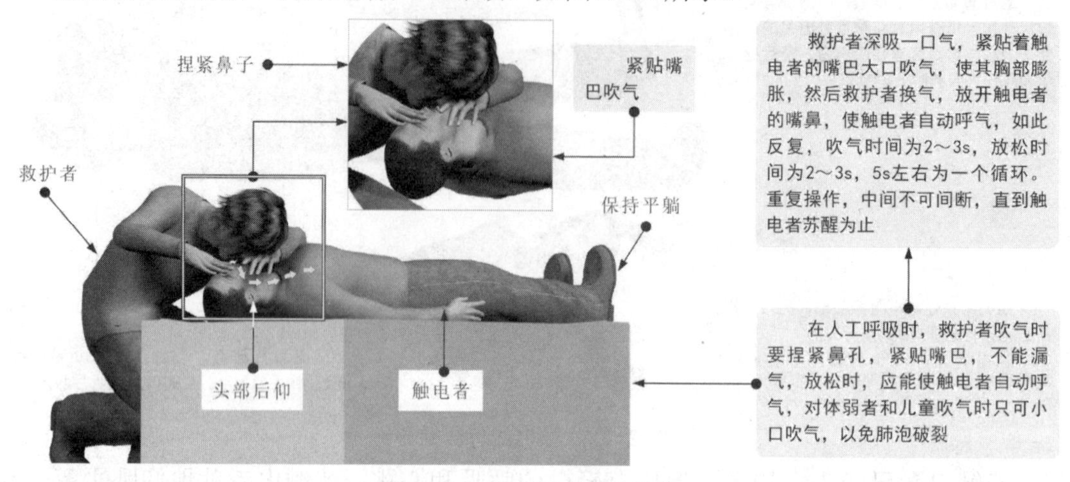

图 2-24　人工呼吸急救措施

若触电者嘴或鼻被电伤无法进行口对口人工呼吸或口对鼻人工呼吸时，也可以采用牵手呼吸法救治，如图 2-25 所示。

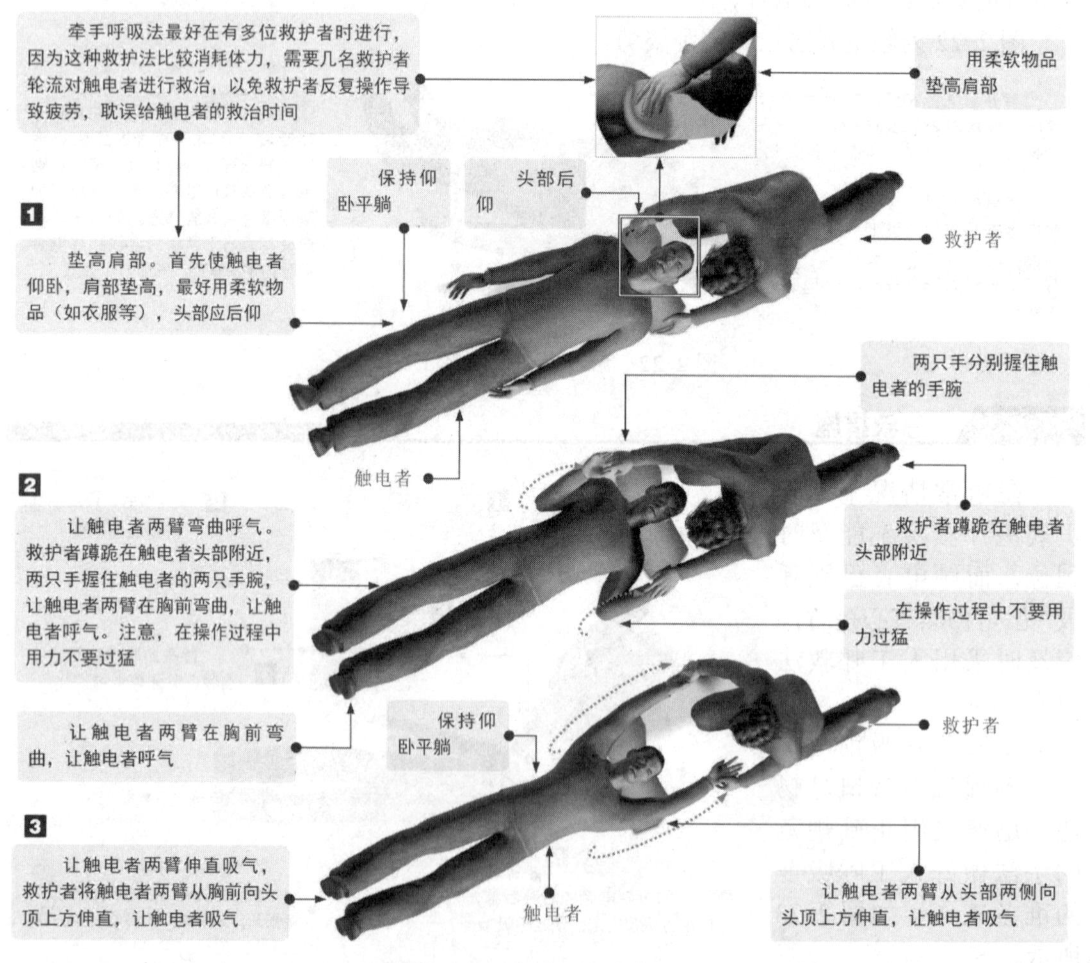

图 2-25　牵手呼吸法救治

在触电者心音微弱、心跳停止或脉搏短而不规则的情况下，可采用胸外心脏按压救治的方法帮助触电者恢复正常心跳，如图 2-26 所示。

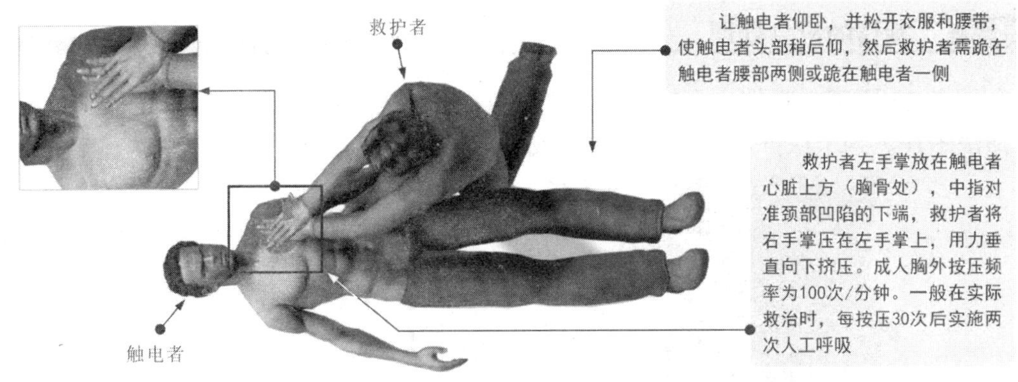

图 2-26 胸外心脏按压救治

在抢救过程中，要不断观察触电者面部动作，若嘴唇稍有开合，眼皮微微活动，喉部有吞咽动作，则说明触电者已有呼吸，可停止救助。如果触电者仍没有呼吸，需要同时利用人工呼吸和胸外心脏按压法。

在抢救的过程中，如果触电者身体僵冷，医生也证明无法救治时，才可以放弃治疗。反之，如果触电者瞳孔变小，皮肤变红，则说明抢救收到了效果，应继续救治。

提示

寻找正确的按压点位时，可将右手食指和中指沿着触电者的右侧肋骨下缘向上，找到肋骨和胸骨结合处的中点，如图 2-27 所示，将两根手指并齐，中指放置在胸骨与肋骨结合处的中点位置，食指平放在胸骨下部（按压区），将左手的手掌根紧挨着食指上缘置于胸骨上，然后将定位的右手移开，并将掌根重叠放于左手背上，有规律按压即可。

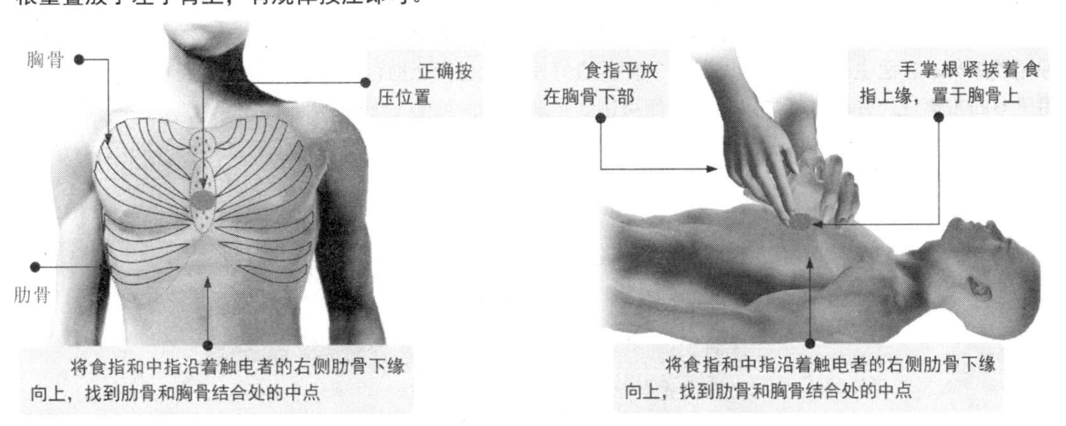

图 2-27 胸外心脏按压救治的按压点

2.3 外伤急救与电气灭火

2.3.1 外伤急救措施

在电工作业过程中，碰触尖锐利器、电击、高空作业等可能会造成电工操作人员出现各种体表外部的伤害事故，较易发生的外伤主要有割伤、摔伤和烧伤三种，对不同的外伤要采用不同的急救措施。

1 割伤的应急处理

如图 2-28 所示，割伤出血时，需要在割伤的部位用棉球蘸取少量的酒精或盐水将伤口清洗干净，为了保护伤口，用纱布（或干净的毛巾等）包扎。

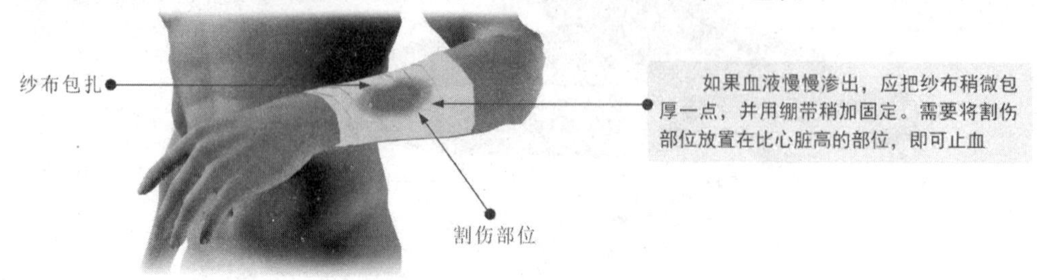

图 2-28 割伤的应急处理

提示

若经初步救护还不能止血或是血液大量渗出时，需要赶快请救护车。在救护车到来以前，要压住患处接近心脏的血管，接着可用下列方法进行急救：

（1）手指割伤出血：受伤者可用另一只手用力压住受伤处两侧。

（2）手、手肘割伤出血：受伤者需要用四个手指，用力压住上臂内侧隆起的肌肉，若压住后仍然出血不止，则说明没有压住出血的血管，需要重新改变手指的位置。

（3）上臂、腋下割伤出血：必须借助救护者来完成。救护者拇指向下、向内用力压住受伤者锁骨下凹处的位置即可。

（4）脚、胫部割伤出血：需要借助救护者来完成。首先让受伤者仰躺，将脚部微微垫高，救护者用两只拇指压住受伤者的股沟、腰部、阴部间的血管即可。

指压方式止血只是临时应急措施。若将手松开，则血还会继续流出。因此，一旦发生事故，要尽快呼叫救护车。在医生尚未到来时，若有条件，最好使用止血带止血，即在伤口血管距离心脏较近的部位用干净的布绑住，并用木棍加以固定，便可达到止血效果，如图 2-29 所示。

止血带每隔 30min 左右就要松开一次，以便让血液循环；否则，伤口部位被捆绑的时间过长，会对受伤者造成危害。

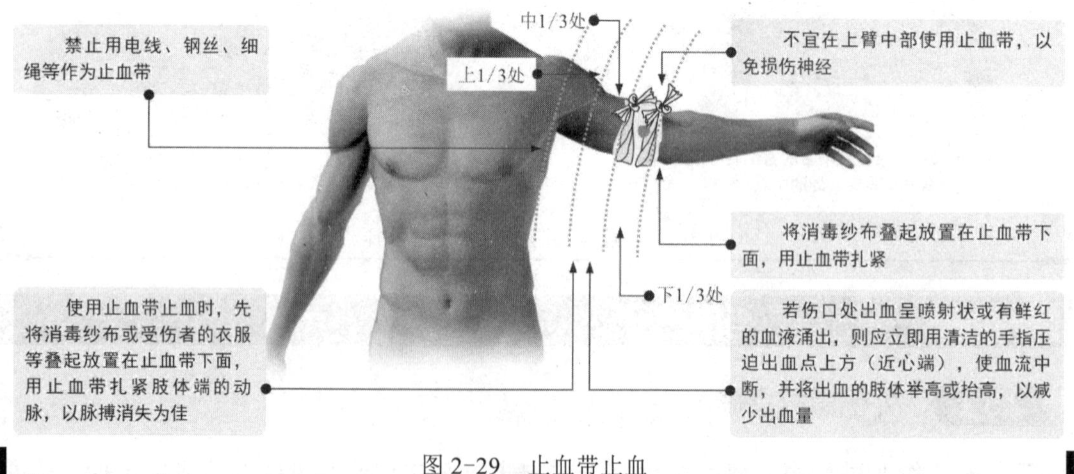

图 2-29 止血带止血

在电工作业过程中，摔伤主要发生在一些登高作业中。摔伤应急处理的原则是先抢救、后固定。首先快速准确查看受伤者的状态，应根据不同受伤程度和部位进行相应的应急救护措施，如图 2-30 所示。

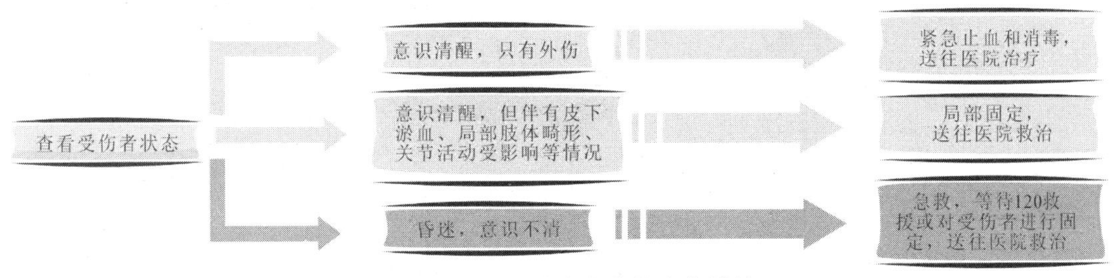

图 2-30　不同程度摔伤的应急措施

若受伤者是从高处坠落、受挤压等，则可能有胸腹内脏破裂出血，需采取恰当的救治措施，如图 2-31 所示。

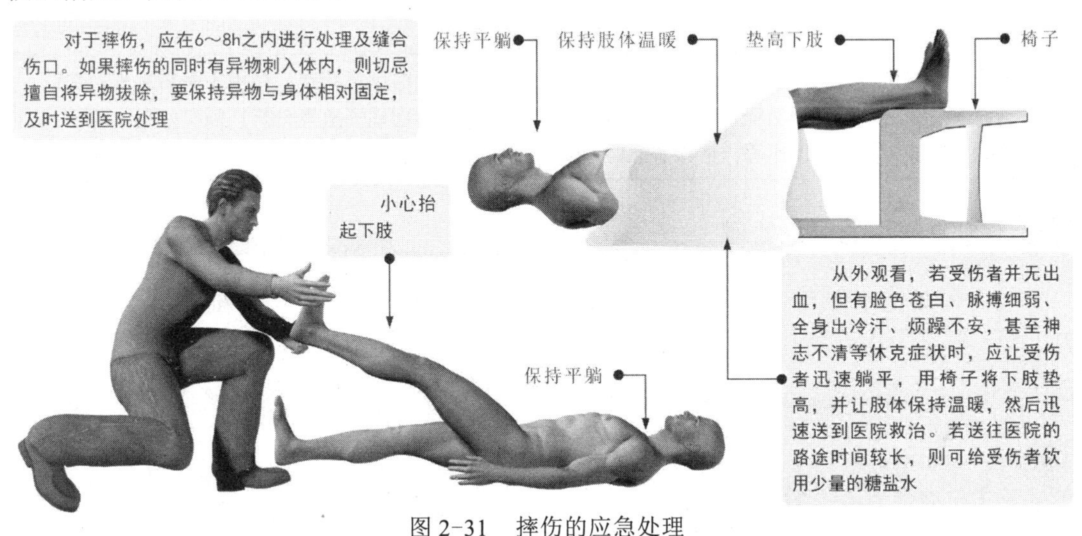

图 2-31　摔伤的应急处理

肢体骨折时，一般使用夹板、木棍、竹竿等将断骨上、下两个关节固定，也可用受伤者的身体固定，如图 2-32 所示，以免骨折部位移动，减少受伤者疼痛，防止受伤者的伤势恶化。

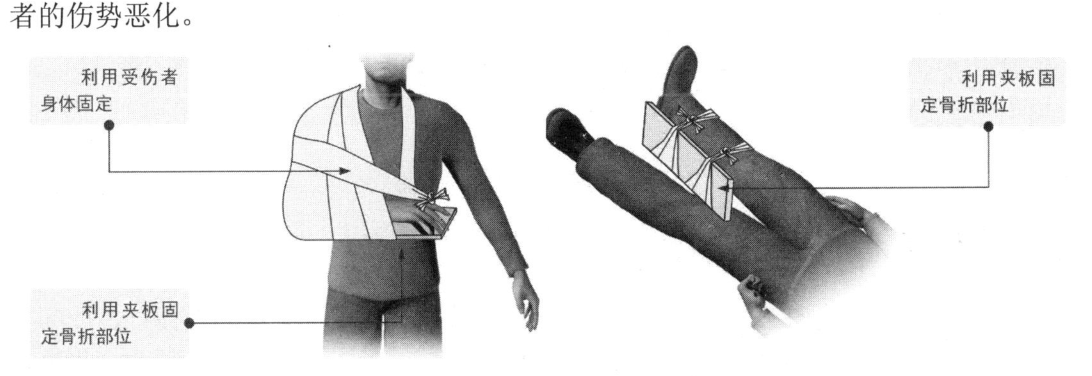

图 2-32　肢体骨折的固定方法

图 2-33 为颈椎和腰椎骨折的急救方法。

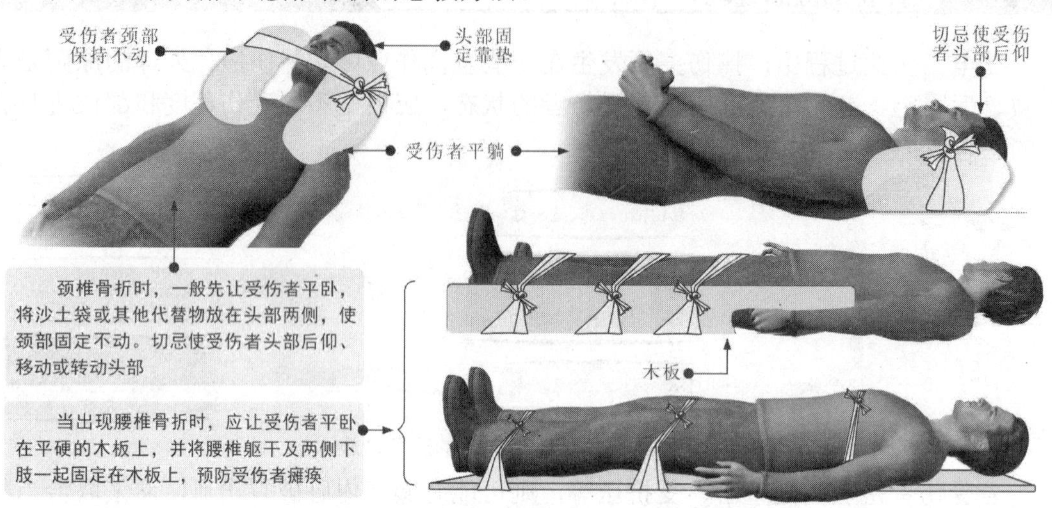

图 2-33　颈椎和腰椎骨折的急救方法

提示

值得注意的是，若出现开放性骨折、有大量出血时，则先止血后再固定，并用干净布片覆盖伤口，然后迅速送往医院救治，切勿将外露的断骨推回伤口内。若没有出现开放性骨折，则最好也不要自行或让非医务人员揉、拉、捏、掰等，应该等急救医生赶到或到医院后让医务人员救治。

3　烧伤的应急处理

烧伤多是由于触电及火灾事故引起的。一旦出现烧伤，应及时对烧伤部位进行降温处理，并在降温过程中小心除去衣物，以降低伤害，如图 2-34 所示，然后等待就医。

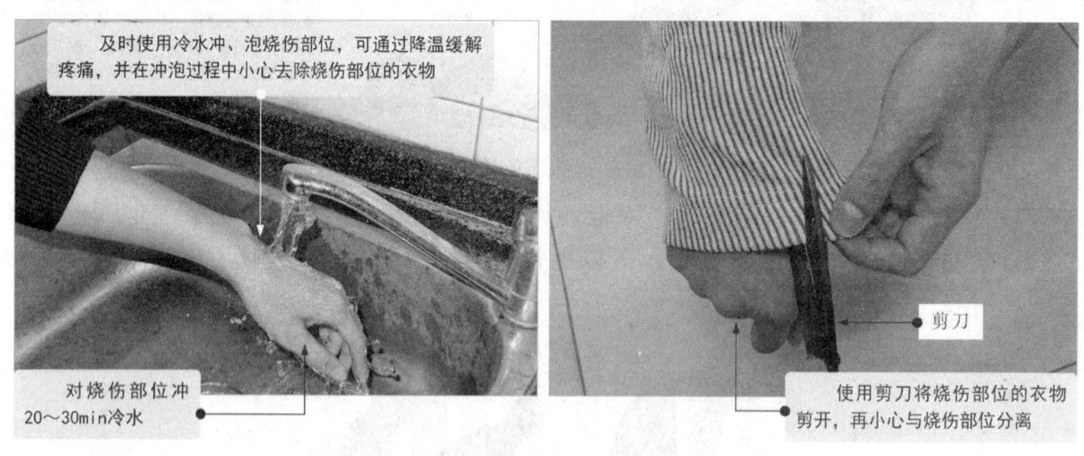

图 2-34　烧伤的应急处理措施

2.3.2　电气灭火应急处理

电气火灾通常是指由于电气设备或电气线路操作、使用或维护不当而直接或间接引发的火灾事故。一旦发生电气火灾事故，应及时切断电源，拨打火警电话 119 报警，并使用身边的灭火器灭火。

图 2-35 为几种电气火灾中常用灭火器的类型。

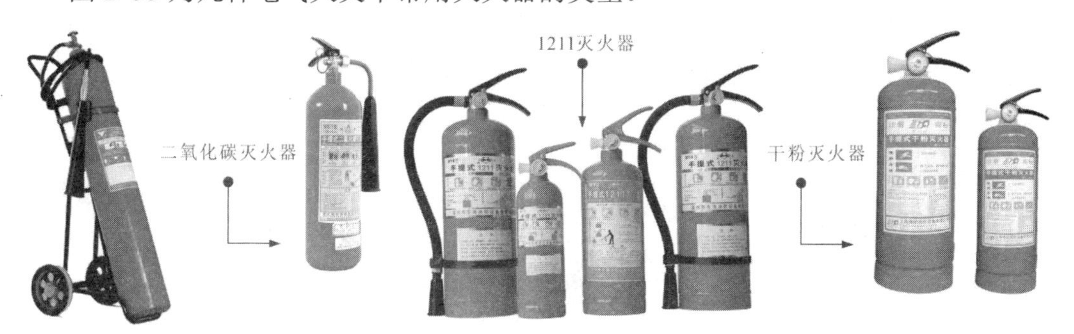

图 2-35　几种电气火灾中常用灭火器的类型

提示

一般来说，对于电气线路引起的火灾，应选择干粉灭火器、二氧化碳灭火器、二氟一氯一溴甲烷灭火器（1211 灭火器）或二氟二溴甲烷灭火器，这些灭火器中的灭火剂不具有导电性。

注意，电气类火灾不能使用泡沫灭火器、清水灭火器或直接用水灭火，因为泡沫灭火器和清水灭火器都属于水基类灭火器，内部灭火剂有导电性，适用于扑救油类或其他易燃液体火灾，不能用于扑救带电体火灾及其他导电物体火灾。使用灭火器前，需要首先了解灭火器的基本结构组成，如图 2-36 所示。

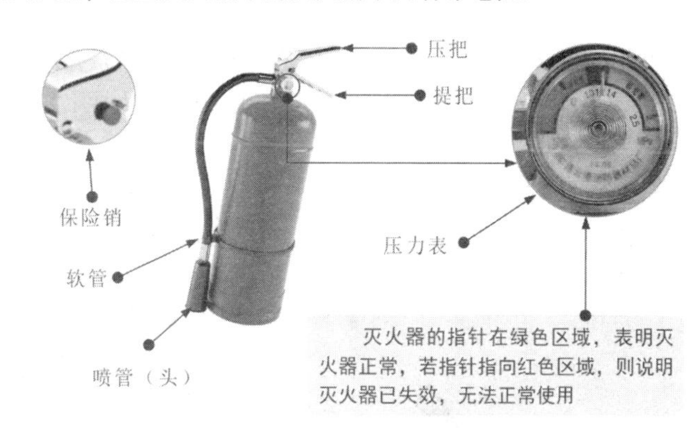

图 2-36　灭火器的结构

使用灭火器灭火，要先除掉灭火器的铅封，拔出位于灭火器顶部的保险销，然后压下压把，将喷管（头）对准火焰根部灭火，如图 2-37 所示。

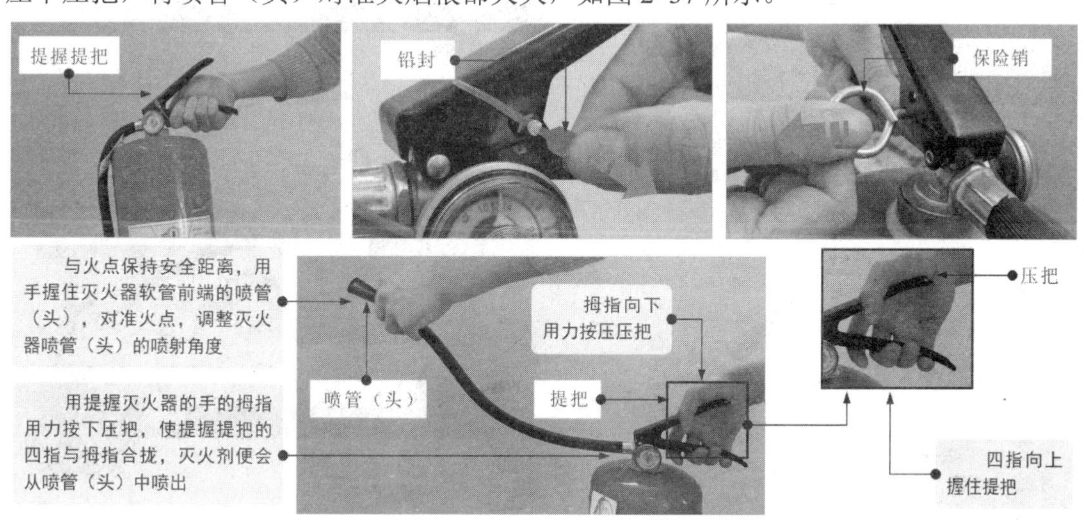

图 2-37　灭火器的使用方法

灭火时，应保持有效喷射距离和安全角度（不超过45°），如图2-38所示，对火点由远及近，猛烈喷射，并用手控制喷管（头）左右、上下来回扫射，与此同时，快速推进，保持灭火剂猛烈喷射的状态，直至将火扑灭。

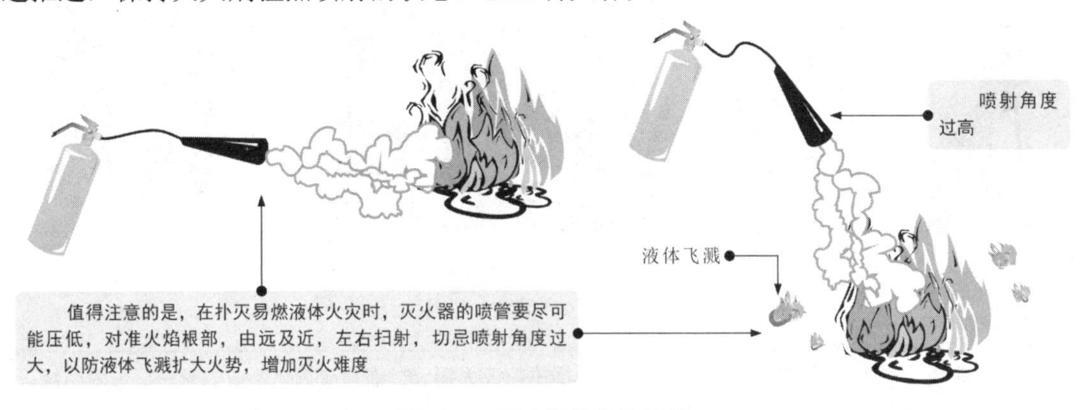

图2-38　灭火器的操作要领

灭火人员在灭火过程中需具备良好的心理素质，遇事不要惊慌，保持安全距离和安全角度，严格按照操作规程进行灭火操作，如图2-39所示。

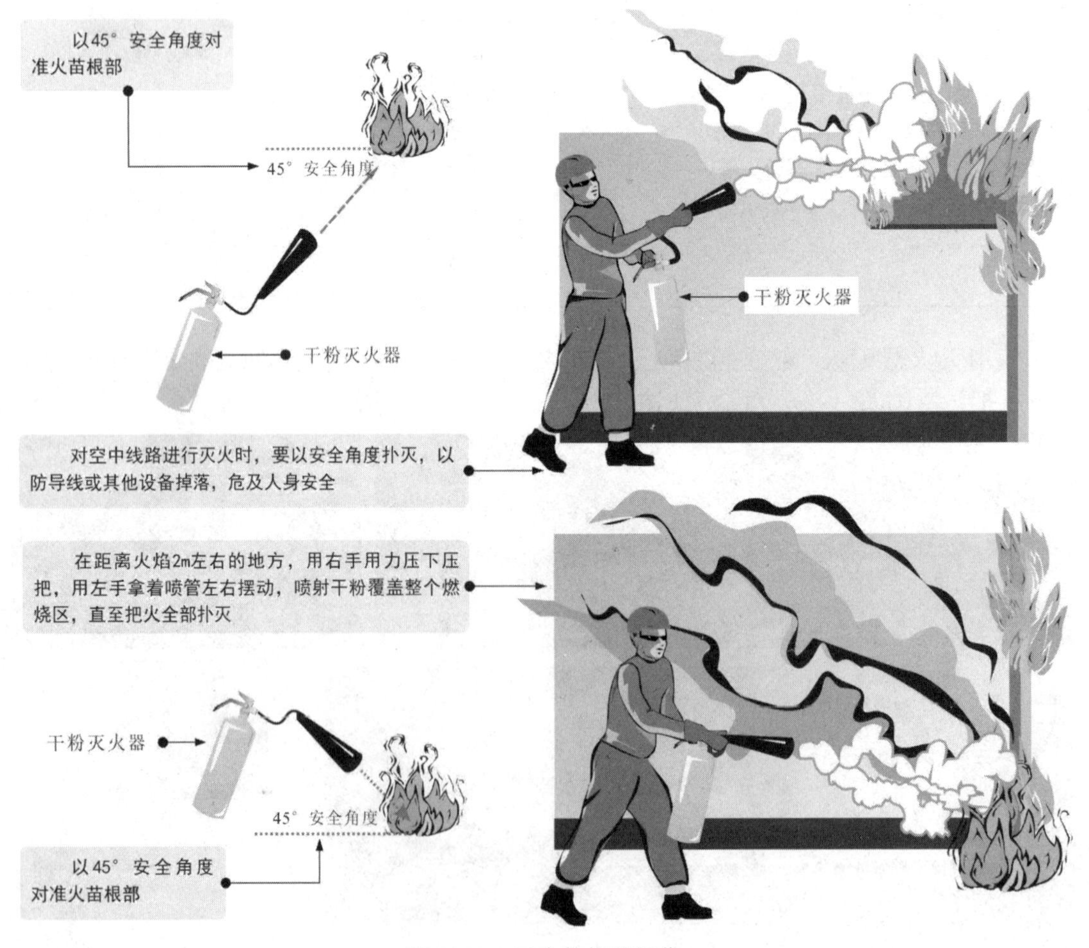

图2-39　灭火的规范操作

第3章 电工常用工具和仪表的使用方法

3.1 常用加工工具的使用方法

3.1.1 钳子的种类、特点和使用方法

在电工操作维修中，钳子在导线加工、线缆弯制、设备安装等场合都有广泛的应用。从结构上看，钳子主要由钳头和钳柄两部分构成。根据钳头设计和功能上的区别，钳子又可以分为钢丝钳、斜口钳、尖嘴钳、剥线钳、压线钳及网线钳等。

1 钢丝钳的特点和使用方法

钢丝钳主要是由钳头和钳柄两部分构成的。其中，钳柄处有绝缘套保护；钳头主要是由钳口、齿口、刀口和铡口构成的。图3-1为钢丝钳的结构和实物外形。

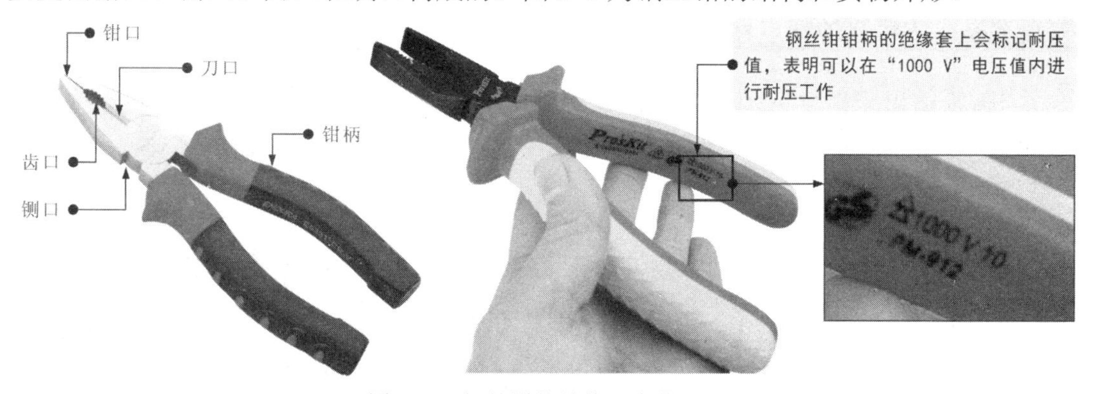

图3-1 钢丝钳的结构和实物外形

钢丝钳的主要功能是剪切线缆、剥削绝缘层、弯折线芯、松动或紧固螺母等。使用钢丝钳时，一般多采用右手操作，使钢丝钳的钳口朝内，便于控制钳切的部位。可以使用钢丝钳的钳口弯绞导线，齿口可以用于紧固或拧松螺母，刀口可以用于修剪导线及拔取铁钉，铡口可以用于铡切较细的导线或金属丝，如图3-2所示。

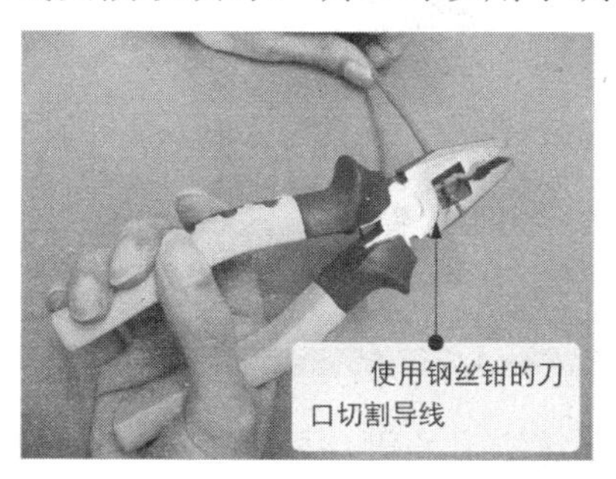

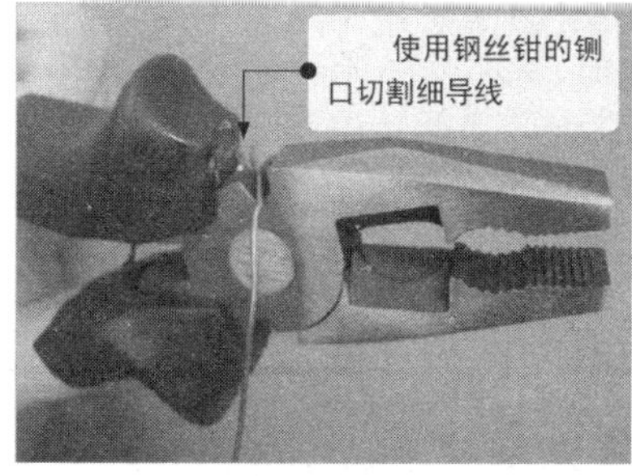

使用钢丝钳修剪带电的线缆时，应当查看绝缘手柄的耐压值，并检查绝缘手柄上是否有破损处。若绝缘手柄破损或未标有耐压值，则说明该钢丝钳不可用于修剪带电线缆，否则会导致电工操作人员触电

图3-2 钢丝钳的使用方法

2　斜口钳的特点和使用方法

斜口钳又叫偏口钳，主要用于线缆绝缘皮的剥削或线缆的剪切操作。斜口钳的钳头部位为偏斜式的刀口，可以贴近导线或金属的根部切割，如图 3-3 所示。

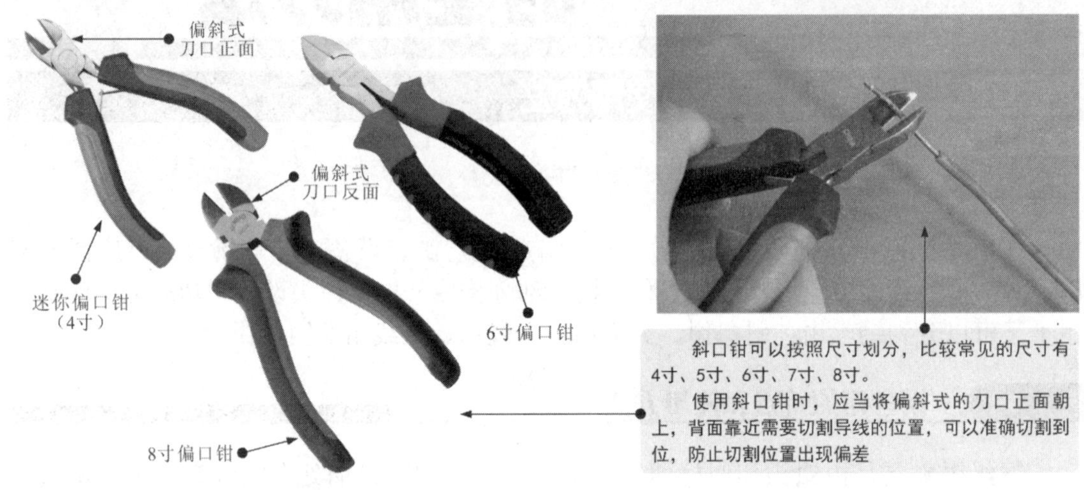

图 3-3　斜口钳的特点和使用方法

3　尖嘴钳的特点和使用方法

尖嘴钳的钳头部分较细，可以在较小的空间里操作，可以分为带有刀口尖嘴钳和无刀口尖嘴钳，如图 3-4 所示。

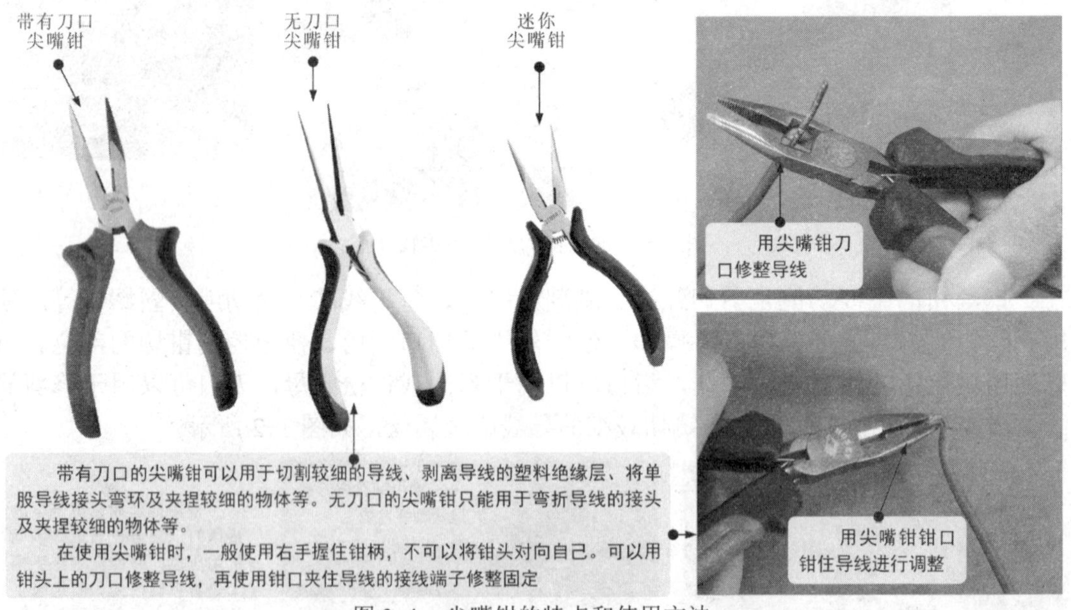

图 3-4　尖嘴钳的特点和使用方法

4　剥线钳的特点和使用方法

剥线钳主要用来剥除线缆的绝缘层，在电工操作中常使用的剥线钳可以分为压接式剥线钳和自动式剥线钳两种，如图 3-5 所示。

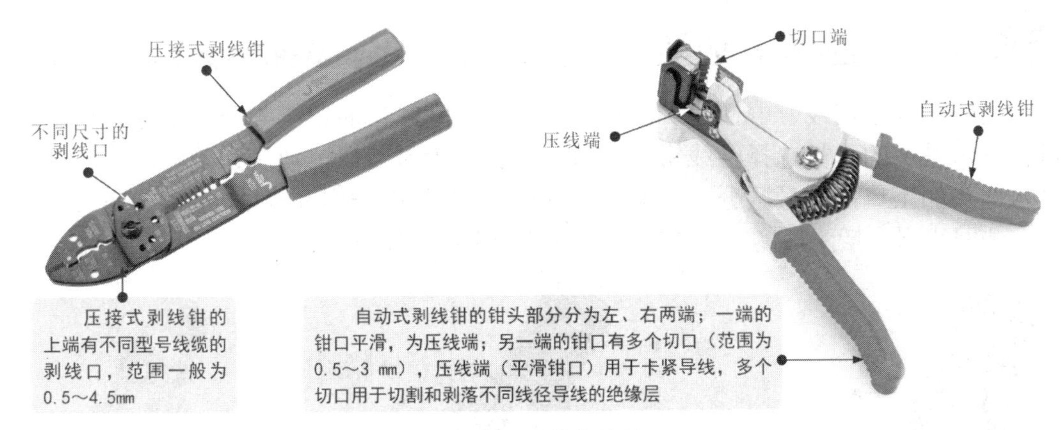

图 3-5　剥线钳的实物外形

使用剥线钳剥线时，一般会根据导线选择合适尺寸的切口，将导线放入该切口中，按下剥线钳的钳柄，即可将绝缘层割断，再次紧按手柄时，钳口分开加大，切口端将绝缘层与导线芯分离。图 3-6 为剥线钳的使用方法。

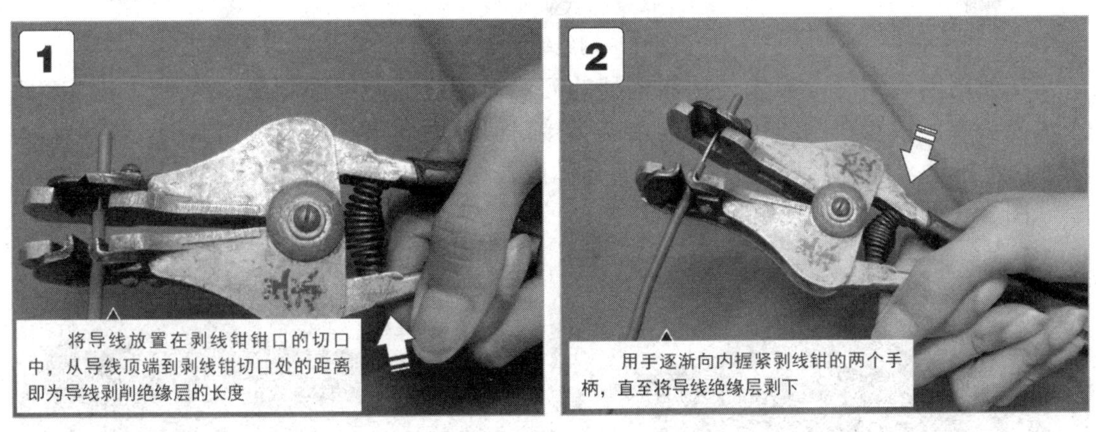

图 3-6　剥线钳的使用方法

5　压线钳的特点和使用方法

压线钳在电工操作中主要用于线缆与连接头的加工。压线钳根据压接连接件的大小不同，内置的压接孔也有所不同。图 3-7 为压线钳的实物外形及使用方法。

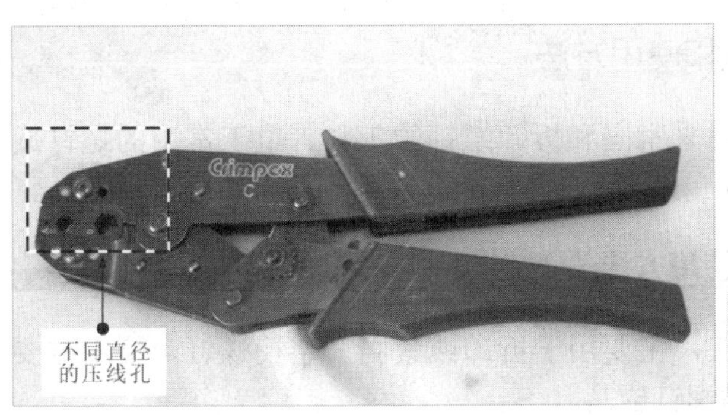

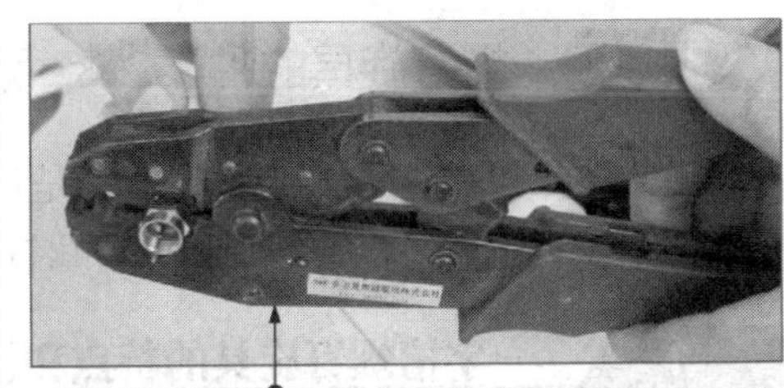

图 3-7　压线钳的实物外形及使用方法

6 网线钳的特点和使用方法

网线钳用于网线、电话线水晶头的加工。在网线钳的钳头部分有水晶头加工口，可根据水晶头的型号选择网线钳，在钳柄处也会附带刀口，便于切割网线。网线钳根据水晶头加工口的型号区分，一般分为RJ45接口的网线钳和RJ11接口的网线钳，也有一些网线钳包括两种接口。图3-8为网线钳的实物外形。

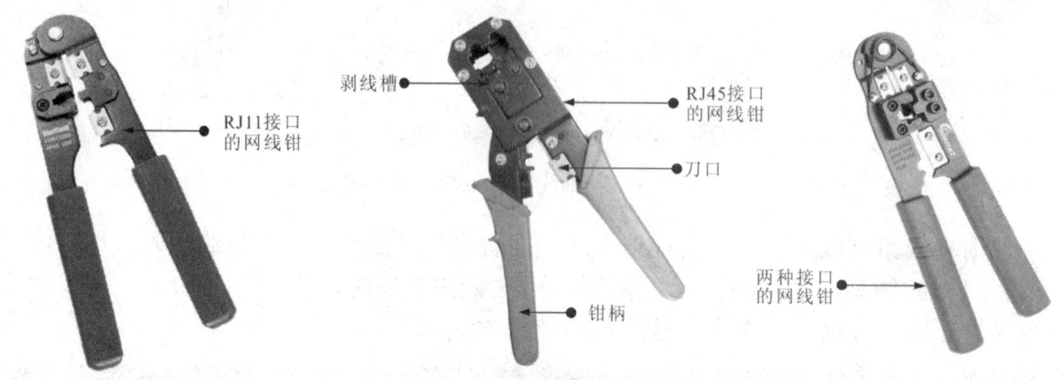

图3-8　网线钳的实物外形

在使用网线钳时，应先使用钳柄处的刀口对网线的绝缘层剥离，将网线按顺序插入水晶头中，放置在网线钳对应的水晶头接口，用力向下按压网线钳钳柄，钳头上的动片向上推动，即可将水晶头中的金属导体嵌入网线中。

图3-9为网线钳的使用方法。

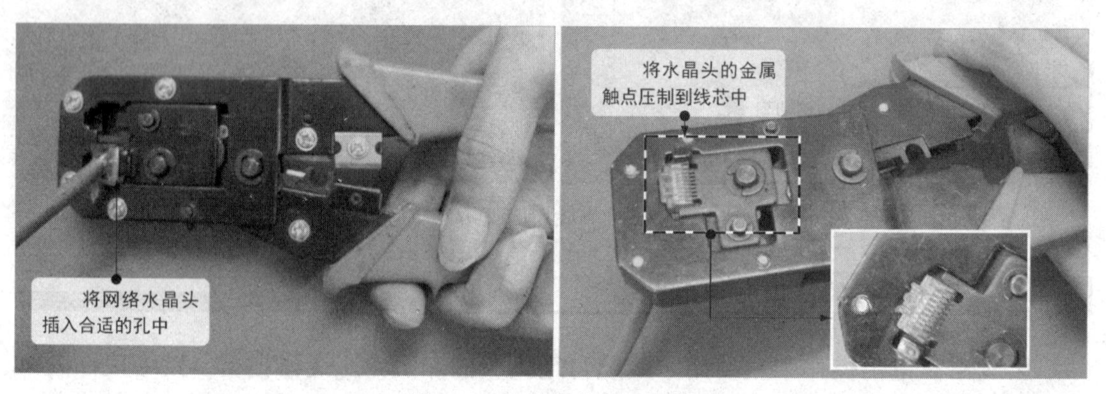

图3-9　网线钳的使用方法

3.1.2 螺钉旋具的种类、特点和使用方法

螺钉旋具俗称螺丝刀或改锥，是用来紧固和拆卸螺钉的工具。电工常用的螺钉旋具主要有一字槽螺钉旋具和十字槽螺钉旋具。

1 一字槽螺钉旋具的特点和使用方法

一字槽螺钉旋具的头部为薄楔形头，主要用于拆卸或紧固一字槽螺钉，使用时要选用与一字槽螺钉规格相对应的一字槽螺钉旋具。

图3-10为常见一字槽螺钉旋具的实物外形及使用方法。

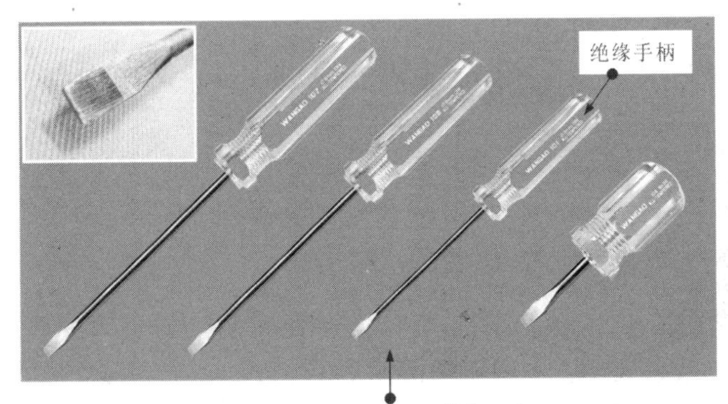

图 3-10　一字槽螺钉旋具的实物外形和使用方法

2　十字槽螺钉旋具的特点和使用方法

十字槽螺钉旋具的头部由两个薄楔形片十字交叉构成，主要用于拆卸或紧固十字槽螺钉，使用时要选用与十字槽螺钉规格相对应的十字槽螺钉旋具。

图 3-11 为常见十字槽螺钉旋具的实物外形及使用方法。

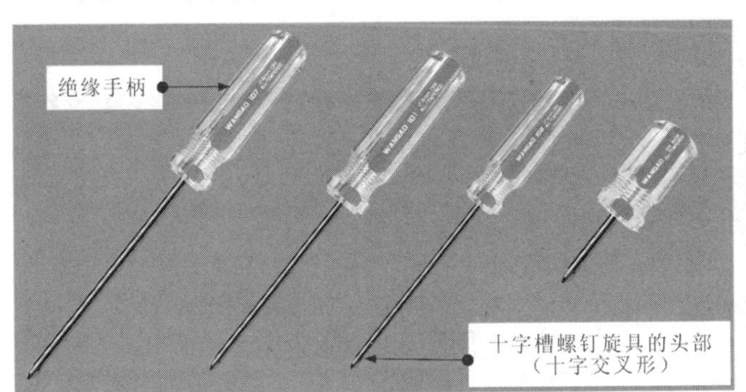

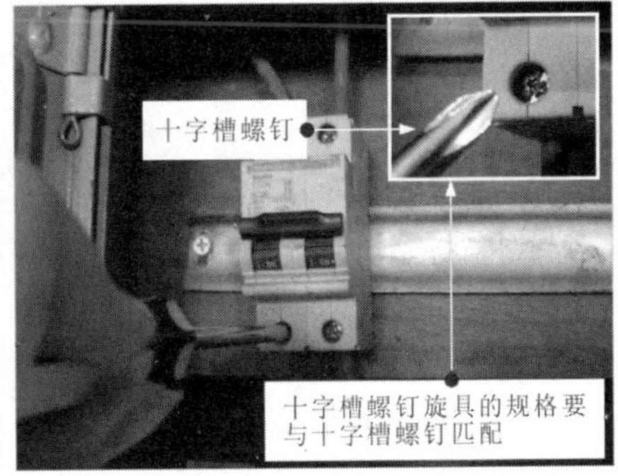

图 3-11　十字槽螺钉旋具的实物外形及使用方法

提示

在使用螺钉旋具时，需要看清螺钉的卡槽大小，然后选择与卡槽相匹配的一字槽螺钉旋具或十字槽螺钉旋具，使用右手握住螺钉旋具的刀柄，然后将刀头垂直插入螺钉的卡槽中，旋转螺钉旋具紧固或松动即可。若操作时选用螺钉旋具规格不匹配，则可能导致螺钉卡槽损伤或损坏，影响操作。

3.1.3　扳手的种类、特点和使用方法

扳手是用于紧固和拆卸螺钉或螺母的工具。电工常用的扳手主要有活扳手和固定扳手两种。

1　活扳手的特点和使用方法

活扳手由扳口、涡轮和手柄等组成。推动涡轮即可使扳口在一定尺寸范围内随意调节，以适应不同规格螺栓或螺母的紧固和松动。

图 3-12 为活扳手的实物外形和使用方法。

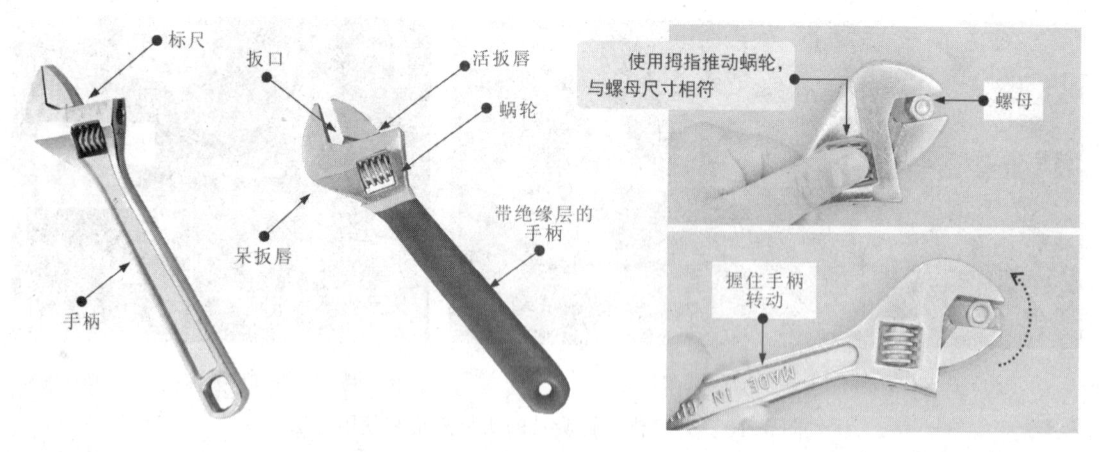

图 3-12　活扳手的实物外形和使用方法

2 固定扳手的特点和使用方法

常见的固定扳手主要有呆扳手和梅花扳手两种。固定扳手的扳口尺寸固定，使用时要与相应的螺栓或螺母对应。

图 3-13 为固定扳手的实物外形和使用方法。

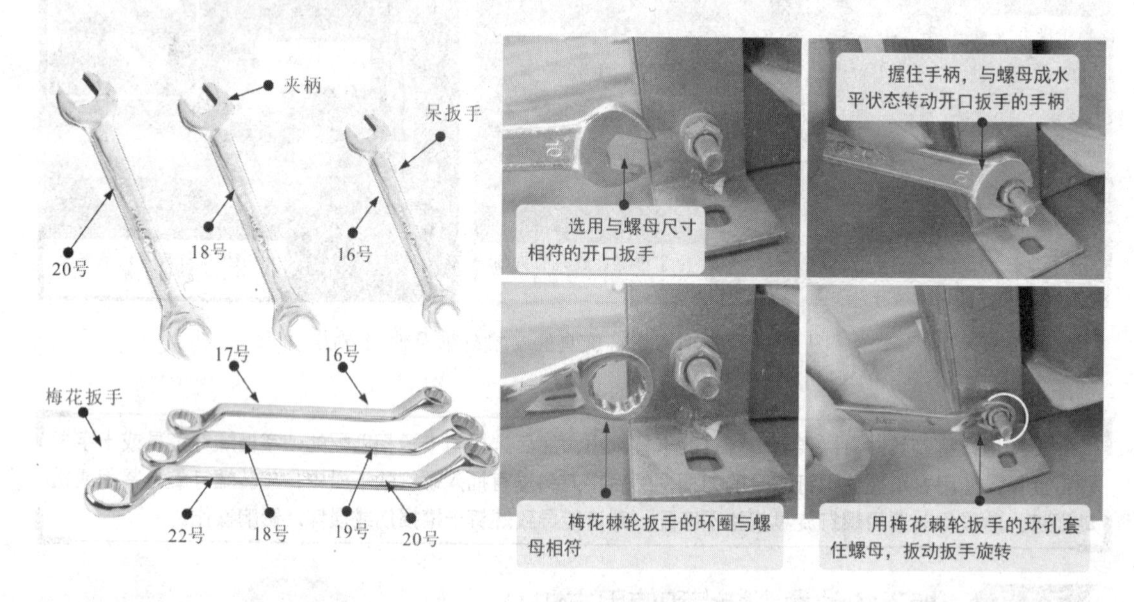

图 3-13　固定扳手的实物外形和使用方法

提示

呆扳手的两端通常带有开口的夹柄。夹柄的大小与扳口的大小成正比。呆扳手上带有尺寸标识。呆扳手的尺寸与螺母的尺寸是相对应的。

梅花扳手的两端通常带有环形六角孔或十二角孔的工作端，适用于工作空间狭小的环境下，使用较为灵敏。

值得注意的是，在电工维修过程中，不可以使用无绝缘层的扳手带电操作，因为扳手本身的金属体导电性强，可能导致工作人员触电。

3.1.4 电工刀的种类、特点和使用方法

在电工操作中，电工刀是用于剥削导线和切割物体的工具。电工刀是由刀柄与刀片两部分组成的。常见的电工刀主要有普通电工刀和多功能电工刀。

图 3-14 为常见电工刀的实物外形及使用方法。

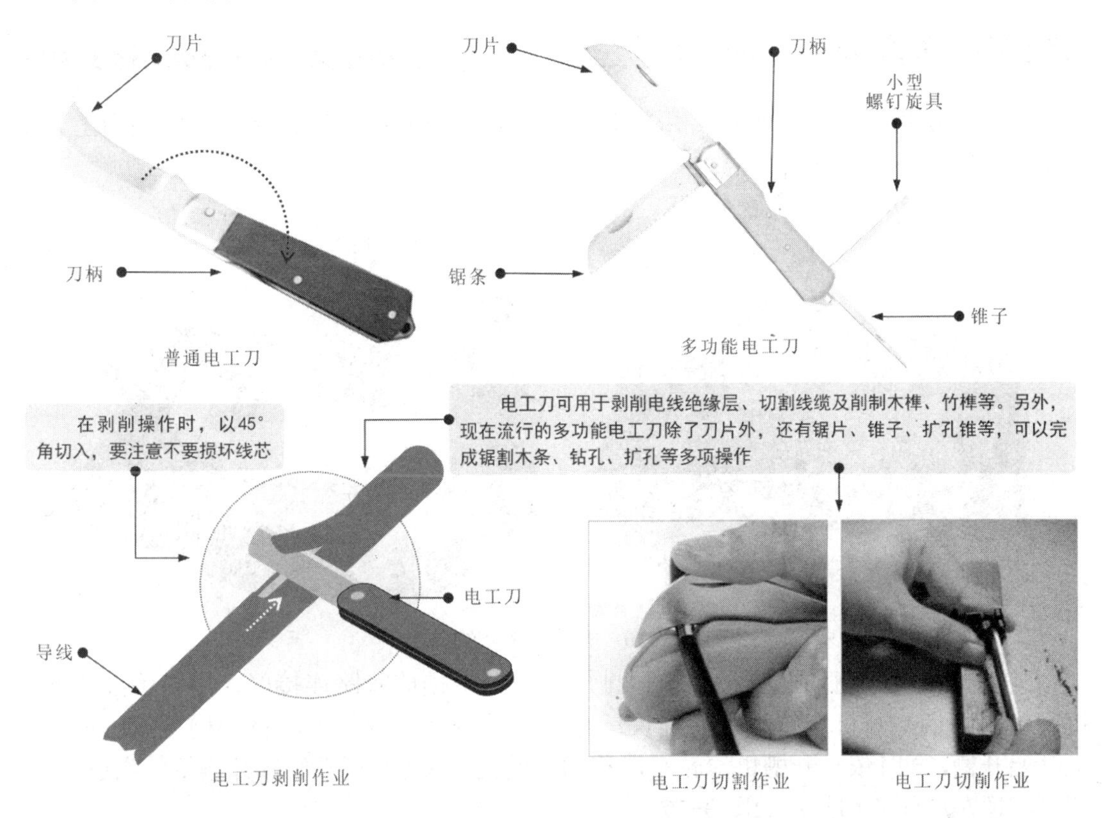

图 3-14 电工刀的实物外形及使用方法

提示

如图 3-15 所示，使用电工刀时要特别注意用电安全，切勿在带电情况下切割线缆，在剥削线缆绝缘层时一定要按照规范操作。若操作不当，会造成线缆损伤，为后期的使用及用电带来安全隐患。

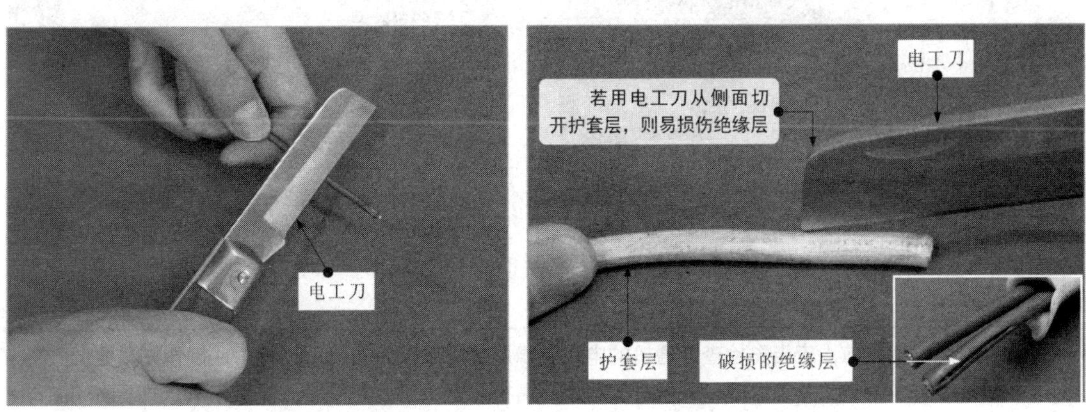

图 3-15 电工刀使用注意事项

3.1.5 开凿工具的种类、特点和使用方法

在电工操作中，开凿工具是敷设管路和安装设备时，对墙面进行开凿处理的加工工具。由于开凿时可能需要开凿不同深度或宽度的孔或是线槽，因此常使用到的开凿工具有开槽机、电锤、冲击钻、电锤等。

1 开槽机的特点和使用方法

开槽机是用于墙壁开槽的专用设备。开槽机可以根据施工需求在开槽墙面上开凿出不同角度、不同深度的线槽。

图 3-16 为开槽机的实物外形。

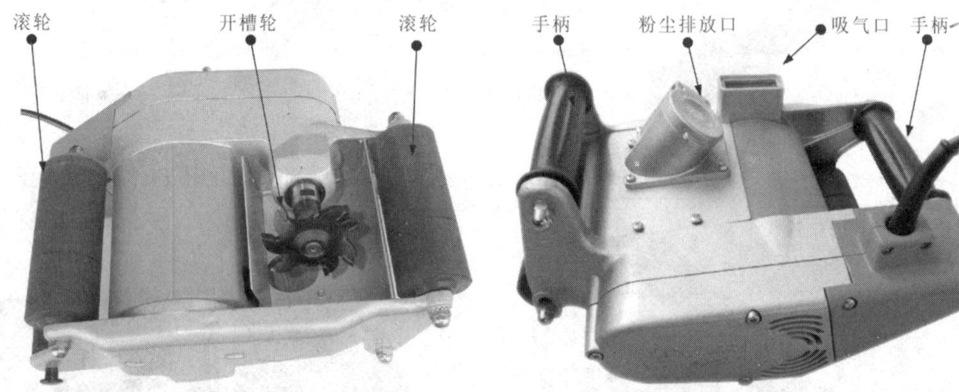

图 3-16 开槽机的实物外形

使用开槽机开凿墙面时，将粉尘排放口与粉尘排放管路连接好，用双手握住开槽机两侧的手柄，开机空转运行，确认运行良好后调整放置位置，将开槽机按压在墙面上开始开槽，同时依靠开槽机滚轮平滑移动开槽机。随着开槽机底部开槽轮的高速旋转，即可实现对墙体的切割，如图 3-17 所示。

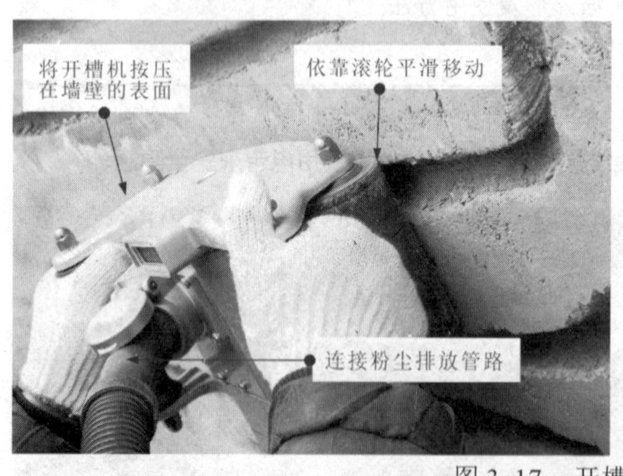

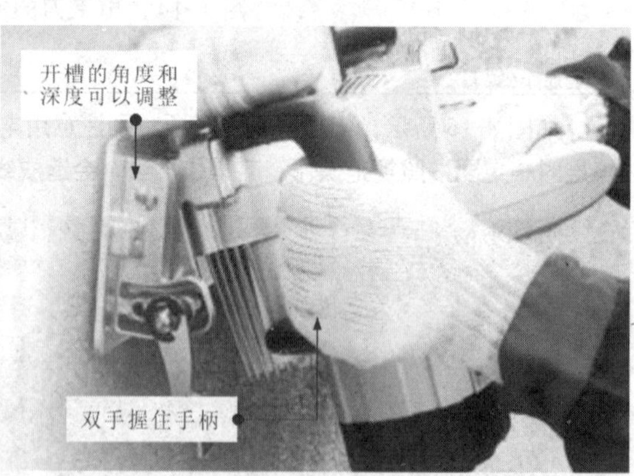

图 3-17 开槽机的使用方法

提示

开槽机通电使用前，应当先检查开槽机的电线绝缘层是否破损。在使用过程中，操作人员要佩戴手套及护目镜等防护装备，并确保握紧开槽机，防止开槽机意外掉落发生事故；使用完毕，要及时切断电源，避免发生危险。

2 电锤的特点和使用方法

电锤常用于在建筑混凝土板上钻孔，也可以用来开凿墙面。电锤是一种电动式旋转锤钻，具有良好的减震系统，可精准调速，具有效率高、孔径大、钻孔深等特点。图3-18为电锤的实物外形。

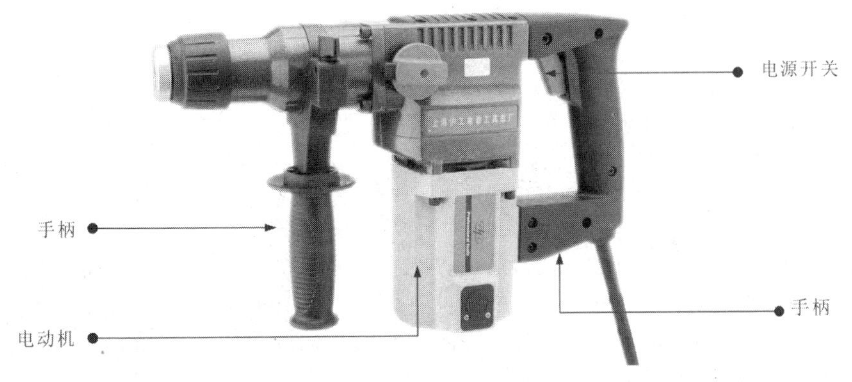

图3-18　电锤的实物外形

在使用电锤时，应先将电锤通电，空转一分钟，确定电锤可以正常使用后，用双手分别握住电锤的两个手柄，将电锤垂直墙面，按下电源开关，进行开凿工作。开凿工作结束后，应关闭电锤的电源开关。图3-19为电锤的使用方法。

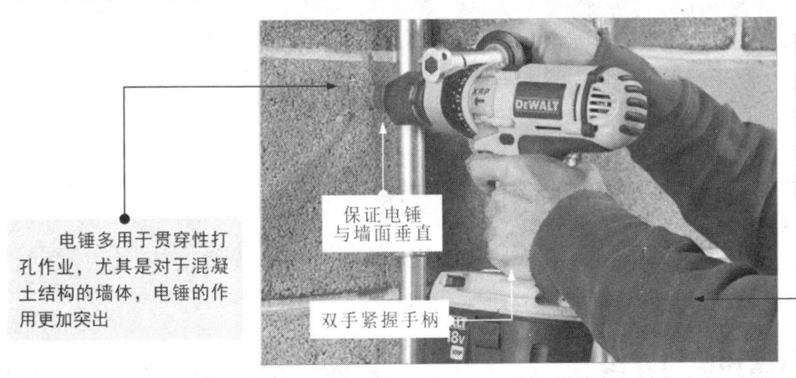

图3-19　电锤的使用方法

3 冲击钻的特点和使用方法

冲击钻是依靠旋转和冲击工作的，是电工安装与维修中常用的电动工具之一，常用来对混凝土、墙壁、砖块等进行冲击打孔。冲击钻有两种功能：一种是开关调至标记为“钻”的位置，可作为普通电钻使用；另一种是开关调至标记为“锤”的位置，可用来在砖或混凝土建筑物上凿孔。图3-20为冲击钻的实物外形。

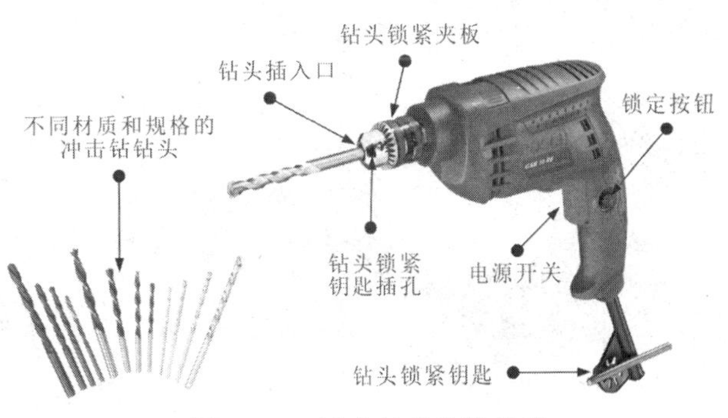

图3-20　冲击钻的实物外形

在使用冲击钻时，应根据需要开凿孔的大小选择合适的钻头，安装在冲击钻上，检查冲击钻的绝缘防护，连接在额定电压的电源上，开机空载运行，正常后，将冲击钻垂直需要凿孔的物体上，按下开关电源，当松开开关电源时，冲击钻也会随之停止，通过锁定按钮可以一直工作，需要停止时，再次按下开关电源，锁定开关自动松开，冲击钻停止工作。

图 3-21 为冲击钻的使用方法。

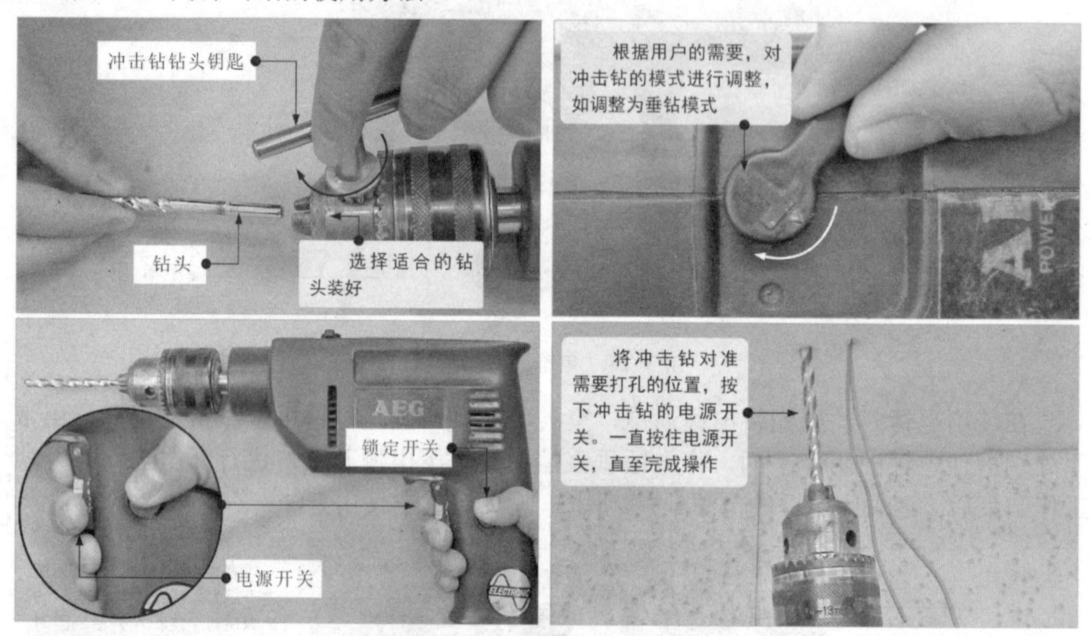

图 3-21　冲击钻的使用方法

3.1.6 管路加工工具的种类、特点和使用方法

管路加工工具是用于对管路加工处理的工具，电工操作中，常会使用到切管器、弯管器和热熔器等。

1 切管器的特点和使用方法

切管器是管路切割工具，比较常见的有旋转式切管器和手握式切管器，多用于切割敷设导线的 PVC 管路。图 3-22 为切管器的实物外形。

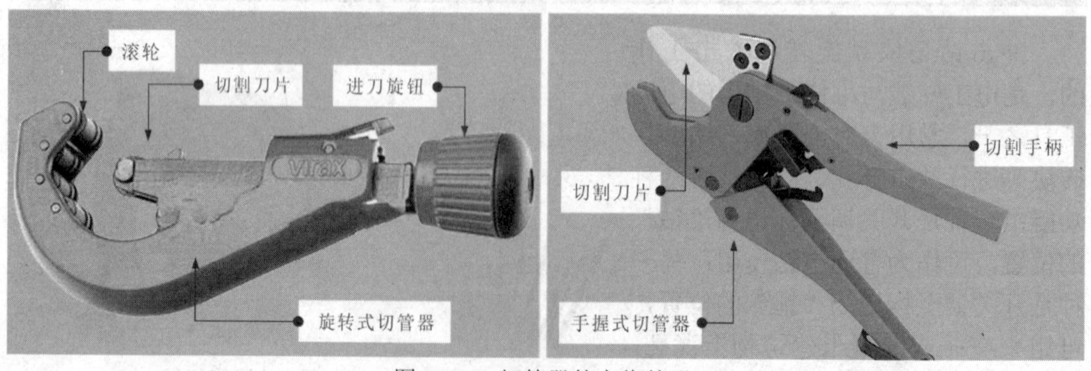

图 3-22　切管器的实物外形

旋转式切管器可以调节切口的大小，适用于切割较细的管路。使用旋转式切管器时，应将管路夹在切割刀片与滚轮之间，旋转进刀旋钮使刀片夹紧管路，垂直顺时针旋转切管器，直至管路被切断即可。图 3-23 为旋转式切管器的使用方法。

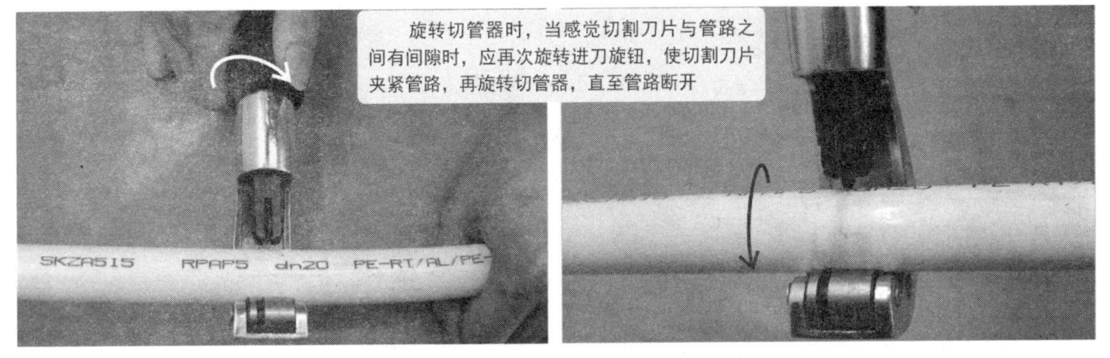

图 3-23　旋转式切管器的使用方法

手握式切管器适合切除较粗的管路。使用手握式切管器时，将需要切割的管路放到切管器的管口中，调节至管路需要切割的位置，调节位置时，应确保管路水平或垂直，然后多次按压切管器的手柄，直至管路切断。图 3-24 为手握式切管器的使用方法。

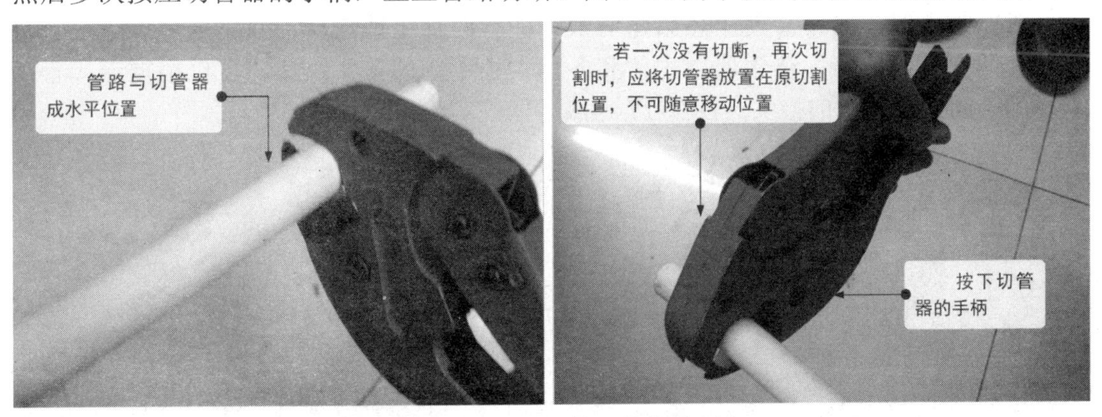

图 3-24　手握式切管器的使用方法

2　弯管器的特点和使用方法

弯管器主要用来弯曲 PVC 管与钢管等。弯管器通常可以分为普通弯管器、滑轮弯管器和电动弯管器等，应用较多的为普通弯管器。

图 3-25 为弯管器的实物外形。

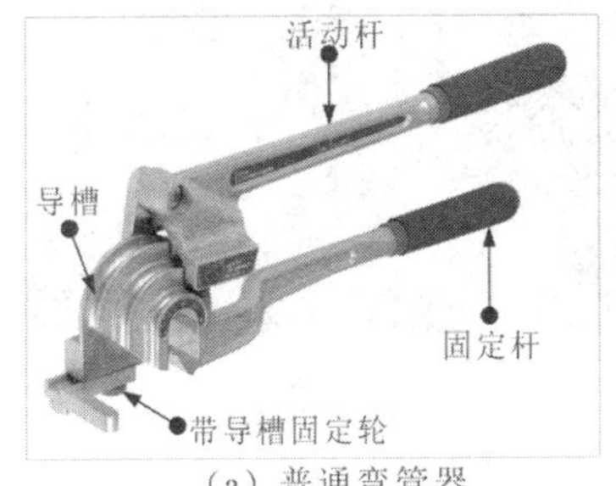

（a）普通弯管器

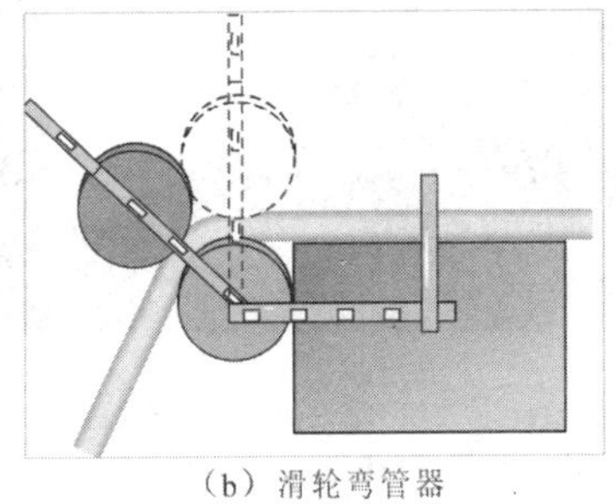

（b）滑轮弯管器

（c）电动弯管机

图 3-25　弯管器的实物外形

使用弯管器时，将需要弯曲的管路放到普通弯管器的弯头中，对准需要弯曲的地方向下压手柄，使管路弯曲成一定的角度。

图 3-26 为弯管器的使用方法。

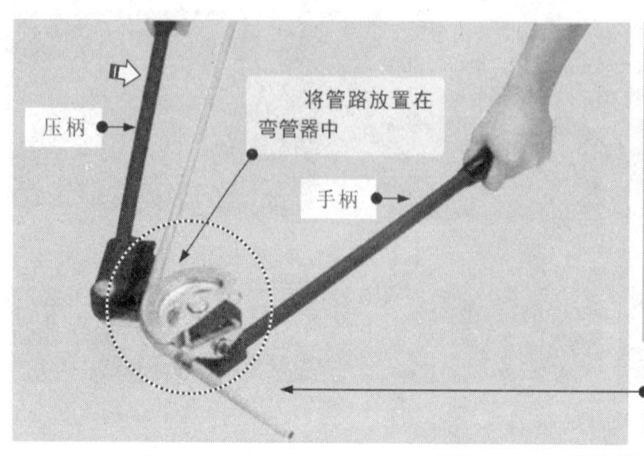

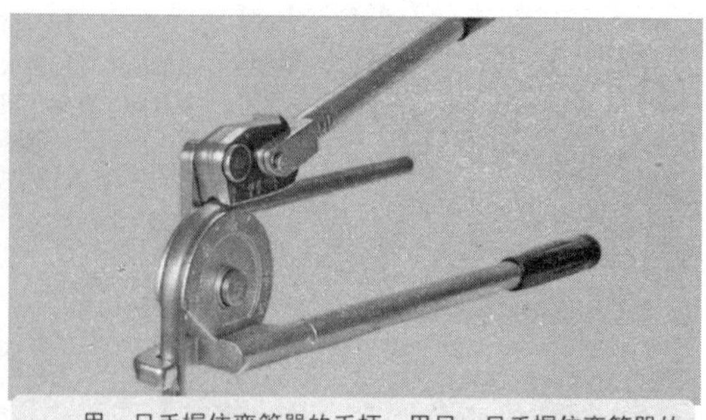

用一只手握住弯管器的手柄，用另一只手握住弯管器的压柄，向内用力弯压。在弯管器上带有角度标识，得到需要的角度后，松开压柄，即可将加工后的管路取出

图 3-26　弯管器的使用方法

3　热熔器的特点和使用方法

管路加工时，常常会使用热熔器对敷设的管路加工或连接。热熔器可以通过加热管路使两个管路连接。热熔器由主体和各种大小不同的接头组成，可以根据连接管路直径的不同选择合适的接头。图 3-27 为热熔器的实物外形。

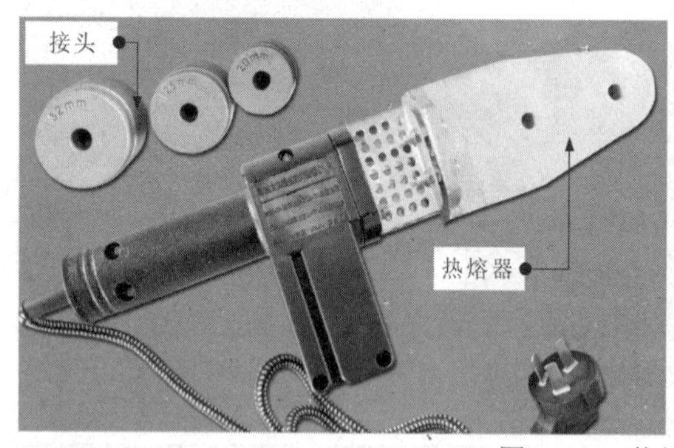

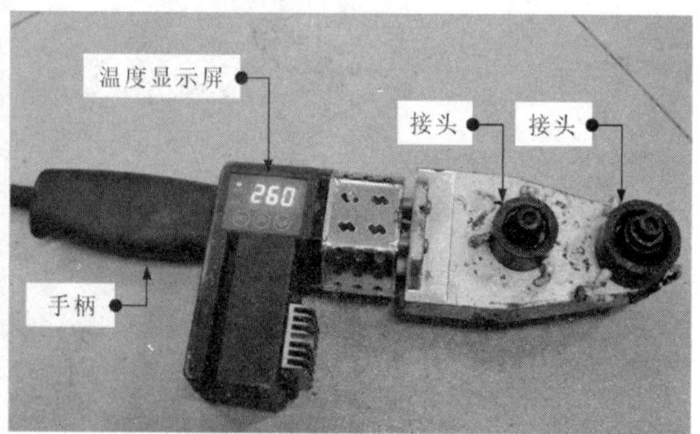

图 3-27　热熔器的使用方法

使用热熔器时，首先将热熔器垂直放在支架上，达到预先设定的温度后，再将需要连接的两根管路分别安装到热熔器的两端。当闻到塑胶味时，切断热熔器的电源，并将两根管路拿起对接在一起，对接时需要用力插接，并保持一段时间。

图 3-28 为热熔器的使用方法。

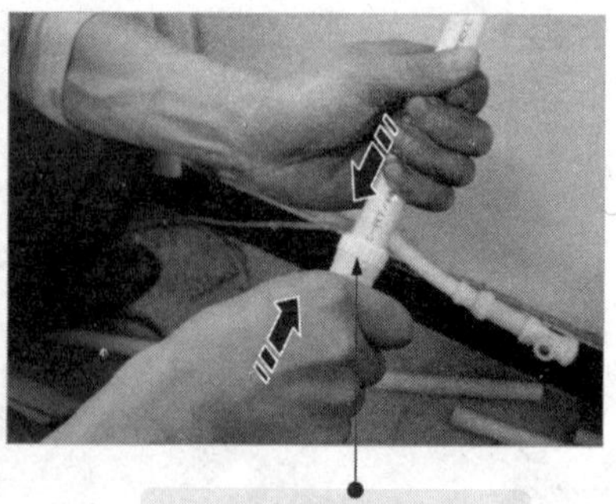

首先为需要连接的管路加热，可通过显示屏观察当前的温度

将两个需要连接的管路对接在一起

图 3-28　热熔器的使用方法

3.2 常用焊接工具的使用方法

3.2.1 气焊设备的特点和使用方法

气焊是利用可燃气体与助燃气体混合燃烧生成的火焰作为热源，将金属管路焊接在一起，是焊接操作的专用设备。图 3-29 为气焊设备的实物外形。

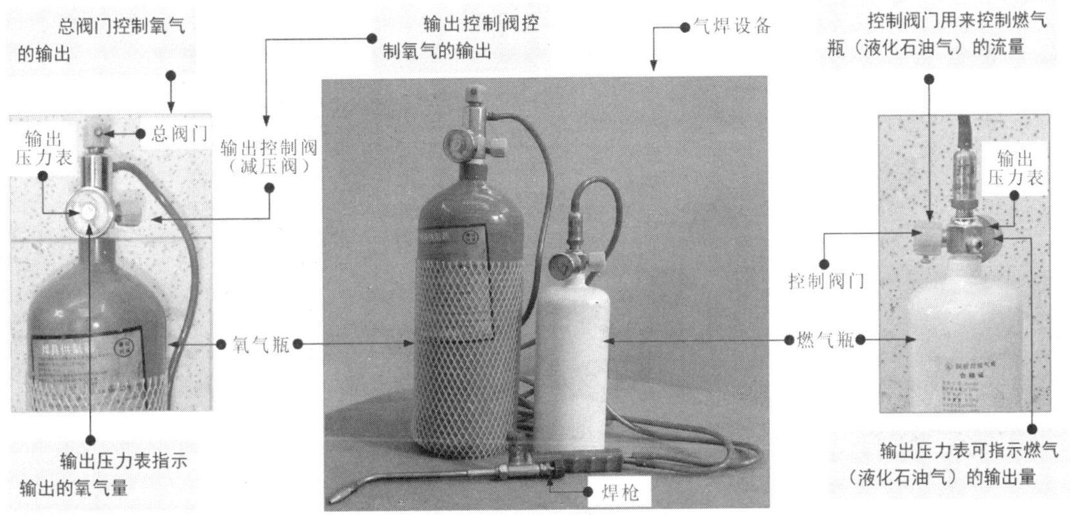

图 3-29　气焊设备的实物外形

气焊设备的操作有严格的规范和操作顺序要求。点火、焊接和关火操作必须按照要求的方法和顺序进行，图 3-30 为气焊设备的使用方法。

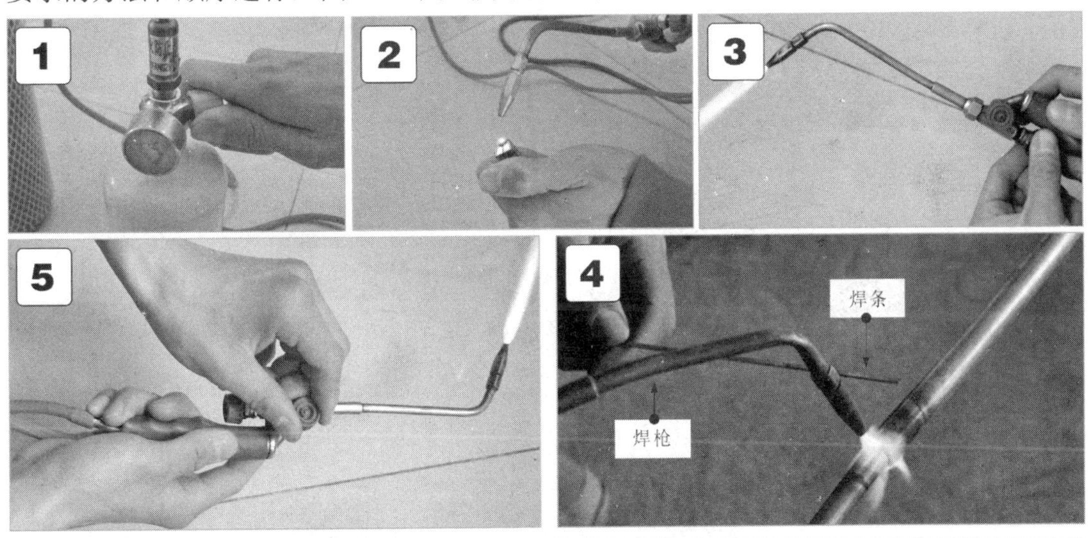

1. 打开氧气瓶和燃气瓶总阀门。
2. 按照开燃气阀门→点火→开氧气阀门的顺序点火。
3. 调节阀门大小使火焰呈中性焰状态。
4. 将焊条放到焊口处，待焊条熔化并均匀地包围在两根管路的焊接处时即可将焊条取下。
5. 焊接完成后，先关闭焊枪的氧气调节阀门，再关闭燃气调节阀门。

图 3-30　气焊设备的使用方法

3.2.2 电焊设备的特点和使用方法

电焊是利用电能，通过加热加压，借助金属原子的结合与扩散作用，使两件或两件以上的焊件（材料）牢固地连接在一起的操作工艺。

图 3-31 为电焊设备的实物外形。

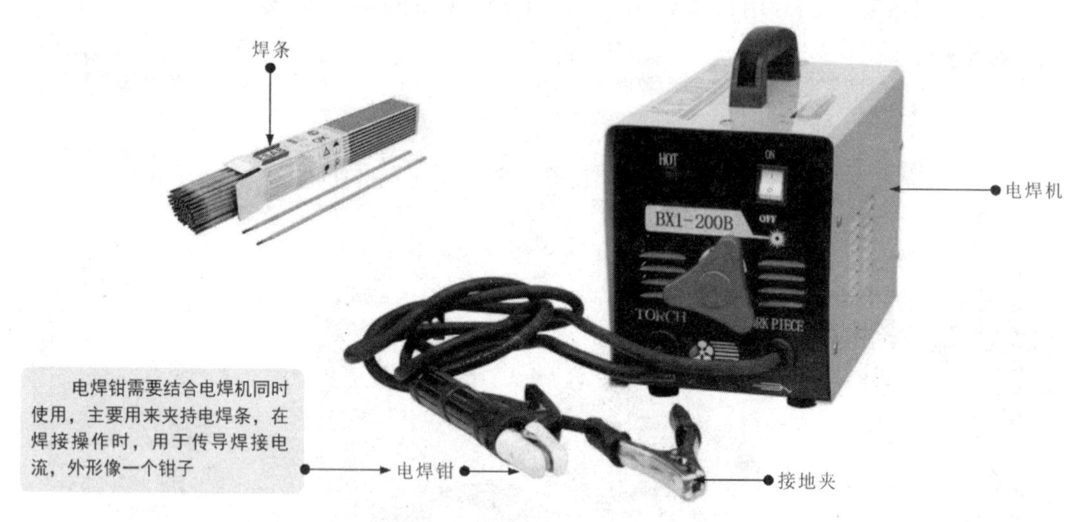

图 3-31　电焊设备的实物外形

图 3-32 为电焊设备的使用方法。

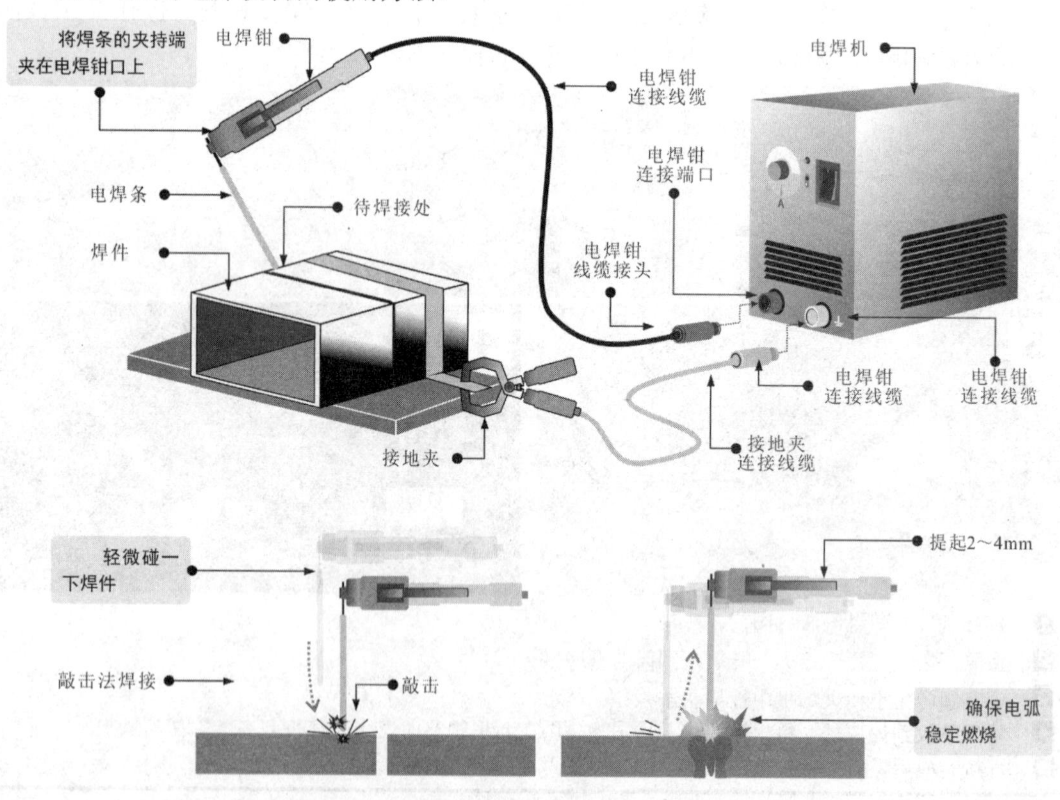

图 3-32　电焊设备的使用方法

3.3 常用检测仪表的使用方法

3.3.1 验电器的种类、特点和使用方法

验电器是用于检测导线和电气设备是否带电的检测工具。在电工操作中，验电器可分为高压验电器和低压验电器两种。

1 高压验电器的特点和使用方法

高压验电器多用检测 500V 以上的高压线路或设备是否带电。图 3-33 为高压验电器的实物外形。

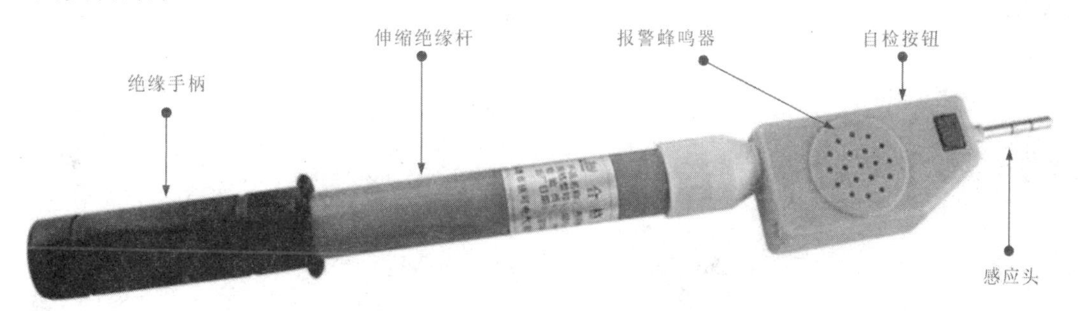

图 3-33 高压验电器的实物外形

提示

高压验电器可分为接触式高压验电器和非接触式高压验电器。接触式高压验电器由绝缘手柄、金属感应探头、指示灯等构成；感应式高压验电器由绝缘手柄、感应测试端、开关按钮、指示灯或扬声器等构成。

高压验电器多用检测 500V 以上的高压，图 3-33 为高压验电器的使用方法。

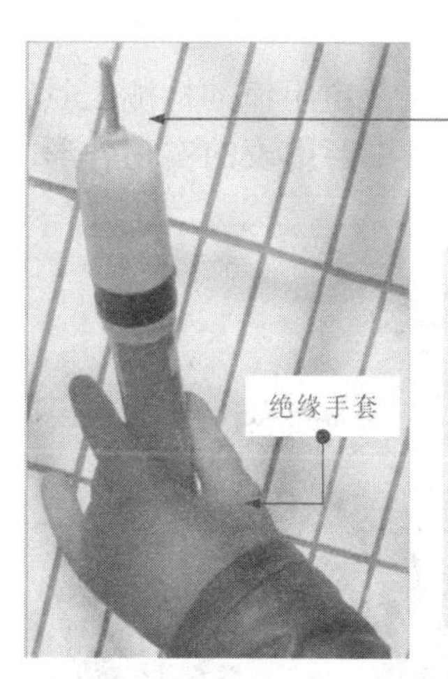

使用高压验电器检测前，应先戴好绝缘手套，然后将高压验电器伸缩绝缘杆调整至需要的长度并固定

检测时，为了操作人员的安全，必须将手握在绝缘手柄上，不可触碰到伸缩绝缘杆上，并且需要慢慢靠近被测设备或供电线路，直至接触设备或供电线路，若在该过程中高压验电器无任何反应，则表明该设备或供电线路不带电；若在靠近过程中，高压验电器发光或发声等异常，则表明该设备带电，即可停止靠近，完成验电操作

图 3-34 高压验电器的使用方法

2 低压验电器的特点和使用方法

低压验电器多用于检测 12 ～ 500V 低压。常见的低压验电器外形较小，便于携带，多为螺丝刀形或钢笔形，常见的有低压氖管验电器和低压电子验电器。

图 3-35 为低压验电器的实物外形和使用方法。

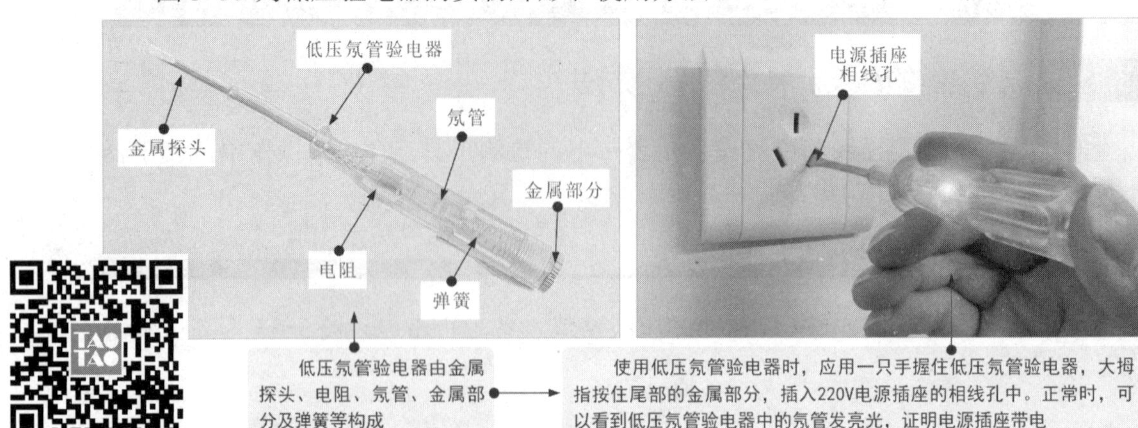

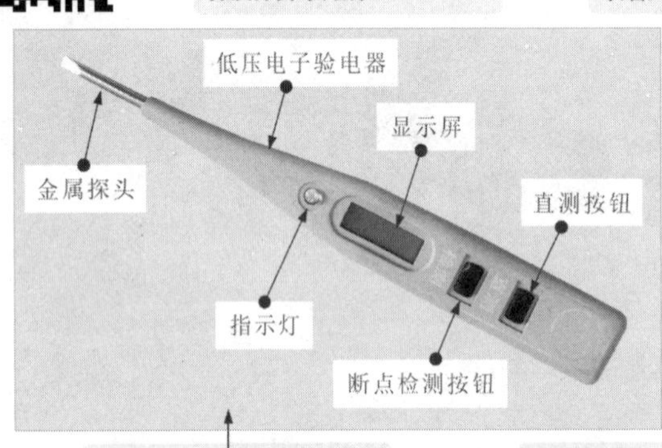

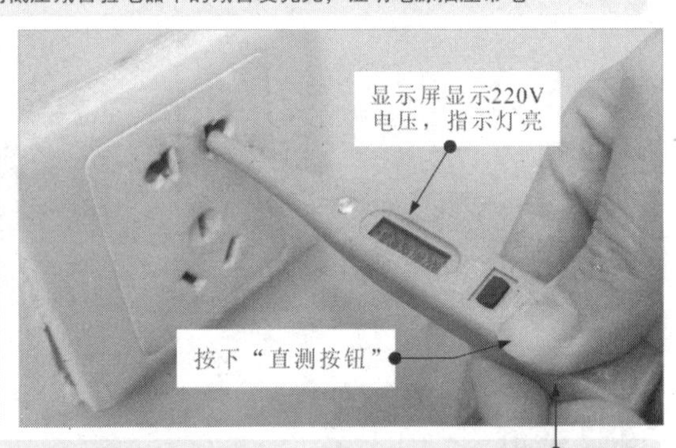

低压电子验电器由金属探头、指示灯、显示屏、按钮等构成

使用低压电子验电器时，按住低压电子验电器上的“直测按钮”，将验电器插入相线孔时，低压电子验电器的显示屏上即会显示出测量的电压，指示灯亮；当插入零线孔时，低压电子验电器的显示屏上无电压显示，指示灯不亮

图 3-35　低压验电器的实物外形和使用方法

3.3.2　万用表的种类、特点和使用方法

万用表是用来检测直流电流、交流电流、直流电压、交流电压及电阻值的检测工具，在电工安装维修操作中，有指针万用表和数字万用表两种。图3-36为万用表的实物外形。

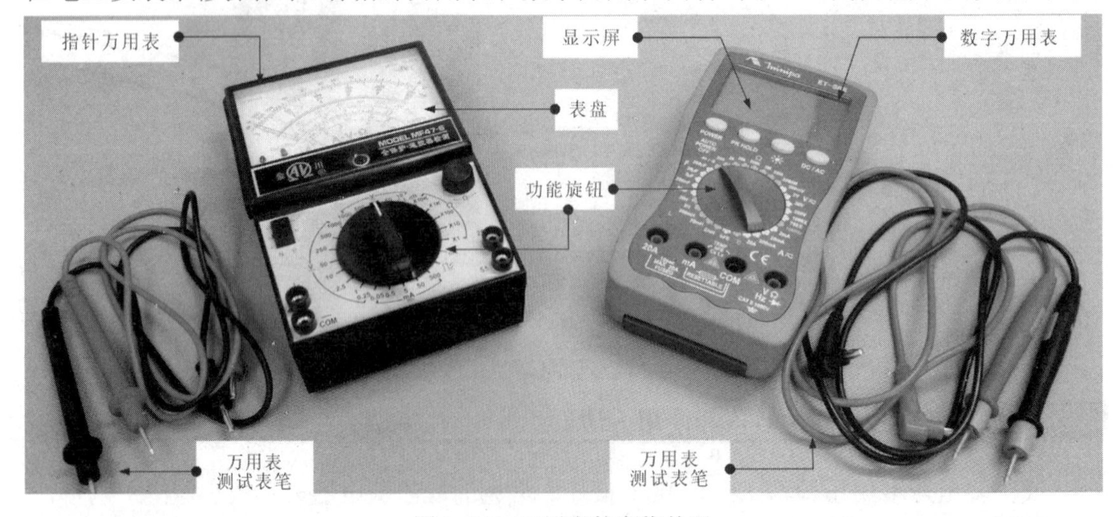

图 3-36　万用表的实物外形

在电工作业中，常使用指针万用表测量电路的电流、电压、电阻。测量时，要根据测量环境和对象调整设置挡位量程，然后按照操作规范，将万用表的红、黑表笔搭在相应的检测位置即可，如图 3-37 所示。

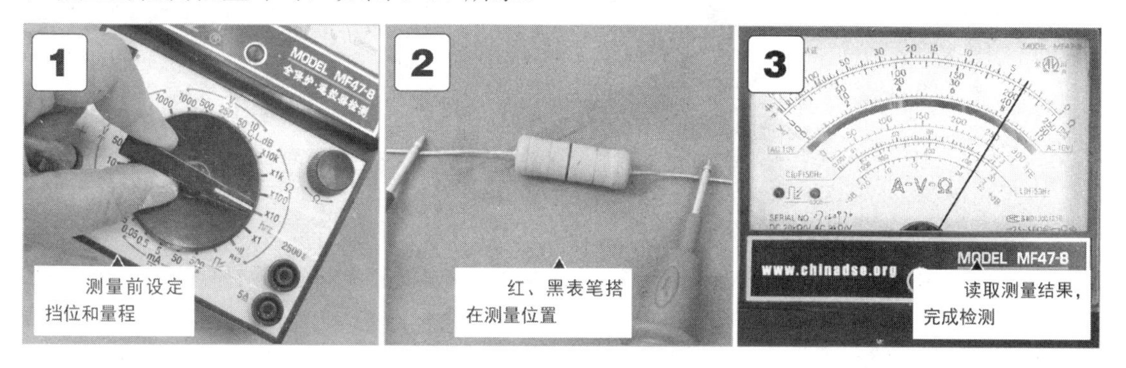

图 3-37　指针万用表的使用方法

数字万用表可以直接将测量结果以数字的方式显示出来，具有显示清晰、读取准确等特点。

数字万用表的使用方法与指针万用表基本类似。在测量之初，首先要打开数字万用表的电源开关，然后根据测量需求对量程进行设置和调整后，即可通过表笔与检测点接触完成测量，如图 3-38 所示。

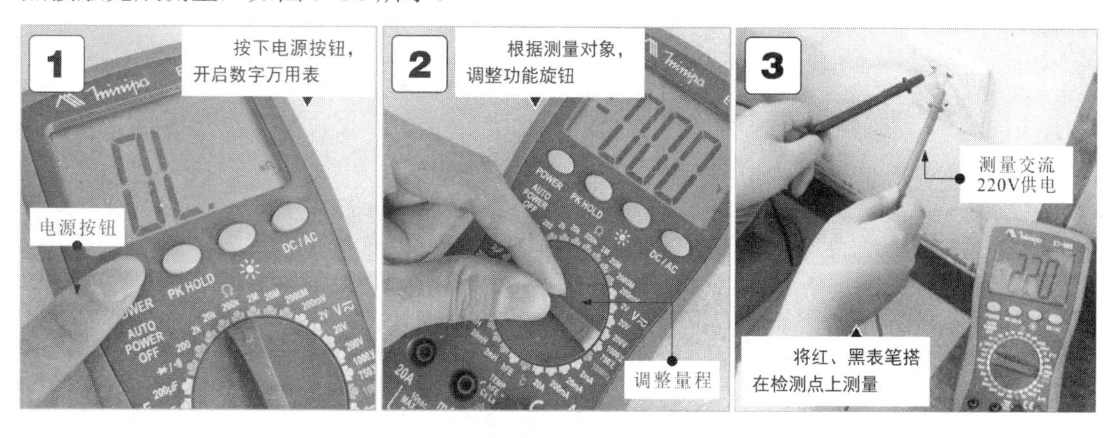

图 3-38　数字万用表的使用方法

3.3.3　兆欧表的种类、特点和使用方法

兆欧表也可以称为绝缘电阻表，主要用于检测电气设备、家用电器及线缆的绝缘电阻或高值电阻。兆欧表可以测量所有导电型、抗静电型及静电泄放型材料的阻抗或电阻，是一种操作简单、功能强大的检测仪表。使用兆欧表检测出绝缘性能不良的设备和产品，可以有效地避免发生触电伤亡及设备损坏等事故。

常见的兆欧表主要有数字兆欧表和指针兆欧表两种，如图 3-39 所示。

使用兆欧表测量绝缘电阻的方法相对比较简单，连接好测试线，将测试线端头的鳄鱼夹夹在待测设备上即可。

图 3-40 为兆欧表的使用方法（以指针兆欧表为例）。

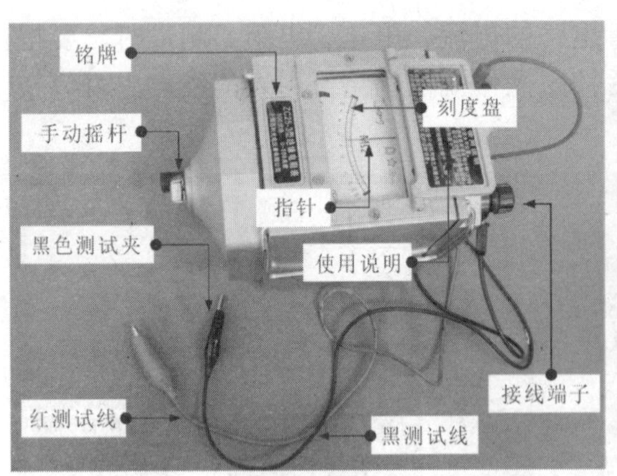

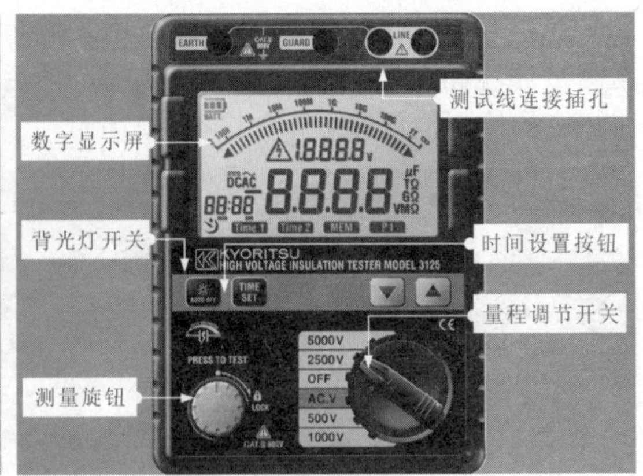

图 3-39　兆欧表的实物外形

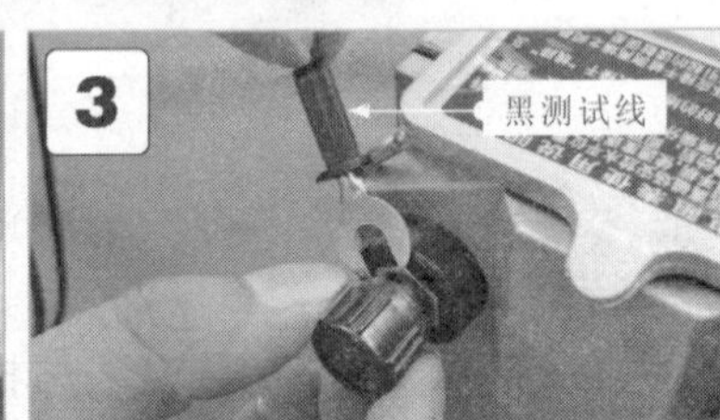

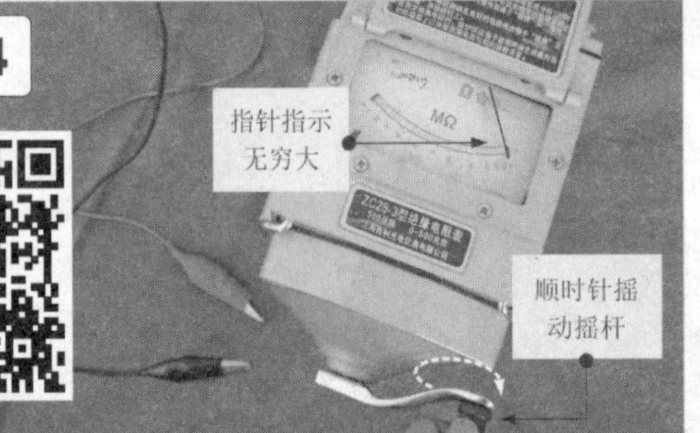

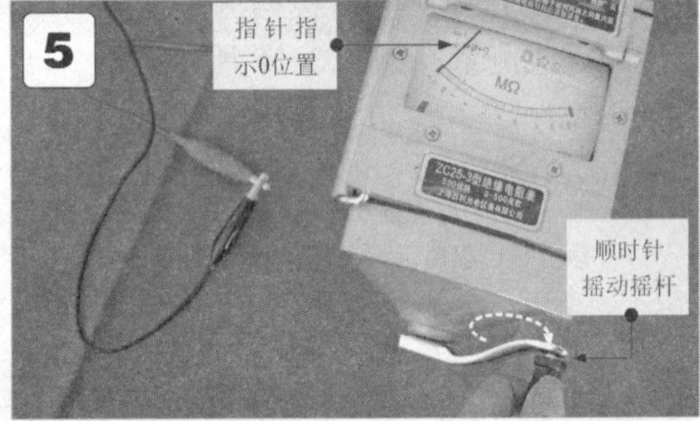

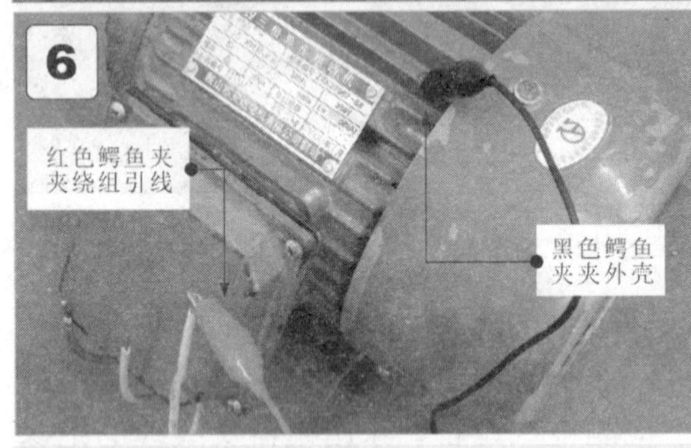

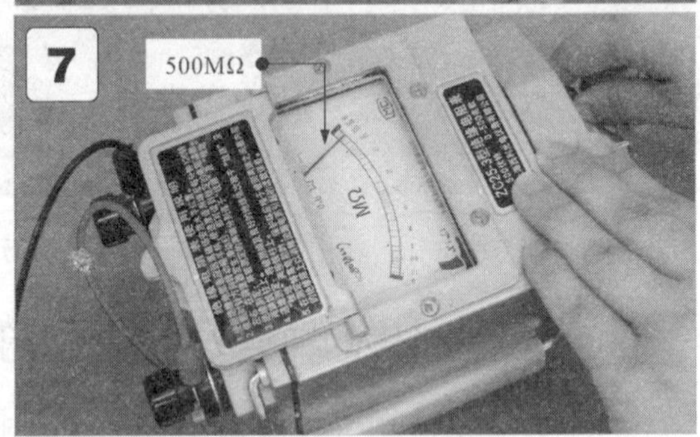

1 拧松兆欧表的连接端子。
2 将红测试线U形接口连接到兆欧表的L线路检测端子上。
3 将黑测试线U形接口连接到兆欧表的E接地检测端子上。
4 实际测量前，需对兆欧表进行开路测试，红、黑测试夹分开（开路），顺时针摇动摇杆。
5 实际测量前，需对兆欧表进行短路测试，红、黑测试夹连接（短路）。
6 实际测量时，将兆欧表测试线上的鳄鱼夹分别夹在待测部位。
7 顺时针转动兆欧表手动摇杆，观察表盘读数，根据检测结果即可判断被测器件是否正常。

图 3-40　兆欧表的使用方法

提示

使用兆欧表测量时，要保持兆欧表的稳定，避免兆欧表在摇动摇杆时晃动，转动摇杆手柄时应由慢至快。若发现指针指向零时，应立刻停止摇动摇杆手柄，以免兆欧表损坏。另外，在测量过程中，严禁用手触碰测试端，以免发生触电危险。

3.3.4 钳形表的种类、特点和使用方法

钳形表是一种操作简单、功能强大的检测仪表，主要用于检测交流线路中的电流，使用钳形表检测电流时不需要断开电路，可以通过电磁感应的方式测量电流。

图 3-41 为钳形表的实物外形，主要由钳头、钳头扳机、锁定开关、功能旋钮、显示屏、表笔插孔及红、黑表笔等构成。

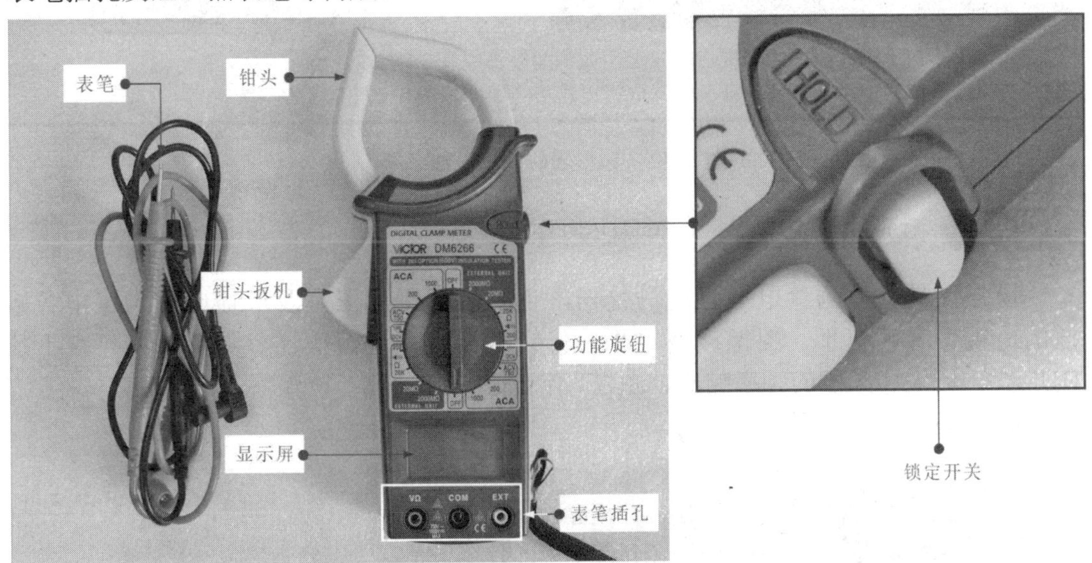

图 3-41　钳形表的实物外形

使用钳形表检测时，应先通过功能旋钮调整测量类型及量程，然后打开钳头，套进所测的线路中，最后读取显示屏上的数值。

图 3-42 为钳形表的使用方法。

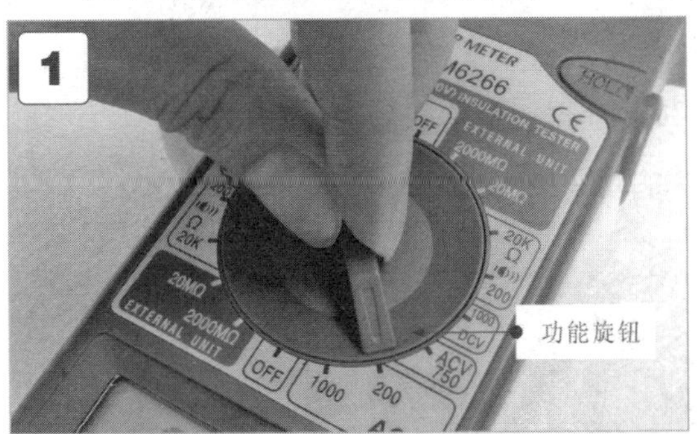

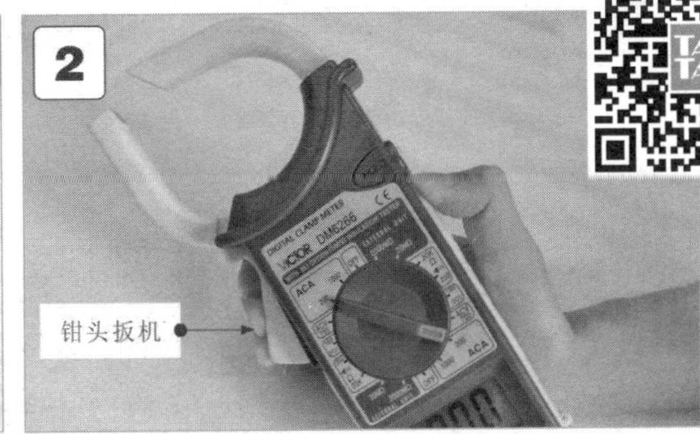

1 根据测量目的确定功能旋钮的位置，这里选择“200”交流电流挡。

2 按下钳形表的钳头扳机，打开钳形表钳头，为检测电流做好准备。

图 3-42　钳形表的使用方法

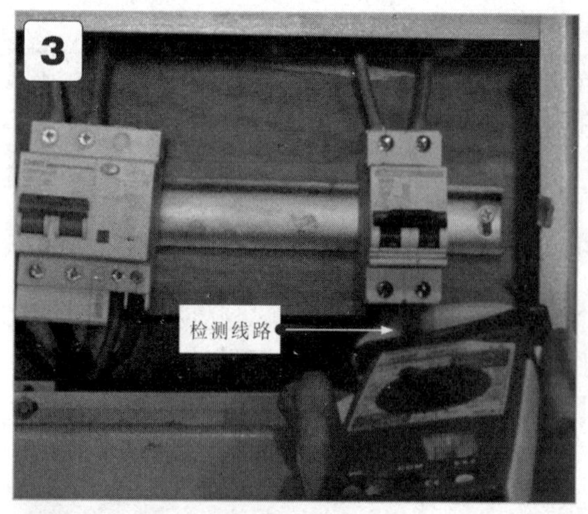

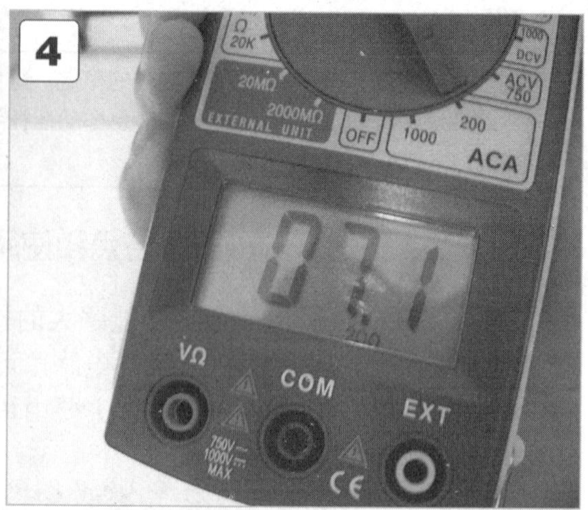

3 将钳头套在所测线路中的一根供电线上，如测配电箱中经断路器的电流。

4 待检测数值稳定后按下锁定开关，读取配电箱中经断路器的供电电流数值为7.1A。

图 3-42 钳形表的使用方法（续）

3.3.5 场强仪的种类、特点和使用方法

场强仪是一种测量电场强度的仪器，主要用于测量卫星及广播电视系统中各频道的电视信号、电平、图像载波电平、伴音载波电平、载噪比、交流声（哼声干扰HUM）、频道和频段的频率响应、图像/伴音比等。

图 3-43 为场强仪的实物外形。

便携式模拟场强仪

手持式数模两用场强仪

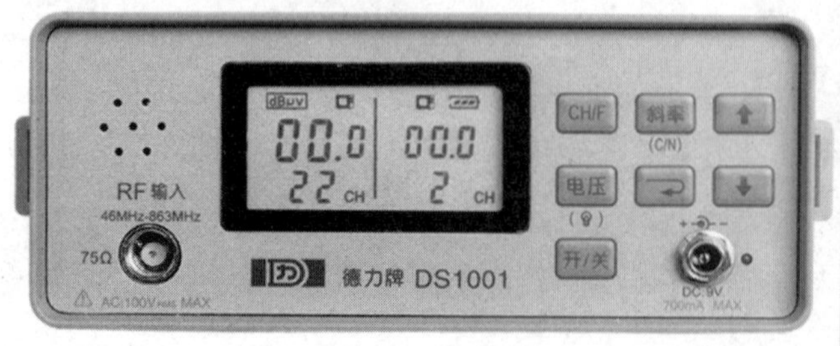

便携式数字场强仪

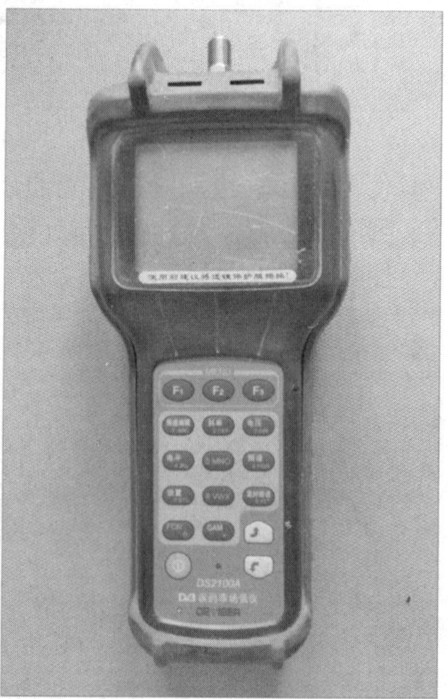

手持式数字场强仪

图 3-43 场强仪的实物外形

以手持式数字场强仪为例了解结构组成。图 3-44 为手持式数字场强仪的外部结构，主要是由 RF 转接头、液晶显示屏、操作按键、电源开关、充电指示灯、接口（串口和充电接口）构成的。

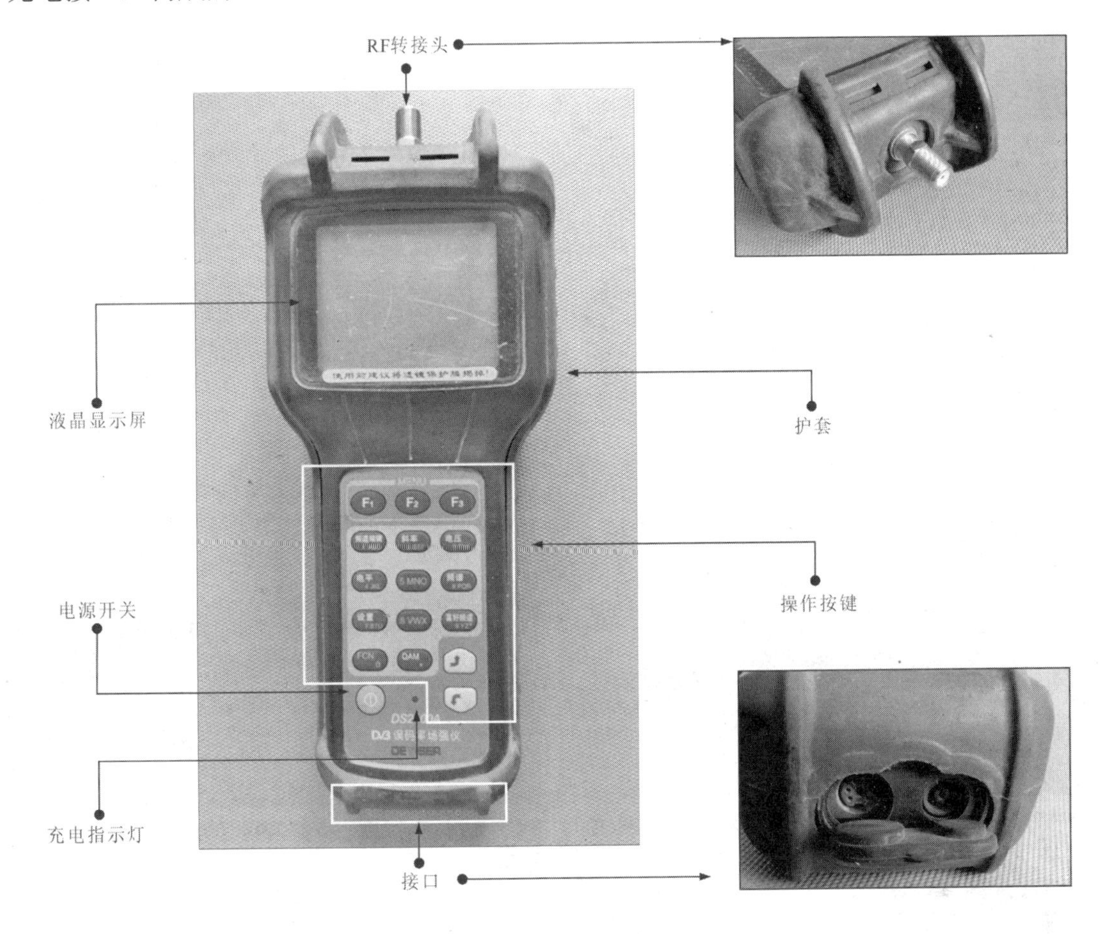

图 3-44　手持式数字场强仪的外部结构

以检测有线电视信号系统中的信号强度为例。

在有线电视信号系统中，如果干线放大器或分支、分配放大器出现故障时，会出现无信号输出或某些频道信号强弱不均的情况时，从而造成电视画面模糊或出现干扰的问题。为了解决电视信号的质量问题，一般采取首先使用场强仪测量，然后根据测量结果解决相关的故障点。

检测电视信号强度包括检测楼道分配箱出来的信号强度、室内分配器进出口的信号强度和电视位置的信号强度。一般楼道分配箱的出口信号是 60 ～ 75dB（入户侧），经过信号线直接到电视机的信号强度是 58 ～ 73dB。若经一个二分配器再到电视机，则信号强度一般还要衰减 2dB。

下面以使用手持式数字场强仪测量室内分配器入口端的信号强弱为例。检测前，首先将手持式数字场强仪匹配的 RF 转接头（信号输入连接装置）安装在场强仪顶部的 RF 信号输入端口为检测操作做好准备，如图 3-45 所示。

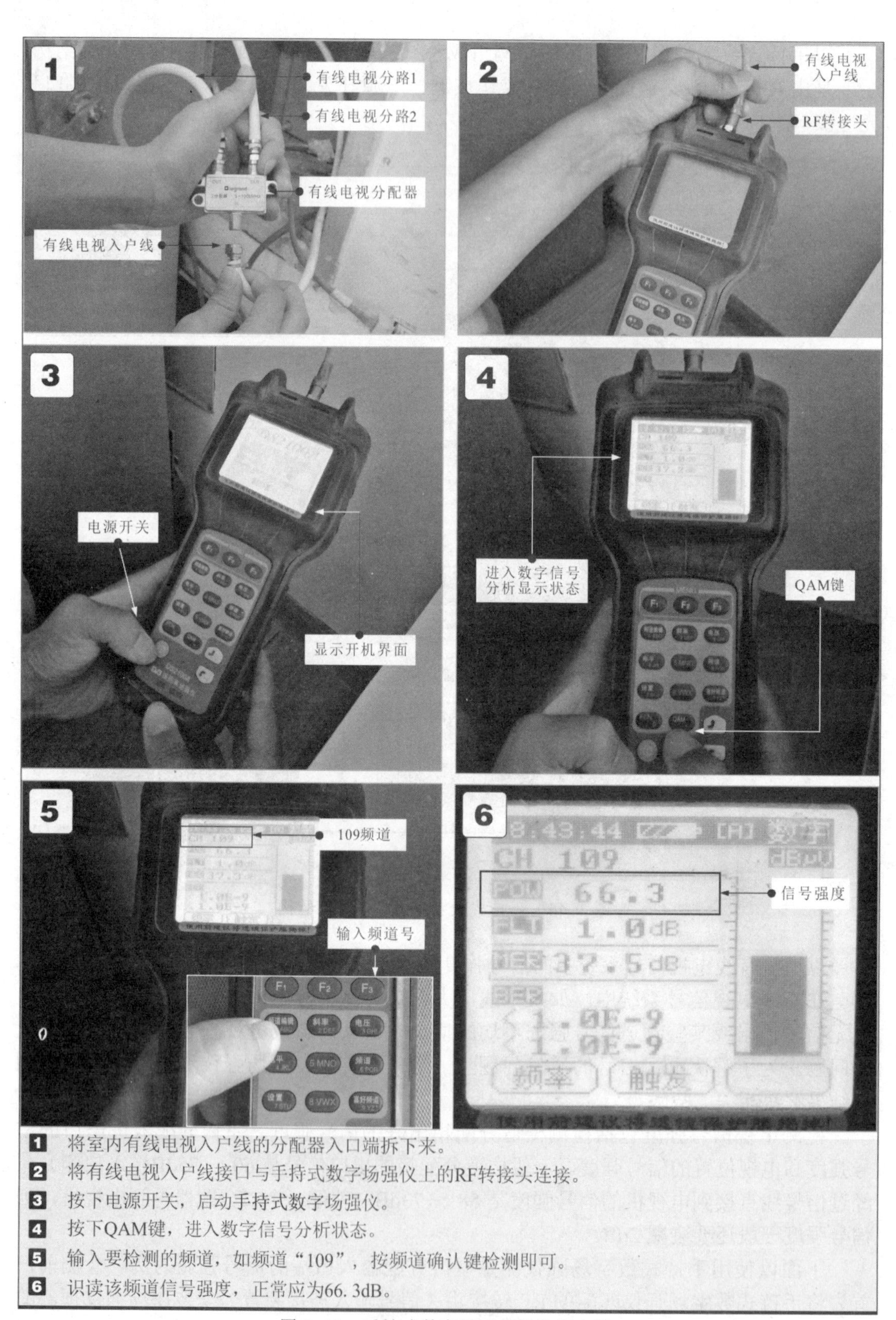

1 将室内有线电视入户线的分配器入口端拆下来。
2 将有线电视入户线接口与手持式数字场强仪上的RF转接头连接。
3 按下电源开关，启动手持式数字场强仪。
4 按下QAM键，进入数字信号分析状态。
5 输入要检测的频道，如频道“109”，按频道确认键检测即可。
6 识读该频道信号强度，正常应为66. 3dB。

图 3-45 手持式数字场强仪的使用方法

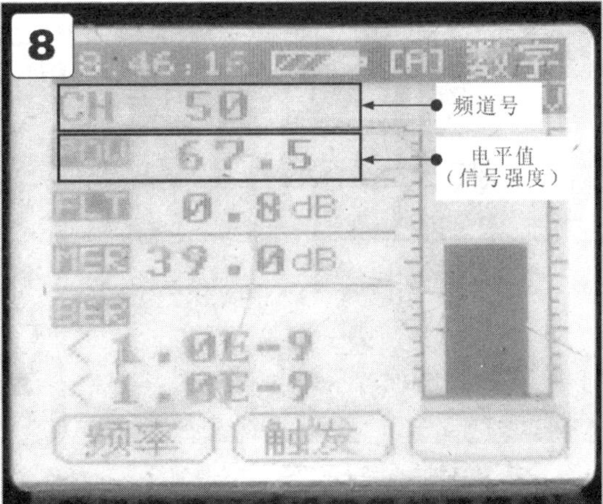

7 按上下键或FNC键+数字键输入其他频道数据，如“50”。
8 频道“50”的相关数据信息。

图 3-45　手持式数字场强仪的使用方法（续）

3.3.6 万能电桥的特点和使用方法

万能电桥是应用比较广泛的电磁测量仪表，主要用来检测电容量、电感量和电阻值，多用于对一些元器件性能的检测。

图 3-46 为万能电桥的实物外形。

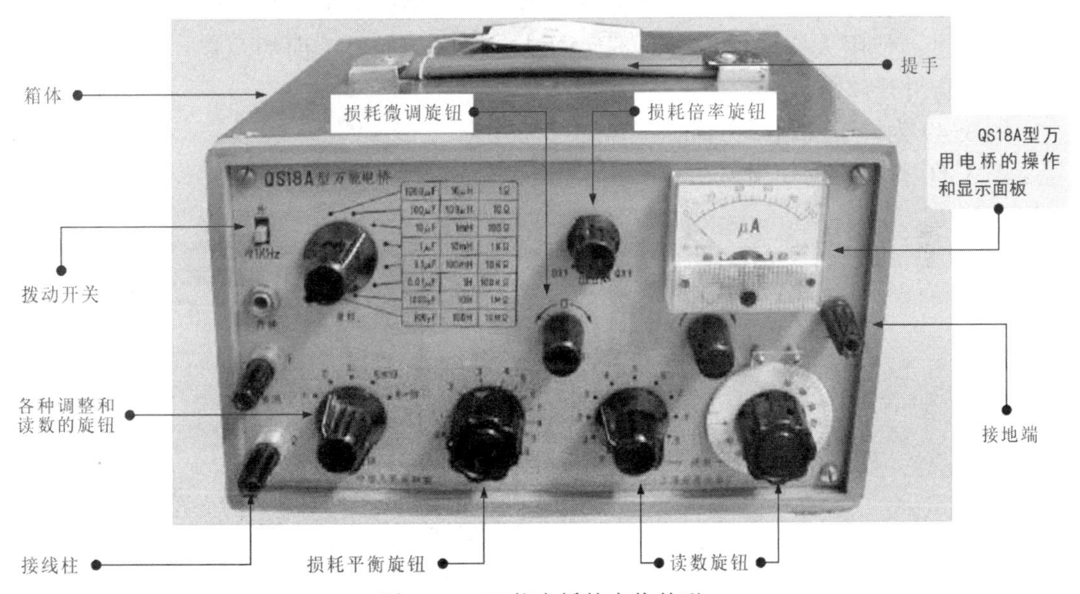

图 3-46　万能电桥的实物外形

使用万能电桥检测时，应根据被测对象调整万能电桥的量程等，然后根据所测结果判断被测器件是否正常。

例如，使用万能电桥检测电动机绕组的直流电阻如图 3-47 所示，将万能电桥测试线的红、黑鳄鱼夹夹在电动机绕组引出线上，调整万能电桥各功能旋钮，最后读取测得数值。

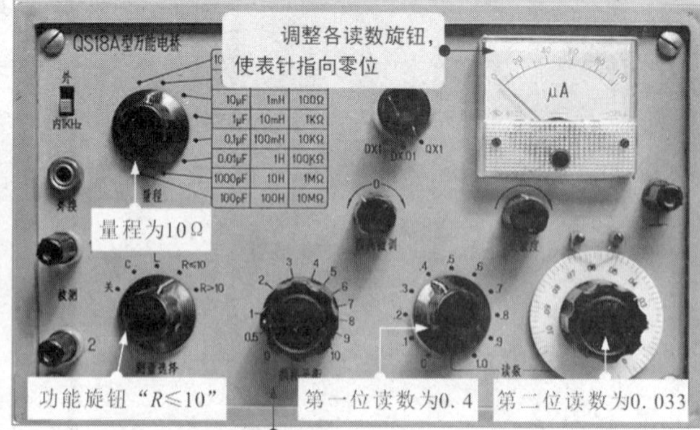

图 3-47　万能电桥的使用方法

3.4　辅助工具的使用方法

3.4.1　攀爬工具的种类、特点和使用方法

在电工操作中，常用的攀爬工具有梯子、登高踏板组件、脚扣等。

图 3-48 为攀爬工具的实物外形。

在使用直梯作业时，对站姿是有要求的，一只脚要从另一只脚所站梯步高两步的梯空中穿过；使用人字梯作业时，不允许站立在人字梯最上面的两挡，不允许骑马式作业，以防滑开摔伤。

图 3-49 为梯子的使用方法。

图 3-50 为踏板的使用方法。

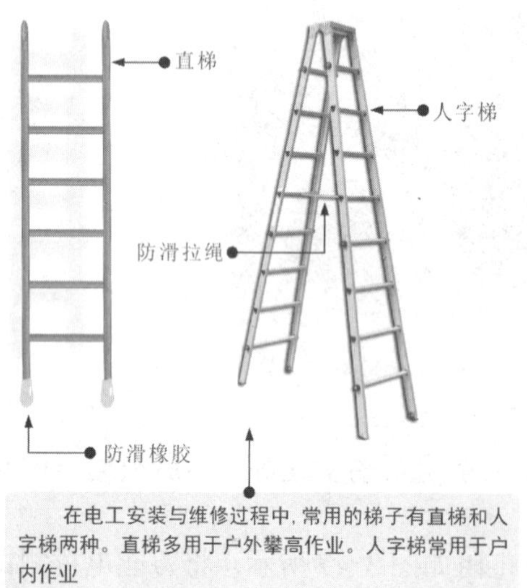

卸钩
踏板及踏板组件
防滑带
材质为硬质木板
640mm
80mm
500mm
登高踏板组件主要包括踏板、踏板绳和挂钩，主要用于电杆的攀爬作业

图 3-48　攀爬工具的实物外形

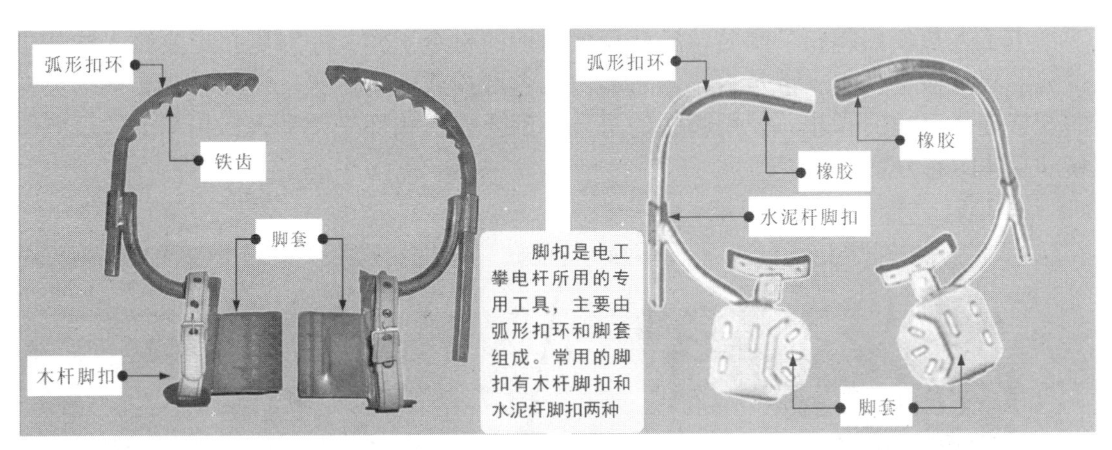

图 3-48　攀爬工具的实物外形（续）

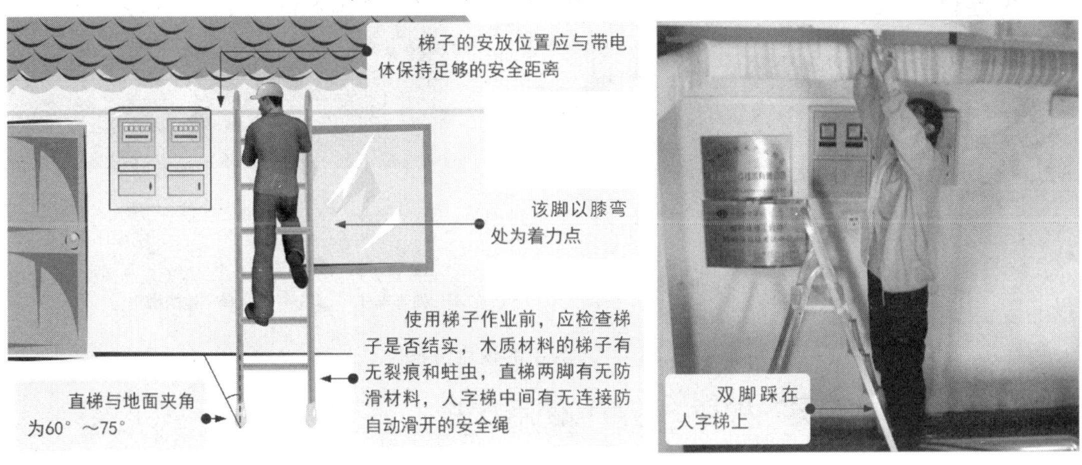

图 3-49　梯子的使用方法

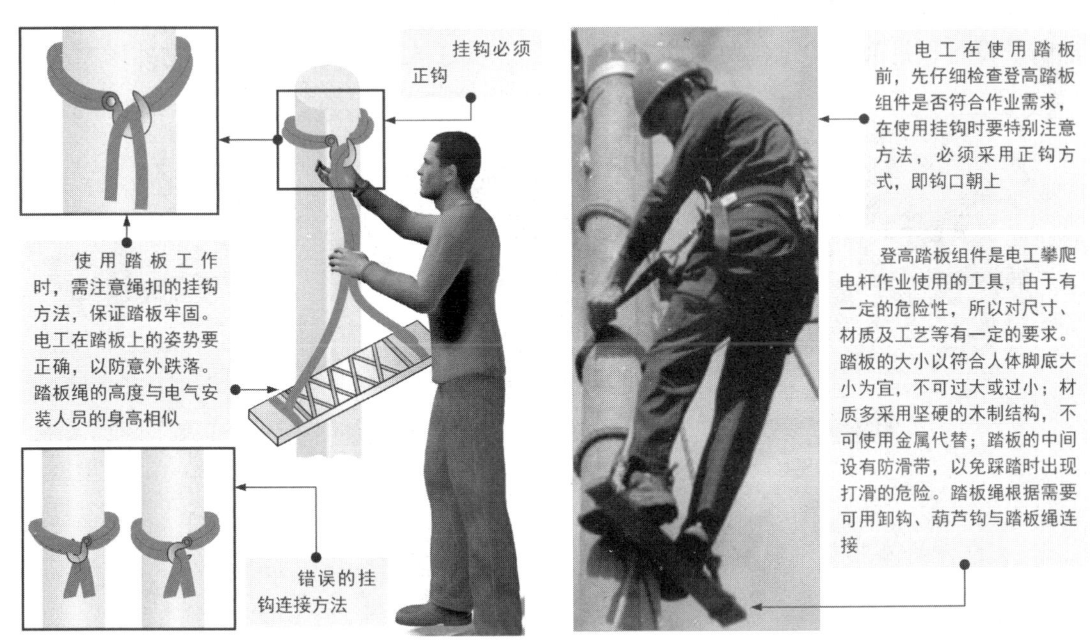

图 3-50　踏板的使用方法

电工人员使用脚扣攀高时，应注意使用前的检查工作，即对脚扣也要做人体冲击试验，同时检查脚扣皮带是否牢固可靠，是否磨损或被腐蚀等。使用时，要根据电杆的规格选择合适的脚扣，使用脚扣的每一步都要保证扣环完整套入，扣牢电杆后方能移动身体的着力点。

图 3-51 为脚扣的使用方法。

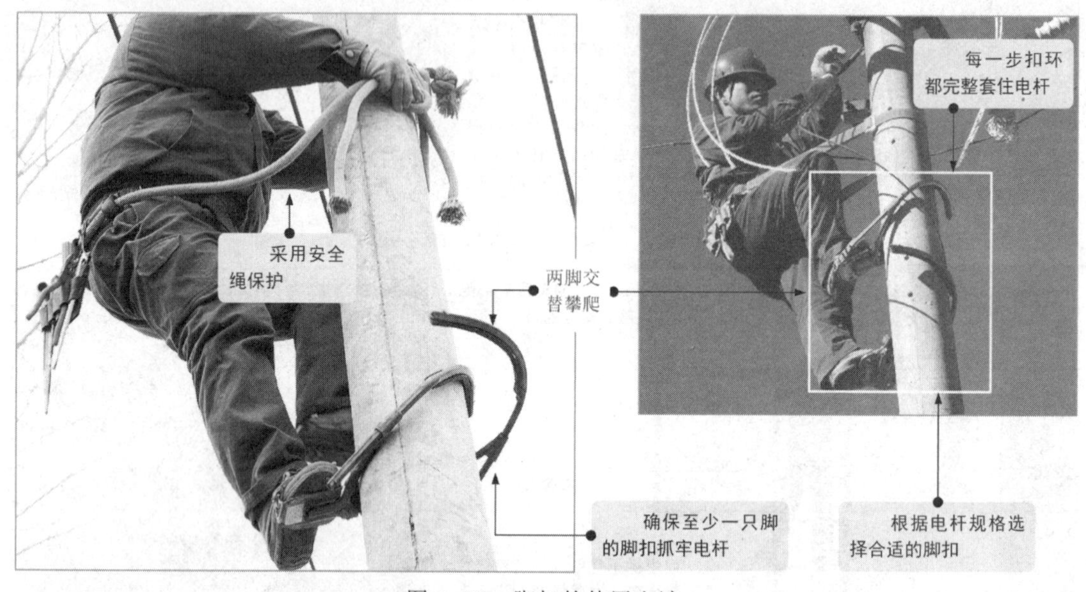

图 3-51　脚扣的使用方法

3.4.2 防护工具的种类、特点和使用方法

在电工作业时，防护工具是必不可少的。防护工具根据功能和使用特点大致可分为头部防护设备、眼部防护设备、口鼻防护设备、面部防护设备、身体防护设备、手部防护设备、足部防护设备及辅助安全设备等。图 3-52 为防护工具的实物外形。

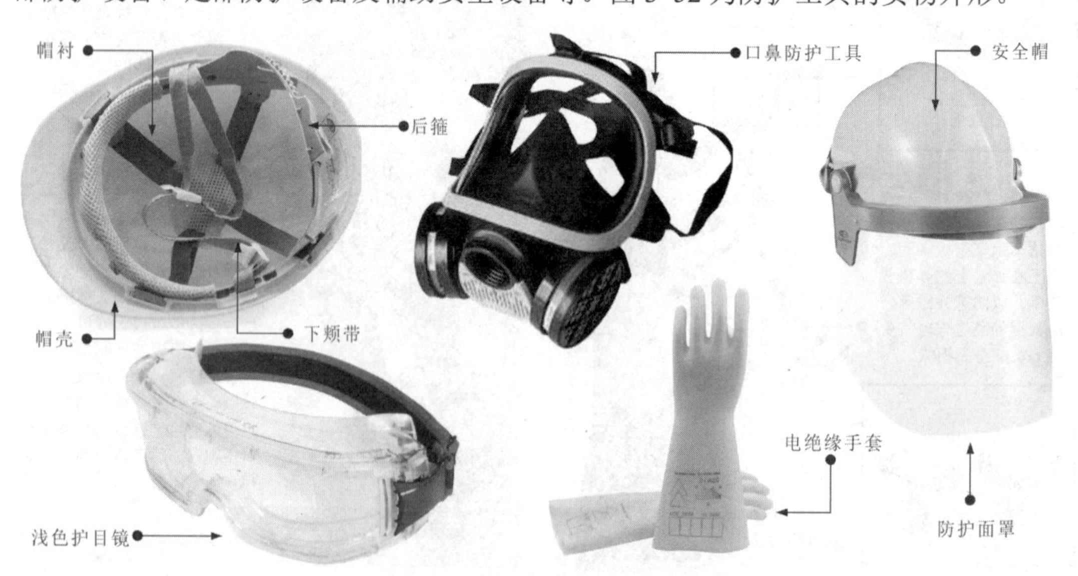

图 3-52　防护工具的实物外形

提示

头部防护设备主要是安全帽，在进行家装电工作业时需佩戴安全帽，用于保护头部的安全。安全帽主要由帽壳、帽衬、下颏带及后箍组成。帽壳通常呈半球形，坚固、光滑，并且有一定的弹性，用于防止外力的冲击。

眼部防护设备主要用于保护操作人员眼部的安全。护目镜是最典型、最常用的眼部防护设备，作业时，可以佩戴护目镜防止碎屑粉尘飞入眼中，起到防护的作用。

呼吸防护设备主要用于粉尘污染严重、有化学气体等环境。呼吸防护设备可以有效地对操作人员的口鼻进行防护，避免气体污染对操作人员造成的损伤。

手部防护设备是指保护手和手臂的防护用品，主要有普通电工操作手套、电工绝缘手套、焊接用手套、耐温防火手套及各类袖套等。

脚部防护设备主要用于保护操作人员免受各种伤害，主要有保护足趾安全鞋（靴）、电绝缘鞋、防穿刺鞋、耐酸碱胶靴、防静电鞋、耐高温鞋、耐油鞋等。

防护工具是用来防护人身安全的重要工具，在使用前，应首先对防护工具进行检查，并了解防护工具的安全使用规范。图3-53为防护工具的使用方法。

作业时，佩戴护目镜，可防止碎屑粉尘飞入眼中。除此之外，高空作业佩戴护目镜可防止眼睛被眩光灼伤

作业时，必须佩戴安全帽，保证操作人员的安全

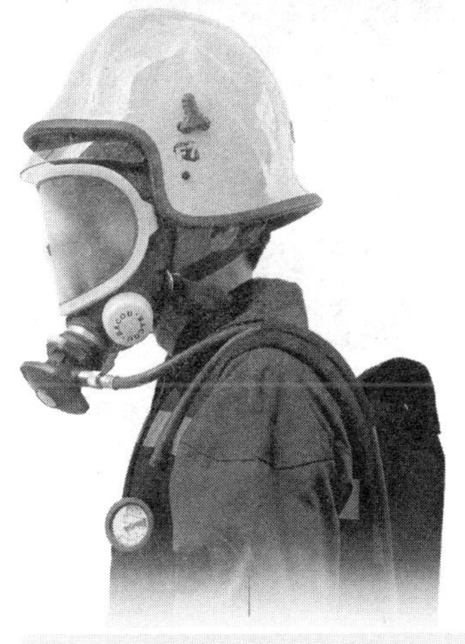

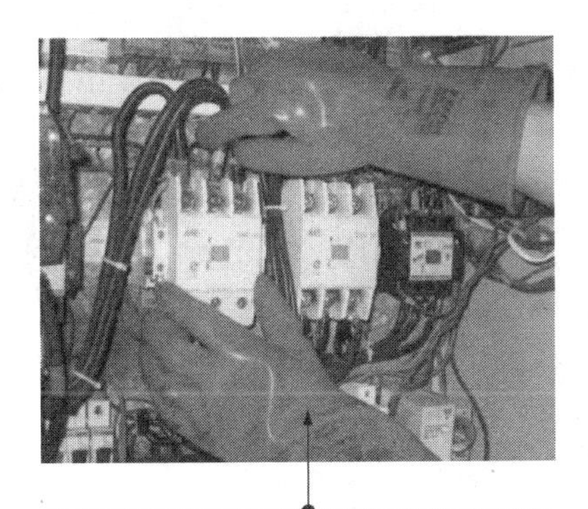

电绝缘手套可以在电工操作中提供有效的安全作业保护

通常，对于灰尘较大的检修场所，电工检修人员佩戴防尘口罩即可。如果检修环境粉尘污染严重，则需要佩戴具备一定防毒功能的呼吸器。若检修的环境可能会有有害气体泄漏，则最好选择有供氧功能的呼吸机

脚部防护设备

图3-53　防护工具的使用方法

3.4.3 其他辅助工具的种类、特点和使用方法

除了以上常用的攀爬工具和防护工具，常用的辅助工具还有电工工具夹、安全绳、安全带等。图 3-54 为其他辅助工具的实物外形。

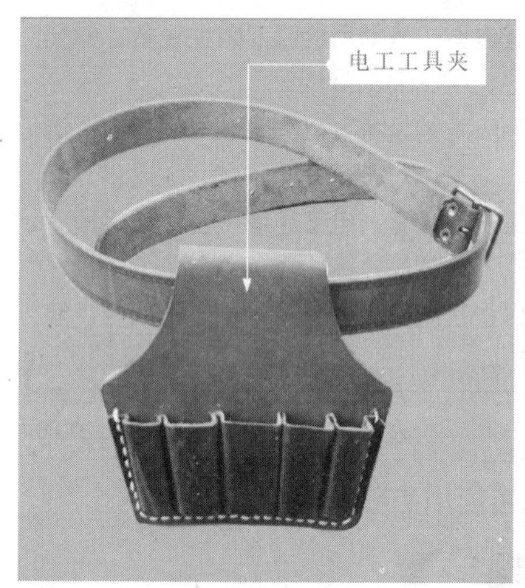

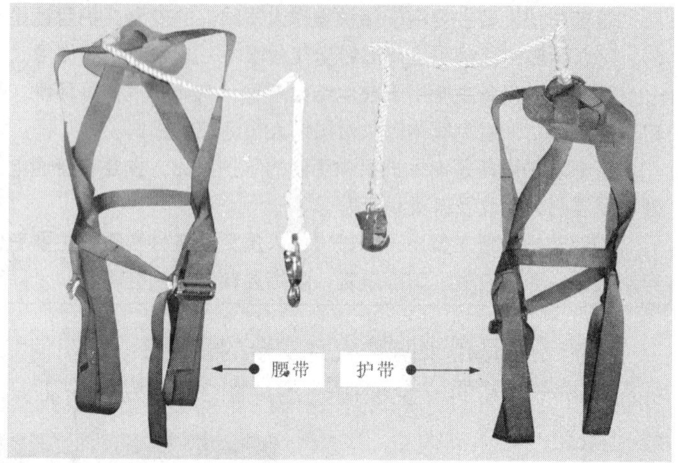

图 3-54　其他辅助工具的实物外形

电工工具夹应系在腰间，并根据工具夹上不同的钳套放置不同的工具；安全带要扣在不低于作业者所处水平位置的可靠处，最好系在胯部，提高支撑力，不能扣在作业者的下方位置，以防止坠落时加大冲击力，使作业者受伤。

图 3-55 为其他辅助工具的使用方法。

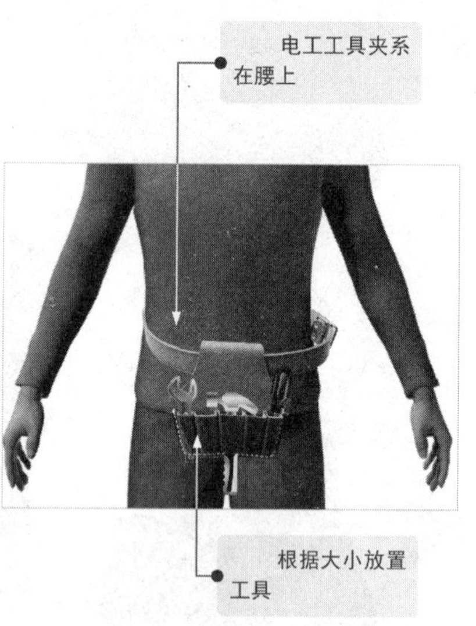

图 3-55　其他辅助工具的使用方法

提示

安全带是用来系挂保险绳、腰带和围杆带的。保险绳的直径不小于 13mm。三点式腰部安全带应尽可能系低一些，最好系在胯部。在基准面 2m 以上高处作业时必须系安全带。要经常检查安全带缝制部位和挂钩部分，发现断裂或磨损要及时修理或更换。

第4章 导线的加工与连接

4.1 线缆的剥线加工

线缆的材料不相同，加工线缆的方法也有所不同。下面以塑料硬导线、塑料软导线、塑料护套线及漆包线为例介绍具体的操作方法。

4.1.1 塑料硬导线的剥线加工

塑料硬导线的剥线加工通常使用钢丝钳、剥线钳、斜口钳或电工刀，不同的操作工具，具体的剥线方法不同。

1 使用钢丝钳剥削

使用钢丝钳剥削塑料硬导线的绝缘层是电工操作中常使用的一种简单快捷的操作方法，一般适用于剥削横截面积小于 $4mm^2$ 的塑料硬导线，如图 4-1 所示。

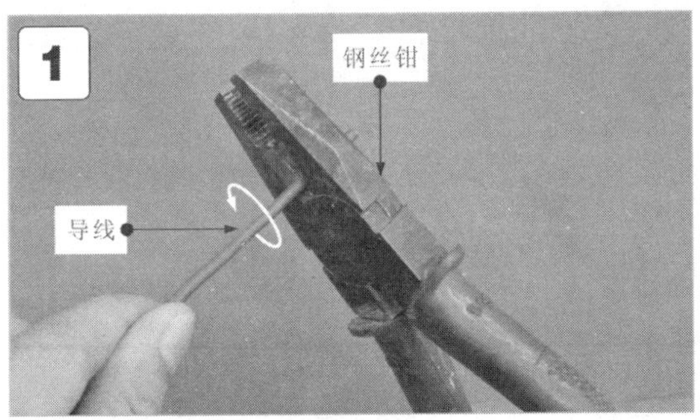

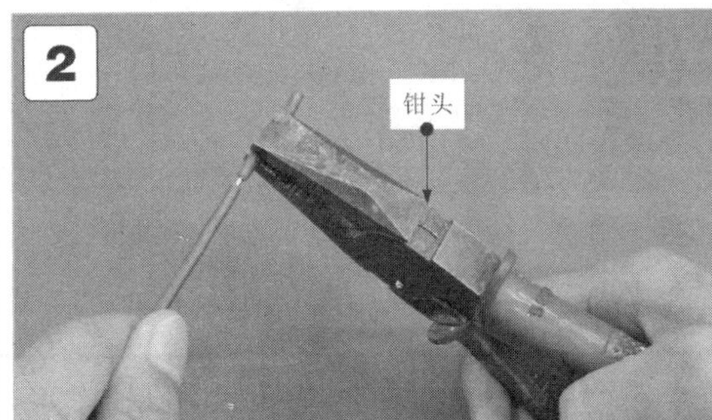

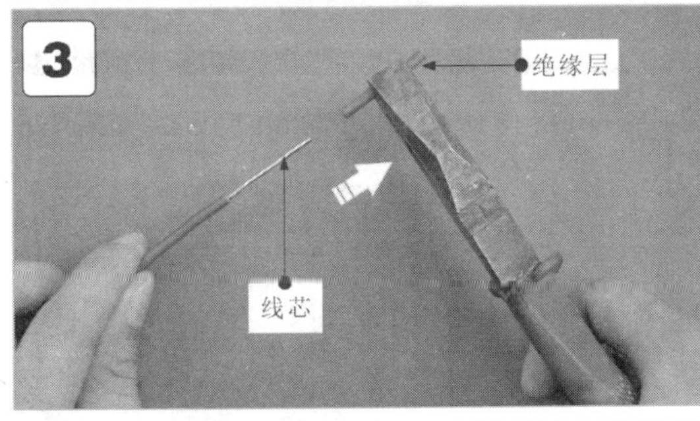

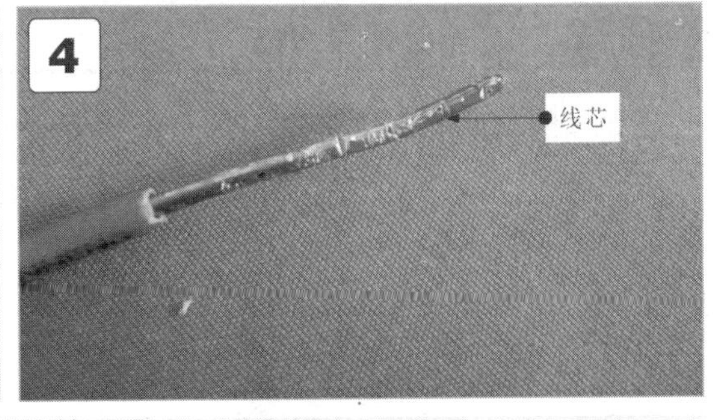

1 用左手握住导线的一端，用右手持钢丝钳绕导线旋转一周。
2 用右手握住钢丝钳，用钳头钳住要去掉的绝缘层。
3 使用钢丝钳向外用力剥去塑料绝缘层。
4 在剥去绝缘层时，不可在钢丝钳刀口处加剪切力，否则会切伤线芯。剥削出的线芯应保持完整无损，如有损伤，应重新剥削。

图 4-1 使用钢丝钳剥削塑料硬导线的方法

2 使用剥线钳剥削

使用剥线钳剥削塑料硬导线的绝缘层也是电工操作中比较规范和简单的方法，一般适用于剥削横截面积大于 $4mm^2$ 的塑料硬导线绝缘层，如图 4-2 所示。

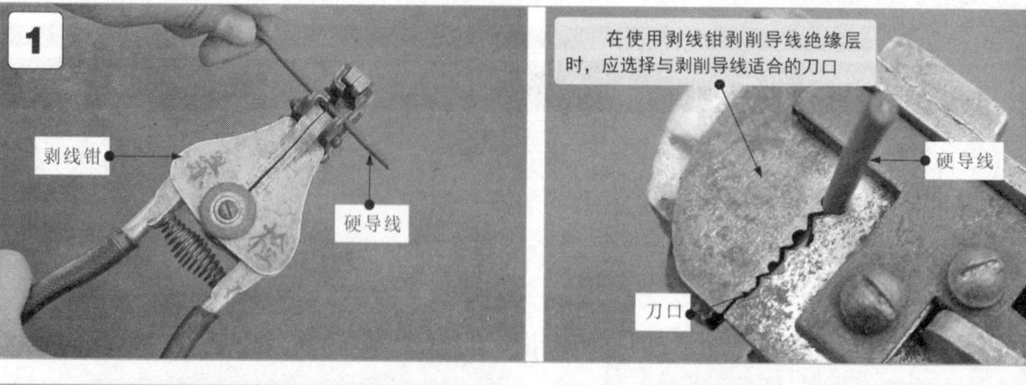

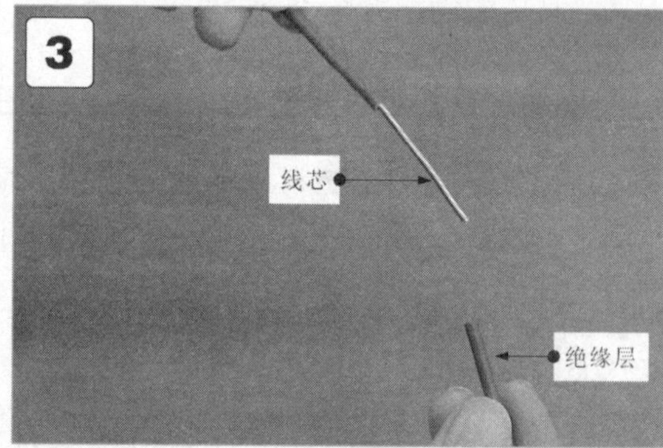

1 握住导线，将导线需剥削处置于剥线钳合适的刀口中。
2 握住剥线钳手柄，轻轻用力切断导线需剥削处的绝缘层。
3 剥下导线的绝缘层。

图 4-2　使用剥线钳剥削塑料硬导线的方法

3 使用电工刀剥削

一般横截面积大于 $4mm^2$ 塑料硬导线的绝缘层也可以使用电工刀剥削，如图 4-3 所示。

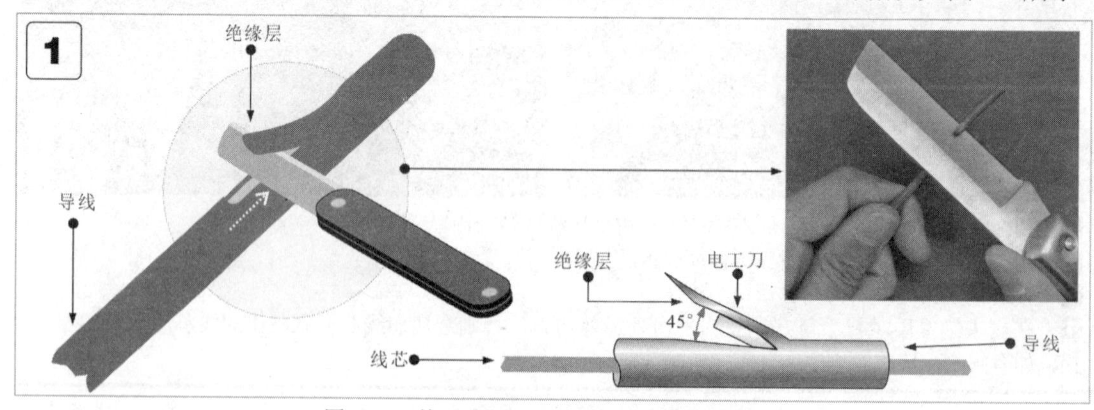

图 4-3　使用电工刀剥削塑料硬导线的方法

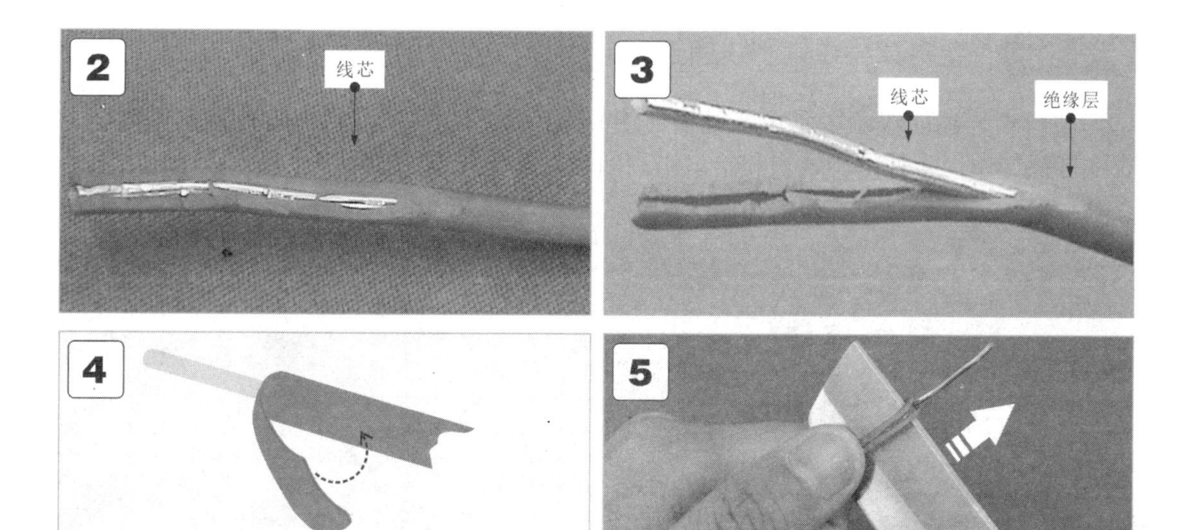

1 在剥削处用电工刀以45°角倾斜切入塑料绝缘层。
2 剥削完成后，导线的一侧露出部分线芯。
3 将剩余的绝缘层向下与线芯分离。
4 将多余的绝缘层向后扳翻。
5 用电工刀切下剩余的绝缘层。

图 4-3 使用电工刀剥削塑料硬导线的方法（续）

提示

通过以上的学习可知，横截面积为 4mm² 及以下塑料硬导线的绝缘层一般用剥线钳、钢丝钳或斜口钳剥削；横截面积为 4mm² 及以上的塑料硬导线，通常用电工刀或剥线钳剥削。在剥削绝缘层时，一定不能损伤线芯，并且根据实际应用，决定剥削线头的长度，如图 4-4 所示。

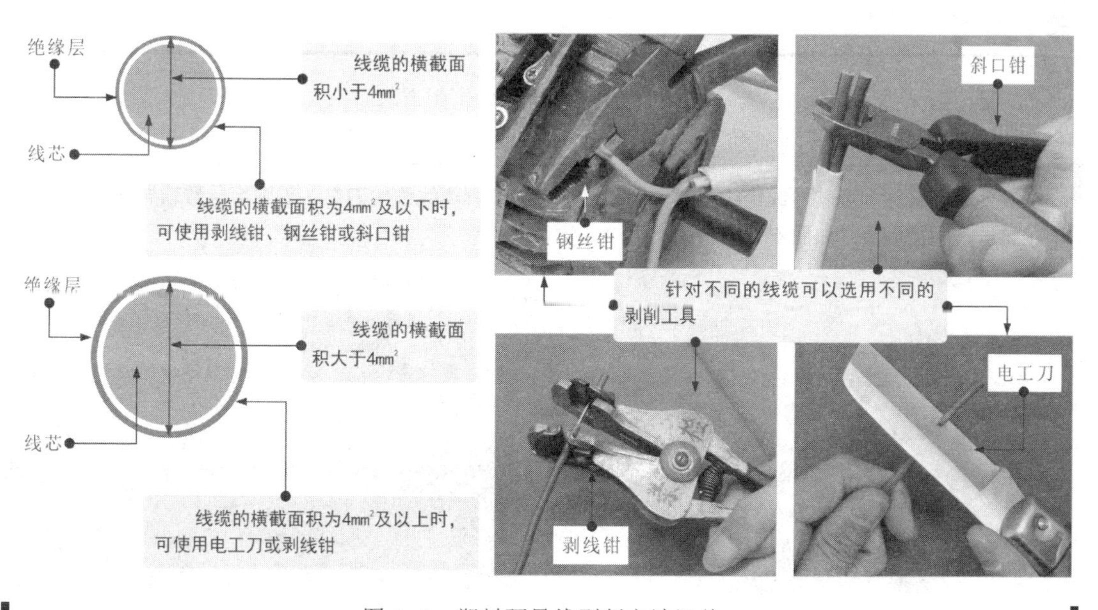

图 4-4 塑料硬导线剥削方法汇总

4.1.2 塑料软导线的剥线加工

塑料软导线的线芯多是由多股铜（铝）丝组成的，不适宜用电工刀剥削绝缘层，在实际操作中，多使用剥线钳和斜口钳剥削，具体操作方法如图 4-5 所示。

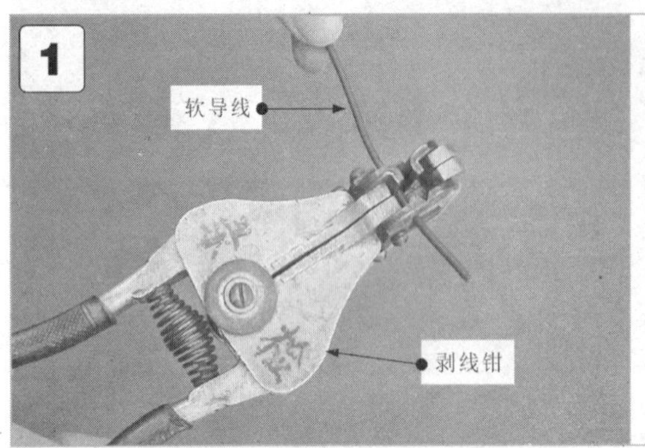

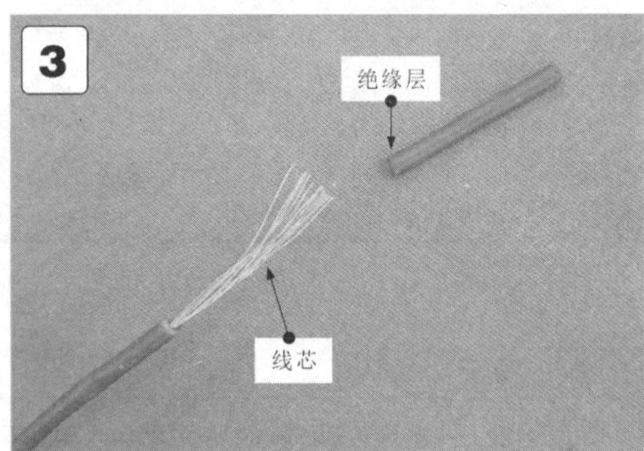

1 用手握住导线，根据导线的直径选择合适的刀口，然后将导线放置在剥线钳刀口处。
2 握住剥线钳手柄，轻轻用力切断导线需剥削处的绝缘层。
3 剥下导线的绝缘层。

图 4-5　塑料软导线的剥削方法

提示

在使用剥线钳剥离软导线绝缘层时，切不可选择小于剥离线缆的刀口，否则会导致软导线多根线芯与绝缘层一同被剥落，如图 4-6 所示。

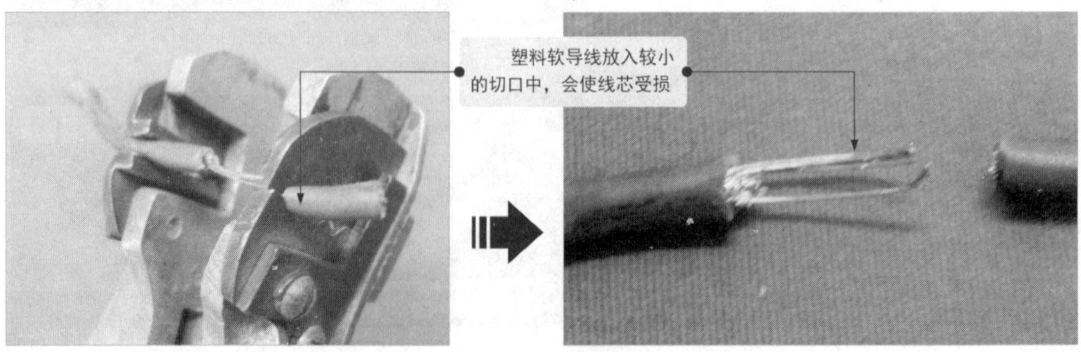

图 4-6　塑料软导线剥除绝缘层时的错误操作

4.1.3 塑料护套线的剥线加工

塑料护套线是将两根带有绝缘层的导线用护套层包裹在一起。剥削时，要先剥削护套层，再分别剥削里面两根导线的绝缘层，具体操作方法如图 4-7 所示。

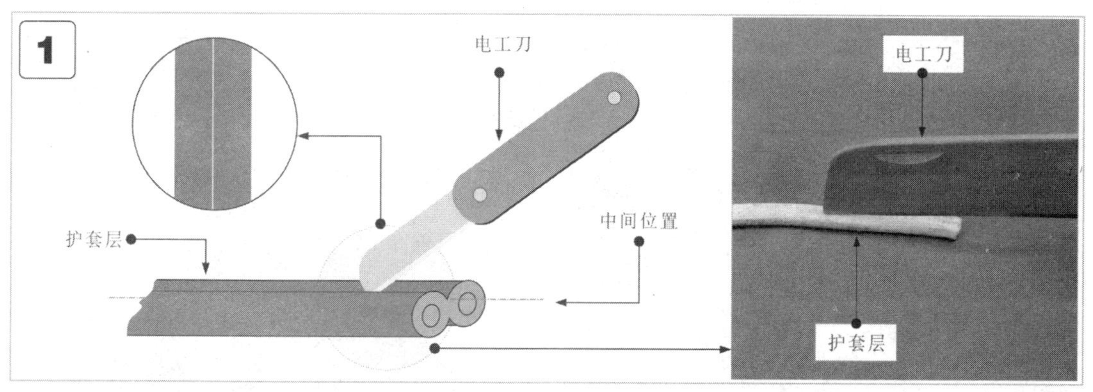

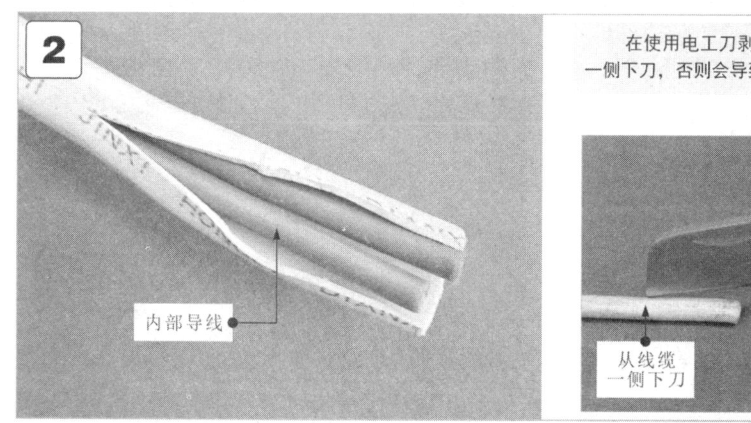

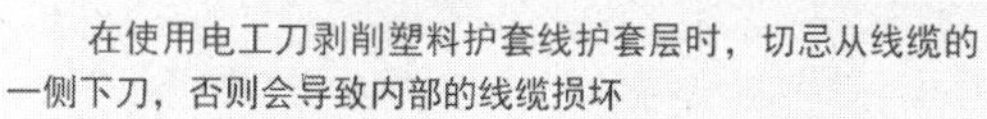

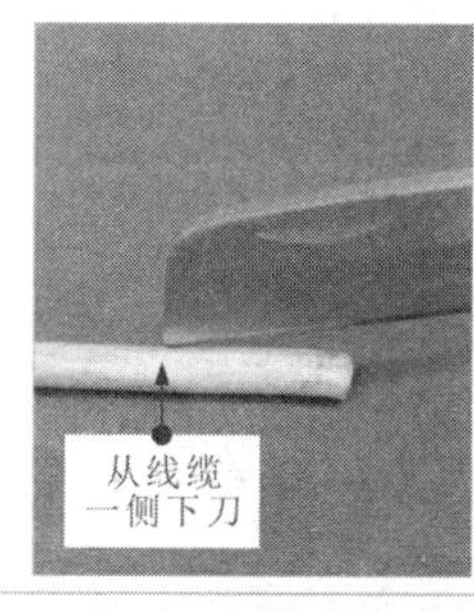

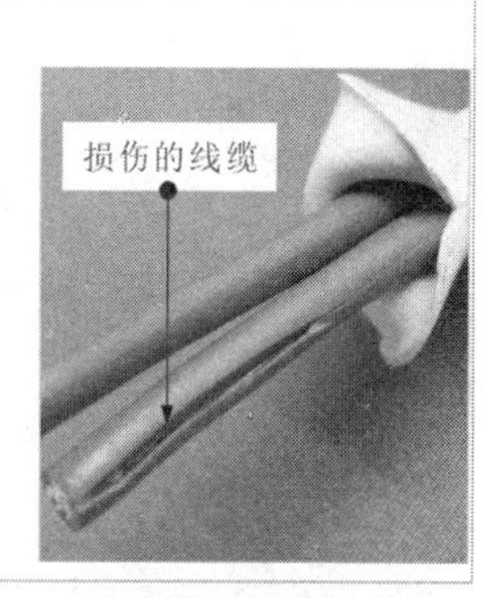

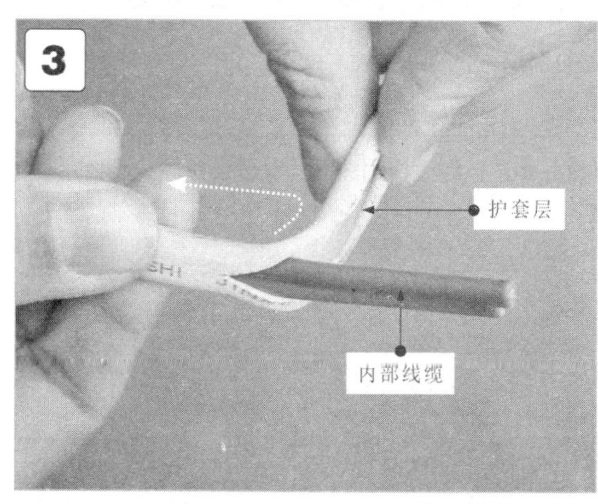

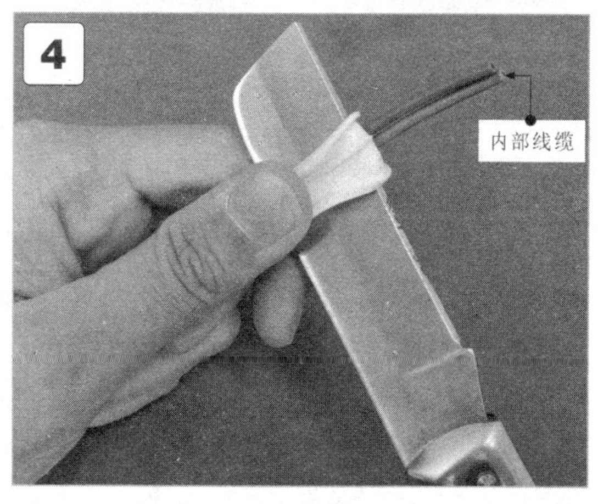

1 在线头所需的长度处，用电工刀从线缆的中间处下刀。下刀时找准中间位置，以免损伤内部线芯。
2 用电工刀的刀尖在导线缝隙处划开护套层。
3 向后扳翻护套层。
4 用电工刀把护套层齐根切去。

图 4-7　塑料护套线的剥削方法

4.1.4 漆包线的剥线加工

漆包线的绝缘层是将绝缘漆喷涂在线缆上。由于漆包线的直径不同，所以加工漆包线时，应当根据线缆的直接选择合适的加工工具，具体操作方法如图 4-8 所示。

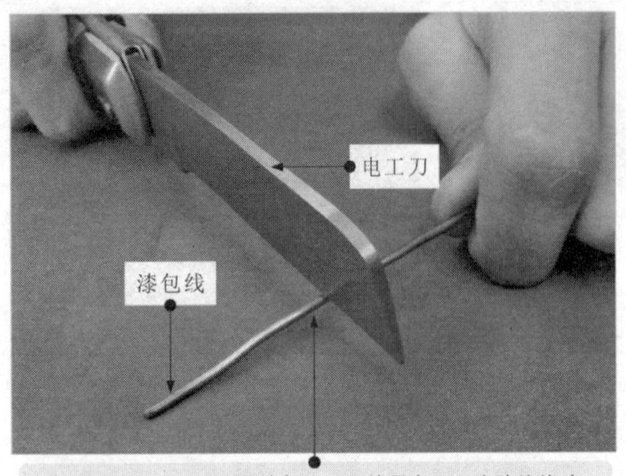

直径在0.6mm以上的漆包线可以使用电工刀去除绝缘漆，用电工刀轻轻刮去漆包线上的绝缘漆直至漆层被剥落干净

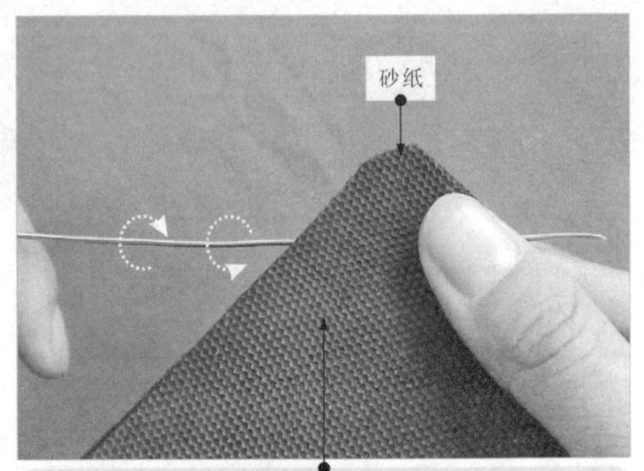

直径为0.15～0.6mm的漆包线通常使用细砂纸或布去除绝缘漆，用细砂纸夹住漆包线，旋转线头，去除绝缘漆

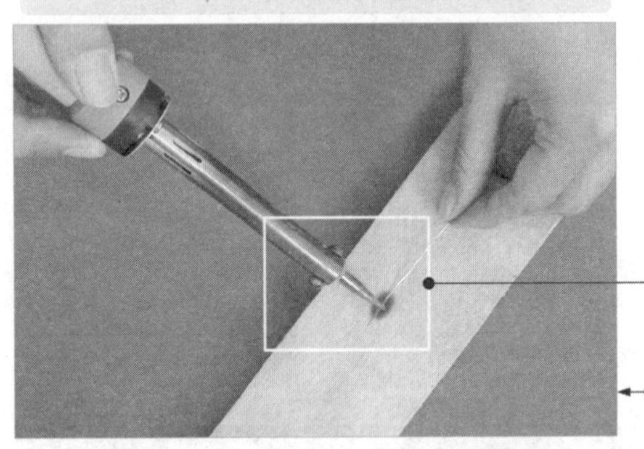

将电烙铁加热沾锡后，在线头上来回摩擦几次去除绝缘漆，同时线头上会有一层焊锡，便于后面的连接操作

图 4-8　漆包线的剥削方法

提示

若没有电烙铁的情况下，可用火剥落绝缘漆，用微火将漆包线线头加热，当漆层加热软化后，用软布擦拭即可，如图 4-9 所示。

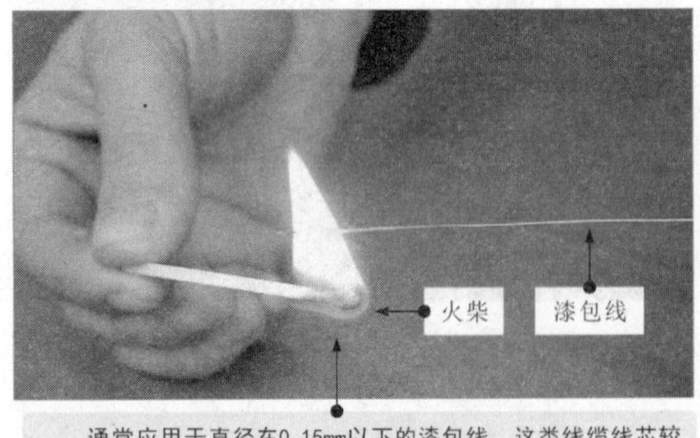

通常应用于直径在0.15mm以下的漆包线，这类线缆线芯较细，使用刀片或砂纸容易将线芯折断或损伤

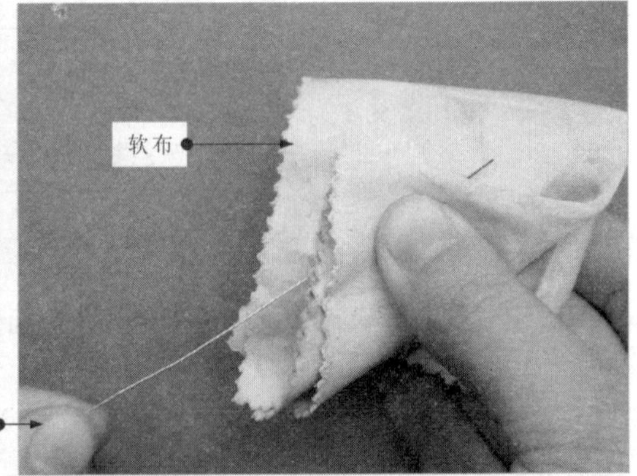

图 4-9　微火加热漆包线去除绝缘漆

4.2 线缆的连接

电工技术人员在实际操作时，若导线长度不够或需要分接支路及连接器具端子时，常常需要进行导线与导线之间的连接、导线与器具端子之间的连接等操作。

在去除导线线头的绝缘层后，就可进行导线的连接操作了。下面安排 4 个连接操作环节，分别是线缆的缠绕连接、线缆的绞接连接、线缆的扭绞连接、线缆的绕接连接。

4.2.1 线缆的缠绕连接

线缆的缠绕连接包括单股导线的缠绕式对接连接、单股导线缠绕式 T 形连接、两根多股导线缠绕式对接连接、两根多股导线缠绕式 T 形连接。

1 单股导线的缠绕式对接

当连接两根较粗的单股导线时，通常选择缠绕式对接方法，如图 4-10 所示。

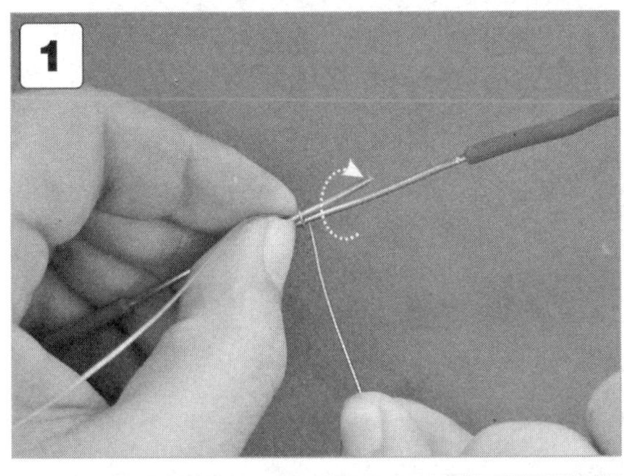

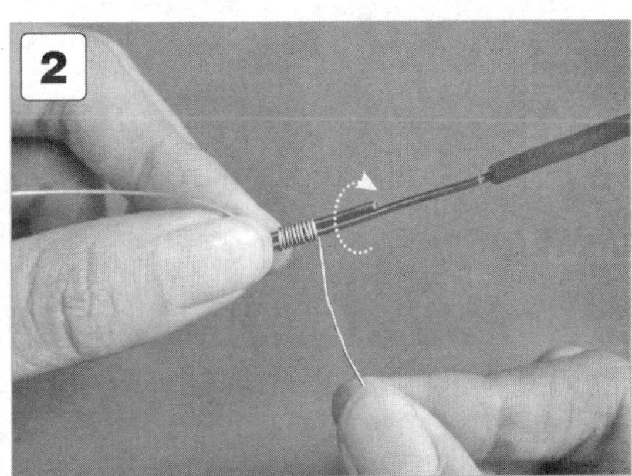

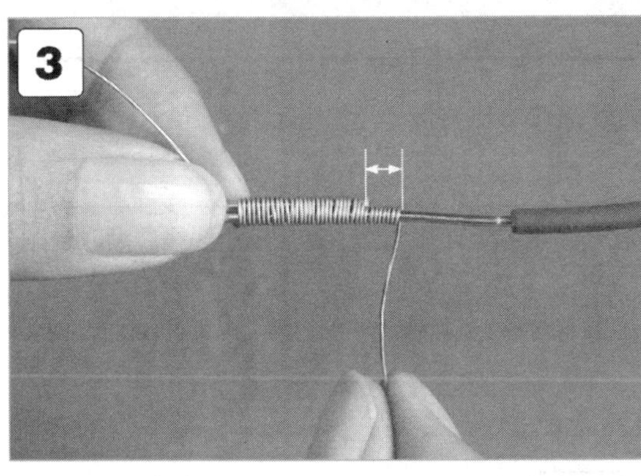

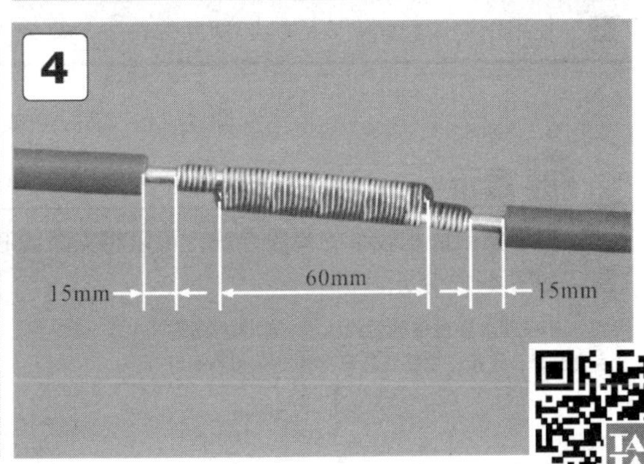

1 将去除绝缘层的线芯交叠，用细裸铜丝缠绕交叠线心。

2 使用细裸铜丝从一端开始紧贴缠绕导线线芯。

3 缠绕完成后加长缠绕8～10mm。

4 缠绕法直接连接单股线芯的最终效果。值得注意的是，若连接导线的直径为5mm，则缠绕长度应为60mm；若导线直径大于5mm，则缠绕长度应为90mm。将导线缠绕好后，还要在两端的导线上各自再缠绕8～10mm（5圈）的长度

图 4-10 单股导线的缠绕式对接

2 单股导线的缠绕式T形连接

当连接一根支路和一根主路单股导线时，通常采用缠绕式T形连接，如图4-11所示。

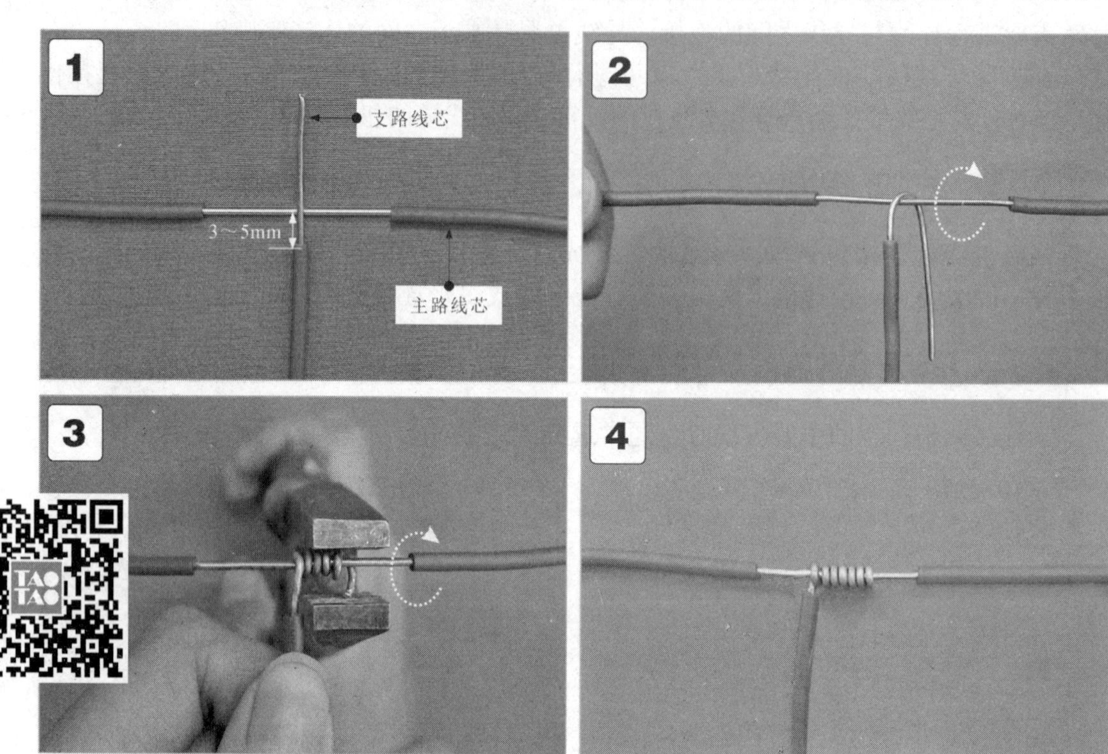

1 去除绝缘层的支路线芯与主路线芯中心十字相交。
2 按照顺时针的方向紧贴主路线芯缠绕支路线芯。
3 支路线芯紧贴主路线芯缠绕6～8圈。
4 使用钢丝钳将剩余支路线芯剪断并钳平，完成连接。

图4-11 单股导线的缠绕式T形连接

提示

对于横截面积较小的单股导线，可以将支路线芯在干线线芯上环绕扣结，然后沿干线线芯顺时针贴绕，如图4-12所示。

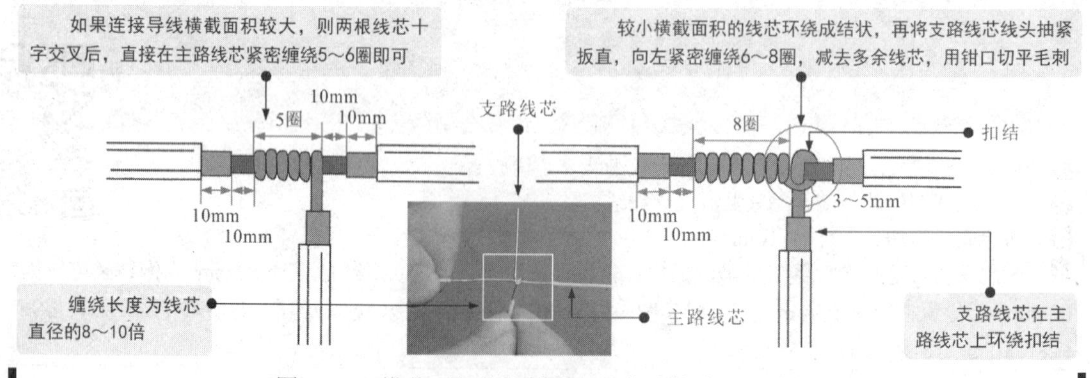

图4-12 横截面积较小的单股导线缠绕式T形连接

3 两根多股导线的缠绕式对接

当连接两根多股导线时，可采用缠绕对接的方法，如图 4-13 所示。

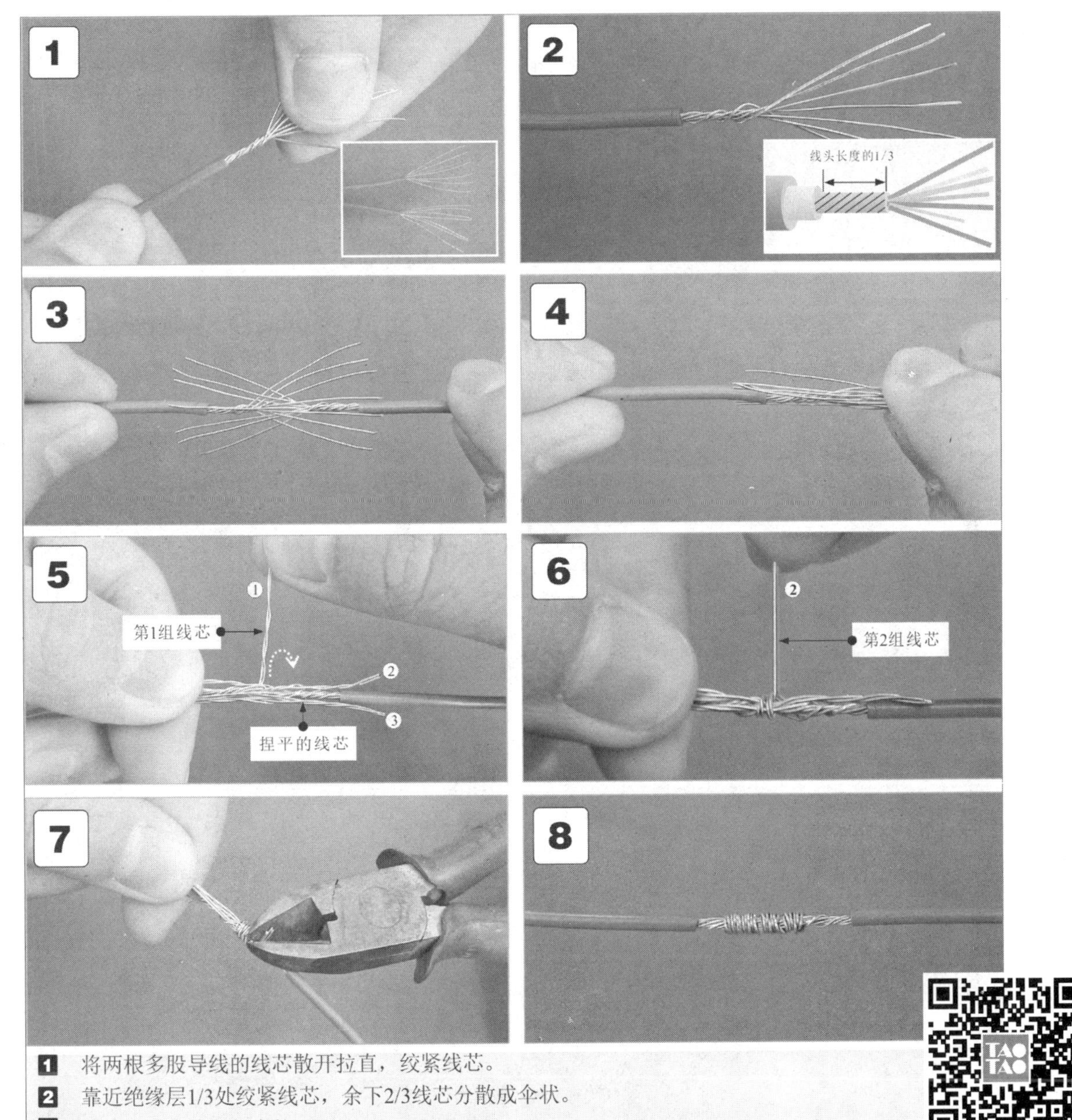

1 将两根多股导线的线芯散开拉直，绞紧线芯。

2 靠近绝缘层1/3处绞紧线芯，余下2/3线芯分散成伞状。

3 交叉部分为线芯长度的1/3。

4 捏平两端对叉的线芯。

5 将一端线芯平均分成3组，将第1组扳起垂直于线芯，按顺时针方向紧压扳平的线芯缠绕两圈，并将余下的线芯与其他线芯沿平行方向扳平。

6 同样，将第2、3组线芯依次扳成与线芯垂直，然后按顺时针方向紧压扳平的线芯缠绕3圈。

7 多余的线芯从线芯的根部切除，钳平线端。

8 使用同样的方法连接线芯的另一端，即完成两根多股导线的缠绕式对接。

图 4-13　两根多股导线的缠绕式对接

4　两根多股导线的缠绕式T形连接

当一根支路多股导线与一根主路多股导线连接时，通常采用缠绕式T形连接的方式，如图4-14所示。

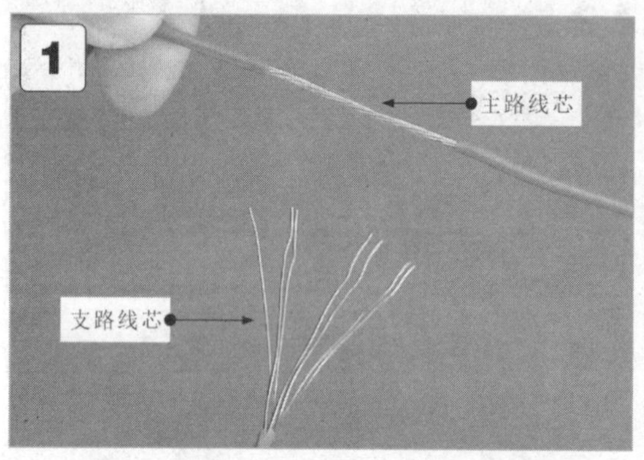

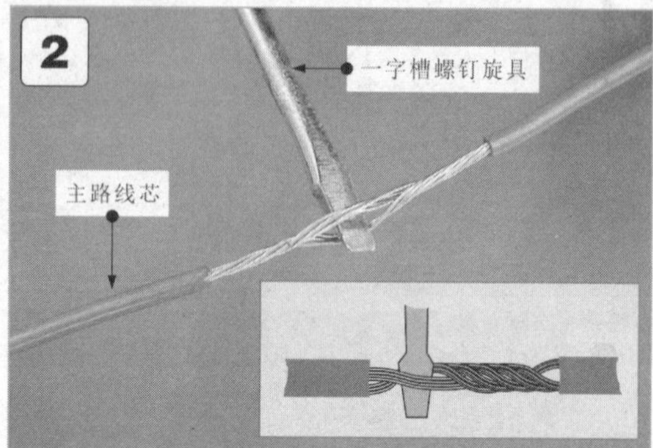

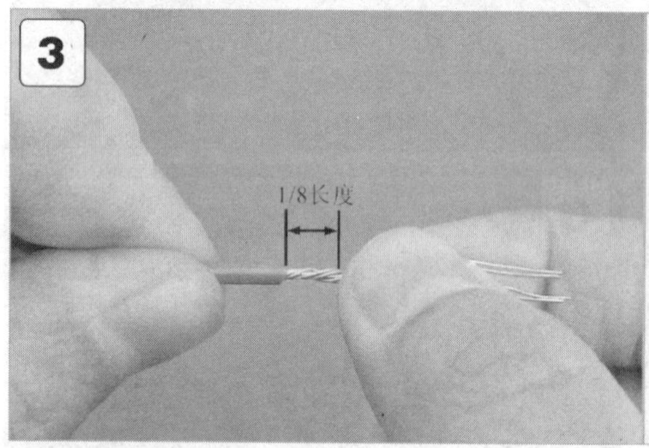

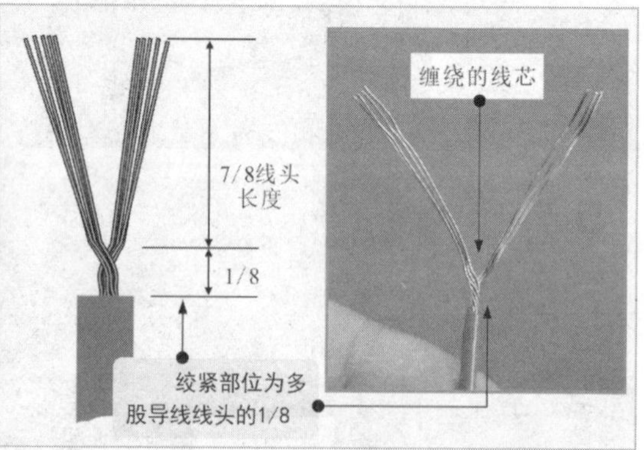

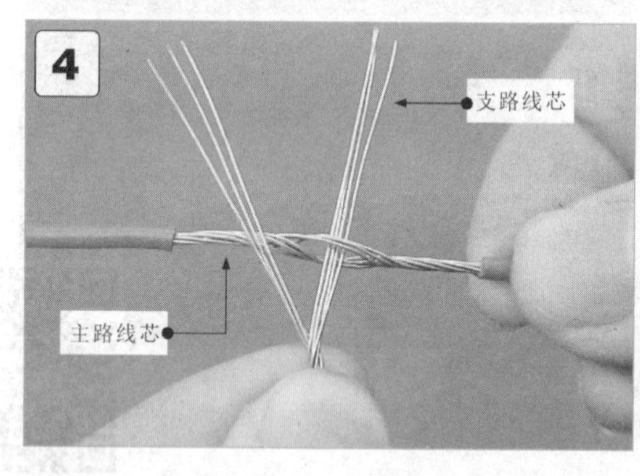

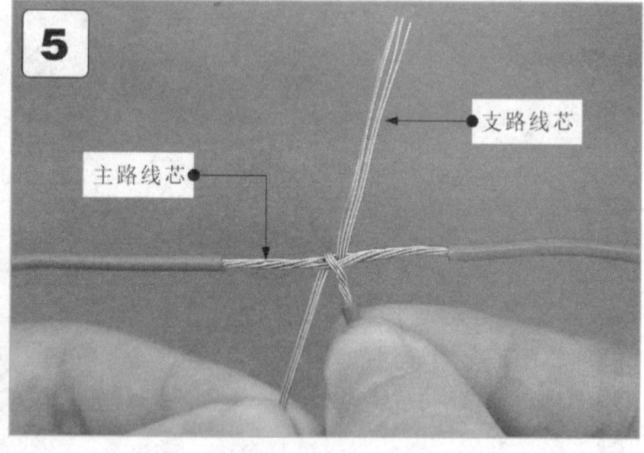

1. 将主路和支路多股导线连接部位的绝缘层去除。
2. 将一字槽螺钉旋具插入主路多股导线去掉绝缘层的线芯中心。
3. 散开支路多股导线线芯，在距绝缘层1/8处将线芯绞紧，并将余下的支路线芯分为两组排列。
4. 将一组支路线芯插入主路线芯中间，另一组放在前面。
5. 将置于前面的线芯沿主路线芯按顺时针方向弯折缠绕。

图4-14　两根多股导线的缠绕式T形连接

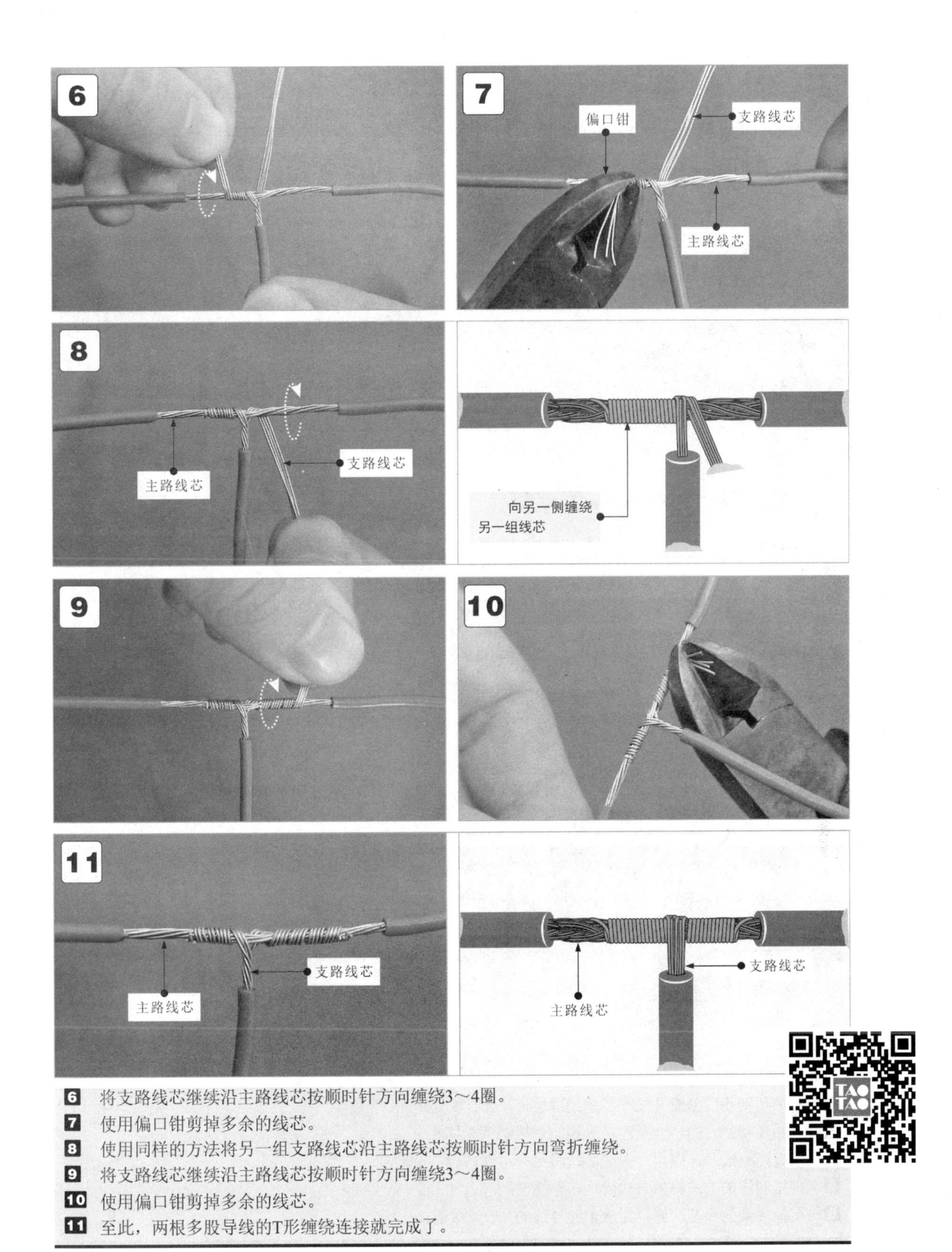

6 将支路线芯继续沿主路线芯按顺时针方向缠绕3～4圈。
7 使用偏口钳剪掉多余的线芯。
8 使用同样的方法将另一组支路线芯沿主路线芯按顺时针方向弯折缠绕。
9 将支路线芯继续沿主路线芯按顺时针方向缠绕3～4圈。
10 使用偏口钳剪掉多余的线芯。
11 至此，两根多股导线的T形缠绕连接就完成了。

图 4-14　两根多股导线的缠绕式 T 形连接（续）

4.2.2 线缆的绞接连接

当两根横截面积较小的单股导线连接时，通常采用绞接（X 形连接）方法，如图 4-15 所示。

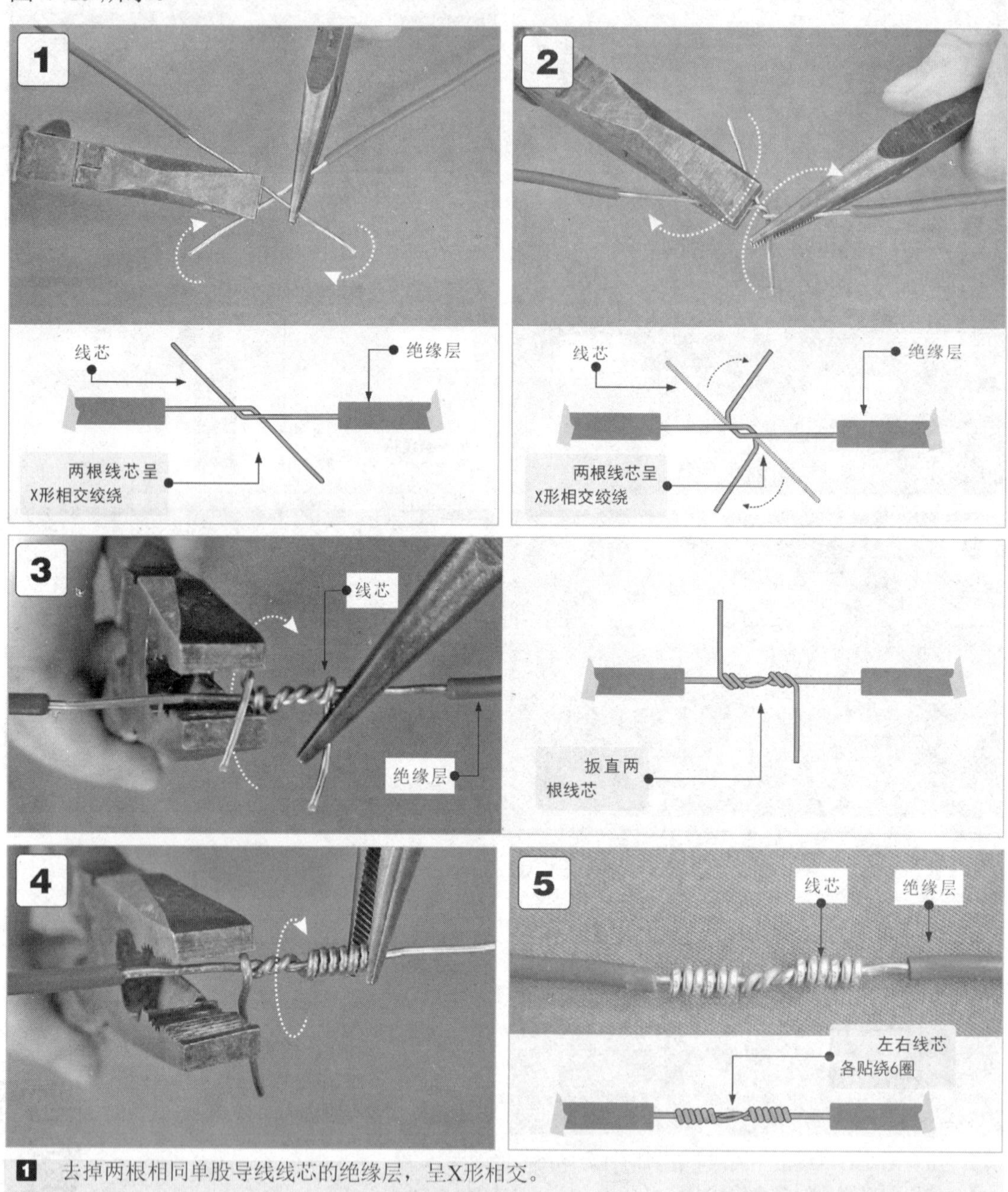

1. 去掉两根相同单股导线线芯的绝缘层，呈X形相交。
2. 互相绞绕2～3圈。注意连接导线的规格必须相同。
3. 扳直两根线芯，固定一端线芯，将另一端线芯贴绕6圈左右。
4. 使用同样的方法将另一端的线芯贴绕6圈左右。
5. 剪掉多余的线芯，即可完成单股导线的X形绞接连接。

图 4-15　单股导线的绞接连接（X 形连接）

4.2.3 线缆的扭绞连接

扭绞是指将待连接的导线线头平行同向放置，然后将线头同时互相缠绕，如图 4-16 所示。

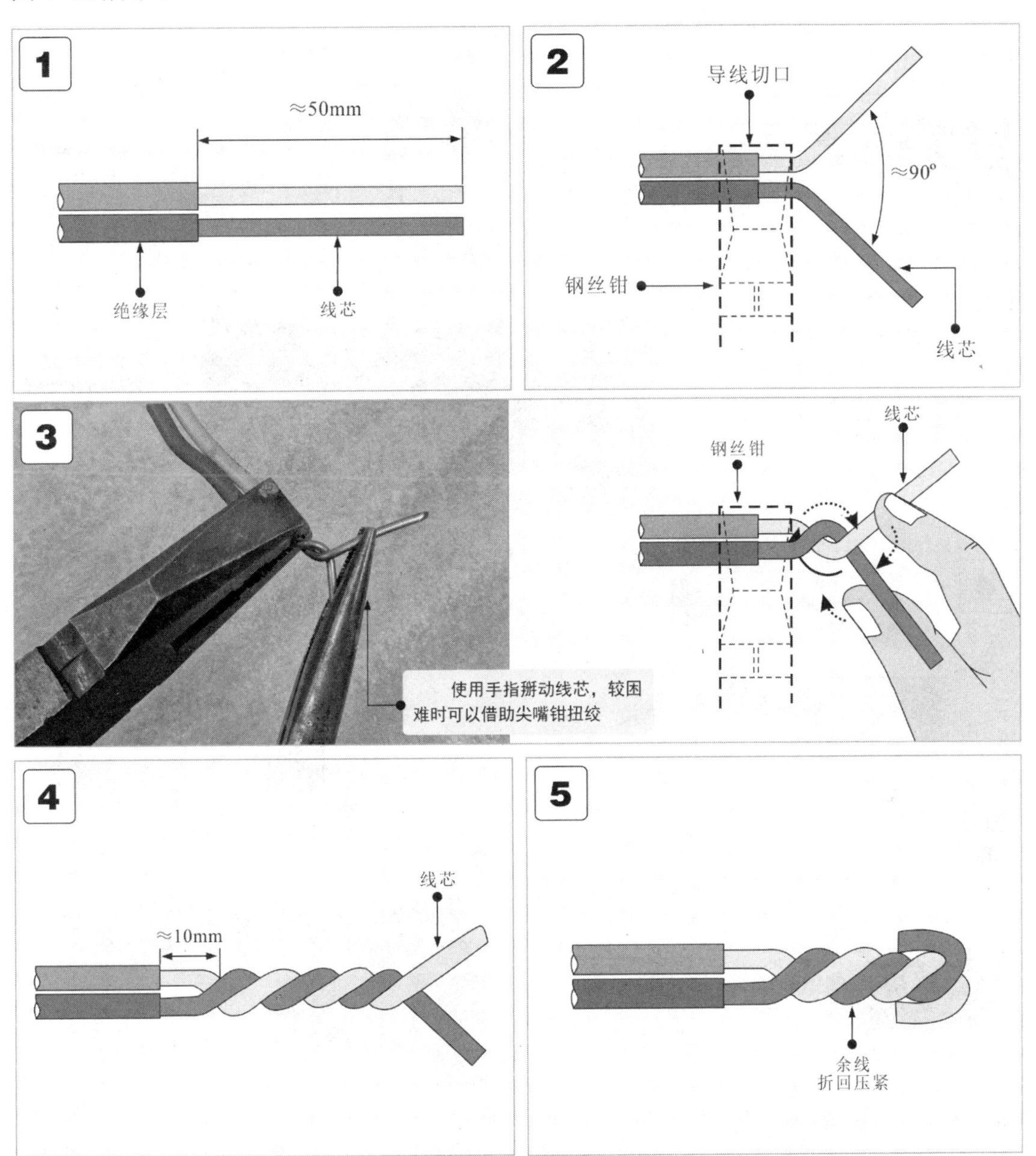

1 将两导线的绝缘层均剥去50mm。

2 用钢丝钳夹在导线切口处，将导线弯成约90°。

3 钢丝钳夹紧导线切口处，用手或借助尖嘴钳将两根线芯扭绞在一起。

4 将两条线芯互相对称绕接在一起，按规范缠绕3圈。

5 留余线适当长度后折回压紧。

图 4-16　导线的扭绞连接

4.2.4 线缆的绕接连接

绕接也称为并头连接，一般适用于三根导线连接时，将第三根导线线头绕接在另外两根导线线头上，如图 4-17 所示。

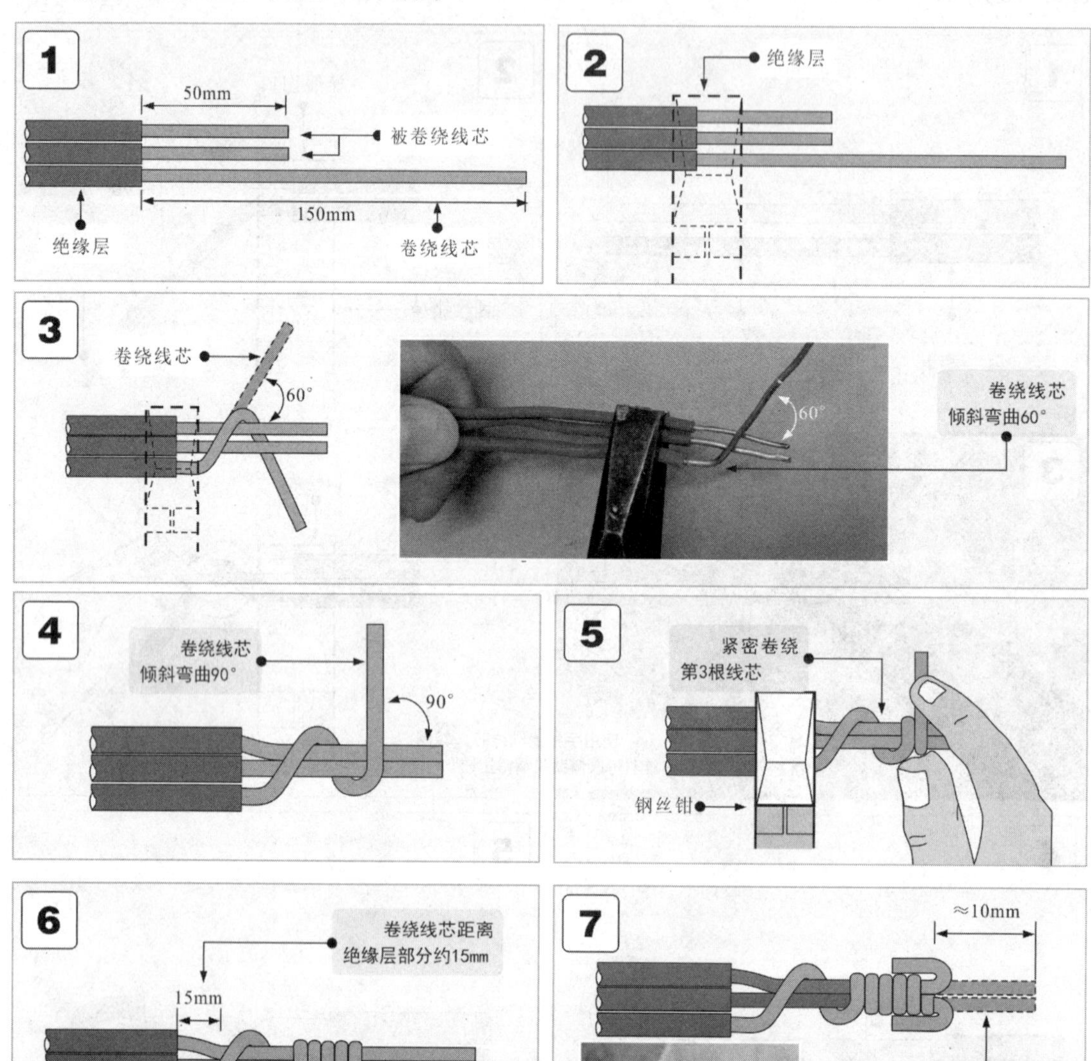

1. 将三根导线的绝缘层均剥去并根部对齐绝缘层。
2. 用钢丝钳夹住导线切口中间。
3. 将卷绕线芯搭在被卷绕线芯上(两者之间的夹角为60°)，然后向下弯曲缠绕被卷线芯。
4. 将卷绕线芯再向上弯成约90°。
5. 用拇指固定导线，食指内侧卷绕垂直的卷绕线芯。
6. 将垂直的卷绕线芯一圈接一圈地密绕5圈，剪掉多余线芯。
7. 被绕线芯的余头并齐折回压紧的缠绕线上。

图 4-17　导线的绕接连接

4.2.5 线缆的线夹连接

在电工操作中，常用线夹连接硬导线，操作简单，安装牢固可靠，如图 4-18 所示。

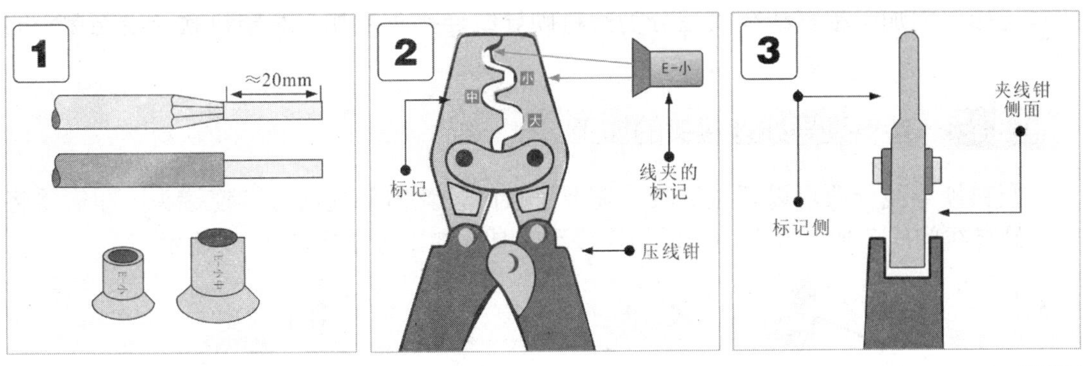

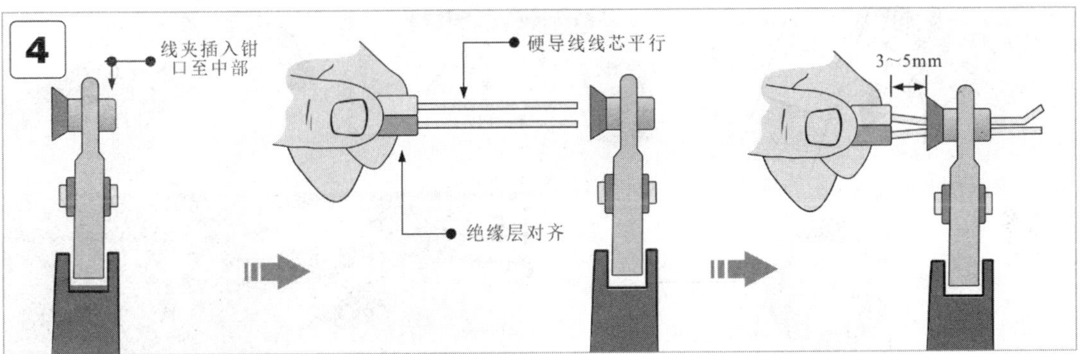

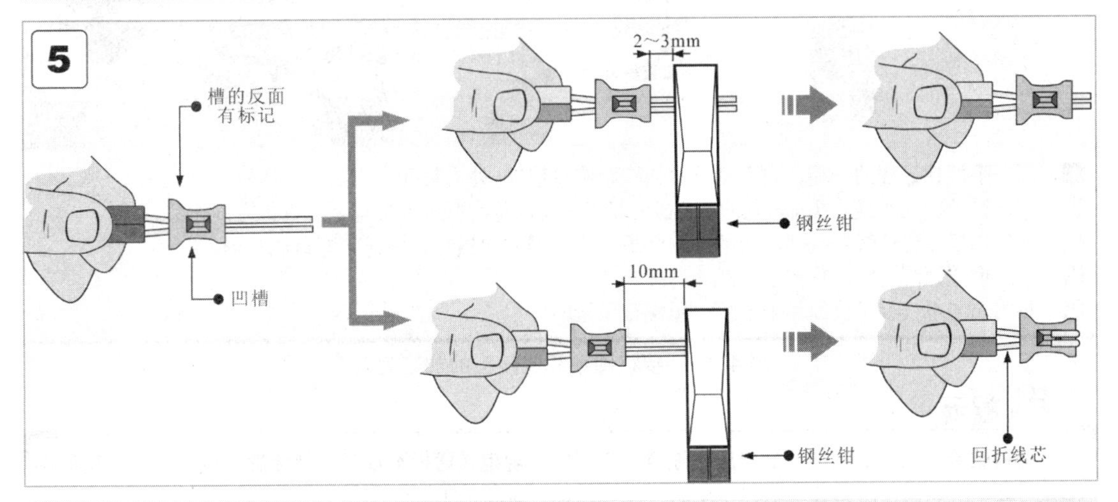

1 剥去硬导线的绝缘层约20mm，根据导线直径选择线夹型号。

2 根据硬导线线径选择压线钳压接的位置。

3 确认线夹放入的位置。

4 将线夹放入压线钳中，先轻轻夹持确认具体操作位置，然后将硬导线的线芯平行插入线夹中，要求线夹与硬导线的绝缘层间距为3～5mm，然后用力压线，使线夹牢固压接在硬导线线芯上。

5 用压线钳将线夹用力夹紧，用钢丝钳切去多余的线芯，线芯余留2～3mm，或余留10mm线芯后，将线芯回折，可更加紧固。

图 4-18　导线的线夹连接

4.3 线缆连接头的加工

在线缆的加工连接中，加工处理线缆连接头也是电工操作中十分重要的一项技能。线缆连接头的加工根据线缆类型分为塑料硬导线连接头的加工和塑料软导线连接头的加工。

4.3.1 塑料硬导线连接头的加工

塑料硬导线一般可以直接连接，需要平接时，就需要提前加工连接头，即需要将塑料硬导线的线芯加工为大小合适的连接环，具体加工方法如图 4-19 所示。

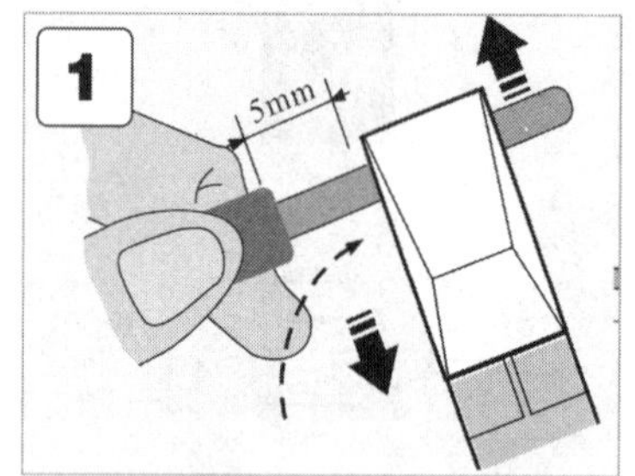

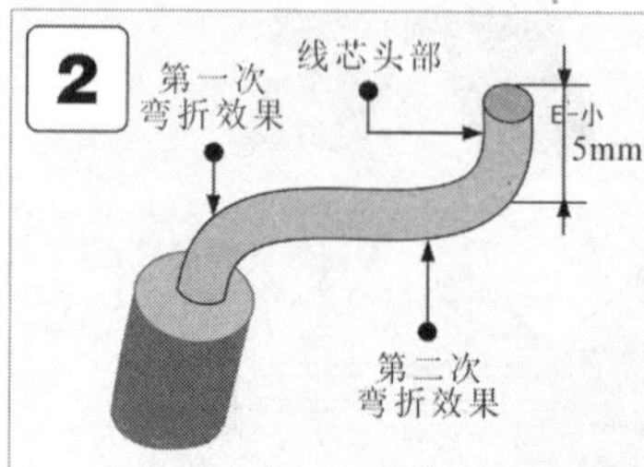

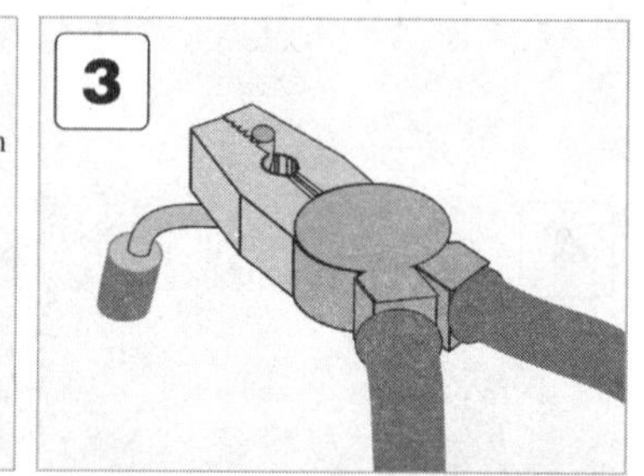

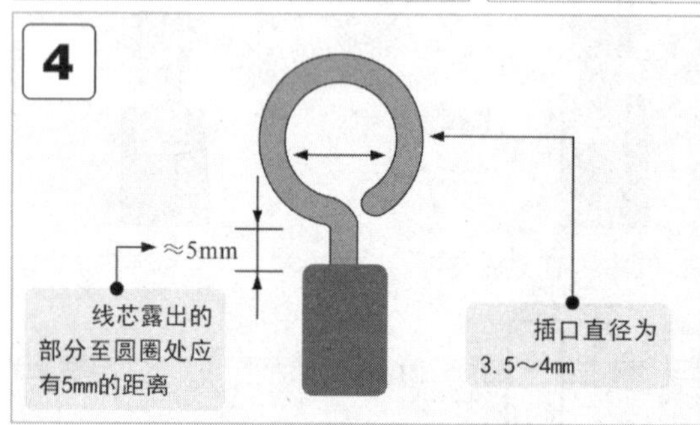

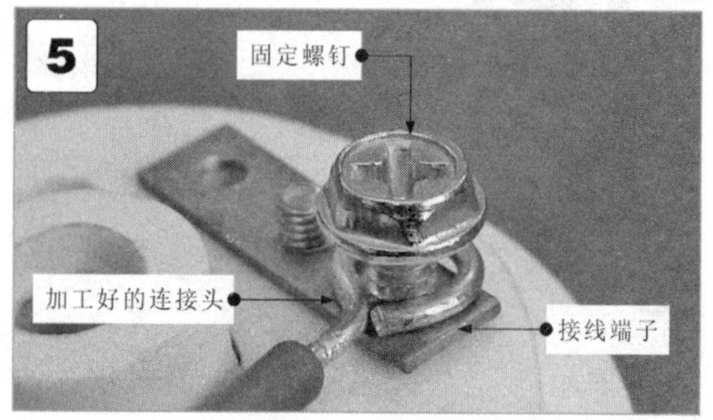

1 用左手握住导线的一端，右手持钢丝钳在距绝缘层5mm处夹紧并弯折。
2 使用钢丝钳在距线芯头部5mm处将线芯头部弯折成直角，弯折方向与之前弯折方向相反。
3 使用钢丝钳钳住线芯头部弯折的部分朝最初弯折的方向扭动，使线芯弯折成圆形。
4 加工形成圆圈形状，将多余的线芯剪掉。
5 将线端与电气设备接线端子连接，用螺钉压紧即可。

图 4-19　塑料硬导线连接头的加工处理

提示

塑料硬导线加工头的加工操作应当注意，若尺寸不规范或弯折不规范，都会影响接线质量。在实际操作过程中，若出现不合规范的加工头时，需要剪掉，重新加工，如图 4-20 所示。

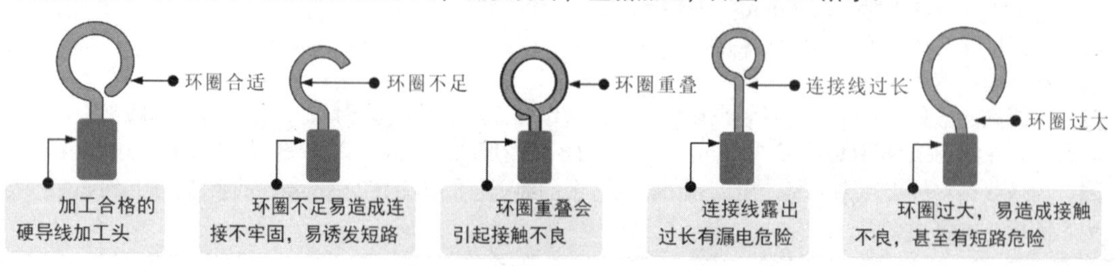

图 4-20　塑料硬导线加工头合格与不合格的情况

4.3.2 塑料软导线连接头的加工

塑料软导线在连接使用时，应用环境不同，加工的具体方法也不同，常见的有绞绕式连接头的加工、缠绕式连接头的加工及环形连接头的加工三种形式。

1 绞绕式连接头的加工

绞绕式连接头的加工是用一只手握住线缆绝缘层处，另一只手捻住线芯，向一个方向旋转，使线芯紧固整齐即可完成连接头的加工，如图 4-21 所示。

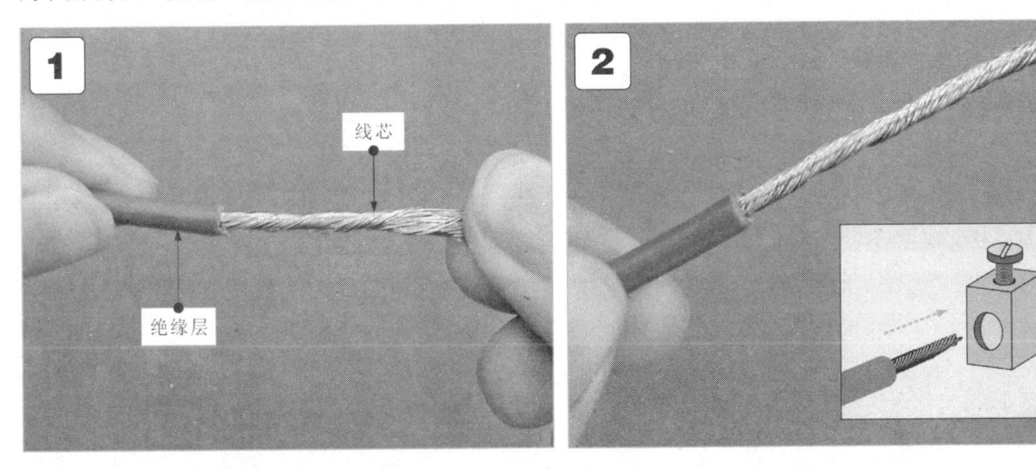

1 将塑料软导线绝缘层剥除后，握住导线一端，旋转线芯。绞绕软导线可以使导线连接时不松散。

2 旋转线芯至一根整体为止，完成绞绕。绞绕好的软导线通常与压接螺钉连接。

图 4-21　绞绕式连接头的加工

2 缠绕式连接头的加工

当塑料软导线插入连接孔时，由于多股软线缆的线芯过细，无法插入，所以需要在绞绕的基础上，将其中一根线芯沿一个方向由绝缘层处开始向上缠绕，直至缠绕到顶端，完成缠绕式加工，如图 4-22 所示。

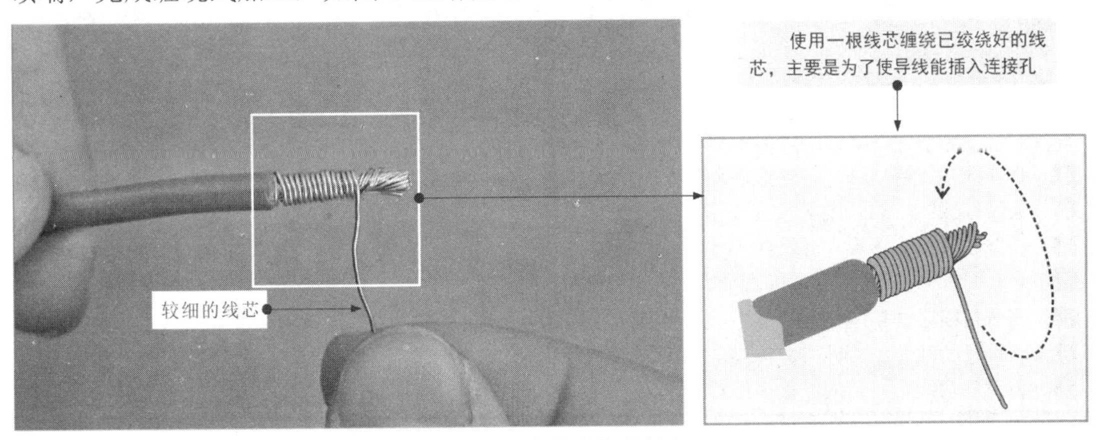

图 4-22　缠绕式连接头的加工

3 环形连接头的加工

要将塑料软导线的线芯加工为环形，首先将离绝缘层根部 1/2 处的线芯绞绕紧，然后弯折，并将弯折的线芯与线缆并紧，将弯折线芯的 1/3 拉起，环绕其余的线芯与线缆，如图 4-23 所示。

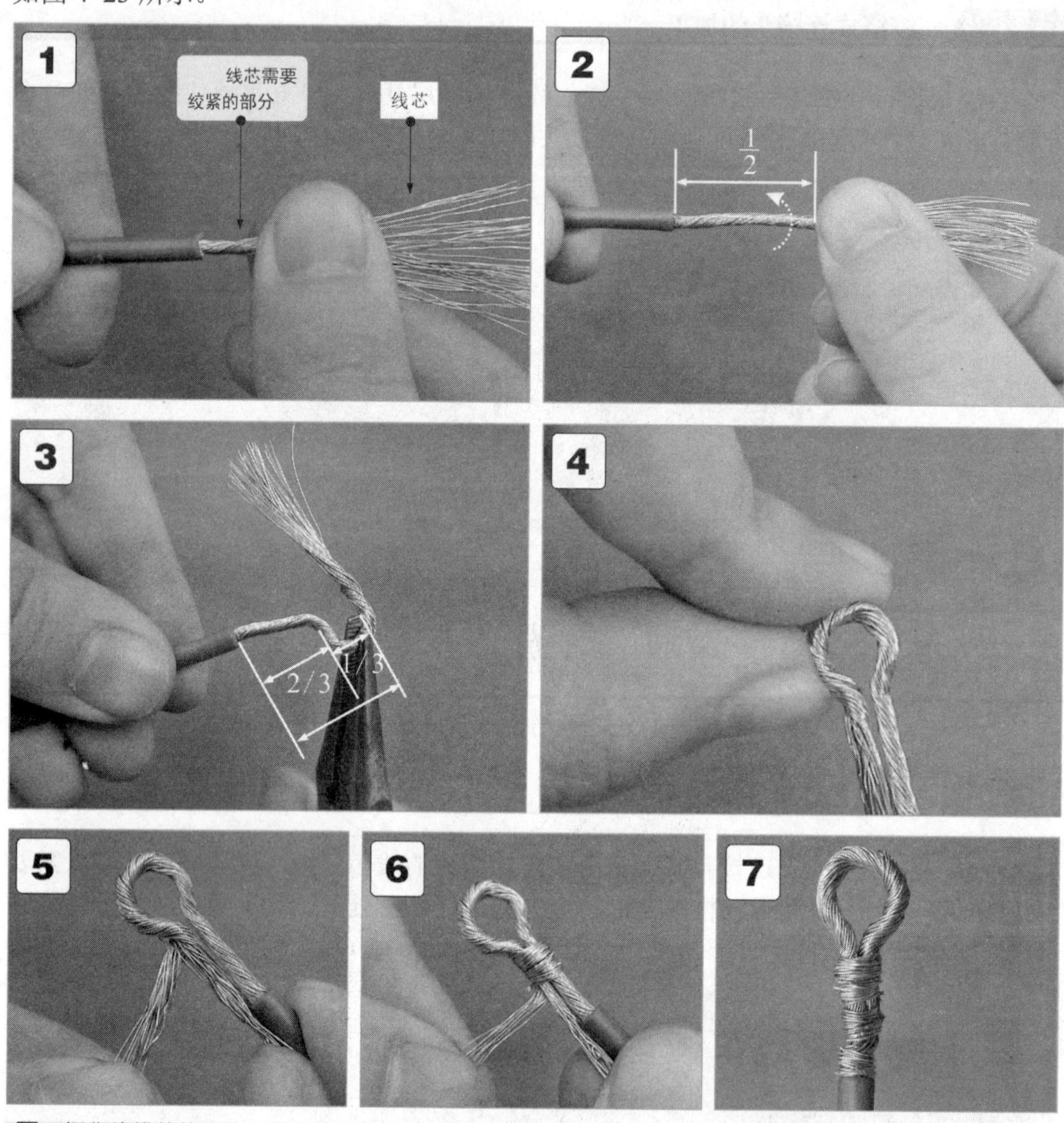

1. 握住线缆绝缘层处，捻住线芯向一个方向旋转。
2. 旋转绞接线芯的长度应为总线芯长度的1/2（距离绝缘层根部1/2处），绞接应紧固整齐。
3. 将线芯弯折为环形，并将线芯并紧。
4. 在1/3处向外折角后弯曲成圆弧。
5. 将弯折线芯的1/3拉起。
6. 将拉起的线芯顺时针方向缠绕2圈。
7. 剪掉多余线芯，完成连接头的加工。

图 4-23 环形连接头的加工

4.4 线缆焊接与绝缘层恢复

线缆焊接主要是将两段及以上的线缆连接在一起。绝缘层恢复主要是将焊接后的线缆部分进行绝缘处理，避免因外露造成漏电故障。

4.4.1 线缆的焊接

线缆连接完成后，为确保线缆连接牢固，需要对连接端进行焊接处理，使其连接更为牢固。焊接时，需要对线缆的连接处上锡，再用电烙铁加热把线芯焊接在一起，完成线缆的焊接，具体操作方法如图 4-24 所示。

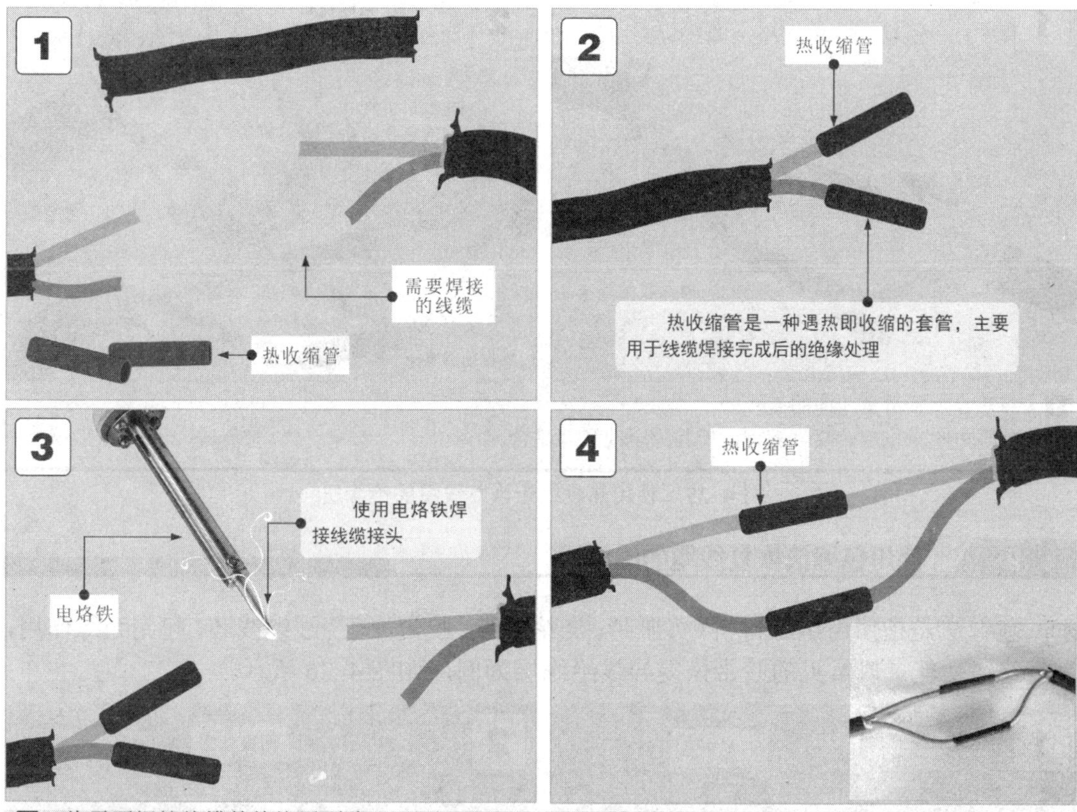

1 将需要焊接线缆的绝缘层剥除。

2 在剥除绝缘层的线缆套上热收缩管。

3 把线缆的线芯按缠绕连接的方法连接在一起，使用加热后的电烙铁把需要焊接的地方上锡并焊接在一起。

4 将热收缩管套在线缆焊接的地方，确保焊接部位完全被热收缩管套住，完成线缆的焊接。

图 4-24　线缆的焊接

提示

线缆的焊接除了使用绕焊外，还有钩焊、搭焊。其中，钩焊是将导线弯成钩形钩在接线端子上，用钳子夹紧后再焊接，这种方法的强度低于绕焊，操作简便；搭焊是用焊锡把导线搭到接线端子上直接焊接，仅用在临时连接或不便于缠、钩的地方及某些接插件上，这种连接最方便，但强度及可靠性最差。

4.4.2 线缆绝缘层的恢复

线缆连接或绝缘层遭到破坏后，必须恢复绝缘性能才可以正常使用，并且恢复后，强度应不低于原有绝缘层。常用的绝缘层恢复方法有两种：一种是使用热收缩管恢复绝缘层；另一种是使用绝缘材料包缠法。

1 使用热收缩管恢复线缆的绝缘层

使用热收缩管恢复线缆的绝缘层是一种简便、高效的操作方法，可以有效地保护连接处，避免受潮、污垢和腐蚀，具体操作方法如图 4-25 所示。

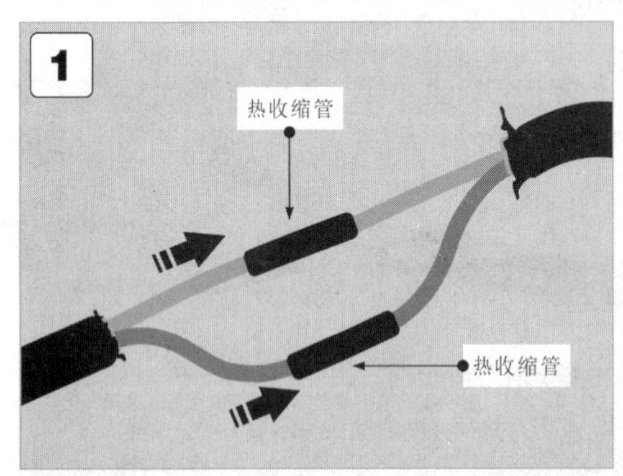

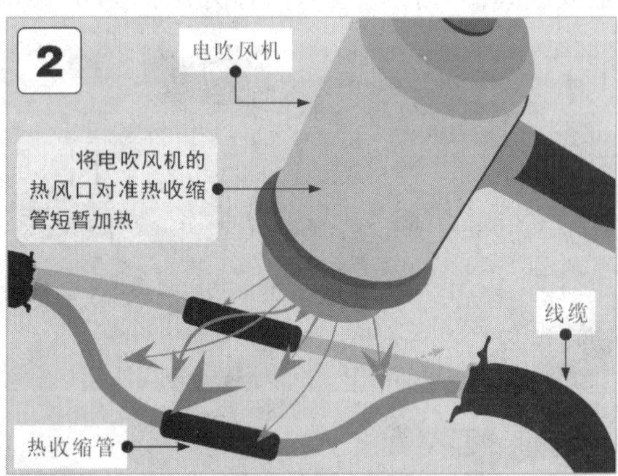

1 将热收缩管滑至线缆的连接处。

2 使用电吹风机加热热收缩管，使其缩至线缆并贴合。

图 4-25 使用热收缩管恢复线缆的绝缘层

2 使用包缠法恢复线缆的绝缘层

包缠法是指使用绝缘材料（黄腊带、涤纶膜带、胶带）缠绕线缆线芯，起到绝缘作用，恢复绝缘功能。以常见的胶带恢复导线绝缘层为例，如图 4-26 所示。

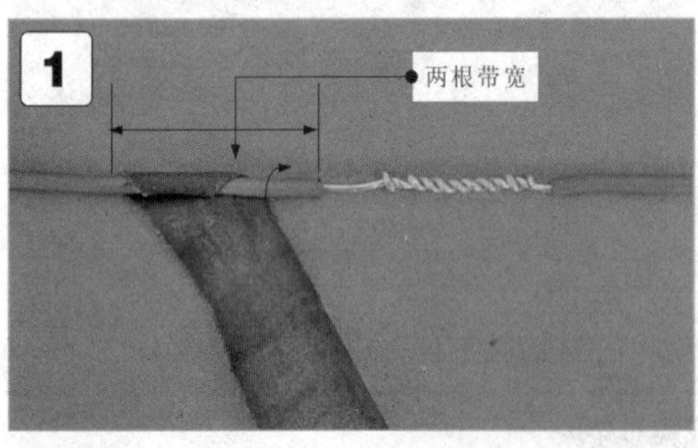

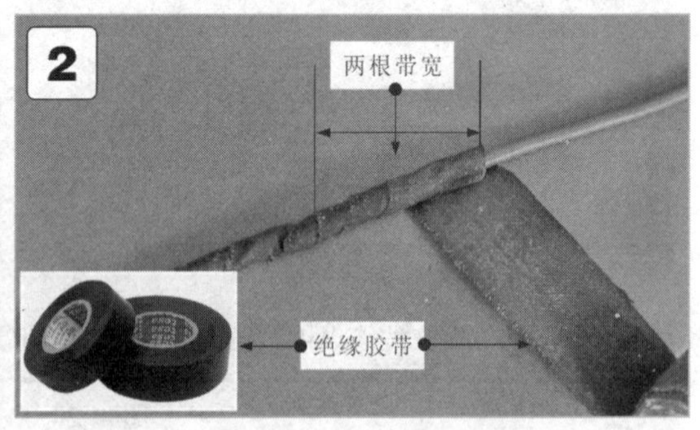

1 包缠时，需要从完整绝缘层上开始包缠。一般从距连接点两根带宽的绝缘层位置包裹，沿干线继续包缠至另一端。

2 缠绕时，每圈的绝缘胶带应覆盖到前一圈胶带一半的位置上，包至另一端时也需同样包入完整绝缘层上两根带宽的距离。

图 4-26 使用包缠法恢复线缆的绝缘层

提示

在一般情况下，220V 线路恢复导线绝缘时，应先包缠一层黄腊带（或涤纶薄膜带），再包缠一层绝缘胶带；380V 线路恢复绝缘时，先包缠二三层黄腊带（或涤纶薄膜带），再包缠二层绝缘胶带，同时，应严格按照规范缠绕，如图 4-27 所示。

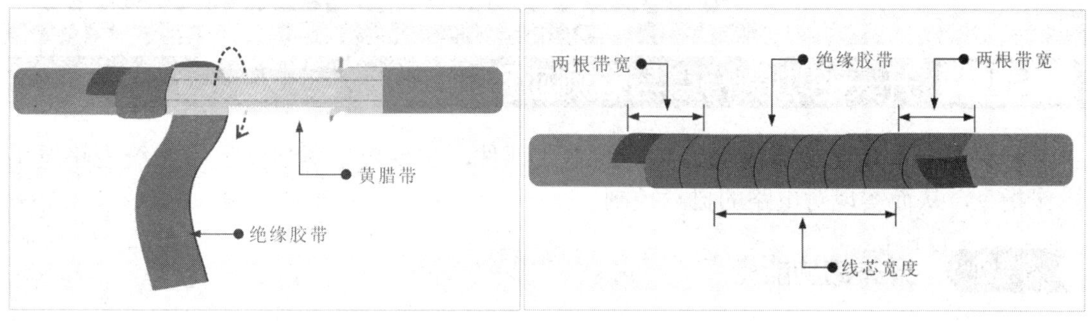

图 4-27　220V 和 380V 线路绝缘层的恢复

导线绝缘层的恢复是较为普通和常见的，在实际操作中还会遇到分支导线连接点绝缘层的恢复，需要用胶带从距分支连接点两根带宽的位置开始包裹，具体操作方法如图 4-28 所示。

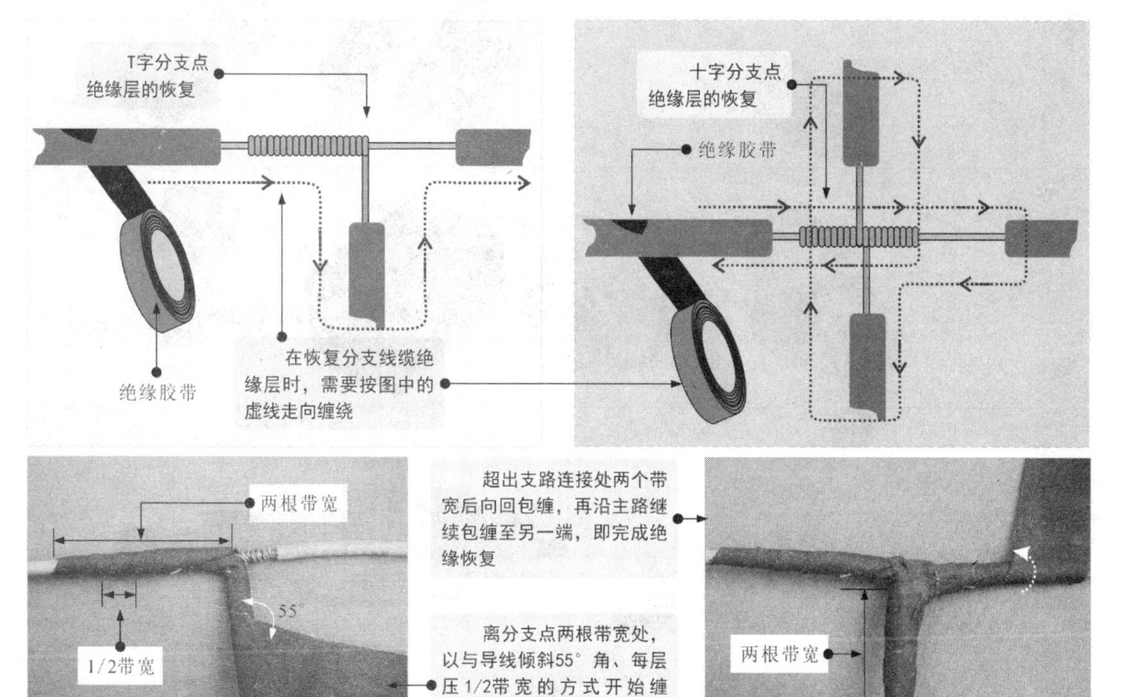

图 4-28　分支线缆连接点绝缘层的恢复

提示

在包裹线缆时，间距应为 1/2 带宽，当胶带包至分支点处时，应紧贴线芯沿支路包裹，超出连接处两个带宽后向回包裹，再沿干线继续包缠至另一端。

第5章 常用低压电器部件的功能特点与检测应用

5.1 开关的功能特点与检测应用

开关是一种控制电路闭合、断开的电气部件，主要用于对自动控制系统电路发出操作指令，从而实现对电路的自动控制。

5.1.1 开关的功能特点

开关根据结构功能的不同，较常用的有开启式负荷开关、按钮开关、位置检测开关及隔离开关等，如图5-1所示。

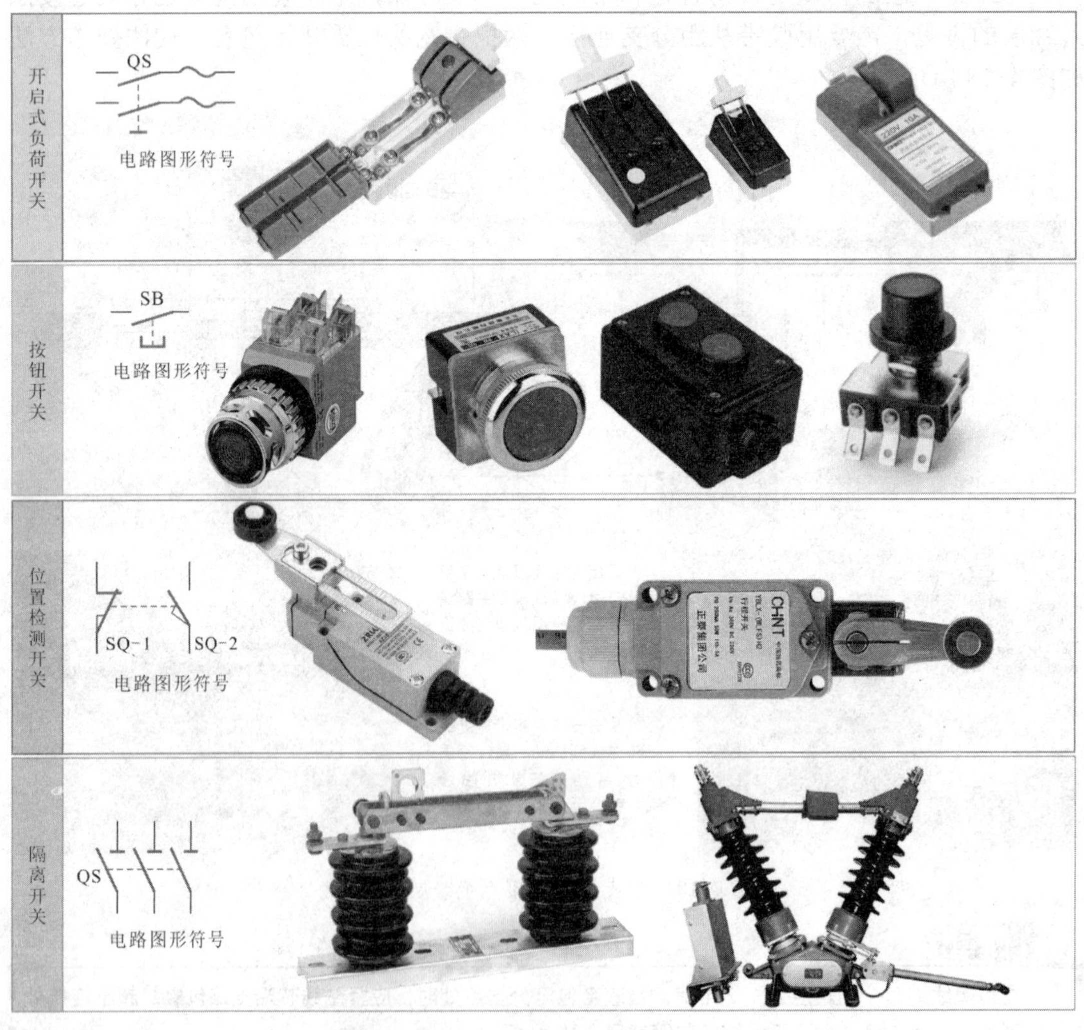

图5-1 常用开关的外形

除此之外，在一般的工业、农业、家用电气设备控制线路中，还可能应用到组合开关（转换开关）、万能转换开关、接近开关等。

开关的功能特点如图 5-2 所示。

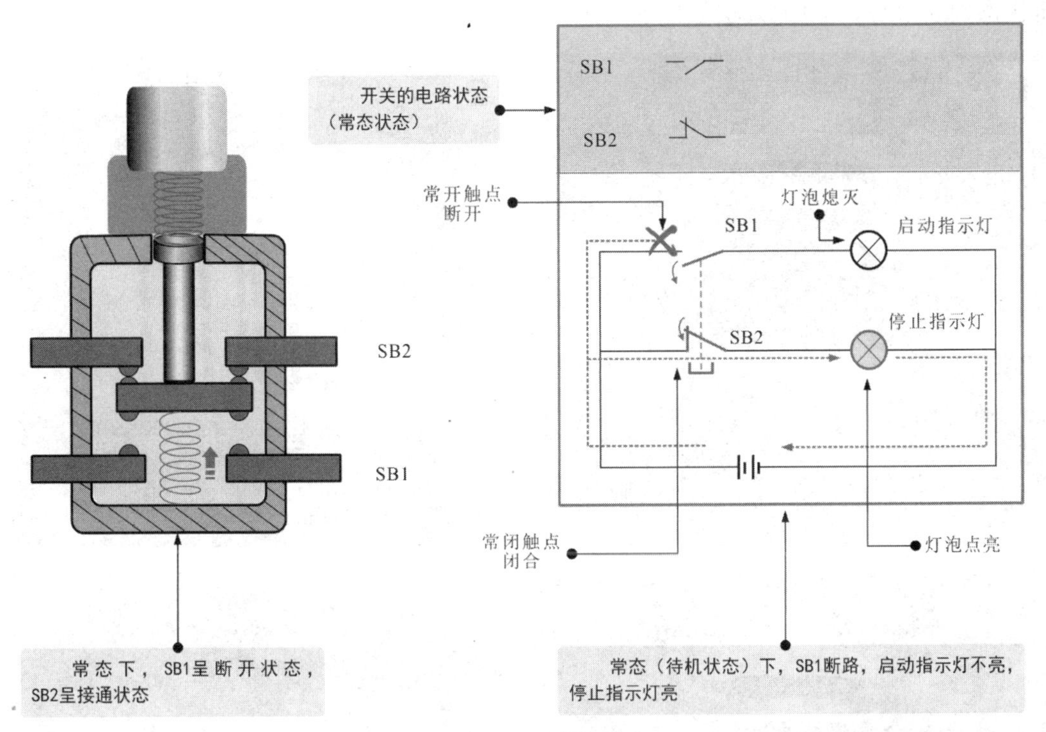

（a）常态（待机状态）

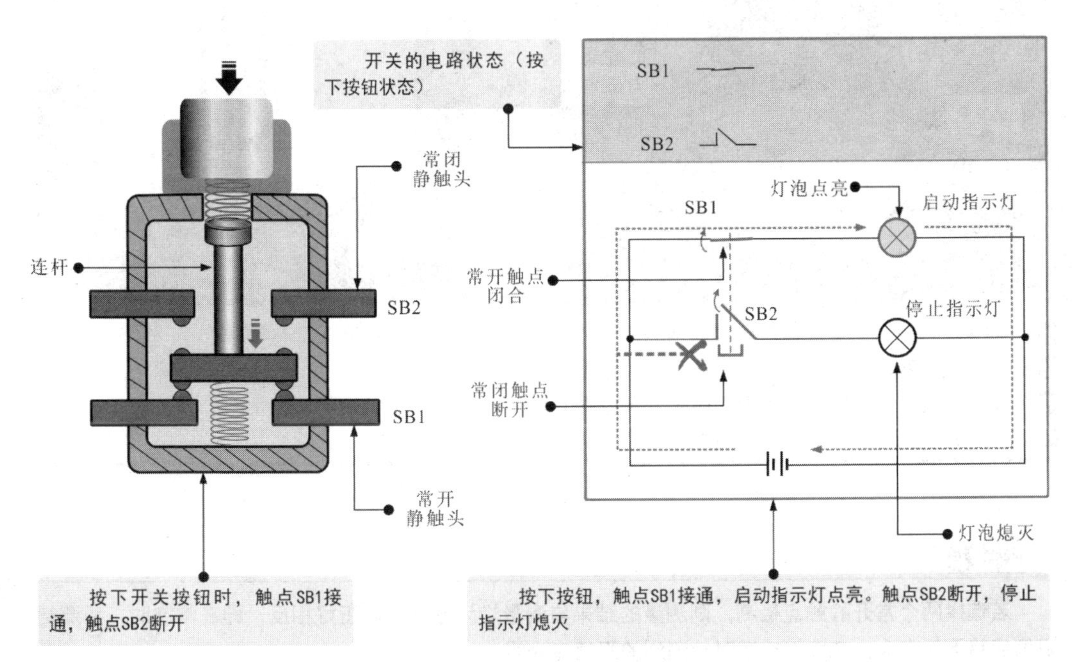

（b）按下按钮状态

图 5-2　开关的功能特点

5.1.2 开关的检测应用

开关的应用较为广泛，功能均相同，因此在检测开关时，通常是检测触点的通、断状态判断好坏，检测方法如图 5-3 所示。

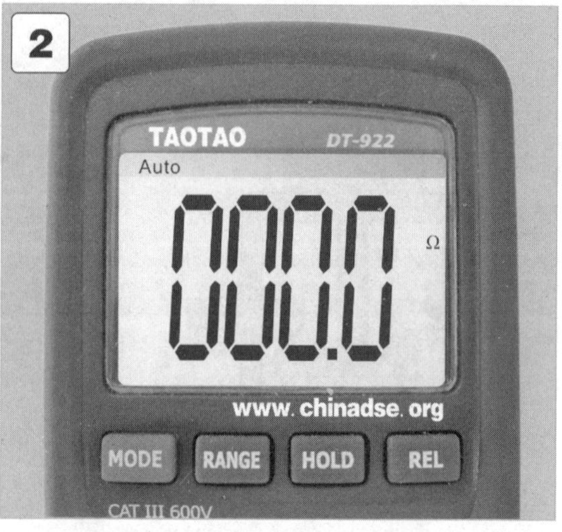

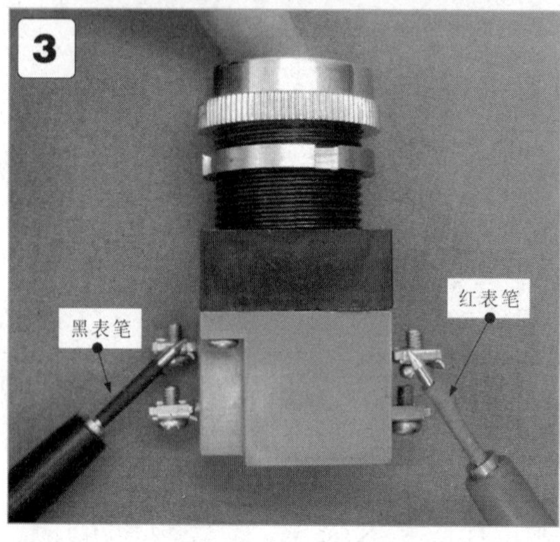

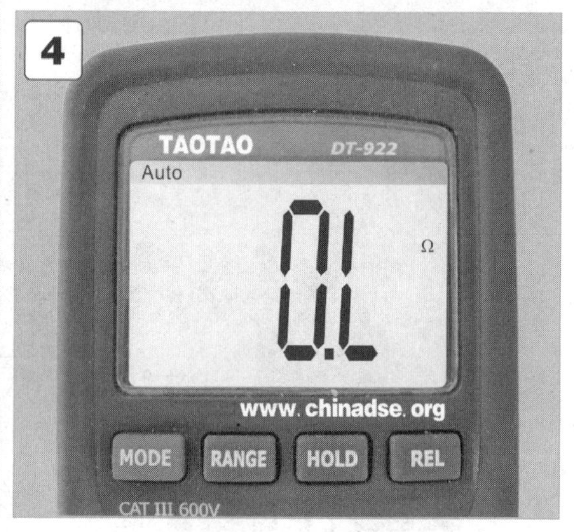

1 先将万用表调至欧姆挡，然后将两表笔分别搭在复合按钮的两个常闭静触点上。
2 观察万用表显示屏，实际测得的阻值趋于零。
3 在按钮按下状态，将万用表的两表笔分别搭在按钮开关的两个常闭静触点上。
4 观察万用表显示屏，实际测得的阻值为无穷大。

图 5-3 开关的检测方法（以按钮开关为例）

提示

若选择两个常开静触点检测，则测量的结果与测量常闭静触点时正好相反，即在常态时，所测得的阻值应趋于无穷大，在按下按钮时检测到的阻值应为零。

由于开关基本都应用在交流电路中（如 220V、380V 供电线路），这些线路中的电流都较大，因此在检修开关时需要注意人身安全，确保在断电的情况下进行检修，以免造成触电事故。

5.2 接触器的功能特点与检测应用

接触器是一种由电压控制的开关装置，适用于远距离频繁地接通和断开交、直流电路系统中。

5.2.1 接触器的功能特点

接触器属于一种控制类器件，是电力拖动系统、机床设备控制线路、自动控制系统中使用最广泛的低压电器之一。根据接触器触点通过电流的种类，主要可分为交流接触器和直流接触器两类，如图 5-4 所示。

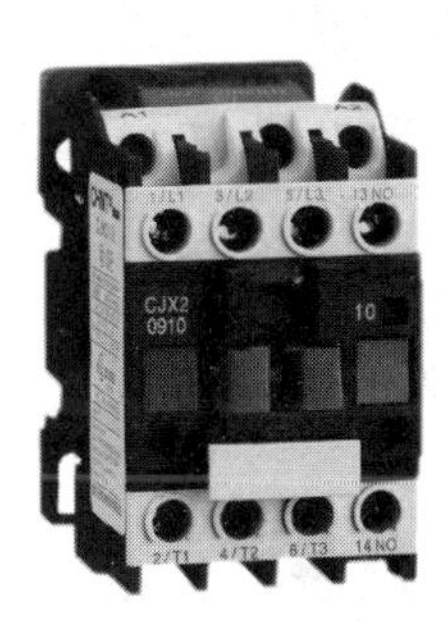

交流接触器

交流接触器是一种应用于交流电源环境中的通、断开关，在各种控制线路中应用最为广泛，具有欠电压、零电压释放保护、工作可靠、性能稳定、操作频率高、维护方便等特点。

直流接触器

直流接触器是一种应用于直流电源环境中的通、断开关，具有低电压释放保护、工作可靠、性能稳定等特点，多用于精密机床中的直流电动机控制。

图 5-4 常见的接触器

交流接触器和直流接触器的工作原理和控制方式基本相同，都是通过线圈得电控制常开触点闭合、常闭触点断开；线圈失电控制常开触点复位断开、常闭触点复位闭合的过程。

接触器主要包括线圈、衔铁和触点几部分。工作时，核心过程即在线圈得电状态下，使上下两块衔铁磁化相互吸合，衔铁动作带动触点动作，如常开触点闭合、常闭触点断开，如图 5-5 所示。

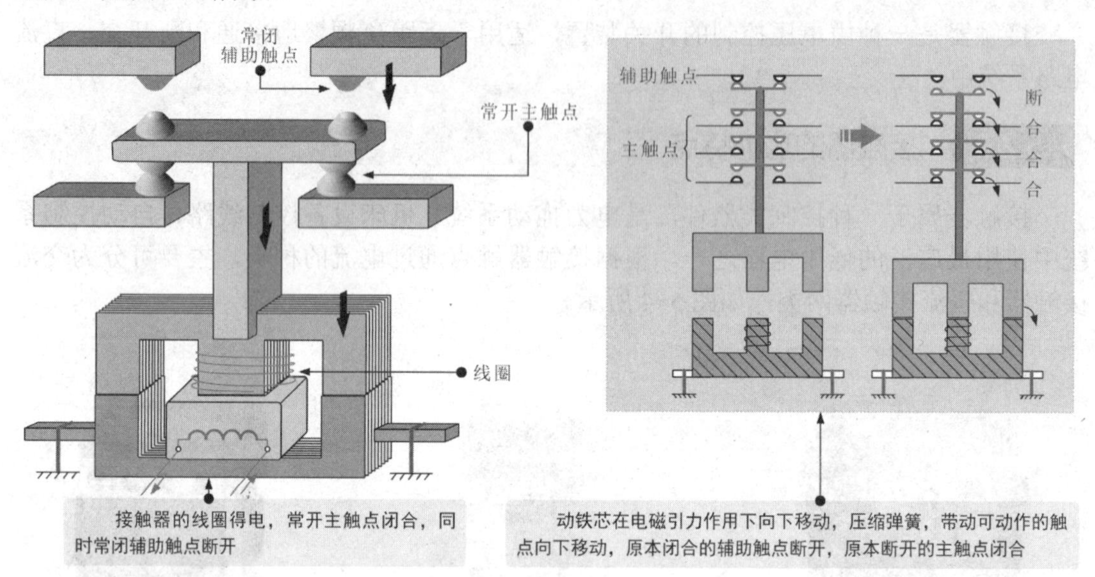

图 5-5　接触器的功能

提示

在实际控制线路中，接触器一般利用主触点接通或分断主电路及连接负载，用辅助触点执行控制指令。例如，在水泵的启、停控制线路中，如图 5-6 所示，控制线路中的交流接触器 KM 主要是由线圈、一组常开主触点 KM-1、两组常开辅助触点和一组常闭辅助触点构成的。控制系统中闭合断路器 QS，接通三相电源。电源经交流接触器 KM 的常闭辅助触点 KM-3 为停机指示灯 HL2 供电，HL2 点亮。按下启动按钮 SB1，交流接触器 KM 线圈得电：常开主触点 KM-1 闭合，水泵电动机接通三相电源启动运转。

同时，常开辅助触点 KM-2 闭合实现自锁功能；常闭辅助触点 KM-3 断开，切断停机指示灯 HL2 的供电电源，HL2 随即熄灭；常开辅助触点 KM-4 闭合，运行指示灯 HL1 点亮，指示水泵电动机处于工作状态。

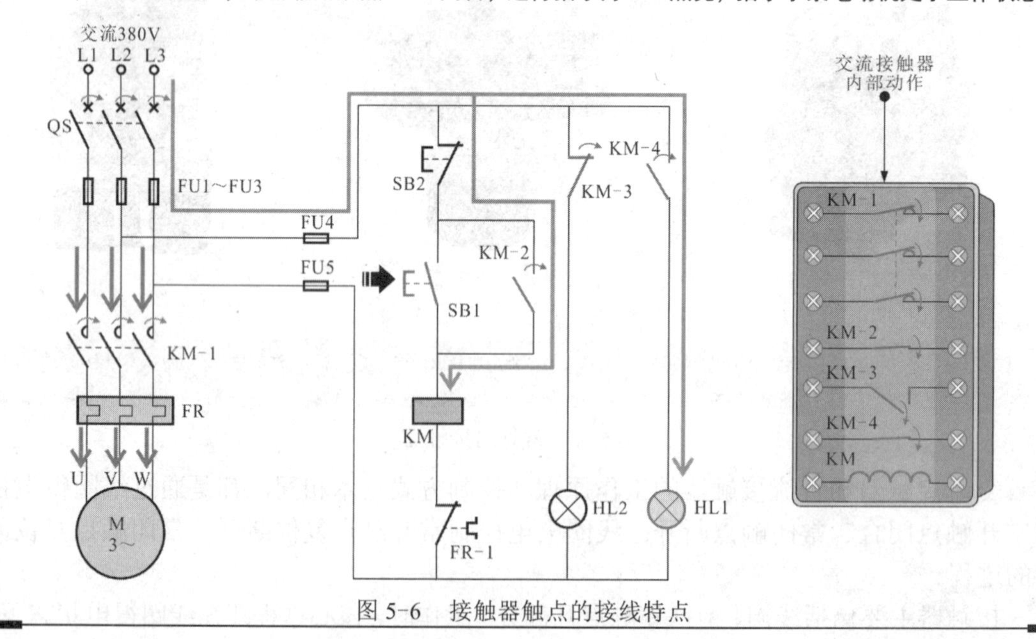

图 5-6　接触器触点的接线特点

5.2.2 接触器的检测应用

检测接触器是否正常时，主要是检测内部线圈、开关触点之间的阻值。

首先根据待测接触器的标识信息，明确各引脚的功能及主、辅触点类型（根据符号标识辨别常开触点或常闭触点），然后分别检测线圈、触点（闭合、断开两种状态）的阻值判别接触器的性能。

图 5-7 为借助万用表检测接触器的实际操作方法。

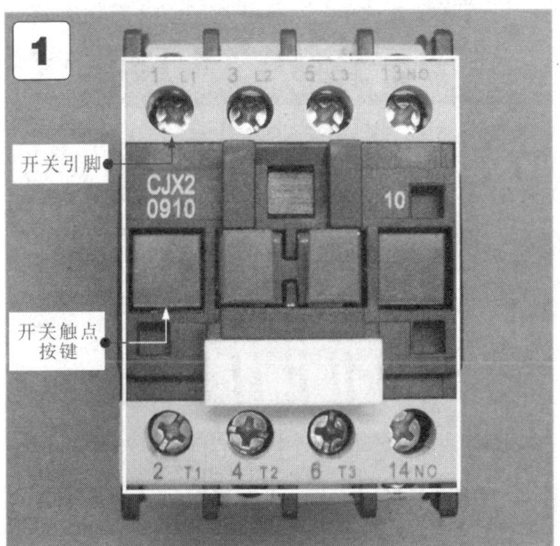

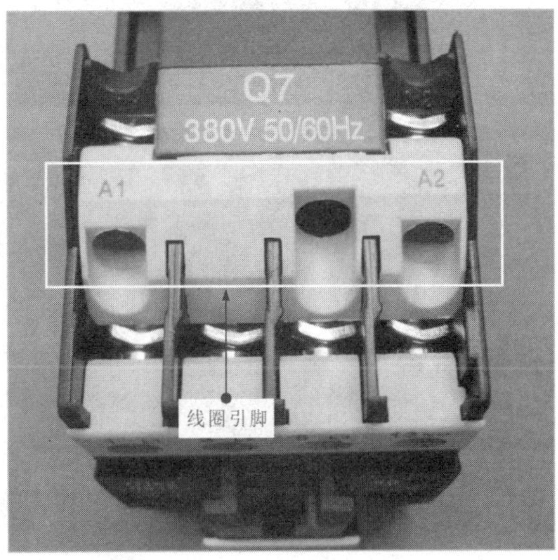

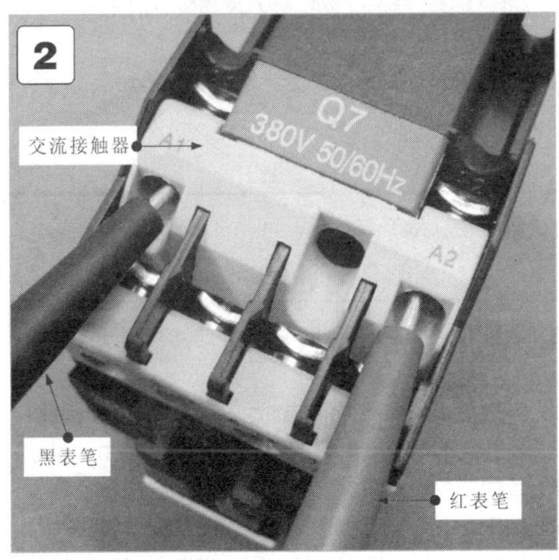

1 从待测接触器的标识上判断各接线端子之间的连接关系：A1和A2引脚为内部线圈引脚；L1和T1、L2和T2、L3和T3、NO连接端分别为内部开关引脚。

2 先将万用表挡位旋钮调至欧姆挡，然后将两表笔分别搭在交流接触器的A1和A2引脚上。

3 检测交流接触器内部线圈阻值，万用表显示测得的阻值为1.694kΩ，正常。

图 5-7 接触器的检测应用

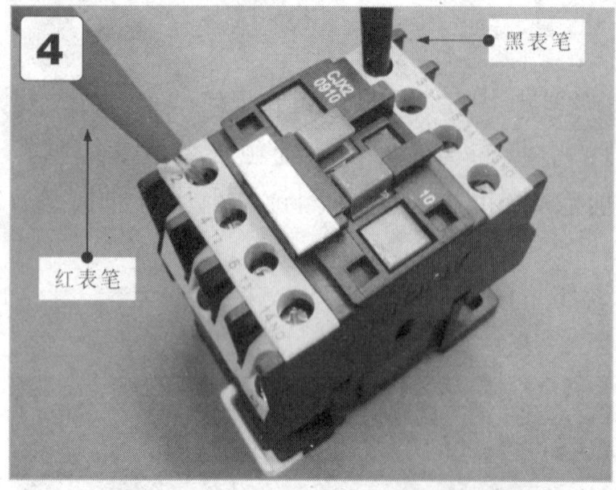

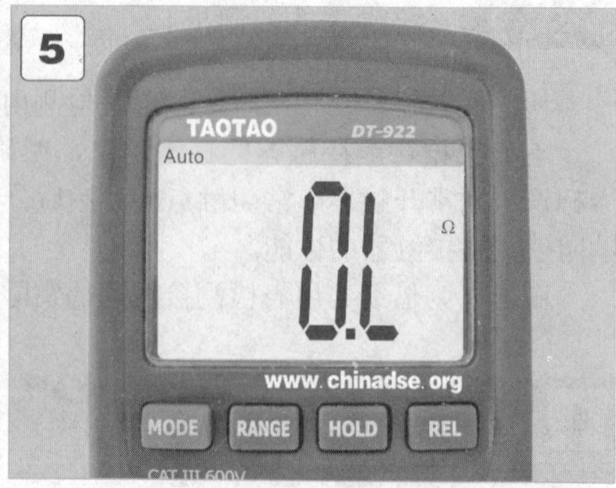

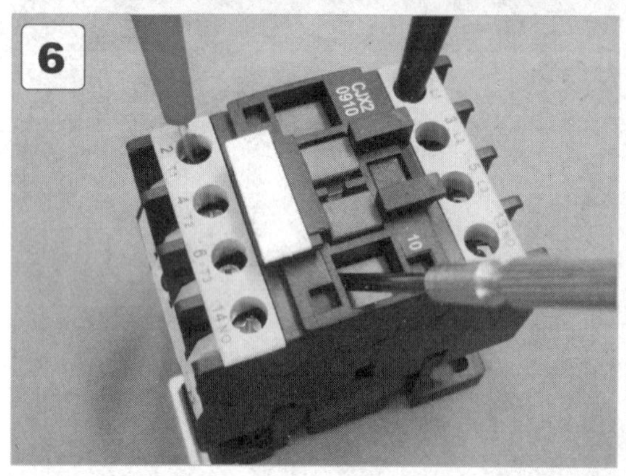

4 将万用表的红、黑表笔分别搭在交流接触器的L1和T1引脚处，检测交流接触器内部触点的阻值。

5 在正常情况下，万用表测得的阻值为无穷大。

6 万用表的红、黑表笔保持不变，手动按动交流接触器上端的开关触点按键，使内部开关处于闭合状态。

7 在正常情况下，万用表测得的阻值趋于零。

图 5-7　接触器的检测应用（续）

提示

使用同样的方法再将万用表的两只表笔分别搭在 L2 和 T2、L3 和 T3、NO 端引脚处，检测开关的闭合和断开状态。

当交流接触器的内部线圈通电时，会使内部开关触点吸合；当内部线圈断电时，内部触点断开。因此，检测交流接触器时，需依次对内部线圈阻值及内部开关在开启与闭合状态时的阻值进行检测。由于是断电检测交流接触器的好坏，因此需要按动交流接触器上端的开关触点按键，强制将触点闭合进行检测。

通过以上的检测可知，判断交流接触器好坏的方法如下：

① 若测得接触器内部线圈有一定的阻值，内部开关在闭合状态下的阻值为零，在断开状态下的阻值为无穷大，则可判断该接触器正常。

② 若测得接触器内部线圈阻值为无穷大或零，均表明内部线圈已损坏。

③ 若测得接触器的开关在断开状态下的阻值为零，则表明接触器内部触点粘连损坏。

④ 若测得接触器的开关在闭合状态下的阻值为无穷大，则表明内部触点损坏。

⑤ 若测得接触器内部的四组开关有任一组损坏，均说明接触器损坏。

5.3 继电器的功能特点与检测应用

继电器是一种当输入量（电、磁、声、光、热）达到一定值时，输出量将发生跳跃式变化的自动控制器件。

5.3.1 继电器的功能特点

继电器可根据外界输入量控制电路“接通”或“断开”，当输入量的变化达到规定要求时，在电气输出电路中，控制量将发生预定的阶跃变化。其输入量可以是电压、电流等电量，也可以是非电量，如温度、速度、压力等；输出量则是触点的动作。

常见的继电器主要有电磁继电器、中间继电器、电流继电器、速度继电器、热继电器及时间继电器等，如图 5-8 所示。

电磁继电器

电磁继电器主要通过对较小电流或较低电压的感知实现对大电流或高电压的控制，多在自动控制电路中起自动控制、转换或保护功能。

中间继电器

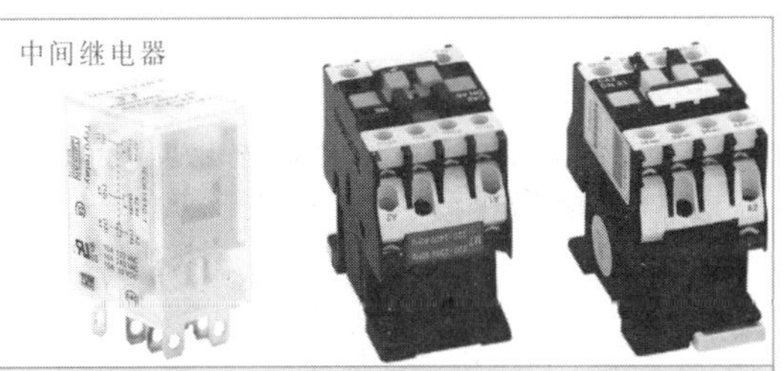

中间继电器多用于自动控制电路中，通过对电压、电流等中间信号变化量的感知实现对电路通、断的控制。

电流继电器

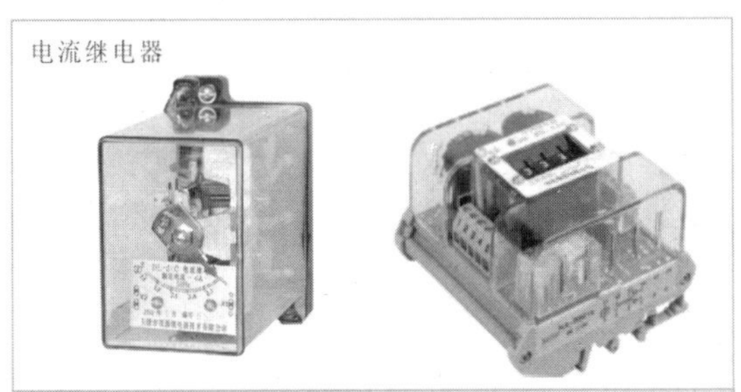

电流继电器多用于自动控制电路中，通过对电流的检测实现自动控制、安全保护及转换等功能。

速度继电器

速度继电器又称转速继电器，多用于三相异步电动机反接制动电路中，通过感知电动机的旋转方向或转速实现对电路的通、断控制。

热继电器

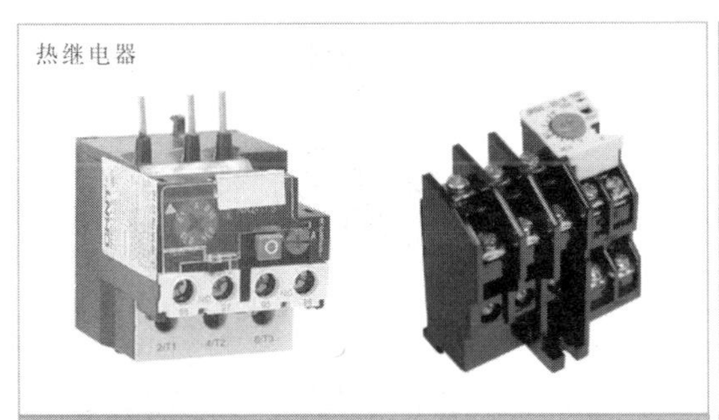

热继电器主要通过感知温度的变化实现对电路的通、断控制，主要用于电路的过热保护。

时间继电器

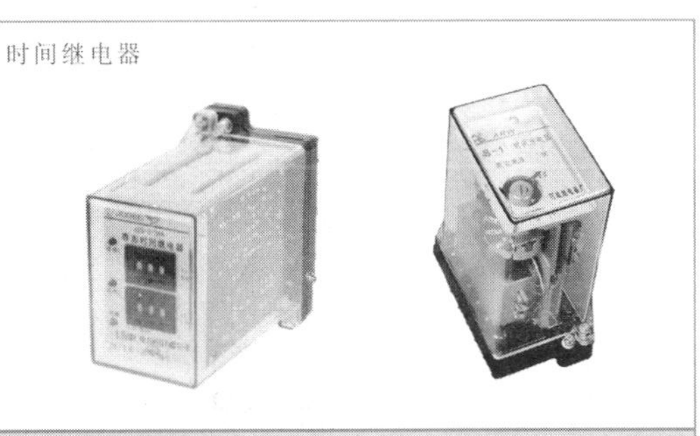

时间继电器在控制电路中多用于实现延时通电控制或延时断电控制。

图 5-8 常见的继电器

图 5-9 为电磁继电器的功能。

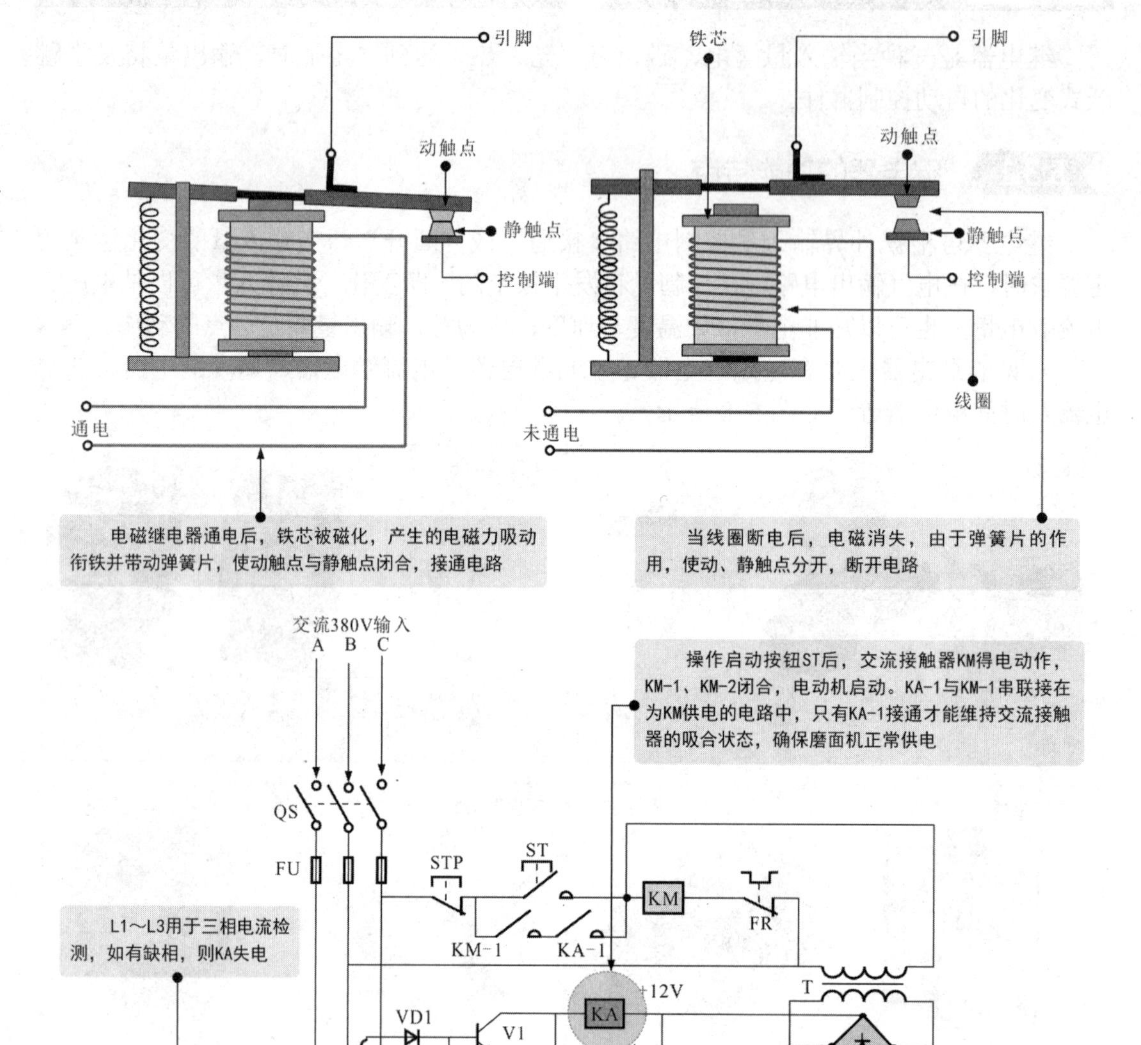

图 5-9　电磁继电器的功能

图 5-10 为时间继电器的功能。

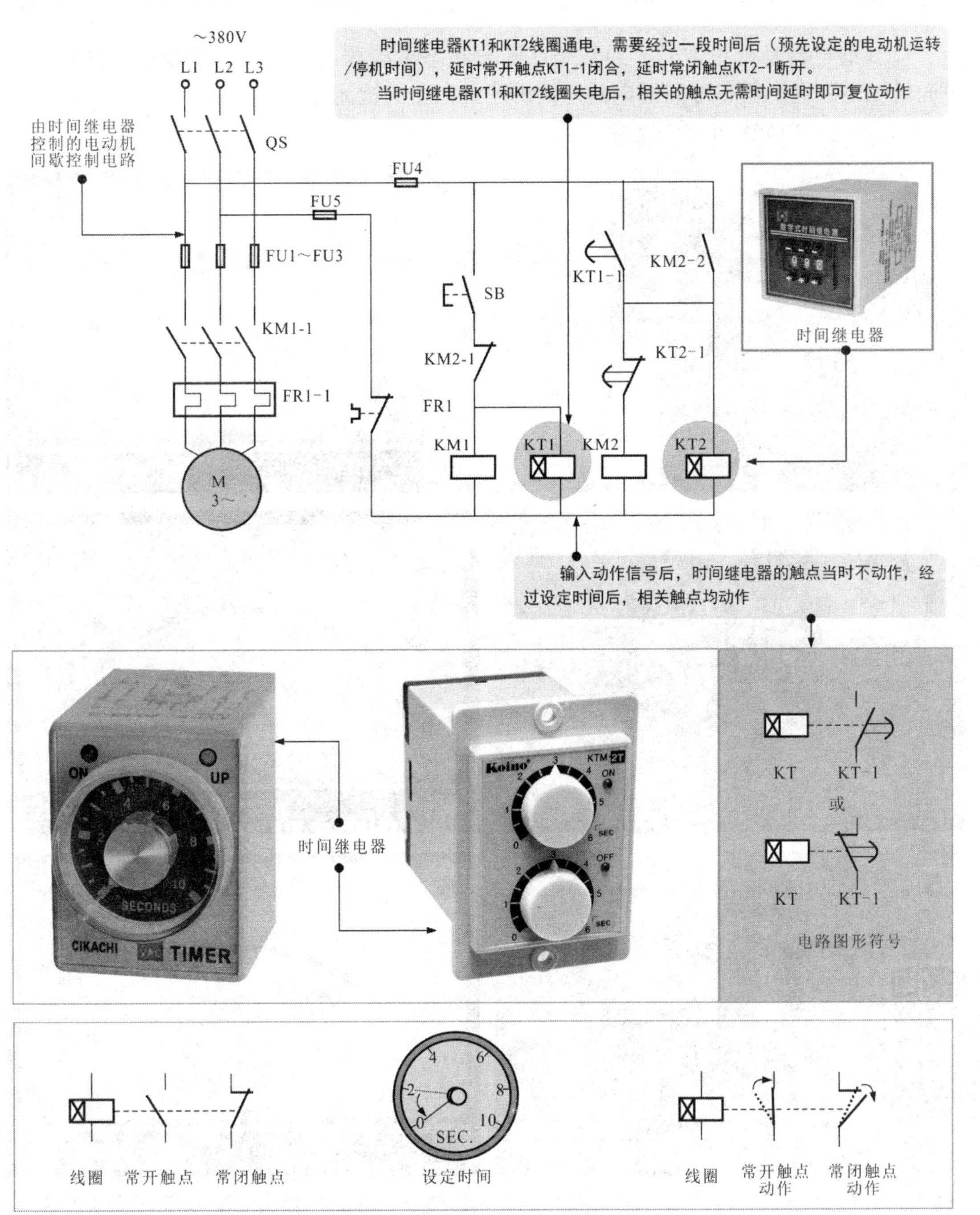

时间继电器是通过感测机构接收到外界动作信号，经过一段时间延时后才产生控制动作的继电器。

时间继电器主要用于需要按时间顺序控制的电路中，延时接通和切断某些控制电路，当时间继电器的感测机构（感测元件）得到外界的动作信号后，其触点还需要在规定的时间内做一个延迟操作，当时间到达后，触点才开始动作（或线圈失电一段时间后，触点才开始动作），常开触点闭合，常闭触点断开。

图 5-10　时间继电器的功能

5.3.2 继电器的检测应用

检测继电器是否正常时，通常是在断电状态下检测内部线圈阻值及引脚间阻值。下面就以电磁继电器和时间继电器为例讲述继电器的检测方法。

图 5-11 为电磁继电器的检测方法。

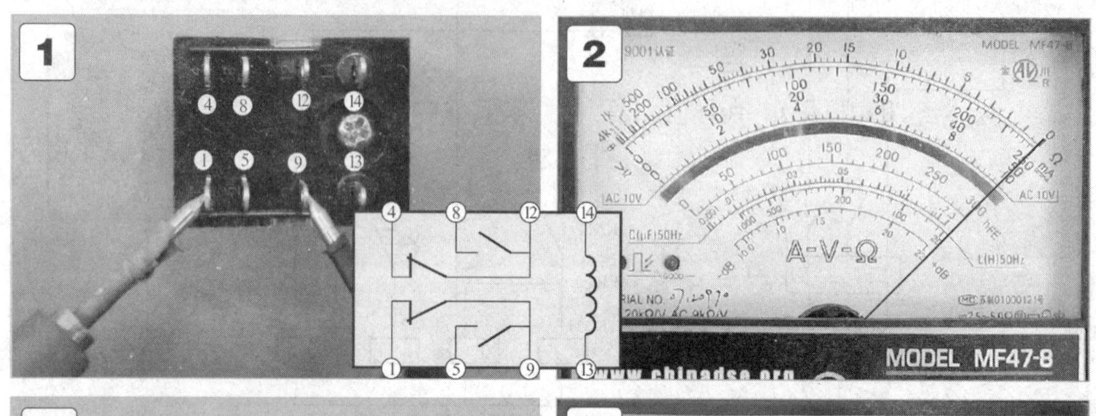

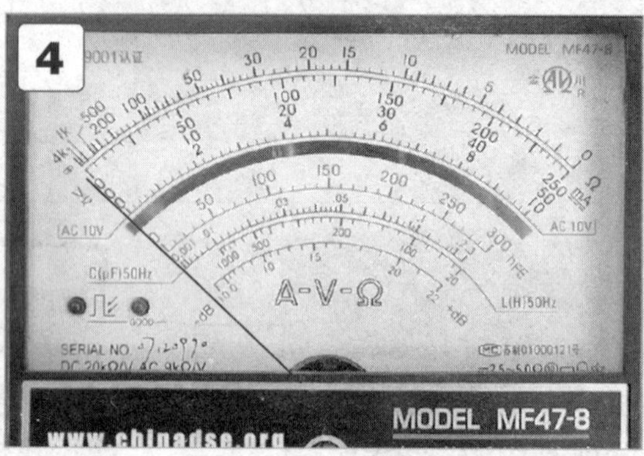

1 将万用表的量程调整至“$R\times1\Omega$”欧姆挡，红、黑表笔分别搭在电磁继电器的常闭触点两引脚端。

2 在正常情况下，万用表检测常闭触点间的阻值应为0Ω。

3 将万用表的红、黑表笔分别搭在电磁继电器的常开触点两引脚端。

4 在正常情况下，万用表检测常开触点间的阻值应为无穷大。

5 将万用表的红、黑表笔分别搭在电磁继电器的线圈两引脚端。

6 在正常情况下，万用表检测线圈间应有一定的阻值。

图 5-11　电磁继电器的检测方法

图 5-12 为时间继电器的检测方法。

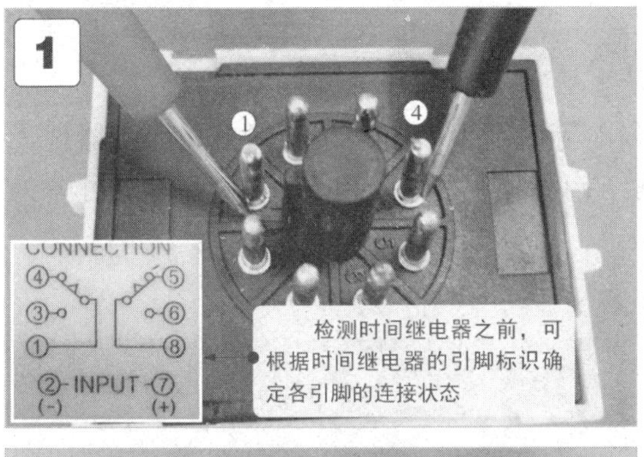

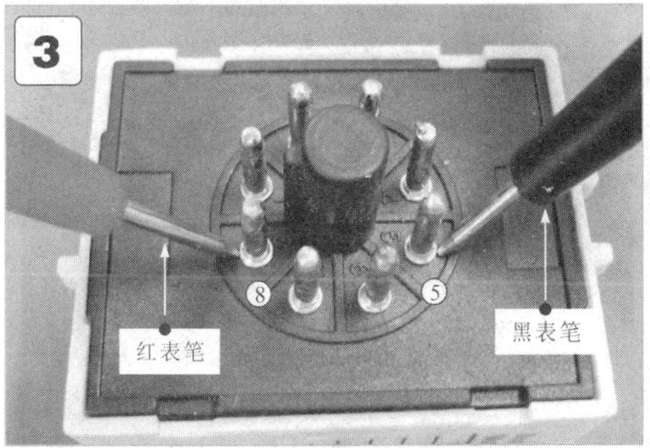

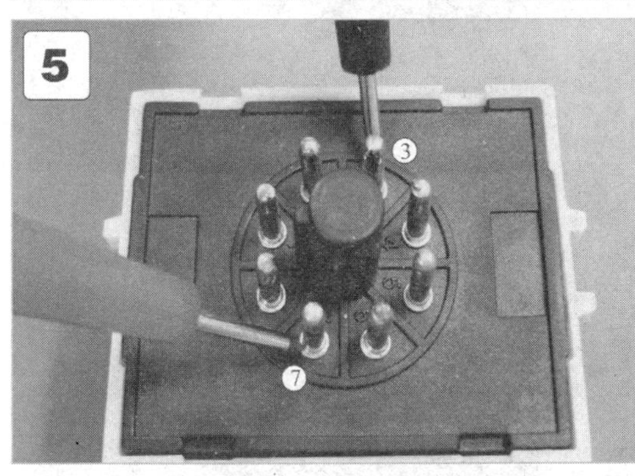

1 将万用表的量程调整至“$R\times1\Omega$”欧姆挡，红、黑表笔分别搭在时间继电器的1脚和4脚。

2 在正常情况下，万用表检测常闭触点间的阻值应为0Ω。

3 将万用表的红、黑表笔分别搭在时间继电器的5脚和8脚。

4 在正常情况下，万用表检测常闭触点间的阻值应为0Ω。

5 将万用表的红、黑表笔分别搭在时间继电器正极和其他引脚端，如3脚。

6 在正常情况下，万用表检测的阻值为无穷大。

图 5-12　时间继电器的检测方法

提示

在未通电状态下，1 脚和 4 脚、5 脚和 8 脚是闭合状态，在通电动作并延迟一定时间后，1 脚和 3 脚、6 脚和 8 脚是闭合状态。闭合引脚间的阻值应为 0Ω，未接通引脚间的阻值应为无穷大。

5.4 过载保护器的检测技能

5.4.1 过载保护器的结构特点

过载保护器是指在发生过电流、过热或漏电等情况下能自动实施保护功能的器件，一般采取自动切断线路实现保护功能。根据结构和原理不同，过载保护器主要可分为熔断器和断路器两大类。

图 5-13 为过载保护器的实物外形。

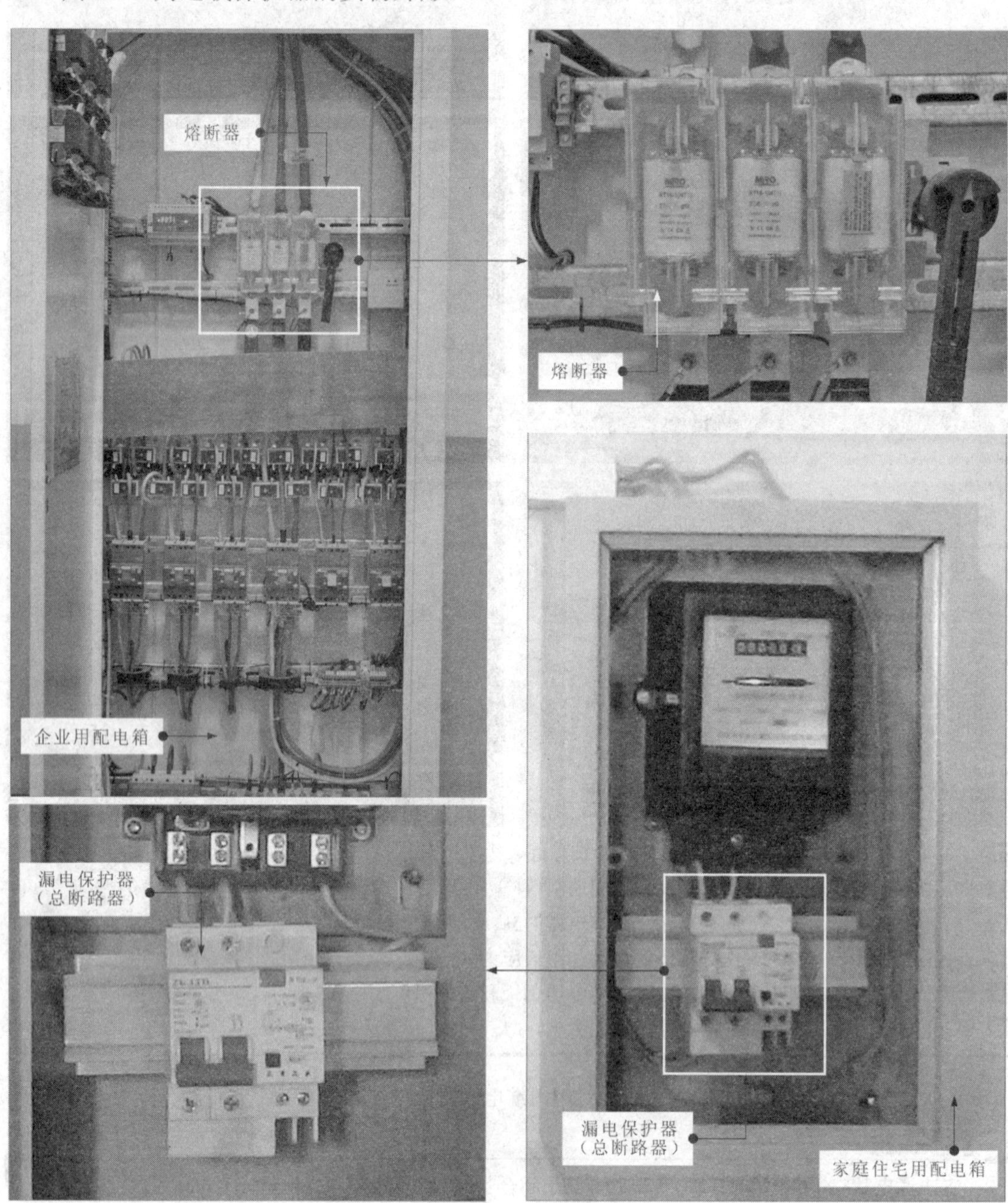

图 5-13　过载保护器的实物外形

提示

熔断器是应用在配电系统中的过载保护器件。当系统正常工作时，熔断器相当于一根导线，起通路作用；当通过熔断器的电流大于规定值时，熔断器会使自身的熔体熔断而自动断开电路，对线路上的其他电器设备起保护作用。

断路器是一种切断和接通负荷电路的开关器件，具有过载自动断路保护的功能，根据应用场合主要可分为低压断路器和高压断路器。

熔断器通常串接在电源供电电路中，当电路中的电流超过熔断器允许值时，熔断器会自身熔断，使电路断开，起到保护作用。

图 5-14 为典型熔断器的工作原理示意图。

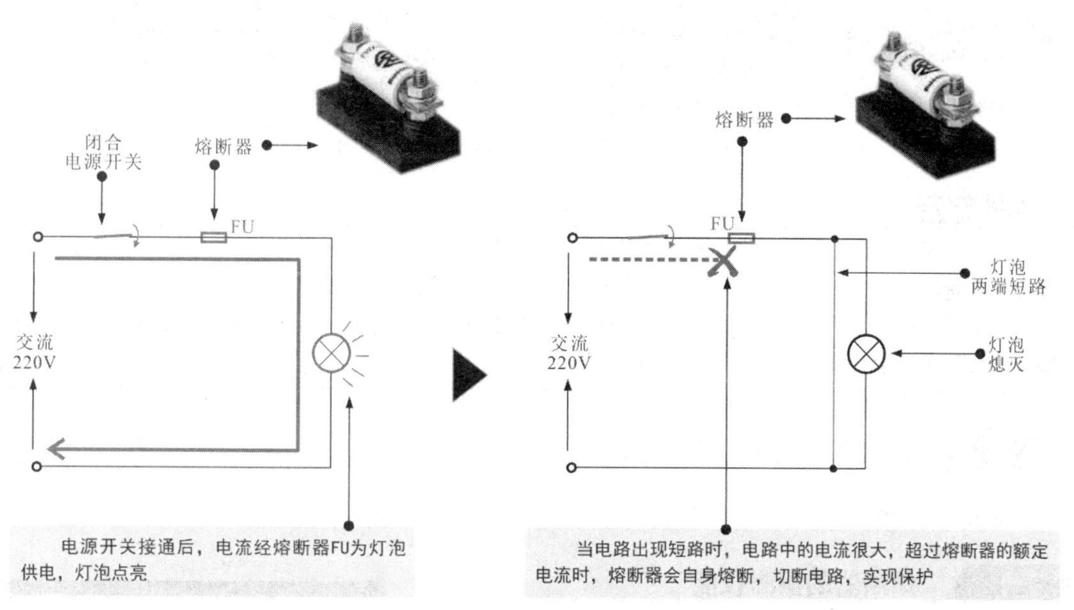

图 5-14 典型熔断器的工作原理示意图

断路器是一种具有过载保护功能的电源供电开关。

图 5-15 为典型断路器在通、断两种状态下的工作示意图。

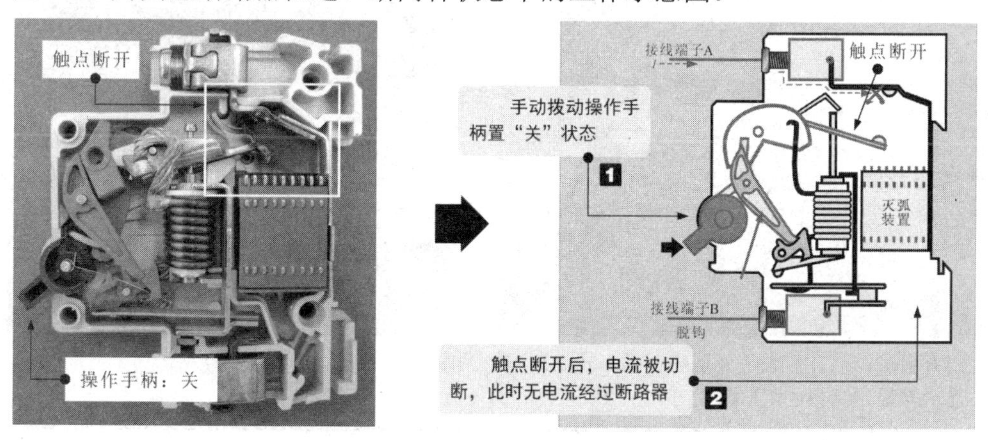

图 5-15 典型断路器在通、断两种状态下的工作示意图

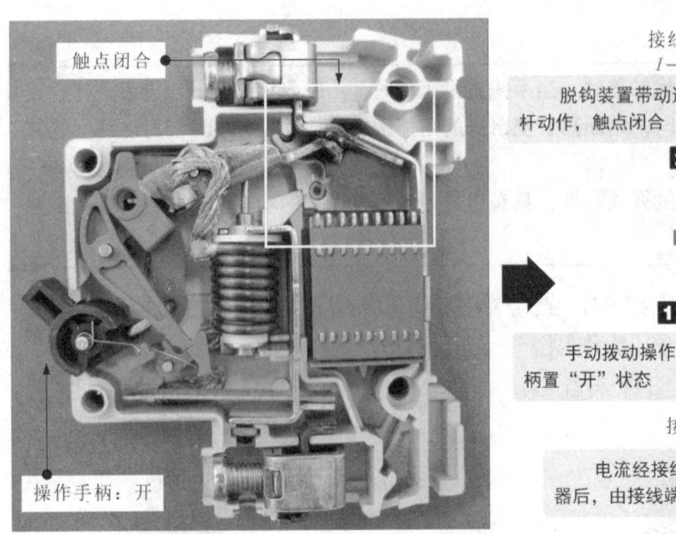

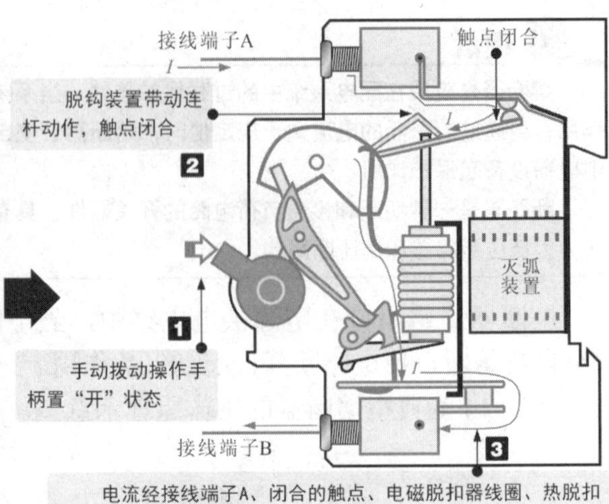

图 5-15　典型断路器在通、断两种状态下的工作示意图（续）

提示

当手动控制操作手柄位于“接通”（“ON”）状态时，触点闭合，操作手柄带动脱钩动作，连杆部分带动触点动作，触点闭合，电流经接线端子 A、触点、电磁脱扣器、热脱扣器后，由接线端子 B 输出。

当手动控制操作手柄位于“断开”（“OFF”）状态时，触点断开，操作手柄带动脱钩动作，连杆部分带动触点动作，触点断开，电流被切断。

5.4.2 过载保护器的检测技能

下面以比较典型的过载保护器为例讲述过载保护器的检测技能。

1 熔断器的检测技能

熔断器的种类多样，检测方法基本相同。以插入式熔断器为例。检测插入式熔断器，一般可采用万用表检测阻值的方法判断好坏，如图 5-16 所示。

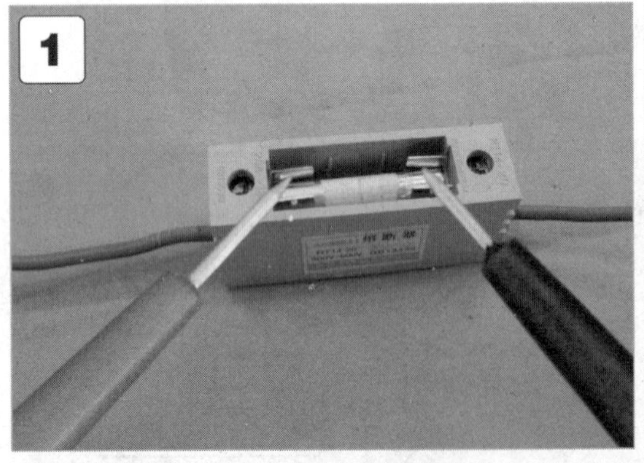

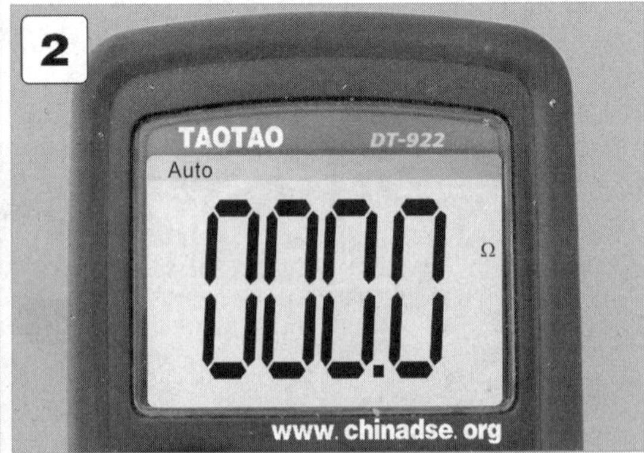

1 将万用表的红、黑表笔分别搭在插入式熔断器的两端。
2 显示屏显示测得的阻值趋于零。

图 5-16　熔断器的检测技能

提示

判断插入式熔断器的好坏：若测得阻值很小或趋于零，则表明正常；若测得阻值为无穷大，则表明内部熔丝已熔断。

2 断路器的检测技能

断路器的种类多样，检测方法基本相同。下面以带漏电保护断路器为例介绍断路器的检测方法。检测断路器前，首先观察断路器表面标识的内部结构图，判断各引脚之间的关系，通过操作手柄可以实现带漏电保护断路器的闭合和断开。

图 5-17 为带漏电保护断路器的检测方法。

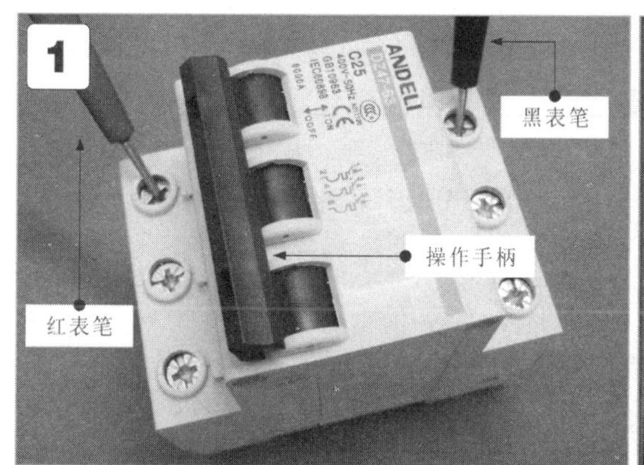

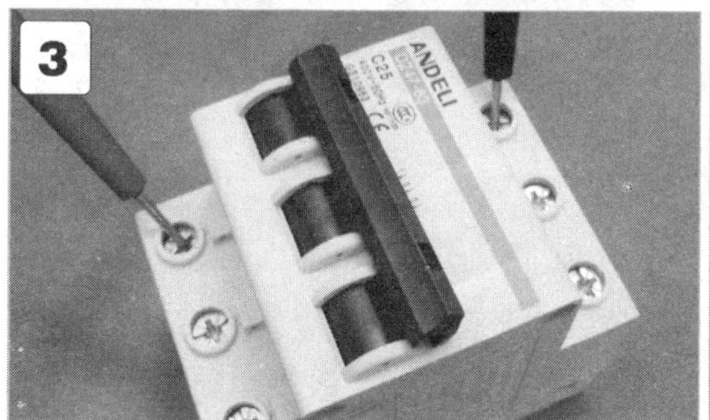

1 将红、黑表笔分别搭在断路器的两个接线端子上。

2 在正常情况下，测得在断开状态下的阻值应为无穷大。

3 将红、黑表笔分别搭在断路器的两个接线端子上。

4 在正常情况下，万用表测得的阻值应为0Ω。

图 5-17　带漏电保护断路器的检测方法

提示

检修断路器时还可通过下列方法判断好坏：

①若测得断路器各组开关在断开状态下的阻值均为无穷大，在闭合状态下均为零，则表明该断路器正常；

②若测得断路器在断开状态下阻值为零，则表明断路器内部触点粘连损坏。

③若测得断路器在闭合状态下阻值为无穷大，则表明断路器内部触点断路损坏。

④若测得断路器内部各组开关有任何一组损坏，均说明该断路器损坏。

第6章 变压器与电动机的功能特点与检测应用

6.1 变压器的检测技能

6.1.1 变压器的结构特点

变压器是一种利用电磁感应原理制成的，是可以传输、改变电能或信号的功能部件，主要用来提升或降低交流电流、变换阻抗等。变压器的应用十分广泛，如在供配电线路、电气设备及电子设备中可传输交流电，起到电压变换、电流变化、阻抗变换或隔离等作用。

图 6-1 为典型变压器的实物外形。变压器的分类方式很多，根据电源相数的不同，可分为单相变压器和三相变压器。

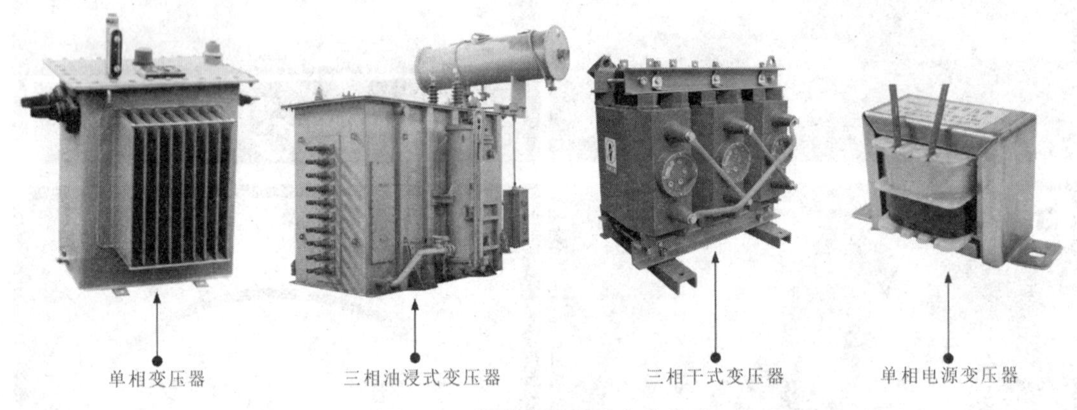

图 6-1　典型变压器的实物外形

变压器是将两组或两组以上的线圈绕制在同一个线圈骨架上或绕在同一铁芯上制成的。通常，与电源相连的线圈称为初级绕组，其余的线圈称为次级绕组。

图 6-2 为变压器的结构及电路图形符号。

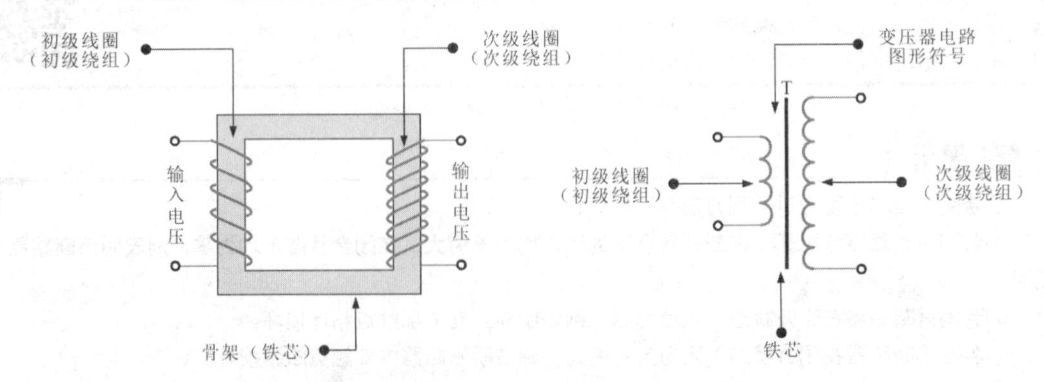

图 6-2　变压器的结构及电路图形符号

1 单相变压器的结构特点

单相变压器是一种初级绕组为单相绕组的变压器。单相变压器的初级绕组和次级绕组均缠绕在铁芯上，初级绕组为交流电压输入端，次级绕组为交流电压输出端。次级绕组的输出电压与线圈的匝数成正比。图 6-3 为单相变压器的结构特点。

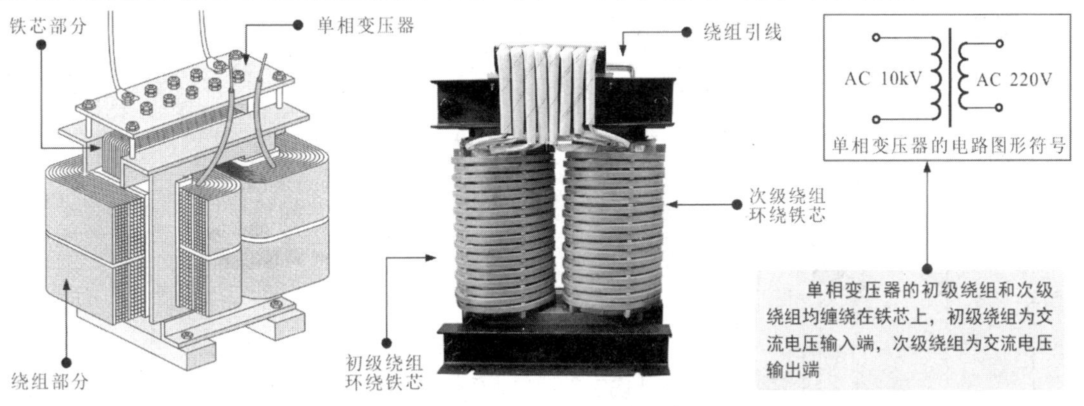

图 6-3　单相变压器的结构特点

2 三相变压器的结构特点

三相变压器是电力设备中应用比较多的一种变压器。三相变压器实际上是由 3 个相同容量的单相变压器组合而成的。初级绕组（高压线圈）为三相，次级绕组（低压线圈）也为三相。

三相变压器和单相变压器的内部结构基本相同，均由铁芯（器身）和绕组两部分组成。绕组是变压器的电路，铁芯是变压器的磁路，二者构成变压器的核心，即电磁部分。三相电力传输变压器的内部有六组绕组。图 6-4 为三相变压器的结构特点。

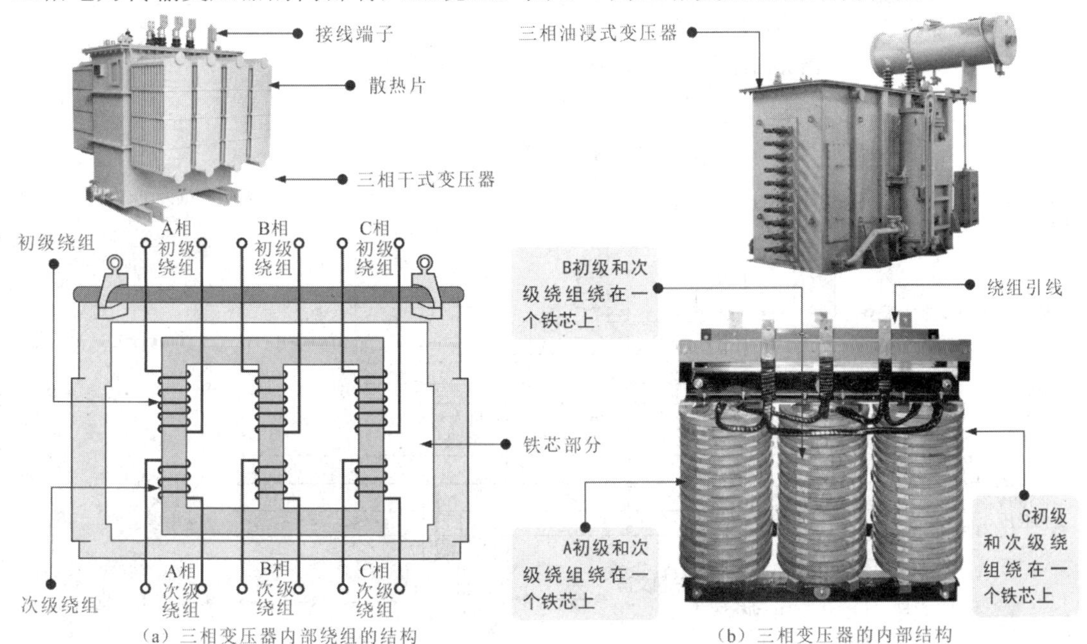

（a）三相变压器内部绕组的结构　　（b）三相变压器的内部结构

图 6-4　三相变压器的结构特点

6.1.2 变压器的工作原理

单相变压器可将高压供电变成单相低压供各种设备使用，如可将交流 6600V 高压经单相变压器变为交流 220V 低压，为照明灯或其他设备供电。单相变压器具有结构简单、体积小、损耗低等优点，适宜在负荷较小的低压配电线路（60 Hz 以下）中使用。

图 6-5 为单相变压器的功能示意图。

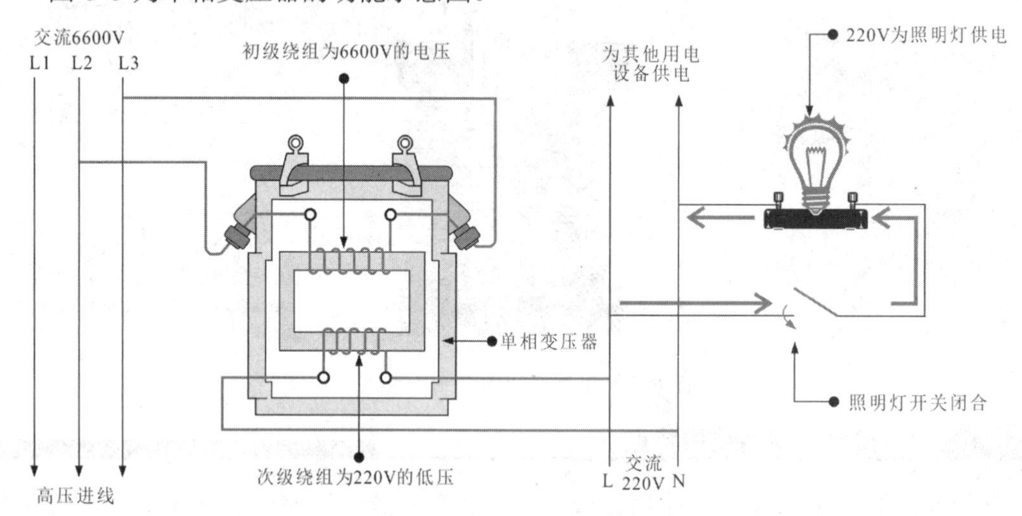

图 6-5 单相变压器的功能示意图

三相变压器主要用于三相供电系统中的升压或降压，常用的就是将几千伏的高压变为 380V 的低压，为用电设备提供动力电源。图 6-6 为三相变压器的功能示意图。

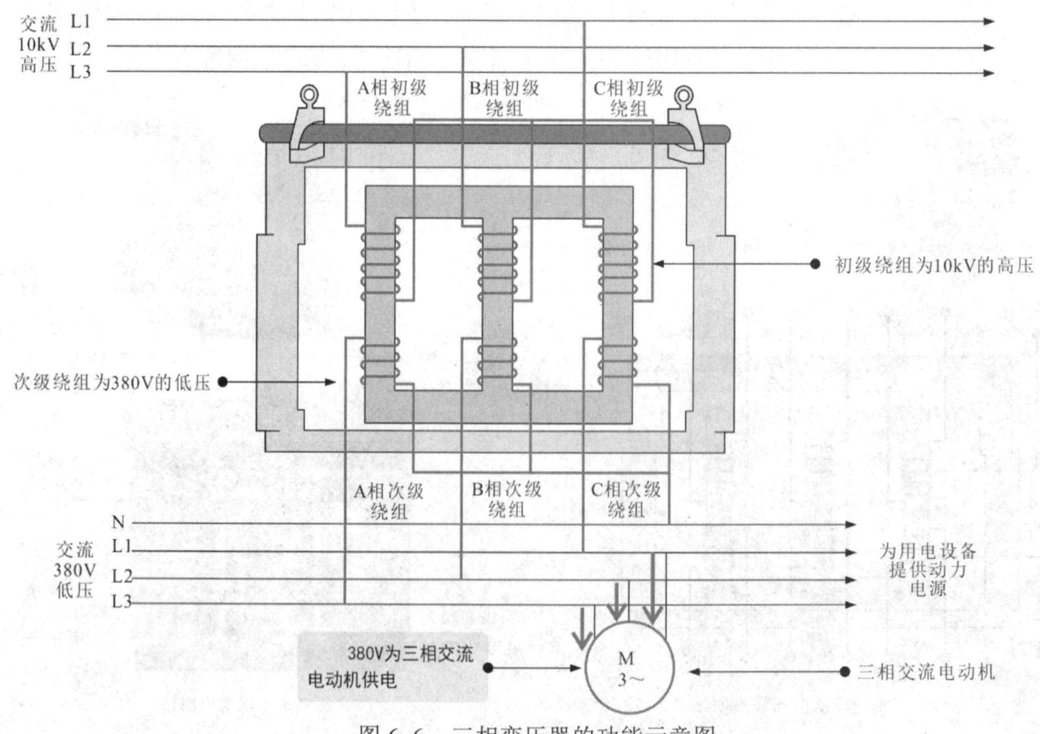

图 6-6 三相变压器的功能示意图

变压器利用电感线圈靠近时的互感原理，将电能或信号从一个电路传向另一个电路。变压器是变换电压的器件，提升或降低交流电压是变压器的主要功能。

图 6-7 为变压器的电压变换功能示意图。

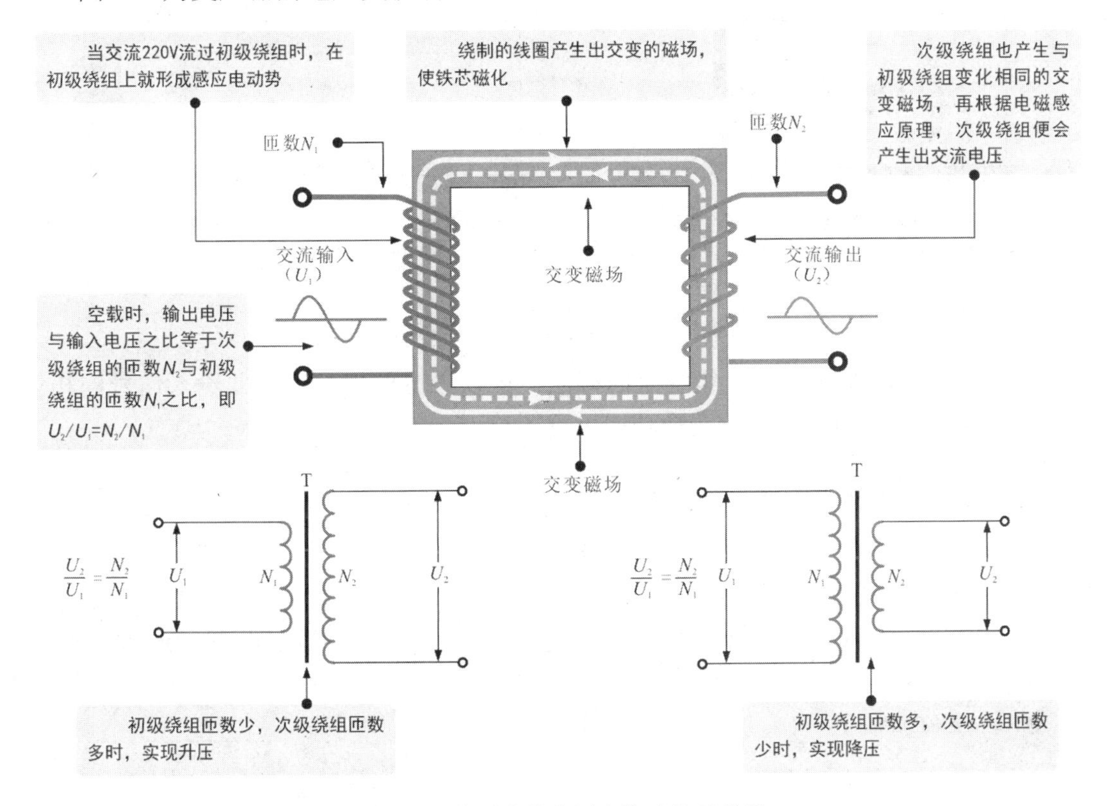

图 6-7　变压器的电压变换功能示意图

变压器通过初级线圈、次级线圈可实现阻抗变换，即初级与次级线圈的匝数比不同，输入与输出的阻抗也不同。

图 6-8 为变压器的阻抗变换功能示意图。

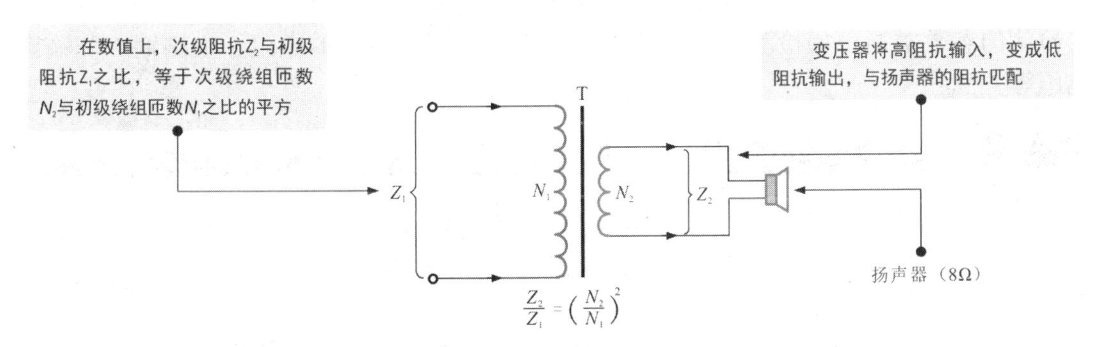

图 6-8　变压器的阻抗变换功能示意图

根据变压器的变压原理，初级部分的交流电压是通过电磁感应原理“感应”到次级绕组上的，而没有进行实际的电气连接，因而变压器具有电气隔离功能。

图 6-9 为变压器电气隔离功能示意图。

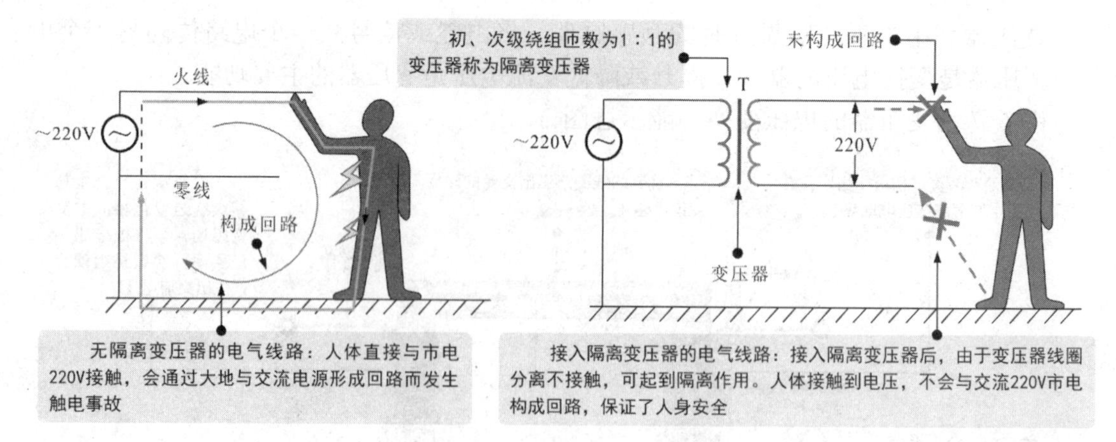

图 6-9　变压器电气隔离功能示意图

通过改变变压器初级和次级绕组的接法，可以很方便地将变压器输入信号的相位倒相。图 6-10 为变压器的相位变换功能示意图。

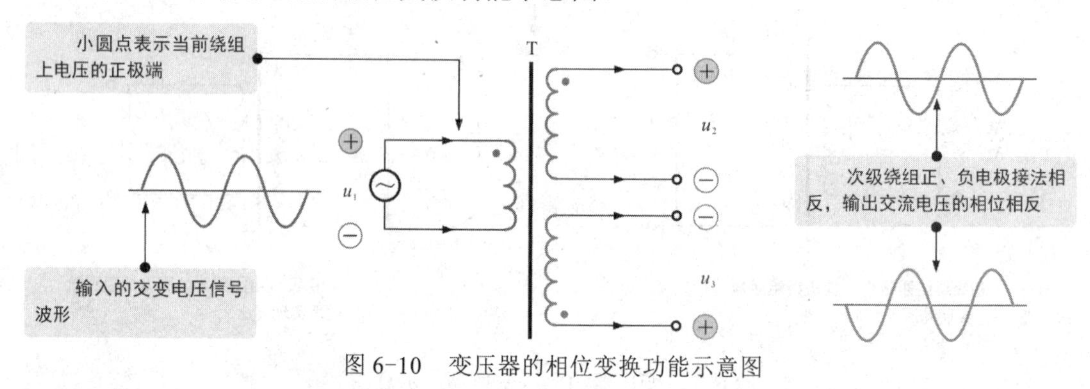

图 6-10　变压器的相位变换功能示意图

6.1.3　变压器的检测方法

检测变压器时，可先检查待测变压器的外观，看是否损坏，确保无烧焦、引脚无断裂等，如有上述情况，则说明变压器已经损坏。接着根据实测变压器的功能特点，确定检测的参数类型，如检测变压器的绝缘电阻、检测绕组间的电阻、检测输入和输出电压等。

1　变压器绝缘电阻的检测方法

使用兆欧表测量变压器的绝缘电阻是检测设备绝缘状态最基本的方法。通过这种测量手段能有效发现设备受潮、部件局部脏污、绝缘击穿、瓷件破裂、引线接外壳及老化等问题。

以三相变压器为例。三相变压器绝缘电阻的测量主要分低压绕组对外壳的绝缘电阻测量、高压绕组对外壳的绝缘电阻测量和高压绕组对低压绕组的绝缘电阻测量。以低压绕组对外壳的绝缘电阻测量为例，将低压侧的绕组桩头用短接线连接，接好兆欧表，按 120r/min 的速度顺时针摇动兆欧表的摇杆，读取 15 秒和 1 分钟时的绝缘电阻值。将实测数据与标准值比对，即可完成测量。

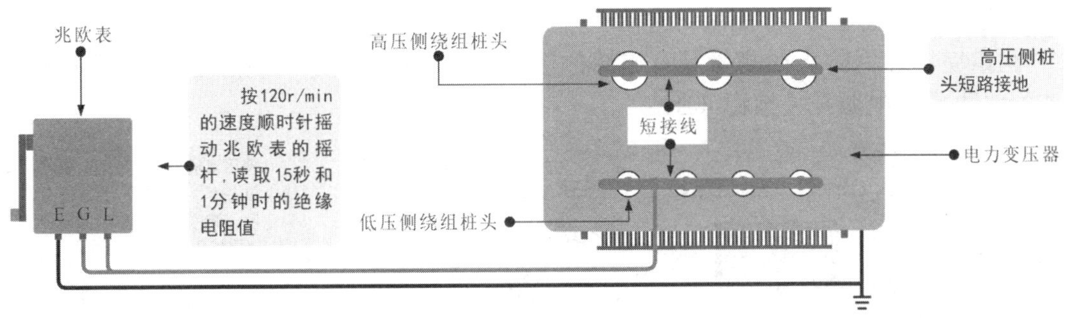

图 6-11　三相变压器低压绕组对外壳绝缘电阻的测量

高压绕组对外壳绝缘电阻的测量是将“线路”端子接电力变压器高压侧绕组桩头，“接地”端子与电力变压器接地连接即可。

若检测高压绕组对低压绕组的绝缘电阻时，则将“线路”端子接电力变压器高压侧绕组桩头，“接地”端子接低压侧绕组桩头，并将“屏蔽”端子接电力变压器外壳。

提示

使用兆欧表测量电力变压器绝缘电阻前，要断开电源，并拆除或断开设备外接的连接线缆，使用绝缘棒等工具对电力变压器充分放电（约 5 分钟为宜）。

接线测量时，要确保测试线的接线必须准确无误，且测试连接要使用单股线分开独立连接，不得使用双股绝缘线或绞线。

在测量完毕断开兆欧表时，要先将“电路”端测试引线与测试桩头分开，再降低兆欧表摇速，否则会烧坏兆欧表。测量完毕，在对电力变压器测试桩头充分放电后，方可允许拆线。

使用兆欧表检测电力变压器的绝缘电阻时，要根据电气设备及回路的电压等级选择相应规格的兆欧表，见表 6-1。

表6-1　不同电气设备及回路的电压等级应选择兆欧表的规格

电气设备或回路级别	100V以下	100～500V	500～3000V	3000～10000V	10000V及以上
兆欧表规格	250V/50MΩ及以上兆欧表	500V/100MΩ及以上兆欧表	1000V/2000MΩ及以上兆欧表	2500V/10000MΩ及以上兆欧表	5000V/10000MΩ及以上兆欧表

2　变压器绕组阻值的检测方法

变压器绕组阻值的测量主要是用来检查变压器绕组接头的焊接质量是否良好、绕组层匝间有无短路、分接开关各个位置接触是否良好及绕组或引出线有无折断等情况。通常，检测中、小型三相变压器多采用直流电桥法。

以典型小型三相变压器为例，借助直流电桥可精确测量变压器绕组的阻值，如图 6-12 所示。

在测量前，将待测直流变压器的绕组与接地装置连接进行放电操作。放电完成后，拆除一切连接线，连接好直流电桥检测变压器各相绕组（线圈）的阻值。

估计被测变压器绕组的阻值，将直流电桥倍率旋钮置于适当位置，检流计灵敏度旋钮调至最低位置，将非被测线圈短路接地。先打开电源开关按钮（B）充电，充足电后，按下检流计开关按钮（G），迅速调节测量臂，使检流计指针向检流计刻度中间的零位线方向移动，增大灵敏度微调，待指针平稳停在零位上时记录被测线圈的阻值（被测线圈电阻值=倍率数 × 测量臂电阻值）。

测量完毕，为防止在测量具有电感的阻值时损坏检流计，应先按检流计开关按钮（G），再放开电源开关按钮（B）。

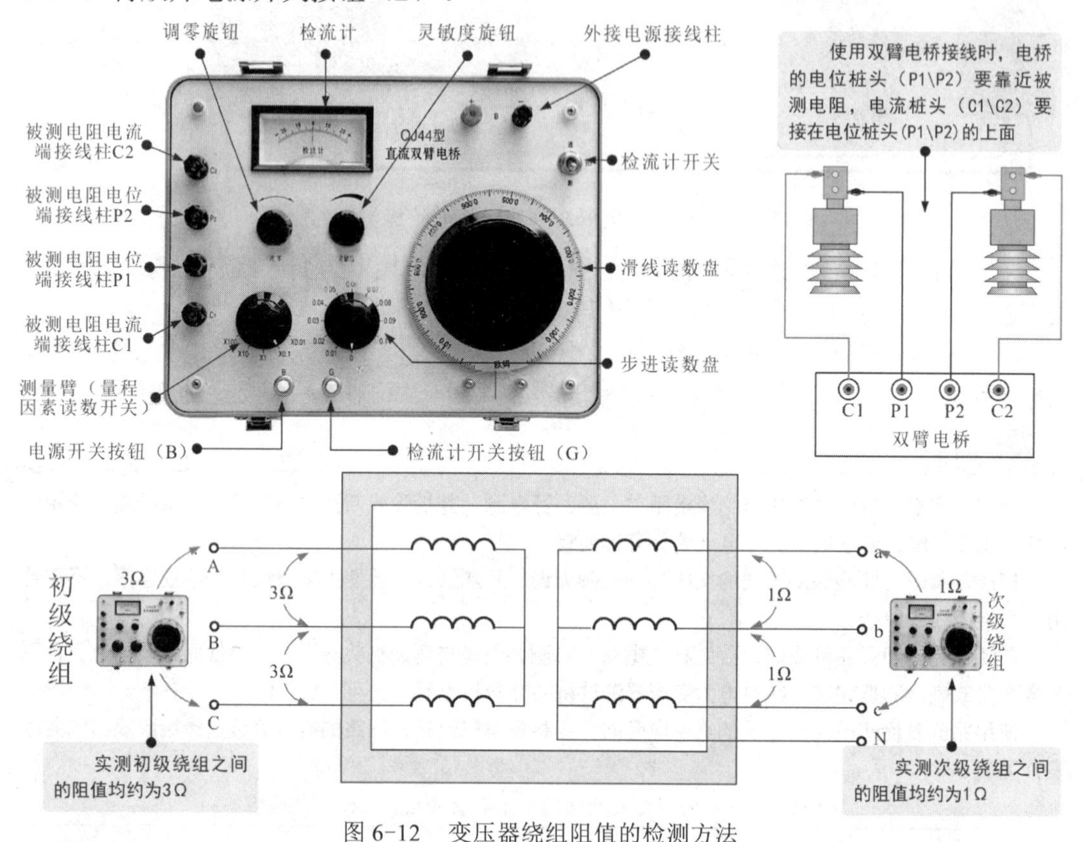

图 6-12　变压器绕组阻值的检测方法

提示

由于测量精度及接线方式的误差，测出的三相阻值也不相同，可使用误差公式判别，即

$$\Delta R\%=[R_{max}-R_{min}/R_P]\times100\%。$$

$$R_P=(R_{ab}+R_{bc}+R_c)/3。$$

式中，$\Delta R\%$ 为误差百分数；R_{max} 为实测中的最大值（Ω）；R_{min} 为实测中的最小值（Ω）；R_P 为三相中实测的平均值（Ω）

在比对分析当次测量值与前次测量值时，一定要在相同的温度下，如果温度不同，则要按下式换算至 20℃时的阻值，即

$$R_{20℃}=R_tK，K=(T+20)/(T+t)。$$

式中，$R_{20℃}$ 为 20℃时的直流电阻值（Ω）；R_t 为 t℃时的直流阻值（Ω）；T 为常数（铜导线为 234.5，铝导线为 225）；t 为测量时的温度。

3　变压器输入、输出电压的检测方法

变压器输入、输出电压的检测主要是指在通电情况下，检测输入电压值和输出电压值，在正常情况下，输出端应有变换后的电压输出。

以电源变压器为例。检测前，应先了解电源变压器输入电压和输出电压的具体参数值和检测方法，如图 6-13 所示。

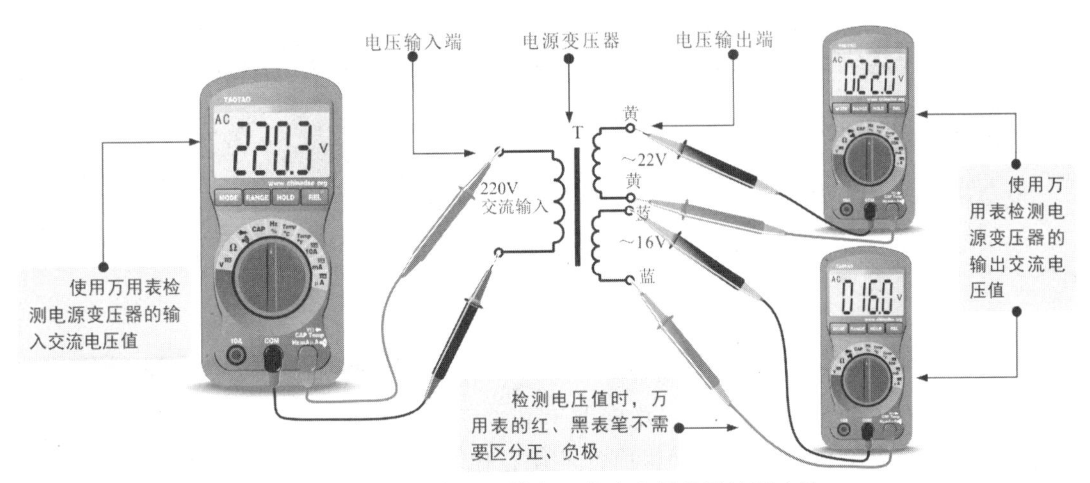

图 6-13　电源变压器输入、输出电压值及检测方法

图 6-14 为典型产品中电源变压器输入、输出电压的检测方法。

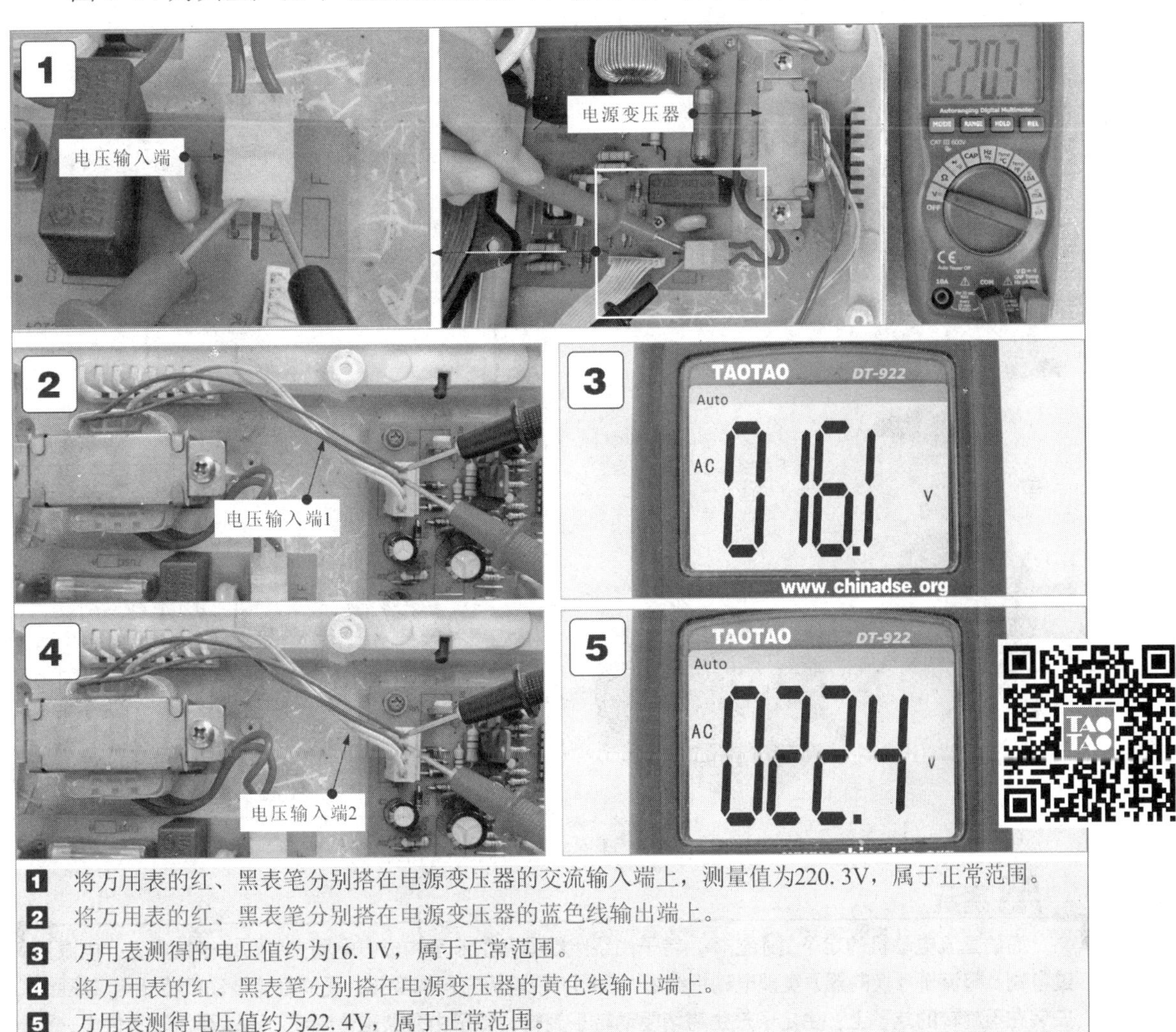

1 将万用表的红、黑表笔分别搭在电源变压器的交流输入端上，测量值为220.3V，属于正常范围。

2 将万用表的红、黑表笔分别搭在电源变压器的蓝色线输出端上。

3 万用表测得的电压值约为16.1V，属于正常范围。

4 将万用表的红、黑表笔分别搭在电源变压器的黄色线输出端上。

5 万用表测得电压值约为22.4V，属于正常范围。

图 6-14　典型产品中电源变压器输入、输出电压的检测方法

6.2 电动机的检测技能

6.2.1 电动机的结构特点

电动机是利用电磁感应原理将电能转换为机械能的动力部件，广泛应用在电气设备、控制线路或电子产品中。按照电动机供电类型的不同，电动机可分为直流电动机和交流电动机两大类。

1 直流电动机的结构特点

直流电动机是通过直流电源（电源具有正、负极之分）供给电能，并将电能转变为机械能的一类电动机。该类电动机广泛应用在电动产品中。

常见的直流电动机可分为有刷直流电动机和无刷直流电动机。这两种直流电动机的外形相似，主要通过内部是否包含电刷和换向器进行区分。

图 6-15 为常见直流电动机的实物外形。

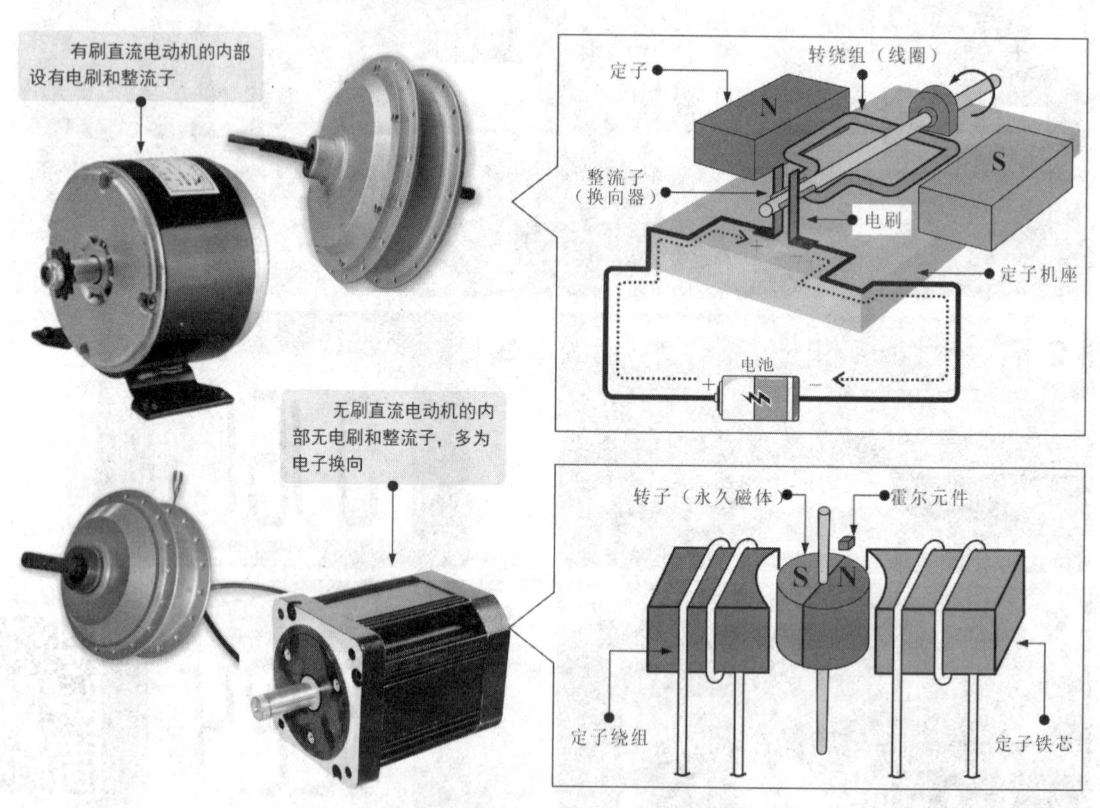

图 6-15 常见直流电动机的实物外形

提示

有刷直流电动机的定子是永磁体，转子由绕组线圈和整流子构成。电刷安装在定子机座上，电源通过电刷及整流子（换向器）实现电动机绕组（线圈）中电流方向的变化；无刷直流电动机将绕组（线圈）安装在不旋转的定子上，由定子产生磁场驱动转子旋转。转子由永久磁体制成，不需要为转子供电，因此省去了电刷和整流子（换向器），转子磁极受到定子磁场的作用即会转动。

2 交流电动机的结构特点

交流电动机是通过交流电源供给电能，并将电能转变为机械能的一类电动机。交流电动机根据供电方式的不同，可分为单相交流电动机和三相交流电动机。

图 6-16 为常见交流电动机的实物外形。

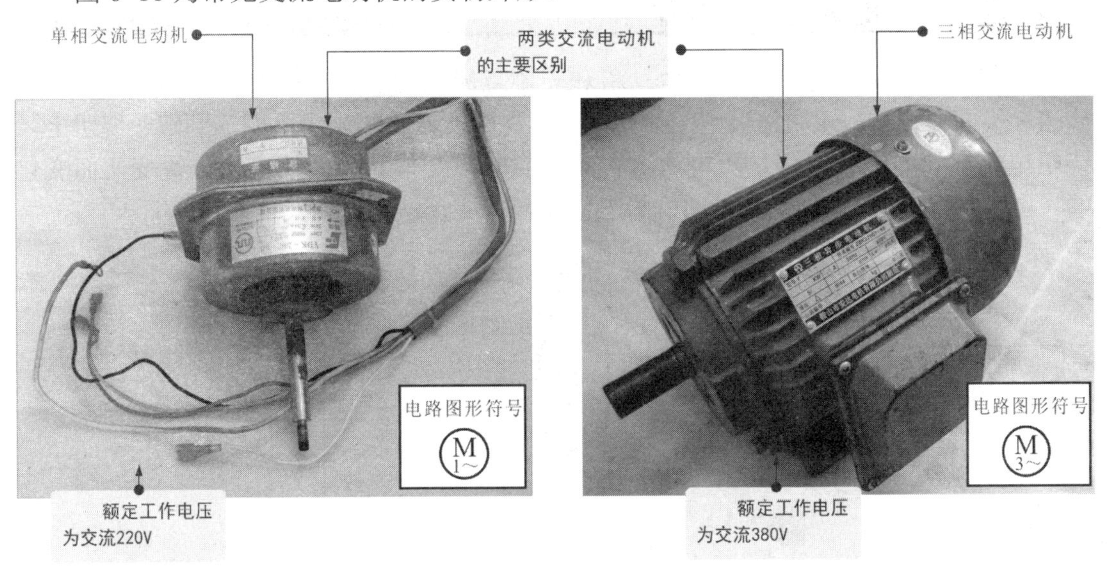

图 6-16　常见交流电动机的实物外形

6.2.2 电动机的功能特点

电动机的主要功能是实现电能向机械能的转换，即将供电电源的电能转换为电动机转子转动的机械能，最终通过转子上转轴的转动带动负载转动，实现各种传动功能。

图 6-17 为电动机的基本功能示意图。

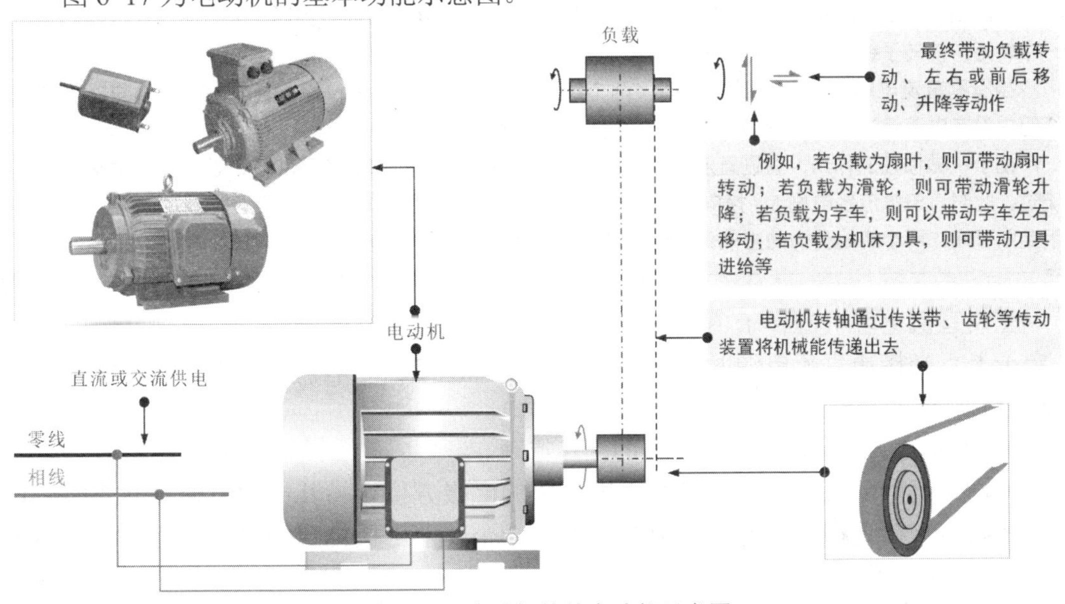

图 6-17　电动机的基本功能示意图

6.2.3 电动机的工作原理

电动机是将电能转换成机械能的电气部件，不同的供电方式，具体的工作原理也有所不同。下面以典型直流电动机和交流电动机为例介绍电动机的工作原理。

1 直流电动机的工作原理

直流电动机可分为有刷直流电动机和无刷直流电动机。有刷直流电动机工作时，绕组和换向器旋转，主磁极（定子）和电刷不旋转，直流电源经电刷加到转子绕组上，绕组电流方向的交替变化是随电动机转动的换向器及与其相关的电刷位置变化而变化的。图 6-18 为典型有刷直流电动机的工作原理。

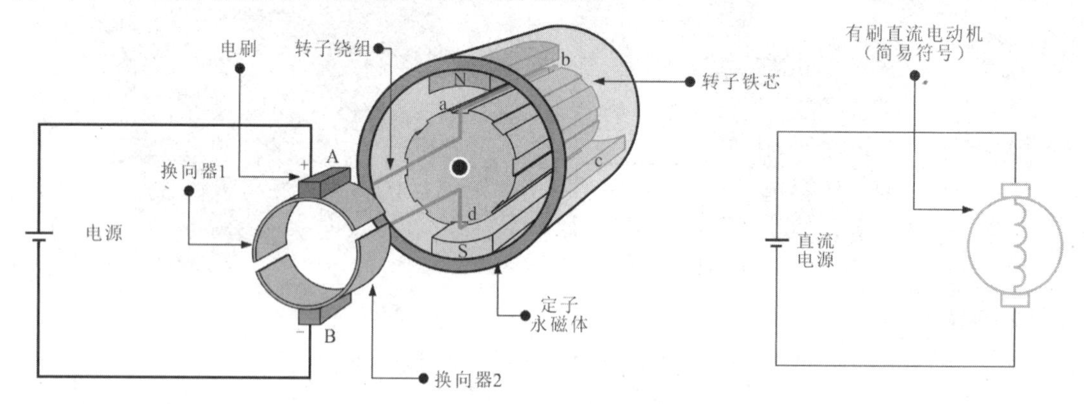

图 6-18　典型有刷直流电动机的工作原理

提示

有刷直流电动机接通电源瞬间，直流电源的正、负两极通过电刷 A 和 B 与直流电动机的转子绕组接通，直流电流经电刷 A、换向器 1、绕组 ab 和 cd、换向器 2、电刷 B 返回到电源的负极。绕组 ab 中的电流方向由 a 到 b；绕组 cd 中的电流方向由 c 到 d。两绕组的受力方向均为逆时针方向，这样就产生了一个转矩，使转子铁芯逆时针方向旋转。

当有刷直流电动机转子转到 90° 时，两个绕组边处于磁场物理中性面，且电刷不与换向器接触，绕组中没有电流流过，$F=0$，转矩消失。

由于机械惯性的作用，有刷直流电动机的转子将冲过 90° 继续旋转至 180°，这时绕组中又有电流流过，此时直流电流经电刷 A、换向器 2、绕组 dc 和 ba、换向器 1、电刷 B 返回到电源的负极。根据左手定则可知，两个绕组受力的方向仍是逆时针，转子依然逆时针旋转。

无刷直流电动机的转子由永久磁钢构成，圆周设有多对磁极（N、S），绕组绕制在定子上，当接通直流电源时，电源为定子绕组供电，磁钢受到定子磁场的作用而产生转矩并旋转。

图 6-19 为典型无刷直流电动机的工作原理。

无刷直流电动机定子绕组必须根据转子的磁极方位切换其中的电流方向才能使转子连续旋转，在无刷直流电动机内必须设置一个转子磁极位置的传感器，这种传感器通常采用霍尔元件。

图 6-20 为典型霍尔元件的工作原理。

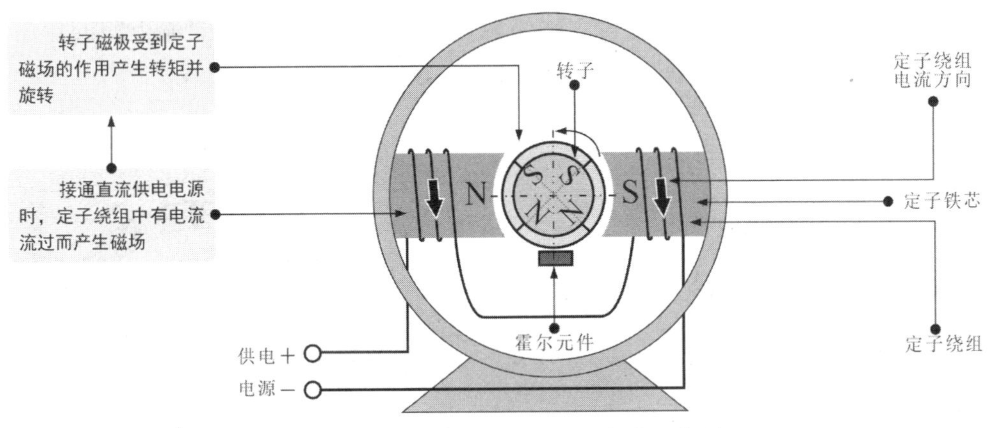

图 6-19　典型无刷直流电动机的工作原理

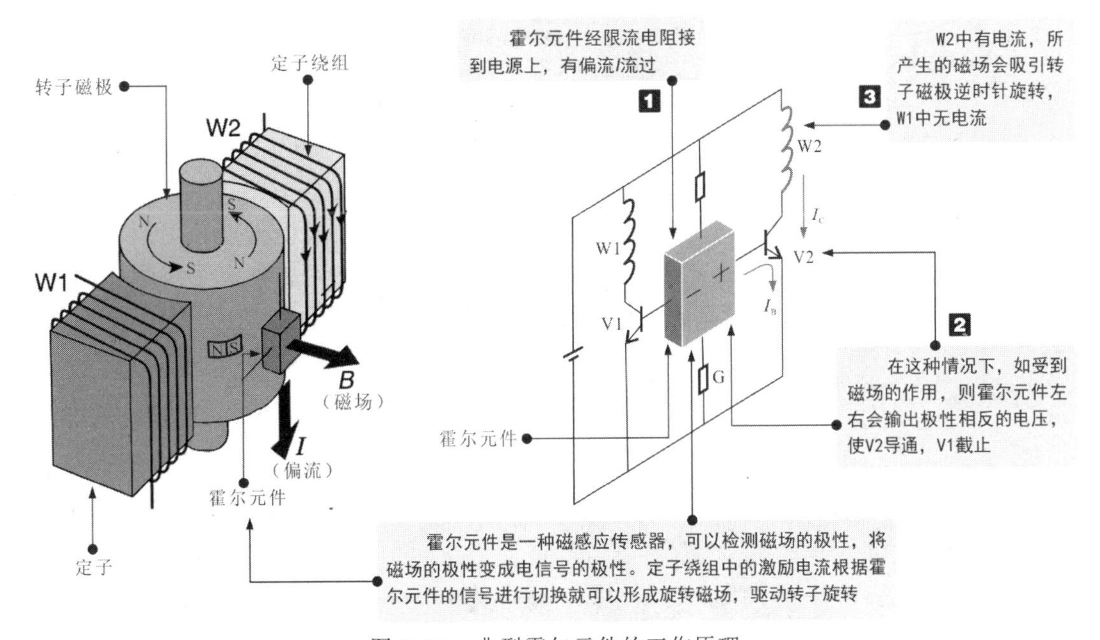

图 6-20　典型霍尔元件的工作原理

2　交流电动机的工作原理

图 6-21 为典型交流同步电动机的工作原理。电动机的转子是一个永磁体，具有 N、S 磁极，置于定子磁场中时，定子磁场的磁极 n 吸引转子磁极 S，定子磁极 s 吸引转子磁极 N。如果此时使定子磁极转动，则由于磁力的作用，转子会与定子磁场同步转动。

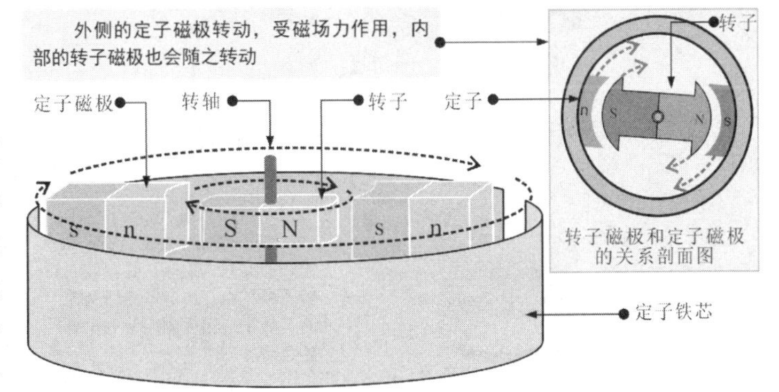

图 6-21　典型交流同步电动机的工作原理

若三相绕组用三相交流电源代替永磁磁极，则定子绕组在三相交流电源的作用下会形成旋转磁场，定子本身不需要转动，同样可以使转子跟随磁场旋转。

图 6-22 为典型交流同步电动机的驱动原理。

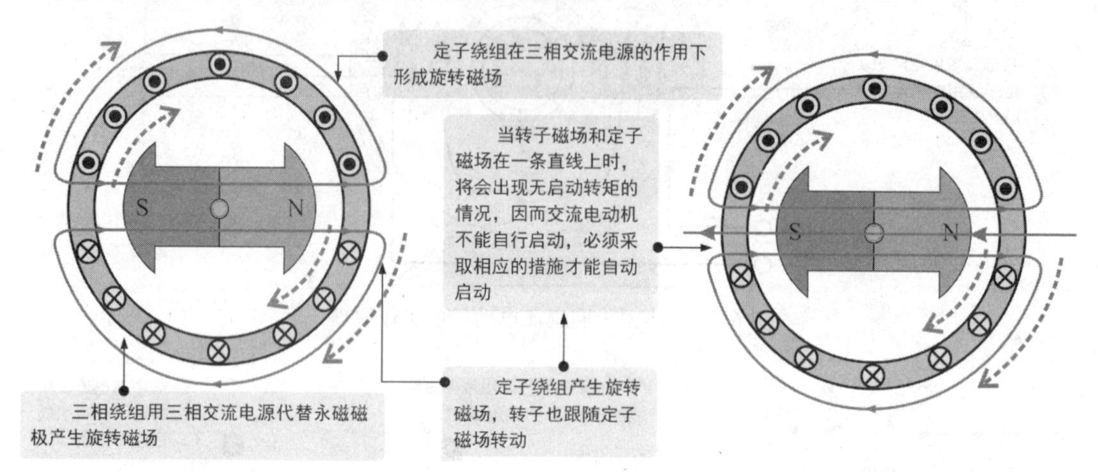

图 6-22　典型交流同步电动机的驱动原理

图 6-23 为单相交流异步电动机的工作原理。交流电源加到电动机的定子线圈中，使定子磁场旋转，从而带动转子旋转，最终实现将电能转换成机械能。可以看到，单相交流异步电动机将闭环线圈（绕组）置于磁场中，交变电流加到定子绕组中所形成的磁场是变化的，闭环线圈受到磁场作用会产生电流，从而产生转动力矩。

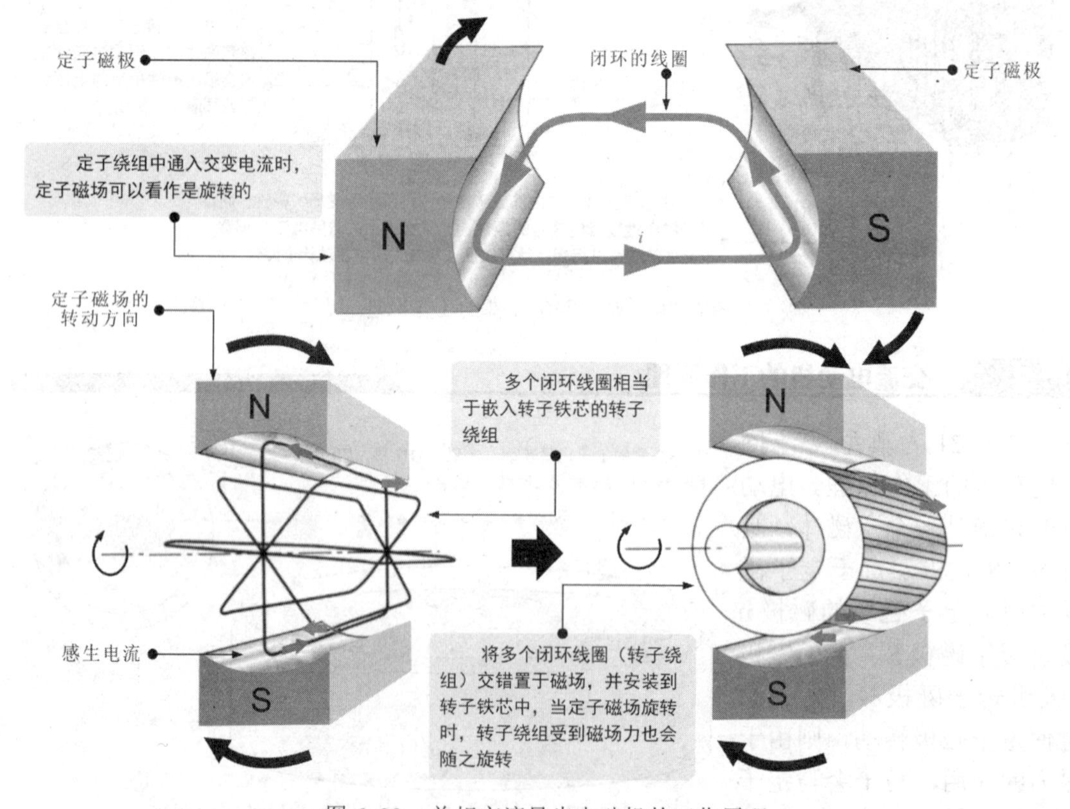

图 6-23　单相交流异步电动机的工作原理

提示

单相交流电是频率为 50Hz 的正弦交流电。如果电动机定子只有一个运行绕组，则当单相交流电加到电动机的定子绕组上时，定子绕组就会产生交变的磁场。该磁场的强弱和方向是随时间按正弦规律变化的，但在空间上是固定的。

三相交流异步电动机在三相交流供电的条件下工作。图 6-24 为三相交流异步电动机的工作原理。三相交流异步电动机的定子是圆筒形的，套在转子的外部，电动机的转子是圆柱形的，位于定子的内部。三相交流电源加到定子绕组中，由定子绕组产生的旋转磁场使转子旋转。

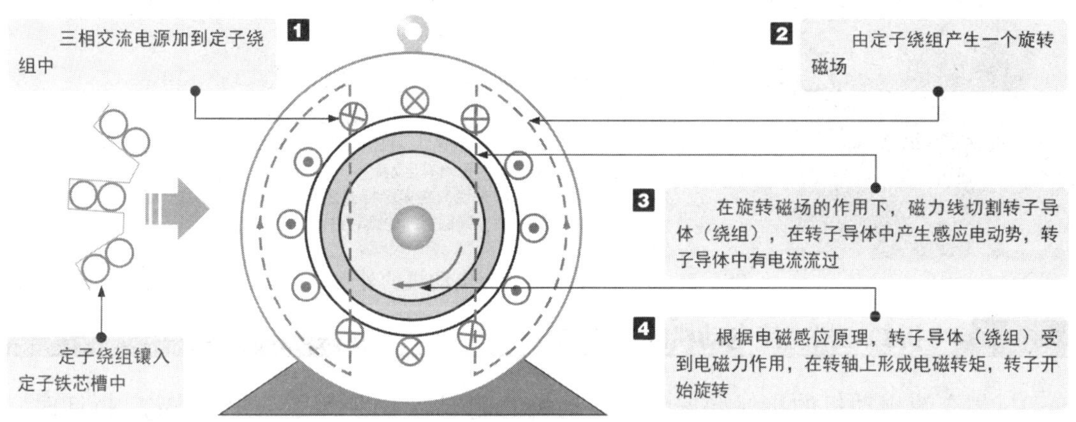

图 6-24　三相交流异步电动机的工作原理

三相交流异步电动机需要三相交流电源提供工作条件，满足工作条件后，三相交流异步电动机的转子之所以会旋转、实现能量转换，是因为转子气隙内有一个沿定子内圆旋转的磁场。

图 6-25 为三相交流电的相位关系。

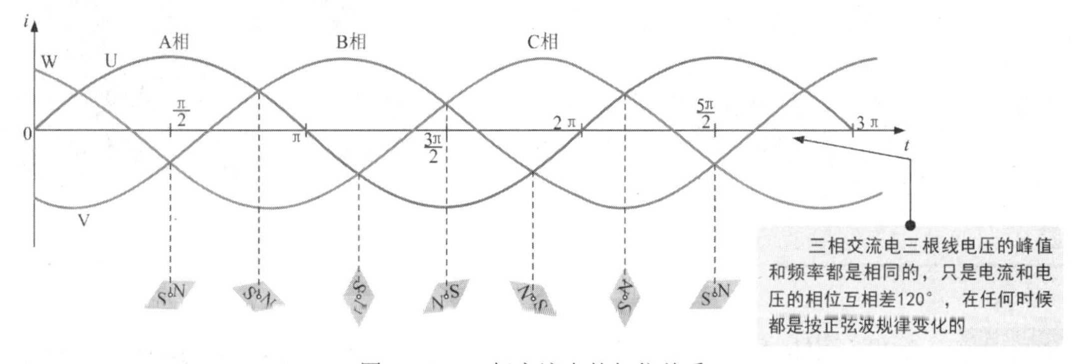

图 6-25　三相交流电的相位关系

提示

三相交流异步电动机接通三相电源后，定子绕组有电流流过，产生一个转速为 n_0 的旋转磁场。在旋转磁场的作用下，电动机转子受电磁力的作用，以转速 n 开始旋转。这里 n 始终不会加速到 n_0，因为只有这样，转子导体（绕组）与旋转磁场之间才会有相对运动而切割磁力线，转子导体（绕组）中才能产生感应电动势和电流，从而产生电磁转矩，使转子按照旋转磁场的方向连续旋转。定子磁场对转子的异步转矩是异步电动机工作的必要条件，“异步”的名称也由此而来。

6.2.4 电动机的拆卸方法

不同类型的电动机，结构功能各不相同。在不同的电气设备或控制系统中，电动机的安装位置、安装固定方式也各不相同。要检测或维修电动机，掌握电动机的拆卸技能尤为重要。下面以典型三相交流电动机为例演示拆卸方法。

图 6-26 为待拆卸三相交流电动机的外形。

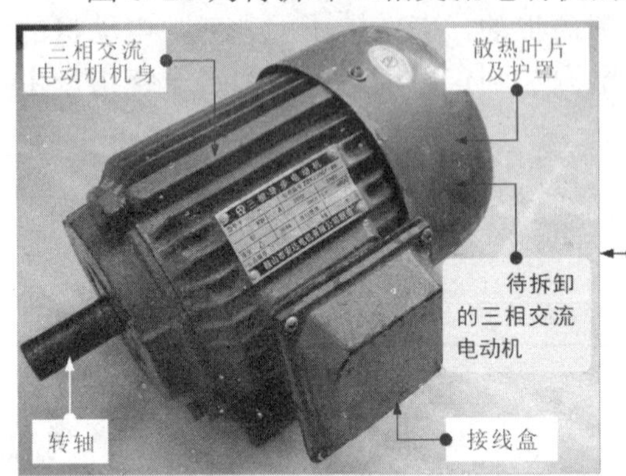

在动手操作前，首先要了解正确的拆卸方法。由于电动机的安装精度很高，若拆卸操作不当，则可能会给日后运行留下安全隐患。

因此，从实际的可操作性出发，结合电动机部件的装配特点，将拆卸三相交流电动机分为3个环节：

（1） 拆卸电动机的接线盒；

（2） 拆卸电动机的散热叶片；

（3） 拆卸电动机的端盖部分。

值得注意的是，根据三相交流电动机类型和内部结构的不同，拆卸的顺序也略有区别。

总的来说，在实际拆卸之前，要充分了解电动机的构造，制定拆卸方案，确保拆卸的顺利进行

图 6-26 待拆卸三相交流电动机的外形

1 拆卸三相交流电动机的接线盒

三相交流电动机的接线盒安装在电动机的侧端，由四个固定螺钉固定，拆卸时，将固定螺钉拧下即可将接线盒外壳取下，具体方法如图 6-27 所示。

1 使用螺钉旋具拧下接线盒的固定螺钉。

2 取下电动机的接线盒外壳及垫圈。

图 6-27 电动机接线盒的拆卸

2 拆卸三相交流电动机的散热叶片

三相交流电动机的散热叶片安装在电动机的后端散热护罩中，拆卸时，需先将散热叶片护罩取下，再拆下散热叶片，具体方法如图 6-28 所示。

3 拆卸三相交流电动机的端盖并分离转子

三相交流电动机端盖部分由前端盖和后端盖构成，都是由固定螺钉固定在电动机外壳上的，拆卸时，拧下固定螺钉，撬开端盖后，从定子中心取出转子即可，注意不

要损伤配合部分。

图 6-29 为三相交流电动机端盖的拆卸及转子分离的操作方法。

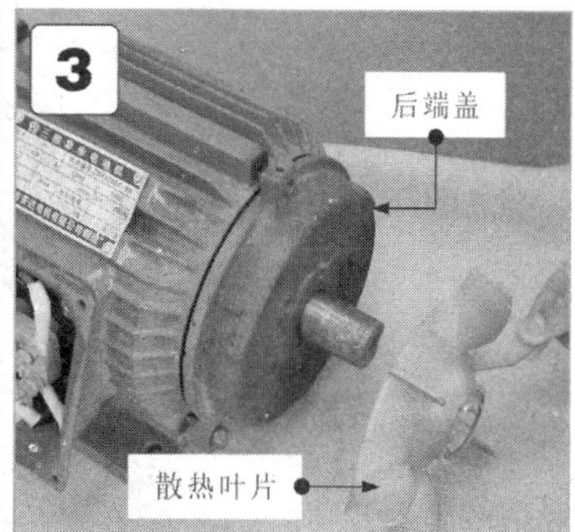

1. 使用螺钉旋具拧下散热护罩的固定螺钉，取下护罩。
2. 撬下固定散热叶片的弹簧卡圈。
3. 取下散热叶片。

图 6-28　三相交流电动机散热叶片的拆卸

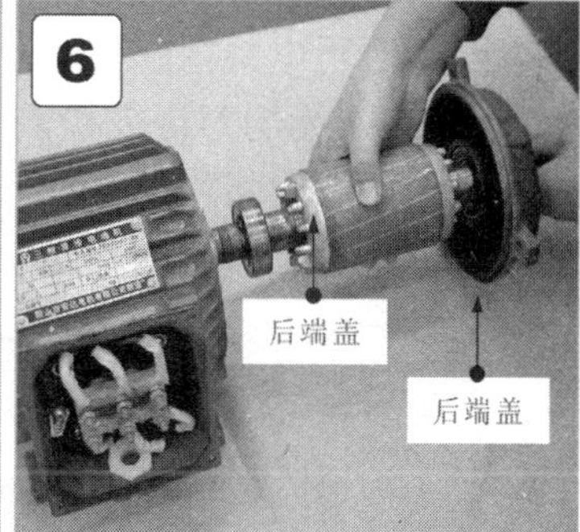

1. 使用扳手将电动机前端盖的固定螺母拧下。
2. 将凿子插入前端盖和定子的缝隙处，从多个方位均匀撬开端盖，使端盖与机身分离。
3. 取下电动机一侧端盖。
4. 用扳手拧动另一个端盖上的固定螺母，并撬动使其松动。
5. 从拆卸端盖的一端推动转轴，后端盖即可与电动机定子座分离。
6. 将电动机后端盖连同电动机转子一同取下，电动机转子与定子分离。

图 6-29　三相交流电动机端盖的拆卸及转子分离的操作方法。

图 6-30 为拆卸完成的三相交流电动机各部件。

图 6-30　拆卸完成的三相交流电动机各部件

提示

若需要维护和保养电动机轴承，还可以将轴承从电动机转轴上拆卸下来。拆卸前，注意标记轴承的原始位置，拆卸时，可润滑轴承与转轴衔接部位，并借助拉拔器拆卸轴承，注意避免损伤轴承和转轴。

6.2.5 电动机的检测技能

检测电动机性能是否正常时，可借助万用表、万用电桥、兆欧表等检测仪表检测电动机的绕组阻值、绝缘电阻、转速等参数值。

1 电动机绕组阻值的检测

绕组是电动机的主要组成部件。检测时，一般可用万用表的电阻挡粗略检测，也可以使用万用电桥精确检测，进而判断绕组有无短路或断路故障。

图 6-31 为用万用表检测直流电动机绕组的阻值，根据检测结果可大致判断电动机绕组有无短路或断路故障。

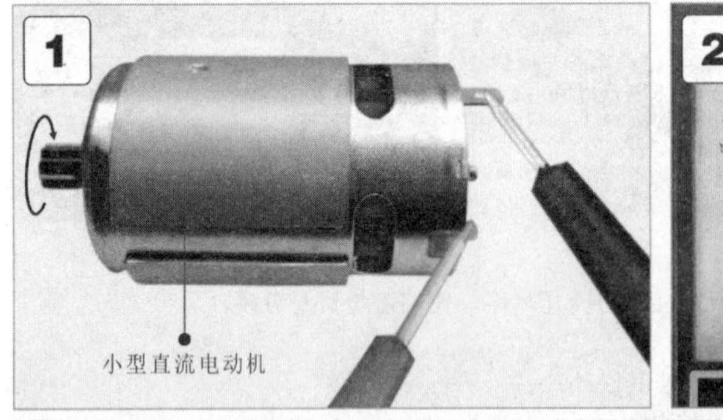

1 将万用表量程调至“$R\times10$”欧姆挡，将红、黑表笔分别搭在直流电动机的两引脚端。

2 万用表实测阻值约为100Ω，属于正常范围。

图 6-31　用万用表检测直流电动机绕组的阻值

图 6-32 为用万用表检测单相交流电动机绕组的阻值，根据检测结果可大致判断内部绕组有无短路或断路情况。

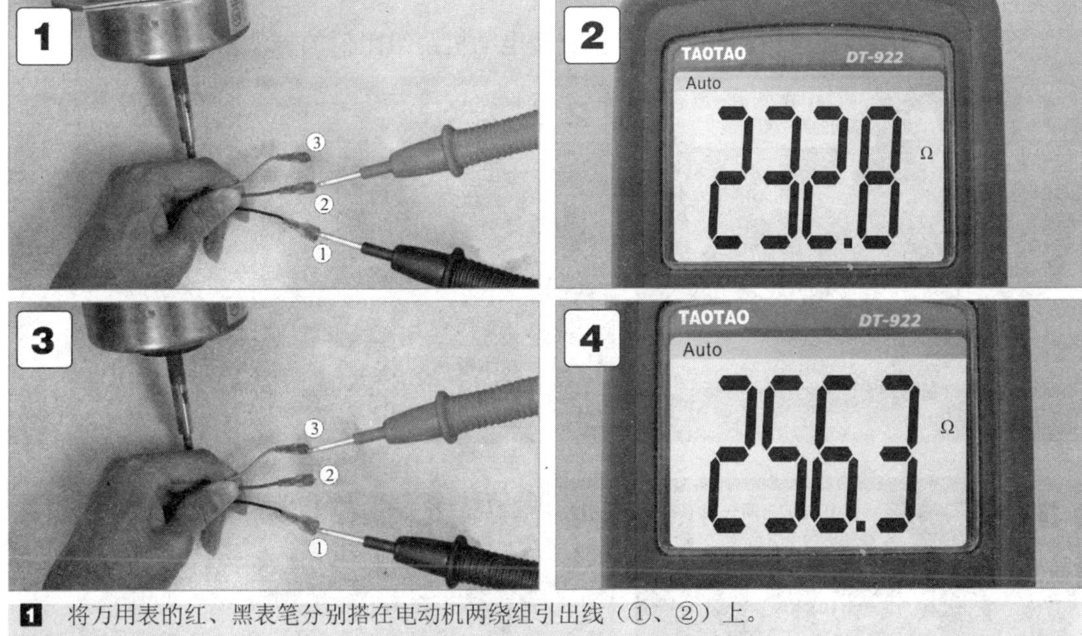

1 将万用表的红、黑表笔分别搭在电动机两绕组引出线（①、②）上。
2 从万用表的显示屏上读取出实测第一组绕组的阻值R_1为232. 8Ω。
3 保持黑表笔位置不动，将红表笔搭在另一绕组引出线上（①、③）。
4 从万用表的显示屏上读取出实测第二组绕组的阻值R_2为256. 3Ω。

图 6-32　用万用表检测单相交流电动机绕组的阻值

提示

如图 6-33 所示，若所测电动机为单相电动机，则检测两两引线之间得到的三个数值 R_1、R_2、R_3 应满足其中两个数值之和等于第三个值（$R_1+R_2=R_3$）。若 R_1、R_2、R_3 任意一阻值为无穷大，则说明绕组内部存在断路故障。

若所测电动机为三相电动机，则检测两两引线之间得到的三个数值 R_1、R_2、R_3 应满足三个数值相等（$R_1=R_2=R_3$）。若 R_1、R_2、R_3 任意一阻值为无穷大，则说明绕组内部存在断路故障。

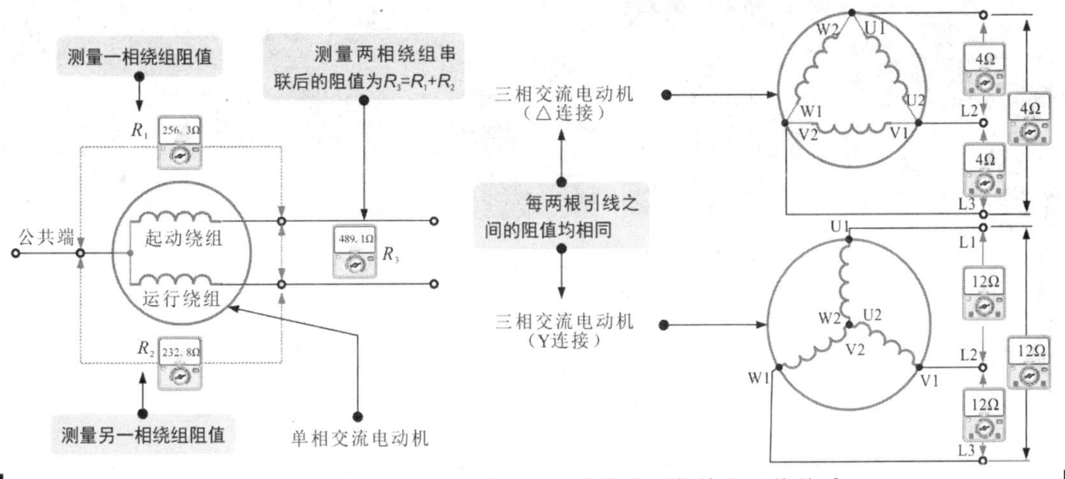

图 6-33　单相交流电动机和三相交流电动机绕组阻值关系

除使用万用表粗略测量电动机绕组阻值外，还可借助万用电桥精确测量电动机绕组阻值，即使微小偏差也能够被发现，这是判断电动机的制造工艺和性能是否良好的有效测试方法。

图 6-34 为用万用电桥精确测量三相交流电动机绕组阻值的方法。

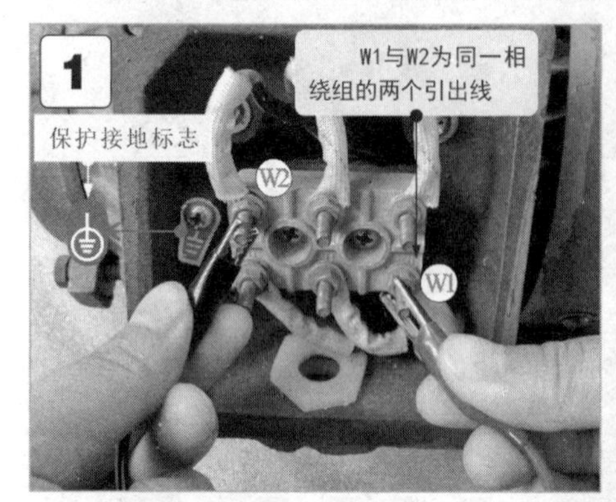

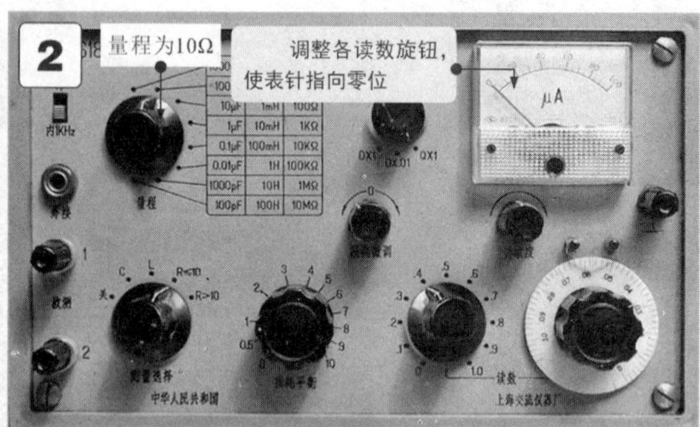

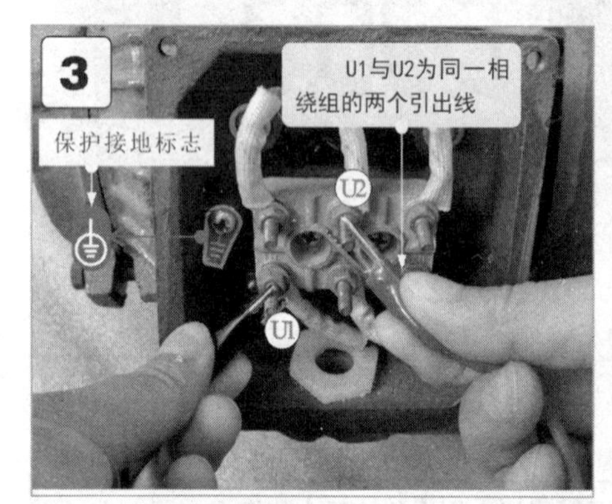

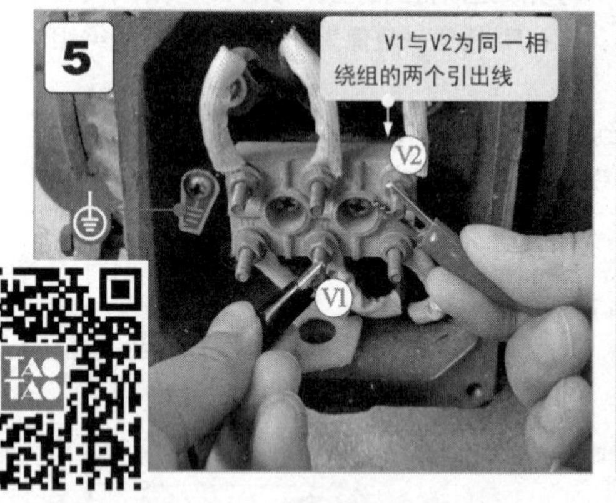

1. 将万用电桥测试线上的鳄鱼夹夹在电动机一相绕组的两端引出线上。
2. 万用电桥实测数值为0. 433×10Ω=4. 33Ω，属于正常范围。
3. 使用相同的方法，将鳄鱼夹夹在电动机第二相绕组的两端引出线上。
4. 万用电桥实测数值为0. 433×10Ω=4. 33Ω，属于正常范围。
5. 将万用电桥测试线上的鳄鱼夹夹在电动机第三相绕组的两端引出线上。
6. 万用电桥实测数值为0. 433×10Ω=4. 33Ω，属于正常范围。

图 6-34　用万用电桥精确测量三相交流电动机绕组阻值的方法

2 电动机绝缘电阻的检测

电动机绝缘电阻的检测是指检测电动机绕组与外壳之间、绕组与绕组之间的绝缘电阻，以此来判断电动机是否存在漏电（对外壳短路）、绕组间短路的现象。测量绝缘电阻一般使用兆欧表。

如图 6-35 所示，将兆欧表分别与待测电动机绕组接线端子和接地端连接，转动兆欧表手柄，检测电动机绕组与外壳之间的绝缘电阻。

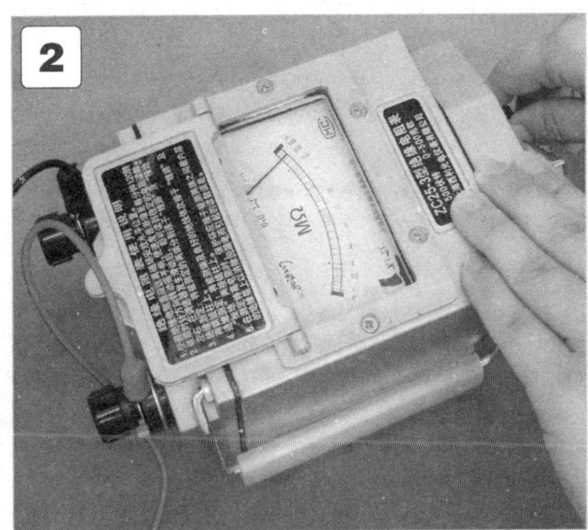

1 将兆欧表的黑色测试线接在交流电动机的接地端上，红色测试线接在其中一相绕组的出线端子上。
2 顺时针匀速转动兆欧表的手柄，观察绝缘电阻表指针的摆动情况，兆欧表实测绝缘阻值大于1MΩ，正常。

图 6-35　电动机绕组与外壳之间绝缘电阻的检测方法

提示

使用兆欧表检测交流电动机绕组与外壳间的绝缘电阻时，应匀速转动兆欧表的手柄，并观察指针的摆动情况。本例中，实测绝缘电阻均大于 1MΩ。

为确保测量值的准确度，需要待兆欧表的指针慢慢回到初始位置后，再顺时针摇动兆欧表的手柄检测其他绕组与外壳的绝缘电阻，若检测结果远小于 1MΩ，则说明电动机绝缘性能不良或内部导电部分与外壳之间有漏电情况。

可采用同样的方法检测电动机绕组与绕组之间的绝缘电阻。

检测绕组间绝缘电阻时，需要打开电动机接线盒，取下接线片，确保电动机绕组之间没有任何连接关系。

若测得电动机绕组与绕组之间的绝缘电阻为零或阻值较小，则说明电动机绕组与绕组之间存在短路现象。

3 电动机空载电流的检测

检测电动机的空载电流就是在电动机未带任何负载的情况下检测绕组中的运行电流，多用于单相交流电动机和三相交流电动机的检测。

图 6-36 为借助钳形表检测典型三相交流电动机（额定电流为 3.5A）的空载电流。

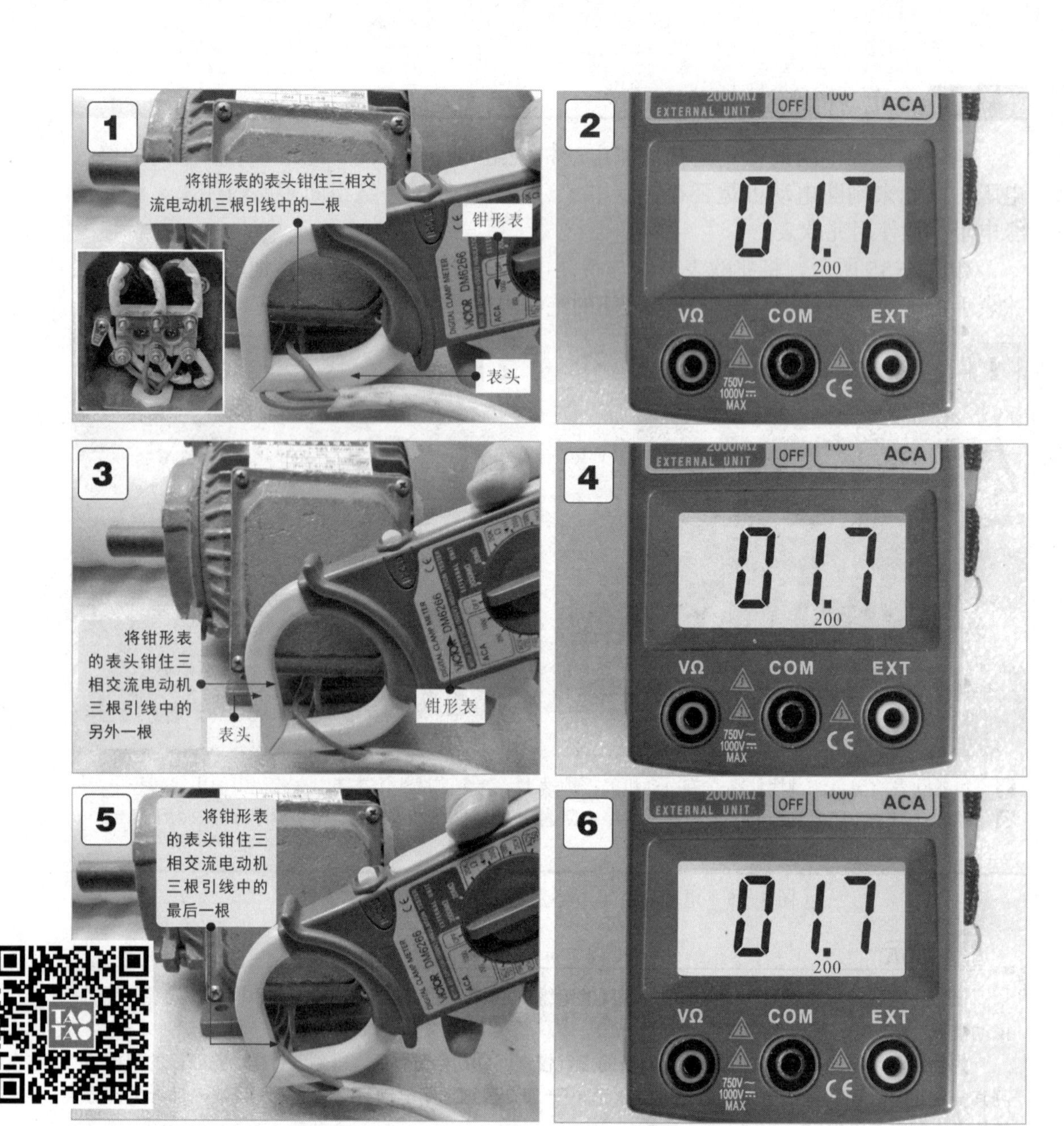

1 使用钳形表检测三相交流电动机中一根引线的空载电流值。
2 本例中，钳形表实际测得稳定后的空载电流为1.7A。
3 使用钳形表检测三相交流电动机另外一根引线的空载电流值。
4 本例中，钳形表实际测得稳定后的空载电流为1.7A。
5 使用钳形表检测三相交流电动机最后一根引线的空载电流值。
6 本例中，钳形表实际测得稳定后的空载电流为1.7A。

图 6-36 借助钳形表检测典型三相交流电动机的空载电流

提示

若测得的空载电流过大或三相空载电流不均衡，则说明电动机存在异常。在一般情况下，空载电流过大的原因主要是电动机内部铁芯不良、电动机转子与定子之间的间隙过大、电动机线圈的匝数过少、电动机绕组连接错误。所测电动机为 2 极、1.5kW 容量的电动机，空载电流约为额定电流的 40% ～ 55%。

4 电动机转速的检测

电动机的转速是指电动机运行时每分钟旋转的转数。测试电动机的实际转速，并与铭牌上的额定转速比较，可检查电动机是否存在超速或堵转现象。

如图 6-37 所示，检测电动机的转速一般使用专用的电动机转速表。

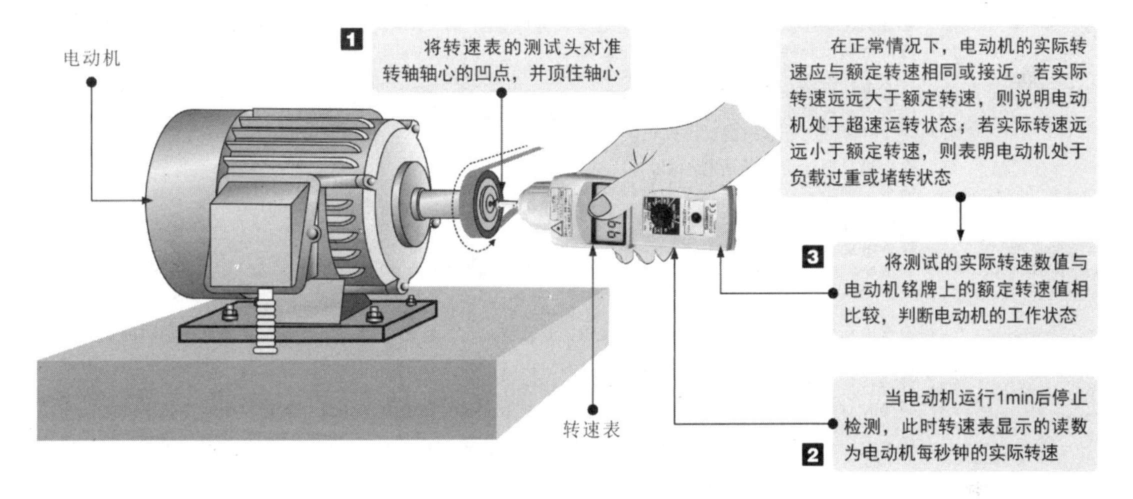

图 6-37　借助转速表检测电动机的转速

提示

如图 6-38 所示，在检测没有铭牌电动机的转速时，应先确定额定转速，通常可用指针万用表简单判断。

首先将电动机各绕组之间的连接金属片取下，使各绕组之间保持绝缘，再将万用表的量程调至 0.05mA 挡，将红、黑表笔分别接在某一绕组的两端，匀速转动电动机主轴一周，观测一周内万用表指针左右摆动的次数。当万用表指针摆动一次时，表明电流正、负变化一个周期，为 2 极电动机；当万用表指针摆动两次时，则为 4 极电动机；依此类推，三次则为 6 极电动机。

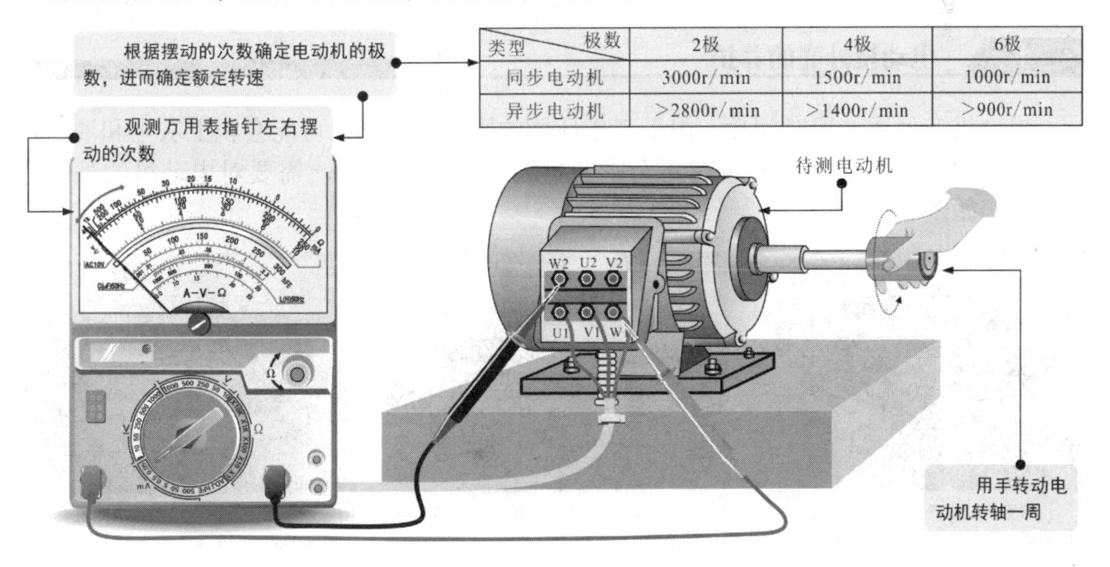

极数 / 类型	2极	4极	6极
同步电动机	3000r/min	1500r/min	1000r/min
异步电动机	>2800r/min	>1400r/min	>900r/min

图 6-38　电动机额定转速的确定

6.2.6 电动机的保养维护

电动机的保养维护包括日常维护检查、定期维护检查和年检，根据维护时间和周期的不同，维护和检查的项目也不同。

电动机的保养维护项目如图 6-39 所示。

检查周期	检查项目
日常维护检查	（1）检查电动机整体外观、零部件，并记录。 （2）检查电动机运行中是否有过热、振动、噪声和异常现象，并记录。 （3）检查电动机散热风扇运行是否正常。 （4）检查电动机轴承、皮带轮、联轴器等润滑是否正常。 （5）检查电动机皮带磨损情况，并记录。
定期维护检查	（1）检查每日例行检查的所有项目。 （2）检查电动机及控制线路部分的连接或接触是否良好，并记录。 （3）检查电动机外壳、皮带轮、基座有无损坏或破损部分，并提出维护方法和时间。 （4）测试电动机运行环境温度，并记录。 （5）检查电动机控制线路有无磨损、绝缘老化等现象。 （6）测试电动机绝缘性能（绕组与外壳、绕组之间的绝缘电阻），并记录。 （7）检查电动机与负载的连接状态是否良好。 （8）检查电动机关键机械部件的磨损情况，如电刷、换向器、轴承、集电环、铁芯。 （9）检查电动机转轴有无歪斜、弯曲、擦伤、断轴情况，若存在上述情况，则制订检修计划和处理方法。
年检	（1）检查轴承锈蚀和油渍情况，清洗和补充润滑脂或更换新轴承。 （2）检查绕组与外壳、绕组之间、输出引线的绝缘性能。 （3）必要时对电动机进行拆机，清扫内部脏污、灰尘，并对相关零部件保养维护，如清洗、上润滑油、擦拭、除尘等。 （4）检查电动机输出引线、控制线路绝缘是否老化，必要时重新更换线材。

图 6-39　电动机的保养维护项目

提示

在检修实践中发现，电动机出现的故障大多是由缺相、超载、人为或环境因素及电动机本身原因造成的。缺相、超载、人为或环境因素都能够在日常检查过程中发现，有利于及时排除一些潜在的故障隐患。特别是环境因素，是决定电动机使用寿命的重要因素，及时检查对减少电动机故障和事故、提高电动机的使用效率十分关键。

由此可知，对电动机进行日常维护是一项重要的环节，特别是在一些生产型企业的车间和厂房中，电动机数量达几十台甚至几百台，若日常维护不及时，则可能为企业带来很大的损失。

电动机需要重点养护的几个方面包括电动机外壳、转轴、电刷、铁芯和轴承等。

1　电动机外壳的养护

电动机在使用一段时间后，由于工作环境的影响，外壳上可能会积上灰尘和油污，影响电动机的通风散热，严重时还会影响电动机的正常工作，需要对电动机的外壳进行养护，如图 6-40 所示。

图 6-40　电动机外壳的养护

2 电动机转轴的养护

在日程使用和工作中，由于转轴的工作特点可能会出现锈蚀、脏污等情况，若严重，将直接导致电动机不启动、堵转或无法转动等故障。养护转轴时，应先用软毛刷清扫表面的污物，然后用细砂纸包住转轴，用手均匀转动细砂纸或直接用砂纸擦拭，即可除去转轴表面的锈蚀和杂质，如图 6-41 所示。

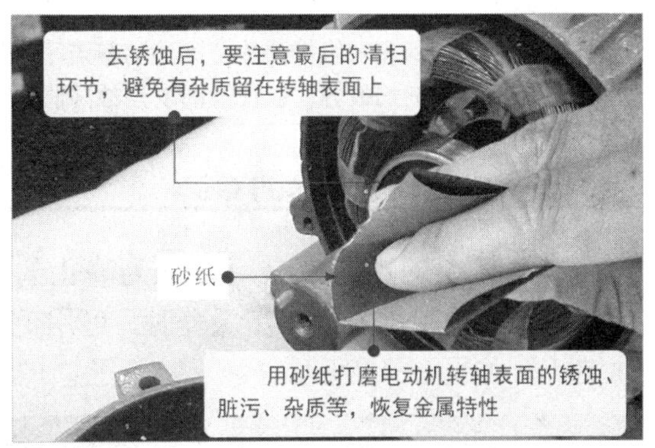

图 6-41　电动机转轴的养护

3 电动机电刷的养护

电刷是有刷类电动机的关键部件。电刷异常将直接影响电动机的运行状态和工作效率。根据电刷的工作特点，在一般情况下，电刷出现异常主要是由电刷或电刷架上碳粉堆积过多、电刷严重磨损、电刷活动受阻等原因引起的。

图 6-42 为电动机电刷的养护。

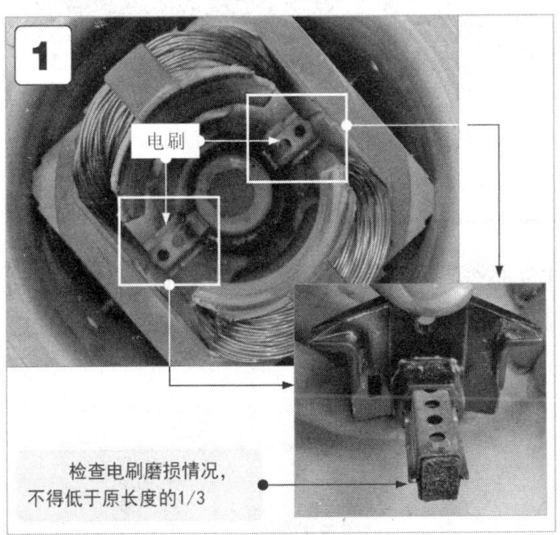

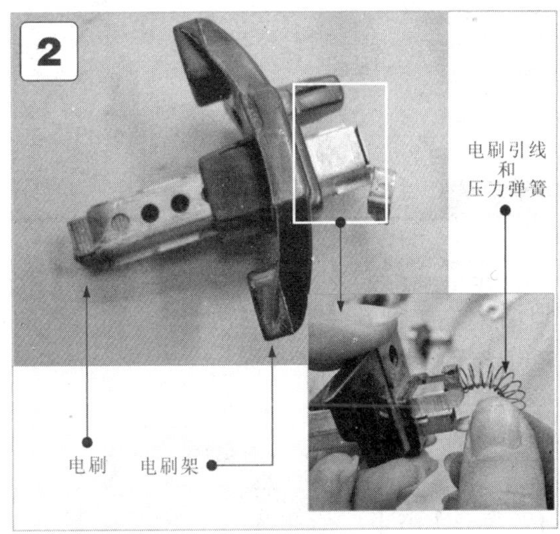

1 养护电刷操作中，需要重点检查电刷的磨损情况，当电刷磨损至原长度的1/3时，就要及时更换，否则会造成电动机工作异常。

2 定期检查电刷在电刷架中的活动情况，在正常情况下，要求电刷应能够在电刷架中自由活动。若电刷卡在电刷架中，则无法与整流子接触，电动机无法正常工作。

图 6-42　电动机电刷的养护

提示

在有刷电动机的运行工作中，电刷需要与整流子接触，在电动机转子带动整流子的转动过程中，电刷会存在一定程度的磨损，电刷上磨损下来的碳粉很容易堆积在电刷与电刷架上，这就要求电动机保养维护人员应定期清理电刷和电刷架，确保电动机正常工作。

养护电刷操作中，需要查看电刷引线有无变色，并依此了解电刷是否过载、电阻偏高或导线与刷体连接不良的情况，有助于及时预防故障的发生。

在有刷电动机中，电刷与整流子（滑环）是一组配套工作的部件，养护电刷操作时，同样需要对整流子进行相应的保养和维护操作，如清洁整流子表面的碳粉、打磨表面的毛刺或麻点、检查整流子表面有无明显不一致的灼痕等，以便及时发现故障隐患，排除故障。

4 电动机铁芯的养护

电动机中的铁芯部分可以分为静止的定子铁芯和转动的转子铁芯，为了确保安全使用，并延长使用寿命，在保养时，可用毛刷或铁钩等定期清理，去除铁芯表面的脏污、油渍等，如图 6-43 所示。

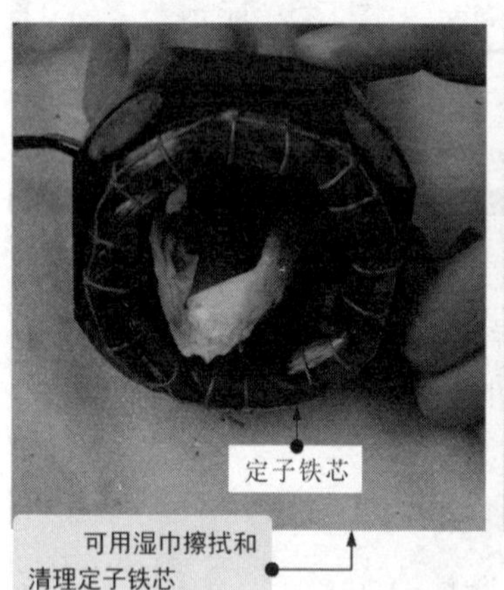

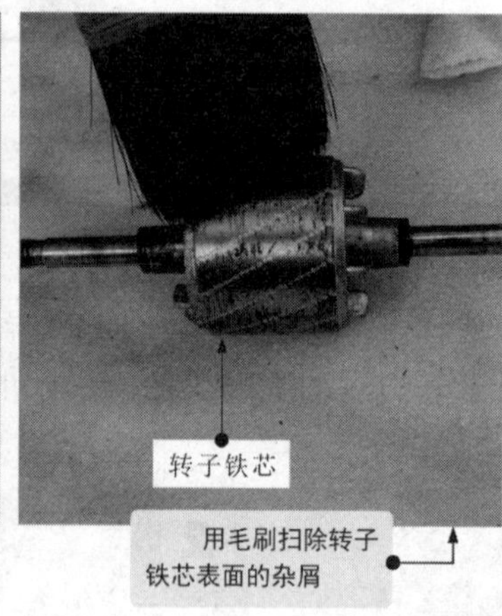

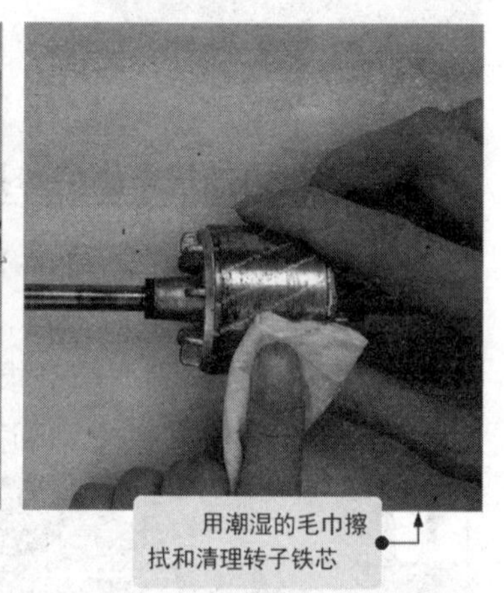

图 6-43　电动机铁芯的养护

5 电动机轴承的养护

电动机经过一段时间的使用后，会因润滑脂变质、渗漏等情况造成轴承磨损、间隙增大，如图 6-44 所示。此时，轴承表面温度升高，运转噪声增大，严重时还可能使定子与转子相接触。

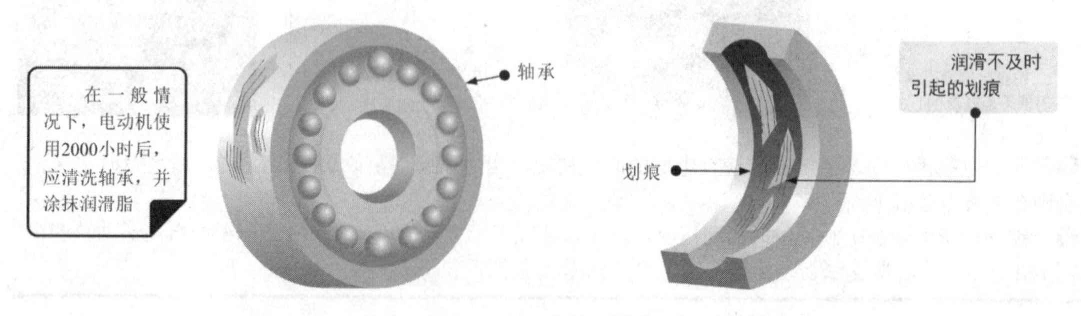

图 6-44　电动机中轴承磨损示意图

电动机轴承的养护包括清洗轴承、清洗后检查轴承及润滑轴承，如图 6-45 所示。

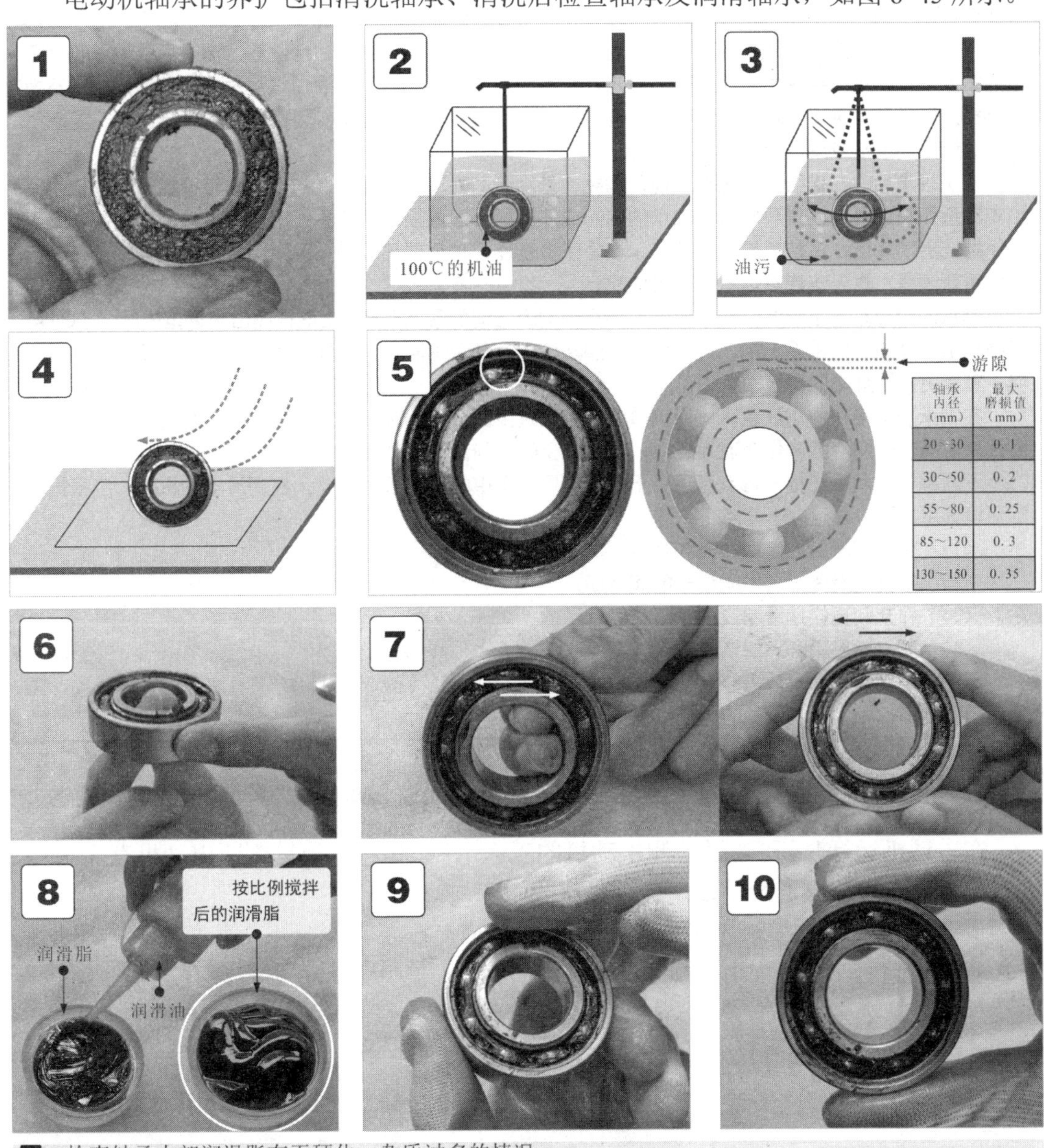

轴承内径（mm）	最大磨损值（mm）
20~30	0.1
30~50	0.2
55~80	0.25
85~120	0.3
130~150	0.35

1 检查轴承内部润滑脂有无硬化、杂质过多的情况。

2 将轴承浸泡到100℃左右的热机油中。

3 浸泡一段时间后，将轴承在油内多次摇晃，油污也会从缝隙中流走。

4 轴承清洗干净后，将轴承从机油中提出，晾干。

5 检查轴承游隙，游隙最大值不能超过规定要求范围。

6 用手捏住轴承内圈，另一只手推动外钢圈使其旋转。若轴承良好，则旋转平稳无停滞；若转动中有杂音或突然停止，则表明轴承已损坏。

7 将轴承握入手中，前后晃动或双手握住轴承左右晃动，若有明显的撞击声，则轴承可能损坏。

8 将选用的润滑脂取出一部分放在干净的容器内，并与润滑油按照6∶1~5∶1的比例搅拌均匀。

9 将润滑脂均匀涂抹在轴承空腔内，用手的压力往轴承转动的各个缝隙挤压，转动轴承使润滑均匀。

10 将轴承内外端盖上的油渍清理干净，润滑完成。

图 6-45　电动机轴承的养护

提示

清洗轴承除了采用上述热油清洗外，还可采用煤油浸泡清洗、淋油法清洗等。清洗后的轴承可用干净的布擦干，注意不要用掉毛的布，然后晾在干净的地方或选一张干净的白纸垫好。清洗后的轴承不要用手摸，为了防止手汗或水渍腐蚀轴承，也不要清洗后直接涂抹润滑脂，否则会引起轴承生锈，要晾干后才能填充润滑剂或润滑脂。

清洗轴承后，在进行润滑操作之前，需要检查轴承的外观、游隙等，初步判断轴承能否继续使用。检查轴承外观主要可以直观地看到轴承的内圈或外圈配合面磨损是否严重、滚珠或滚柱是否破裂、是否有锈蚀或出现麻点、保持架是否碎裂等。若外观检查发现轴承损坏较严重，则需要直接更换轴承，否则即使重新润滑，也无法恢复轴承的机械性能。

轴承的游隙是指轴承的滚珠或滚柱与外环内沟道之间的最大距离。当该值超出允许范围时，应更换。判断轴承的径向间隙是否正常，可以采用手感法检查。轴承间隙过大或损坏时，一般不需要再清洗或检修，直接更换同规格的合格轴承即可。

在轴承润滑操作中需注意，使用润滑脂过多或过少都会引起轴承发热，使用过多时会加大滚动的阻力，产生高热，润滑脂溶化会流入绕组；使用过少时，则会加快轴承的磨损。

不同种类的润滑脂根据特点可适用于不同应用环境中的电动机，因此，在润滑电动机时，应根据实际环境选用，还应注意以下几点：

（1） 轴承润滑脂应定期补充和更换；

（2） 补充润滑脂时要用同型号的润滑脂；

（3） 补充和更换润滑脂应为轴承空腔容积的 1/3 ～ 1/2；

（4） 润滑脂应新鲜、清洁且无杂物。

不论使用哪种润滑脂，在使用前均应拌入一定比例（6 ： 1 ～ 5 ： 1）的润滑油，对转速较高、工作环境温度高的轴承，润滑油的比例应少些。

6 电动机运行状态的维护

在电动机运行时，可通过检测电动机的工作电压、运行电流等判断电动机有无堵转、供电有无失衡等情况，及早发现问题，排除故障。

借助钳形表检测三相异步电动机各相的电流，在正常情况下，各相电流与平均值的误差不应超过 10%，如用钳形表测得的各相电流差值太大，则可能有匝间短路，需要及时处理，避免故障扩大化，如图 6-46 所示。

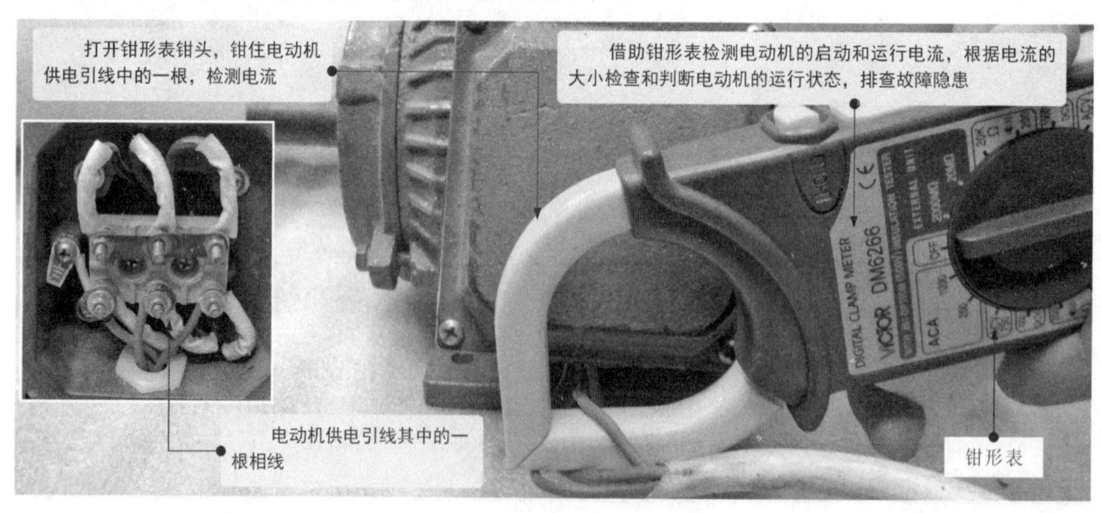

图 6-46 电动机运行状态的维护

第7章 控制及保护器件的安装技能

7.1 控制器件的安装

控制器件安装在电气线路中起控制作用，下面以典型开关、继电器等器件的安装为例进行讲解。

7.1.1 开关的安装

开关器件一般安装在电气线路中，起控制线路通、断的作用，首先要了解开关在线路中的功能和连接关系，做好规划后再安装。

低压开关的种类繁多。下面以典型照明灯单控开关为例介绍开关的安装步骤。在安装开关时，首先了解单控开关在线路中的控制关系，如图7-1所示。

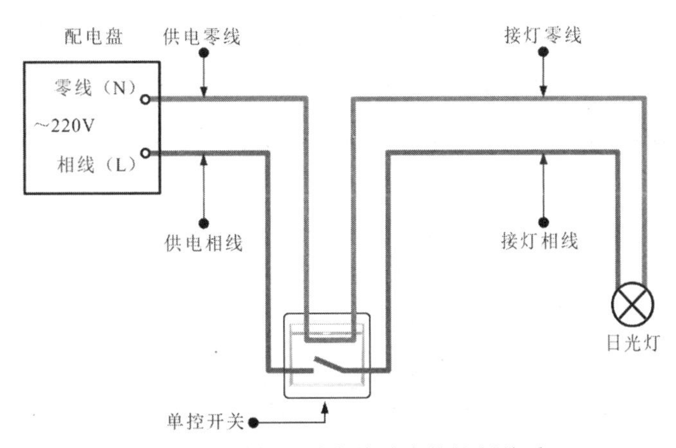

图7-1 单控开关在线路中的控制关系

照明线路中对控制开关的安装位置有明确的要求。控制开关必须控制相线，与照明灯具连接，且要求控制线路穿管敷设，如图7-2所示。

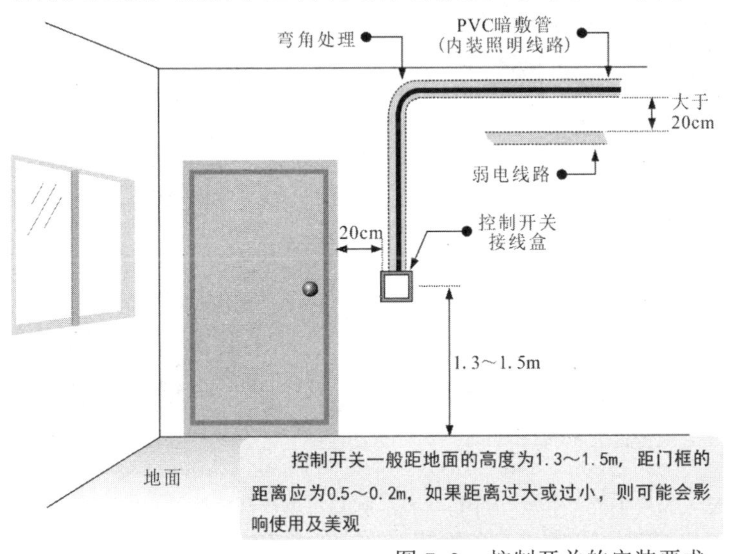

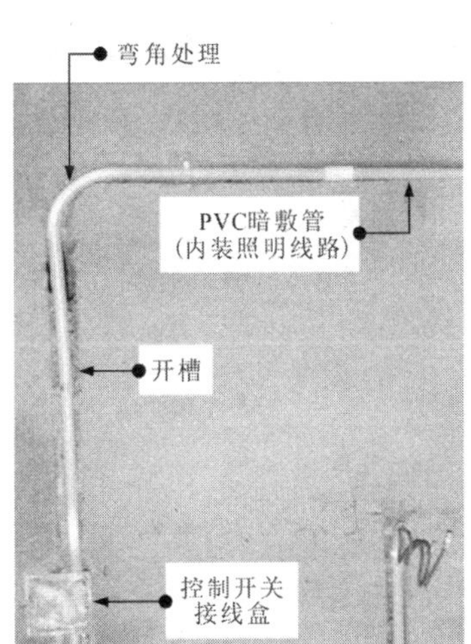

图7-2 控制开关的安装要求

单控开关的安装包括安装前的准备、开关接线和固定三个环节。

1 单控开关安装前的准备

单控开关安装前，先将单控开关的接线盒嵌入墙壁开槽中，如图 7-3 所示。

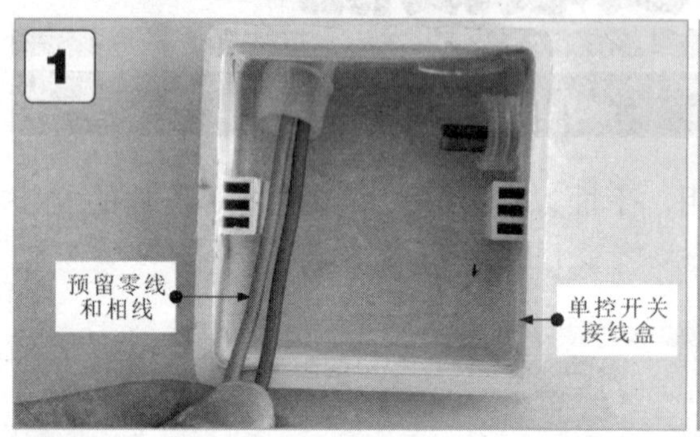

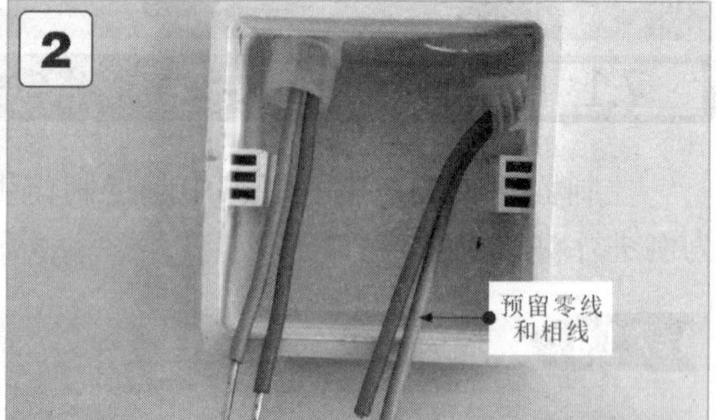

1 将单控开关接线盒嵌入墙壁开槽中，嵌入时，要注意接线盒不允许出现歪斜。

2 接线盒的外部边缘与墙面保持齐平，按要求嵌入墙内后，再使用水泥沙浆填充接线盒与墙之间的多余空隙。

图 7-3　单控开关接线盒的安装

准备安装单控开关前，先使用一字螺钉旋具分别将开关两侧的护板卡扣撬开，将护板取下，检查单控开关是否处于关闭状态，如果单控开关处于开启状态，则要将单控开关拨动至关闭状态，如图 7-4 所示，完成安装前的准备工作。

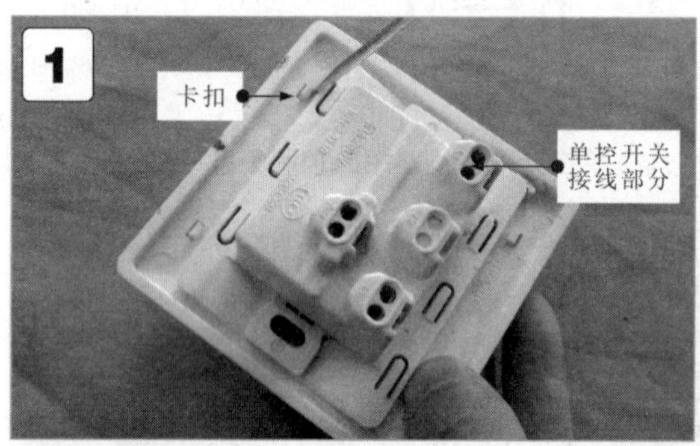

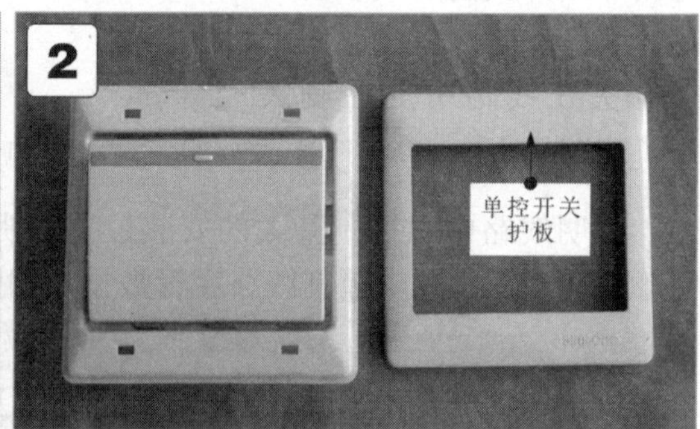

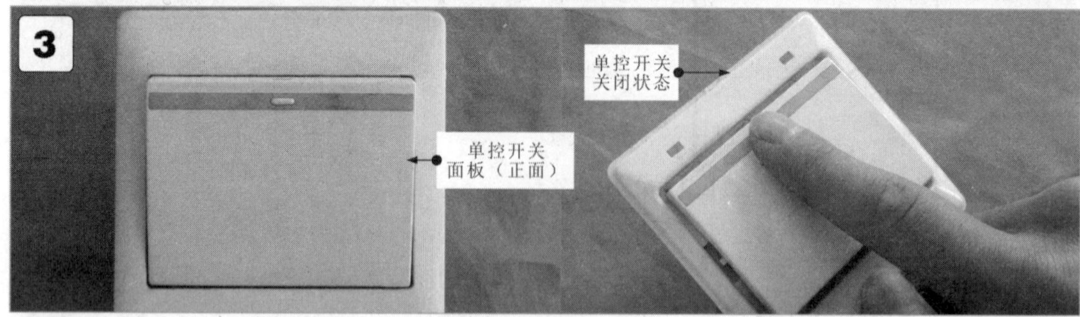

1 选用合适的螺钉旋具，撬开单控开关护板的卡扣。

2 将单控开关的护板取下。

3 检查单控开关是否处于关闭状态，如果单控开关处于开启状态，则要将单控开关拨动至关闭状态。

图 7-4　单控开关安装前的调整和检查

2 单控开关的接线

单控开关在线路中用于控制照明灯具的亮、灭，按照要求，接线端应接入相线中，具体接线操作如图 7-5 所示。

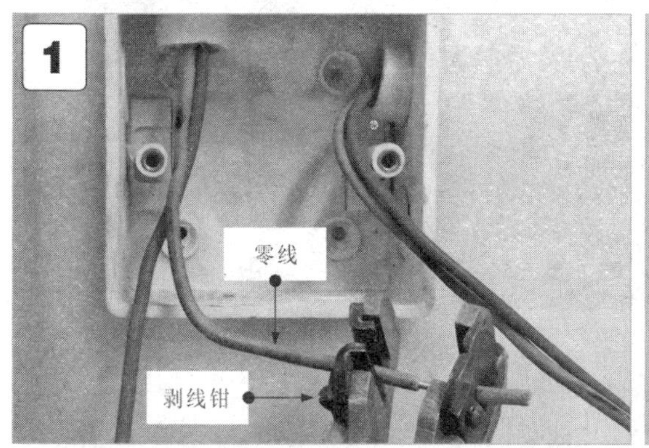

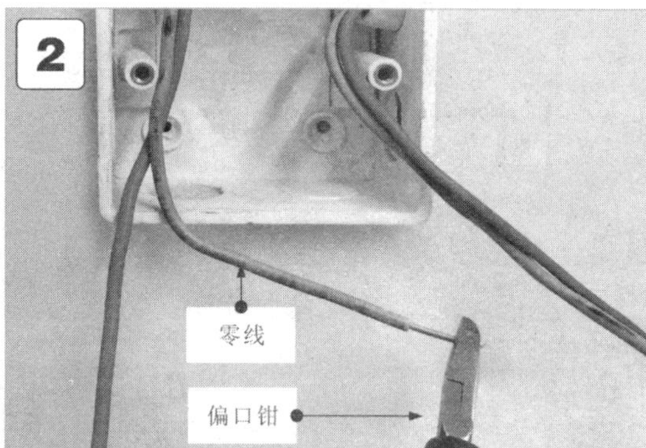

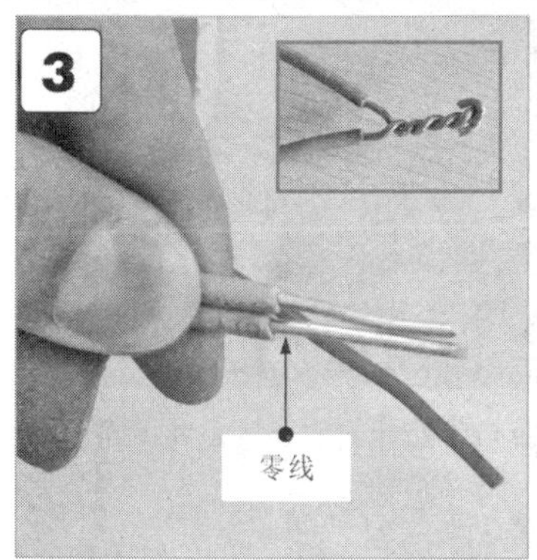

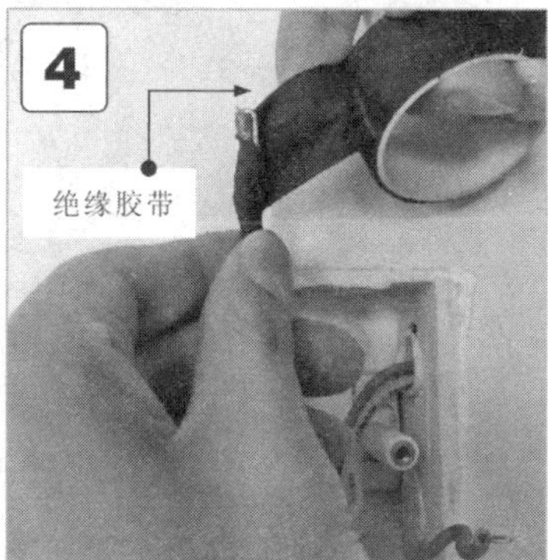

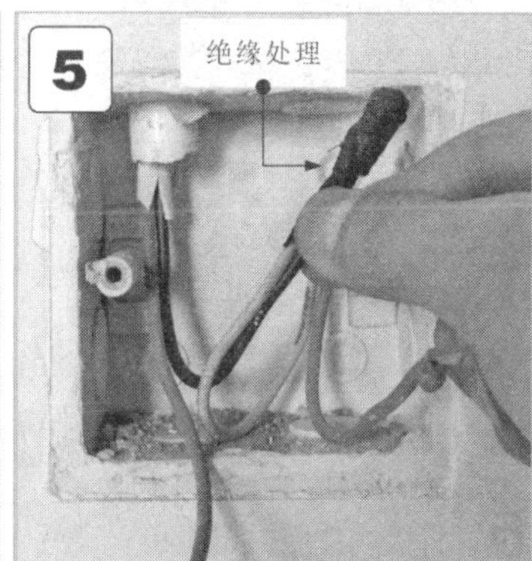

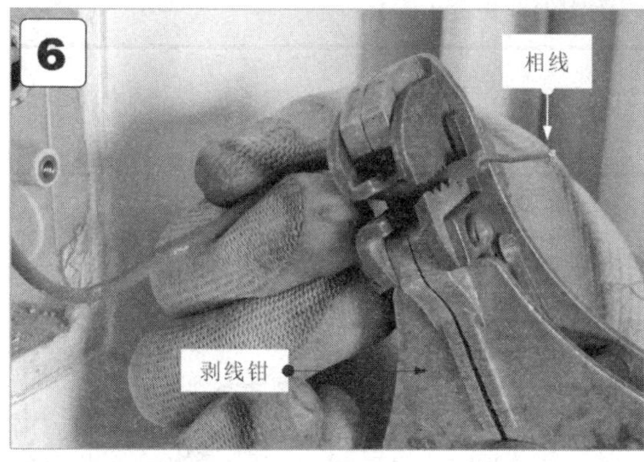

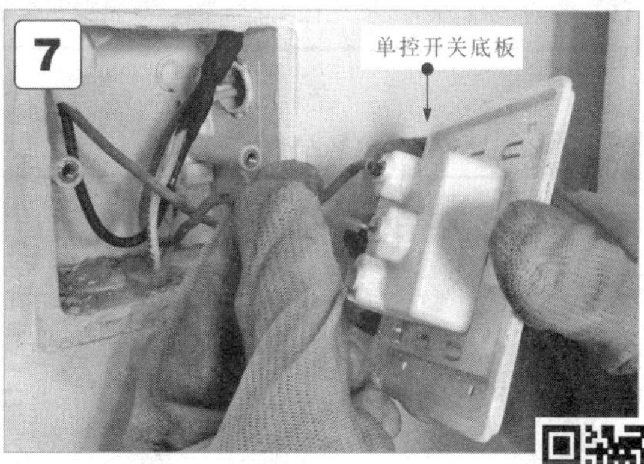

1 加工接线盒中的供电线缆，借助剥线钳剥除零线导线的绝缘层。

2 剥去绝缘层的线芯长度为50mm左右，若有多余时，使用偏口钳剪掉多余的线芯。

3 使用尖嘴钳将电源供电零线与照明灯具供电线路中的零线（蓝色）并头连接。

4 使用绝缘胶带对连接部位进行绝缘处理。

5 不可有裸露的线芯，确保线路安全。

6 使用剥线钳按相同要求剥除电源供电预留相线连接端头的绝缘层。

7 将电源供电端的相线端子穿入单控开关的一根接线柱中（一般先连接入线端再连接出线端），避免将线芯裸露在外部。

图 7-5　单控开关的接线操作

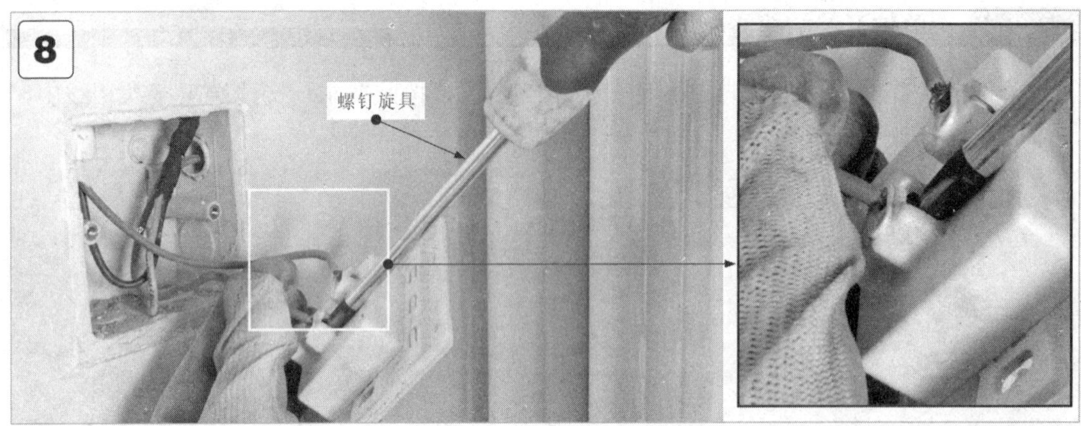

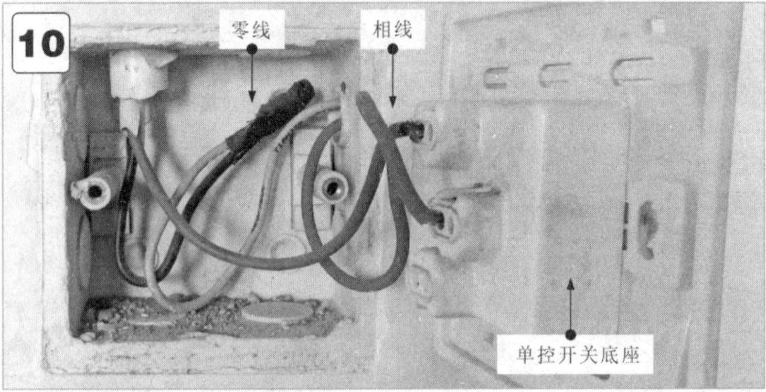

8 使用螺钉旋具拧紧接线柱固定螺钉，固定电源供电端的相线，相线与单控开关的连接必须牢固，不可出现松脱情况。

9 将接线盒内的相线和零线适当整理，在不受外力作用下归纳在接线盒内。

10 检查相线和零线的连接是否牢固，有无裸露线芯，绝缘处理是否正确。

图 7-5　单控开关的接线操作（续）

3　单控开关的固定

图 7-6 为单控开关的固定方法。

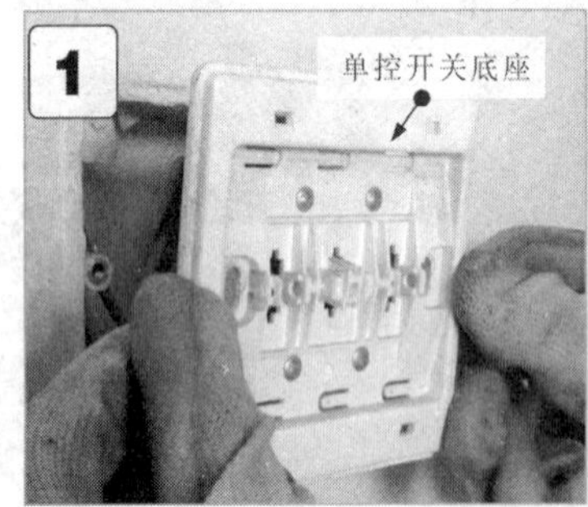

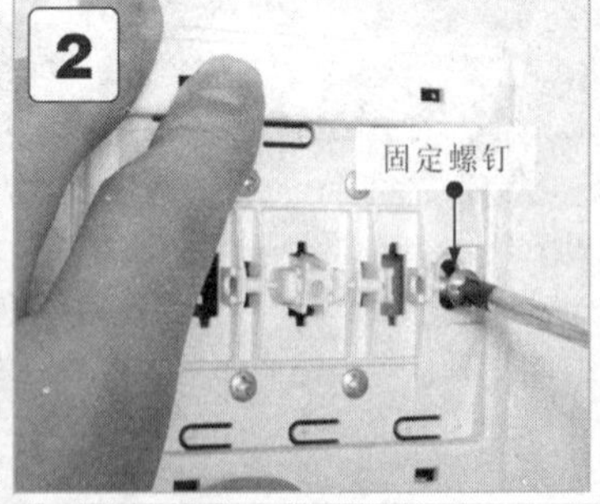

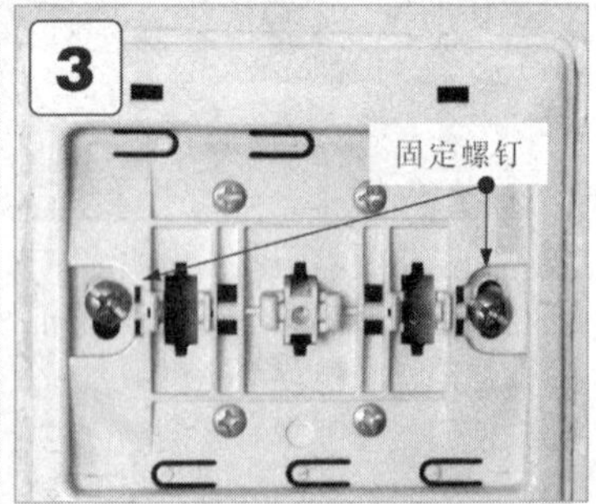

1 将单控开关底座中的螺钉固定孔对准接线盒中的螺孔按下。

2 使用螺钉旋具将单控开关的底座固定在接线盒螺孔上。

3 左、右两颗固定螺钉均固定牢固，确认底板与墙壁之间紧密。

图 7-6　单控开关的固定方法

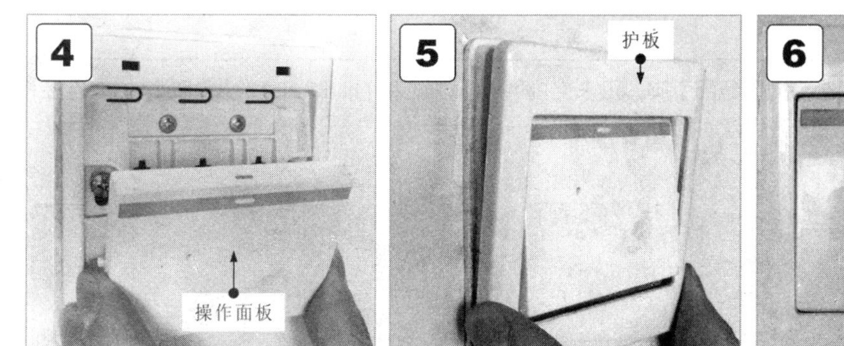

4 将单控开关的操作面板装到底板上，有红色标记的一侧向上。
5 将单控开关的护板装到底板上，卡紧（按下时听到“咔”声）。
6 安装完成后，按动操作面板几次，确认开关动作灵活，安装可靠。

图 7-6　单控开关的固定方法（续）

7.1.2 交流接触器的安装

交流接触器也称电磁开关，一般安装在控制电动机、电热设备、电焊机等控制线路中，是电工行业中使用最广泛的控制器件之一。安装前，首先要了解交流接触器的安装形式，然后进行具体的安装操作，如图 7-7 所示。

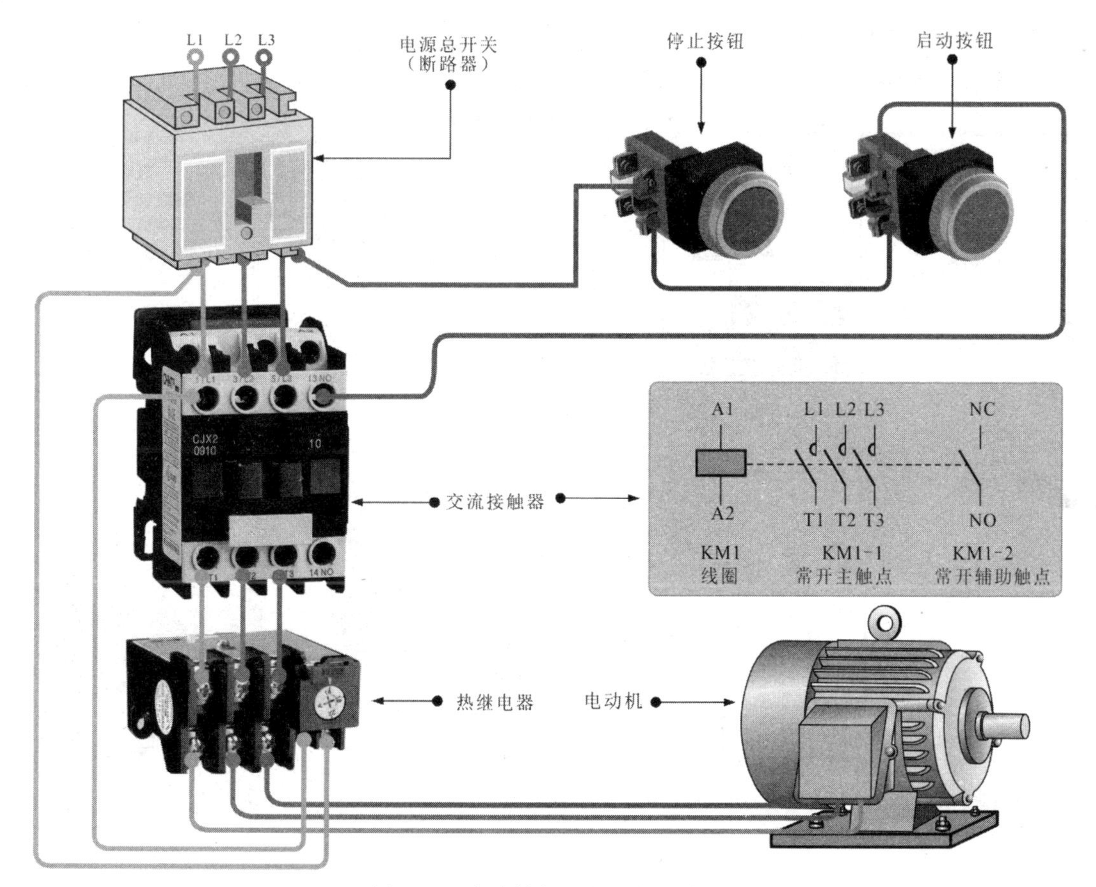

图 7-7　交流接触器的安装示意图

提示

接触器的 A1 和 A2 引脚为内部线圈引脚，用来连接供电端；L1 和 T1、L2 和 T2、L3 和 T3、NO 连接端分别为内部开关引脚，用来连接电动机或负载，如图 7-8 所示。

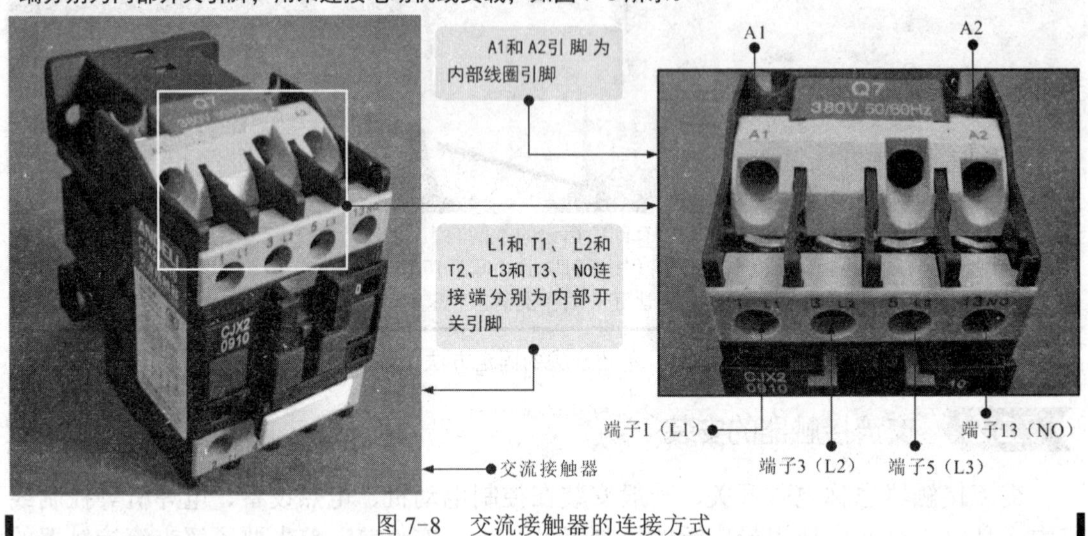

图 7-8　交流接触器的连接方式

了解交流接触器的安装方式后，便可以动手安装了。下面就演示一下交流接触器安装的全过程，如图 7-9 所示。

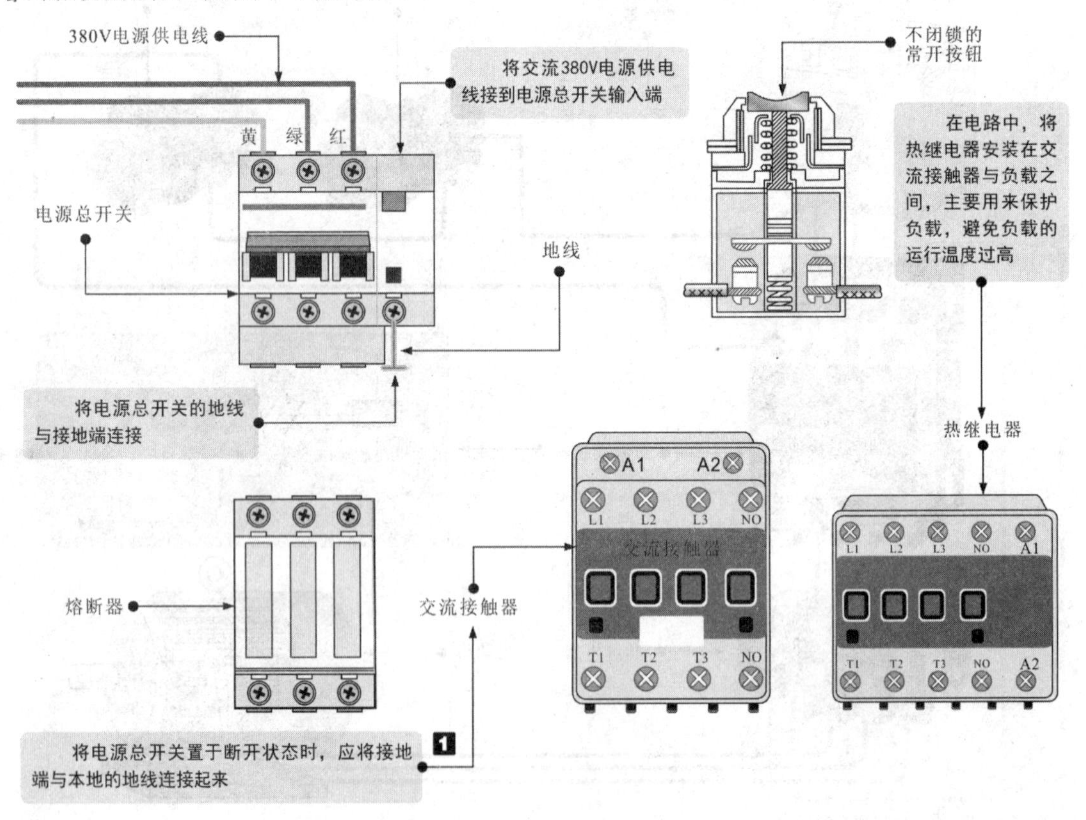

图 7-9　交流接触器的安装过程

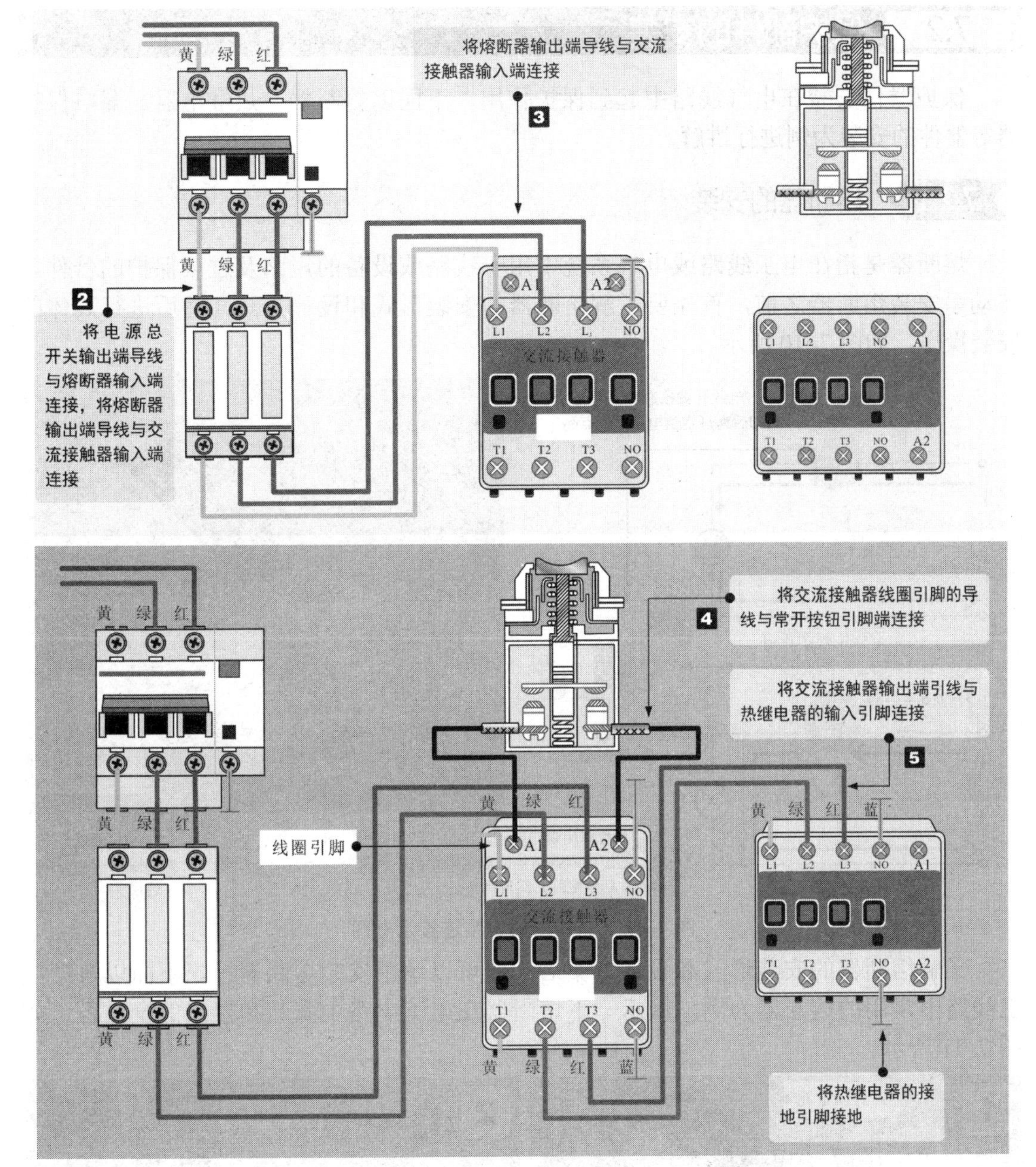

图 7-9　交流接触器的安装过程（续）

提示

安装交流接触器时应注意以下几点：

◇ 在确定交流接触器的安装位置时，应考虑以后检查和维修的方便性。

◇ 交流接触器应垂直安装，底面与地面应保持平行。安装 CJ0 系列的交流接触器时，应使有孔的两面处于上下方向，以利于散热，应留有适当空间，以免烧坏相邻电器。

◇ 安装孔的螺栓应装有弹簧垫圈和平垫圈，并拧紧螺栓，以免因振动而松脱；安装接线时，勿使螺栓、线圈、接线头等失落，以免落入接触器内部，造成卡住或短路故障。

◇ 安装完毕，检查接线正确无误后，应在主触点不带电的情况下，先使线圈通电分合数次，检查动作是否可靠。只有确认接触器处于良好状态后才可投入运行。

7.2 保护部件的安装

保护器件安装在电气线路中起到保护作用，下面以熔断器、热继电器、漏电保护器等器件的安装为例进行讲解。

7.2.1 熔断器的安装

熔断器是指在电工线路或电气系统中用于线路或设备的短路及过载保护的器件。在动手安装熔断器之前，首先要了解熔断器的安装形式和设计方法，然后进行具体的安装操作，如图 7-10 所示。

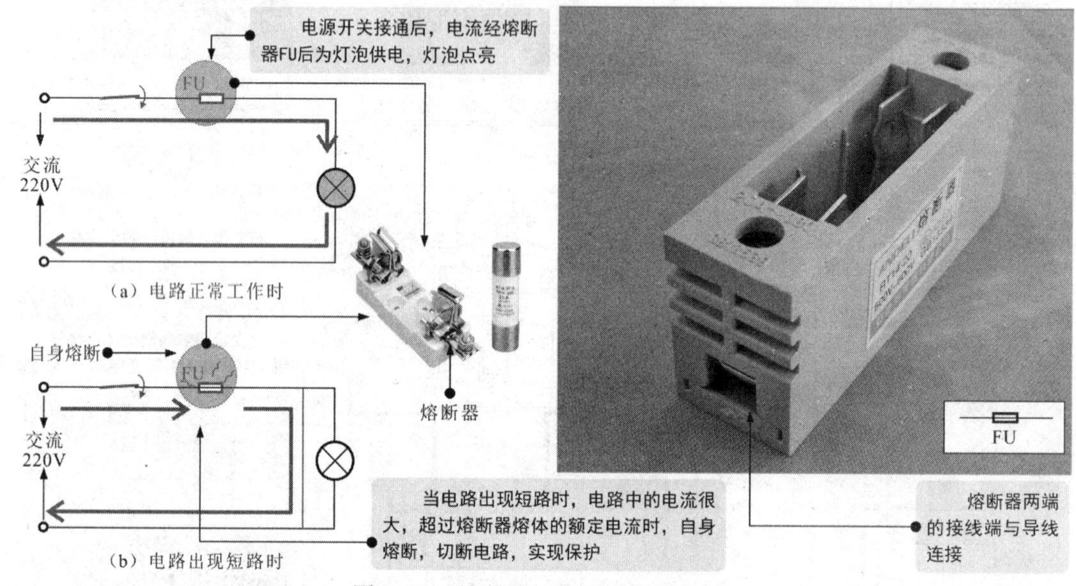

图 7-10　熔断器的安装连接示意图

了解熔断器的安装形式和设计方案后，便可以动手安装熔断器了。下面以典型电工线路中常用的熔断器为例，演示一下熔断器在电工电路中安装和接线的全过程，如图 7-11 所示。

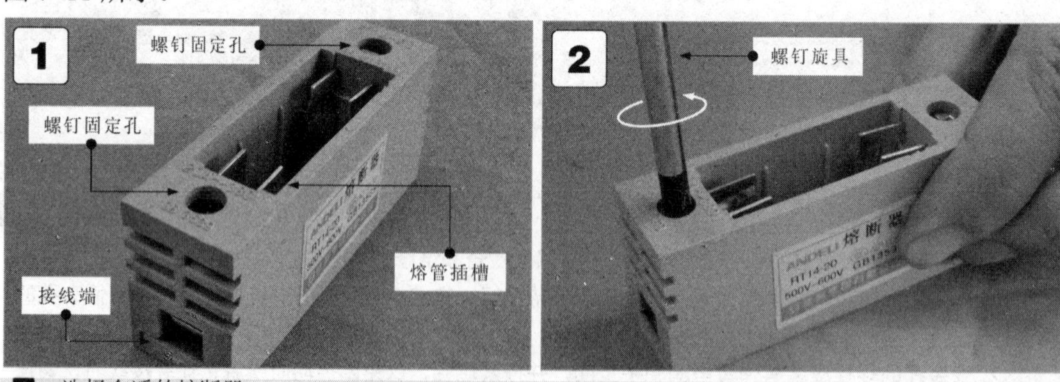

1 选择合适的熔断器。

2 用螺钉旋具将熔断器连接端的固定螺钉拧松。

图 7-11　熔断器安装和接线的全过程

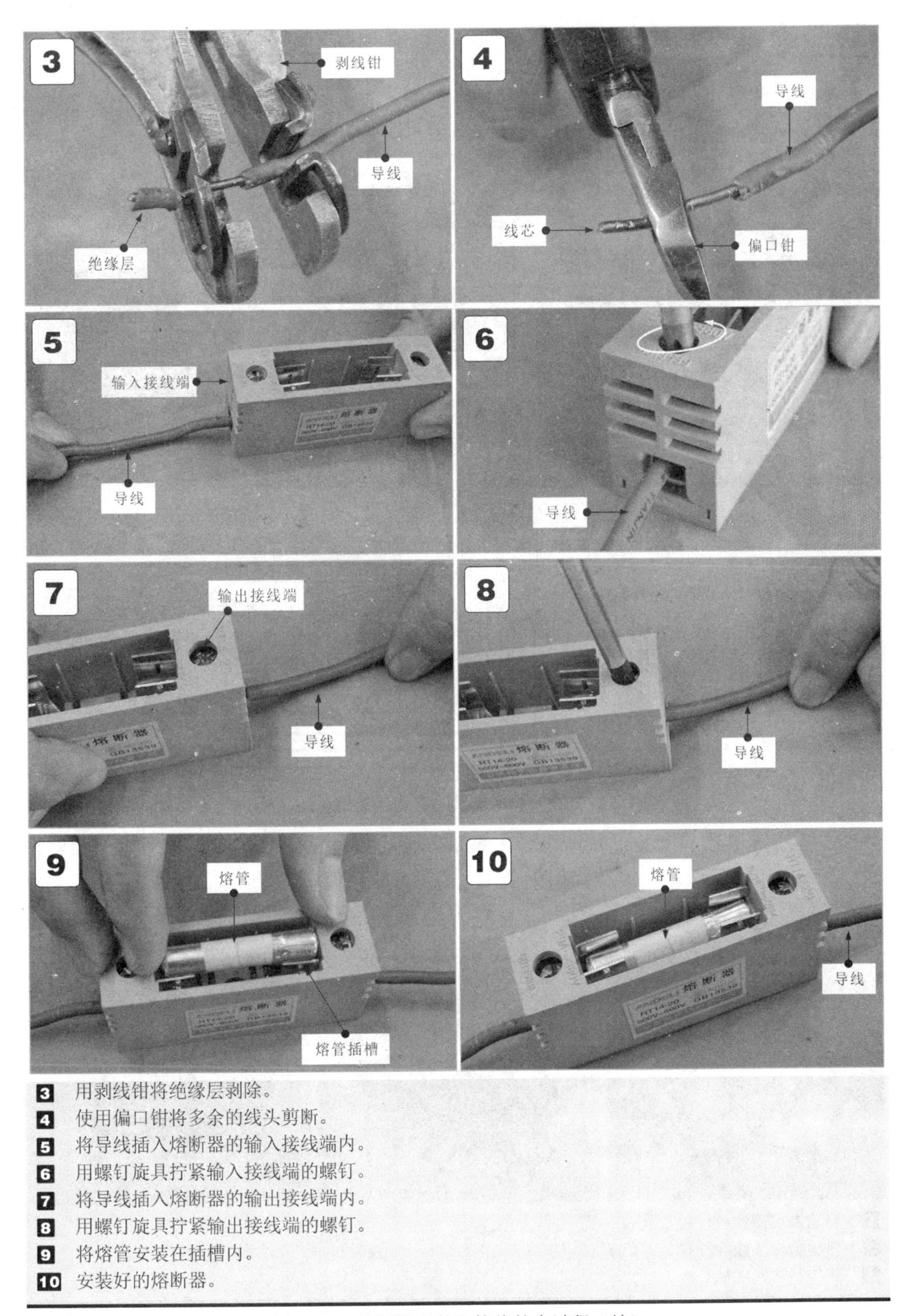

3 用剥线钳将绝缘层剥除。
4 使用偏口钳将多余的线头剪断。
5 将导线插入熔断器的输入接线端内。
6 用螺钉旋具拧紧输入接线端的螺钉。
7 将导线插入熔断器的输出接线端内。
8 用螺钉旋具拧紧输出接线端的螺钉。
9 将熔管安装在插槽内。
10 安装好的熔断器。

图 7-11　熔断器安装和接线的全过程（续）

7.2.2 热继电器的安装

热继电器是电气部件中通过热量保护负载的一种器件。在动手安装热继电器之前，首先要了解热继电器的安装形式和设计方法后再安装，如图 7-12 所示。

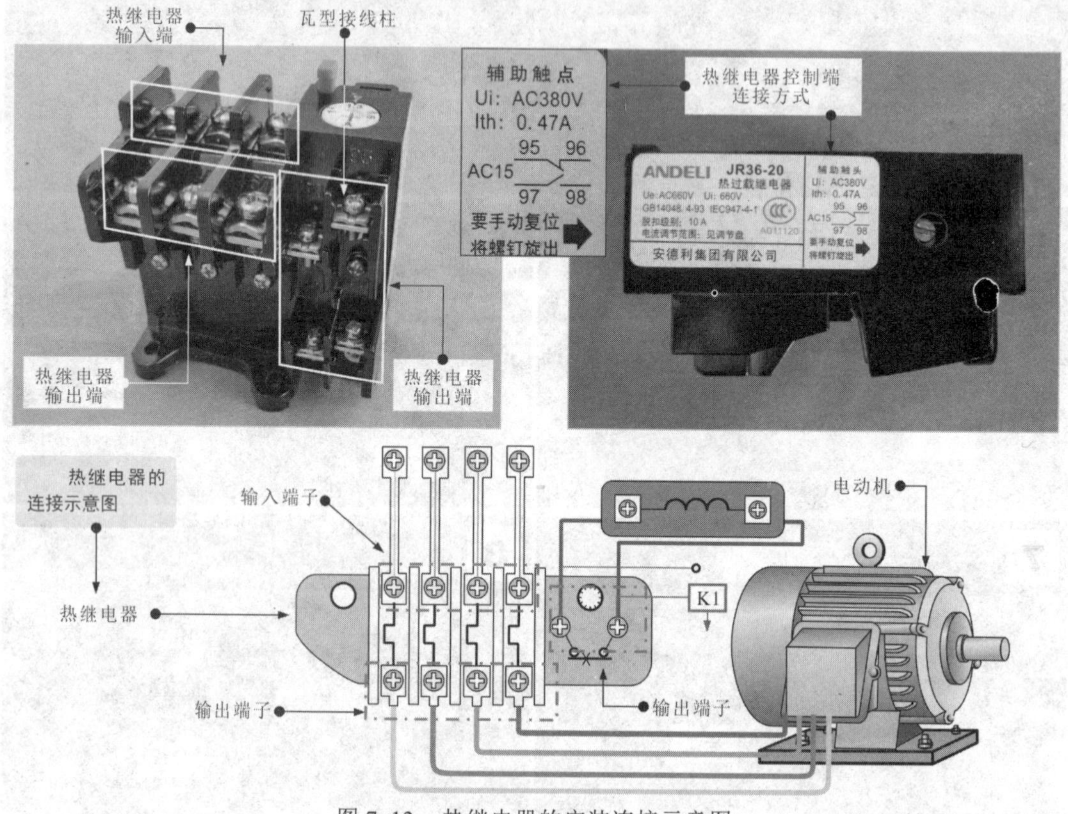

图 7-12 热继电器的安装连接示意图

了解热继电器的安装形式和设计方案后，便可以动手安装热继电器了。下面就演示一下热继电器安装的全过程，如图 7-13 所示。

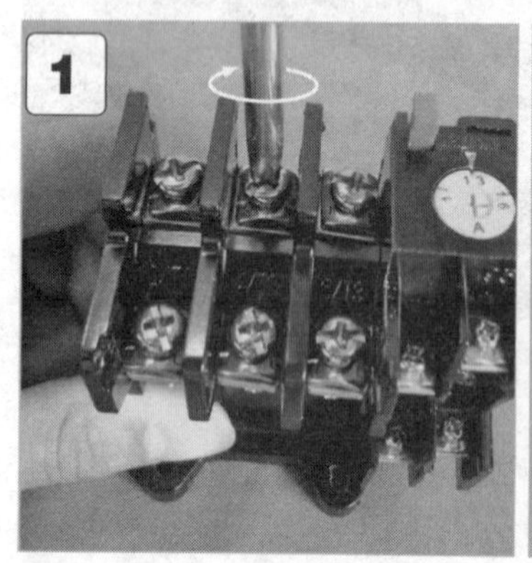

1 将输入端接线柱拧松。
2 将输出端接线柱拧松。
3 将控制端接线柱拧松。

图 7-13 热继电器安装的全过程

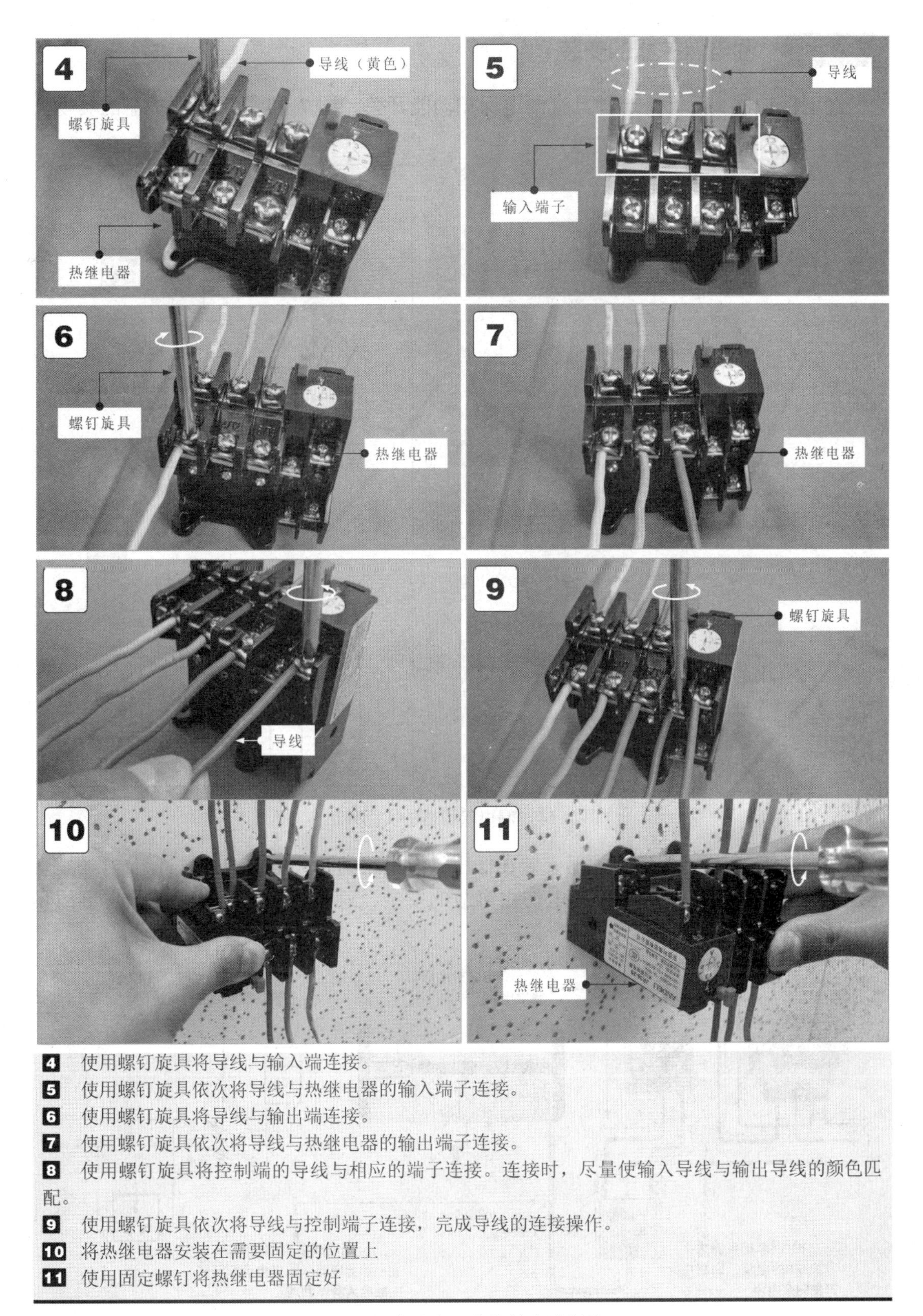

4 使用螺钉旋具将导线与输入端连接。

5 使用螺钉旋具依次将导线与热继电器的输入端子连接。

6 使用螺钉旋具将导线与输出端连接。

7 使用螺钉旋具依次将导线与热继电器的输出端子连接。

8 使用螺钉旋具将控制端的导线与相应的端子连接。连接时，尽量使输入导线与输出导线的颜色匹配。

9 使用螺钉旋具依次将导线与控制端子连接，完成导线的连接操作。

10 将热继电器安装在需要固定的位置上

11 使用固定螺钉将热继电器固定好

图 7-13　热继电器安装的全过程续）

7.2.3 漏电保护器的安装

漏电保护器实际上是一种具有漏电保护功能开关。图 7-14 为漏电保护器的实物外形。

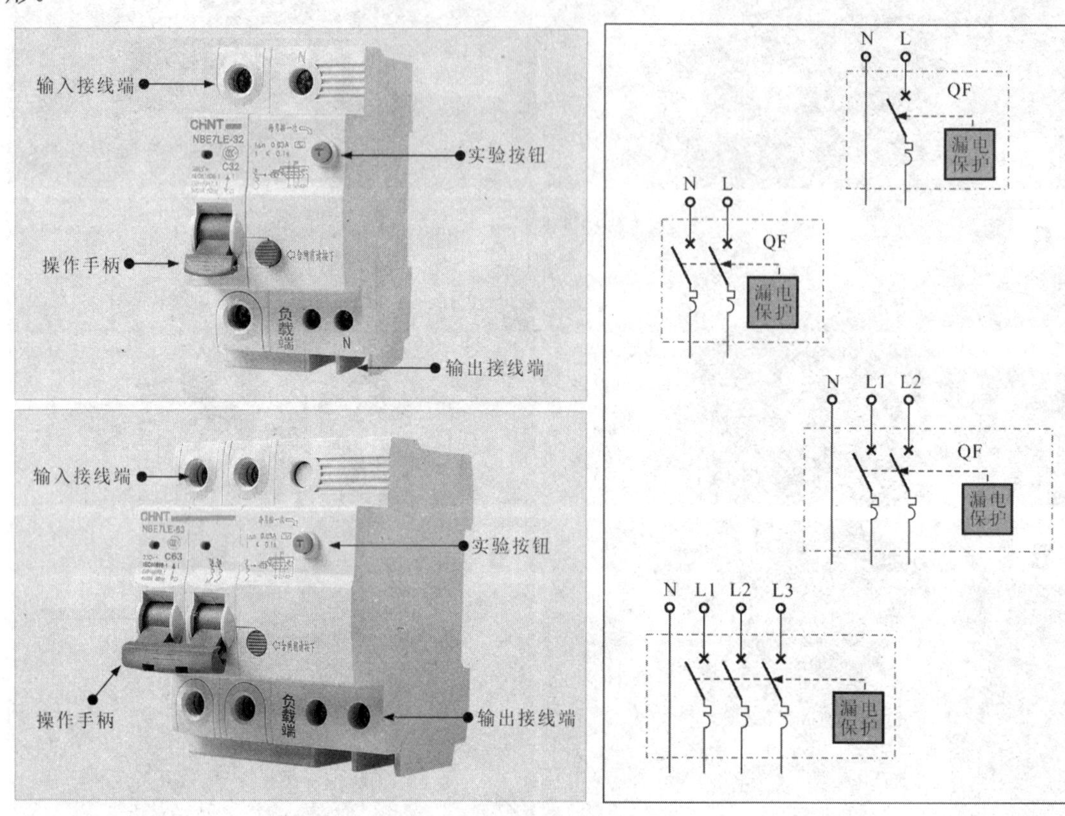

图 7-14　漏电保护器的实物外形

如图 7-15 所示，漏电保护器安装在低压供电电路的开关电路中，具有漏电、触电、过载、短路保护功能，对防止触电伤亡事故的发生、避免因漏电而引起的火灾事故具有明显的效果。

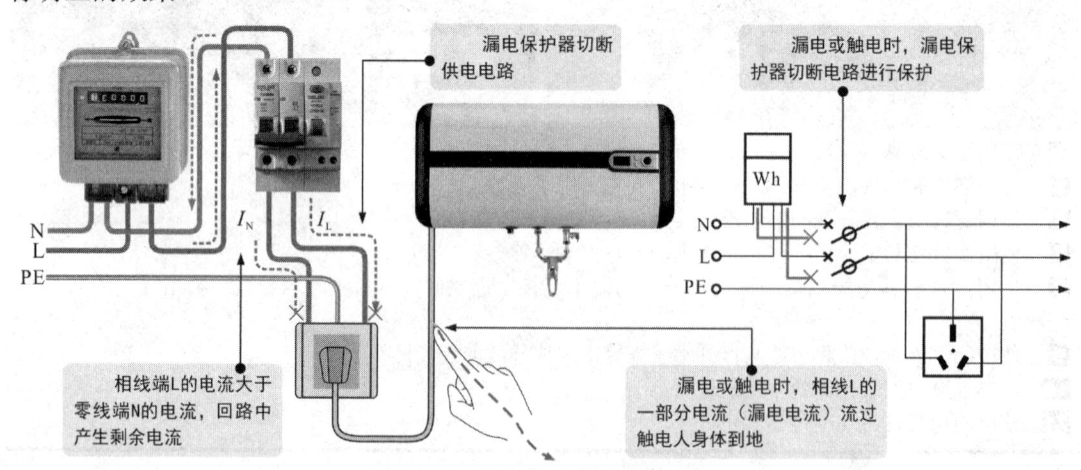

图 7-15　漏电保护器的典型应用

在安装漏电保护器之前，需要根据实际安装环境选配合适规格的漏电保护器，安装过程如图 7-16 所示。

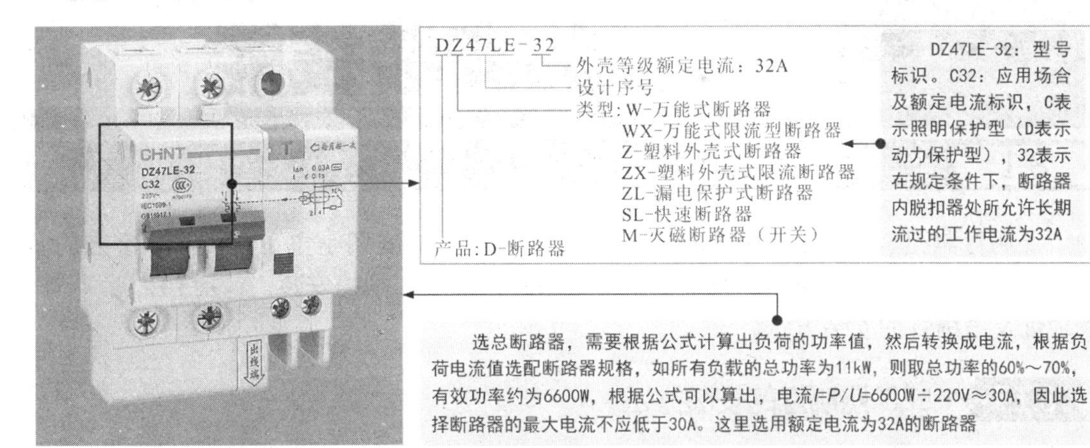

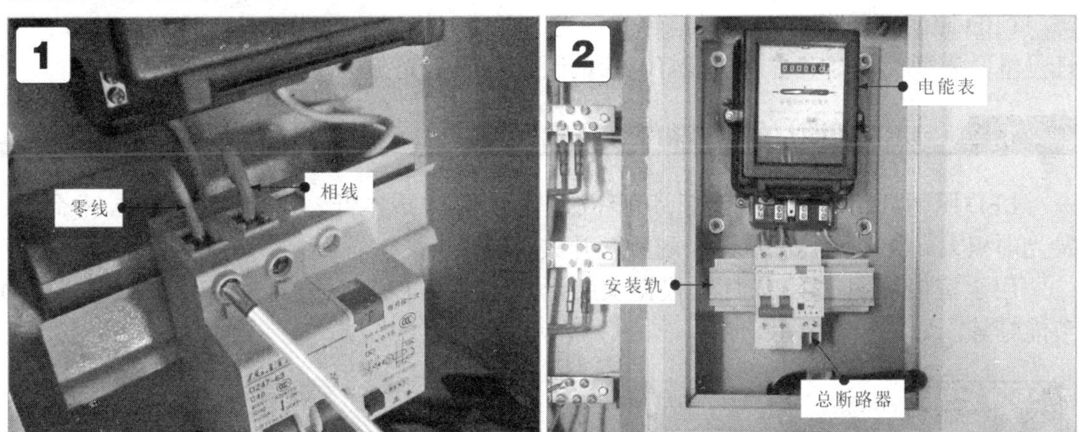

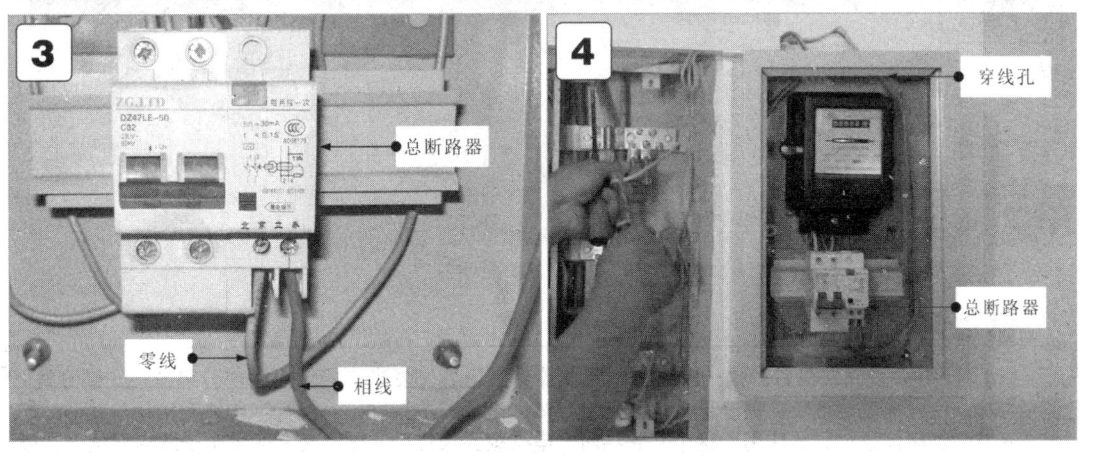

1 将总断路器固定在导轨上，并将相线和零线分别插入断路器的输入接线端上。

2 用螺钉旋具拧紧导线固定螺钉后，连接输出导线时，应保证总断路器处于断开状态。

3 将相线连接在L接线端，零线连接在N接线端，并使用螺钉旋具拧紧导线固定螺钉。

4 将总断路器输出的导线从配电箱上端穿线孔处穿出，并与用电设备连接，完成安装。

图 7-16　漏电保护器的安装过程

第8章 照明灯具和供电插座的安装技能

8.1 照明灯具的安装

照明灯具是较为常见的电气设备之一。照明灯具的安装是电工人员必须掌握的基本技能。这里所介绍的照明灯具安装主要是指室内照明灯具的安装，包括 LED 照明灯、吸顶灯及吊扇灯的安装方法。

8.1.1 LED 照明灯的安装方法

LED 照明灯是指由 LED（半导体发光二极管）构成的照明灯具。目前，LED 照明灯是继紧凑型荧光灯（普通节能灯）后的新一代照明光源。

1 LED 照明灯的特点和安装方式

LED 照明灯相比普通节能灯具有环保（不含汞）、成本低、功率小、光效高、寿命长、发光面积大、无眩光、无重影、耐频繁开关等特点。

用于室内照明的 LED 灯，根据安装形式主要有 LED 日光灯、LED 吸顶灯、LED 节能灯等，如图 8-1 所示。

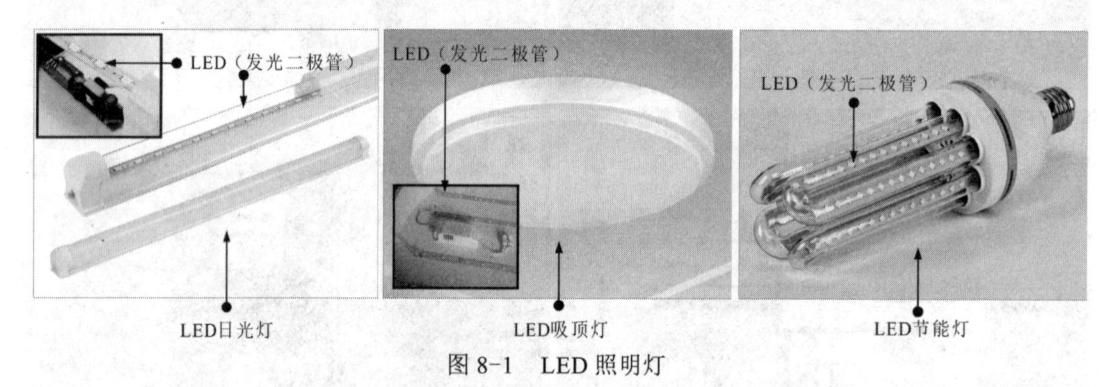

图 8-1 LED 照明灯

提示

LED（半导体发光二极管）是一种固态半导体器件。半导体发光二极管由两部分组成：一部分是 P 型半导体，空穴占主导地位；另一部分是 N 型半导体，电子占主导地位。两种半导体连接起来就形成一个 P-N 结。当电流通过导线作用于这个 P-N 结时，电子就会被推向 P 区，在 P 区里电子跟空穴复合，就会以光子的形式发出能量。这就是 LED 发光的原理。

因为 LED 照明灯发热量不高，电能量最高效率地转化成了光能，普通灯因发热量大，把许多电能转化成了热能和光能，热能浪费很多能量，因此 LED 照明灯更加节能。

LED 照明灯环保不含汞，可回收再利用。普通节能灯可造成汞污染，污染土壤水源，因此 LED 照明灯更加环保。12W 的 LED 日光灯光强相当于 40W 的日光灯管。LED 日光灯寿命是普通灯的 10 倍以上，几乎免维护，无须经常更换灯管、镇流器、启辉器。

LED 照明灯的安装方式比较简单。以 LED 日光灯为例，一般直接将 LED 日光灯接线端与交流 220V 照明控制线路（经控制开关）预留的相线和零线连接即可，如图 8-2 所示。

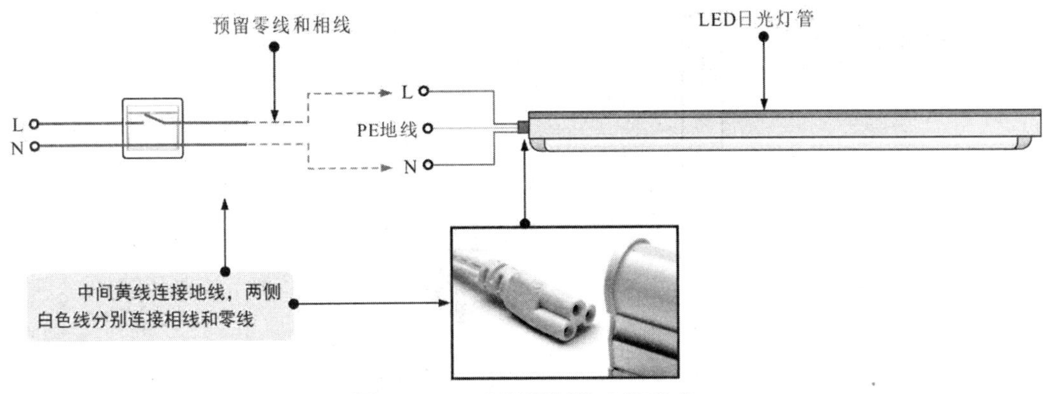

图 8-2　LED 照明灯的安装形式

提示

若需要在原来使用普通日光灯的支架上安装 LED 日光灯，则需要按照 LED 日光灯管的要求进行内部线路改造。

普通日光灯分为电感式镇流器与电子式镇流器两种，改造方式不同。

图 8-3 为电感式镇流器改造为 LED 日光灯连接线路示意图。

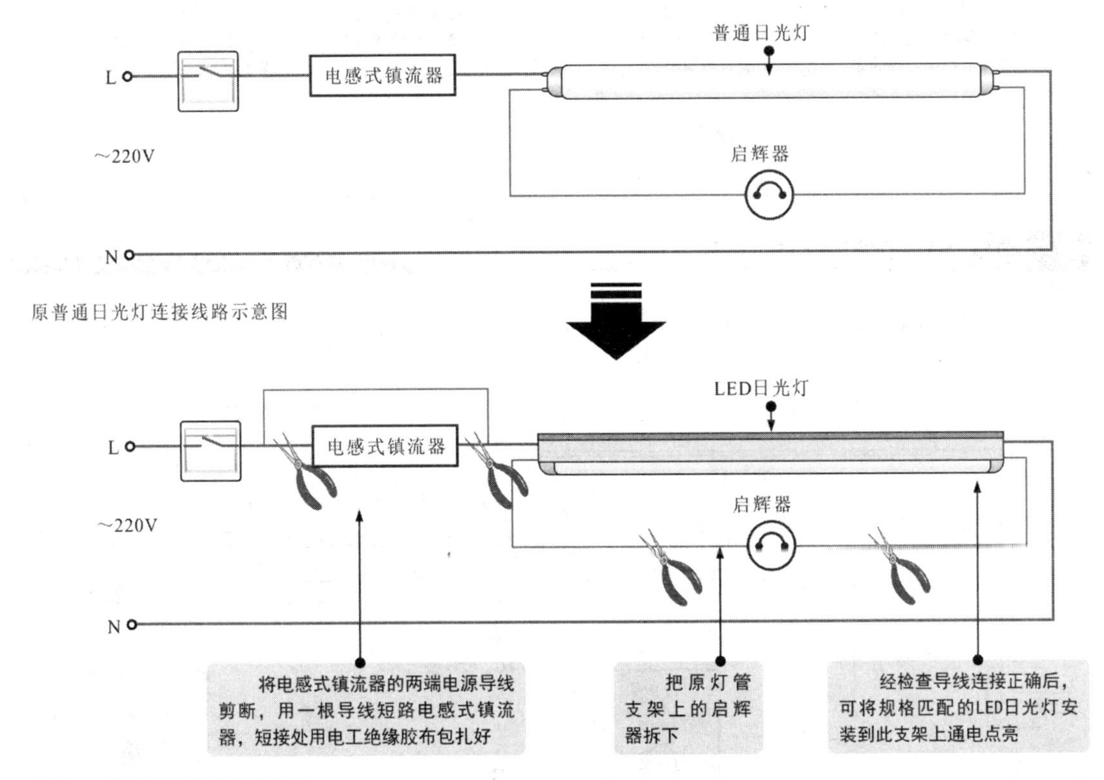

图 8-3　电感式镇流器改造为 LED 日光灯连接线路示意图

提示

图 8-4 为电子式镇流器改造为 LED 日光灯连接线路示意图。

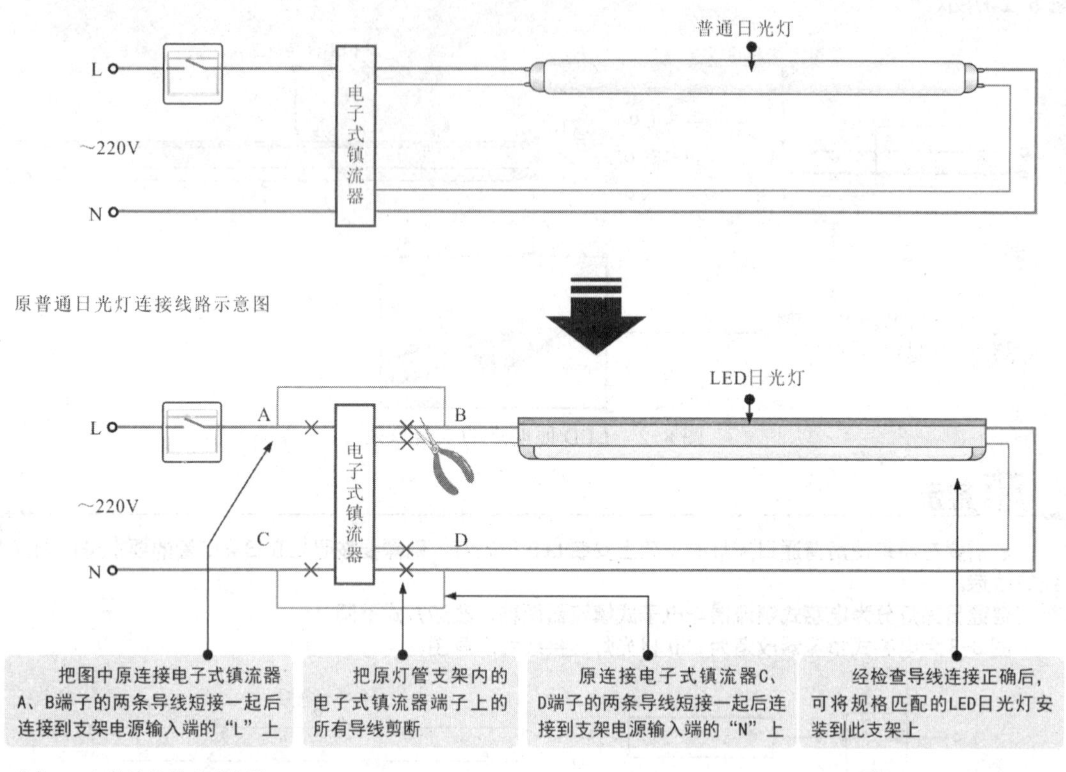

图 8-4　电子式镇流器改造为 LED 日光灯连接线路示意图

2　LED 照明灯的安装方法

下面以 LED 日光灯为例介绍安装方法，如图 8-5 所示。

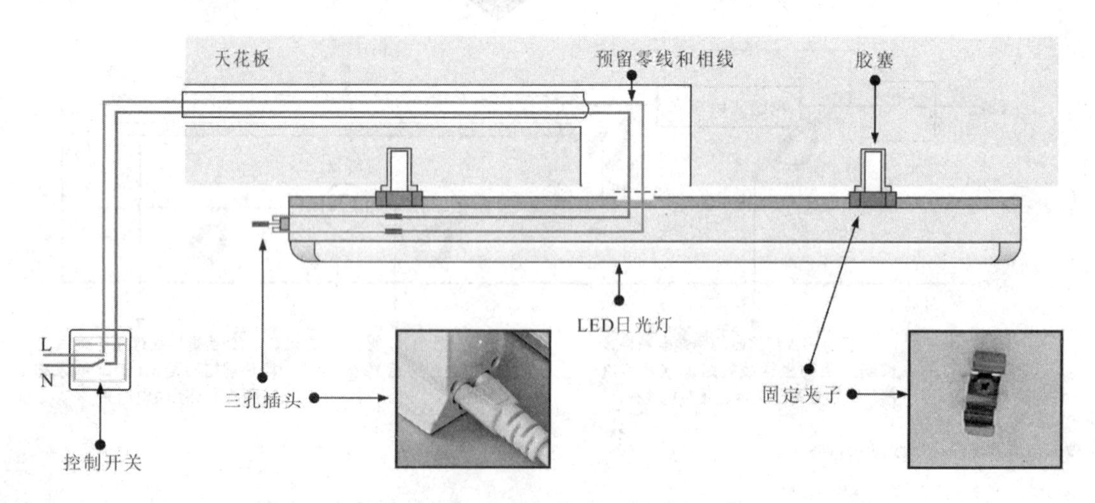

图 8-5　LED 日光灯安装方法示意图

图 8-6 为 LED 日光灯的具体安装步骤。

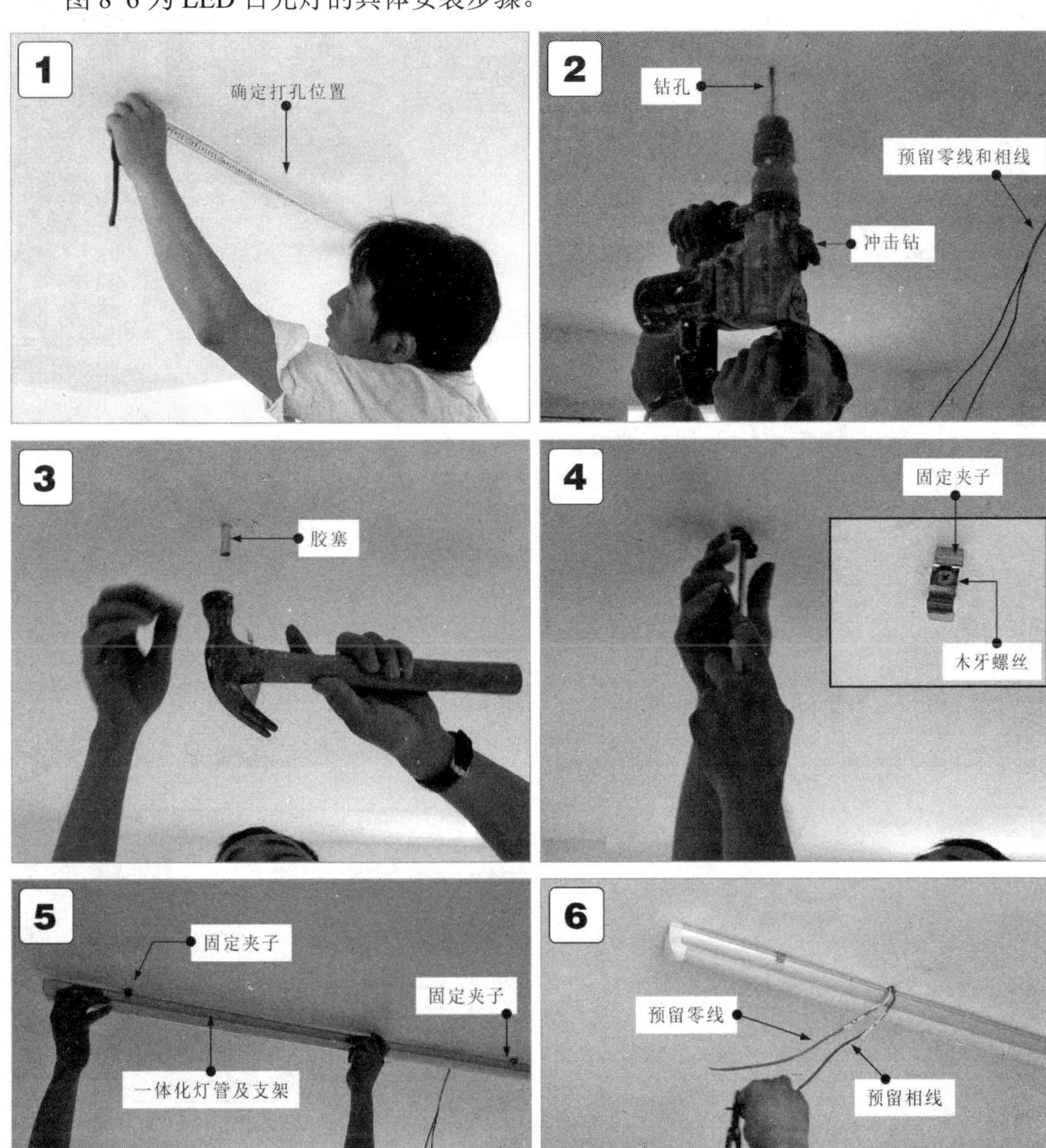

1 在天花板上量出安装打孔位置（孔距要小于灯管支架长度）。

2 用冲击钻在选定的位置上钻两个固定孔位。

3 在钻好孔的位置敲入胶塞。

4 用木牙螺丝把安装支架用的固定夹子锁紧在塞好胶塞的孔位上。

5 把一体化灯管及支架扣到固定夹上扣紧，用力均匀，听到“咔”声，表明已经卡入固定夹内。

6 把一体化灯管及支架配套的三孔插头的三条线及天花板预留相线、零线进行绝缘层剥削和处理。

图 8-6　LED 日光灯的具体安装步骤

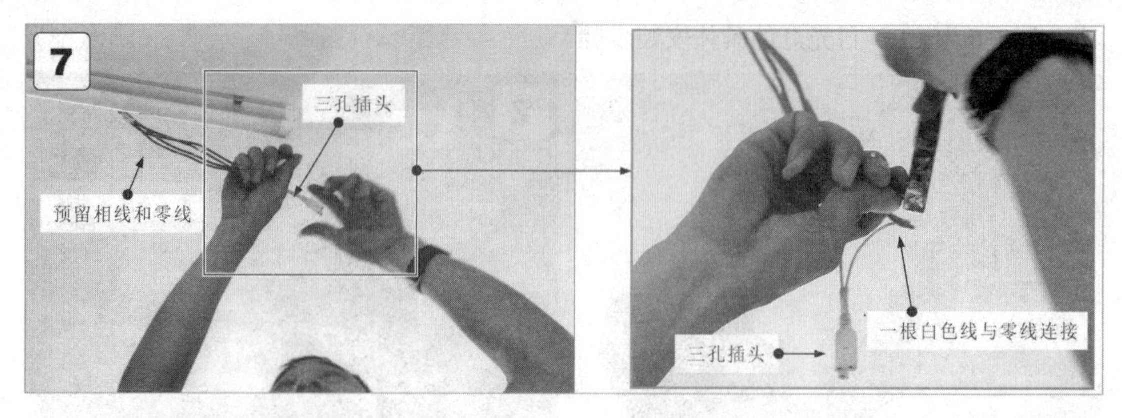

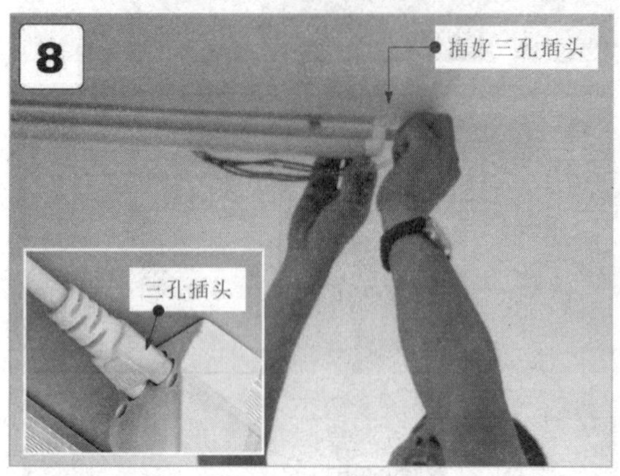

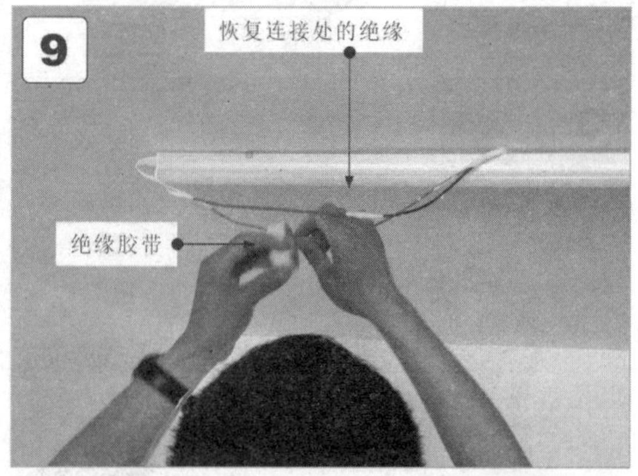

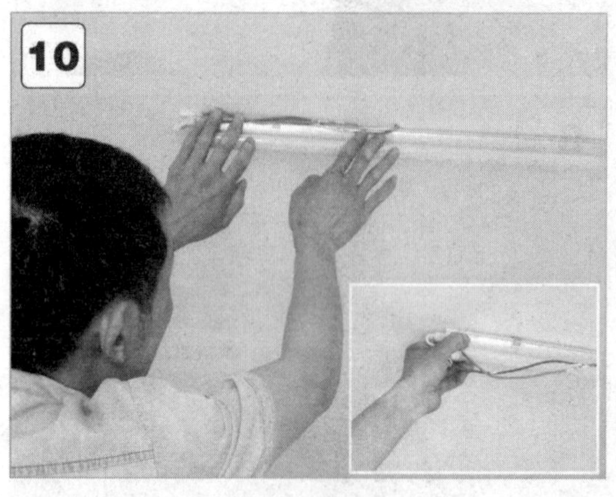

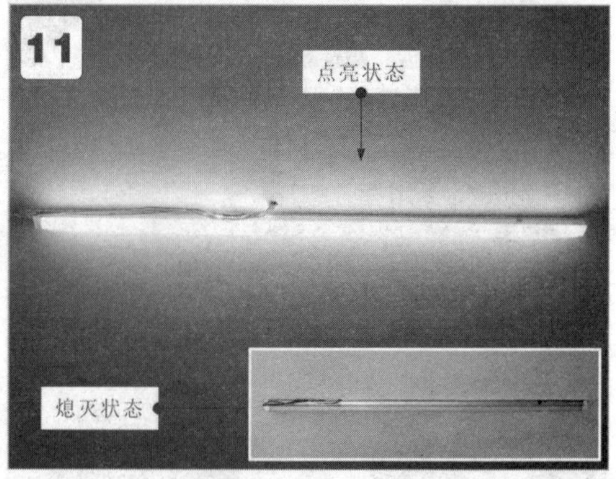

7 把三孔插头的三条线分别对应接到预留的相线L 、零线N和地线上（一体化灯管及支架三孔插头中间黄色线为地线，地线绝对不能与预留相线或零线连接；若无预留地线可不接；三孔插头两侧白色线分别与相线L 、零线N连接即可）。

8 将三孔插头插入到一体化灯管及支架的连接端，灯管另一端塞入防触电堵头盖子。

9 用绝缘胶带将三孔插头线与预留相线、零线的连接处进行严格的绝缘恢复处理。

10 整理连接线，使其贴服到灯架附近，避免线路过长悬吊影响美观；晃动灯架，确保固定牢固可靠。

11 确保LED日光灯连接无误、固定牢固，且工作人员均已离开作业现场后，通电检查，LED灯亮，安装完成。

图 8-6 LED 日光灯的具体安装步骤（续）

提示

在实际应用环境中，若照明面积较大，可将多支 LED 日光灯管串联连接，即用连接器或双头连接线将两两灯管之间对接构成串联电路，如图 8-7 所示。注意，串联电路最后一根灯管末端应盖上堵头盖子，避免因误操作或触摸发生触电危险。

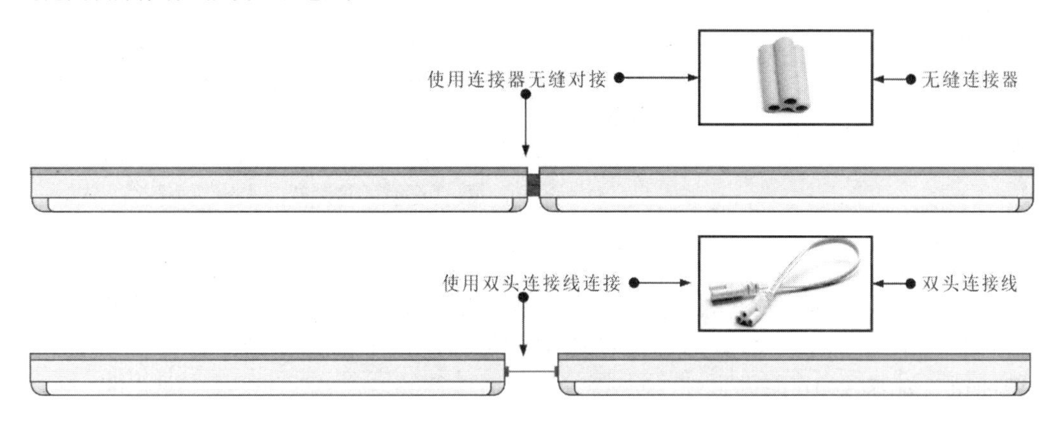

图 8-7　LED 日光灯的串联连接

多根 LED 日光灯可根据实际安装环境组合成不同的形状，可体现较美观的照明效果，如图 8-8 所示。

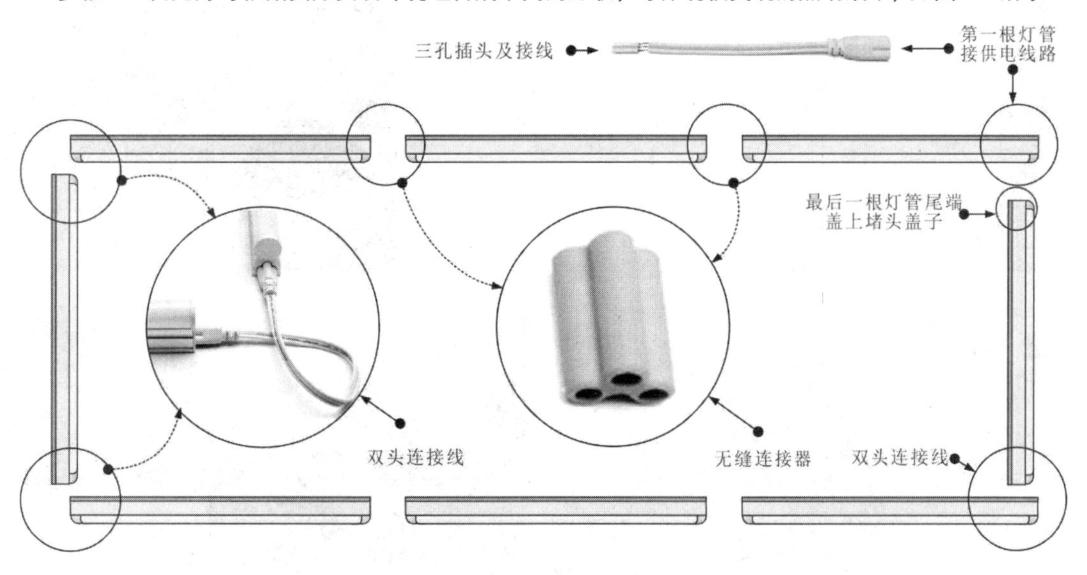

图 8-8　多根 LED 日光灯串联连接

串联安装时，应计算出可串联连接 LED 日光灯的最大数量。例如，若每根 LED 日光灯的功率为 7W，LED 日光灯的连接线采用电子线 18# 线时，可以连接 157 根左右的 LED 日光灯（线径 * 额定电压值 * 额定允许通过的电流 / 功率 =LED 日光灯的数量），预留一部分空间，也可以串接 100 根左右的 LED 日光灯。

8.1.2 吸顶灯的安装方法

吸顶灯是目前家庭照明线路中应用最多的一种照明灯安装形式，主要包括底座、灯管和灯罩几部分，如图 8-9 所示。

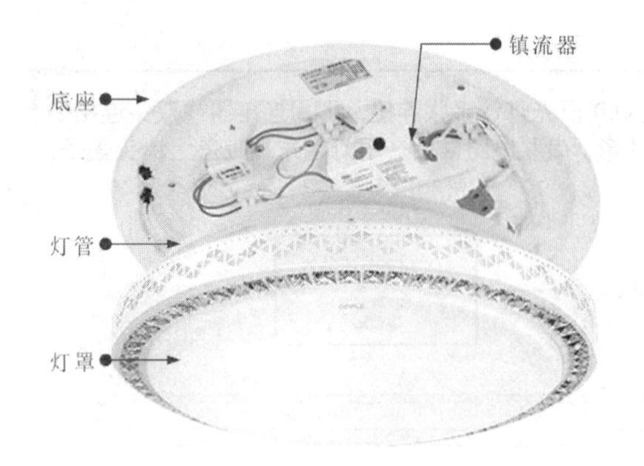

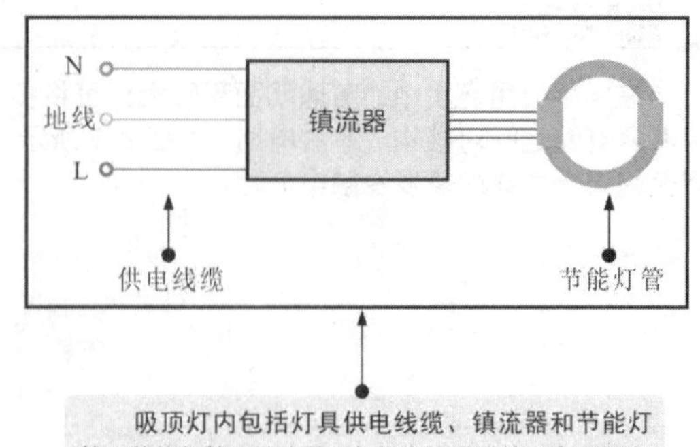

图 8-9　吸顶灯的结构和接线关系示意图

吸顶灯的安装与接线操作比较简单，可先将吸顶灯的灯罩、灯管和底座拆开，然后将底座固定在屋顶上，将屋顶预留相线和零线与底座上的连接端子连接，重装灯管和灯罩即可。如图 8-10 所示，

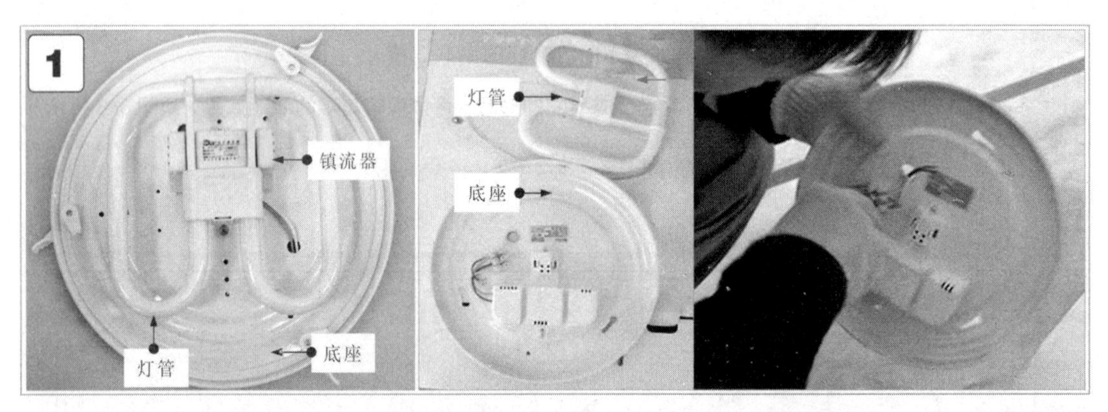

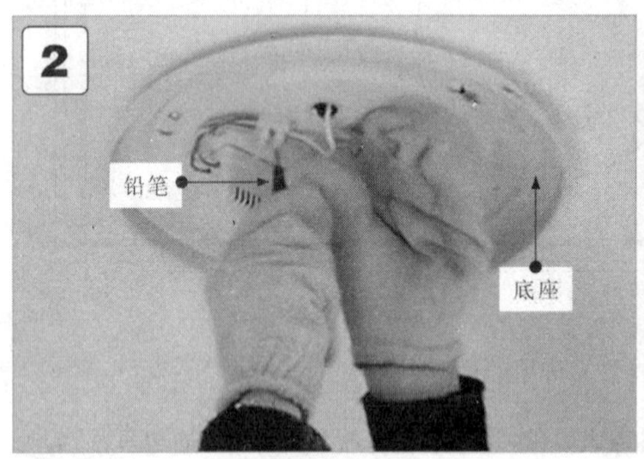

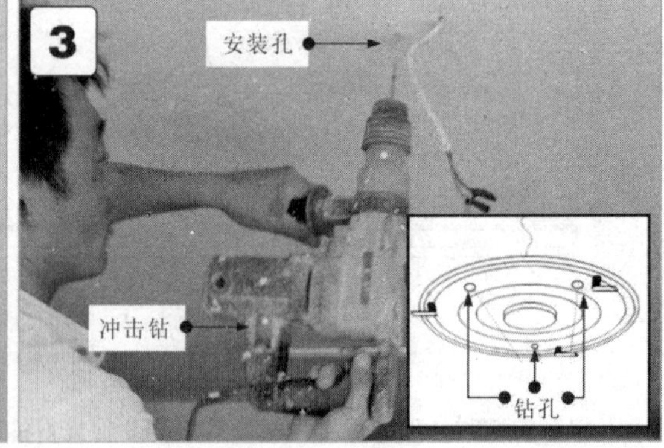

1 为了防止在安装过程不小心将灯管打碎，安装吸顶灯前，首先拆卸灯罩，取下灯管（灯管和镇流器之间一般都是有插头直接连上的，拆装十分方便）。

2 用一只手将底座托住并按在需要安装的位置上，然后用铅笔插入螺丝孔，画出螺丝的位置。

3 使用冲击钻在之前画好钻孔位置的地方打孔（实际的钻孔个数根据灯座的固定孔确定，一般不少于三个）。

图 8-10　吸顶灯的安装方法

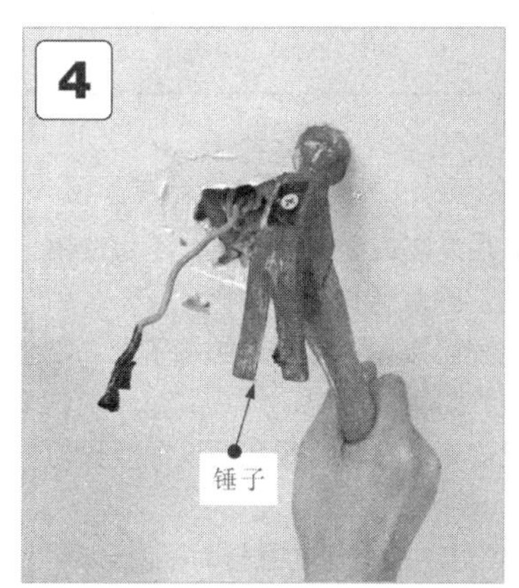

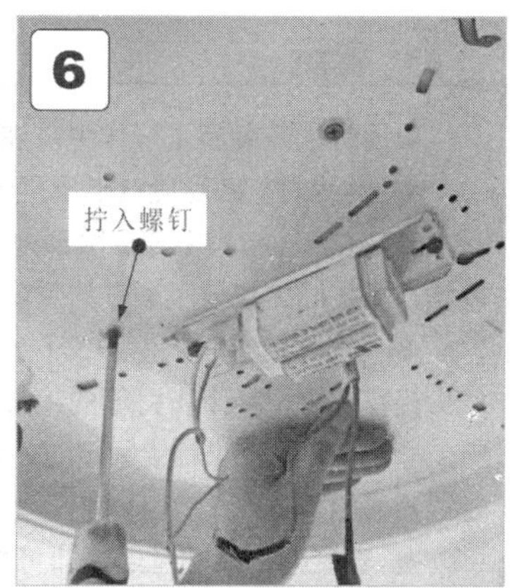

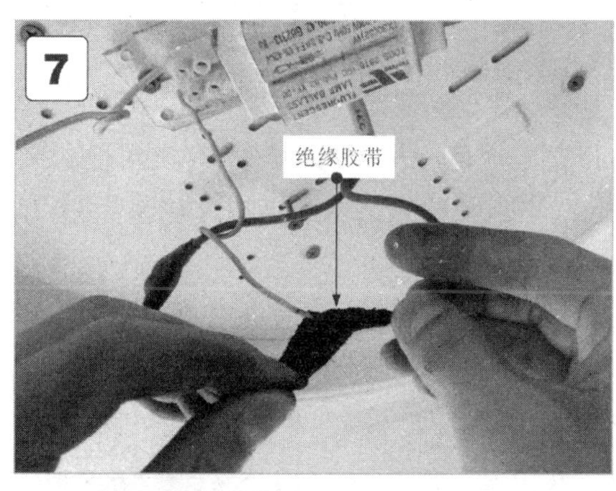

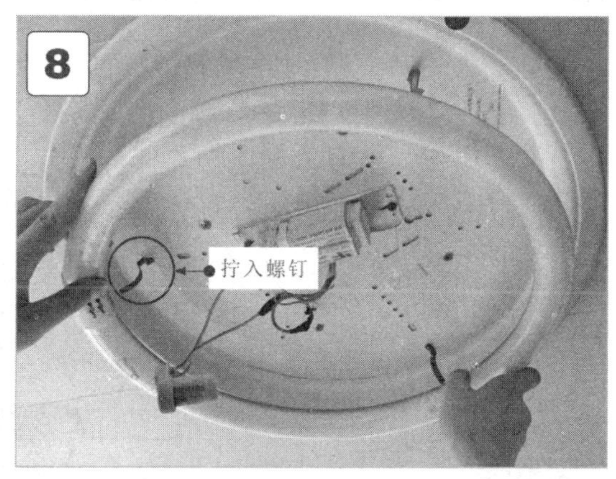

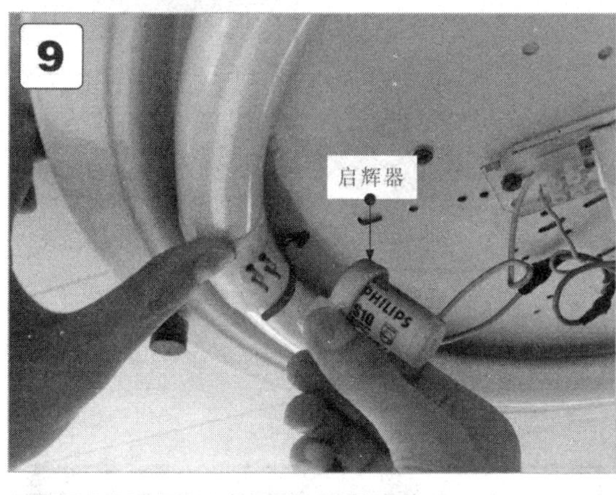

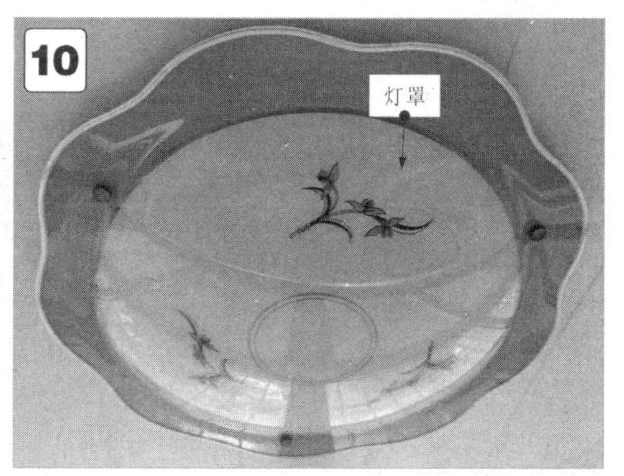

4 孔位打好之后，将塑料膨胀管按入孔内，并使用锤子将塑料膨胀管固定在墙面上。

5 将预留的导线穿过电线孔，底座放在之前的位置，螺钉孔位要对上。

6 用螺钉旋具把一个螺钉拧入空位，不要拧得过紧，固定后，检查安装位置并适当调节，确定好后，将其余的螺钉拧好。

7 将预留的导线与吸顶灯的供电线缆连接，并使用绝缘胶带缠绕，使绝缘性能良好。

8 将灯管安装在底座上，并使用固定卡扣将灯管固定在底座上。

9 通过特定的插座将启辉器与灯管连接在一起，确保连接紧固。

10 通电检查是否能够点亮（通电时，不要触摸吸顶灯的任何部位），确认无误后扣紧灯罩，安装完成。

图 8-10　吸顶灯的安装方法（续）

提示

吸顶灯的安装施工操作中需注意以下几点：

◆ 安装时，必须确认电源处于关闭状态。

◆ 在砖石结构中安装吸顶灯时，应采用预埋螺栓或用膨胀螺栓、尼龙塞或塑料塞固定，不可使用木楔，承载能力应与吸顶灯的重量相匹配，确保吸顶灯固定牢固、可靠，并可延长使用寿命。

◆ 如果吸顶灯使用螺口灯管安装，则接线还要注意以下两点：相线应接在中心触点的端子上，零线应接在螺纹端子上；灯管的绝缘外壳不应有破损和漏电情况，以防更换灯管时触电。

◆ 当采用膨胀螺栓固定时，应按吸顶灯尺寸的技术要求选择螺栓规格，钻孔直径和埋设深度要与螺栓规格相符。

◆ 安装时，要注意连接的可靠性，连接处必须能够承受相当于吸顶灯 4 倍重量的悬挂而不变形。

8.1.3 吊扇灯的安装方法

安装吊扇灯，首先要了解吊扇灯的结构和安装规范。吊扇灯同时具有实用性和装饰性，将照明灯具与吊扇结合在一起，可以实现照明、调节空气双重功能。图 8-11 为吊扇灯的结构组成。

图 8-11　吊扇灯的结构组成

安装吊扇灯对安装位置、安装高度、安装固定顺序及控制线缆的选用连接等都有明确的要求，如图 8-12 所示。

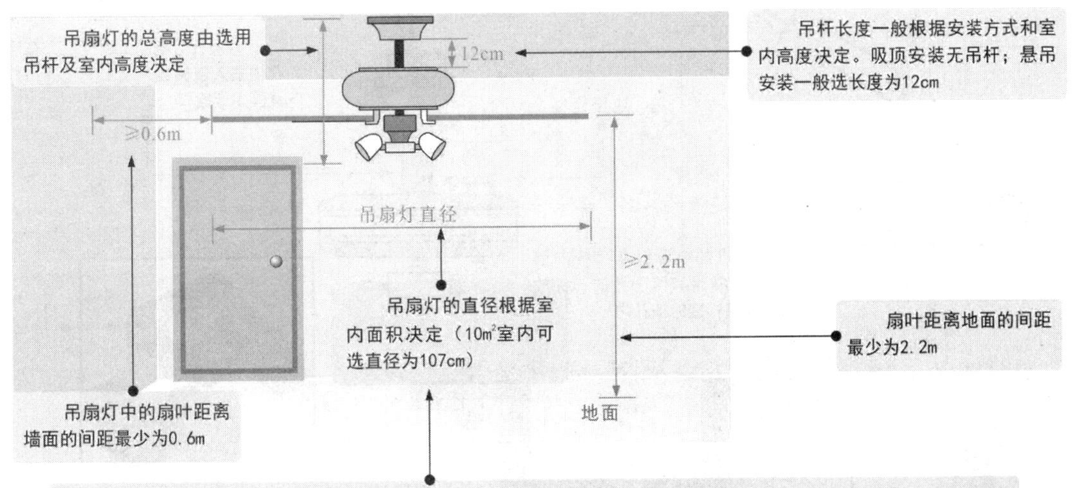

图 8-12　吊扇灯的安装规范

以典型吊扇灯为例，安装操作可大致分为悬吊装置的安装、电动机的安装与接线、扇叶的安装、照明灯组件的安装四个环节。

1 悬吊装置的安装

安装悬吊装置包括安装吊架和吊杆两部分。安装吊架，首先需要充分了解待安装吊扇灯的房顶材质。若为水泥材质，则应当先使用电钻在需要安装的地方打孔，使用膨胀管、膨胀螺栓固定，如图 8-13 所示。

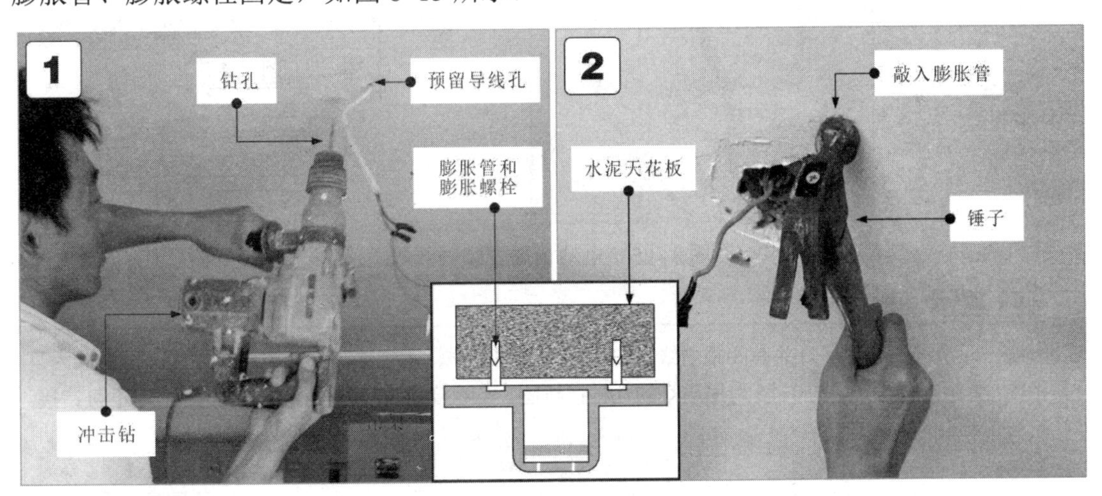

1 将吊架放到天花板适当位置，在固定孔处做好标记，然后借助冲击钻在标记处钻孔。
2 在钻好安装孔处敲入膨胀管。

图 8-13　吊扇灯吊架安装孔的钻孔操作

选择合适的吊杆，将电动机上的导线穿过吊杆后，将吊杆带有两个孔的一头放进电动机的吊头内，另一端置于吊架内并固定，如图 8-14 所示。

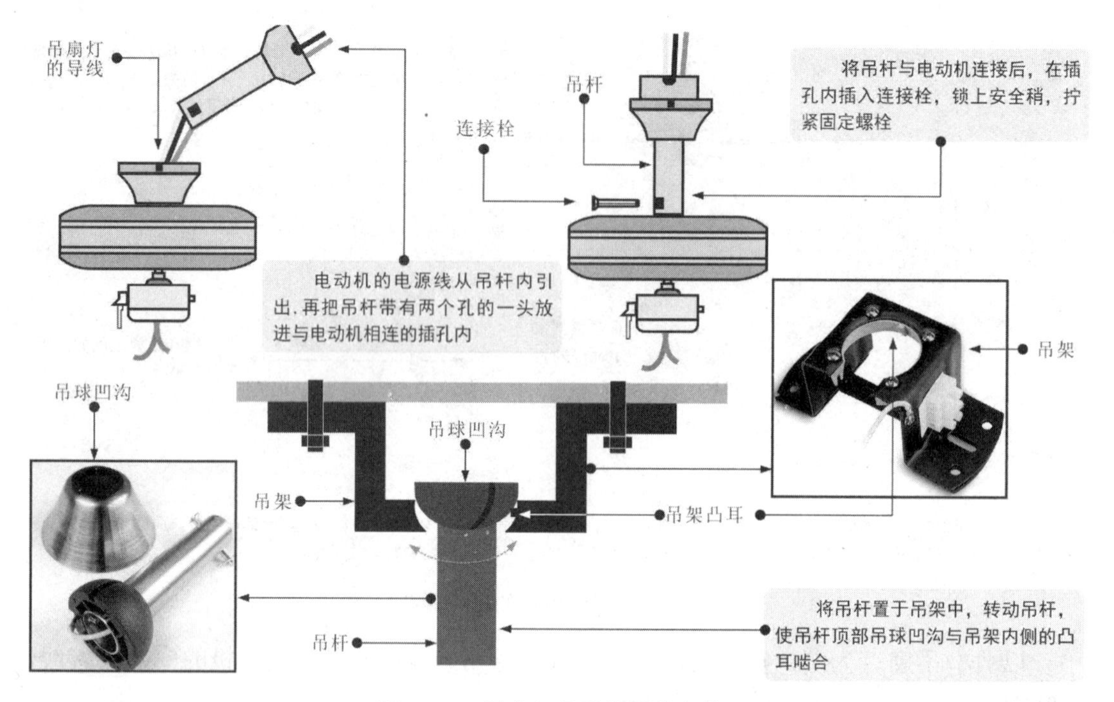

图 8-14　吊扇灯悬吊装置的安装

2　电动机的安装与接线

在预留电源线断电的状态下，将电动机引出线与预留电源线按照吊扇灯的接线图对应连接，如图 8-15 所示。

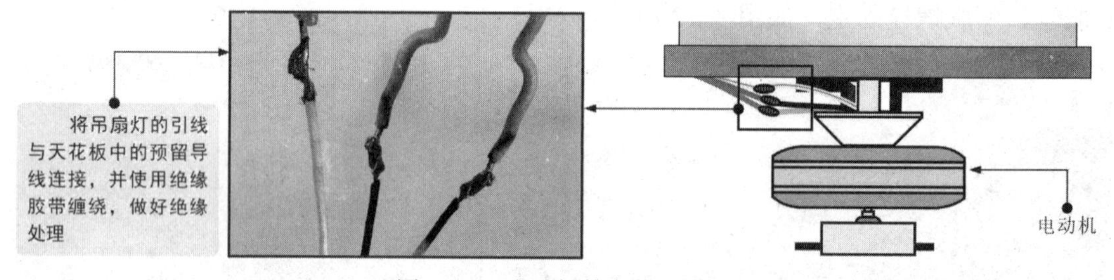

图 8-15　电动机的安装与接线

提示

在一般情况下，吊扇灯共有四根引线，白色线为共用零线，黑色线为吊扇电动机相线，蓝色线为灯具相线，黄绿线为地线。图 8-16 为吊扇灯的几种接线图。实际接线时应根据接线图进行操作，不可错接。

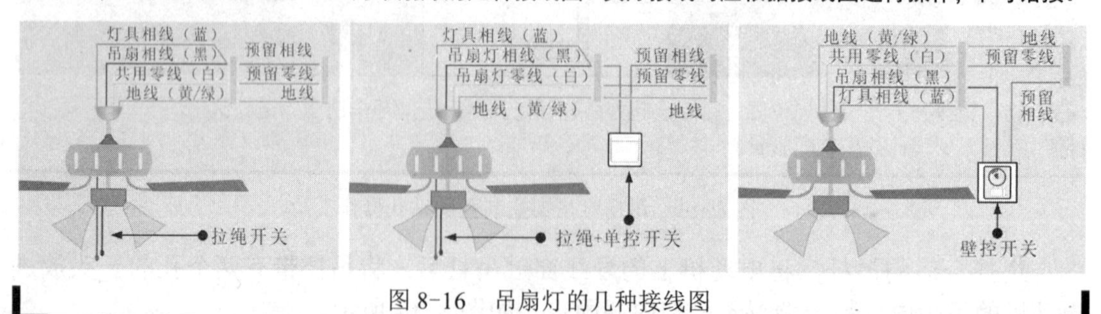

图 8-16　吊扇灯的几种接线图

3 扇叶的安装

安装扇叶需要先将扇叶与叶架组合，分清扇叶的正面与反面，将叶架放在扇叶的正面，在扇叶的反面垫上薄垫片，叶片螺钉通过垫片将扇叶与叶架连接，如图 8-17 所示，安装时不应用力过度，防止叶片变形。

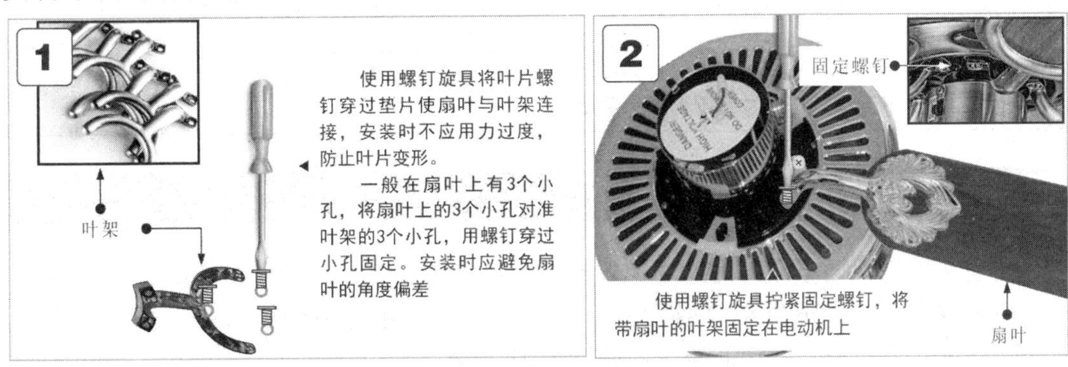

图 8-17　吊扇灯扇叶的安装

4 照明灯组件的安装

安装照明灯组件，即安装灯架、灯罩和照明灯具，包括灯架上的导线连接、灯架的固定和灯具的安装，如图 8-18 所示。

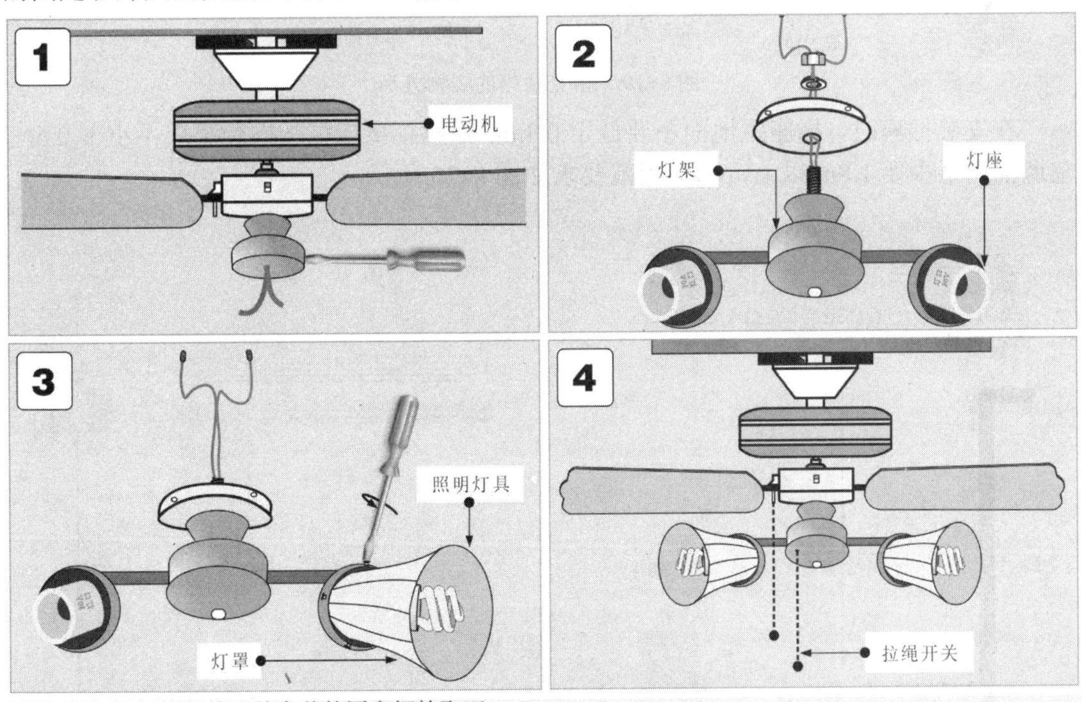

1 使用螺钉旋具将开关盒盖的固定螺栓取下。

2 将灯座上的柱体穿过开关盖，使用垫片与六角螺栓固定。

3 将灯罩安装到灯头上，并用螺栓固定，轻轻将照明灯具安装到灯罩中。

4 连接吊扇的拉绳开关、照明灯具的拉绳开关，完成吊扇灯的安装。

图 8-18　吊扇灯照明组件的安装

提示

吊扇灯安装完成后，应进行检验，即检查吊扇灯上各固定螺钉是否拧紧，避免有松动的现象；接通吊扇灯电源，检验吊扇能否运转，在运行大概 10 分钟后，再次检查各固定螺钉及连接部件有无松动，必要时需要紧固。

另外，对于采用拉绳的吊扇灯应进行控制检验。其中，一个拉绳控制照明灯具的开关，另外一个拉绳控制风扇的开关及转速。控制照明灯具的开关一般有四个挡位（具有 5 盏照明灯具时），分别为关、两灯亮、三灯亮、五灯亮（一般拉一下为两灯亮，拉两下为三灯亮，拉三下为五灯亮，拉四下为关掉照明灯）。风扇开关一般也为四个挡位，分别为关、慢速、中速和快速（一般拉第一下为最快挡，拉两下为中速挡，拉三下为慢速挡，拉四下为关掉风扇）。

8.2 插座的安装

插座又称电源插座，是为家用电器提供市电交流 220V 电压的连接部件。电源插座的类型多种多样，家庭供电一般为两相，插座也应选用两相插座，还有三孔插座、五孔插座、带开关插座、组合插座等，如图 8-19 所示。

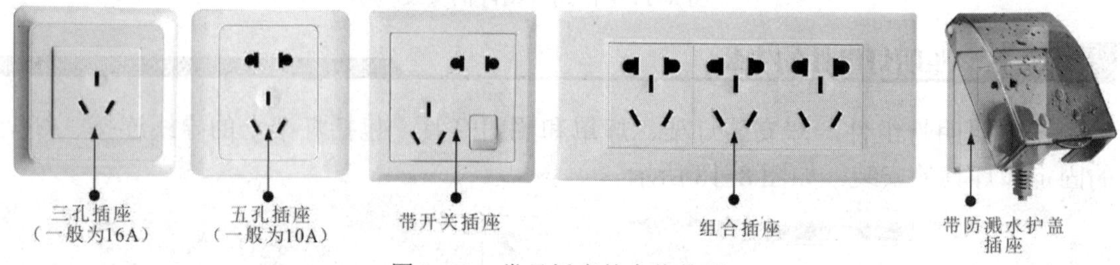

图 8-19 常见插座的实物外形

在安装插座时，插座距地面不要低于 0.3m；插座距离门框横向距离应不小于 0.6m，空调插座至少要 1.8m 以上，相关规范要求如图 8-20 所示。

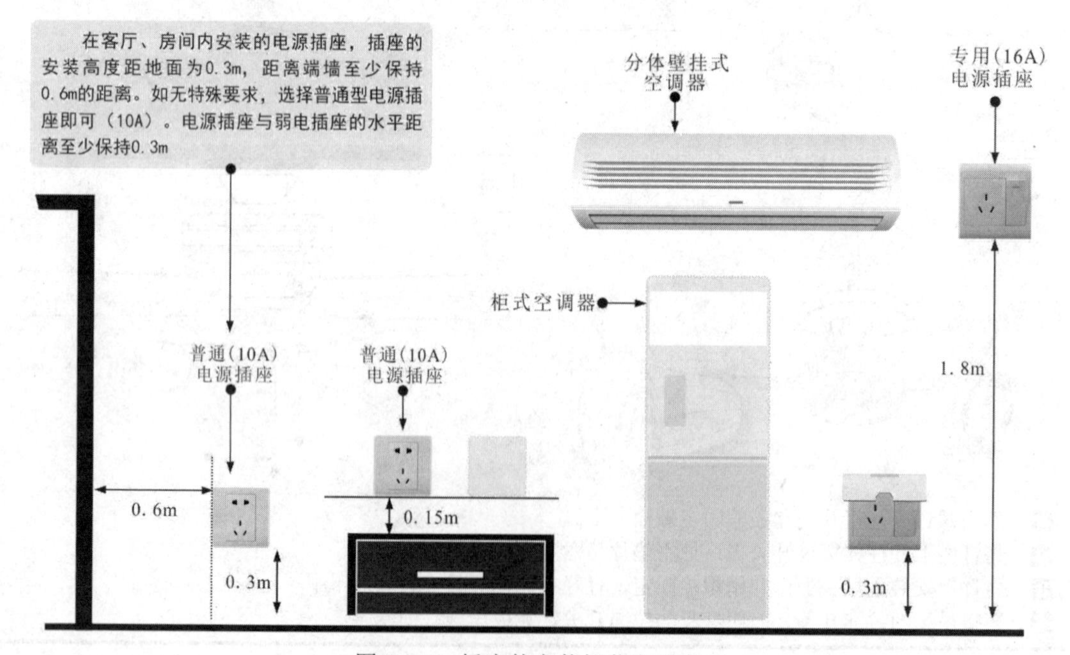

图 8-20 插座的安装规范和要求

8.2.1 单相三孔插座的安装

单相三孔插座是指插座面板上仅设有相线孔、零线孔和接地孔三个插孔的电源插座。电工操作中，单相三孔插座属于大功率电源插座，规格多为16A，主要用于连接空调器等大功率电器。

在实际安装操作前，首先了解单相三孔插座的特点和接线关系，如图 8-21 所示。

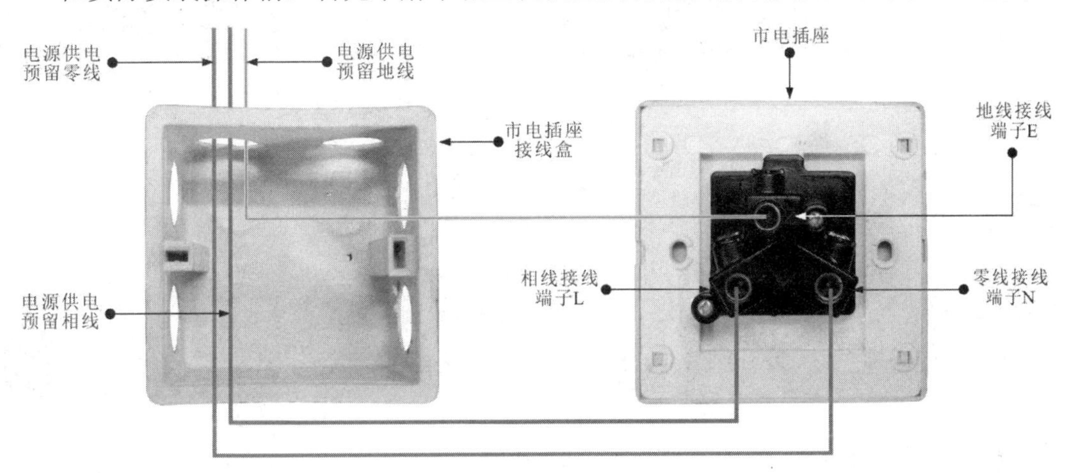

图 8-21　单相三孔插座的特点和连接关系

单相三孔插座的安装方法如图 8-22 所示。

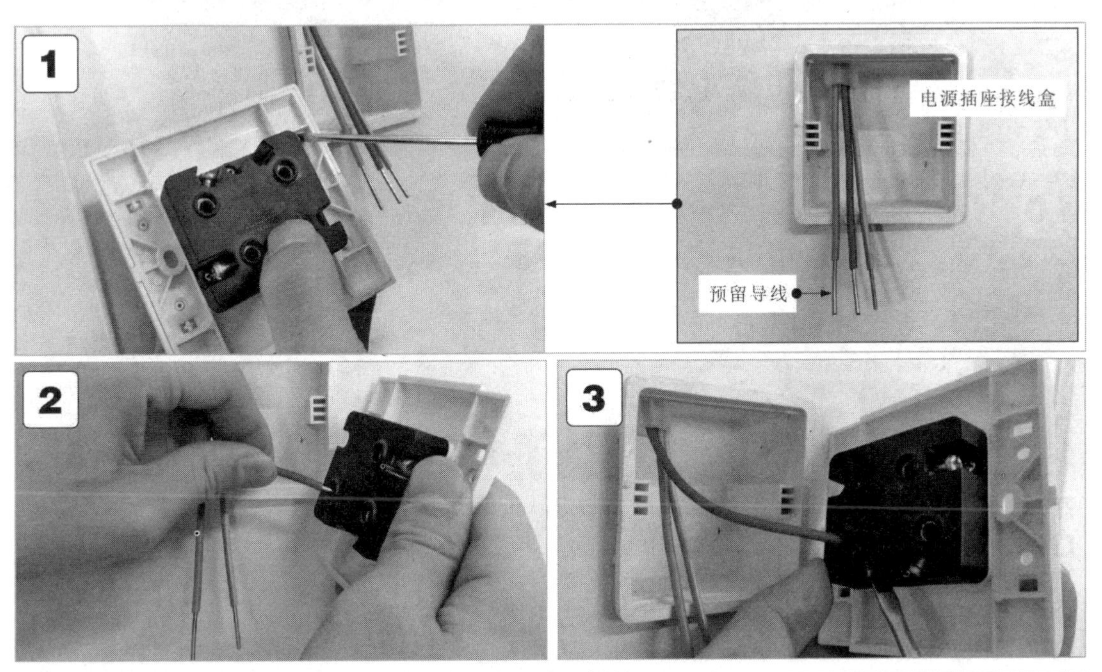

1 使用一字槽螺钉旋具将插座护板的卡扣撬开，取下护板。

2 将剥去绝缘层的预留导线穿入插座相线接线柱L中。

3 使用螺钉旋具拧紧接线柱固定螺钉，固定相线。

图 8-22　单相三孔插座的安装方法

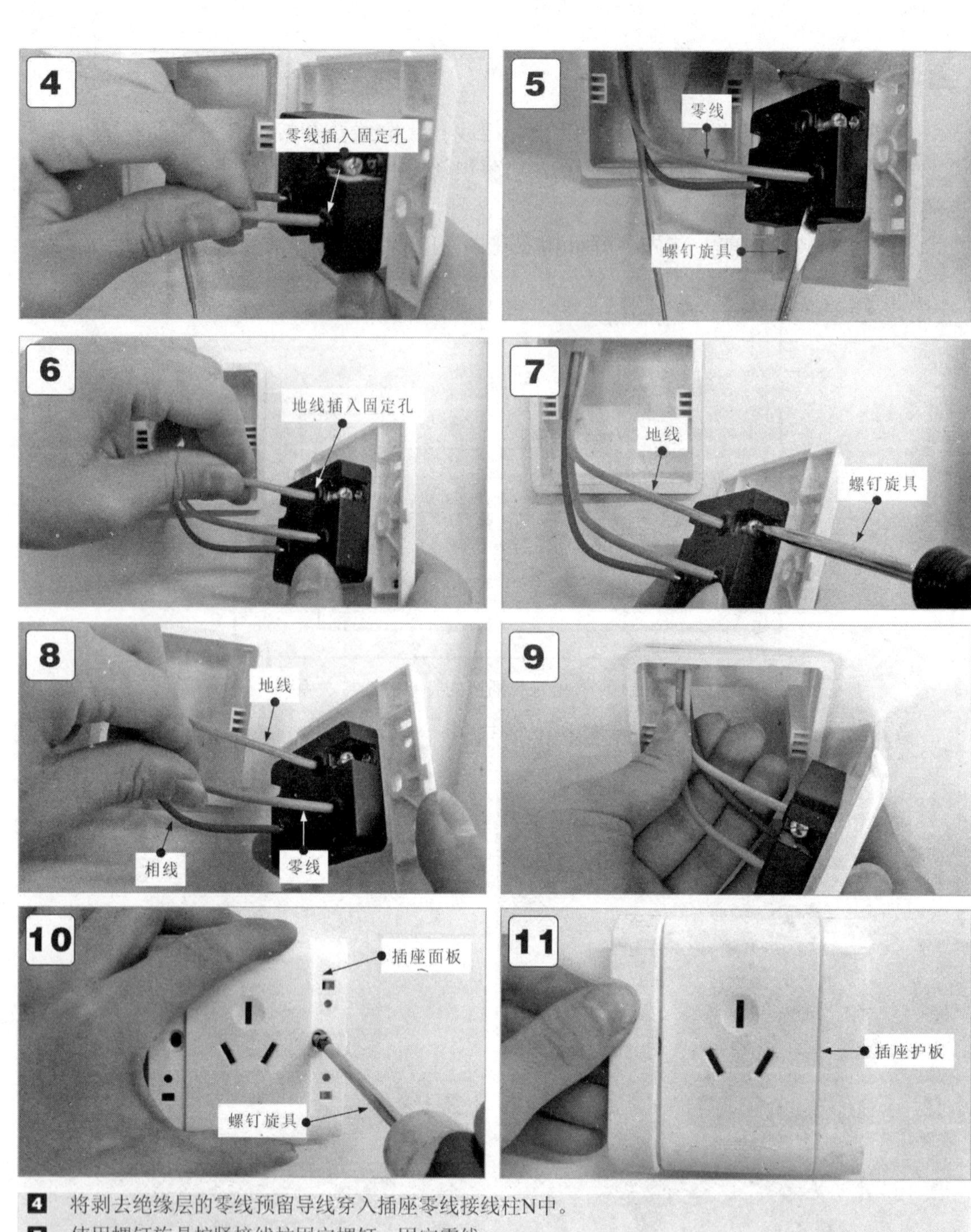

4 将剥去绝缘层的零线预留导线穿入插座零线接线柱N中。
5 使用螺钉旋具拧紧接线柱固定螺钉，固定零线。
6 将剥去绝缘层的地线预留导线穿入插座地线接线柱E中。
7 使用螺钉旋具拧紧接线柱固定螺钉，固定地线。
8 检查市电插座连接情况，确保接线准确且牢固。
9 将连接导线合理地盘绕在市电插座的接线盒中。
10 将螺钉放入插座与接线盒的固定孔中拧紧，固定插座面板。
11 将插座护板安装到插座面板上，完成市电插座的安装。

图 8-22 单相三孔插座的安装方法（续）

8.2.2 单相五孔插座的安装

单相五孔插座是两孔插座和三孔插座的组合，面板上面为平行设置的两个孔，为采用两孔插头电源线的电气设备供电；下面为单相三孔插座，为采用三孔插头电源线的电气设备供电。

图 8-23 为单相五孔插座的特点和接线关系。

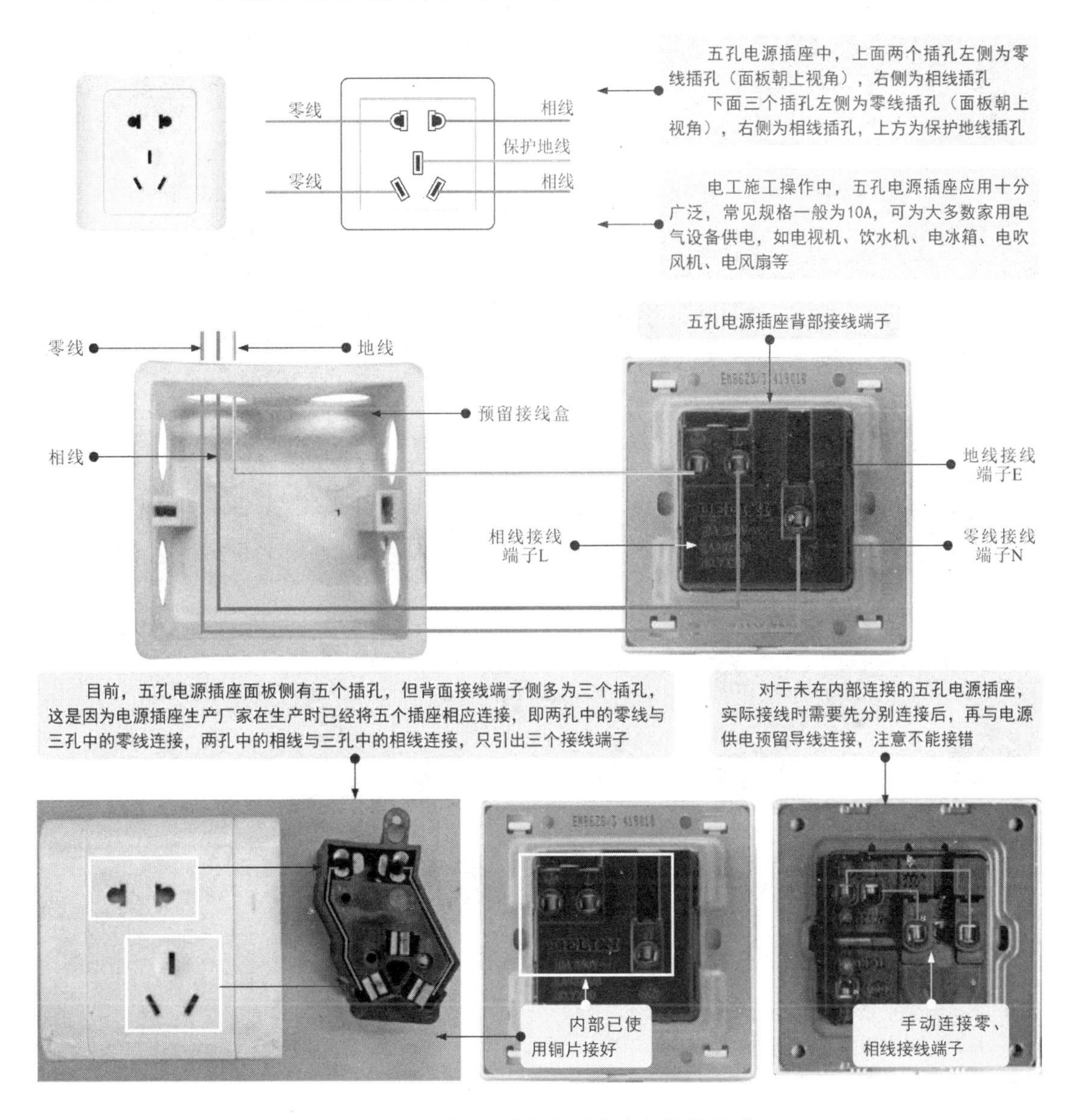

图 8-23　单相五孔插座的特点和接线关系

安装前，首先区分待安装单相五孔插座接线端子的类型后，在确保供电线路断电状态下，将预留接线盒中的相线、零线、保护地线连接到单相五孔插座相应标识的接线端子（L、N、E）内，并用螺钉旋具拧紧固定螺钉。

图 8-24 为单相五孔插座的安装方法。

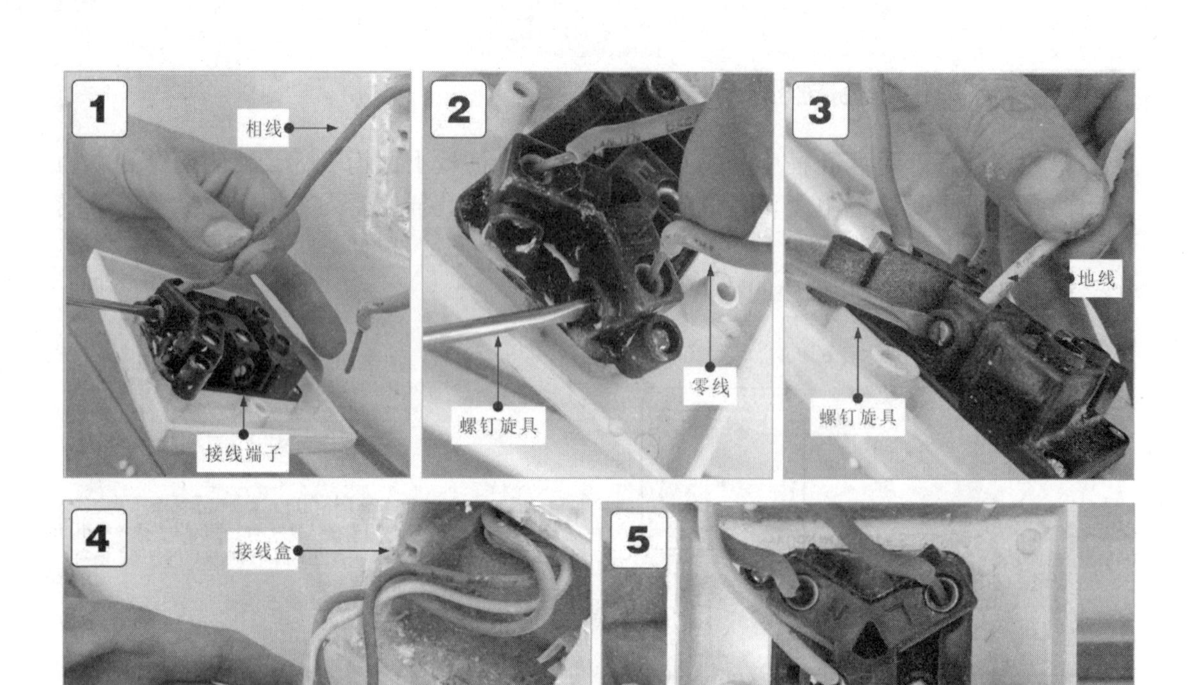

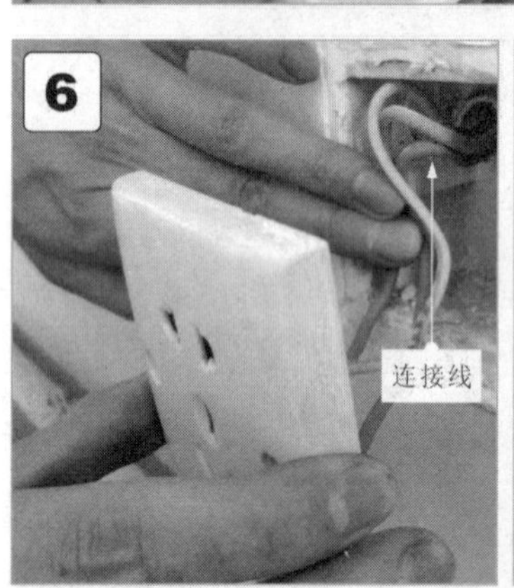

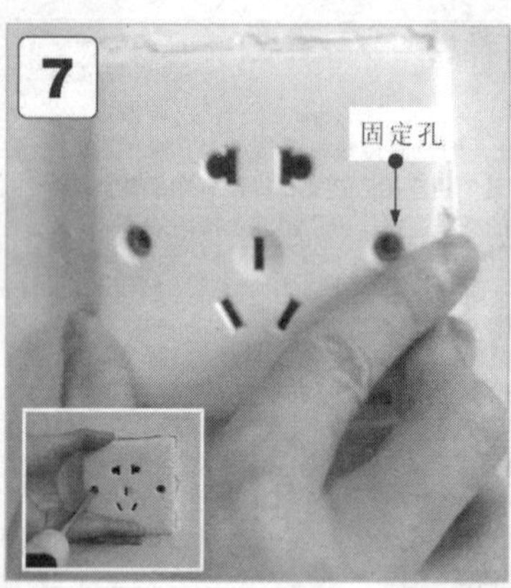

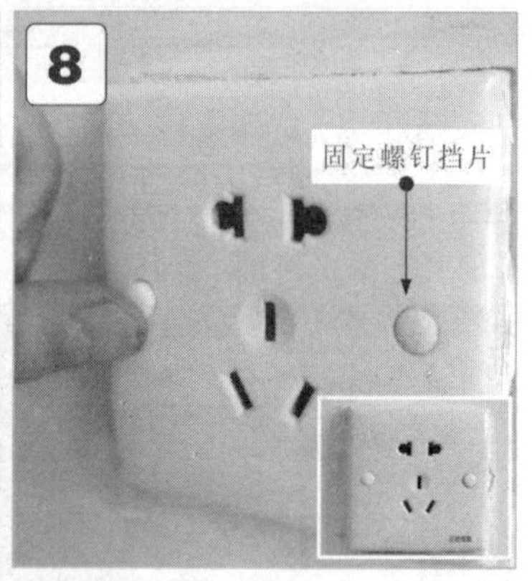

1 将电源供电预留相线连接到L接线端子。
2 将电源供电零线连接到N接线端子。
3 将电源供电预留地线连接到E接线端子。
4 使用螺钉旋具分别紧固三个接线端子固定螺钉。
5 检查导线与接线端子之间的连接是否牢固，若有松动，必须重新连接。
6 将接线盒内多余连接线盘绕在线盒内，将五孔电源插座推入接线盒中。
7 借助螺钉旋具将固定螺钉拧入插座固定孔内，使插座与接线盒固定牢固。
8 安装好插座固定螺钉挡片（有些为护板防护需安装护板），安装完成。

图 8-24　单相五孔插座的安装方法

8.2.3 组合插座的安装

组合插座是指将多个三孔或五孔插座组合在一起构成的插座排，结构紧凑，占用空间小。在电工操作中，组合插座多用于放置电气设备比较集中的场合，如客厅中集中安放的电视机、机顶盒、路由器等连接在一套组合插座中，可有效节省空间。

在实际安装操作前，需要首先了解组合插座的特点和接线关系，如图 8-25 所示。

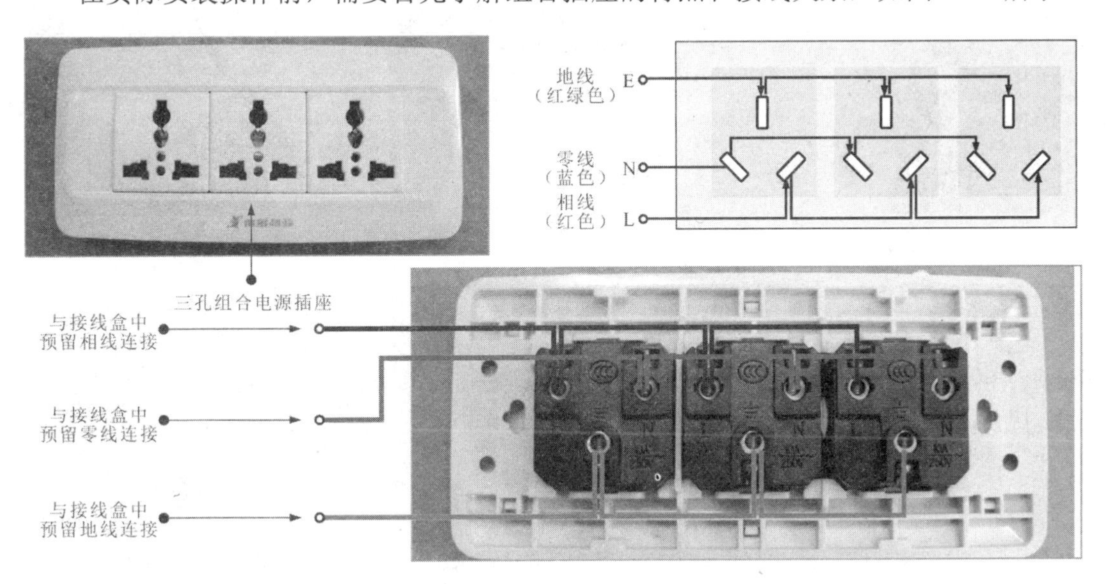

（a）三孔组合插座的特点和接线关系

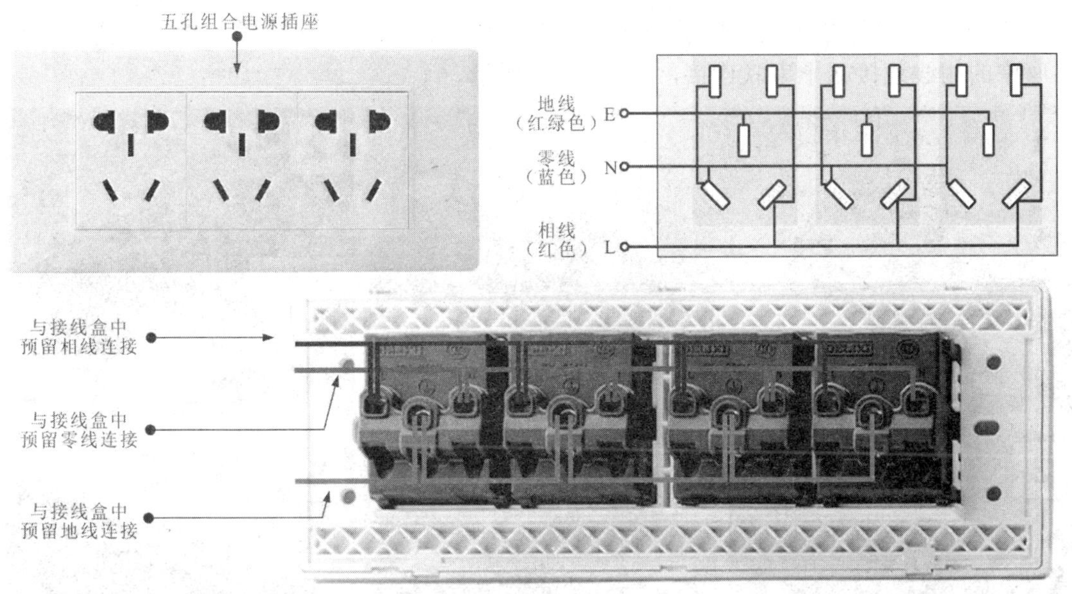

（b）五孔组合插座的特点和接线关系

图 8-25　组合插座的特点和接线关系

以典型三孔组合电源插座为例，安装操作分为插座内部接线、插座供电接线与固定两个环节。

1 插座内部接线

安装三孔组合插座前，需要先将插座内部各插座串联连接。在实际操作前，需要先做好连接准备，即根据接线关系和实际连接距离制作连接短线，用于将三孔组合插座内的相应接线端子串接，如图 8-26 所示。

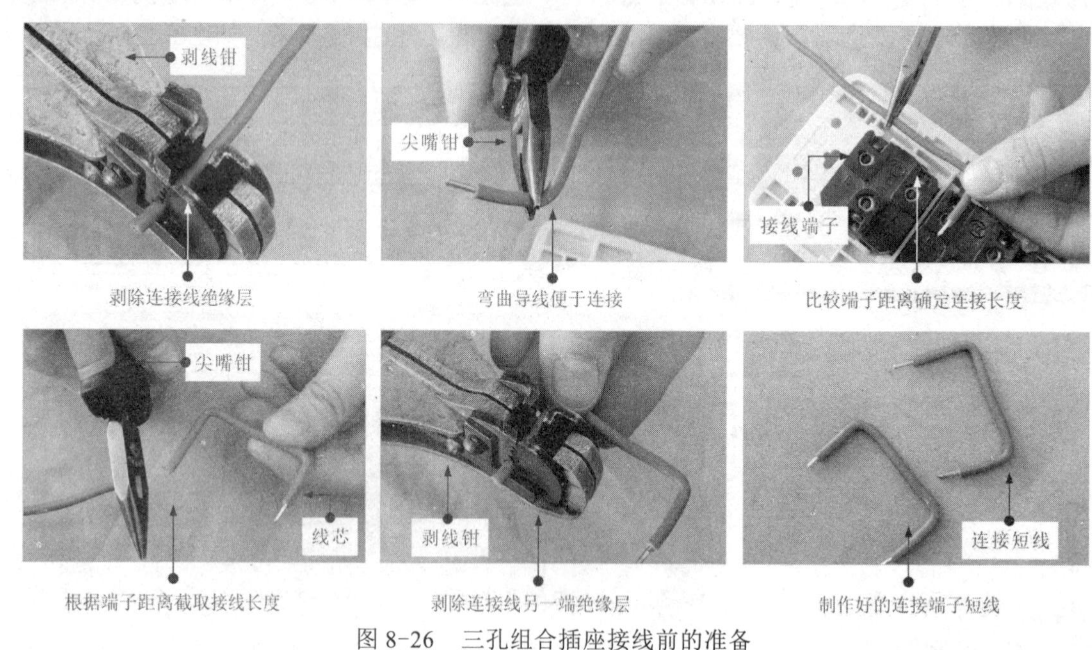

图 8-26　三孔组合插座接线前的准备

接下来，根据内部接线端子的连接关系，用制作好的连接短线，将三孔组合电源插座中的相线连接端子串联连接，如图 8-27 所示。

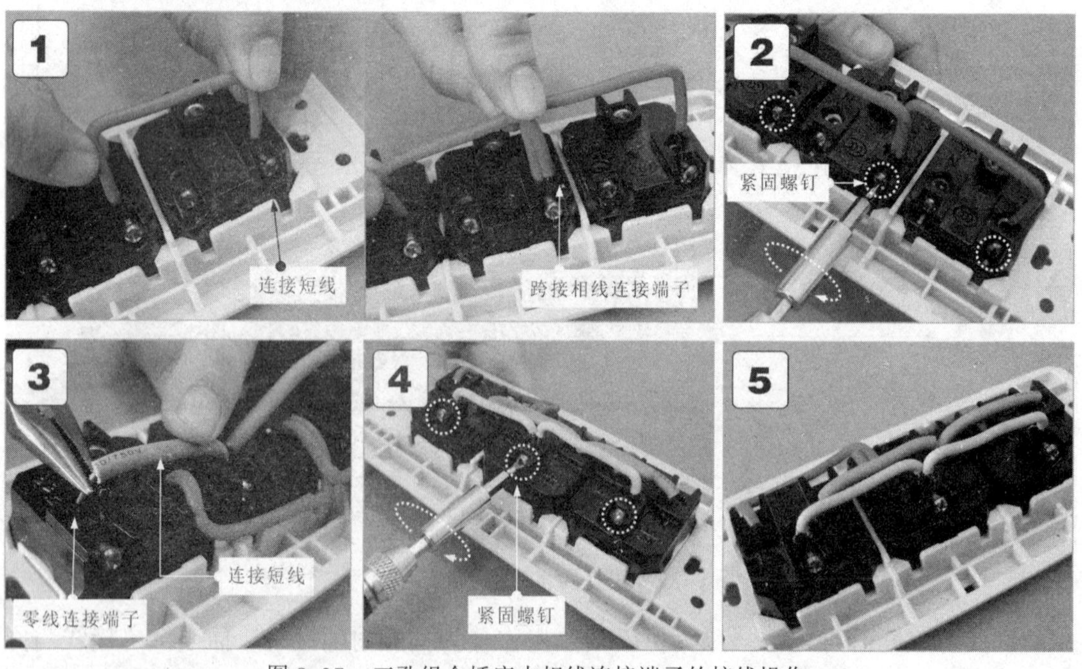

图 8-27　三孔组合插座内相线连接端子的接线操作

1. 将制作好的连接短线（红色）跨接在三孔组合插座的相线连接端子上。
2. 使用螺钉旋具紧固接线端子的固定螺钉，使连接端子连接牢靠。
3. 采用同样的方法将零线连接端子短接。
4. 采用同样的方法将地线连接端子短接。
5. 整理短接线，确保线路连接可靠、牢固。

图 8-27　三孔组合插座内相线连接端子的接线操作（续）

2　插座供电接线与固定

完成三孔组合插座内部接线后，内部插座串联，相当于形成三个公共接线端子，分别为相线接线端子（L）、零线接线端子（N）和地线接线端子（E），将这三个端子分别与接线盒中的预留相线、零线和地线连接，将三孔组合电源插座固定到接线盒中，盖好护板，安装完成，如图 8-28 所示。

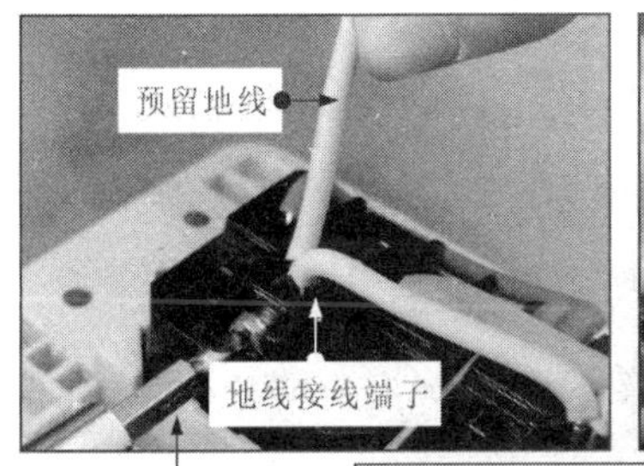

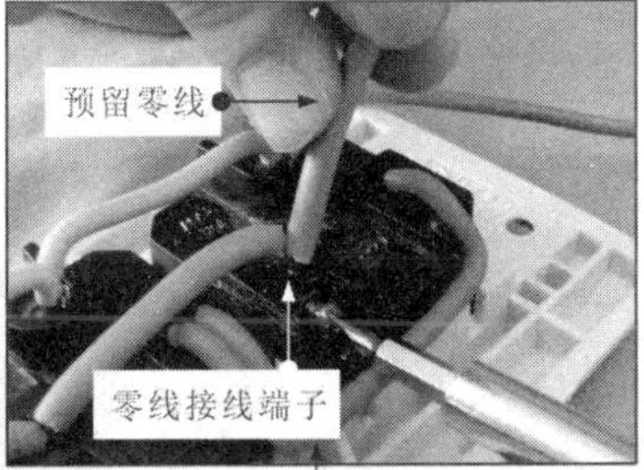

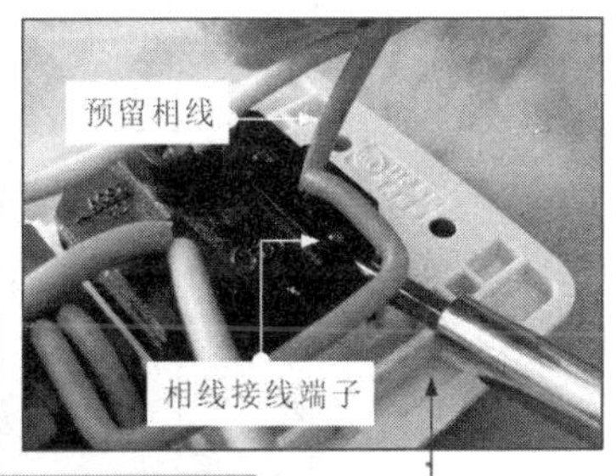

将接线盒中预留地线线芯插入三孔电源插座的公共地线接线端子中，并用螺钉旋具将固定螺钉拧紧

将接线盒中预留零线线芯插入三孔电源插座的公共零线接线端子中，并用螺钉旋具将固定螺钉拧紧

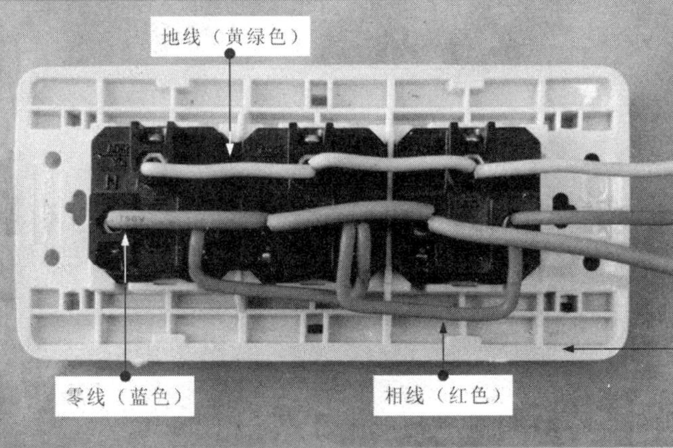

将接线盒中预留相线线芯插入三孔电源插座的公共相线接线端子中，并用螺钉旋具将固定螺钉拧紧

检查三孔电源组合插座内部接线、与电源供电预留引线接线是否牢靠。若有松动，需要重新连接

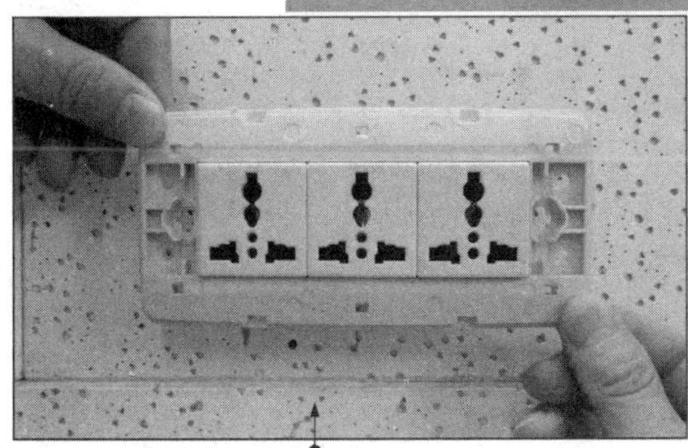

整理接线盒内多余连接线，将三孔电源插座的固定孔对准接线盒上的固定孔，拧紧固定螺钉

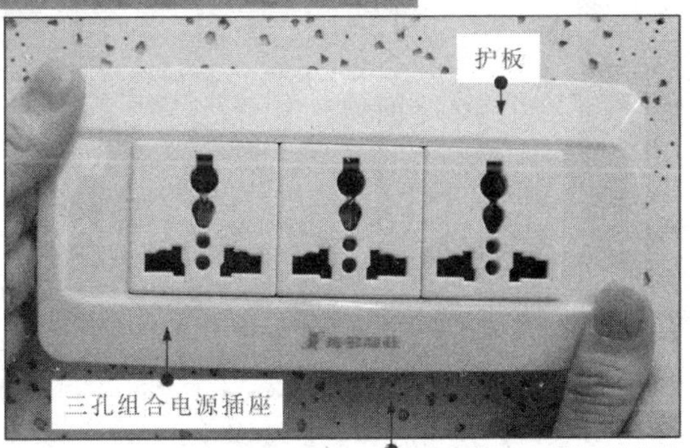

将三孔组合电源插座的护板扣合到插座面板上，检查卡扣全部到位。至此，三孔组合电源插座安装完成

图 8-28　三孔组合插座与电源供电预留引线的连接和固定

8.2.4 带功能开关插座的安装

带功能开关插座是指在插座中设有开关的电源插座。在电工操作中，带功能开关插座多应用在厨房、卫生间。应用时，可通过开关控制电源通、断，无需频繁拔插电气设备电源插头，控制方便，操作安全。

实际安装操作前，首先了解带功能开关插座的特点和接线关系，如图 8-29 所示。

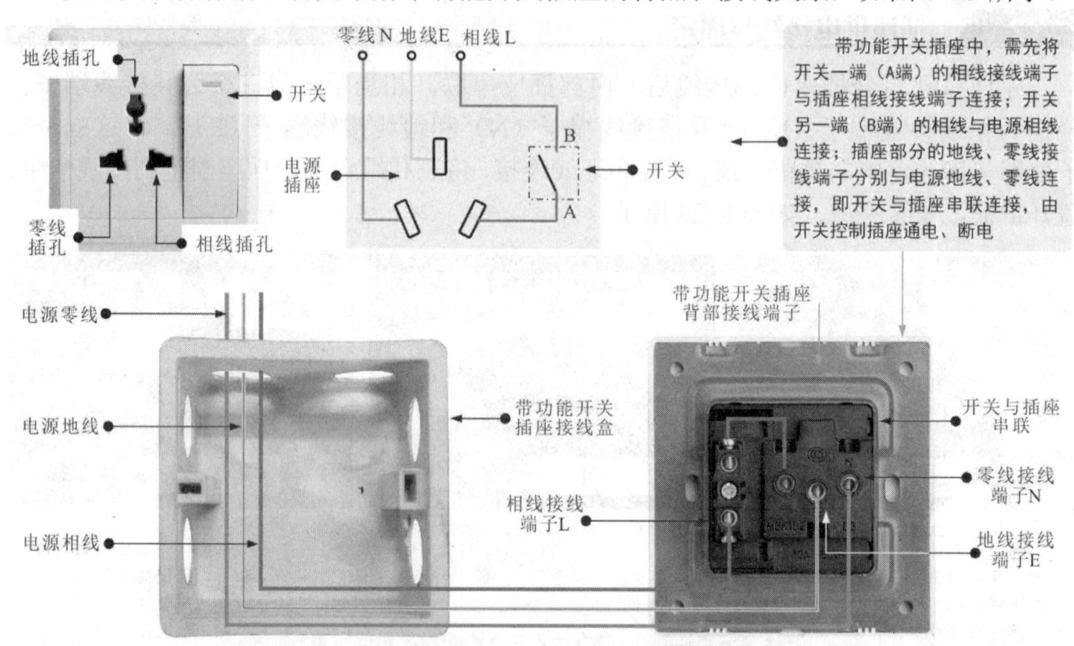

图 8-29　带功能开关插座的特点和接线关系

带功能开关插座结构形式多样，可用一个开关同时控制一组插座的通电、断电，相当于将一个开关同时与几个电源插座串联连接，接线时需要明确区分相线、零线和地线连接端子后再操作，严禁错接、漏接。

以典型带功能开关插座为例，安装方法如图 8-30 所示。

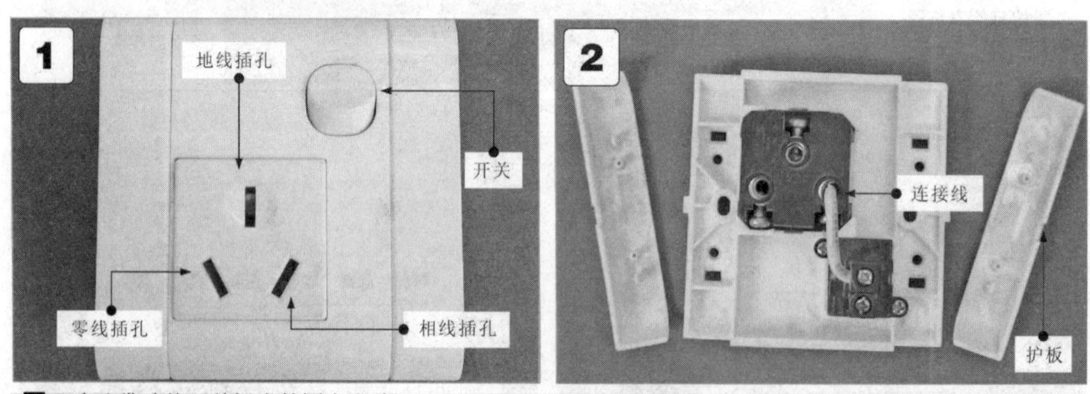

1　确认带功能开关插座的固定方式。

2　先将带功能开关插座的护板取下，完成与电源插座之间的接线连接（有些出厂已连接，则需检查连接是否牢固）。

图 8-30　带功能开关插座的安装方法

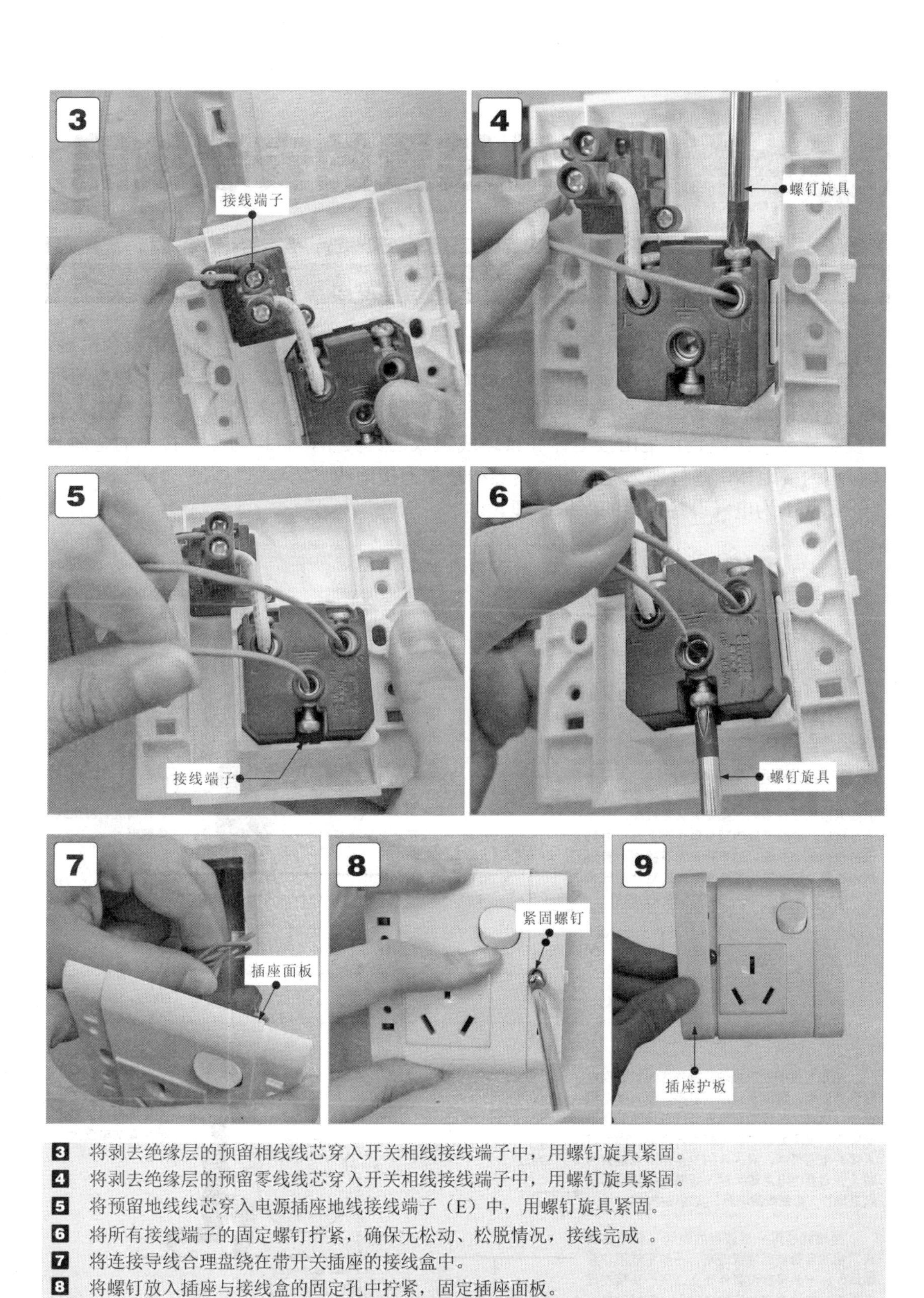

3 将剥去绝缘层的预留相线线芯穿入开关相线接线端子中，用螺钉旋具紧固。

4 将剥去绝缘层的预留零线线芯穿入开关相线接线端子中，用螺钉旋具紧固。

5 将预留地线线芯穿入电源插座地线接线端子（E）中，用螺钉旋具紧固。

6 将所有接线端子的固定螺钉拧紧，确保无松动、松脱情况，接线完成 。

7 将连接导线合理盘绕在带开关插座的接线盒中。

8 将螺钉放入插座与接线盒的固定孔中拧紧，固定插座面板。

9 将插座护板安装到插座面板上，完成带开关插座的安装

图 8-30　带功能开关插座的安装方法（续）

第9章 接地装置的安装技能

9.1 电气设备的接地形式

电气设备的接地是保证电气设备正常工作及人身安全而采取的一种用电安全措施。接地是将电气设备的外壳或金属底盘与接地装置进行电气连接，利用大地作为电流回路，以便将电气设备上可能产生的漏电、静电荷和雷电电流引入地下，防止触电，保护设备安全。接地装置是由接地体和接地线组成的。其中，直接与土壤接触的金属导体被称为接地体，与接地体连接的金属导线被称为接地线。

图9-1为电气设备接地的保护原理。

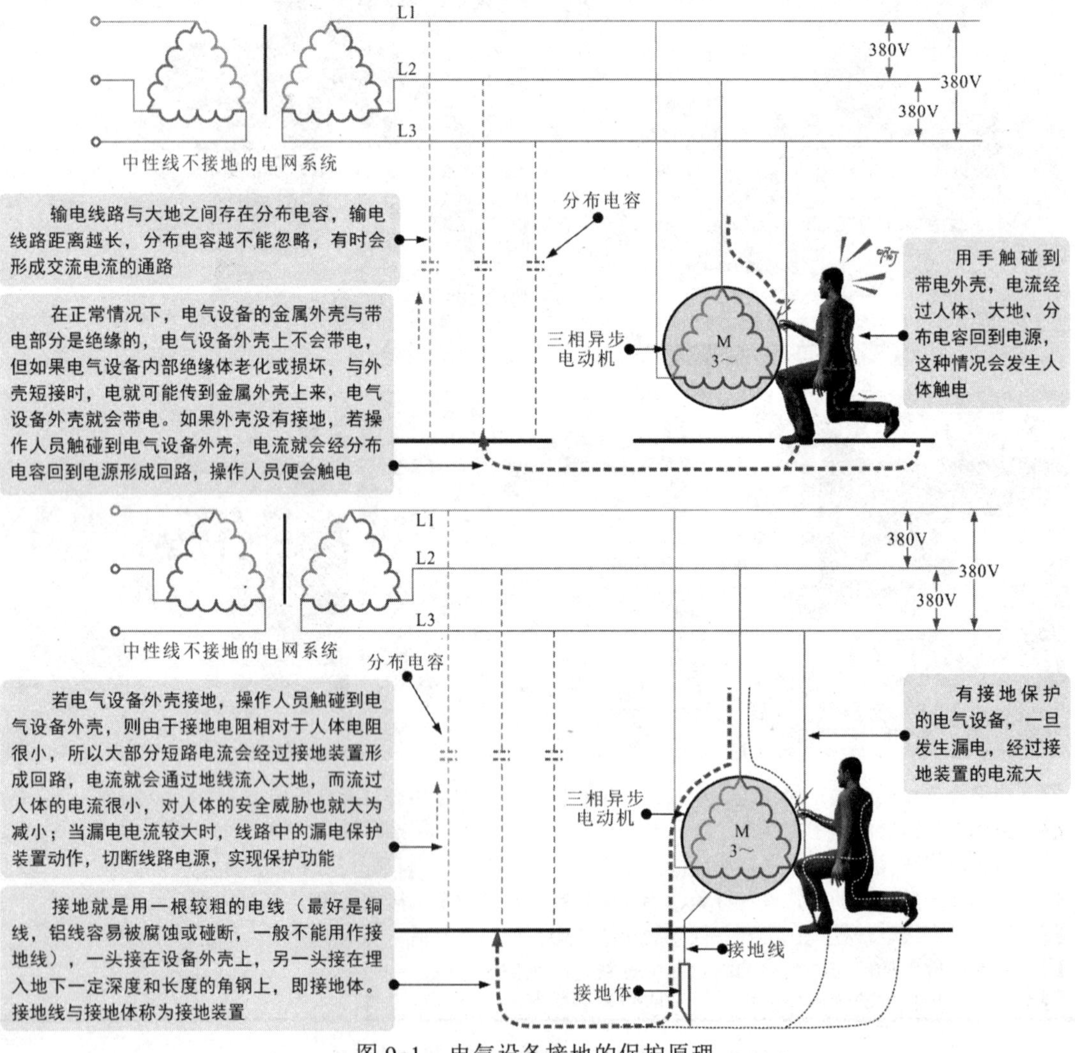

图9-1 电气设备接地的保护原理

9.1.1 电气设备的接地形式

电气设备常见的接地形式主要有保护接地、工作接地、重复接地、防雷接地、防静电接地和屏蔽接地等。

1 保护接地

保护接地是将电气设备不带电的金属外壳及金属构架接地，以防止电气设备在绝缘损坏或意外情况下金属外壳带电，确保人身安全。

图 9-2 为保护接地的几种形式。

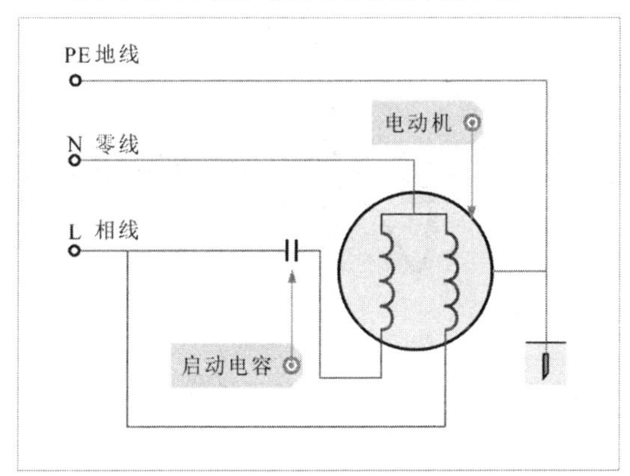

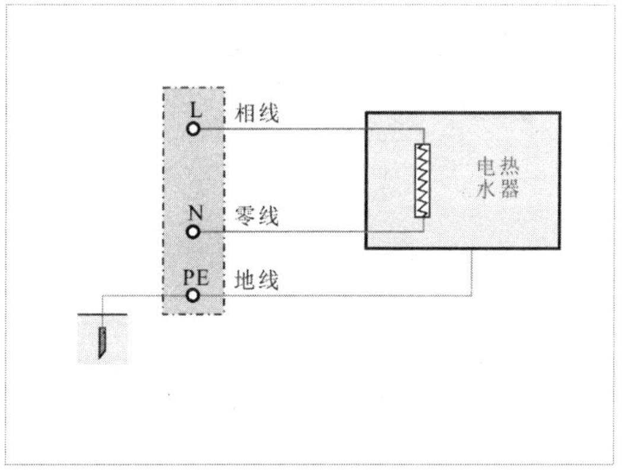

（a）单相电源供电的保护接地

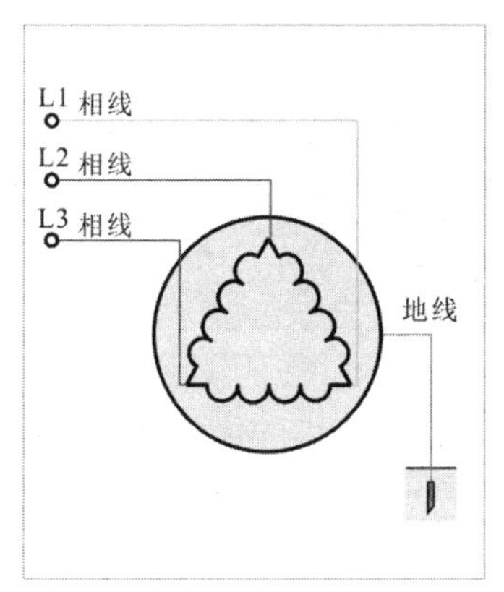

（b）三相三线制保护接地

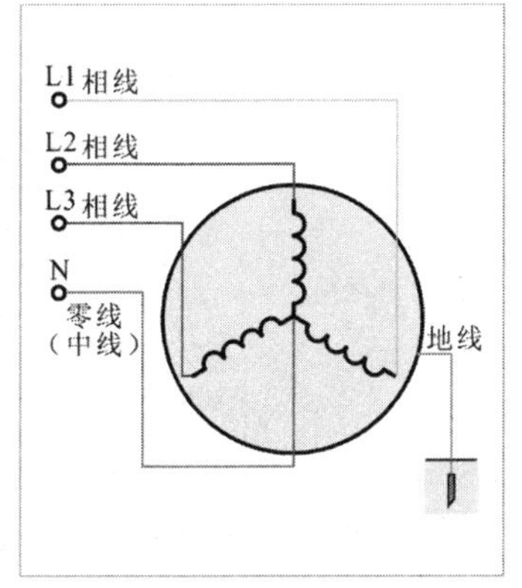

（c）三相四线制保护接地

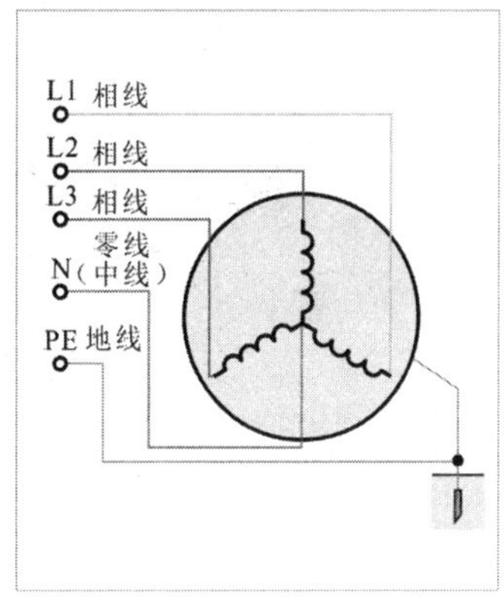

（d）三相五线制保护接地

图 9-2 保护接地的几种形式

保护接地适用于不接地的电网系统。在该系统中，在正常情况下不带电，但由于绝缘损坏或其他原因可能出现危险电压的金属部分，均应采用保护接地措施（另有规定者除外）。

图 9-3 为低压配电设备金属外壳和家用电器设备金属外壳的保护接地措施。

图 9-4 为电动机金属底座和外壳的保护接地措施。

接地操作可以使用专用的接地体接地，也可以用自然接地线，如将底座、外壳与埋在地下的金属配线钢管外壁连接。

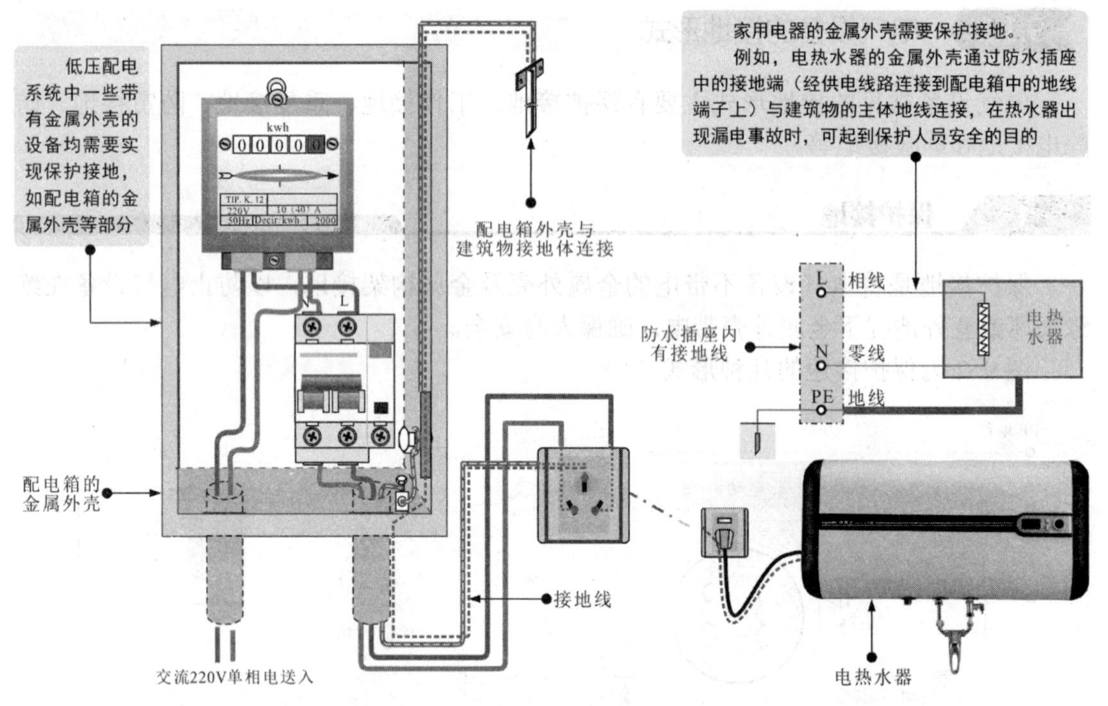

图 9-3 低压配电设备金属外壳和家用电器设备金属外壳的保护接地措施

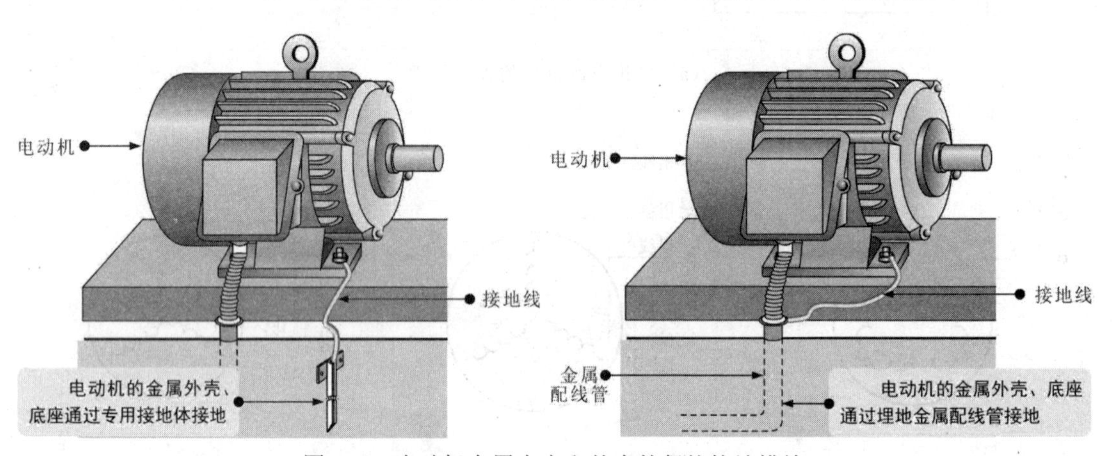

图 9-4 电动机金属底座和外壳的保护接地措施

便携式电气设备的保护接地一般不单独敷设，而是采用设备专门接地或接零线芯的橡皮护套线作为电源线，金属外壳或正常工作不带电、绝缘损坏后可能带电的金属构件通过电源线内的专门接地线芯实现保护接地。

在电工作业中，常见的便携式设备主要包括便携式电动工具，如电钻、电铰刀、电动锯管机、电动攻丝机、电动砂轮机、电刨、冲击电钻、电锤等。

图 9-5 为电钻等便携式电气设备的保护接地。

便携式电气设备通过电源线内专用接地线芯接地，电源线必须采用三芯（单相设备）或四芯（三相设备）多股铜芯橡皮护套软电缆或护套软线，电源插座和插头应有专用的接地或接零插孔和插头。便携式单相设备使用三孔单相插头、插座。接线时专用接地插孔应与专用的保护地线相接，如图 9-6 所示。

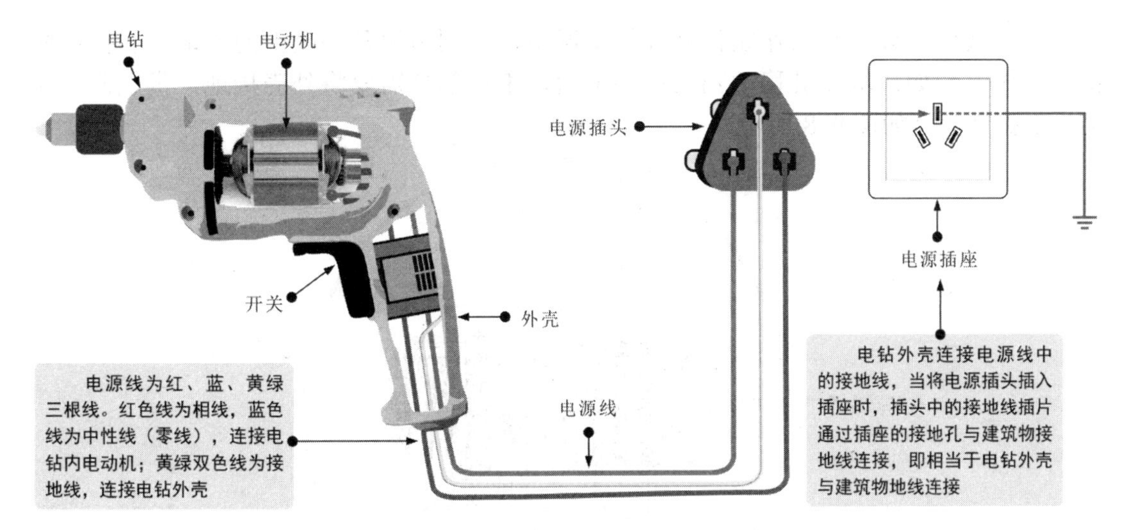

图 9-5　电钻等便携式电气设备的保护接地

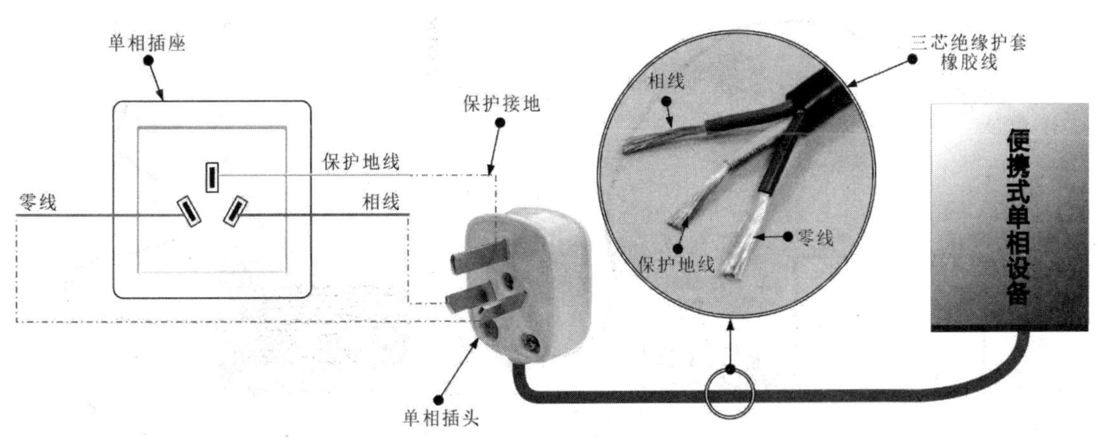

图 9-6　便携式单相设备的保护接地

三相移动式电气设备使用四孔三相插座。四孔三相插座有专用的保护接地柱头，插座上接地的插头长一些，插入时可以保证插座和插头的接地触头在导电触头接触之前就先行连通，拔出时，导电触头脱离以后才会断开，如图 9-7 所示。

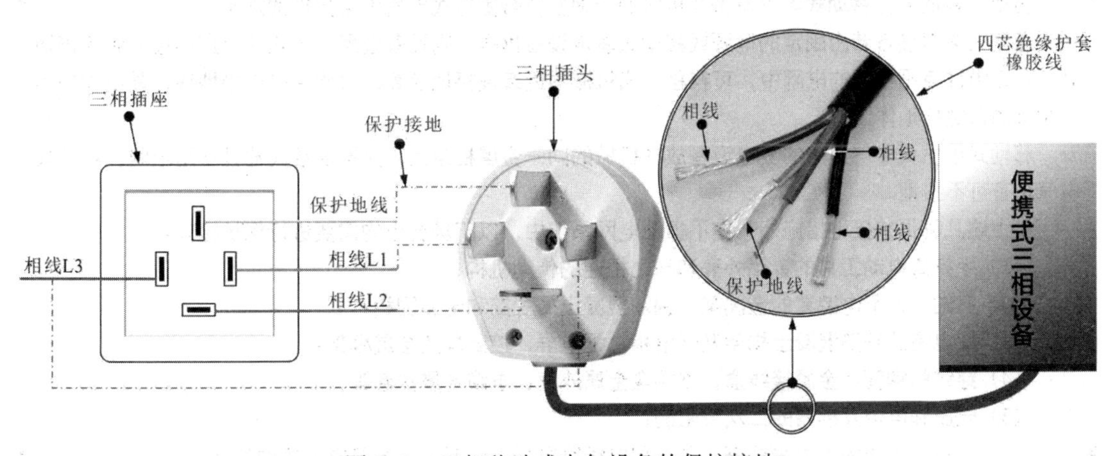

图 9-7　三相移动式电气设备的保护接地

移动式电气设备在工作条件允许的情况下，应利用设备外壳上的接地点和接地线接地保护。例如，电焊机移动到工作场地后，主机部分需要将外壳接地，供电部分应装设保护装置，如图 9-8 所示。

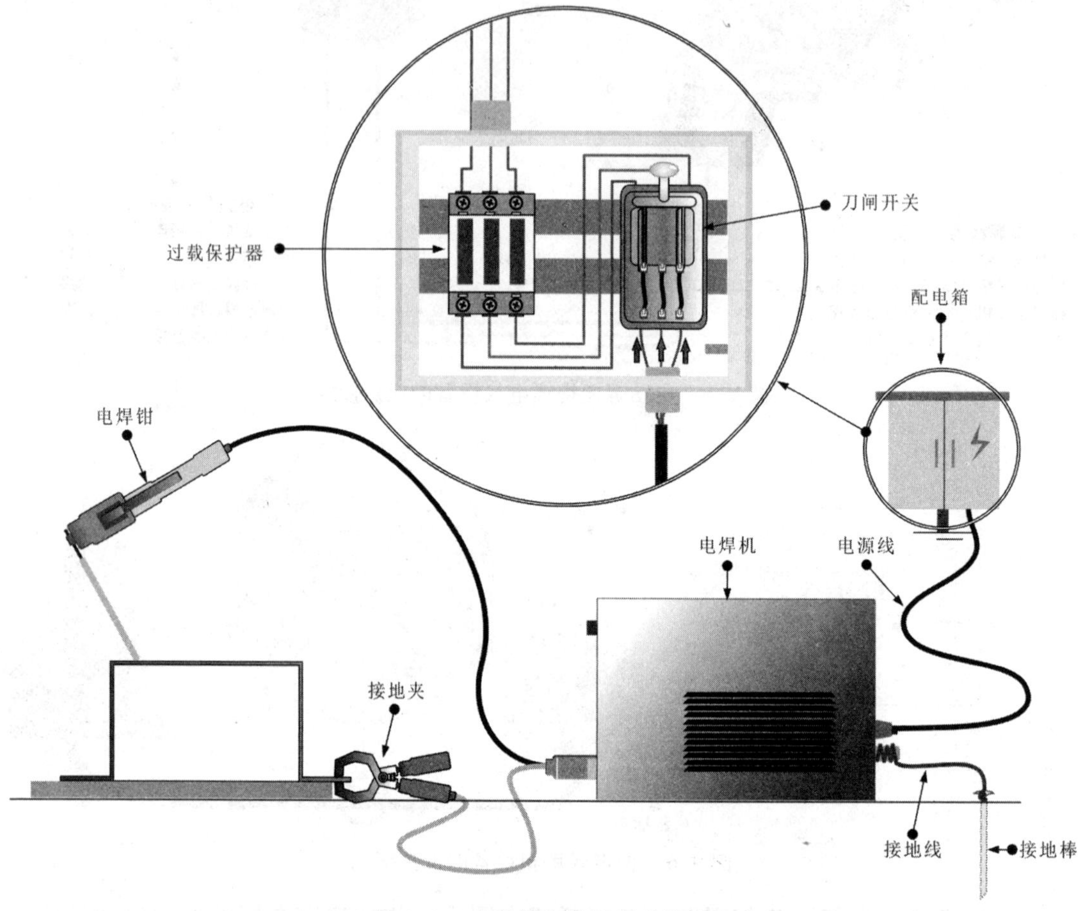

图 9-8 电焊机主机外壳的接地

提示

值得注意的是，移动式电气设备和机械的接地应符合固定式电气设备接地的规定。

移动式电气设备若由固定的电源或移动式发电设备供电，则设备金属外壳或底座应连接电源的接地装置；在中性点不接地的电网中，可在移动式机械附近装设接地装置，以代替敷设接地线，并应首先利用附近的自然接地体。

移动式电气设备与自用的发电设备放在机械的同一金属框架上，又不供给其他设备用电时，移动式电气设备可不接地。

除上述几种保护接地措施外，在不接地电网系统中，以下场合也均需要进行保护接地：

（1）手持式电动工具的金属外壳和与之相连的传动机构；

（2）室内、外配电装置的金属架、钢筋混凝土的主筋和金属围栏；

（3）配电室的钢筋混凝土构架及配电柜、配电屏、控制屏的金属框架；

（4）穿线的钢管、金属接线盒、终端盒金属外壳、电缆金属护套等；

（5）电压和电流互感器的二次绕阻侧；

（6）装有避雷线的电力线杆塔、装在配电线路电杆上的开关设备及电容器的外壳。

2 工作接地

工作接地是将电气设备的中性点接地，如图 9-9 所示。其主要作用是保持系统电位的稳定性，实际应用中，电气设备的连接不能采用此种方式。

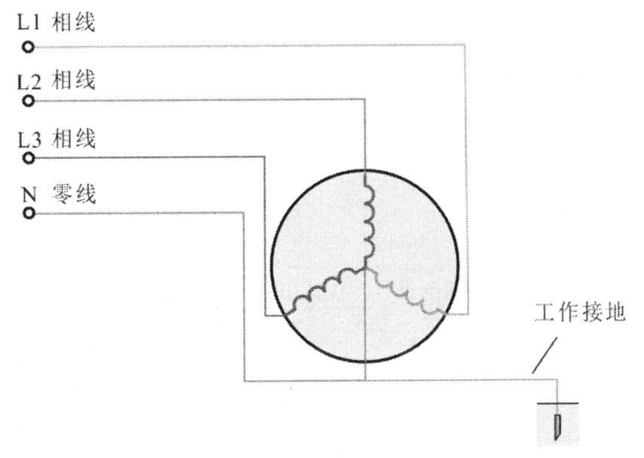

图 9-9　电气设备的工作接地

3 重复接地

重复接地一般应用在保护接零供电系统中，为降低保护接零线路出现断线后的危险程度，一般要求保护接零线路采用重复接地形式。其主要作用是提高保护接零的可靠性，即将接地零线间隔一端距离后再次或多次接地。

图 9-10 为供电线路中保护零线的重复接地措施。

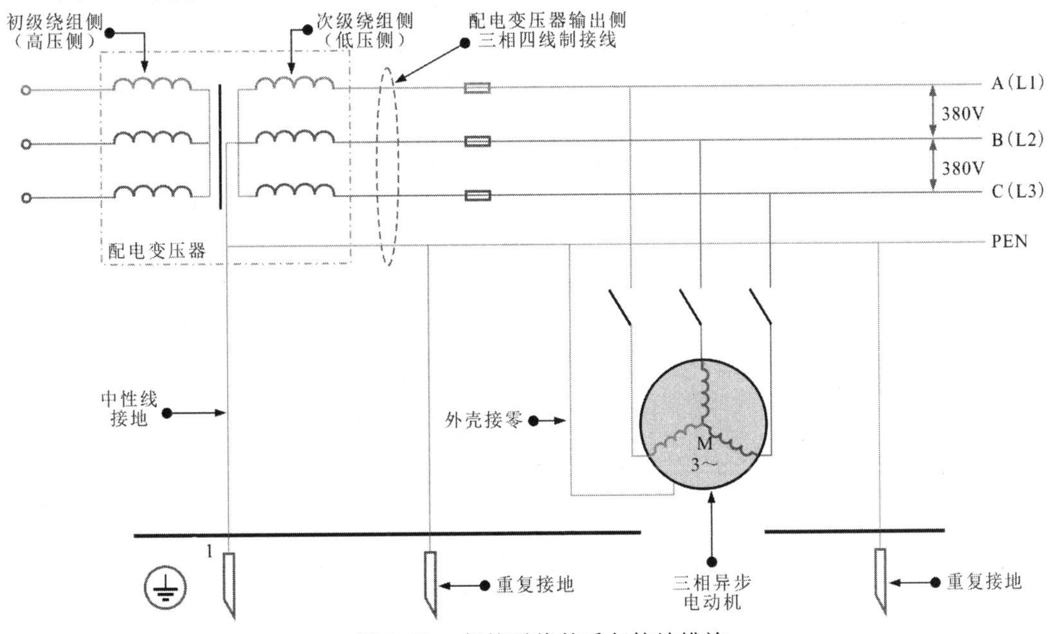

图 9-10　保护零线的重复接地措施

在采用重复接地的接零保护线路中，当出现中性线断线时，由于断线后面的零线仍接地，此时出现相线碰壳时，大部分电流将经零线和接地线流入大地，并触发保护装置动作，切断设备电源，而流经人体的电流很小，可有效降低对接触人体的危害。

图 9-11 为重复接地的功效。

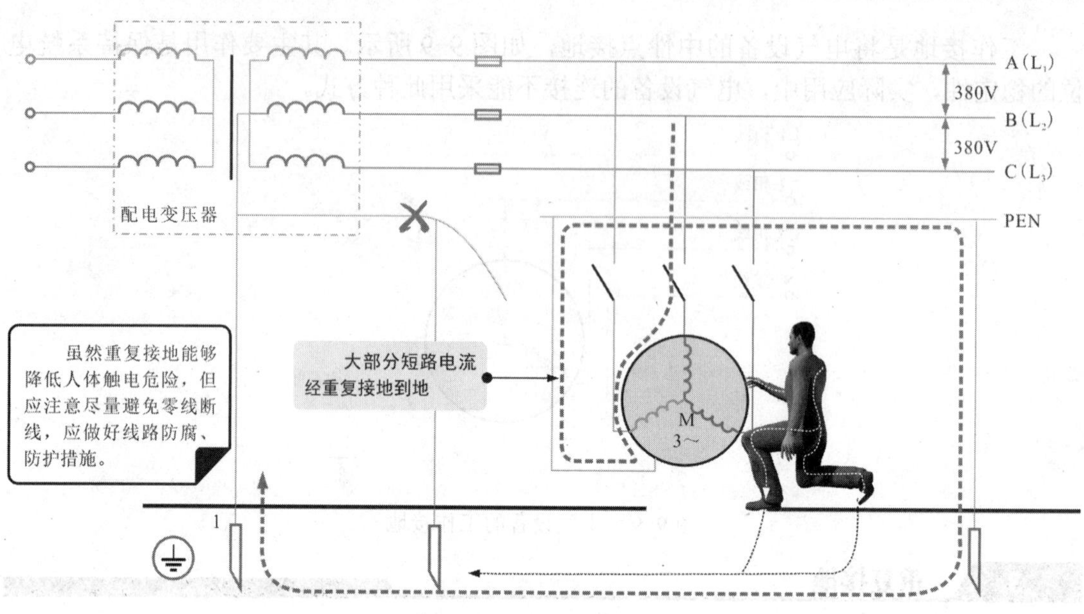

图 9-11　重复接地的功效

提示

保护接零是指在中性点接地系统中，将电气设备正常运行时不带电的金属外壳及与外壳相连的金属构架和系统中的零线连接起来，以保护人身安全的保护措施。

保护接零适用于电源中性点直接接地的配电系统中，如图 9-12 所示。

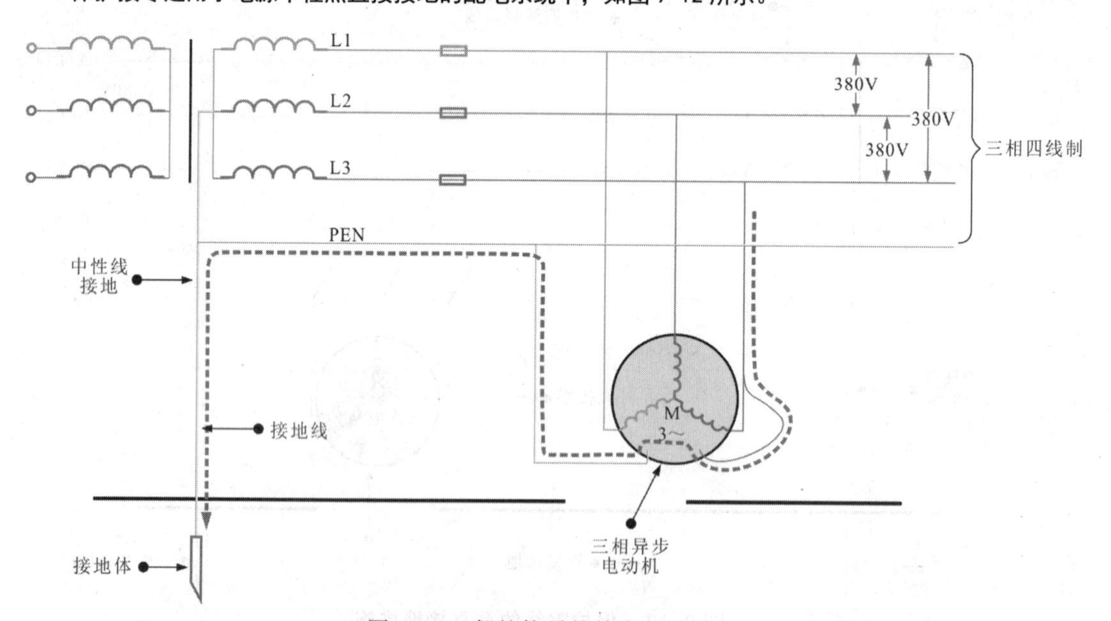

图 9-12　保护接零的特点与功效

在保护接零系统中，当相线与零线形成单相短路时，在熔断器等保护装置未断开之前的很短一段时间内，如果有人碰触漏电设备外壳时，由于线路的电阻远远小于人体电阻，大量的短路电流将沿线路流动，流过人体的电流较小，因此能够实现人体安全防护。

4 防雷接地

防雷接地主要是将避雷器的一端与被保护对象相连，另一端连接接地装置。当发生雷击时，避雷器可将雷电引向自身，并由接地装置导入大地，从而避免雷击事故发生。

图 9-13 为防雷接地形式。

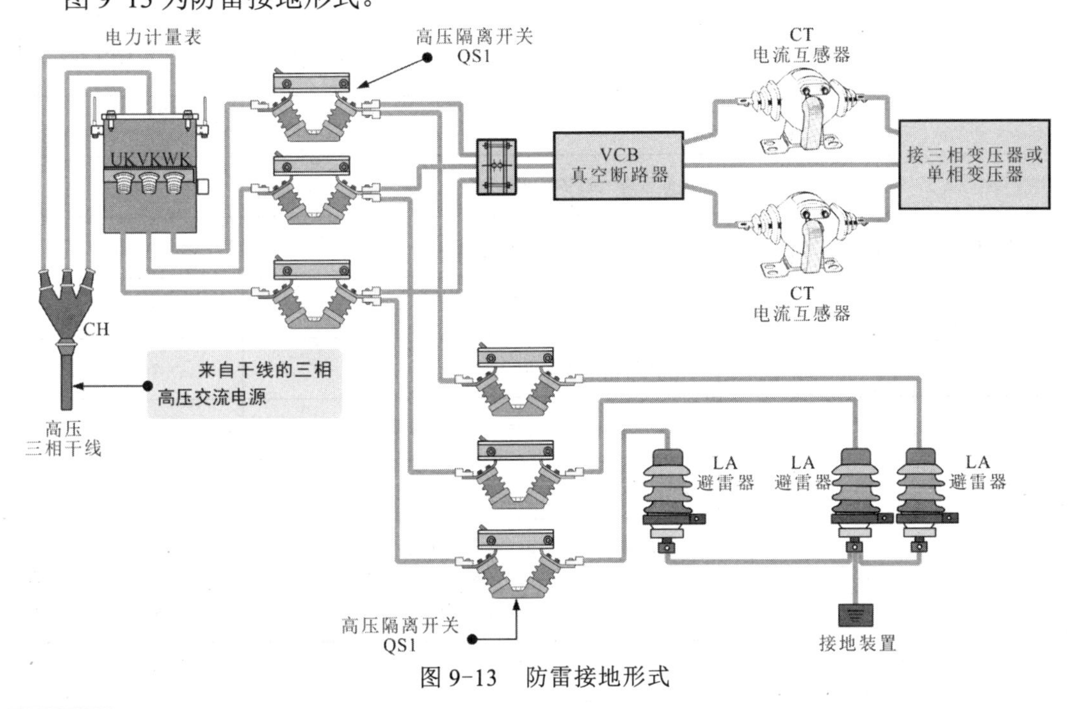

图 9-13　防雷接地形式

5 防静电接地

防静电接地是指对静电防护有明确要求的供电设备、电气设备的外壳接地，并将外壳直接接触防静电地板上，用于将设备外壳上聚集的静电电荷释放到大地中，实现静电防范。图 9-14 为防静电接地措施。

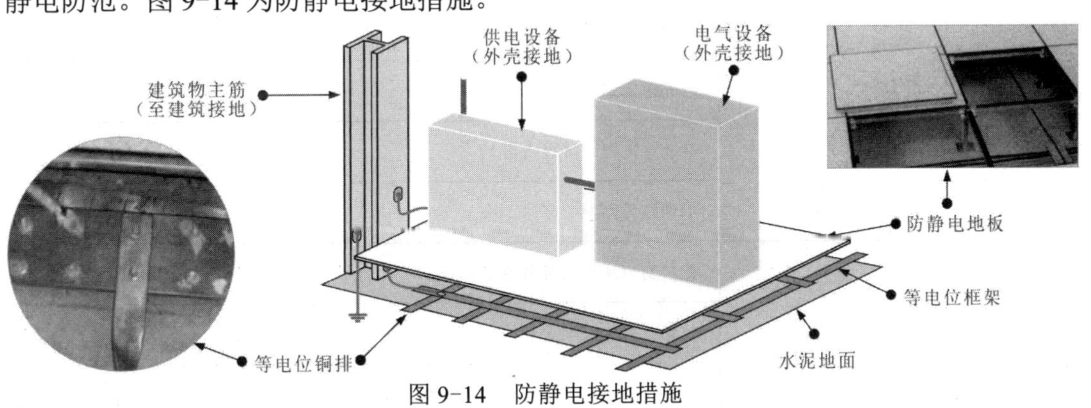

图 9-14　防静电接地措施

6 屏蔽接地

屏蔽接地是为防止电磁干扰在屏蔽体与地或干扰源的金属外壳之间所采取的电气连接形式。屏蔽接地在广播电视、通信、雷达导航等领域应用十分广泛。

9.1.2 电气设备的接地规范

不同应用环境下的电气设备，接地装置所要求的接地电阻不同，在安装接地设备时，应重点注意如图 9-15 所示几种特殊环境下的安装。

接地的电气设备特点	电气设备名称	接地电阻要求（Ω）
装有熔断器（25 A以下）的电气设备	任何供电系统	$R \leqslant 10$
	高低压电气设备联合接地	$R \leqslant 4$
	电流、电压互感器二次线圈接地	$R \leqslant 10$
	电弧炉的接地	$R \leqslant 4$
	工业电子设备的接地	$R \leqslant 10$
高土壤电阻率大于500 Ω·m的地区	1kV以下小电流接地系统的电气设备接地	$R \leqslant 20$
	发电厂和变电所接地装置	$R \leqslant 10$
	大电流接地系统发电厂和变电所装置	$R \leqslant 5$
无避雷线的架空线	小电流接地系统中水泥杆、金属杆	$R \leqslant 30$
	低压线路水泥杆、金属杆	$R \leqslant 30$
	零线重复接地	$R \leqslant 10$
	低压进户线绝缘子角铁	$R \leqslant 30$
建筑物	30 m建筑物（防直击雷）	$R \leqslant 10$
	30 m建筑物（防感应雷）	$R \leqslant 5$
	45 m建筑物（防直击雷）	$R \leqslant 5$
	60 m建筑物（防直击雷）	$R \leqslant 10$
	烟囱接地	$R \leqslant 30$
防雷设备	保护变电所的户外独立避雷针	$R \leqslant 25$
	装设在变电所架空进线上的避雷针	$R \leqslant 25$
	装设在变电所与母线连接的架空进线上的管形避雷器（与旋转电动机无联系）	$R \leqslant 10$
	装设在变电所与母线连接的架空进线上的管形避雷器（与旋转电动机有联系）	$R \leqslant 5$

图 9-15 电气设备的接地规范

9.2 接地装置的安装

接地装置主要有接地体和接地线。接地装置的安装包括接地体的安装和接地线的安装。

9.2.1 接地体的安装

直接与土壤接触的金属导体被称为接地体。接地体有自然接地体和人工接地体两种。在应用时，应尽量选择自然接地体连接，可以节约材料和费用，在自然接地体不能利用时，再选择施工专用接地体。

1 自然接地体的安装

自然接地体包括直接与大地可靠接触的金属管道、建筑物与地连接的金属结构、钢筋混凝土建筑物的承重基础、带有金属外皮的电缆等，如图 9-16 所示。

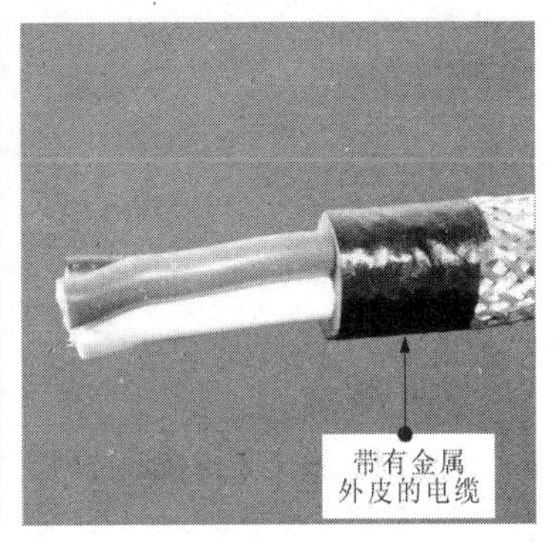

图 9-16　几种自然接地体

提示

注意，包有黄麻、沥青等绝缘材料的金属管道及通有可燃气体或液体的金属管道不可作为接地体。利用自然接地体时应注意以下几点：

（1）用不少于两根导体在不同接地点与接地线相连；

（2）在直流电路中，不应利用自然接地体接地；

（3）自然接地体的接地阻值符合要求时，一般不再安装人工接地体，发电厂和变电所及爆炸危险场所除外；

（4）当同时使用自然、人工接地体时，应分开设置测试点。

在连接管道一类的自然接地体时，不能使用焊接的方式连接，应采用金属抱箍或夹头的压接方法连接，如图 9-17 所示。金属抱箍适用于管径较大的管道。金属夹头适用于管径较小的管道。

2 施工专用接地体的安装

施工专用接地体应选用钢材制作，一般常用角钢和管钢作为施工专用接地体，在有腐蚀性的土壤中，应使用镀锌钢材或者增大接地体的尺寸，如图 9-18 所示。

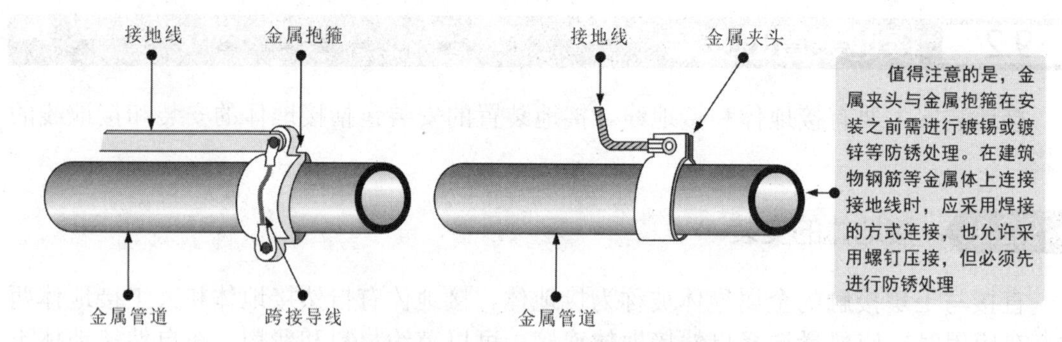

图 9-17　管道自然接地体的安装

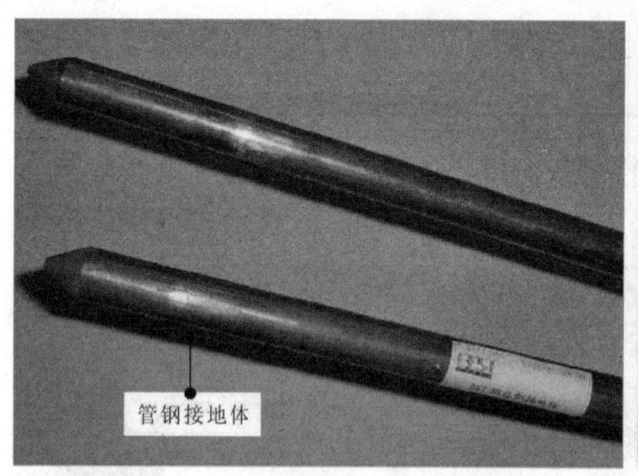

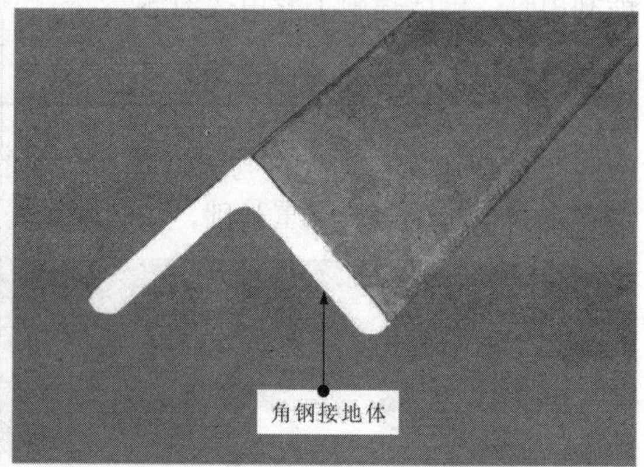

图 9-18　施工专用接地体

提示

在制作施工专用接地体时，首先需要选择安装的施工专用接地体，如管钢材料一般选用直径为50mm、壁厚不小于 3.5mm 的管材，角钢材料一般选用 40mm×40mm×5mm 或 50mm×50mm×5mm 两种规格。

接地体根据安装环境和深浅不同有水平安装和垂直安装两种方式。无论是垂直敷设安装接地体还是水平敷设安装接地体，通常都选用管钢接地体或角钢接地体。目前，施工专用接地体的安装方法通常多采用垂直安装方法。垂直敷设施工专用接地体时，多采用挖坑打桩法，如图 9-19 所示。

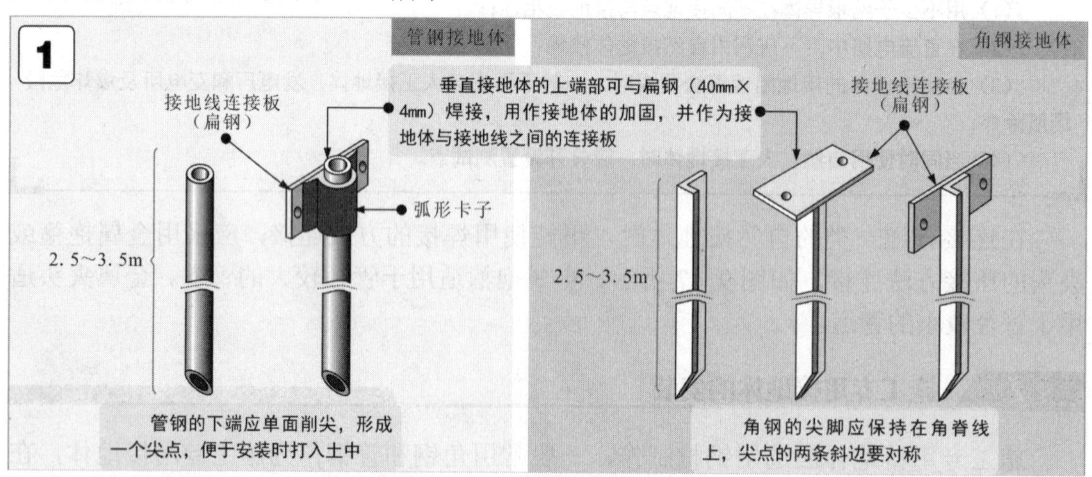

图 9-19　施工专用接地体的安装

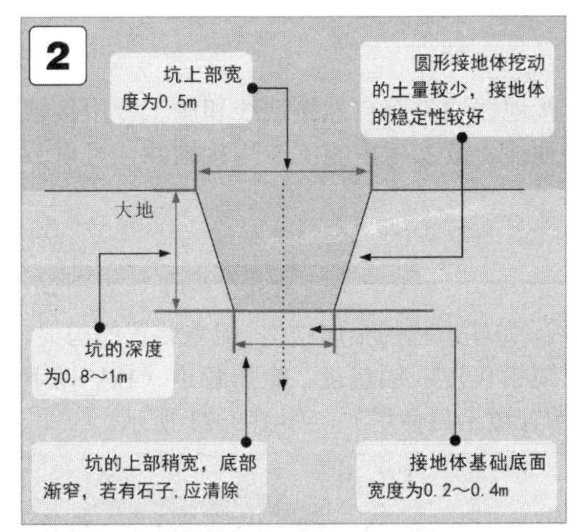

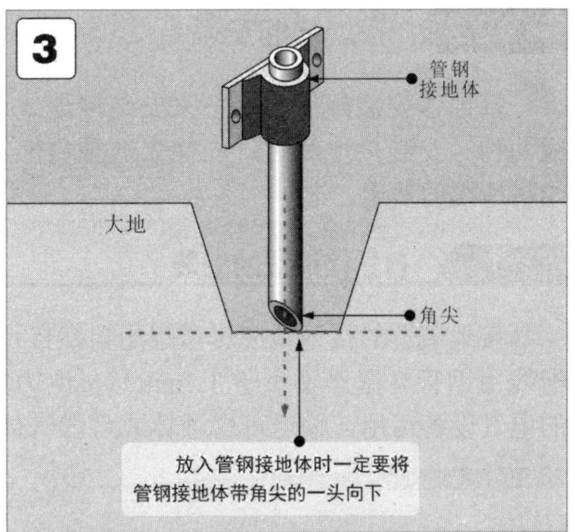

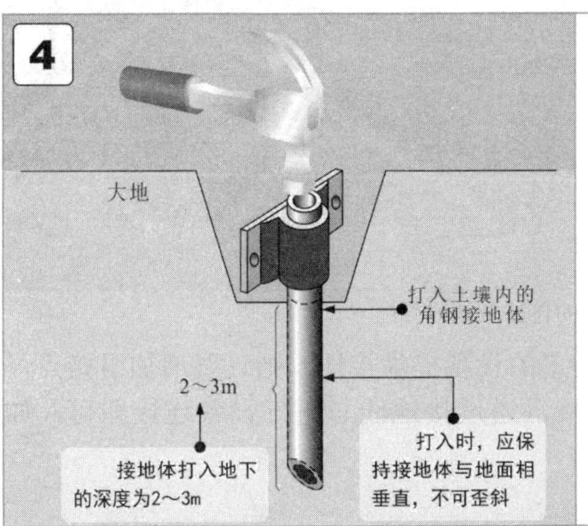

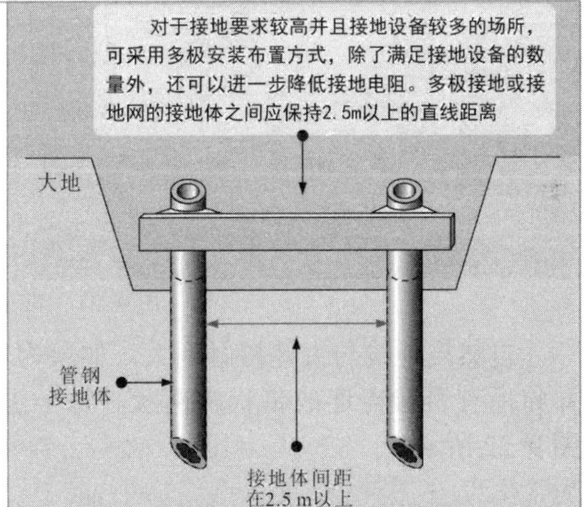

1 安装垂直接地体时，首先需要制作垂直接地体。垂直安装管钢接地体和角钢接地体的长度应在2.5～3.5 m之间。

2 安装接地体之前，需要沿着接地体的线路挖坑，以便打入接地体和敷设连接地线。

3 将制作好的管钢接地体垂直放入挖好坑的中心位置。接地体必须埋入地下一定深度，免遭破坏。

4 采用打桩法，将放入坑内的接地体凿入土壤中。将接地体打入地下后，四周用土壤填入夯实，以减小接触电阻。

图 9-19 施工专用接地体的安装（续）

提示

对于接地要求较高并且接地设备较多的场所，可采用多极安装布置方式，除了满足接地设备的数量外，还可以进一步降低接地电阻。图 9-20 为多极安装布置方式。多极接地或接地网的接地体之间应保持 2.5m 以上的直线距离。

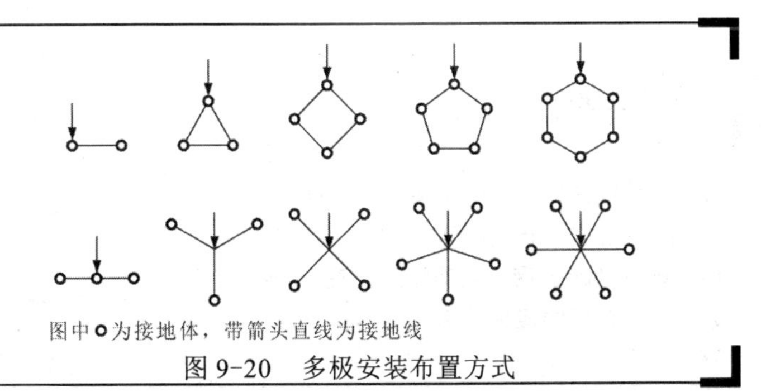

图 9-20 多极安装布置方式

9.2.2 接地线的安装

接地体安装好后，接下来安装接地线。接地线通常有自然接地线和施工专用接地线两种。安装接地线时，应优先选择自然接地线，其次考虑施工专用接地线，可以节约接地线的费用。

1 自然接地线的安装

接地装置的接地线应尽量选用自然接地线，如建筑物的金属结构、配电装置的构架、配线用钢管（壁厚不小于 1.5mm）、电力电缆铅包皮或铝包皮、金属管道（1kV 以下的电气设备可用，输送可燃液体或可燃气体的管道不得使用），如图 9-21 所示。

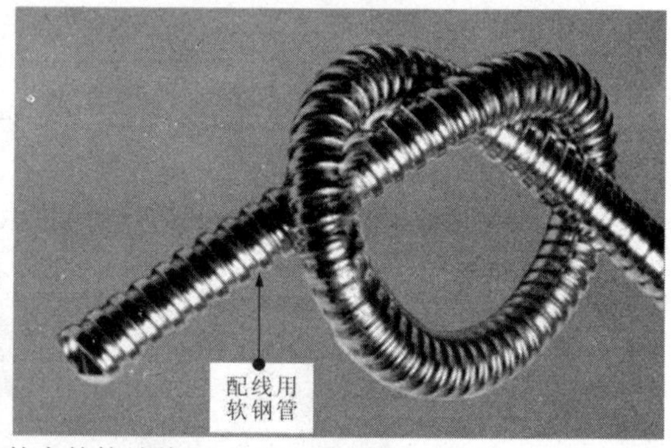

图 9-21 常见的自然接地线

自然接地线与大地接触面大，如果为较多的设备提供接地，则只要增加引接点，并将所有引接点连成带状或网状，每个引接点通过接地线与电气设备连接即可，如图 9-22 所示。

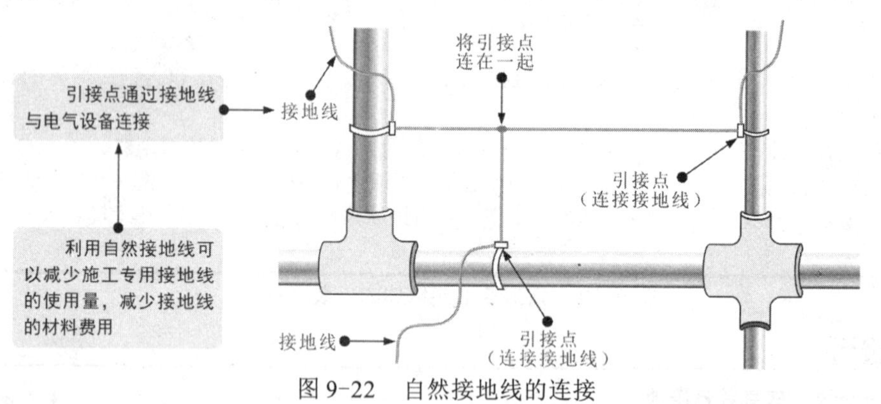

图 9-22 自然接地线的连接

提示

在使用配管作为自然接地线时，在接头的接线盒处应采用跨接线连接方式。当钢管直径在 40mm 以下时，跨接线应采用 6mm 直径的圆钢；当钢管直径在 50mm 以上时，跨接线应采用 25mm×24mm 的扁钢，如图 9-23 所示。

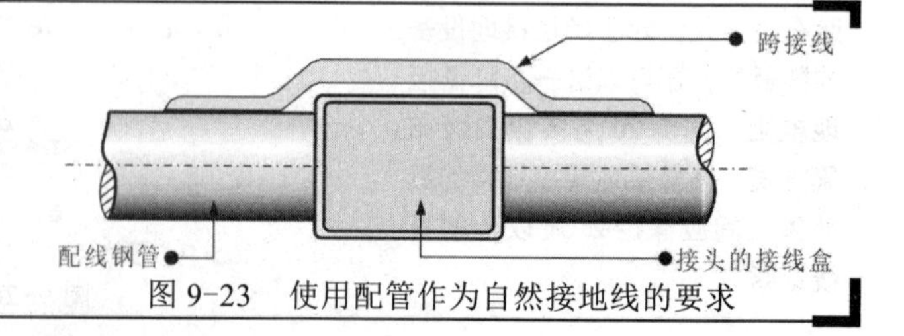

图 9-23 使用配管作为自然接地线的要求

2 施工专用接地线的安装

施工专用接地线通常使用铜、铝、扁钢或圆钢材料制成的裸线或绝缘线，如图 9-24 所示。

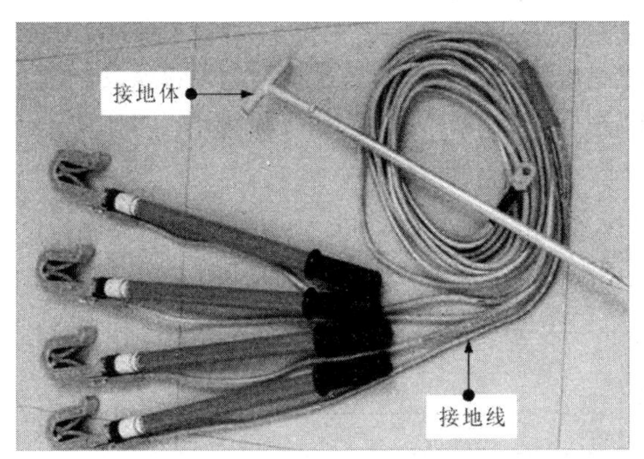

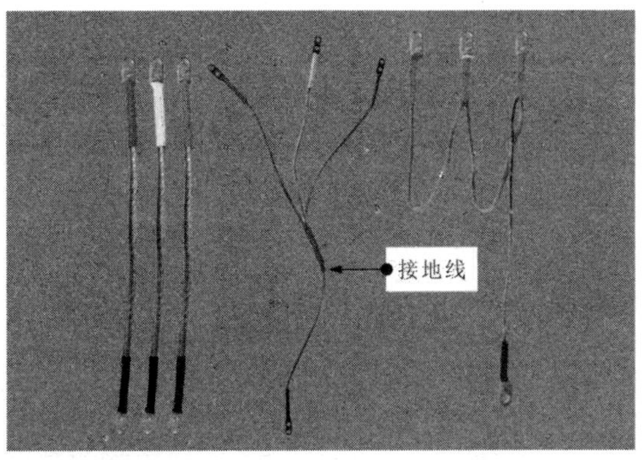

图 9-24　施工专用接地线

接地干线是接地体之间的连接导线或一端连接接地体，另一端连接各接地支线的连接线。图 9-25 为接地体与接地干线的连接。

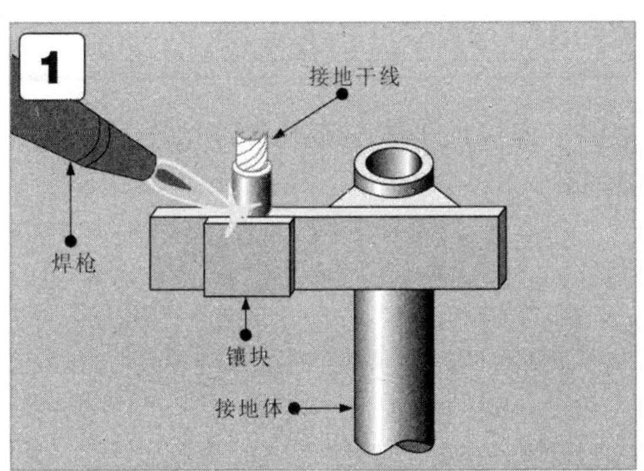

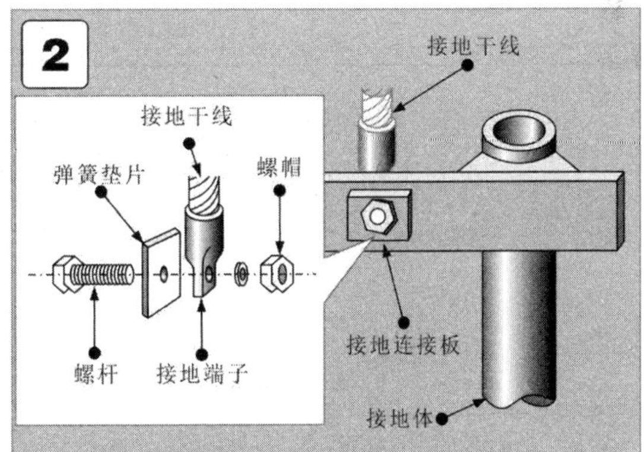

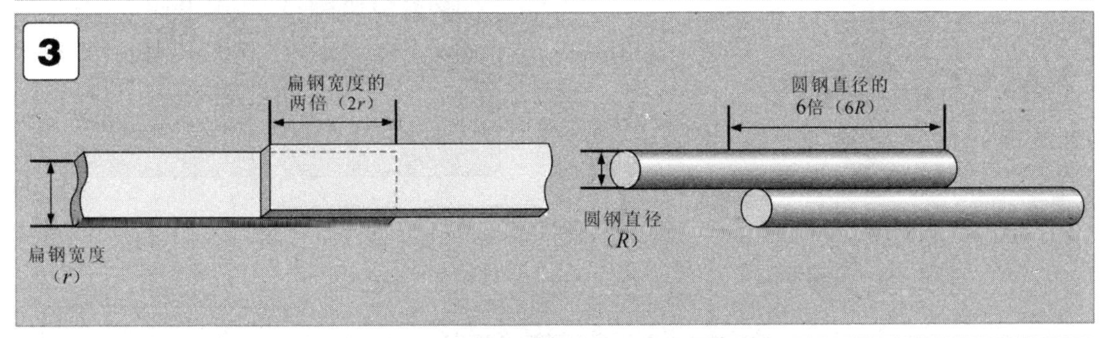

1 接地干线与接地体应采用焊接方式，焊接处添加镶块，增大焊接面积。

2 没有条件使用焊接设备时，也允许用螺母压接，但接触面必须经过镀锌或镀锡等防锈处理，螺母也要采用大于M12的镀锌螺母。在有振动的场所，螺杆上应加弹簧垫圈。

3 采用扁钢或圆钢作为接地干线，需要延长时，必须用电焊焊接，不宜用螺钉压接，并且扁钢的搭接长度为宽度的两倍，圆钢的搭接长度为直径的6倍。

图 9-25　接地体与接地干线的连接

提示

用于输配电系统的工作接地线应满足下列要求：

10kV 避雷器的接地支线应采用多股导线；接地干线可选用铜芯或铝芯的绝缘电线或裸线，也可使用扁钢、圆钢或多股镀锌绞线，横截面积不小于 16mm²；用作避雷针或避雷线的接地线，横截面积不应小于 25mm²；接地干线通常用扁钢或圆钢，扁钢横截面积不小于 4mm×12mm，圆钢直径不应小于 6mm；配电变压器低压侧中性点的接地线要采用裸铜导线，横截面积不小于 35mm²；变压器容量在 100kV·A 以下时，接地线的横截面积为 25mm²。不同材质保护接地线的类别不同，横截面积也不同，见表 9-1。

表 9-1　不同材质保护接地线的横截面积

材料	接地线类别	最小横截面积（mm²）	最大横截面积（mm²）
铜	移动电具引线的接地线芯	生活用：0.12	25
		生常用：1.0	
	绝缘铜线	1.5	
	裸铜线	4.0	
铝	绝缘铝线	2.5	35
	裸铝线	6.0	
扁钢	户内：厚度不小于3 mm	24.0	100
	户外：厚度不小于4 mm	48.0	
圆钢	户内：厚度不小于5 mm	19.0	100
	户外：厚度不小于6 mm	28.0	

室外接地干线与接地体连接好后，接下来将室内接地干线与室外接地体连接。图 9-26 为室内接地干线与室外接地体的连接。

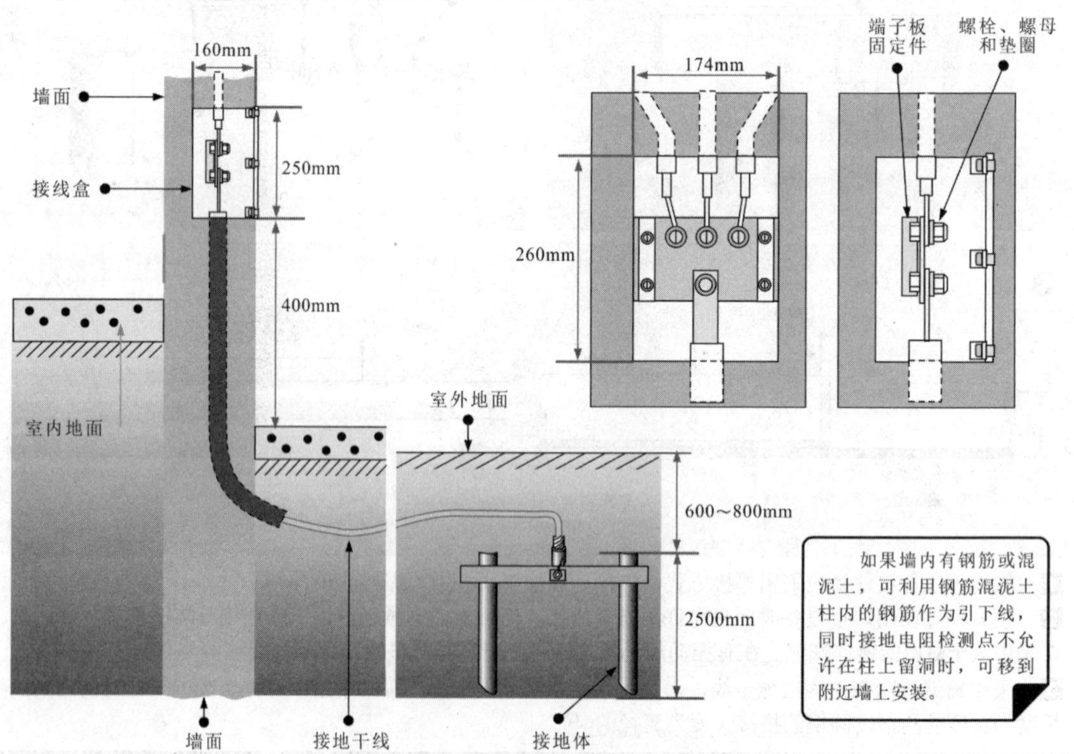

图 9-26　室内接地干线与室外接地体的连接

室内接地干线与室外接地体连接好后，接下来安装接地支线。图 9-27 为接地支线的安装。

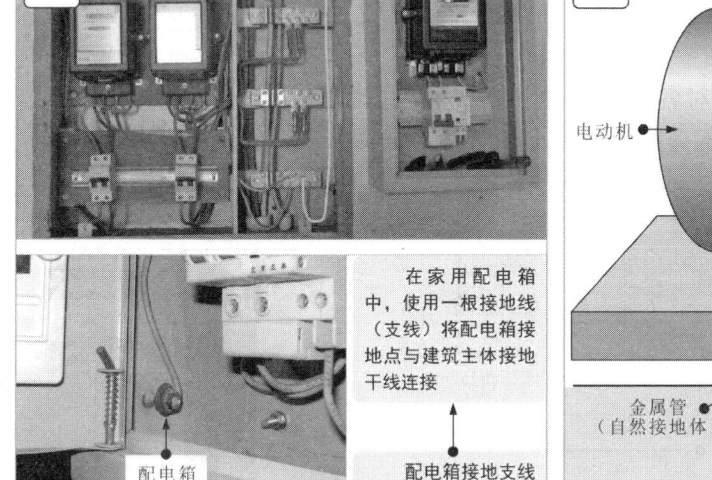

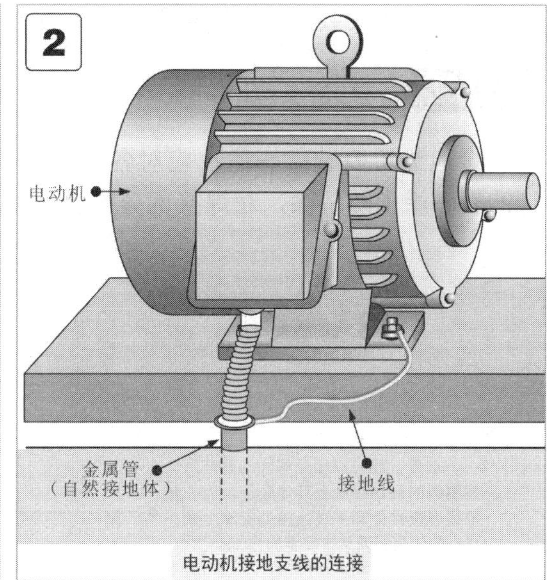

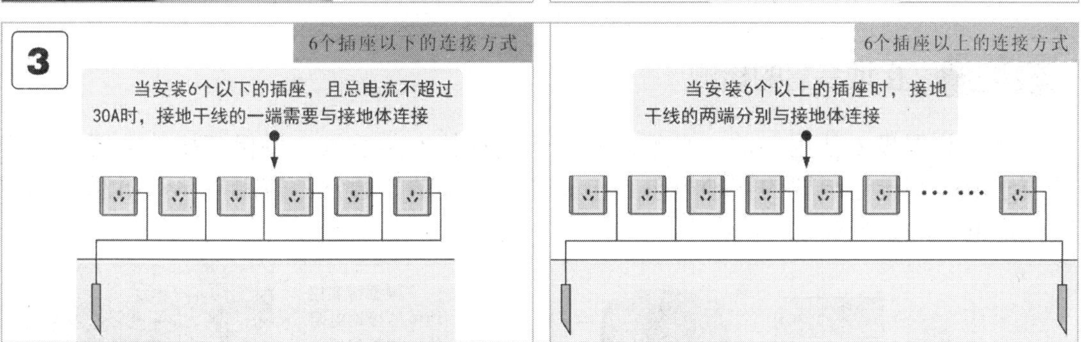

1 接地支线是接地干线与设备接地点之间的连接线。电气设备都需要用一根接地支线与接地干线连接。

2 若电动机所用的配线管路是金属管，则可作为自然接地体使用，从电动机引出的接地支线可直接连接到金属管上后再接地。

3 连接插座接地支线时，插座的接地线必须由接地干线和接地支线组成。插座的接地支线与接地干线之间应按T形连接法连接，连接处要用锡焊加固。

图 9-27　接地支线的安装

提示

接地支线的安装应注意以下几点：

◇ 每台设备的接地点只能用一根接地支线与接地干线单独连接。

◇ 在户内容易被触及到的地方，接地支线应采用多股绝缘绞线；在户内或户外不容易被触及到的地方，应采用多股裸绞线；移动电具从插头至外壳处的接地支线，应采用铜芯绝缘软线。

◇ 接地支线与接地干线或电气设备连接点的连接处应采用接线端子。

◇ 铜芯的接地支线需要延长时，要用锡焊加固。

◇ 接地支线在穿墙或楼板时，应套入配管加以保护，并且应与相线和中性线区别。

◇ 采用绝缘电线作为接地支线时，必须恢复连接处的绝缘层。

9.3 接地装置的测量验收

接地装置安装完成后，需要测量、检验接地装置，测量合格后才能交付使用。

9.3.1 接地装置的涂色

接地装置安装完毕后，应对各接地干线和支线的外露部分涂色，并在接地固定螺钉的表面涂上防锈漆，在焊接部分的表面涂上沥青漆，如图 9-28 所示。

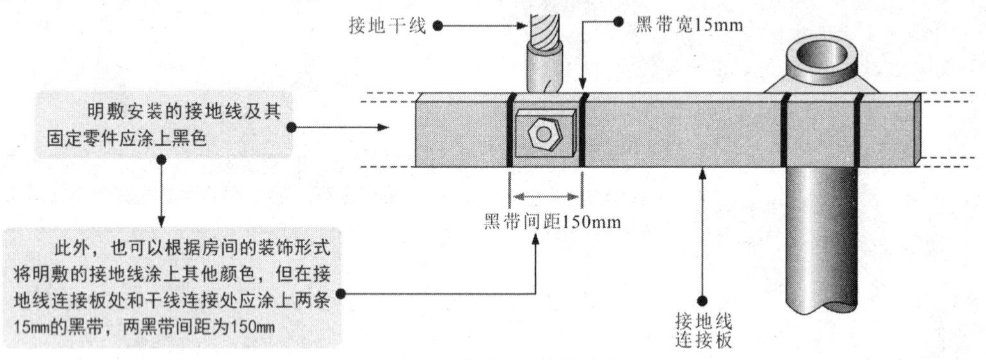

图 9-28 接地装置的涂色

9.3.2 接地装置的检测

接地装置投入使用之前，必须检验接地装置的安装质量，以保证接地装置符合安装要求。检测接地装置的接地电阻是检验的重要环节。通常，使用接地电阻测量仪检测接地电阻，如图 9-29 所示。

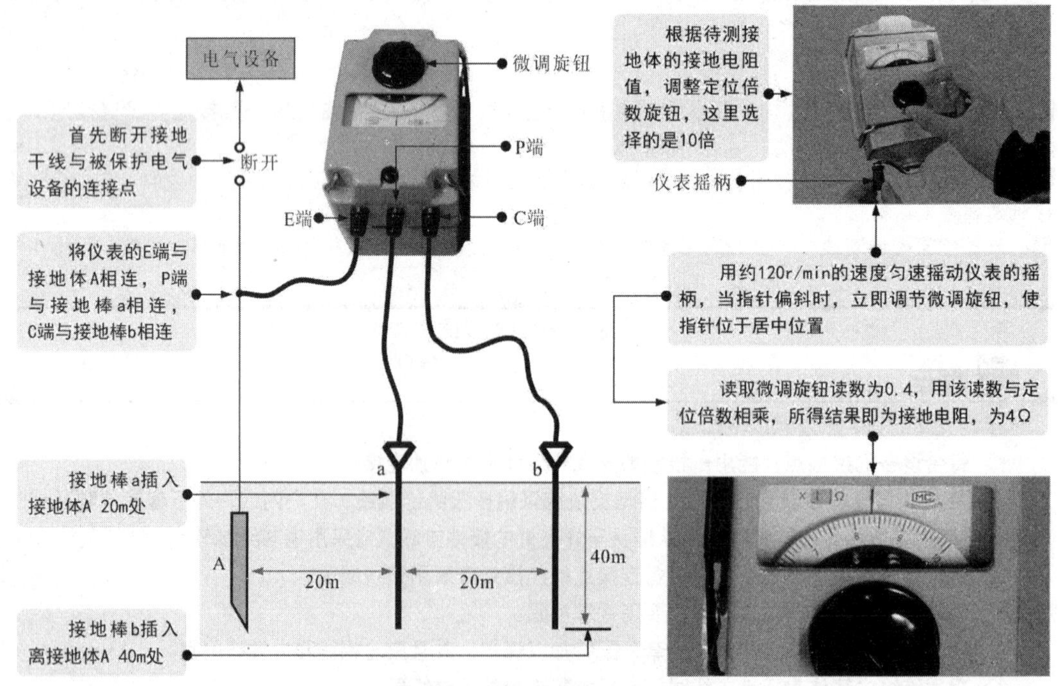

图 9-29 接地装置的检测

第10章 供配电系统的设计安装与检验

10.1 供配电系统的设计

供配电系统是指用于提供、分配和传输电能的电路，可为家庭生活和工业生产提供和分配电能，是电力系统的重要组成部分，按承载电能类型的不同可分为高压供配电系统和低压供配电系统，如图10-1所示。

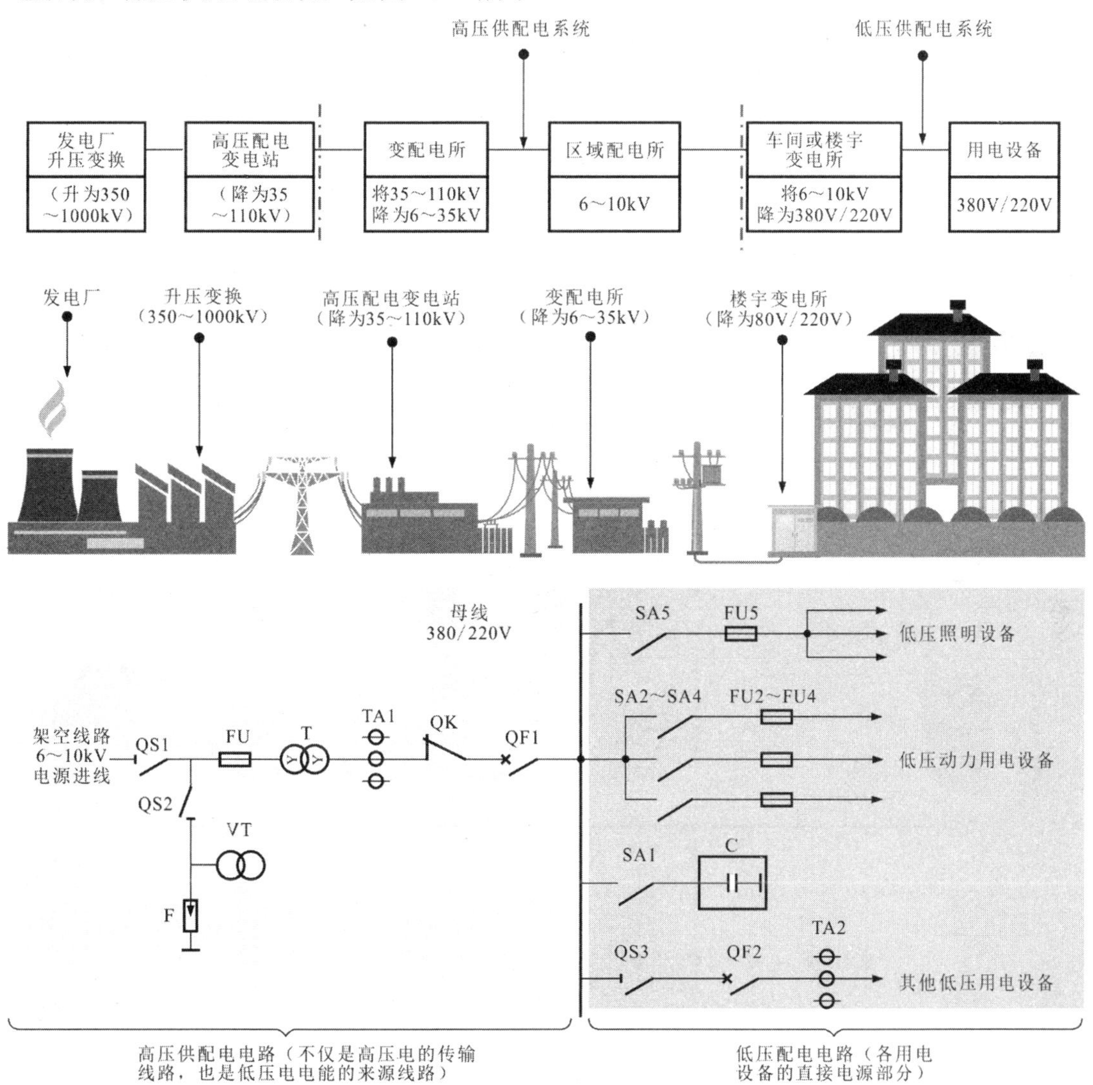

图10-1　供配电系统

供配电系统的设计应从供配电系统的类型、配电接线方式、供电电压及负荷等级等方面考虑，结合实际用电情况，做出安全、合格、可靠的设计规划方案。

10.1.1 明确供配电系统类型

1 高压供配电系统

高压供配电系统多采用 6 ～ 10kV 的供电和配电线路及设备，可将电力系统中 35 ～ 110kV 的供电电源电压下降为 6 ～ 10kV 的高压配电电压，供给高压配电所、车间变电所和高压用电设备等，如图 10-2 所示。

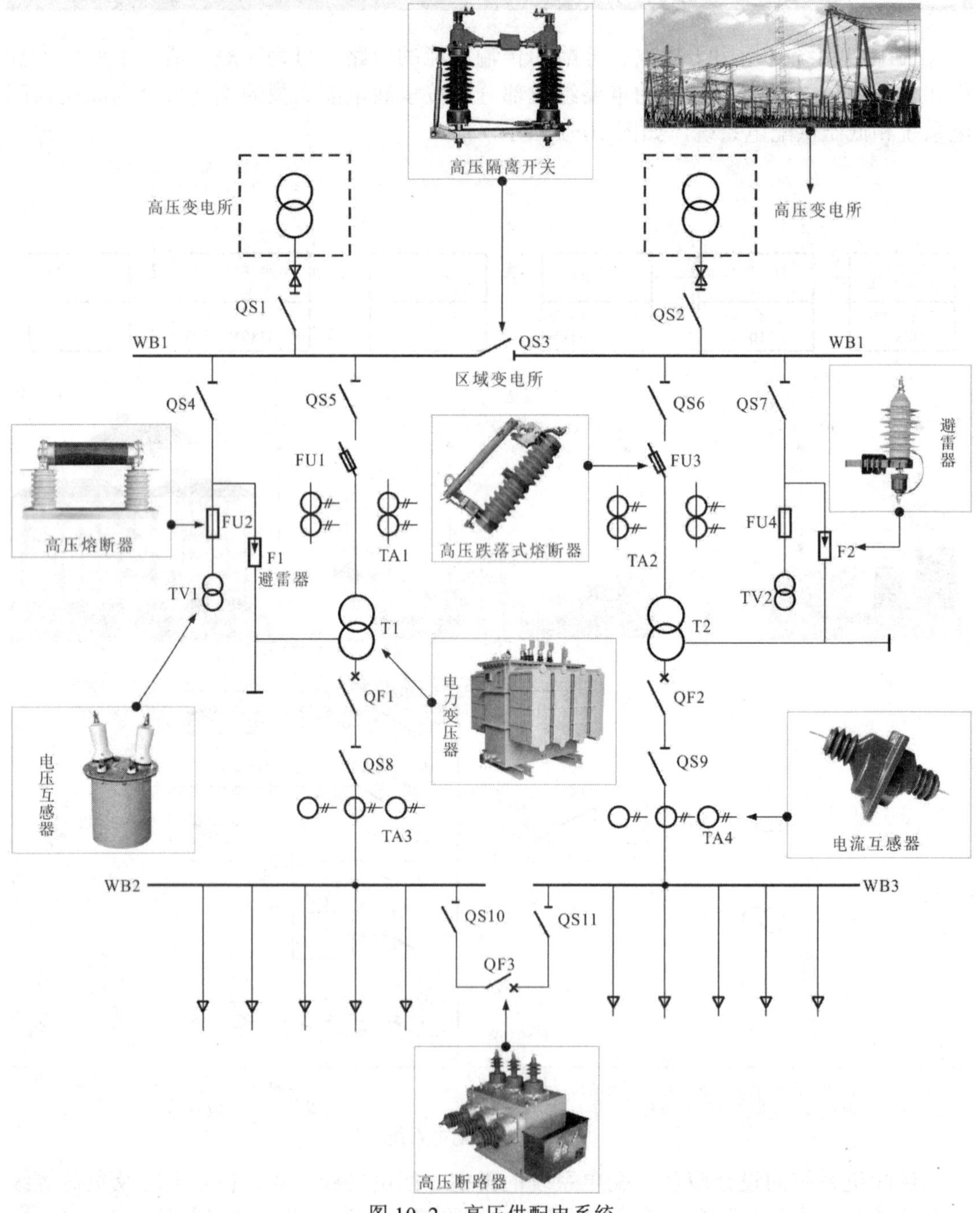

图 10-2　高压供配电系统

提示

从图中可以看出，高压变电所将超高压变成高压后，通过高压线缆连接器与区域变电所的高压线缆连接，同时经两个高压隔离开关（QS1～QS2）送入区域变电所的母线WB1，当两个高压变电所同时供电时，高压隔离开关QS3断开。若其中一个高压变电所故障或高压线缆故障时，则可以将高压隔离开关QS3闭合，由一个高压变电所为区域变电所供电，经过母线WB1后，一路经高压隔离开关QS5、高压跌落式熔断器FU1、高压电流互感器TA1送入电力变压器T1降压后，变成较低的中低压，再经断路器QF1、隔离开关QS8、电流互感器TA3后送入母线WB2上。同时，WB1母线经隔离开关QS4、熔断器FU2、电压互感器TV1和避雷器F1接地对供电系统进行保护。WB1右路输出的供电系统与上述供电系统的结构完全相同。

2 低压供配电系统

低压供配电系统通常是由10 kV及以下的供配电线路和与之相连接的变压器组成的，可将电能分配到各类用户中。

图10-3为低压供配电系统。该低压供配电系统是由电力变压器、总断路器、多个断路器、三相电度表、单相电度表、三根母线、带有漏电保护功能的断路器及多个单相断路器等构成的。

提示

高压配电线路经电源进线口WL后，送入小区低压配电室的电力变压器T中。

变压器降压后输出380/220V电压，经小区内总断路器QF2后送到母线W1上。

经母线W1后分为多个支路，每个支路可作为一个单独的低压供电线路使用。

其中，一条支路低压加到母线W2上，分为3路分别为小区中一号楼～三号楼供电。

每一路上安装有一只三相电度表，用于计量每栋楼的用电总量。

由于每栋楼有十六层，除住户用电外，还包括电梯用电、公共照明等用电及供水系统的水泵用电等。小区中的配电柜将供电线路送到楼内配电间后，分为18个支路。15个支路分别为十五层住户供电，另外3个支路分别为电梯控制室、公共照明配电箱和水泵控制室供电。

每个支路首先经一个支路总断路器后再分配。以一层住户供电为例，低压电经支路总断路器QF10后分为三路，分别经三只电度表后，由进户线送至三个住户室内。

10.1.2 选择供配电接线方式

1 高压供配电系统的接线方式

高压供配电系统的配电方式可分为放射式、干线式和环式三种。

（1）放射式。放射式连接的高压供配电系统是由变配电所的母线引出高压线缆与区域配电所的变压器连接。放射式连接可以分为单线路放射式连接和双线路放射式连接。

单线路放射式连接的高压供配电系统可以由变配电所的母线上引出一路专用高压线缆，直接与区域变电所的高压变压器连接，在该支路上只设有高压断路器，不连接其他负荷，各区域变电所之间无联系，如图10-4所示。

双线路放射式连接的高压供配电系统同样由变配电所的母线上引出一路专用高压

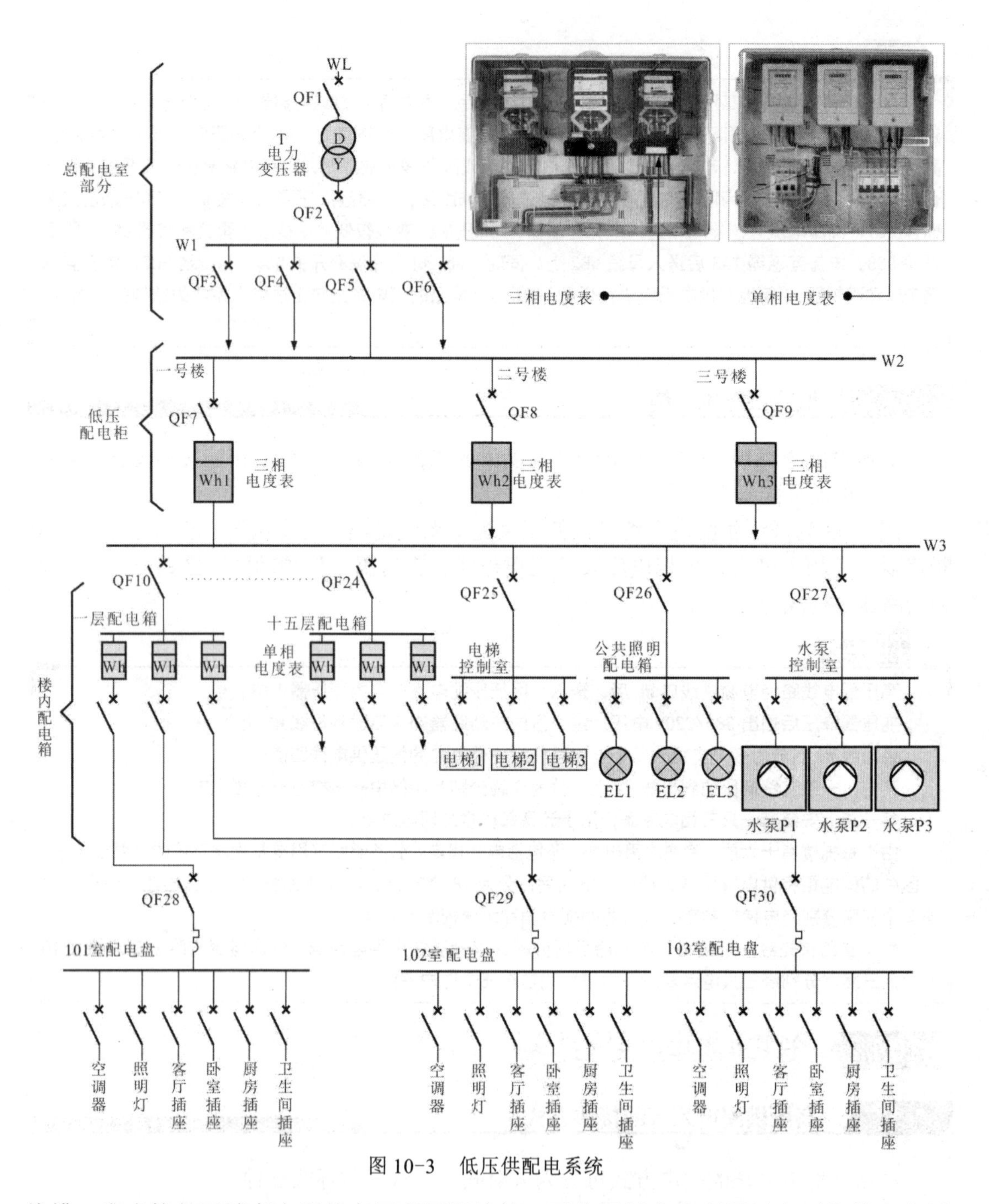

图 10-3　低压供配电系统

线缆，先直接与区域变电所的高压变压器连接，再将区域变电所通过高压线缆和高压隔离变压器连接，如图 10-5 所示。

单线路放射式连接的高压供配电系统线路敷设简单、维护方便、供电可靠，当高压供配电系统发生故障时，无备用线缆可以应急使用；双线路放射式连接方式同样拥有单线路放射式连接的优点，将母线分支后所连接的区域变电所之间通过高压隔离开关连接，若某一区域变电所的供电系统故障，则可以将高压隔离开关打开，借用附近区域变电所的电力维持供电。

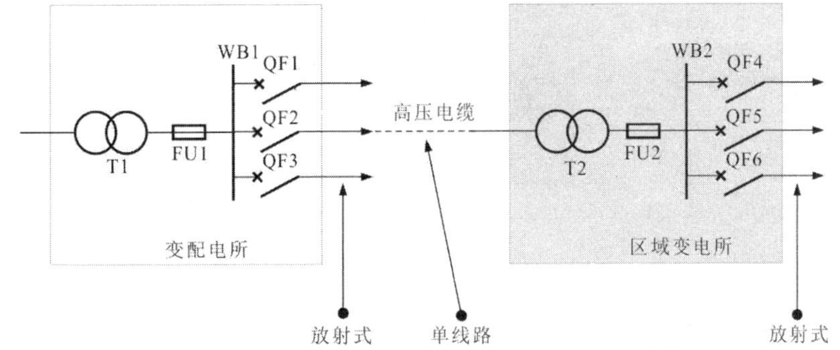

图 10-4　单线路放射式连接的高压供配电系统

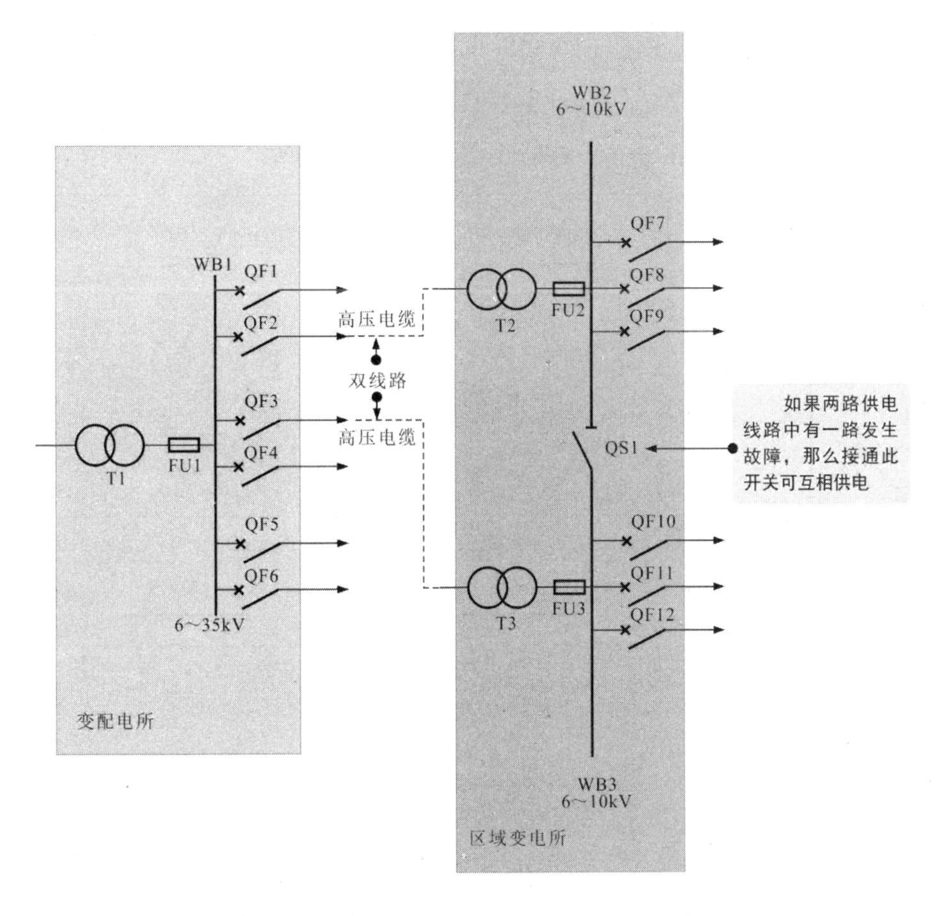

图 10-5　双线路放射式连接的高压供配电系统

（2）干线式。干线式连接的高压供配电系统是由变配电所的母线引出一条高压线缆为多个区域变压所供电。干线式连接的高压供配电系统可以减少变电所中的变压器数量，建设成本减少，但是供电可靠性差。若某一条高压线缆故障，则所连接的区域变电所都会停电，如图 10-6 所示。

（3）环式。环式连接的高压供配电系统是通过母线输出的线缆构成环形，通过高压隔离变压器为区域变电所供电，一个环形高压线缆可以连接多个区域变电所，如图 10-7 所示。

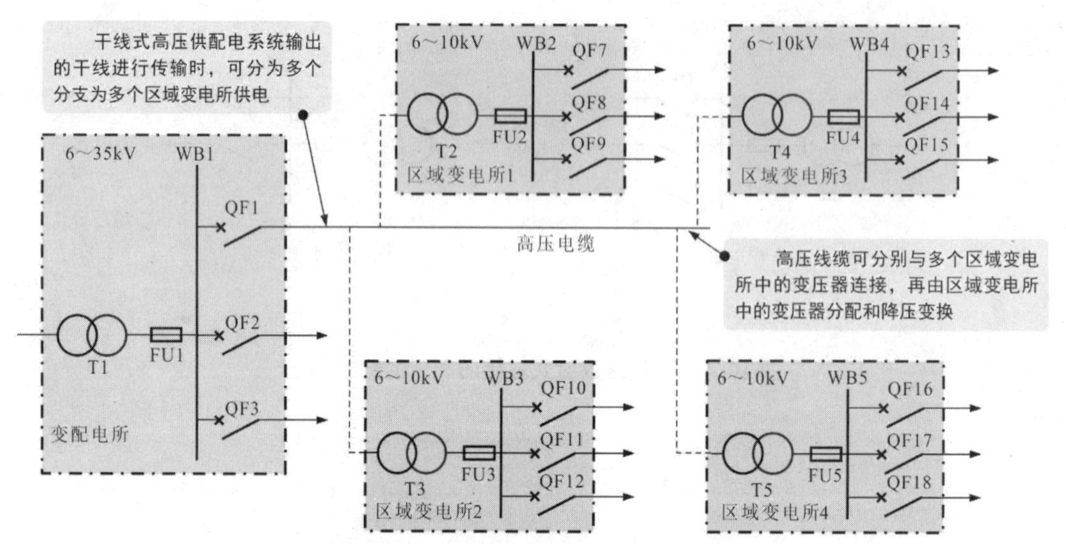

图 10-6　干线式连接的高压供配电系统

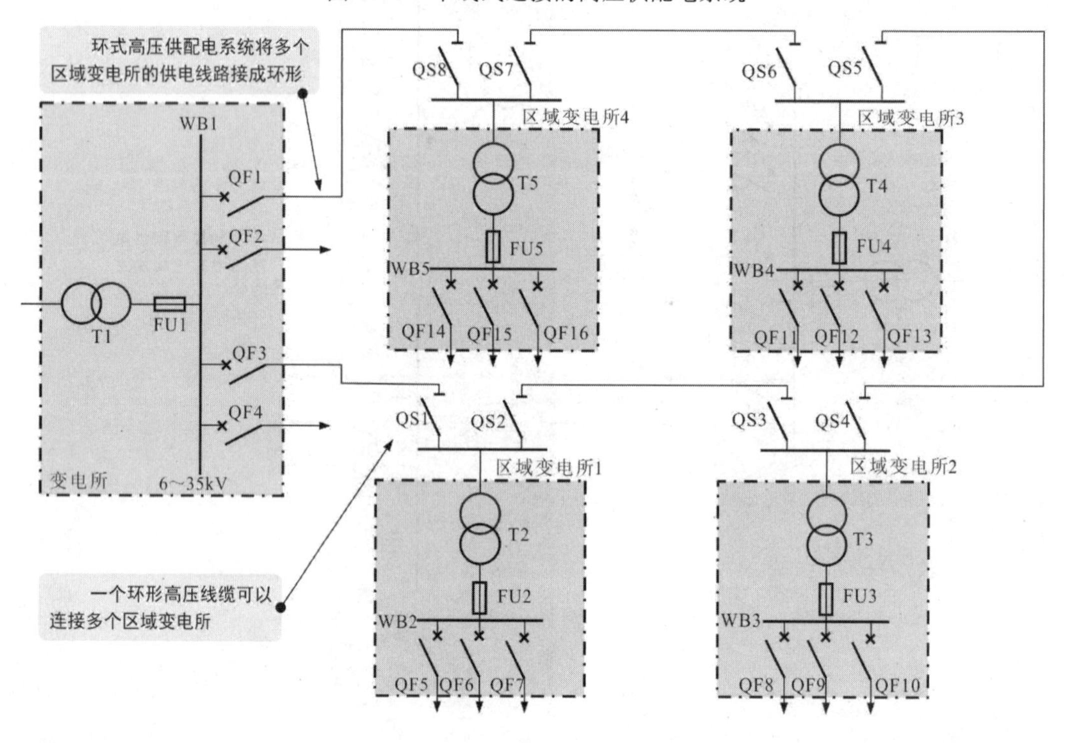

图 10-7　环式连接的高压供配电系统

2　低压供配电系统的接线方式

低压供配电系统的接线方式可分为单相式和三相式两种。

（1）单相式。单相式低压供配电系统的接线方式又可以分为单相两线式和单相三线式，如图 10-8 所示。单相两线式的供电线路是由一根相线和一根零线组成的交流供电线路；单相三线式供电线路是由一根相线、一根零线和一根地线组成的交流供电电路。两种接线方式多用于家庭电器设备用电和照明用电。

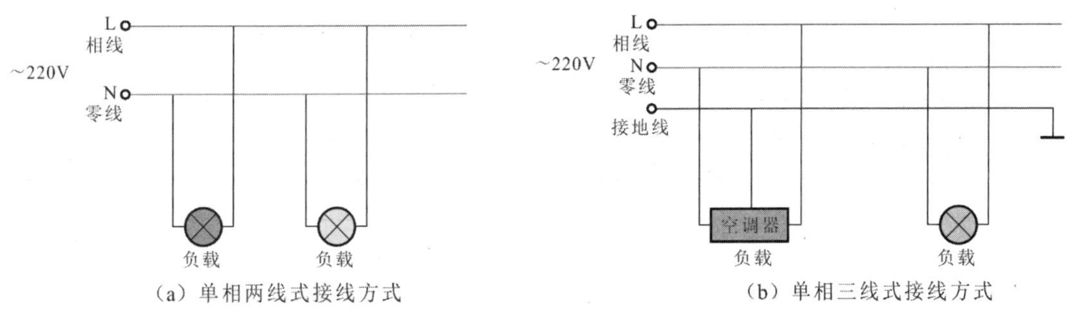

图 10-8　低压供配电系统的单相式接线方式

（2）三相式。三相式低压供配电系统的接线方式可以分为三相三线式、三相四线式和三相五线式，如图 10-9 所示。

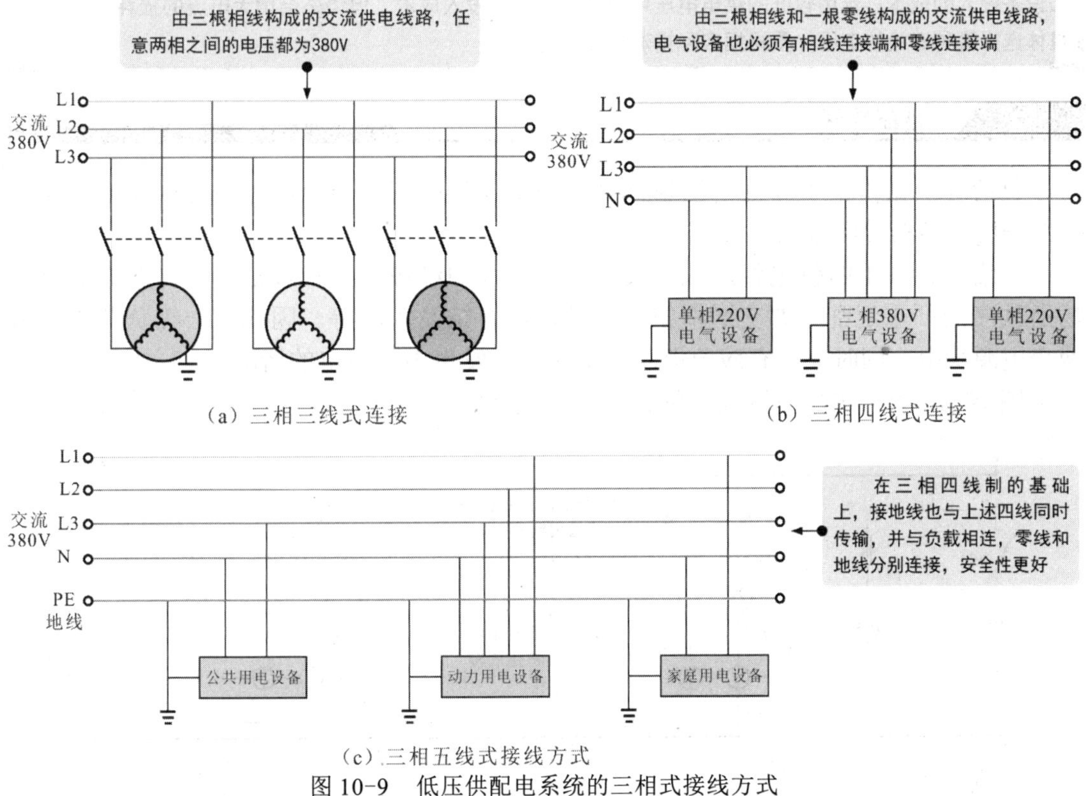

图 10-9　低压供配电系统的三相式接线方式

10.1.3 确定供电电压和负荷等级

1 供电电压等级

供配电系统的电压等级较多，不同的电压等级有不同的作用。从输电的角度来看，电压越高，传输的电流越小，损耗就越小，输送的距离就会越远，对绝缘性能的要求也就越高。目前，我国供配电系统的电压等级主要有 0.38 kV、3 kV、6 kV、10 kV、35 kV、110 kV、220 kV、330 kV、500 kV。

电压等级与输送距离和传输容量的关系见表 10-1。

表 10-1　电压等级与输送距离和传输容量的关系

电压等级（kV）	输送距离（km）	传输容量（MW）	电压等级（kV）	输送距离（km）	传输容量（MW）
0.38	<0.5	<0.1	110	50~150	10~50
3	1~3	0.1~1	220	100~300	100~300
6	4~15	0.1~1.2	330	200~500	200~1000
10	6~20	0.2~2	500	400~1000	800~2000
35	20~50	2~10	—	—	—

提示

一般大型企业可选用 110kV、中小型企业可选用 35kV 或 6kV 电压作为企业供电电压。通常，企业可选用一种或两种供电电压，选用较高的供电电压可以减少电流的损耗，提高供电质量，但同时也会增加设备投入的成本；选用较低的供电电压可有效降低设备投入成本，但势必会增大电流的损耗。因此，具体选择哪种等级的电压，要根据实际情况综合考虑。

2　负荷等级

负荷等级是供电可靠性的衡量标准，即中断供电在社会上所造成的损失或造成影响的程度。负荷等级分为三级。

一级负荷，中断供电将造成人员伤亡、重大的经济损失和政治影响，会造成公共场所秩序的严重混乱，如交通枢纽、宾馆、体育馆及医院等。因此，一级负荷需要有两个电源供电，同时还应有应急电源，确保不会发生中断用电的情况。

图 10-10 为一级负荷等级的供配电系统电路图。

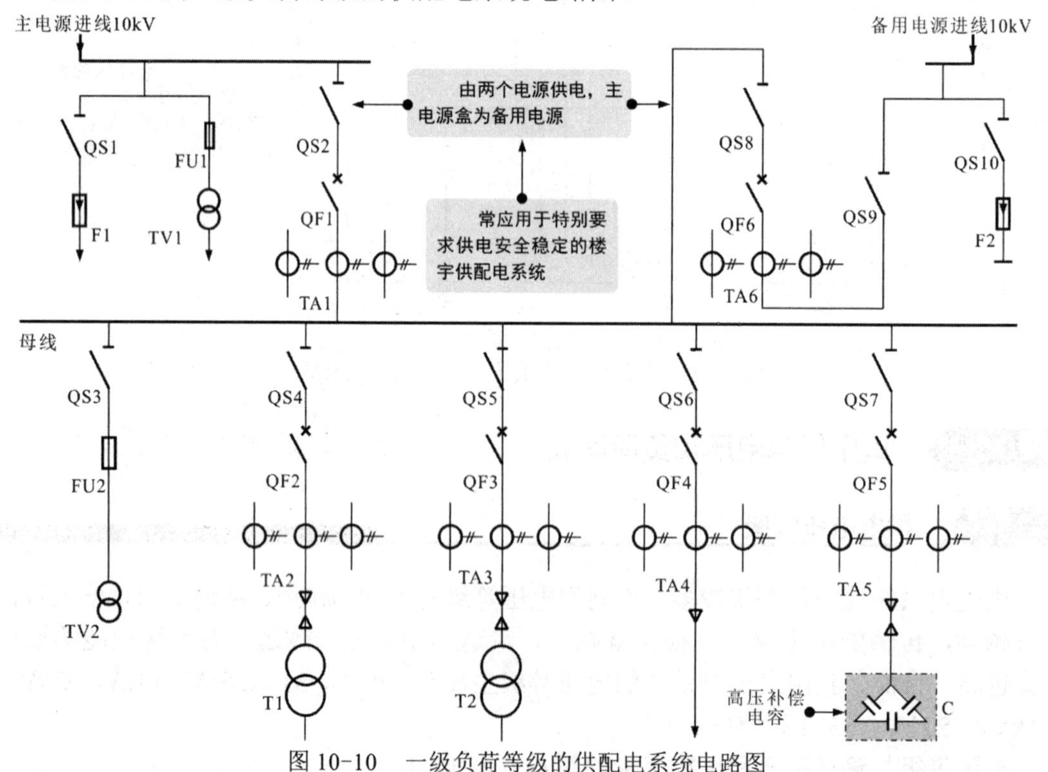

图 10-10　一级负荷等级的供配电系统电路图

二级负荷，中断供电将造成较大的经济损失和政治影响，会造成公共场所秩序混乱，如大型生产企业、公共场馆等。因此，二级负荷需要有两条供电回路，每条供电回路最好来自不同的变电所。图 10-11 为二级负荷等级的供配电系统电路图。

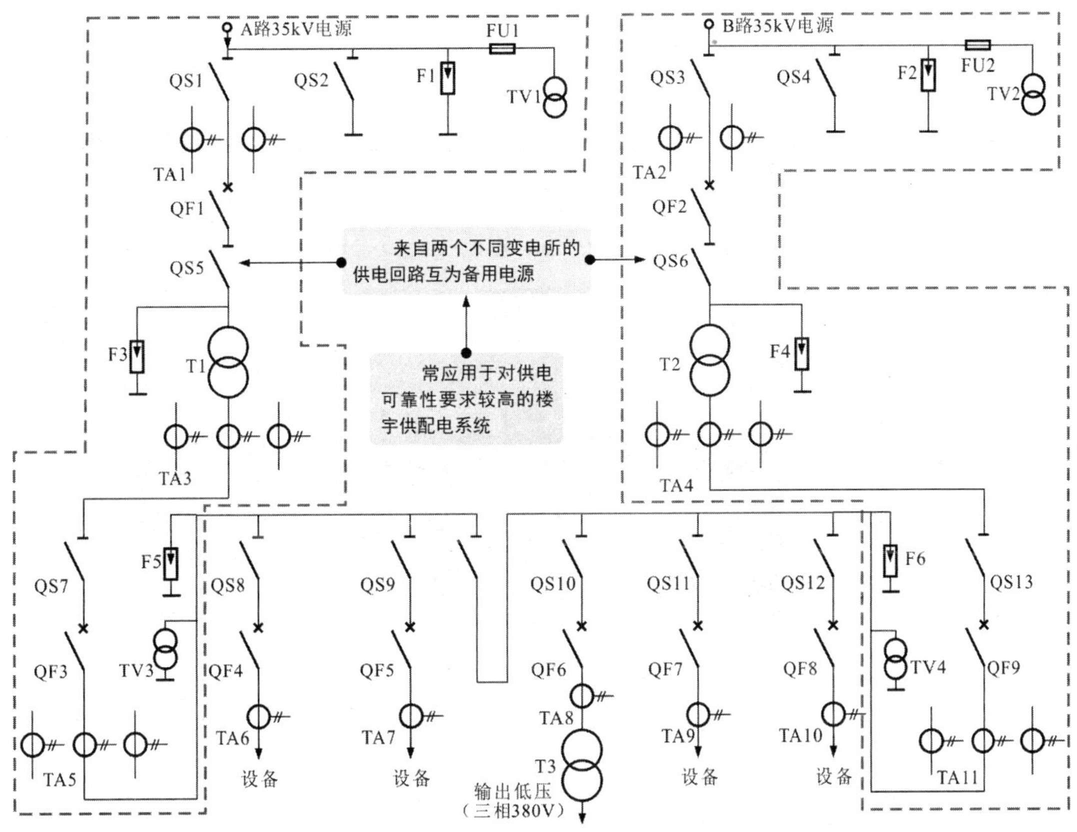

图 10-11　二级负荷等级的供配电系统电路图

三级负荷，不属于一级和二级负荷的其他情况。三级负荷的供配电系统无特殊要求，只要供配电系统中的导线、开关器件、变压器的选择和连接安全合理即可。

图 10-12 为三级负荷等级的供配电系统电路图。

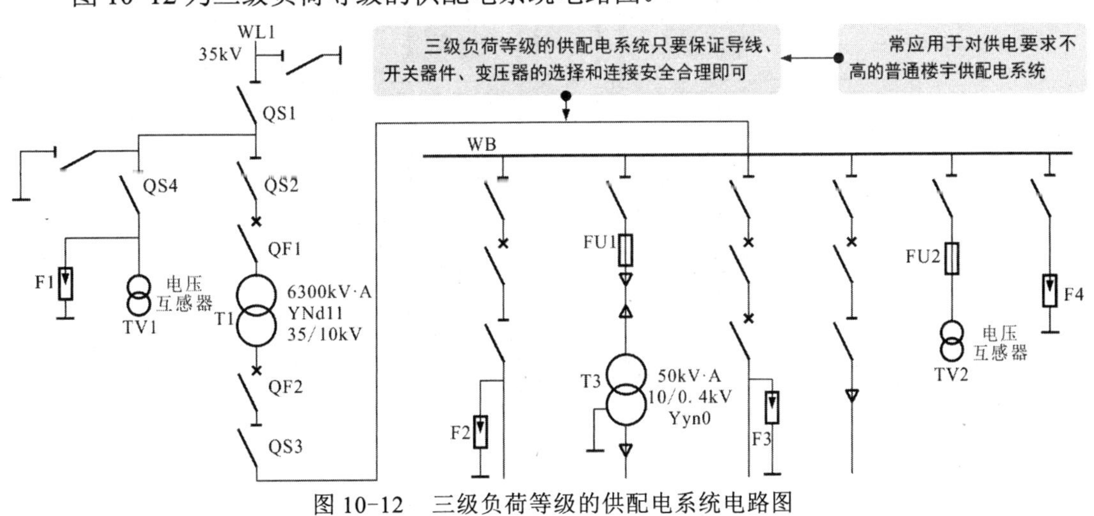

图 10-12　三级负荷等级的供配电系统电路图

10.1.4 制定供电系统规划方案

供配电系统规划方案的制订主要根据总体设计方案对供配电系统的配电方式、系统用电负荷、接线方式、布线方式、供配电器材的选配和安装等具体工作进行细化，以便于指导电工操作人员施工作业。下面以楼宇供配电系统为例进行具体介绍。

1 选择配电方式

不同的楼宇结构和用电特性会导致配电方式有所差异，因此在配电前，应先根据楼宇的结构和用电特性选择适合的配电方式，如图 10-13、图 10-14、图 10-15 所示。

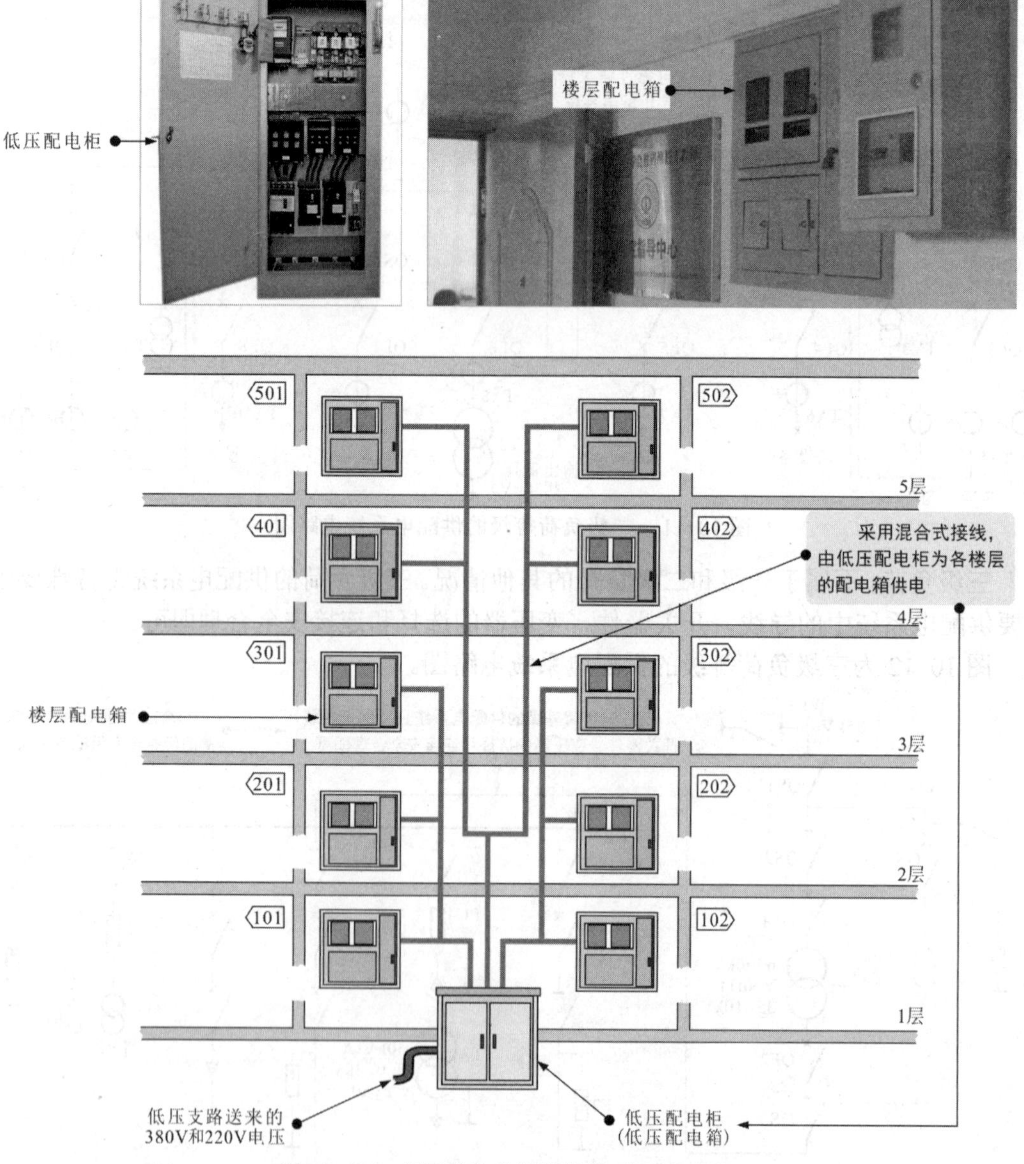

图 10-13　多层建筑物结构的典型配电方式

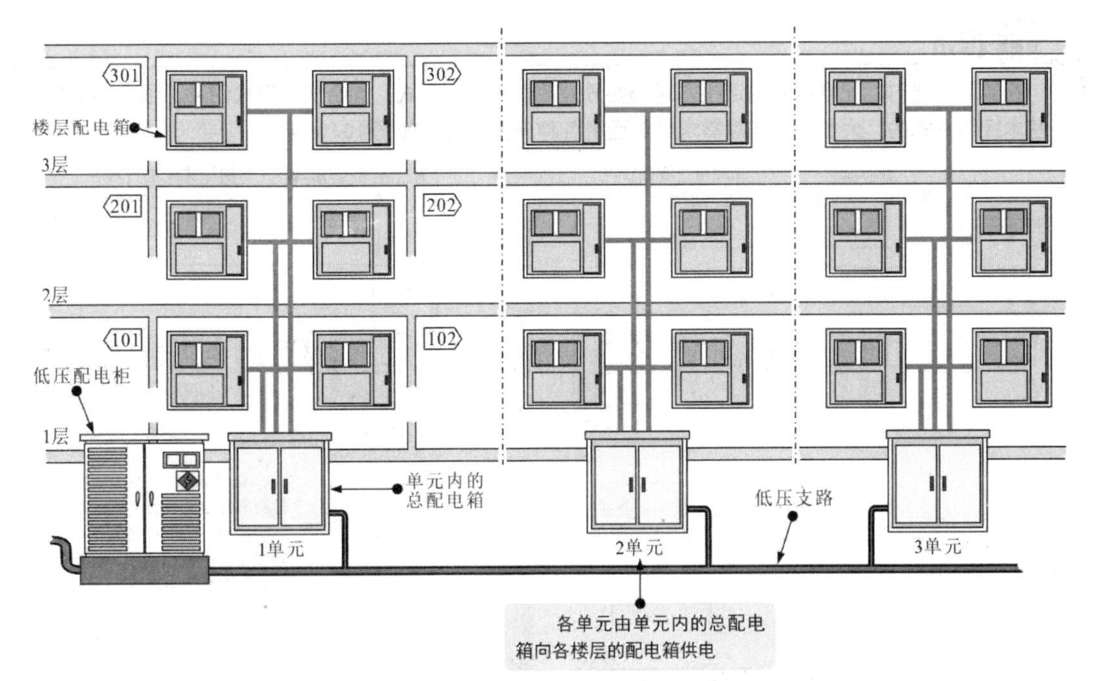

图 10-14　多单元住宅楼的典型配电方式

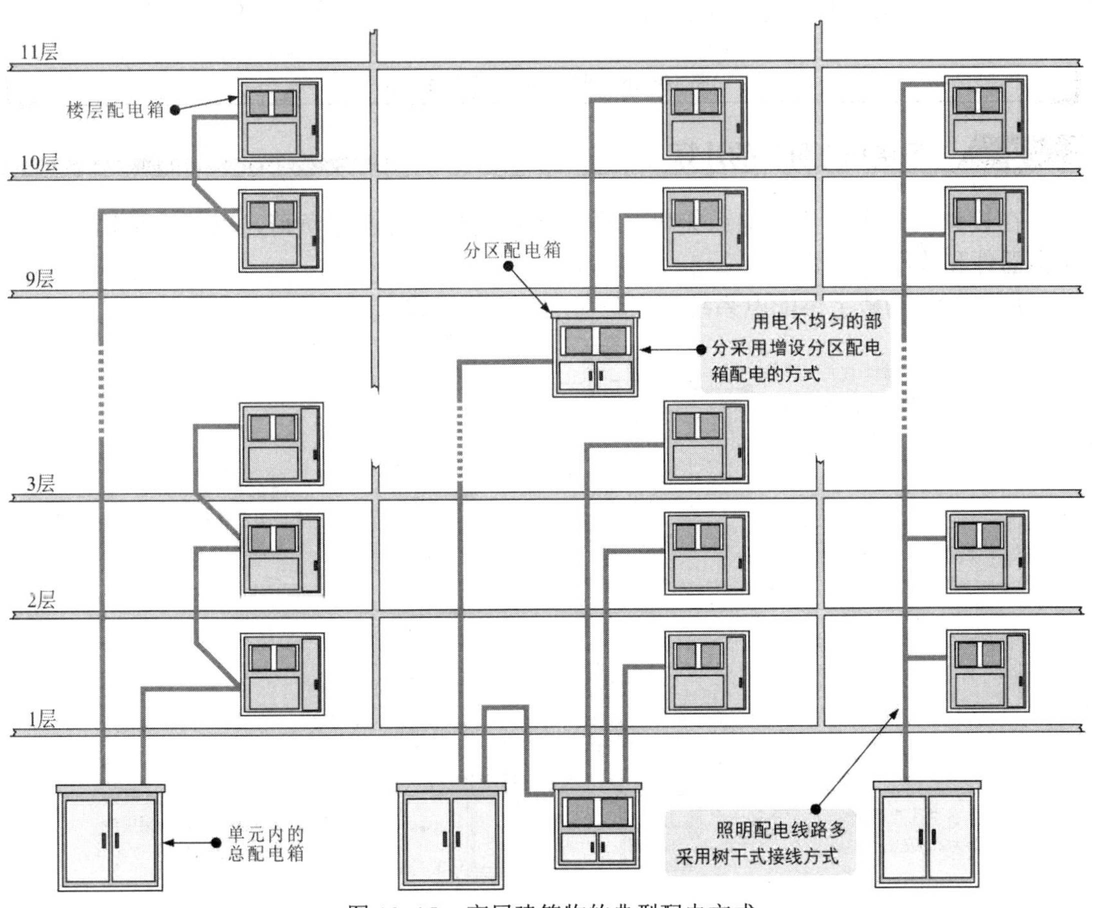

图 10-15　高层建筑物的典型配电方式

提示

在实际配电时，配电线路的连接方式主要分为放射式、树干式、混合式和链式四种。很少有单独使用基本接线方式的，大多根据实际需求综合运用各种连接方式，如图 10-16 所示。

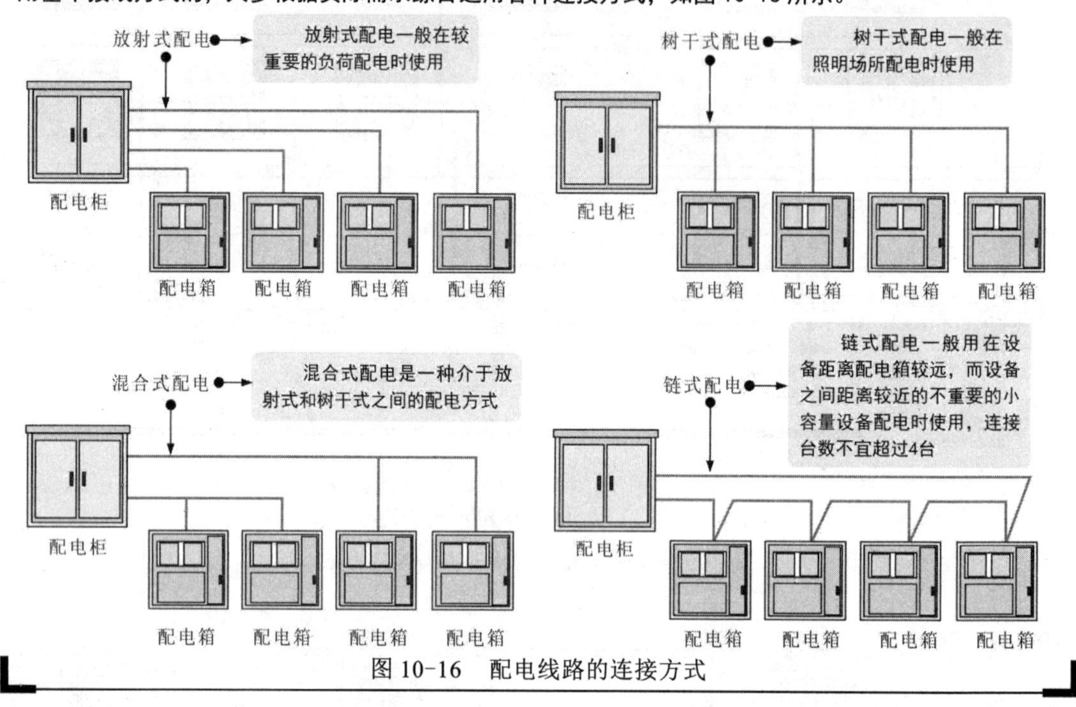

图 10-16　配电线路的连接方式

2 系统用电负荷的计算

在设计规划楼宇供配电系统时，需要计算建筑物的用电负荷，以便选配适合的供配电器件和线缆。

图 10-17 为楼宇供配电系统用电负荷的计算示意图。

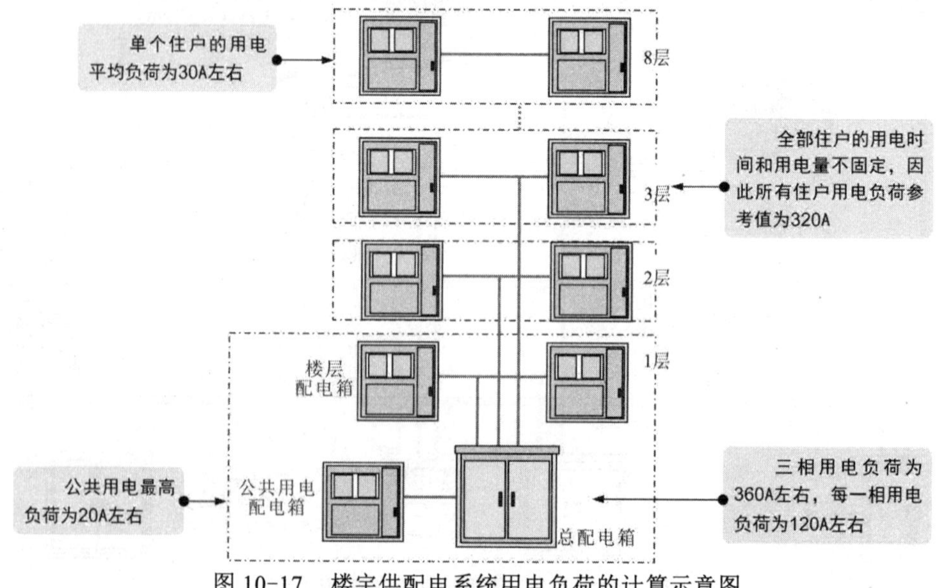

图 10-17　楼宇供配电系统用电负荷的计算示意图

3 接线方式的选择

不同结构的楼宇和用电特性在接线方式上也会有所差异。对于多层建筑物来说，输入供电线缆应选用三相五线制，接地方式应采用 TN-S 系统，即整个供电系统的零线（N）与地线（PE）是分开的，如图 10-18 所示。

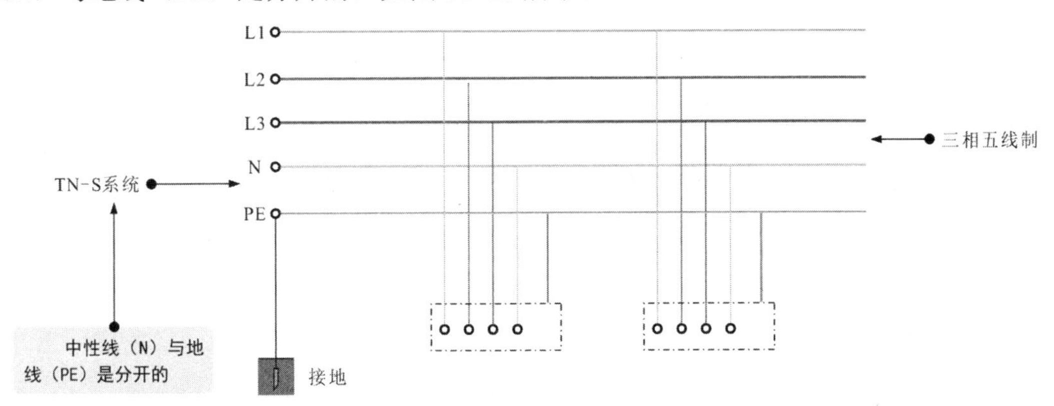

图 10-18 多层建筑物的接线方式

4 制定布线方式

总配电箱引出的供电线缆（干线）应采用垂直穿顶的方式暗敷，在每层设置接线部位与楼层配电箱连接；一层部分除楼层配电箱外，还要与公共用电部分连接，如图 10-19 所示。

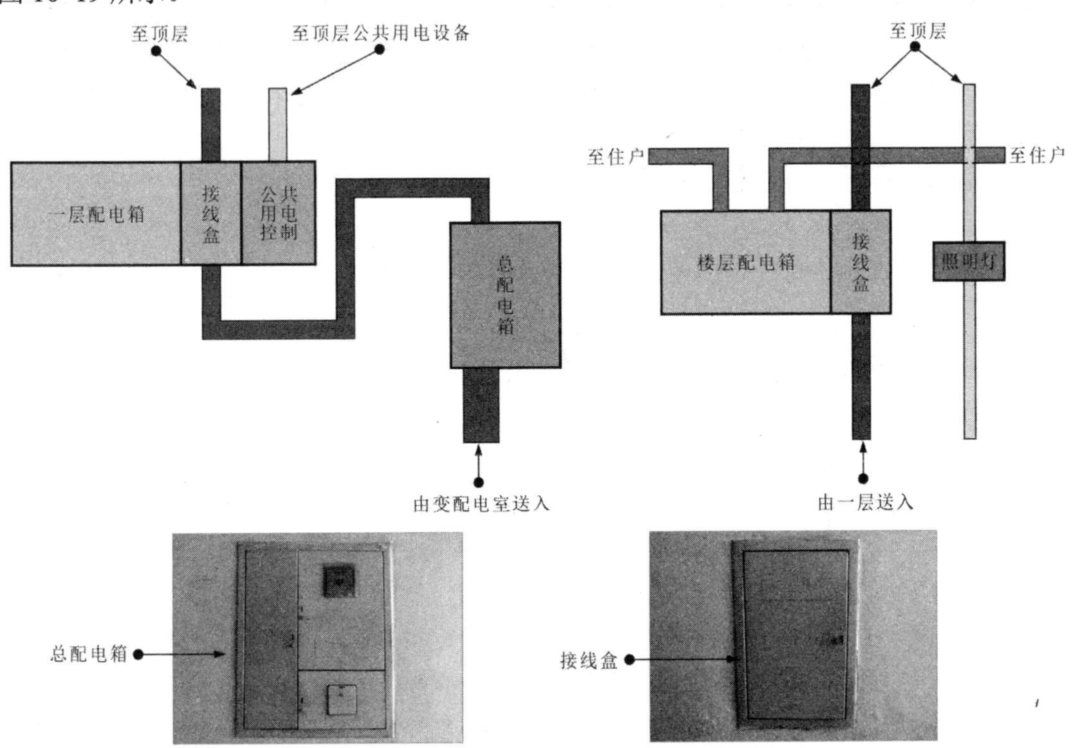

图 10-19 供配电系统的布线方式

5 总配电箱的安装规划

楼宇供配电系统内总配电箱通常采用嵌入式安装，放置在一层的承重墙上，箱体距地面高度应不小于 1.8 m。配电箱输出的入户线缆暗敷在墙壁内。

图 10-20 为总配电箱的安装规划。

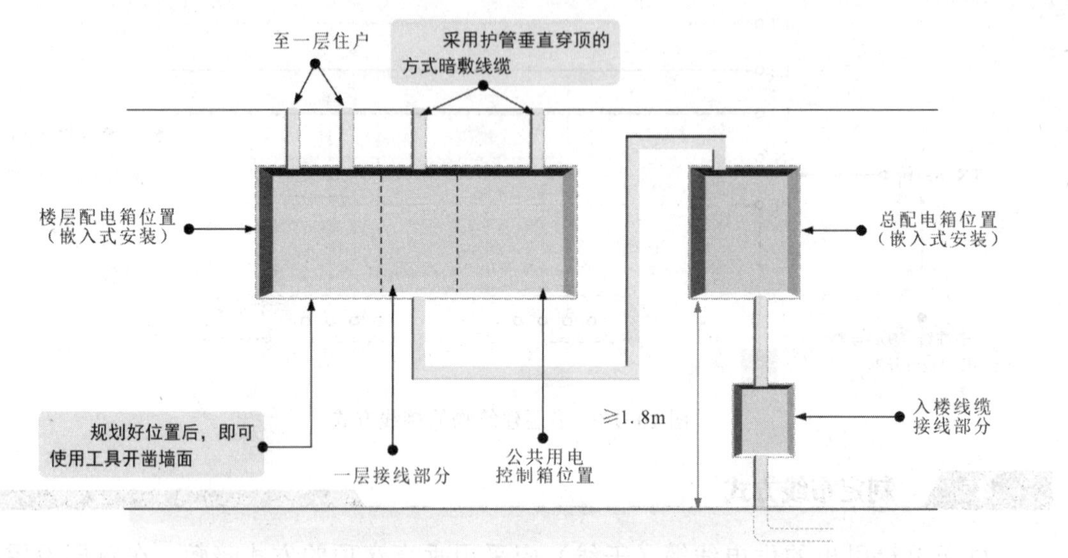

图 10-20　总配电箱的安装规划

6 楼层配电箱的安装规划

楼层配电箱应靠近供电干线采用嵌入式安装，距地面高度不小于 1.5 m。配电箱输出的入户线缆暗敷在墙壁内，取最近距离开槽、穿墙，线缆由位于门左上角的穿墙孔引入室内，连接住户配电盘。

图 10-21 为楼层配电箱的安装规划。

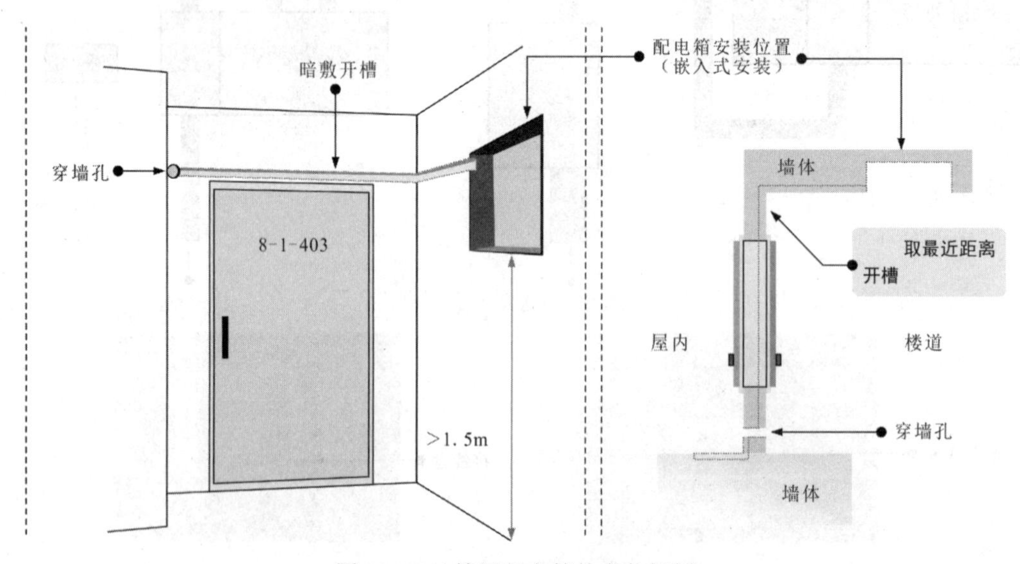

图 10-21　楼层配电箱的安装规划

7 配电盘的安装规划

住户配电盘应放置在屋内进门处，方便入户线路的连接及用户的使用。配电盘下沿距离地面 1.9 m 左右。

图 10-22 为配电盘的安装规划。

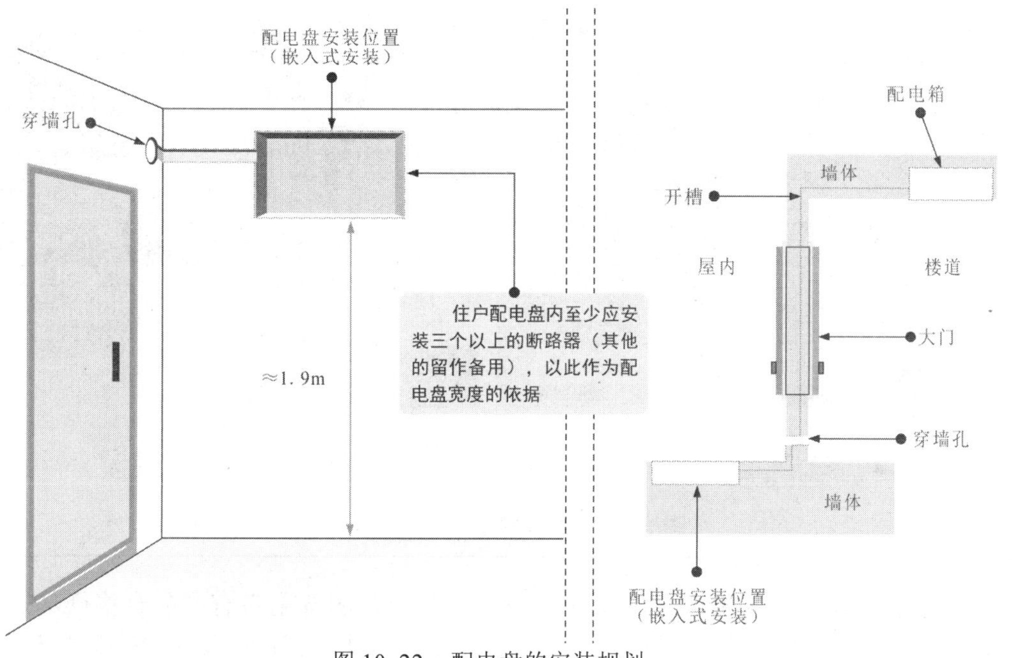

图 10-22　配电盘的安装规划

8 供配电器件及线缆的选配

楼宇供配电系统中的供配电器件主要有配电箱、配电盘、电度表、断路器及供电线缆。在实际应用中，需要根据实际的用电量情况，结合电能表、断路器及供电线缆的主要参数选配。

图 10-23 为配电箱的选配。

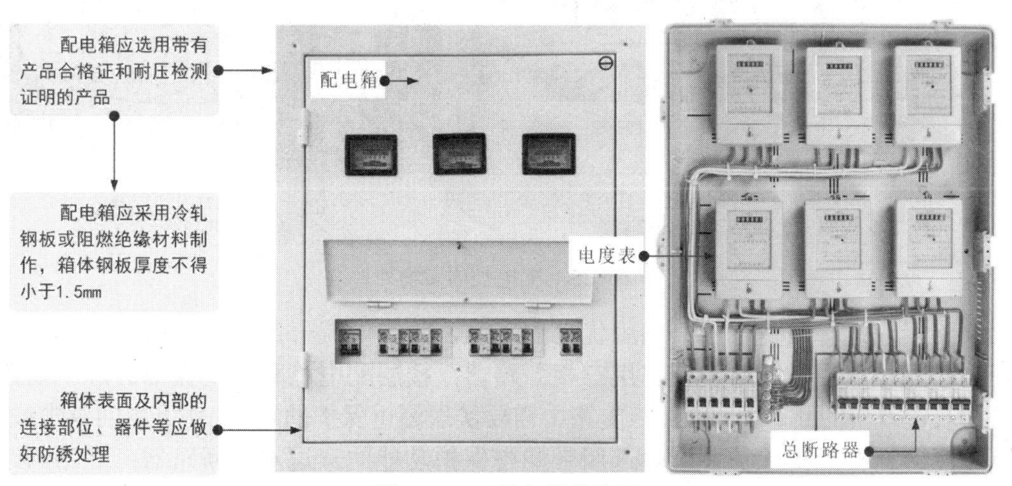

图 10-23　配电箱的选配

提示

配电箱内的选配器件可以安装在金属或非木质阻燃绝缘电器安装板上，安装板整体紧固在配电箱中。配电箱的紧固螺钉可固定在安装板上，不得歪斜和松动。安装板上必须分设 N 线端子板和 PE 线端子板。N 线端子板必须与金属电器安装板绝缘；PE 线端子板必须与金属电器安装板电气连接。图 10-24 为 N 线端子板和 PE 线端子板。

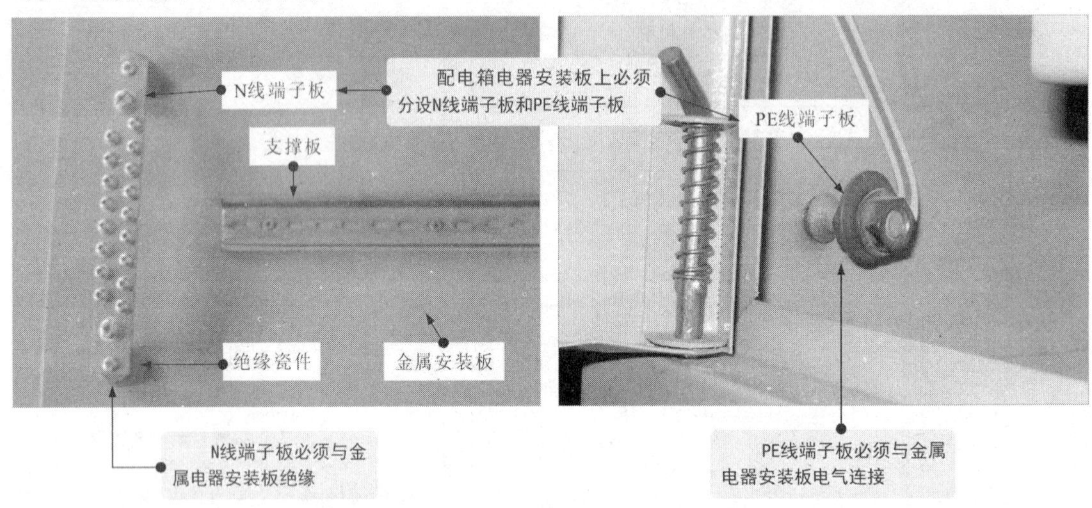

图 10-24　N 线端子板和 PE 线端子板

配电盘是集中、切换、分配电能的设备。配电盘应选用带有产品合格证的产品，应具有一定的机械强度和耐压能力。配电盘内必须分设 N 线端子板和 PE 线端子板。

图 10-25 为配电盘的实物外形。

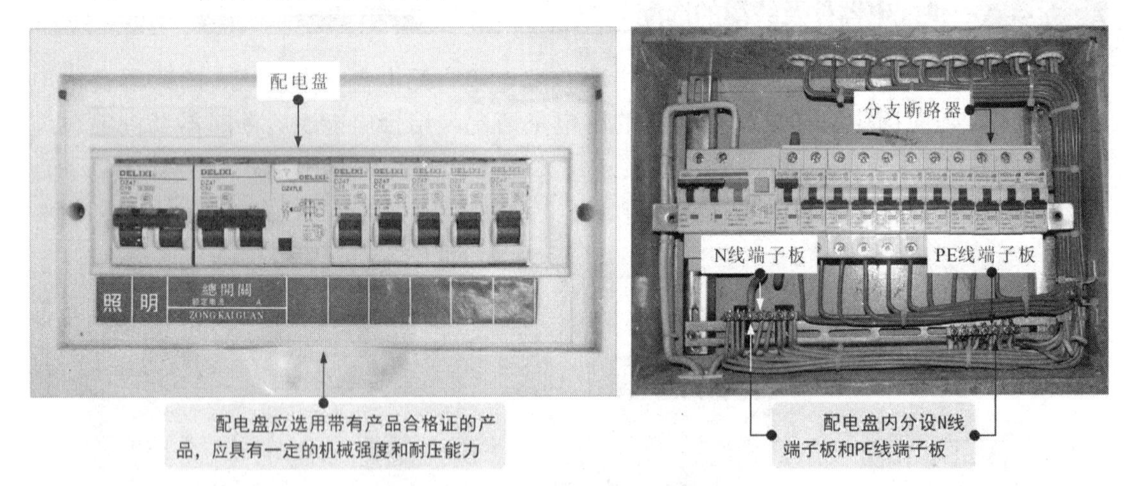

图 10-25　配电盘的实物外形

断路器应选择质量合格、品牌优良的产品，额定电流一定要大于所对应线路的总电流。总配电箱中的断路器应选用三相断路器；楼层配电箱和配电盘中的总断路器一般选用双进双出的断路器（32 A）；支路中需要实现漏电保护的线路（如卫生间供电线路，因环境潮湿需要漏电保护）一般选用带漏电保护功能的双进双出断路器；支路断路器选用单进单出的断路器（10 A）即可。

如图 10-26 所示，选配断路器时，可根据计算公式计算出需要选用断路器的电流大小。根据供电分配原则，要求每一个用电支路选配一个断路器。选配的断路器应至少包括照明支路、插座支路、空调支路、厨房支路和卫生间支路。

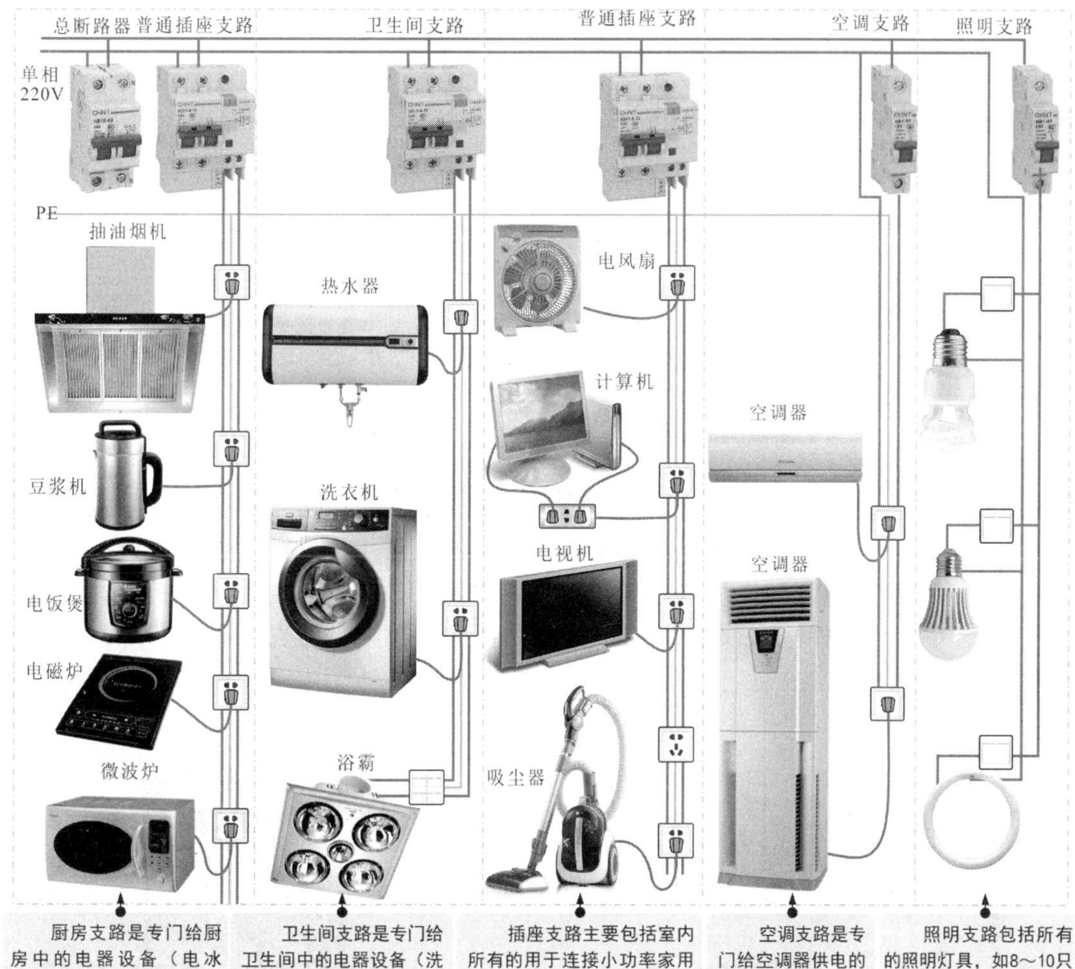

厨房支路是专门给厨房中的电器设备（电冰箱、电磁炉、微波炉、抽油烟机）供电的支路。估计总用电功率约为3000W。按照计算公式：

$I=P/U$=3000W/220V≈14A。一般选用16A（≥14A）双进双出带漏电保护的断路器

卫生间支路是专门给卫生间中的电器设备（洗衣机、热水器、浴霸）供电的支路。估计总用电功率为1500～3500W。

$I=P/U$=3500W/220V=16A。

一般选用≥16A双进双出带漏电保护的断路器

插座支路主要包括室内所有的用于连接小功率家用电器（电视机、计算机、吸尘器、饮水机、充电器、组合音响、台灯等）的插座。估计总功率为1000～2500W。

$I=P/U$=2500W/220V≈10A。一般可选用16A双进双出带漏电保护功能的断路器

空调支路是专门给空调器供电的支路。空调器为大功率家用电器，估计总用电功率为2000～4000W。

$I=P/U$=4000W/220V≈18A。一般选用20A单进单出断路器

照明支路包括所有的照明灯具，如8～10只节能灯（4～25W）、吊灯（40～100W）、吊扇灯（25～125W）等，估计总用电功率为100～425W。

$I=P/U$=425W/220V≈2A，一般选用10A的单进单出断路器

图 10-26　断路器的选配

提示

选配总断路器的额定电流应大于分支断路器总电流×实用系数，即

（16+16+16+20）A×（60%～70%）≈40.8A～47.6A，实际应选大于47.6A的总断路器。

除了根据电器功率计算选配外，还可以根据所连接线路的线材进行配比，1.5mm² 电线配10A的断路器；2.5mm² 电线配16A的断路器；4mm² 电线配20A的断路器。为避免因市电电压不稳定、线路设计不当导致断路器频繁跳闸，可提高断路器与电线的配比。一般选择高配方式：1.5mm² 电线配16A的断路器；2.5mm² 电线配20A的断路器；4mm² 电线配25A的断路器。

提示

断路器通常以字母“D”开头，并与不同字母和数字组合构成整个型号命名。断路器的规格参数可通过型号标识来识别，如图 10-27 所示。

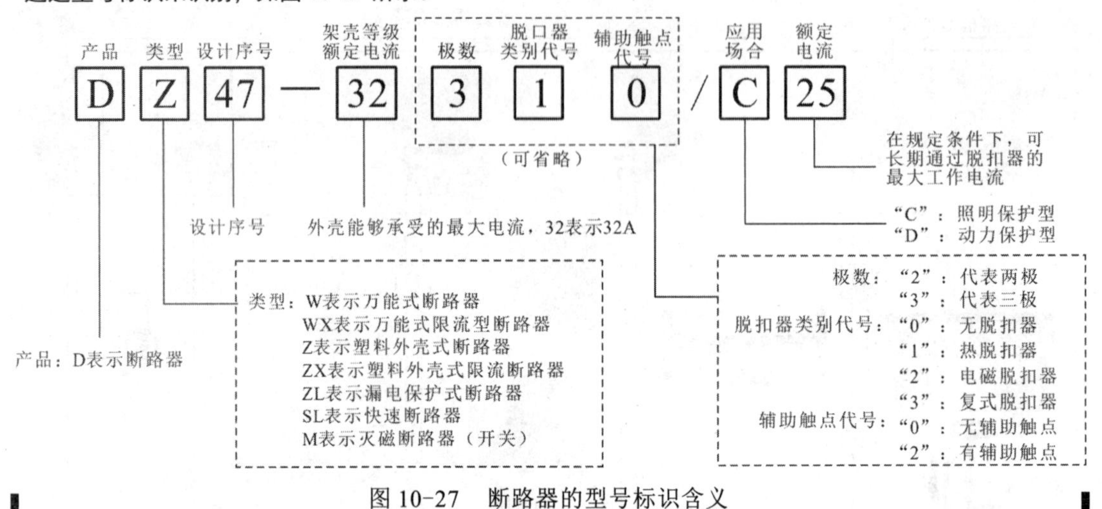

图 10-27 断路器的型号标识含义

电度表的选用需要根据用电产品的多少来判断。若用电产品较多，总功率很大，则需要选用高额定电流的电度表，选用电度表的最大额定电流要大于总断路器的额定电流。图 10-28 为电度表的选配。根据用电负荷的计算，电度表可选用 15（60）A 的规格。

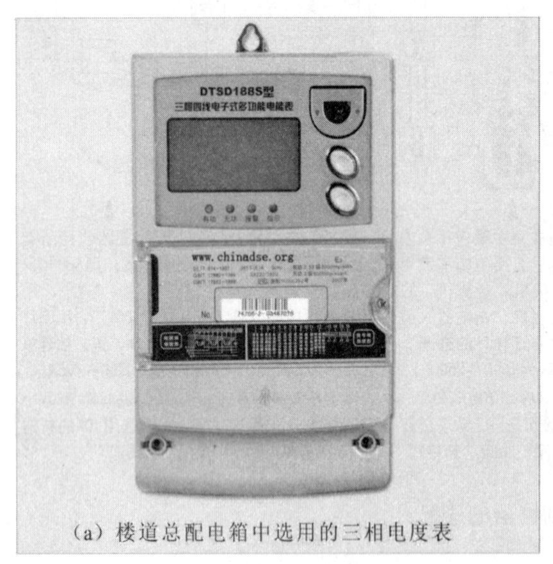

（a）楼道总配电箱中选用的三相电度表

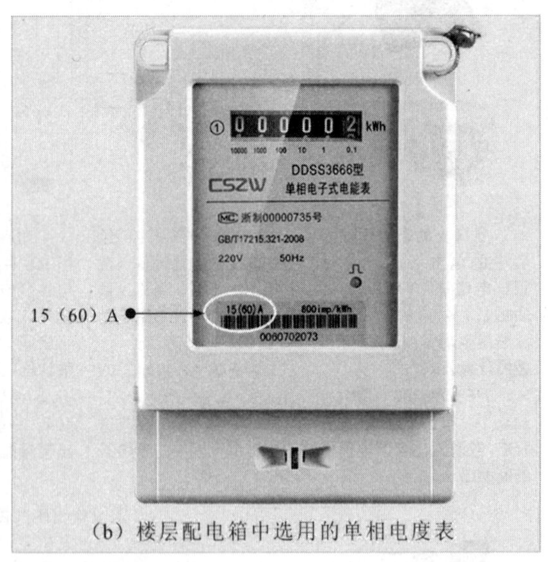

（b）楼层配电箱中选用的单相电度表

图 10-28 电度表的选配

配电线缆应选择载流量大于等于实际电流量的绝缘线，一般可选择 $10mm^2$ 的绝缘线作为总配电箱及干线线缆，$8mm^2$ 作为楼层配电箱线缆，室内支路使用 $4\ mm^2$ 或 $6mm^2$ 的线缆，护管的直径为 25mm。整个工程中相线、零线线缆的颜色应统一，相线 L1 为黄色，相线 L2 绿为色，相线 L3 为红色，零线 N 为蓝色，地线 PE 为黄绿色，单相供电中的相线为红色，零线依然为蓝色。

图 10-29 为供配电线路中常用绝缘线缆和线管的实物外形。

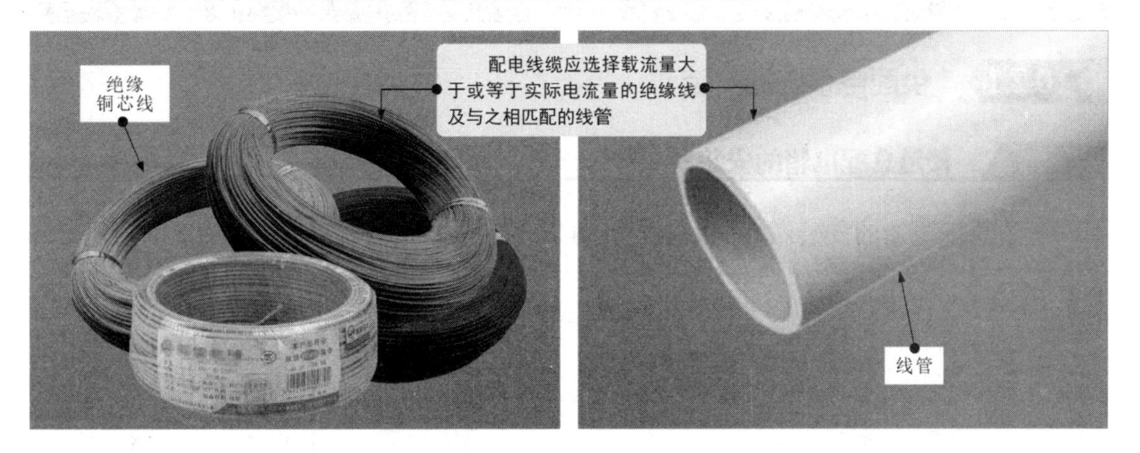

图 10-29 线缆和线管的实物外形

提示

在选用供电线材时，应根据使用环境的不同，选用合适横截面积的导线，否则，若横截面积过大，将增加有色金属的消耗量；若横截面积过小，则线路在运行过程中，不仅会产生过大的电压损失，还会使导线接头处因过热而引起断路的故障。

在选用强电线材的横截面积时，可以按允许电压的损失来选择，电流通过导线时会产生电压损失，各种用电设备都规定允许电压损失范围。一般规定，端电压与额定电压不得相差 ±5%，按允许电压损失选择导线横截面积时可按下式计算，即

$$S=\frac{PL}{\gamma\Delta U_r U_N^2}\times 100\ (\mathrm{mm}^2)$$

式中， S 表示导线的横截面积（mm^2）；

P 表示通过线路的有功功率（kW）；

L 表示线路的长度；

γ 表示导线材料的电导率，铜导线为 58×10^{-6}、铝导线为 35×10^{-6}（1 / Ω.m）；

ΔUr 表示允许电压损失中的电阻分量（%）；

U_N 表示线路的额定电压（kV）。

$\Delta U_r=\Delta U-\Delta U_x=\Delta U_x-Q\ X/10U_{2N}$。$\Delta U$ 表示允许电压损失（%），一般为 ±5%；ΔU_x 表示允许电压损失中的电抗分量（%）；Q 表示无功功率（kvar）；X 表示电抗（Ω）。

不同横截面积导线承载电流的能力不同，即载流量不同。导线横截面积的选择依据承载用电设备总电流（本线路所有常用电器最大功率之和 ÷220V= 总电流）的大小。不同横截面积铜芯导线的载流量见表 10-2。

表10-2 不同横截面积铜芯导线的载流量

横截面积（mm^2）	直径（mm）	安全载流量（A）	允许长期电流（A）
2.5	1.78	28	16～25
4	2.25	35	25～32
6	2.77	48	32～40

10.2 供配电系统的安装与检验

10.2.1 供配电系统的安装

1 楼道总配电箱的安装

楼道总配电箱的安装做好规划后，便可以动手安装配电箱了，如图 10-30 所示。

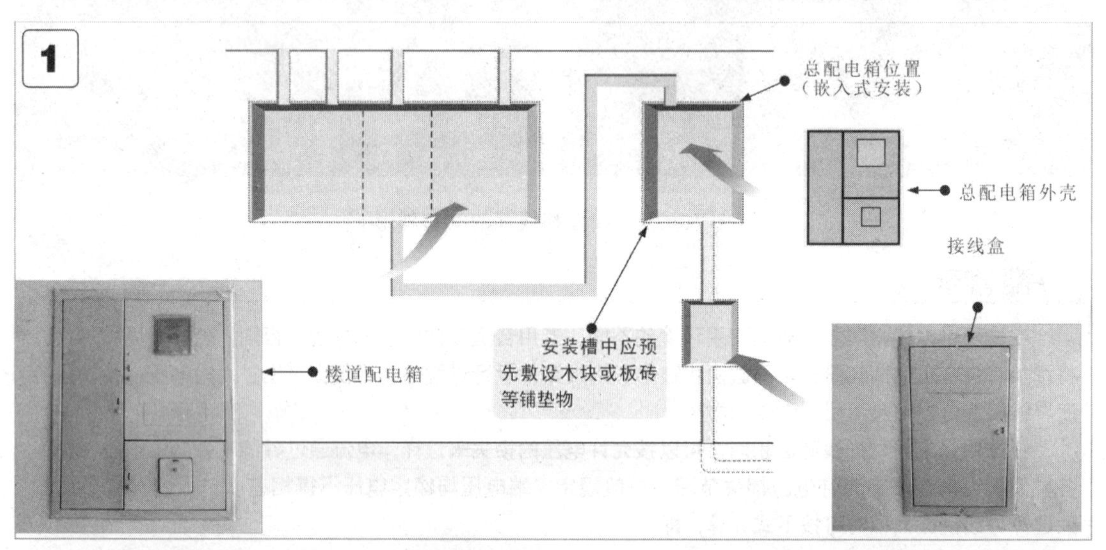

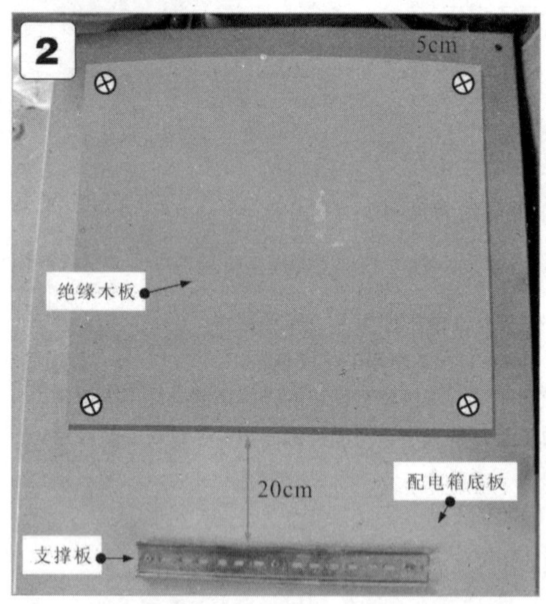

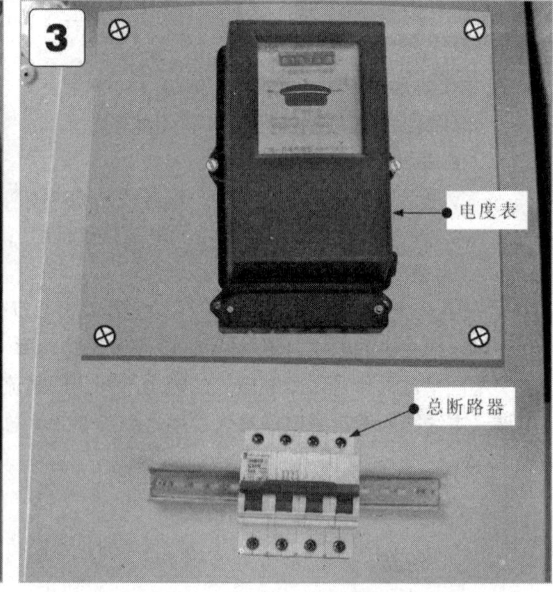

1 三相供电的干线敷设好后，将总配电箱和接线盒放置到安装槽中，放入后，应保证安装稳固，无倾斜、松动等现象。

2 在配电箱底板上安装绝缘木板（电度表用）和支撑板。

3 将三相电度表和总断路器分别安装到绝缘木板和支撑板上。

图 10-30 楼道总配电箱的安装

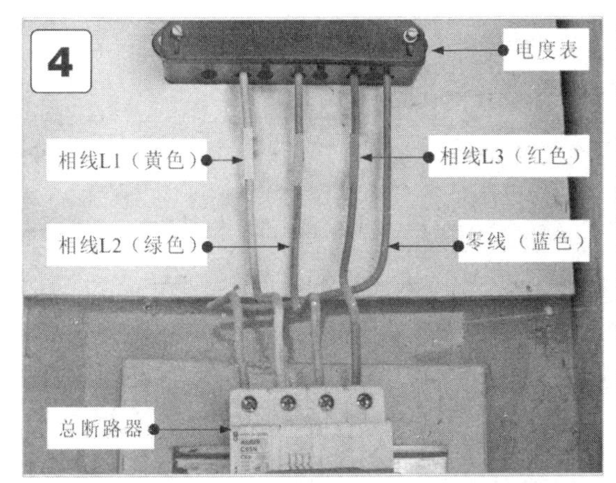

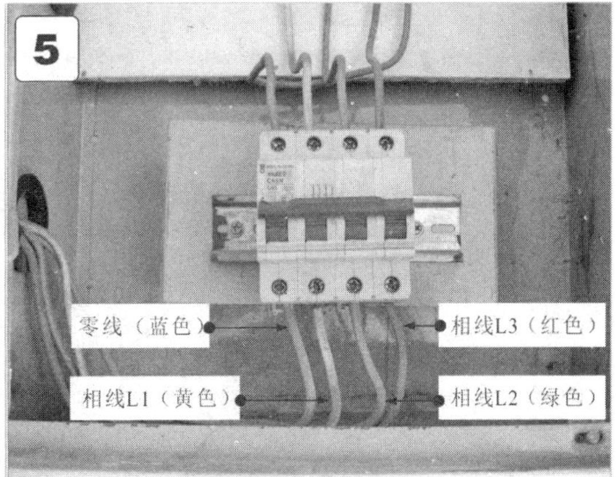

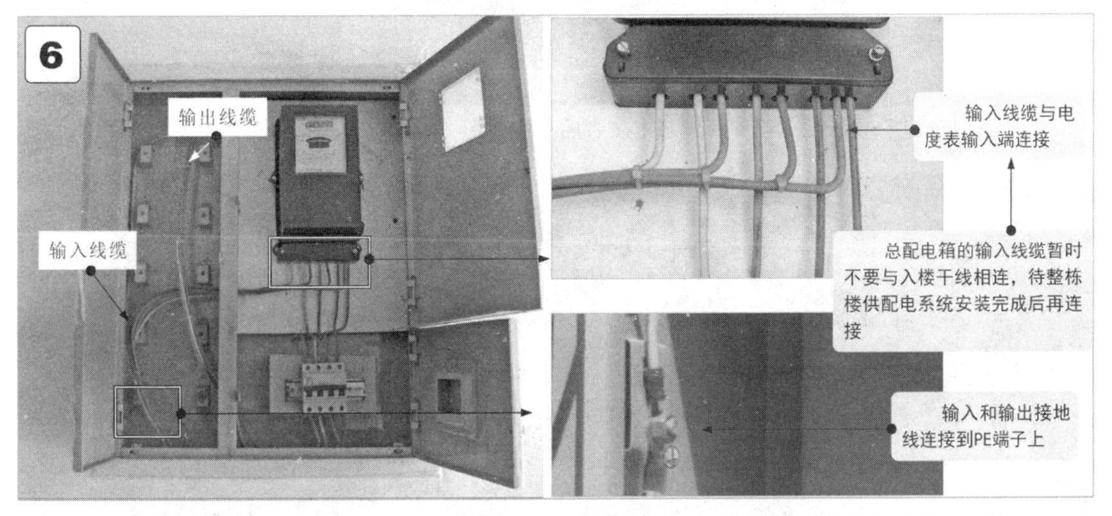

4 将绝缘硬线的相线（L1、L2、L3）、零线（N）按照电度表和总断路器上的标识连接。

5 将输出相线（L1、L2、L3）、零线（N）按照标识连接到断路器中固定。

6 将输入线缆按照标识连接到电度表的输入端子上固定，然后将总配电箱中的输入和输出接地线固定到PE端子上。

图 10-30　楼道总配电箱的安装（续）

2　楼层配电箱的安装

楼层配电箱的安装做好规划后，便可以动手安装配电箱了。同样需要先将配电箱箱体嵌放到开好的槽中，然后将预留的供配电线缆引入配电箱中，为安装用户电度表和断路器做好准备。

楼层配电箱箱体的嵌放操作这里不再介绍，以电度表的安装和接线为重点进行操作演示。图 10-31 为楼层配电箱中待安装电度表的实物外形。根据电度表上的标识，确认电度表参数符合安装要求；明确电度表的接线端子功能，为接线做好准备。

由于待安装电度表为单相电子式预付费式电度表，为了方便用户插卡操作，需要确保电度表卡槽靠近配电箱箱门的观察窗附近，根据配电箱深度和电度表厚度比较，需要适当增加底板厚度，一般可在底板上加装木条，如图 10-32 所示。

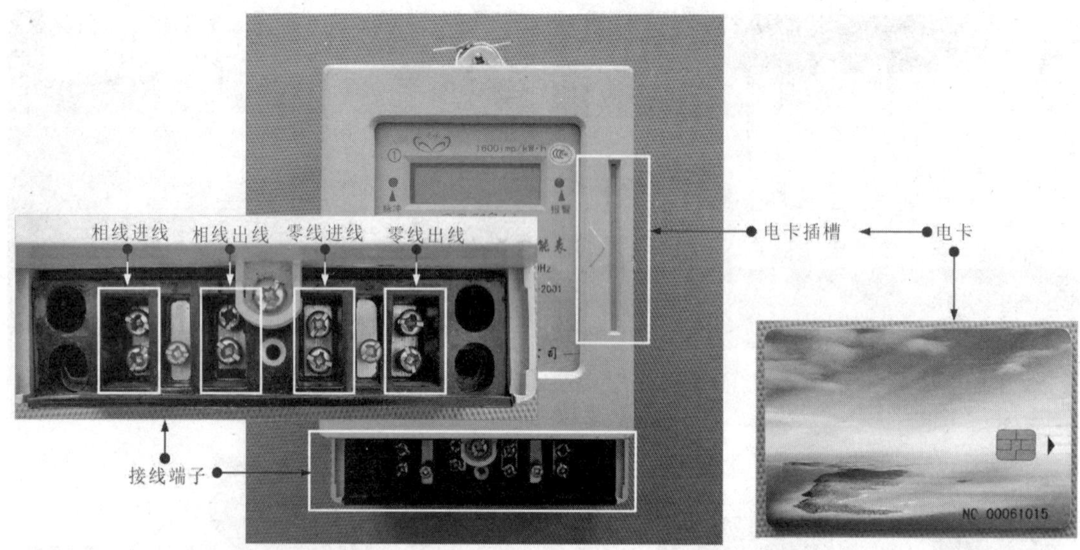

图 10-31　楼层配电箱中待安装电度表的实物外形（单相电子式预付费式电度表）

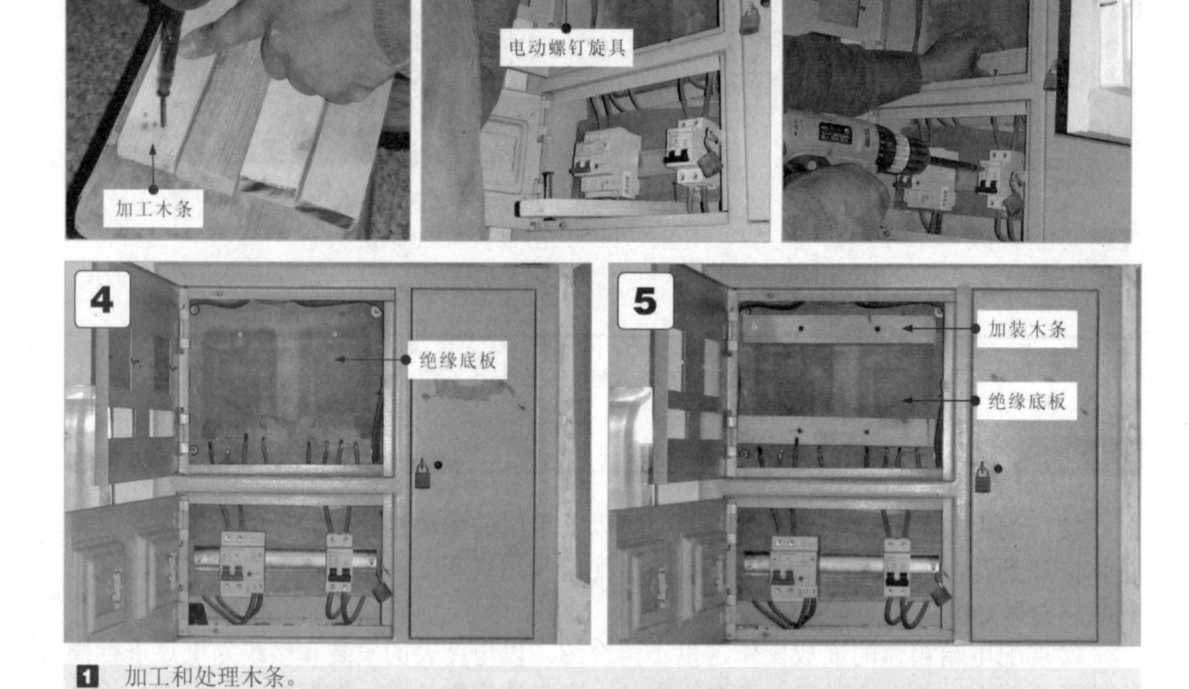

1 加工和处理木条。
2 在绝缘底板上加装木条。
3 根据待安装电度表尺寸加装底部木条。
4 配电箱中绝缘底板加工处理前的状态。
5 配电箱中绝缘底板加装木条后的状态。

图 10-32　配电箱中绝缘底板的处理

配电箱中绝缘底板处理完成后，将电度表放到底板上，关闭配电箱箱门，确定电度表插卡槽位置可方便插拔电卡后，固定电度表，如图 10-33 所示。

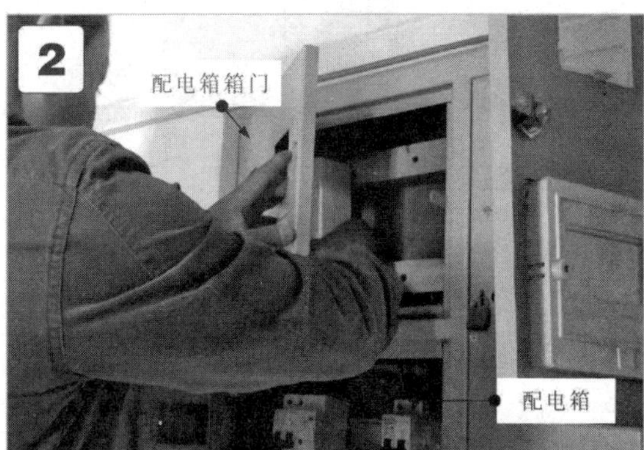

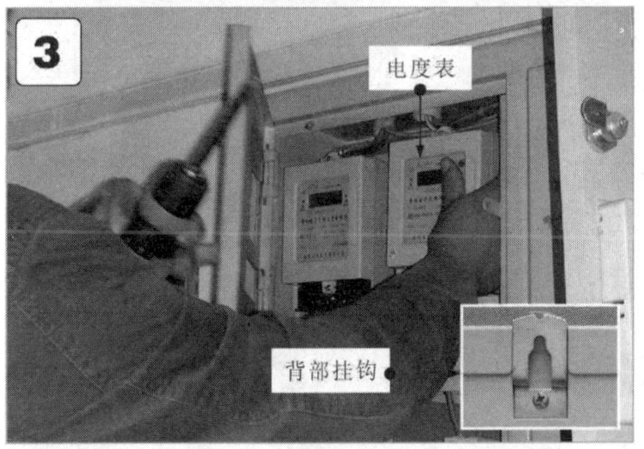

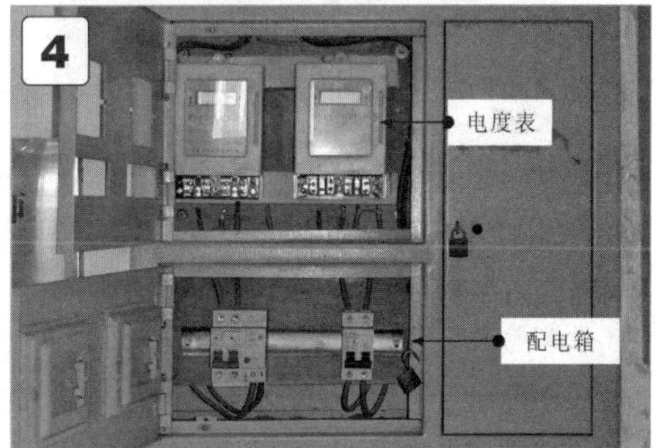

1 将电度表放到绝缘底板上，背部固定挂钩挂到固定螺栓上。
2 关闭配电箱门，根据箱门窗口位置调整电度表的位置。
3 将电度表固定到确定好的位置上（背部挂钩挂到固定螺栓上）。
4 固定完成的电度表。

图 10-33　电度表的安装

电度表固定好后，需要将电度表与用户总断路器连接。按照“1、3 进，2、4 出”的接线原则，将电度表第 1、3 接线端子分别连接入户线的相线和零线；将第 2、4 接线端子分别连接总短路器的零线和相线接线端，如图 10-34 所示。

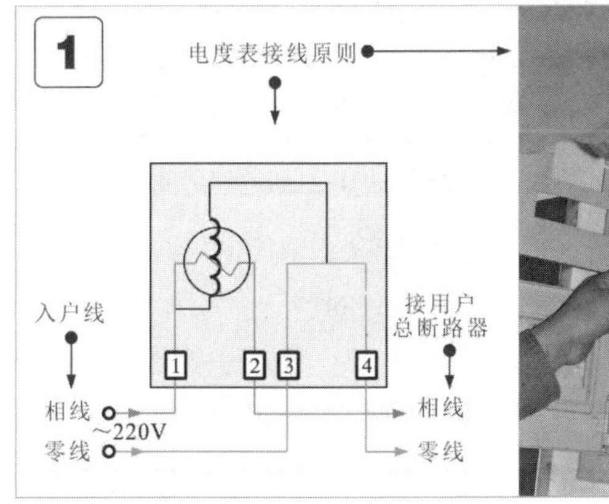

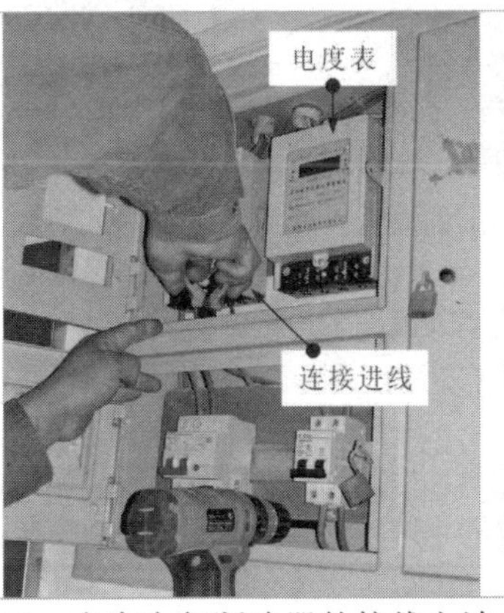

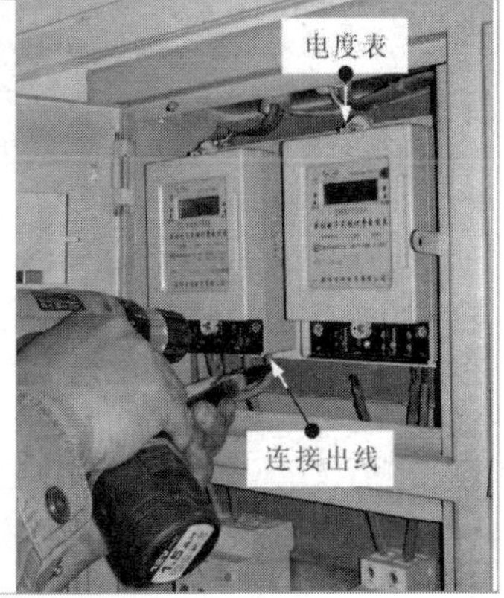

图 10-34　电度表与断路器的接线方法

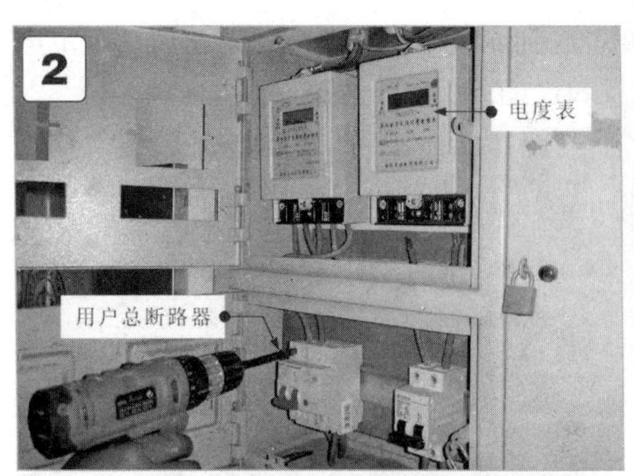

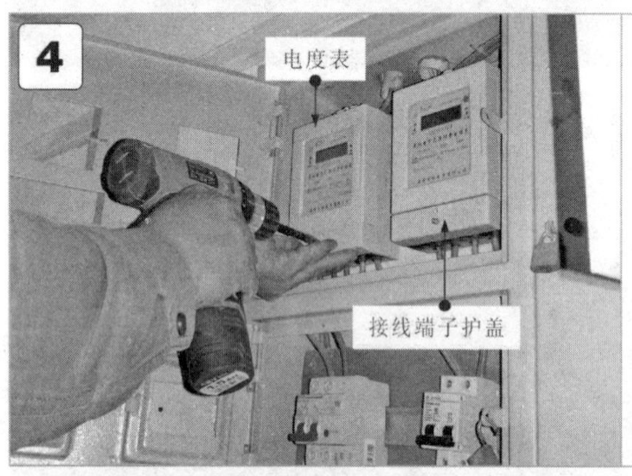

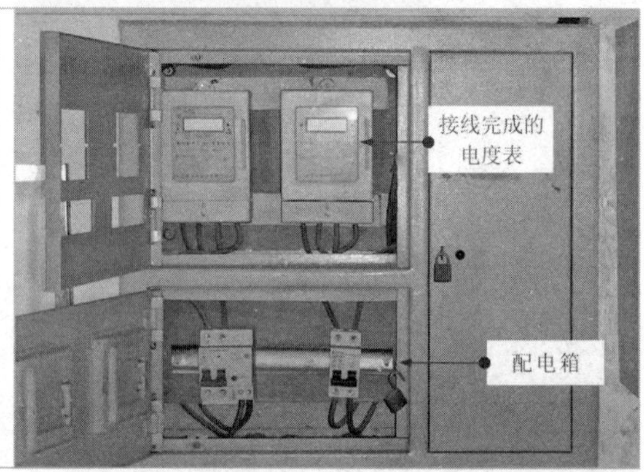

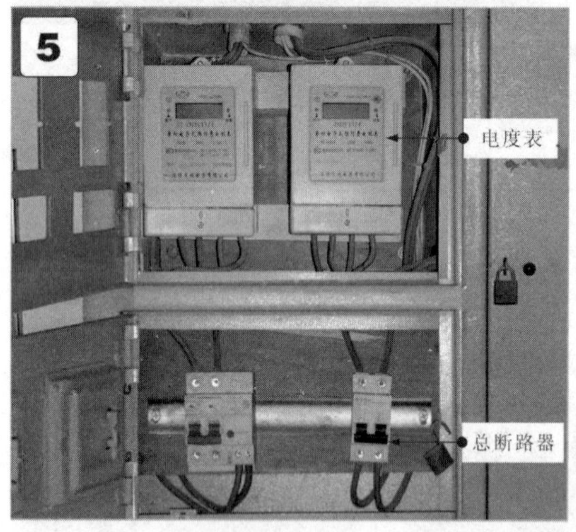

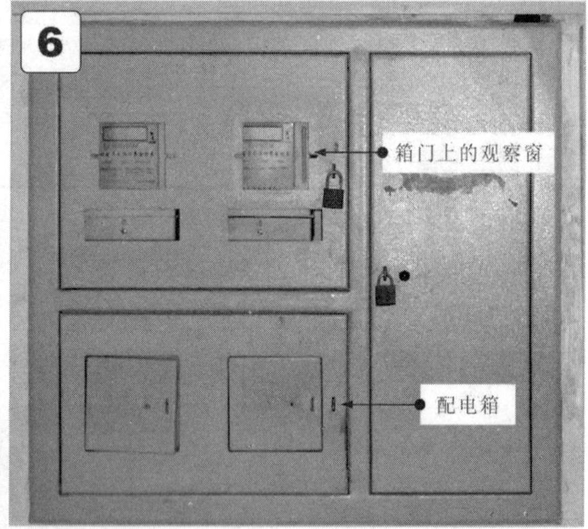

1 根据电度表“1、3进，2、4出的原则”连接电度表与入户线、电度表与用户总断路器之间的连接线。

2 电度表出线端与用户总断路器入线端子连接。

3 采用同样的接线方法连接住户2的电度表。

4 安装电度表接线端子护盖。

5 检查接线位置，确保接线无误，检查电度表固定牢固可靠。

6 关闭配电箱箱门，检查电度表正常。至此，电度表安装完成。

图 10-34　电度表与断路器的接线方法（续）

入户配电盘用于分配家庭的用电支路，使不同支路用电均衡，且各支路得以独立控制，方便使用和线路维护。在动手安装配电盘之前，首先需要根据配电盘的施工方案，了解配电盘的安装位置和线路的走向，如图 10-35 所示。

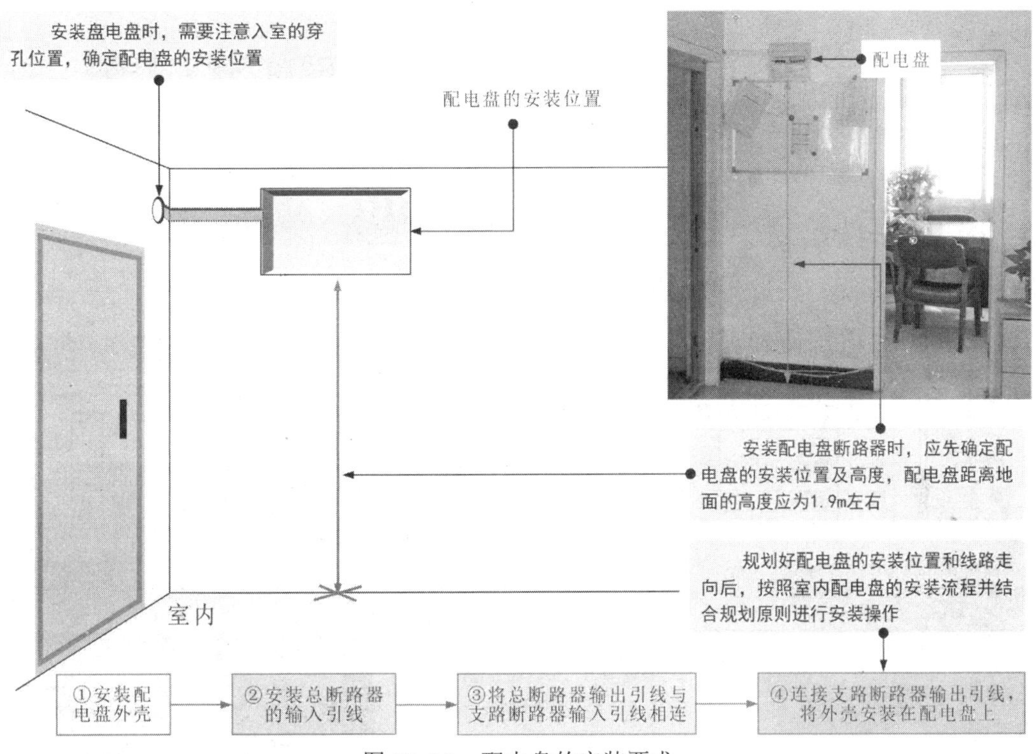

图 10-35　配电盘的安装要求

将室外线缆送到室内配电盘处，再将配电盘外壳放置到预先设计好的安装槽中，如图 10-36 所示。

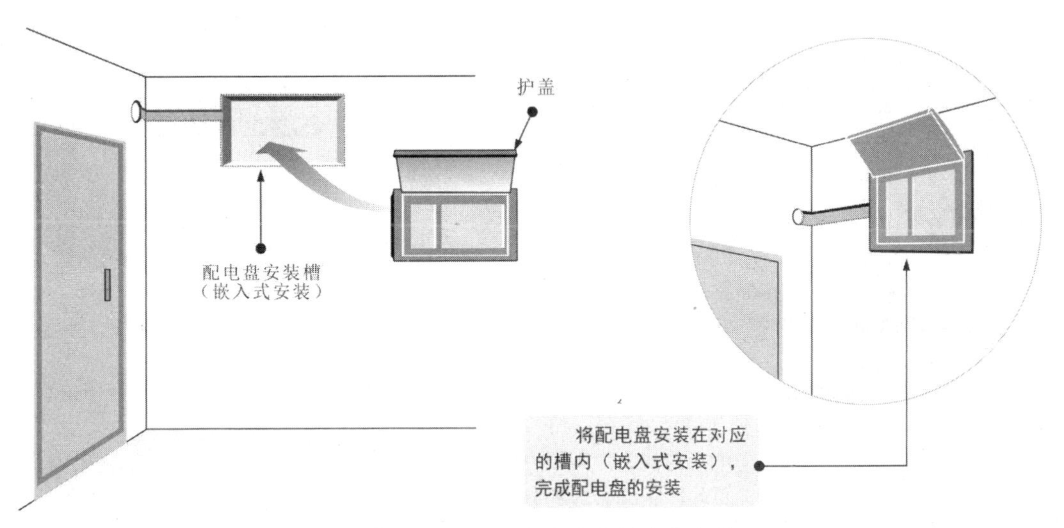

图 10-36　配电盘外壳的安装方法

支路断路器选配完成后，将选配好的支路断路器安装到配电盘内。一般为了便于控制，在配电盘中还安装有一只总断路器（一般可选带漏电保护的断路器），用于实现室内供配电线路的总控制功能。配电盘内的断路器全部安装完成后，按照“左零右火”原则连接供电线路，最终完成配电盘的安装，如图 10-37 所示。

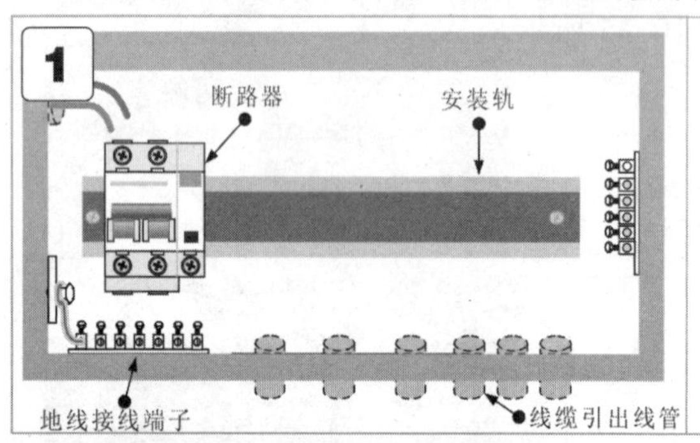

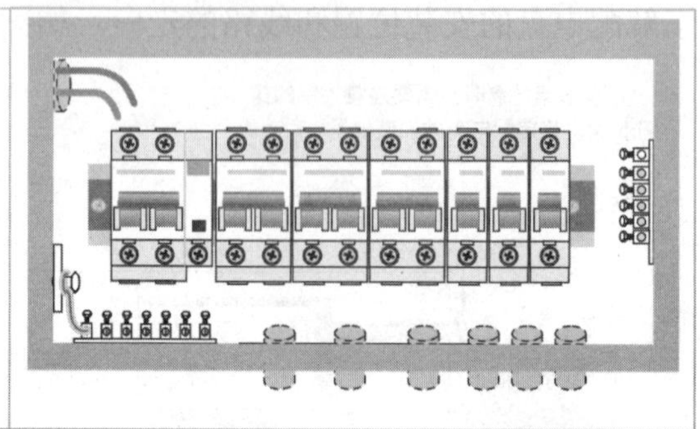

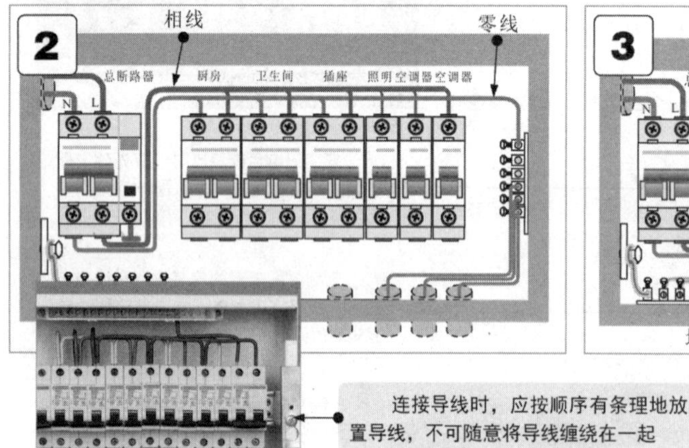

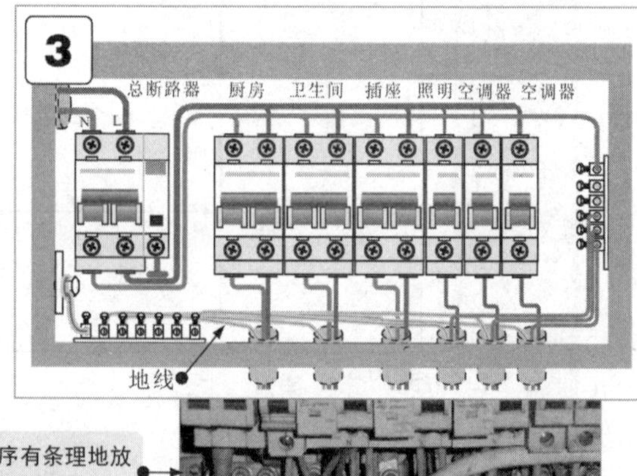

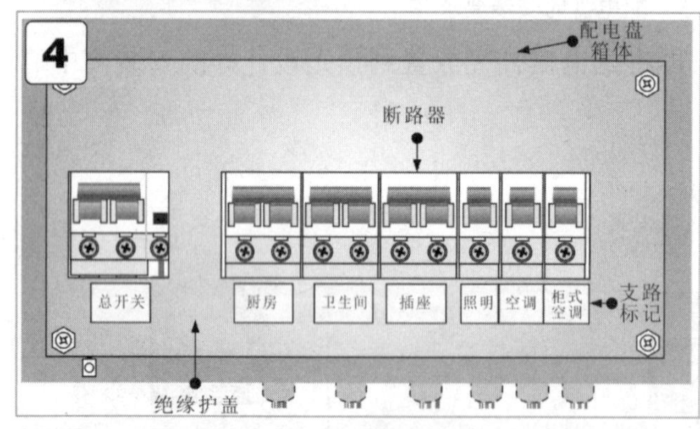

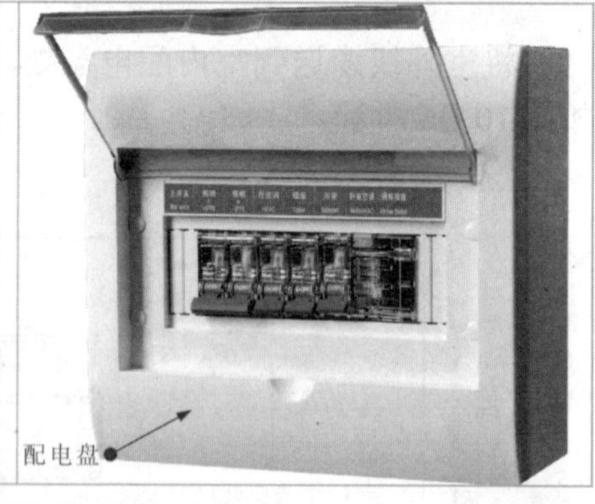

4
配电盘箱体
断路器
总开关
厨房
卫生间
插座
照明
空调
柜式空调
支路标记
绝缘护盖
配电盘

1 将选配好的总断路器、支路断路器安装到配电盘内安装轨上固定牢固。

2 从总断路器出线端引出相线和零线，分别接到支路断路器和零线接线柱上，完成支路断路器入线端的安装。

3 从支路断路器出线端分别引出相线、零线，从接地端子上引出地线，相线、零线、地线引出到线管中。

4 将配电盘的绝缘护盖安装在配电盘箱体上，并在护盖下部标记各支路控制功能的名称，方便用户操作、控制和后期调试、维修。至此，完成家庭配电盘的安装连接操作。

图 10-37　配电盘的安装与接线

10.2.2 供配电系统的检验

供配电系统安装完毕后，需要对系统的安装质量进行检验，合格后才能交付使用。检验时，先用相关检测仪表检查各路通、断和绝缘情况，再进一步检查每一条供电支路的运行参数，最后方可查看各支路的控制功能。

1 检查线路的通、断情况

使用电子试电笔检查线路的通、断情况：按下电子试电笔上的检测按键后，若电子试电笔显示屏显示出“闪电”符号，则说明线路中被测点有电压；若屏幕无显示，则说明线路存在断路故障，如图 10-38 所示。

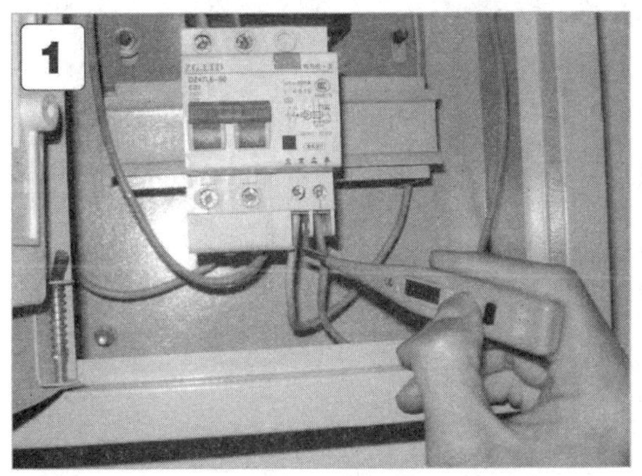

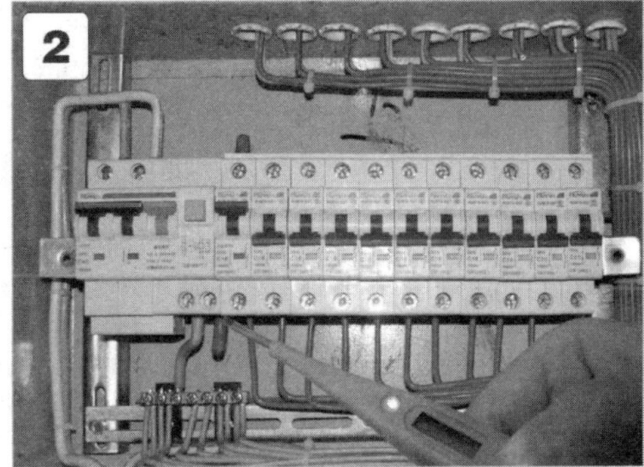

1 使用电子试电笔检测入户线缆端是否有电压。
2 使用电子试电笔检测入户各支路是否有电压

图 10-38 查看线路的通、断情况

2 检查运行参数是否正常

供配电系统的运行参数只有在允许范围内才能保证供配电系统长期正常运行。下面以楼宇配电箱为例，对配电箱中流过的电流值进行检测，如图 10-39 所示。

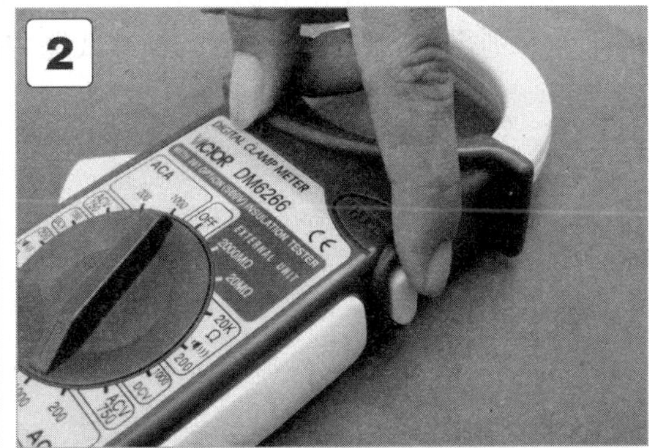

1 将钳形表的量程调至AC 200 A挡。
2 保持“HOLD”按钮处于放松状态，便于测量时操作。

图 10-39 配电箱运行参数的检测

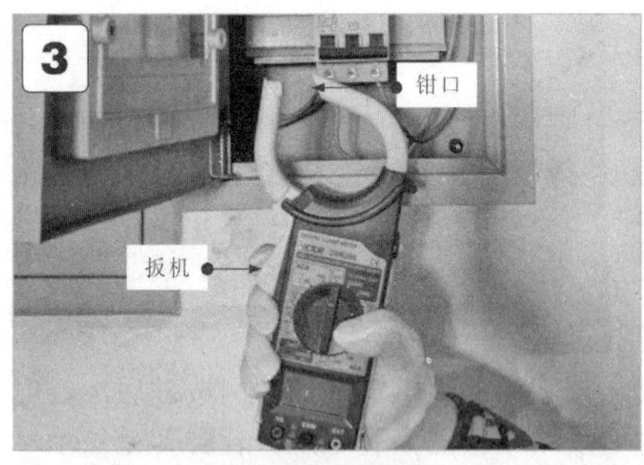

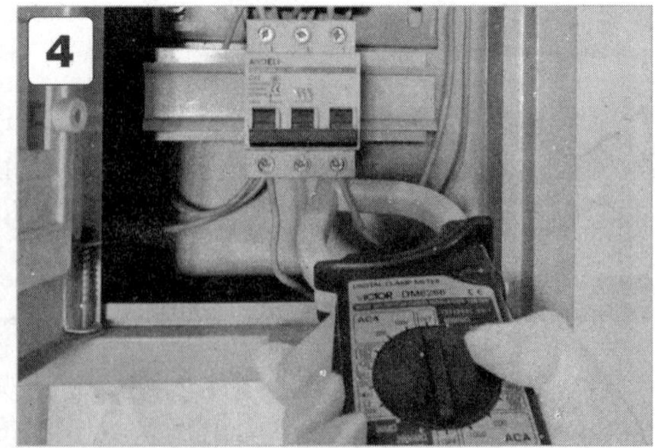

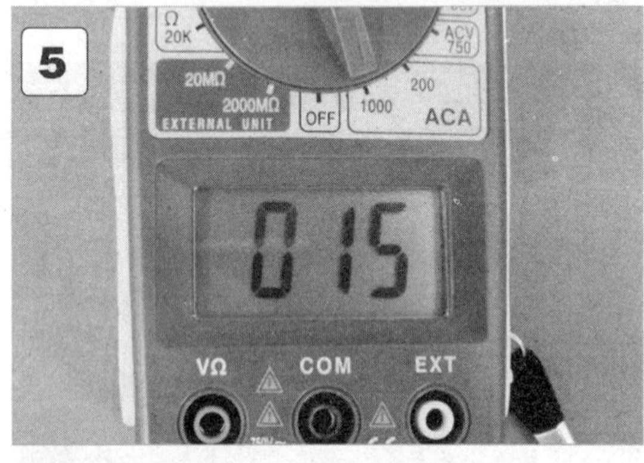

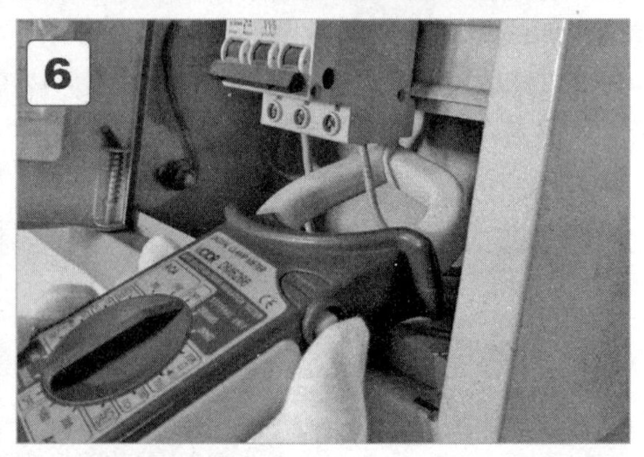

3 按下钳形表的扳机，打开钳口。

4 钳住一根待测导线。

5 配电箱中流过的电流为15A，符合要求，能够正常使用。

6 按下“HOLD”按钮进行保持数据。

图 10-39 配电箱运行参数的检测（续）

3 查看各支路控制功能是否正常

确认各供电支路的通、断及绝缘情况无误、线路运行参数均检测正常后，便可进一步检查楼道照明灯、电梯及室内照明设备的控制功能是否正常。若发现用电设备不能工作，则需要顺线路走向逐一核查线路中的电气部件位，如图 10-40 所示。

图 10-40 查看各支路控制功能

第11章 电力拖动系统的设计安装与检验

11.1 电力拖动系统的设计

电力拖动系统是指通过电动机拖动生产机械完成一定工艺要求的系统或装置的一种统称。设计电力拖动系统通常包括两个部分：一部分是确定拖动方案，采用交流拖动方式还是直流拖动方式；另一部分是设计控制电路，并根据控制电路选用电气部件和设计电路图、安装图。根据系统要求和工作环境逐一分步设计局部线路，然后根据相互关系，综合成完整的控制线路。

11.1.1 电力拖动系统的设计原则和要求

电力拖动系统是决定电动设备能否正常工作、合理拖动机械设备、完成动力控制的关键部分，设计之初，需要综合了解电力拖动系统的设计要求，以此作为规划、设计和安装总则。

1 要满足并实现生产机械对拖动系统的需求

电力拖动系统是为整个生产机械和工艺过程服务的，设计前，首先要把生产要求弄清楚，了解生产设备的主要工作性能、结构特点、工作方式和保护装置等方面。一般控制线路只能满足电力拖动系统中的启动、方向和制动功能，如图 11-1 所示。有一些还要求在一定范围内平滑调速，当出现意外或发生事故时，要有必要的保护及信号预报，并且要求各部分运动时的配合和连锁关系等。

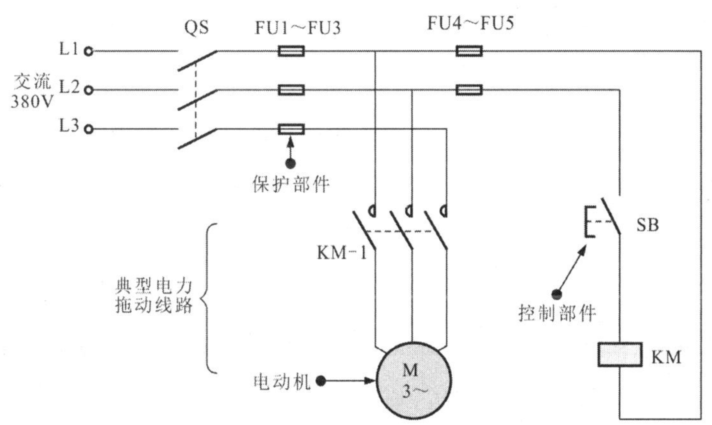

图 11-1 电力拖动系统的拖动需求

2 电力拖动线路应力求简单便捷

电力拖动线路的设计既要满足生产机械的要求，还要使整个系统简单、经济、合理，便于操作并方便日后维修，尽量减少导线的数量和缩短导线的长度，尽量减少电气部件的数量，尽量减少线路的触头，保证控制功能和时序的合理性。

（1）尽量减小导线的数量和缩短导线的长度。在设计控制线路时，应考虑到各个元器件之间的实际连接和布线，特别应注意电气箱、操作台和行程开关之间的连接导线。通常，启动按钮与停止按钮是直接连接的，如图 11-2 所示，可以减少导线，缩短导线的长度。

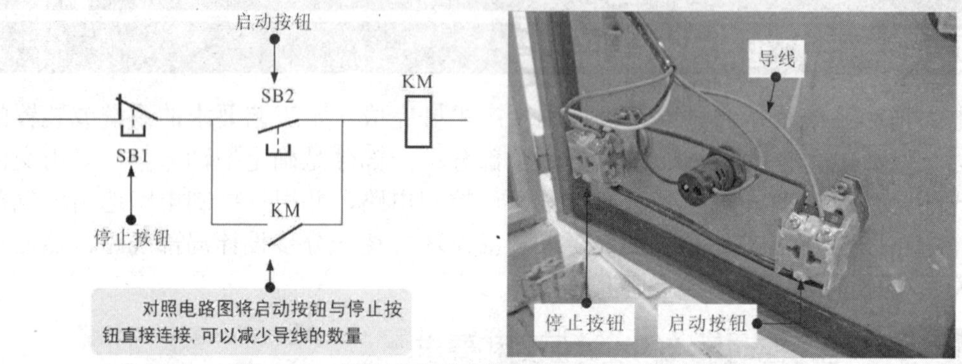

图 11-2　尽量减少导线的数量和缩短导线的长度

（2）尽量减少电气部件的数量。设计时，应减少电气部件的数量，简化电路，提高线路的可靠性，使用电气部件时，应尽量采用标准的和同型号的电气设备。

（3）尽量减少线路的触点。设计时，为了使控制线路简化，在功能不变的情况下，应整理控制线路，尽量减少触点的使用，如图 11-3 所示。

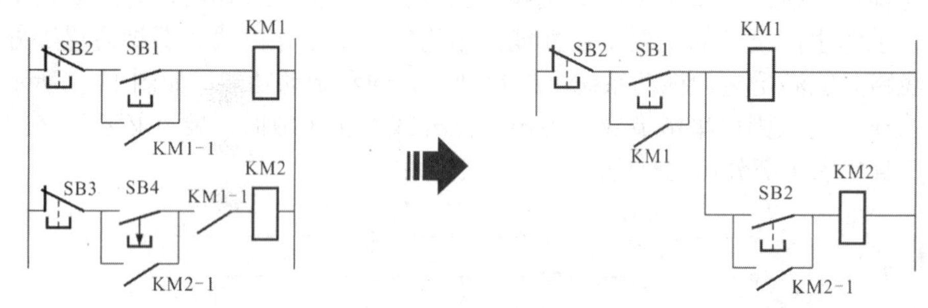

图 11-3　尽量减少线路的触点

（4）　控制功能和时序的合理性。控制电路工作时，除非必要的电气部件需要通电工作外，其余电气部件应尽量减少通电时间或减少通电电路部分，降低故障率，节约电能。

3　电力拖动线路设计要保证控制线路的安全和可靠

（1）　电气部件动作的合理性。在控制线路中，应尽量使电气部件的动作顺序合理化，避免经许多电气部件依次动作后，才可以接通另一个电气部件的情况如图 11-4 所示，电路将开关 SB1 闭合后，KM1、KM2 和 KM3 可以同时动作。

（2）正确连接电气部件的触点。有些电气部件同时具有常开和常闭触点，且触点位置很近。行程开关两个触点的连接如图 10-5 所示。连接时，应将共用同一电源的所有接触器、继电器及执行器件的线圈端均接在电源的一侧，控制触点接在电源的另一侧，以免由于触点断开时产生电弧造成电源短路现象。

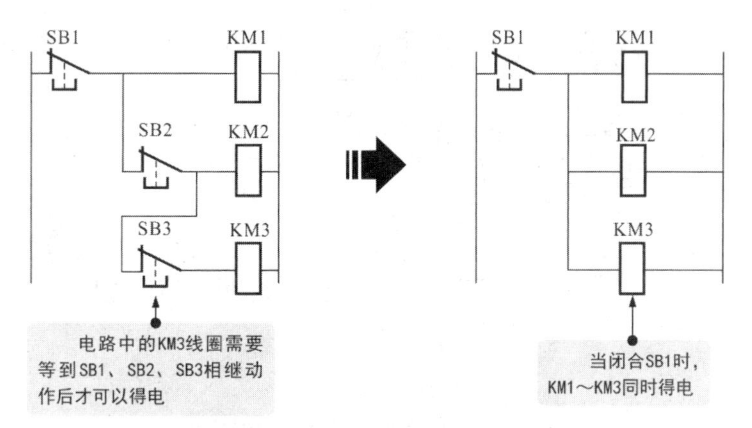

图 11-4　电气部件动作的合理性

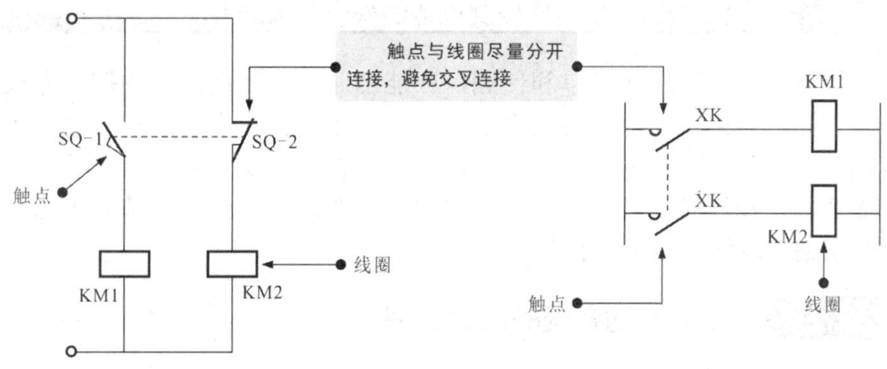

图 11-5　正确连接电气部件的触点

（3） 正确连接电气部件的线圈。交流控制电路常常使用交流接触器，要注意额定工作电压及控制关系，若两个交流接触器的线圈串接在电路中，如图 11-6 所示，则一个接触器断路，两个接触器均不能工作，使工作电流不足，引起故障。

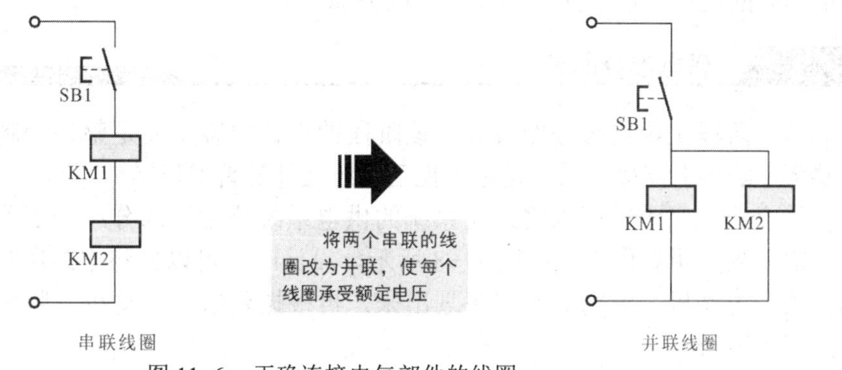

图 11-6　正确连接电气部件的线圈

（4） 应具有必要的保护环节。控制电路在事故情况下应能保证操作人员、电气设备、生产机械的安全，有效制止事故的扩大。为此，在控制电路中应采取一定的保护措施，常用的有漏电、过载、短路、过电流、过电压、失电压、联锁与行程保护等措施，必要时还可设置相应的指示信号，如图 11-7 所示。

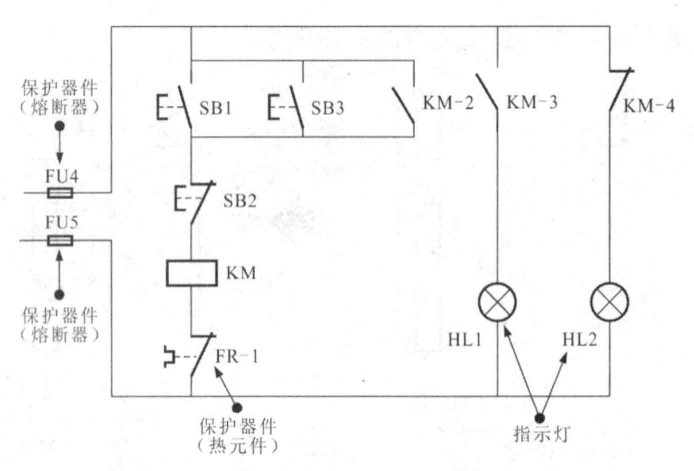

图 11-7　电力拖动线路中的保护环节

4　设计线路应尽量使控制设备的操作和维修方便

控制线路均应操作简单和便利，应能迅速和方便地由一种控制方式转换到另一种控制方式，如由自动控制转到手动控制。电控设备应力求维修方便，使用安全，并应有隔离电器，以便带电抢修。总之，无论控制功能如何复杂，都是由一些基本环节组合而成的。设计时，只要根据生产和工艺的要求选用适当的单元电路，并将它们合理组合起来，就能完成线路的设计。

11.1.2　电力拖动系统的设计实例

电动机控制系统要求按下启动按钮时电动机启动，松开按钮时，电动机可以正常工作；运行过程中，如果出现过热情况，则可以通过冷却泵降温；除此之外，设备应配备照明系统，方便夜间工作。

针对上述要求，在设计电动机控制系统时，可以将设计过程划分为三个阶段，即供电部分的设计、控制部分的设计和保护部分的设计。

1　供电部分的设计

第一阶段是供电部分的设计。该阶段的设计内容主要是整理绘制电动机系统中各主要部件的供电连接关系，是电力拖动系统设计的首要环节。

结合实例需求，可以将拖动系统的供电系统分为两部分：一部分为电动机供电；另一部分为照明灯供电。如图 11-8 所示，设计时，可以先将电路所包含的器件（电源总开关、电动机、照明灯等）规划出来，再根据要求将电动机、照明灯供电部分的电路图设计出来。

2　控制部分的设计

第二阶段是控制部分的设计。该阶段的设计内容是结合实际工作情况，在原本供电系统的架构上添加接触器、继电器、按钮开关等控制器件，以完善整个系统中各功能部件和控制器件之间的连接控制关系，是电力拖动系统设计的重要环节。

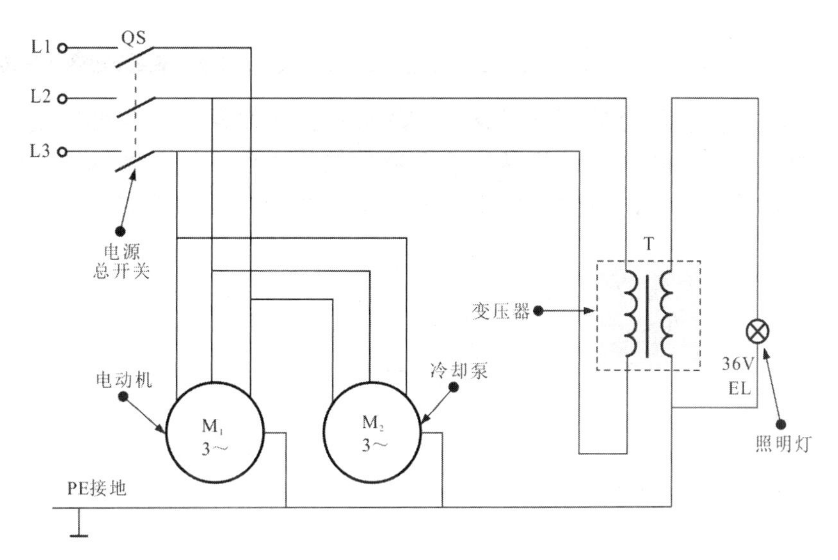

图 11-8　供电系统的设计

控制系统通常是由控制部件组成的，如接触器、继电器、开关等。在设计控制系统时，应先根据控制系统的需求确定在控制系统中应用到的控制器件，如图 11-9 所示。例如，按钮开关用于电动机的启动或停止；转换开关用于手动控制冷却泵及照明灯的工作状态；接触器用于接通电动机的三相电源。

当机床在白天工作时，不需要照明灯一直处于亮的状态，所以在照明灯前应安装转换开关，控制照明灯的工作状态；冷却泵是根据人为控制确定是否工作的，所以在设计电路时需要安装一个转换开关进行控制。

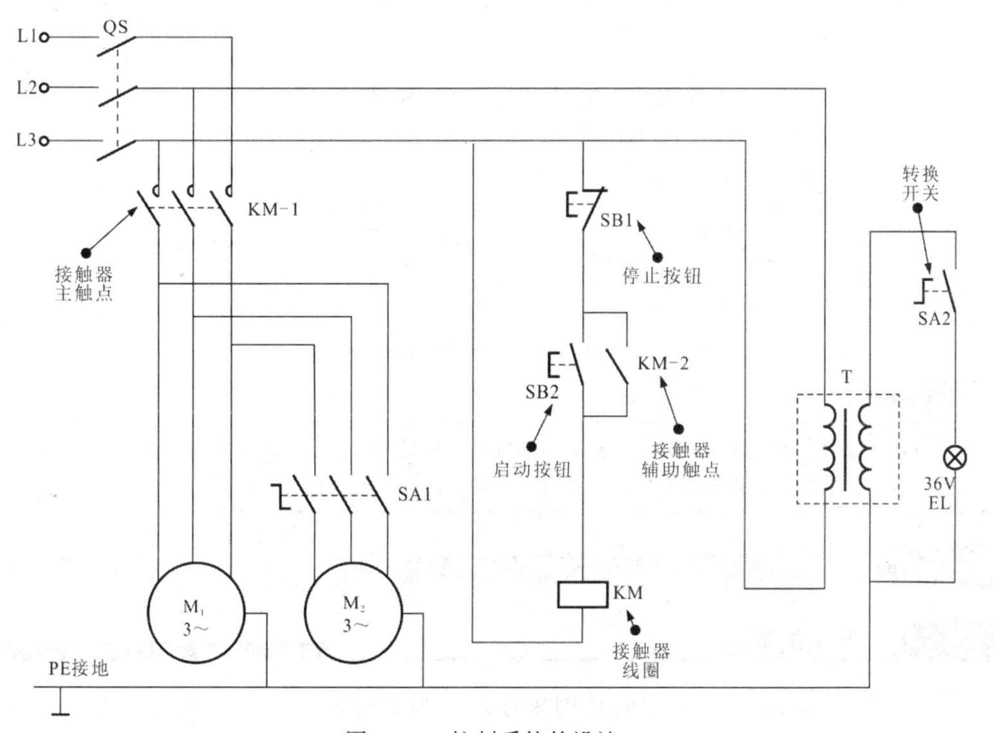

图 11-9　控制系统的设计

3 保护部分的设计

第三阶段是保护部分的设计。该阶段的设计内容是从安全角度出发，为整个系统增添保护功能（如熔断器、过热继电器等器件的使用连接），确保当工作出现异常情况时可以得到及时保护，有效避免事故的发生及系统中各部件的损坏，是电力拖动系统设计中非常关键的环节。

根据机床控制系统的要求，首先为确保电动机和冷却泵能在有效的工作温度下工作，应在保护电路中设置过热继电器，如图11-10所示。为了避免过载操作或是短路现象，可以在相应的电路中设置熔断器，如主电路（电动机）的过载、短路保护及支路的过载和短路保护等。

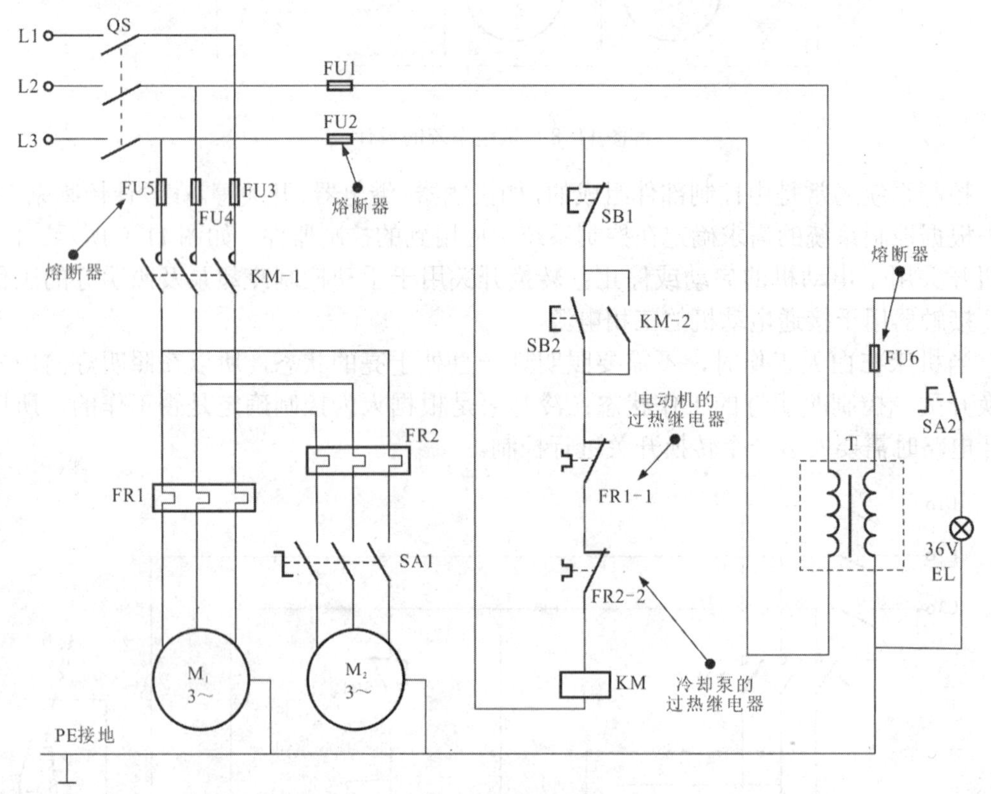

图 11-10　保护系统的设计

提示

通过以上三部分的电路设计即可以完成机床控制系统的需求，接下来主要是对该控制系统进行细致的检查，确定无误后，安装相关部件，试运行，检验是否达到电力拖动的需求。

11.1.3 电力拖动系统中相关部件的选用

1 开关的选配

开关在电力拖动系统中主要是用来接通和断开控制电路的一种控制部件。在电力拖动系统中，常用的开关主要有闸刀开关、开启式负荷开关、封闭式负荷开关、组合开关及按钮开关等。

（1）开启式负荷开关（闸刀开关）。在电力拖动系统中使用开启式负荷开关时要根据额定电流进行选用，一般选用大于或等于被切断电路中各个负载额定电流的总和，如图 11-11 所示。例如，若负载是电动机，就需要考虑电路中可能会出现的最大峰值电流是否在额定电流等级所对应的电动稳定性峰值电流以下，如果超过峰值电流，则应当选用额定电流更大一级的闸刀开关作为总开关。

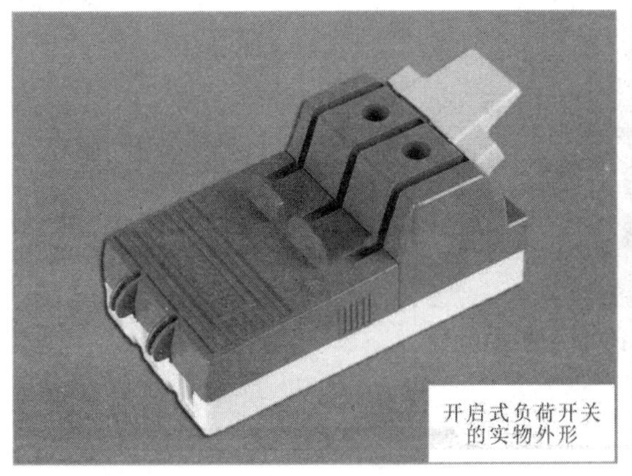

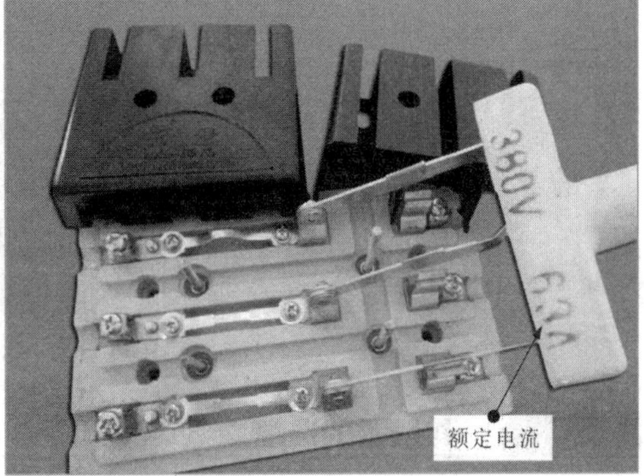

图 11-11　闸刀开关的选用

提示

当控制电路发生短路故障时，如果闸刀开关能通过某一最大电流，并且不因所产生的最大电动力变形、损坏或触刀自动弹出的现象，则该最大电流就是闸刀开关的电动稳定性峰值电流。

（2）封闭式负荷开关。在电力拖动系统中使用封闭式负荷开关时，应主要考虑额定电流和额定电压值。额定电流应等于或大于被控制电路中各个负载额定电流的总和；若用来控制电动机，则要考虑电动机的全压启动电流应为封闭式负荷开关额定电流的 4 ～ 7 倍，所以在电力拖动系统中，选用的封闭式负荷开关的额定电流应为电动机额定电流的 3 倍；封闭式负荷开关的额定电压不应小于控制线路的工作电压，若用于控制电动机，则额定电压不应小于电动机额定电压的 3 倍。封闭式负荷开关的外形如图 11-12 所示。

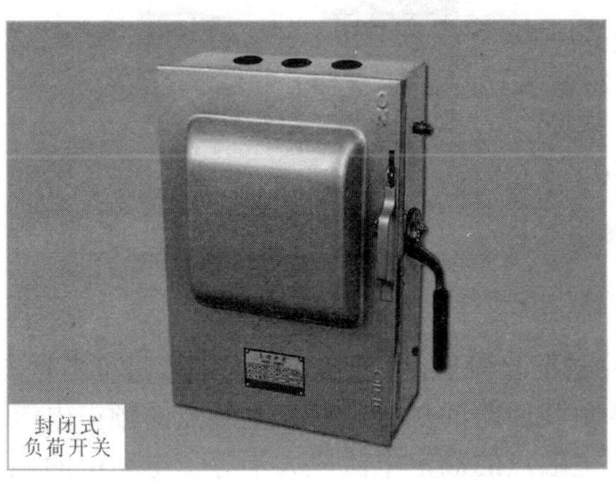

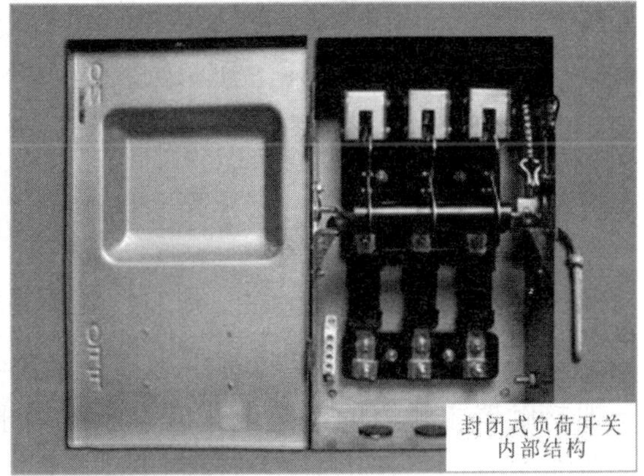

图 11-12　封闭式负荷开关的外形

（3）按钮开关。在选用按钮开关时，可以根据使用场合和控制回路进行选用，如图 11-13 所示。根据应用场合的不同，按钮开关可以选用开启式、紧急式、防水式和钥匙式等按钮开关；根据控制回路的多少，可以选用单联钮、双联钮或三联钮等。除此之外，还可以根据电力拖动系统的应用环境，选用带有指示灯的按钮开关，如在电路中用作启动操作时，可以选用带有绿色指示灯的按钮开关；若用做停止操作，则可以选用带有红色指示灯的按钮开关。

图 11-13　按钮开关的选用

2　接触器的选配

接触器是一种自动电磁式开关，主要用于实现远距离自动操作或欠电压释放保护功能，具有控制容量大、工作可靠、操作效率高、使用寿命长等特点，在电力拖动系统中得到广泛的应用。

（1）根据负载选配。根据被控制电动机或负载电流的类型选择相应的接触器类型，即交流负载时应选用交流接触器，直流负载时应选用直流接触器，如图 11-14 所示。如果控制电路中有交流电动机也有直流电动机，则应根据相关电路的电源选配；若交流电动机或交流负载的容量较大，而直流电动机或直流负载的容量较小，则可以选配交流接触器，选配时，其触点的额定电流应适当大一些。

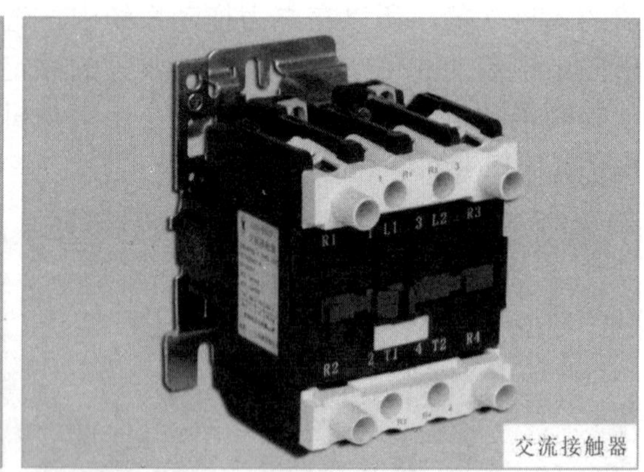

图 11-14　根据负载选配接触器

（2）根据主触点选配。在电力拖动系统中选配接触器时，通常需要对触点进行考量，一般接触器主触点的额定电压应大于或等于负载回路的额定电压；主触点的额定电流应等于负载的工作电流，当控制电动机时，主触点的额定电流应大于等于电动机的额定电流。

3 电动机的选配

（1）电动机种类的选配。在电力拖动系统中，电动机通常可以分为直流电动机和交流电动机，外形如图 11-15 所示。若控制需要启动性能好、可在较小范围内平滑调速的设备，则可以选用交流电动机中的三相异步电动机；若对电动机的调整性能和启动性能要求较高，则可以选用直流电动机。

直流电动机

交流电动机

图 11-15　电动机的外形

（2）电动机类型的选配。根据防护形式的不同，电动机可以选配的类型有防护式、封闭式、密封式，如图 11-16 所示。防护式电动机的外壳有通风孔，能防止水滴、铁屑及杂物从上面或与垂直方向成 45° 以内的方向掉进电动机内部，但不能有效防尘、防潮。封闭式电动机内部的定子绕组和转子都封闭在机壳内，能有效防止铁屑、杂物侵入电动机的内部，但封闭不是很严密，不可以在水下工作。密封式电动机的整个机体都被密封起来了，可以在水中使用。

防护式电动机

封闭式电动机

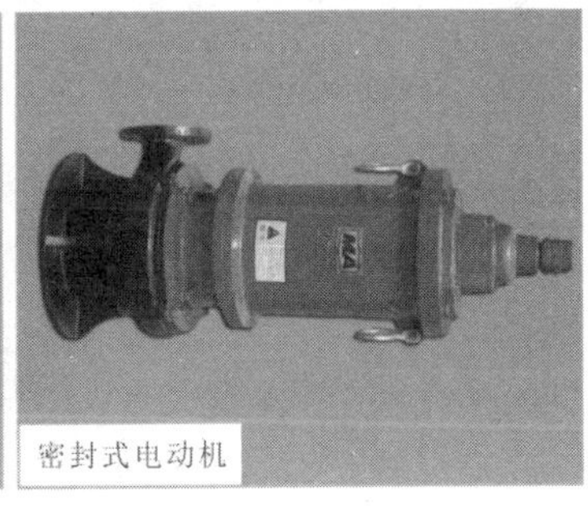
密封式电动机

图 11-16　电动机类型的选配

（3）电动机容量的选配。电动机的容量，即额定功率，是根据被拖动生产机械（负载）所需要的功率来决定的。如果电动机的容量选配得太小，则会使电动机启动时较为困难，也会因电流超过额定值而使电动机过热甚至被烧毁。如果电动机的容量选配得过大，则虽然可以保证生产机械的正常运行，但不能充分发挥电动机的作用，不仅会造成资金和材料的浪费，而且电动机在轻载时，效率和功率因数都较低，会造成电力的浪费。

提示

电动机的发热情况与负载的大小和运行时间的长短有关，所以选配时应按不同的运行方式选配电动机的容量。在通常情况下，电动机的运行方式可以分为长期运行、短期运行、重复短路等方式。

长期运行时，电动机的容量应等于或略大于生产机械所需的功率 / 传动效率，即传动功率与传动方式有关；短期运行时，电动机可以允许过载情况，工作时间越短，过载可以越大，但过载量不能无限增大，必须小于电动机的最大转矩；若电动机应用在重复短路的控制电路中，还要考虑到配电变压器容量的大小，一般直接启动的最大一台电动机的容量不宜超过配电变压器容量的 1/3。

（4）根据转速选配电动机。电动机与拖动生产机械都有各自的额定转速，电动机与生产机械配套后，两者都应在各自的额定转速下运转。

在选择电动机的转速时，应注意不宜选配过低的电动机，因为功率一定时，电动机的额定转速越低，极数越多，体积越大，价格越高，效率越低；反之，电动机的转速也不宜过高，否则会使传动装置过于复杂。

4 继电器的选配

在电力拖动中，继电器是一种根据外界输入量控制电路“接通”或“断开”的自动控制器件，通常用于控制、保护线路或信号的转换电路，根据使用环境的不同，应选择相应的继电器。

（1）继电器种类的选配。继电器的类型可以分为直流继电器和交流继电器，如图 11-17 所示。继电器的区分主要是根据继电器供电电源的种类区分的。如果将继电器应用在直流控制电路中，则需要选用直流继电器；若将继电器应用在交流控制电路中，则需要选用交流继电器。

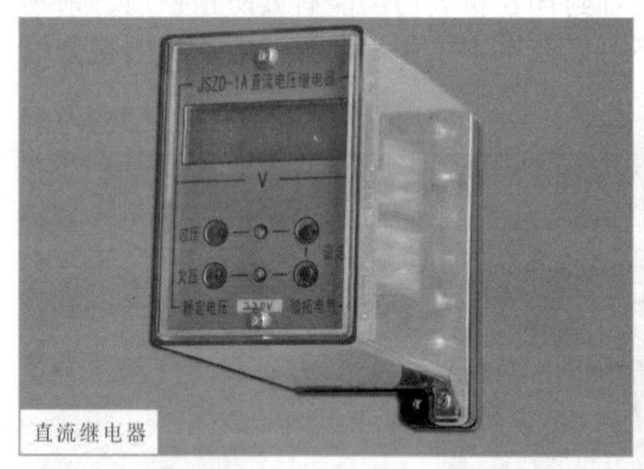

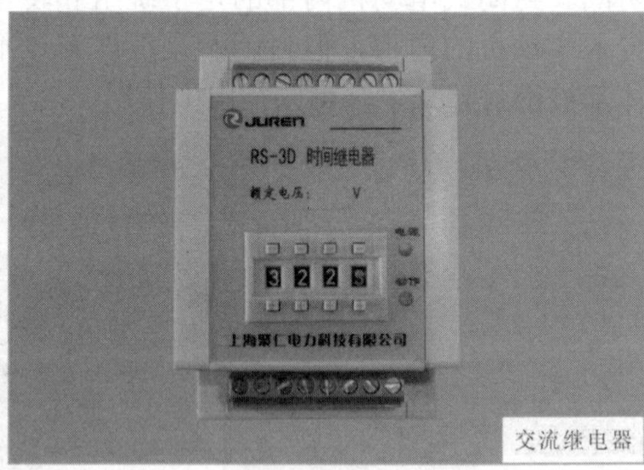

图 11-17　继电器种类的选用

提示

直流继电器和交流继电器的电压级别不同。直流继电器电压级别较多，可以分为 6V、12V、34V、36V、110V 等，线圈一般都比较细，控制电流较小；交流继电器以 24V、220V、380V 级别居多。继电器的种类和规格都应标注在铭牌上。

（2）根据输入量选配继电器。在电力拖动系统中选配继电器时，可以通过输入的信号来选配继电器。若以输入的热效应作为信号控制继电器动作时，则可以选配热继电器；若以输入的电流值控制继电器内部触点的开/闭，则可以选配电流继电器；若以输入的电压值控制继电器内部触点的开/闭，则可以选配电压继电器；若以速度信号控制线路时，则可以选配速度继电器。继电器的外形如图 11-18 所示。

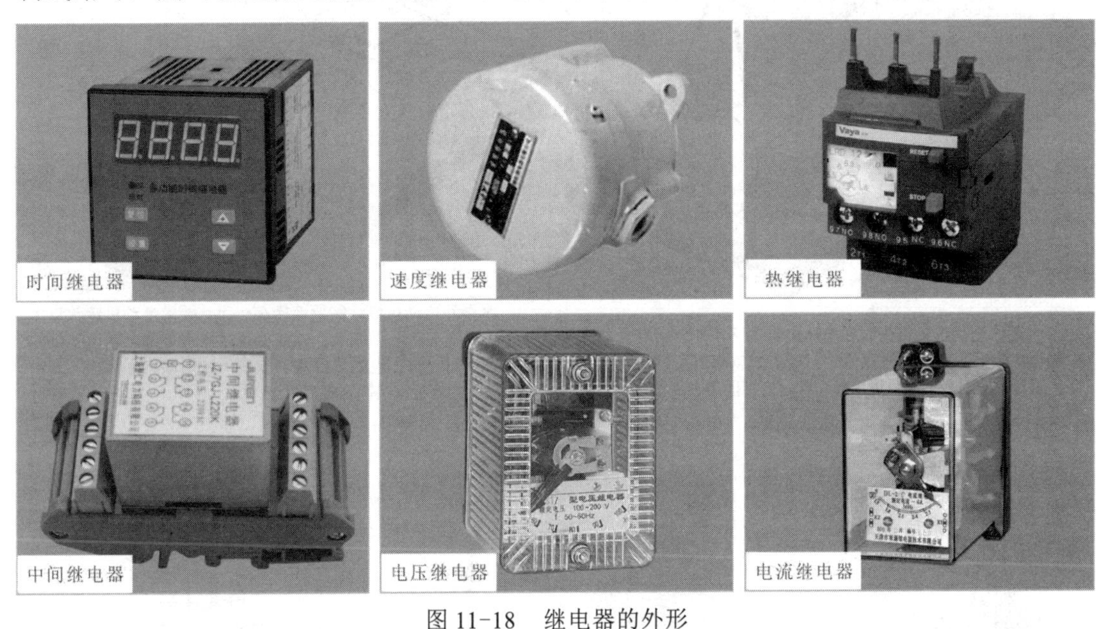

图 11-18　继电器的外形

11.2　电力拖动系统的安装与检验

11.2.1　电动机及被拖动设备的安装

电力拖动系统的安装包括电动机的安装固定及与被拖动设备的连接和安装。下面以电动机与水泵（被拖动设备）的安装为例。具体操作时，将安装操作划分为电动机和拖动设备在底板上的安装、电动机与拖动设备的连接、电动机和拖动设备的固定三个步骤。

1　电动机和被拖动设备在底板上的安装

水泵和电动机的重量较大，工作时会产生振动，因此不能直接安装在地面上，应安装固定在混泥土基座、木板或专用底板上。机座、木板或专用底板的长、宽尺寸应足够放置水泵和电动机。

选择底板的类型和规格要根据实际安装设备的规格，要求具有一定的机械硬度，具体的安装如图 11-19 所示。

2　电动机与被拖动设备的连接

底板安装完成后，使用专业的吊装工具吊起电动机，将其安装固定在电动机固定板上，如图 11-20 所示，并通过联轴器与水泵连接，连接过程中应保证水泵传动轴与电动机的转轴中心线在一条水平线上。

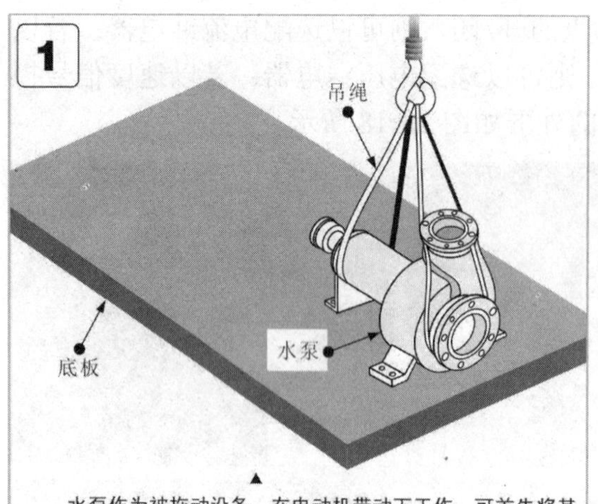

水泵作为被拖动设备，在电动机带动下工作，可首先将其安装在底板上。由于水泵重量相对较大，安装时可使用专用的吊装工具，使用合适的吊绳吊起水泵，安装固定在底板上

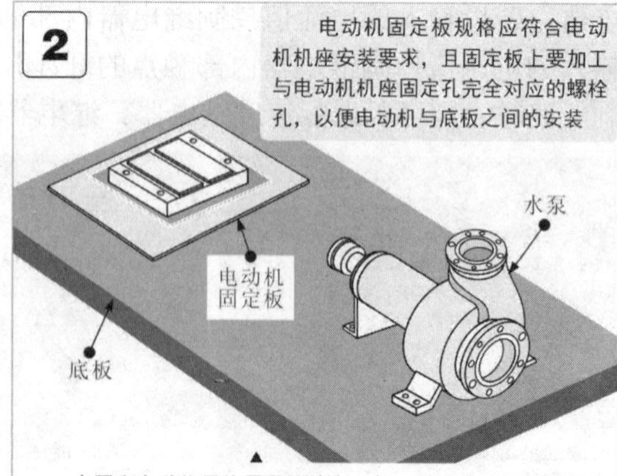

水泵和电动机最终需要连接在一起，要求电动机转轴与水泵中心点在一条水平线上，以确保连接紧密可靠。当电动机的高度不够时，需在电动机的底部安装一块电动机固定板，将水泵电动机的底板安装固定在底板上

图 11-19　电动机和水泵的安装

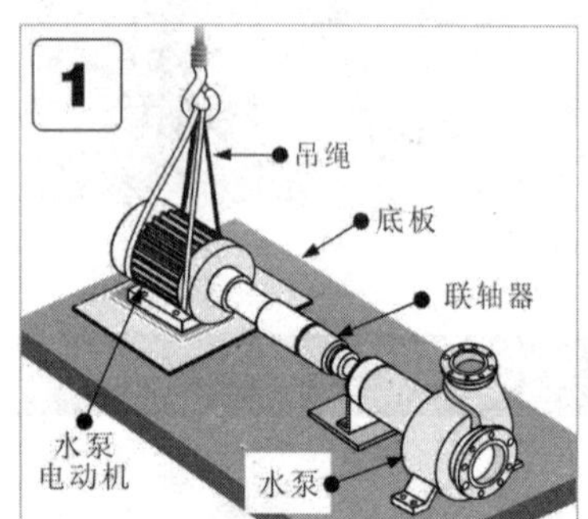

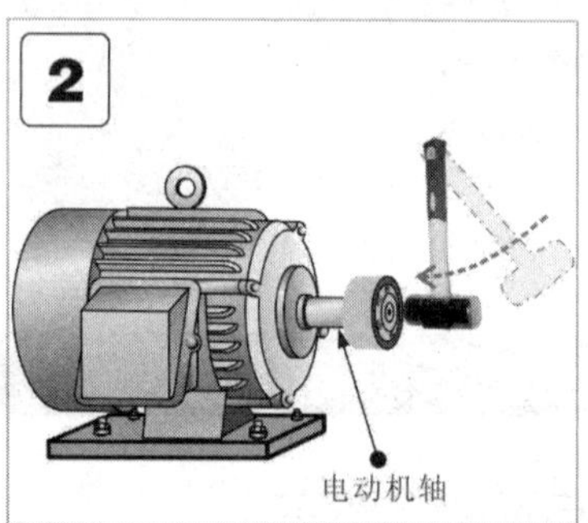

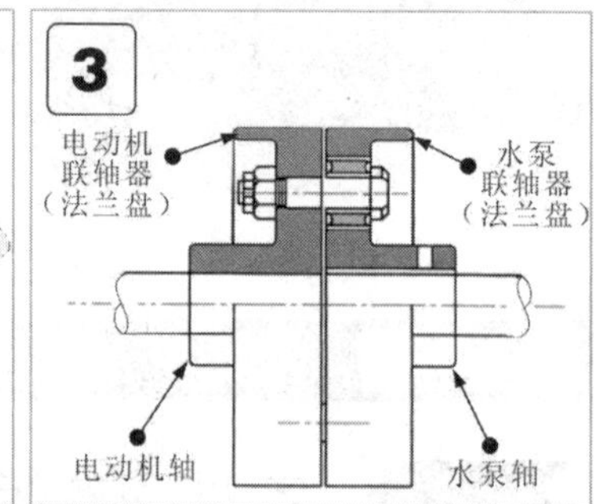

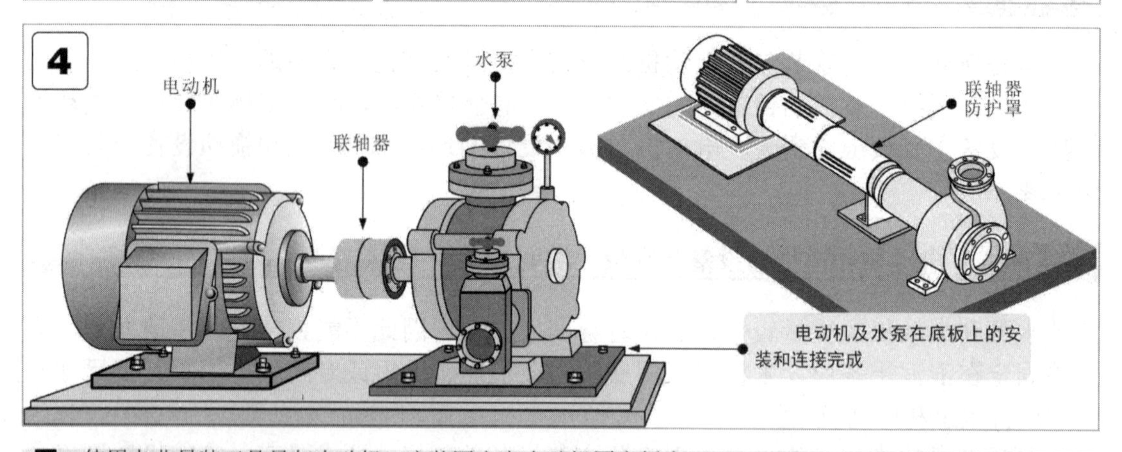

1. 使用专业吊装工具吊起电动机，安装固定在电动机固定板上。
2. 将联轴器或带轮按槽口放置到电动机转轴上，用榔头或木槌顺轴承转动的方向敲打传动部件的中心位置，将联轴器安装到电动机转轴上。
3. 从电动机与水泵的实际连接效果可以看到，电动机与水泵之间是通过联轴器连接的。联轴器分别装在电动机和水泵的转轴上，并通过螺母和螺栓固定。
4. 使用联轴器对水泵和电动机连接完成后，需在联轴器处连接联轴器防护罩。在未连接联轴器防护罩时，不得启动水泵，防止发生人身伤害事故。

图 11-20　电动机与拖动设备的连接

3 电动机和被拖动设备的固定

电动机和被拖动设备在底板上安装完成后，需要将这一动力拖动机组固定到指定位置的水泥地上，如图 11-21 所示。

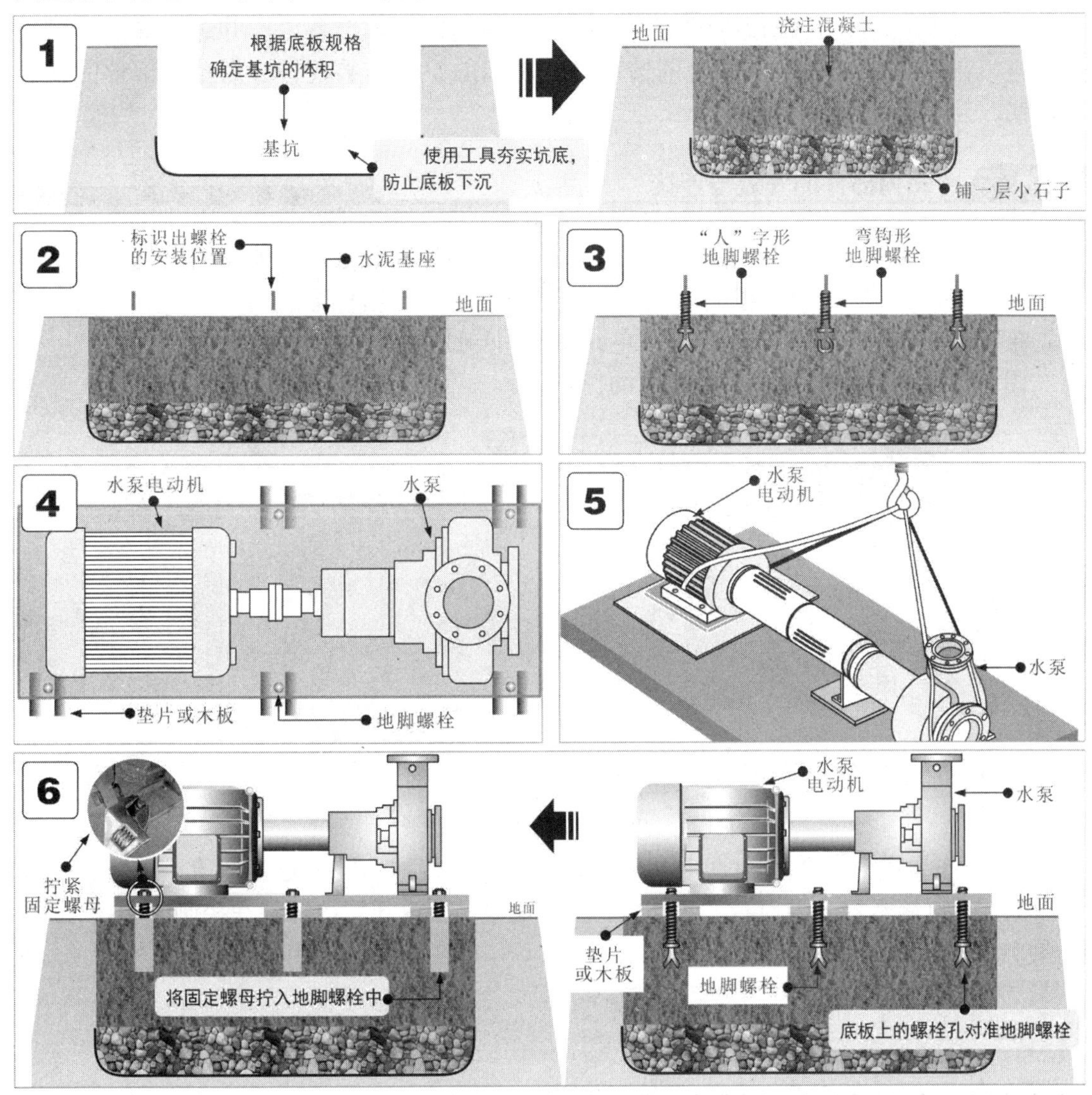

1. 根据底板的大小，确定基坑的长度和宽度后，挖基坑。基坑挖到足够深度后夯实坑底，再在坑底铺一层小石子，用水淋透并夯实，然后注入混凝土，制作基座。
2. 在浇筑混凝土未凝固之间，快速在水泥基座上确定地脚螺栓的安装位置。
3. 确定好位置埋入螺栓。为了保证螺栓埋设牢固，通常将埋入基座一端的地脚螺栓制成“人”字形或弯钩形，待混凝土凝固后，螺栓与混凝土凝固为一体。
4. 水泵和电动机安装固定完成后，在底板需要安装固定地脚螺栓的每个侧面垫入垫片或木板。
5. 使用专业吊装工具将底板连同水泵和电动机吊装到水泥基座上，并使底板上的螺栓孔对准地脚螺栓，调节垫入的垫片，使底板与地面平行。
6. 对准地脚螺栓后，将与地脚螺栓配套的固定螺母拧入地脚螺栓中，至此完成电动机和被拖动设备（水泵）的安装操作。

图 11-21　电动机和被被拖动设备的固定

11.2.2 控制箱的安装与接线

控制箱是电力拖动线路中的重要组成部分，控制部件、保护部件及部件之间的电气连接等都集中在控制箱内，便于操作人员集中安装、维护和操作。

安装控制箱前，首先根据控制要求，将所用电气部件准备好，并进行清点，以免出现电气部件丢失或型号不匹配的情况。控制箱的整个安装过程分为箱内部件的安装与接线、控制箱的固定两个环节。

1 箱内部件的安装与连接

控制箱主要是由箱体、箱门和箱芯组成的。控制箱的箱芯用来安装电气部件。该部分可以从控制箱内取出，根据电气部件的数量确定控制箱外形的尺寸，在安装过程中，应先布置和安装电气部件，然后根据电路图使用导线连接各电气部件。

图 11-22 为电力拖动系统中常用的控制箱。

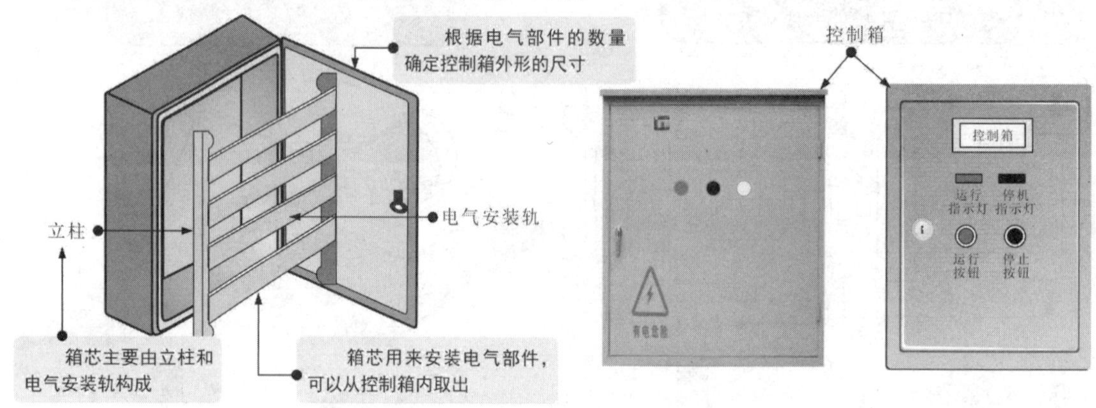

图 11-22 电力拖动系统中常用的控制箱

（1）布置电气部件。根据电动机控制线路中主、辅电路的连接特点，以方便接线为原则，确定熔断器、接触器、继电器、热继电器、按扭开关等部件在控制箱中的位置，如图 11-23 所示。

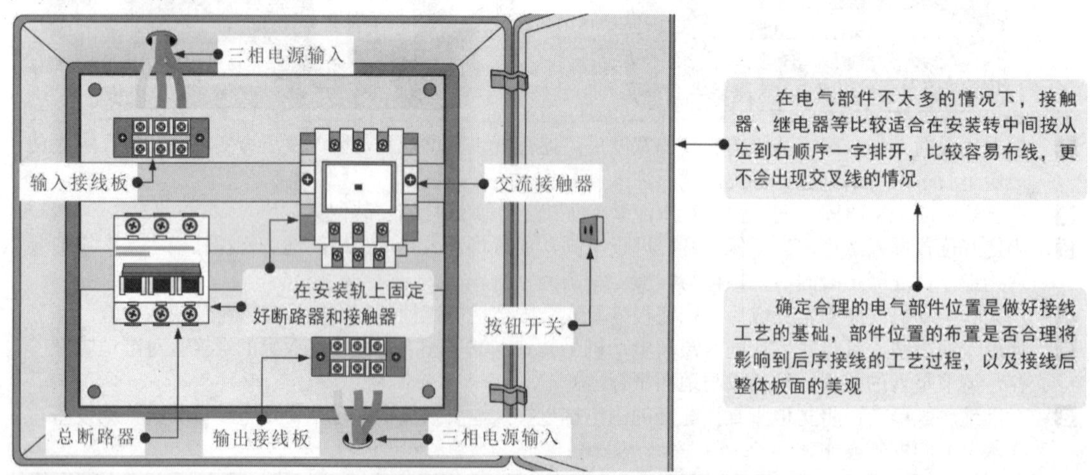

图 11-23 控制箱中电气部件的布置

（2）接线。电气部件布置完成后，应根据线路原理图和接线图进行接线操作，即将断路器、熔断器、接触器等部件连接成具有一定控制关系的电力拖动线路，如图 11-24 所示。

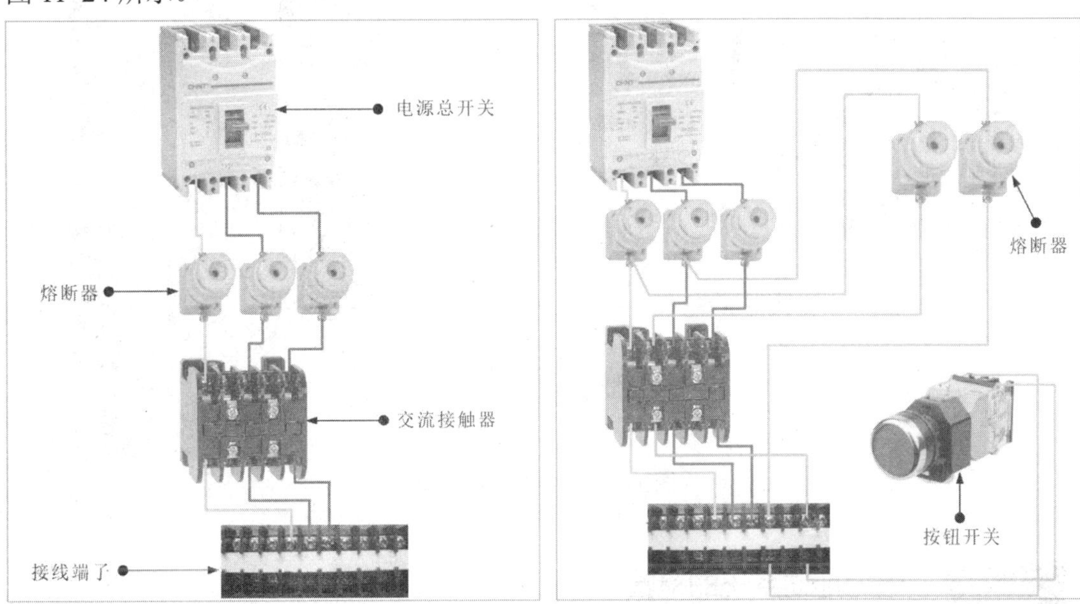

图 11-24　控制箱中电气部件的接线

提示

电力拖动线路接线时，必须按照接线工艺要求，在确保接线正确的前提下，保证线路电气性能良好、接线美观。控制箱内电气部件接线的基本工艺要求如下：

· 布线通道应尽可能少，同路并行导线应单层平行密排，按主电路、控制电路分类集中。

· 同一平面的导线应高低一致或前后一致，不能交叉。

· 布线应横平竖直，分布均匀，垂直转向，如图 11-25 所示。

· 布线时以接触器为中心，按先控制、后主电路的顺序。

· 在导线的两端套上编码套管。

· 导线与接线端子必须连接牢固，不能压导线绝缘层，也不宜露铜芯过长。

· 一个元器件接线端子上的连接导线不得多于两根，一般只允许连接一根。

· 连接控制箱电源进线、出线、按钮及电动机保护地线等必须牢固可靠。

· 控制箱中裸露、无电弧的带电零件应与控制箱导体壁板间有一定的间隙，在通常情况下，250V 以下电压的间隙应不小于 15mm；250 ～ 500V 电压的间隙应不小于 25mm。

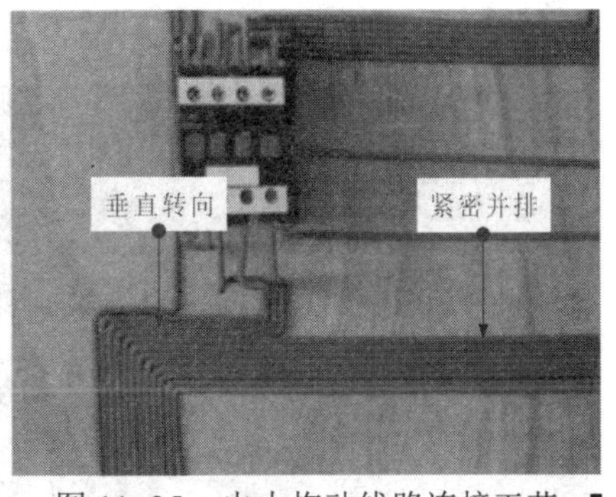

图 11-25　电力拖动线路连接工艺

2　控制箱的固定

控制箱内的电气部件安装接线完成后，需要将控制箱安装固定在电力拖动控制环境中。一般来说，控制箱适合墙壁式安装或落地式安装，确定安装位置后，将控制箱固定孔用规格合适的螺栓固定或底座固定即可，如图 11-26 所示。

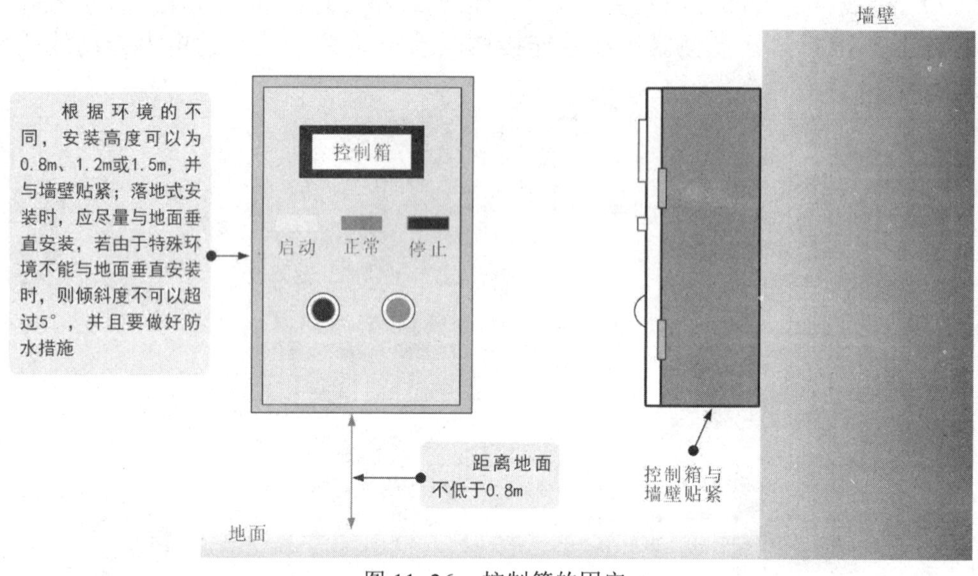

图 11-26　控制箱的固定

11.2.3 电力拖动系统的检验

将电力拖动系统的电气部件连接好后，需要进行检验，以保证能正常运转，有断电检验和通电检验两部分。

1 断电检验

检验电力拖动系统时，应在断电的情况下检查各电气部件的连接是否与电路原理图相同、各接线端子是否连接牢固及绝缘电阻是否符合要求等，如图 11-27 所示，查看各个元器件的代号、标记是否与原理图一致，各电气部件的安装是否正确和牢固等。

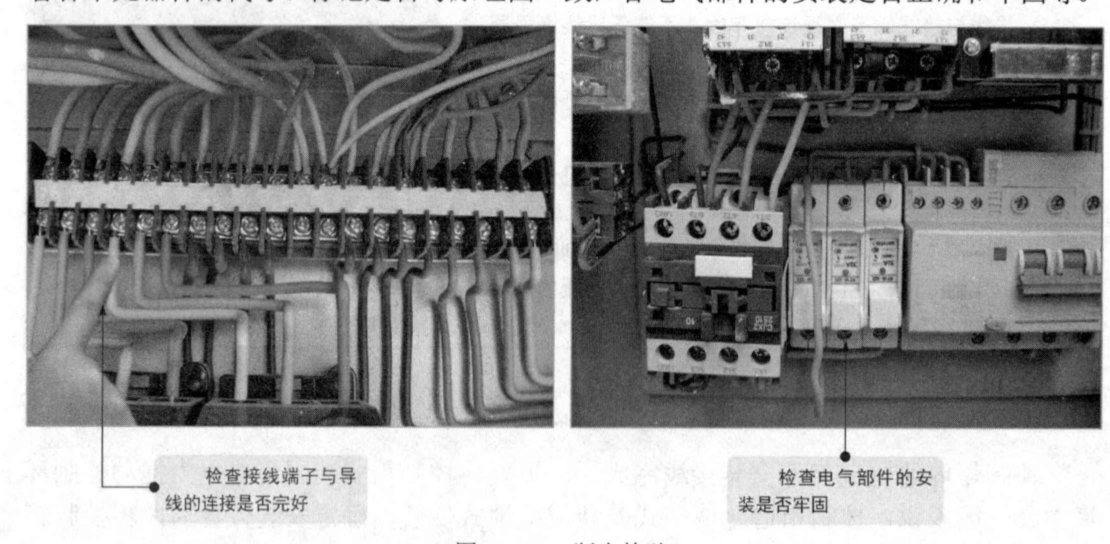

图 11-27　断电检验

提示

在断电检验时，连接端子与导线之间的接触电阻应小于 0.1Ω，导线之间或端子之间的绝缘电阻应大于 1MΩ（用 500V 兆欧表测量）。

2 通电检验

确定线路连接无误后，可进行通电检验，在实际操作过程中要严格执行安全操作规程中的有关规定，确保人身安全。下面以典型电动机正、反转控制系统为例介绍通电时需要检验的内容。

（1）运行检验。通电后，按动按钮开关 SB2，检验电动机的正转是否正常，并验证电气部件的各个部分工作顺序是否正常、电动机的正转工作是否正常，如图 11-28 所示。当按下按钮开关 SB3 时，查看电动机的运转是否朝反方向转动，若电动机可以正常反转，如图 11-29 所示，则该控制系统的正、反转均正常。

（2）制动检验。在检验电力拖动控制系统时，电动机制动的检验也是非常重要的环节，关系到该控制系统在以后工作过程中的安全性。当遇到特殊情况需要急停时，如果可以正常制动，则可以提高并确保人身及设备的安全。检验时，应在电动机正常运转的情况下，按下停止按钮，如图 11-30 所示。若电动机可以正常停止转动，则符合电路的设计原理，说明该控制线路连接正确。

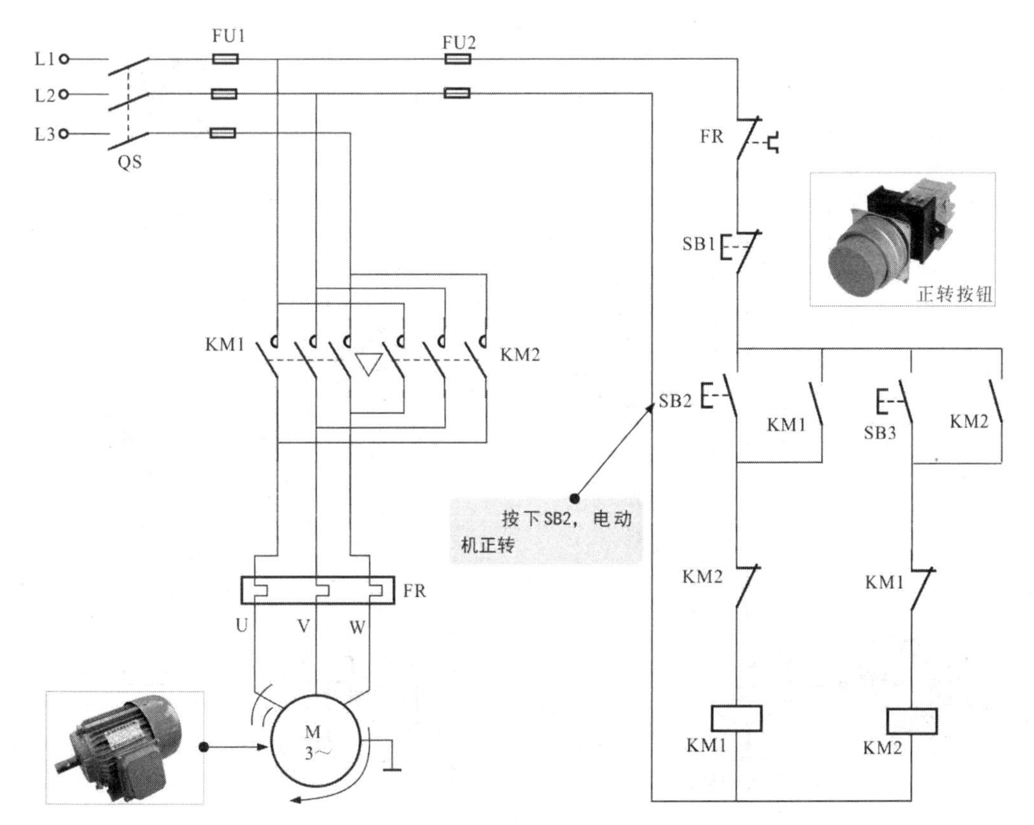

图 11-28　电动机正转检验

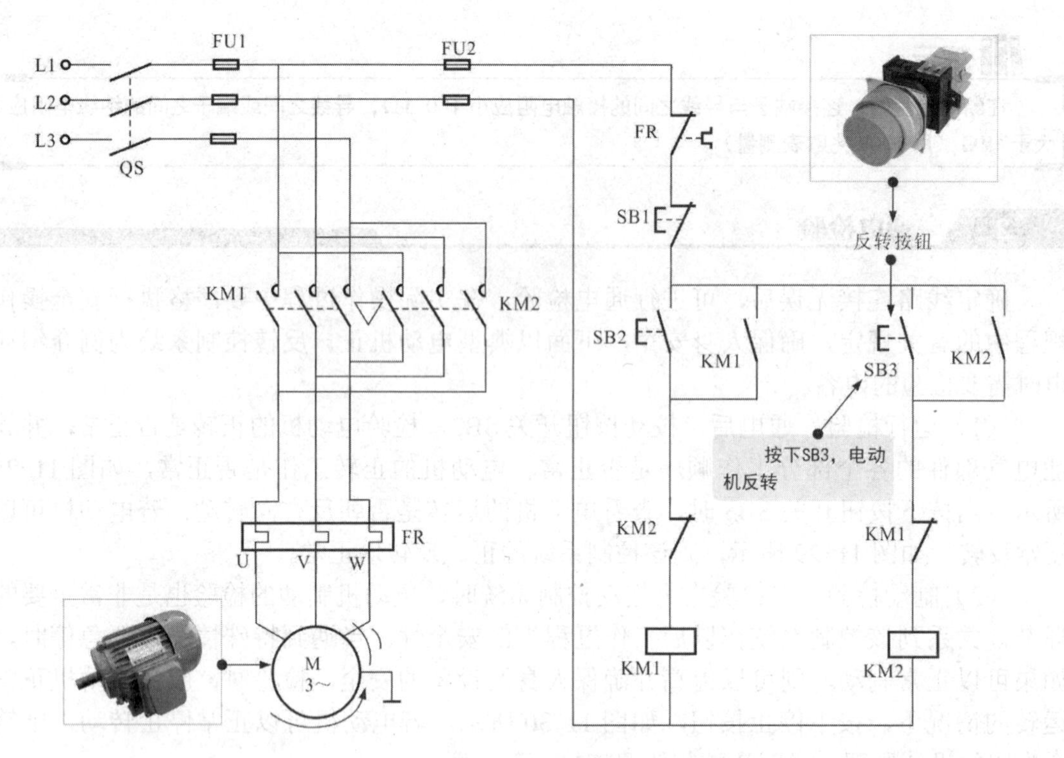

图 11-29　电动机反转检验

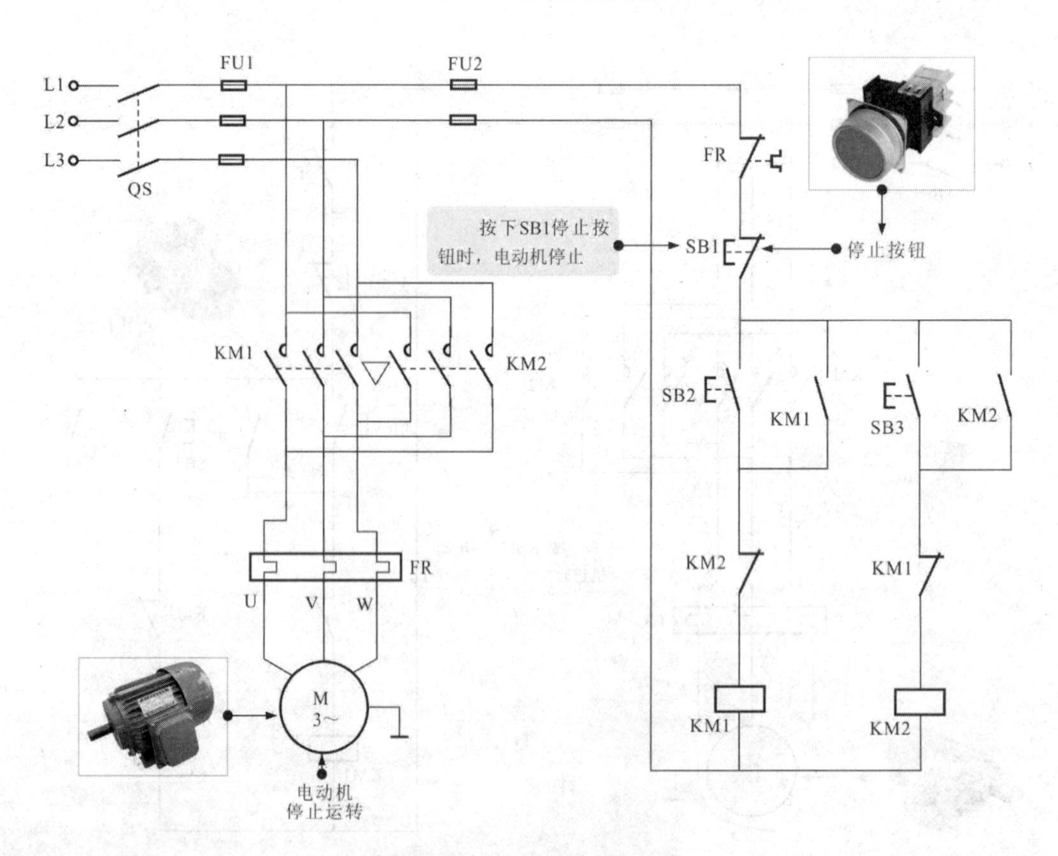

图 11-30　电动机制动检验

第12章 供配电线路

12.1 供配电线路的特点与控制关系

12.1.1 高压供配电线路的特点与控制关系

高压供配电线路是指 6 ～ 10kV 的供电和配电线路，主要实现将电力系统中的 35 ～ 110kV 供电电压降低为 6 ～ 10kV 的高压配电电压，供给高压配电所、车间变电所和高压用电设备等。

高压供配电线路是由各种高压供配电器件和设备组合连接形成的，如图 12-1 所示。

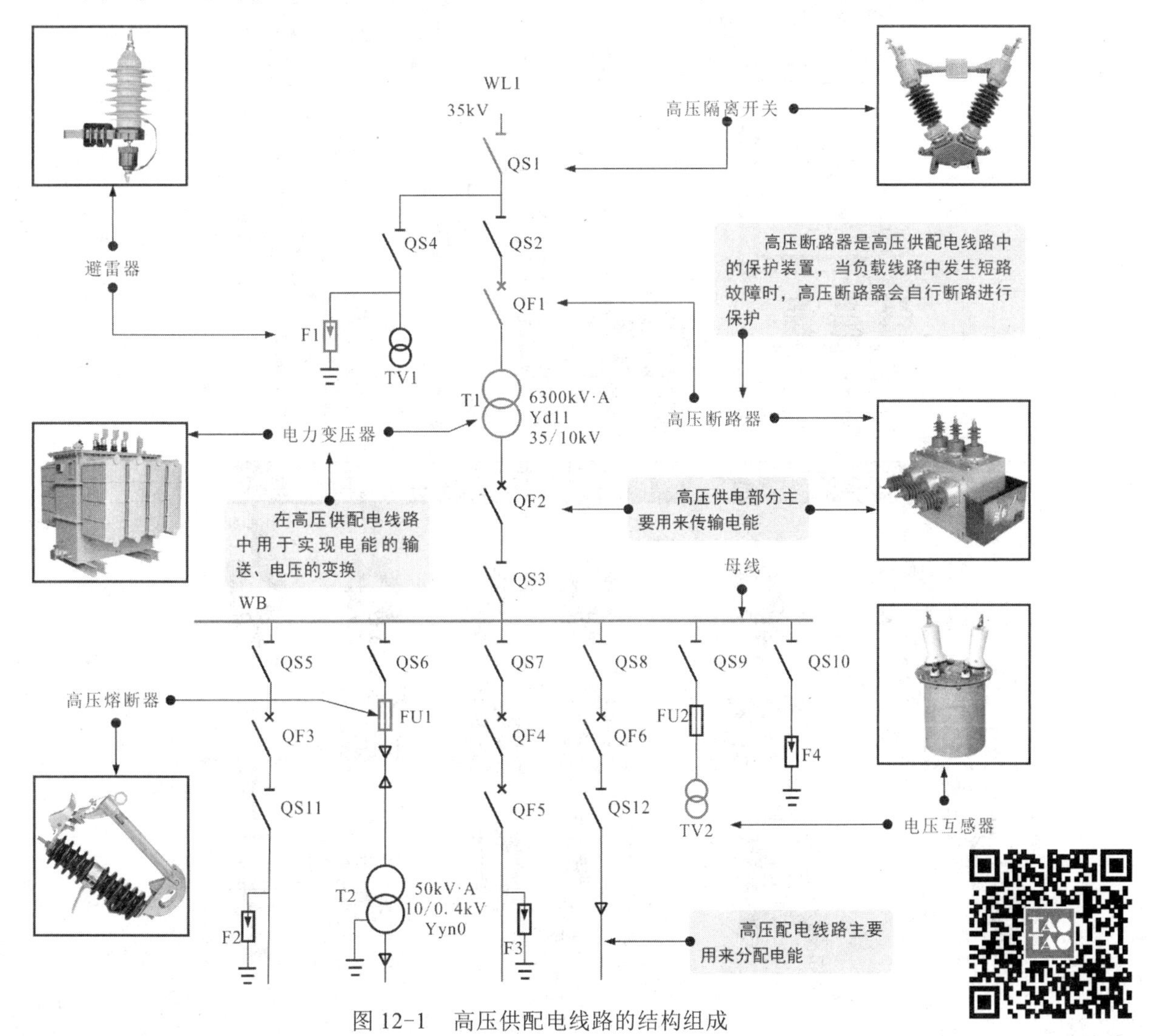

图 12-1　高压供配电线路的结构组成

提示

单线连接表示高压电气设备的一相连接方式，另外两相被省略。这是因为三相高压电气设备中三相接线方式相同。单线电路图主要用于供配电线路的规划与设计、有关电气数据的计算、选用、日常维护、切换回路等的参考，了解单相线路，就等同于知道三相线路的结构组成等信息。

如图 12-2 所示，高压供配电线路是高压供配电设备按照一定的供配电控制关系连接而成的。

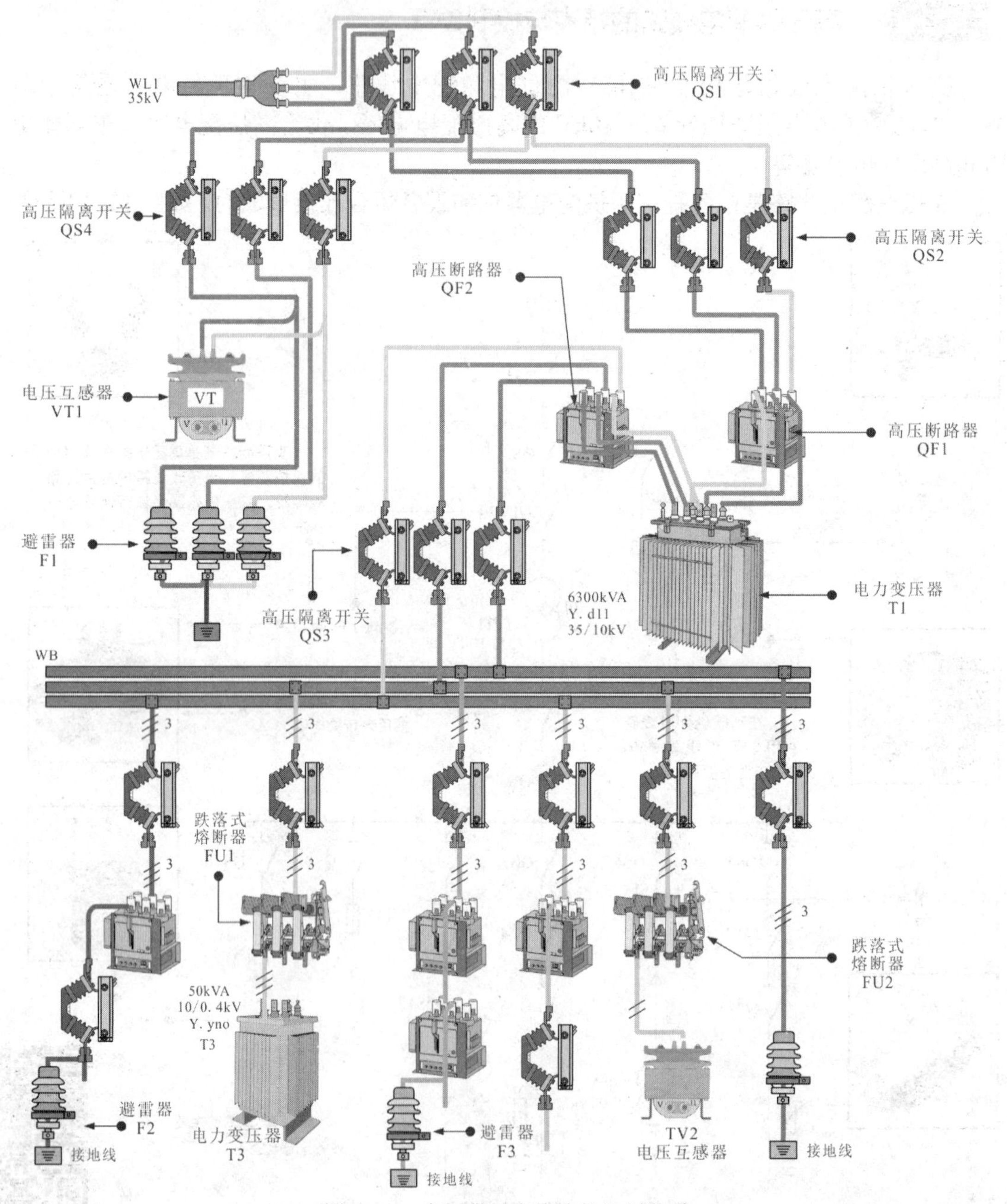

图 12-2　高压供配电线路的控制关系

提示

供配电线路作为一种传输、分配电能的电路，与一般的电工电路有所区别。在通常情况下，供配电线路的连接关系比较简单，线路中电压或电流传输的方向也比较单一，基本上都是按照顺序关系从上到下或从左到右传输，且大部分组成部件只是简单地实现接通与断开两种状态，没有复杂的变换、控制和信号处理电路。

12.1.2 低压供配电线路的特点与控制关系

低压供配电线路是指 380/220V 的供电和配电线路，主要实现交流低压的传输和分配。

低压供配电线路主要由各种低压供配电器件和设备按照一定的控制关系连接构成。图 12-3 为低压供配电线路的结构特点。

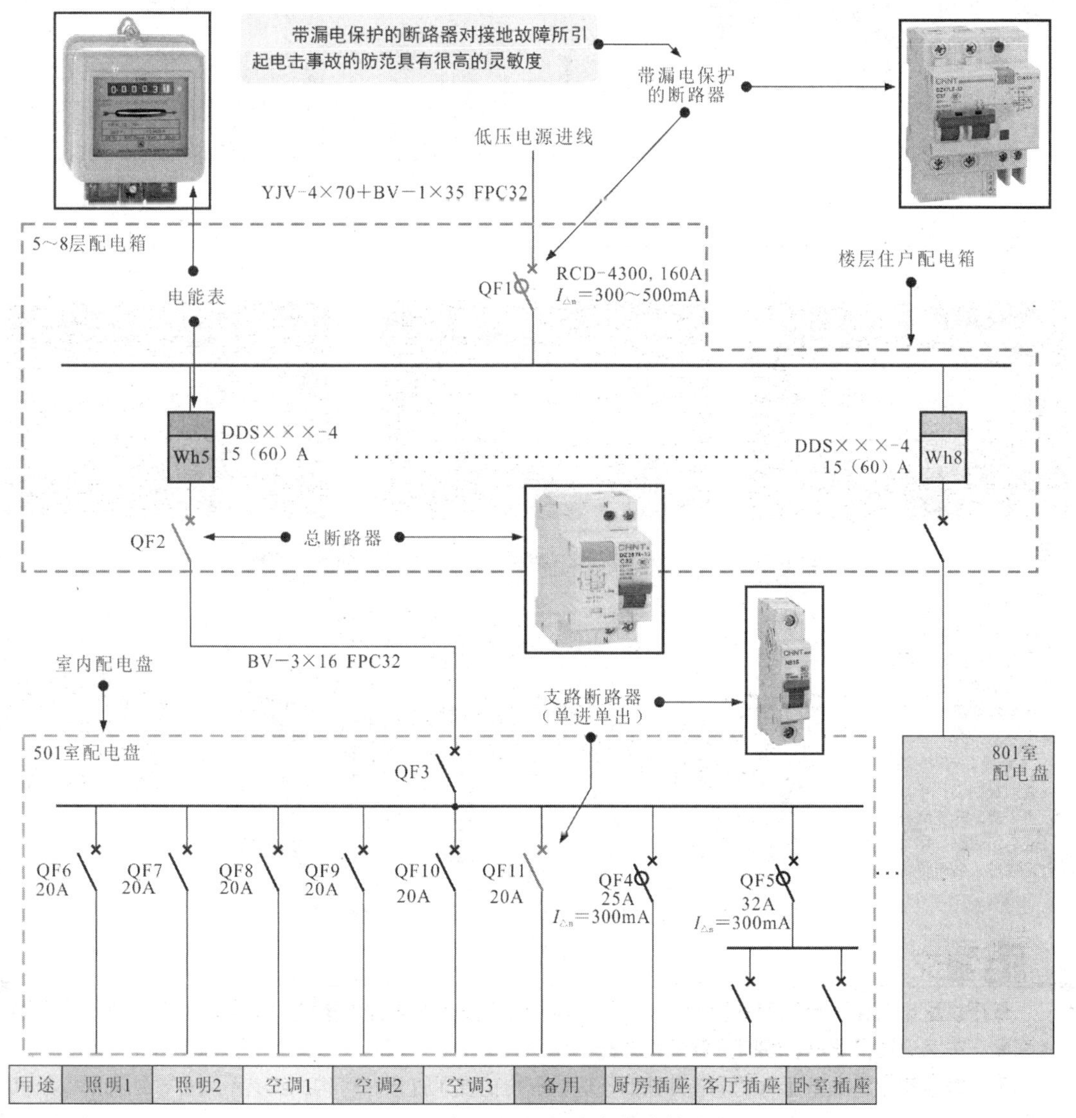

图 12-3　低压供配电线路的结构特点

低压供配电线路是各种低压供配电设备按照一定的供配电控制关系连接而成的，具有将供电电源向后级层层传递的特点，如图 12-4 所示。

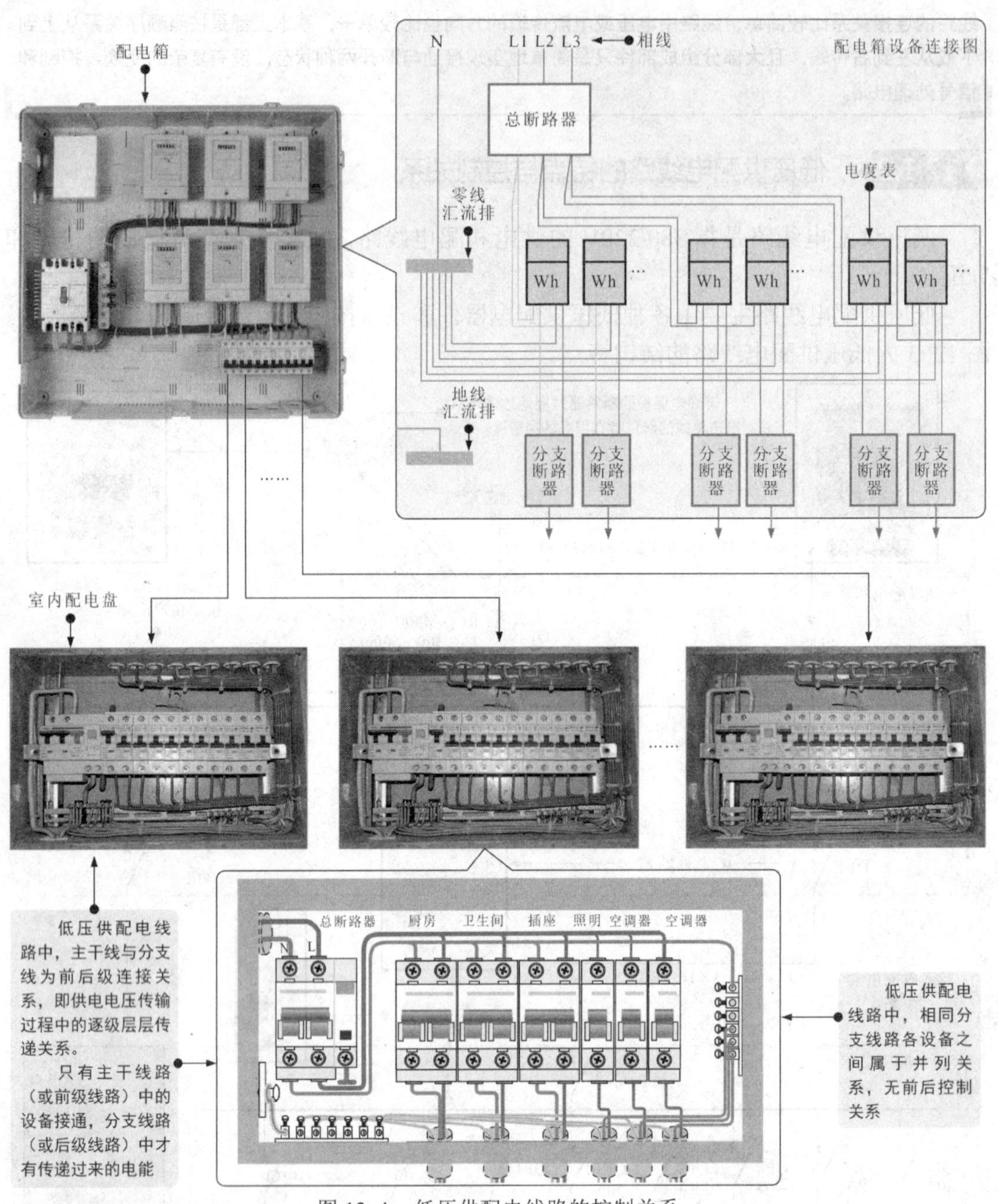

图 12-4　低压供配电线路的控制关系

提示

低压供配电线路一般应用在交流 380/220V 的供电场合，如各种住宅楼照明供配电、公共设施照明供配电、车间设备供配电、临时建筑场地供配电等。

不同数量和规格的低压供配电器件按照不同供配电的要求连接，可构成具有不同负载能力的低压供配电线路。

12.2 供配电线路的检修调试

供配电线路出现异常会影响到整个线路的供电，在检修调试供配电线路之前，要做好供配电线路的故障分析。

12.2.1 高压供配电线路的检修调试

如图 12-5 所示，当高压供配电线路出现故障时，需要先通过故障现象分析整个高压供配电线路，缩小故障范围，锁定故障器件。

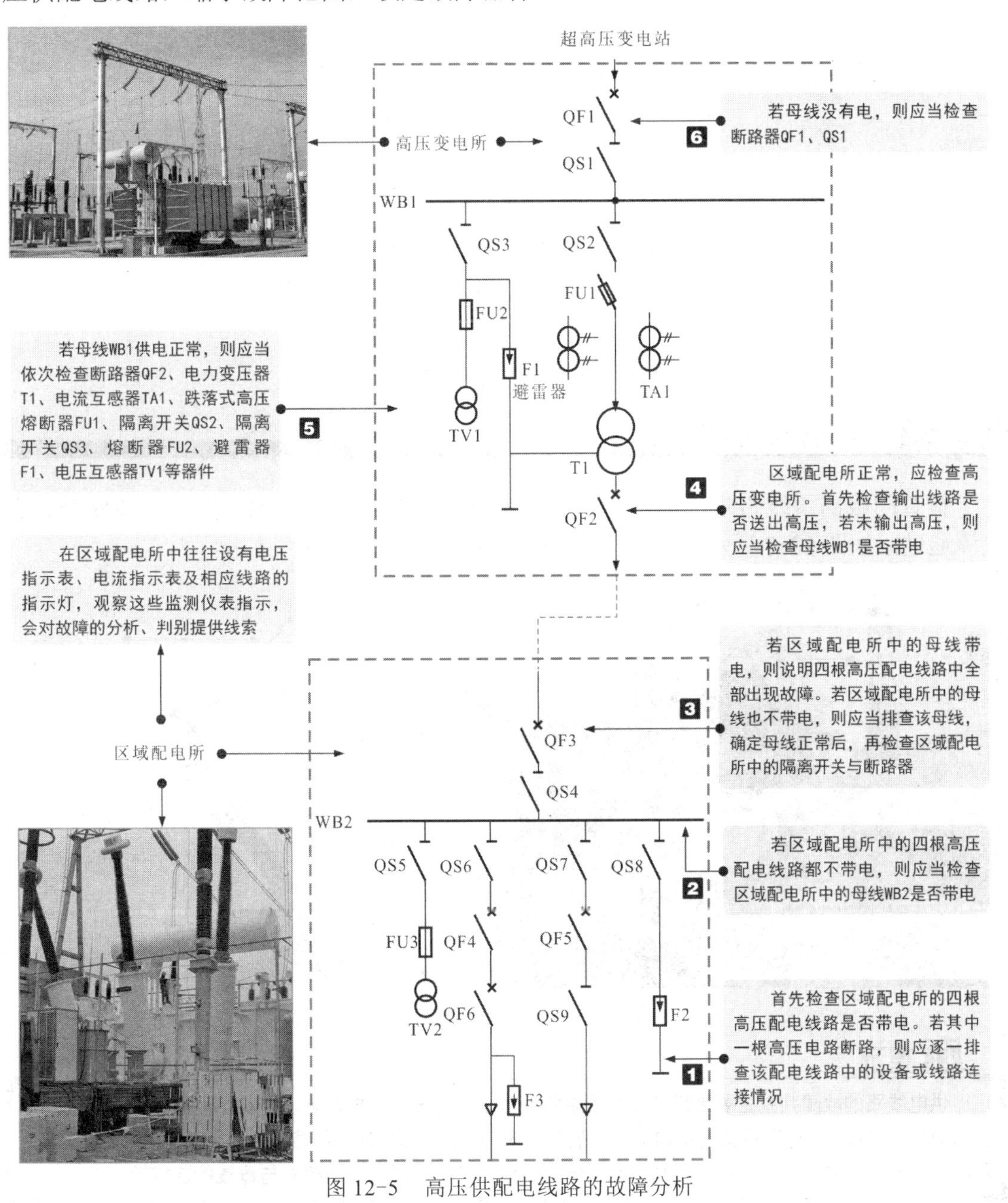

图 12-5　高压供配电线路的故障分析

当高压供配电线路的某一配电支路出现停电现象时，可以参考高压供配电线路的检修流程，查找故障部位，如图 12-6 所示。

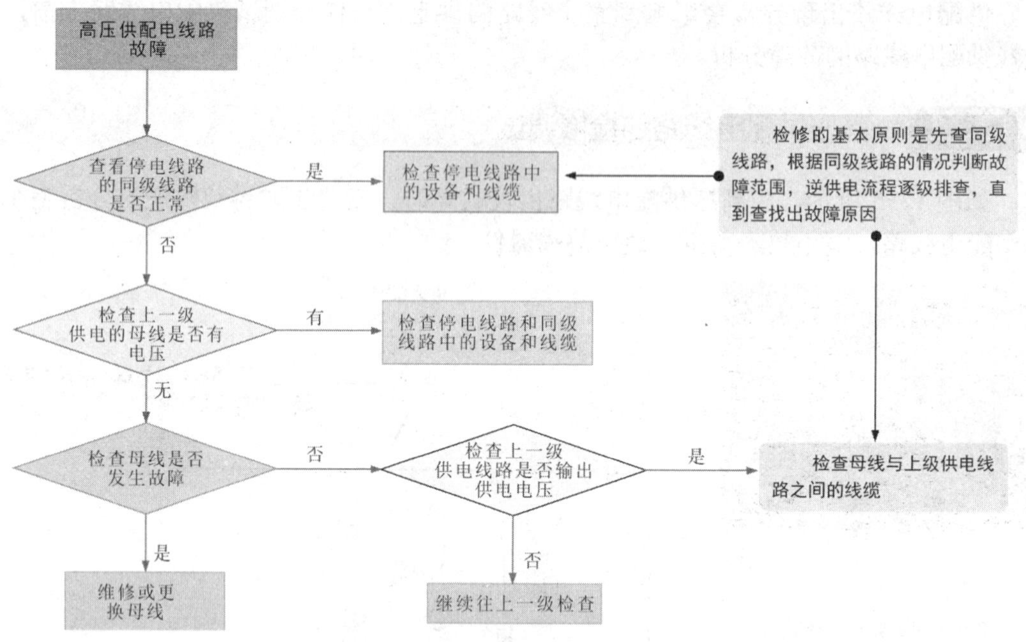

图 12-6　高压供配电线路的检修流程

1　检查同级高压线路

检查同级高压线路时，可以使用高压钳形表检测与该线路同级的高压线路是否有电流通过，如图 12-7 所示。

图 12-7　检查同级高压线路

提示

供电线路的故障判别主要是借助设在配电柜面板上的电压表、电流表及各种功能指示灯。如判别是否有缺相的情况，也可通过继电器和保护器的动作来判断；如需要检测线路电流时，可使用高压钳形表；若高压钳形表上的指示灯无反应，则说明该停电线路上无电流通过，应检查与母线的连接端。

2 检查母线

检查母线时，必须使整个维修环境处在断路条件下，应先清除母线上的杂物、锈蚀，检查外套绝缘管上是否有破损，检查母线连接端，清除连接端的锈蚀，使用扳手重新固定母线的连接螺栓，如图 12-8 所示。

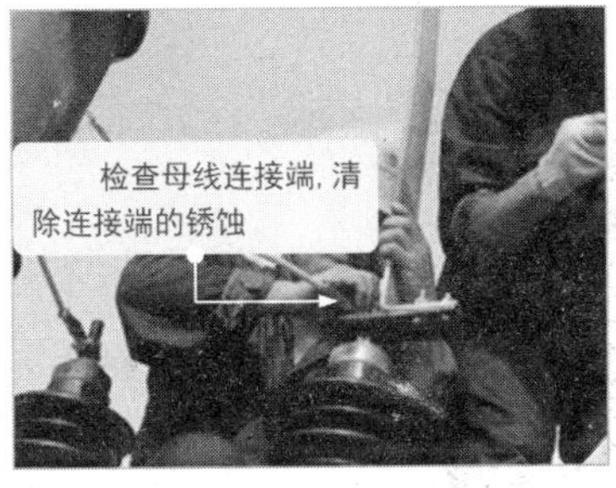

图 12-8　检查母线

3 检查上一级供电线路

确定母线正常时，应检查上一级供电线路。使用高压钳形表检测上一级高压供电线路上是否有电，若上一级线路无供电电压，则应当检查该供电端上的母线。若该母线上的电压正常，则应当检查该供电线路中的设备。

4 检查高压熔断器

在高压供配电线路的检修过程中，若供电线路正常，则可进一步检查线路中的高压电气部件。检查时，先使用接地棒释放高压线缆中的电荷，然后先从高压熔断器开始检查，如图 12-9 所示。

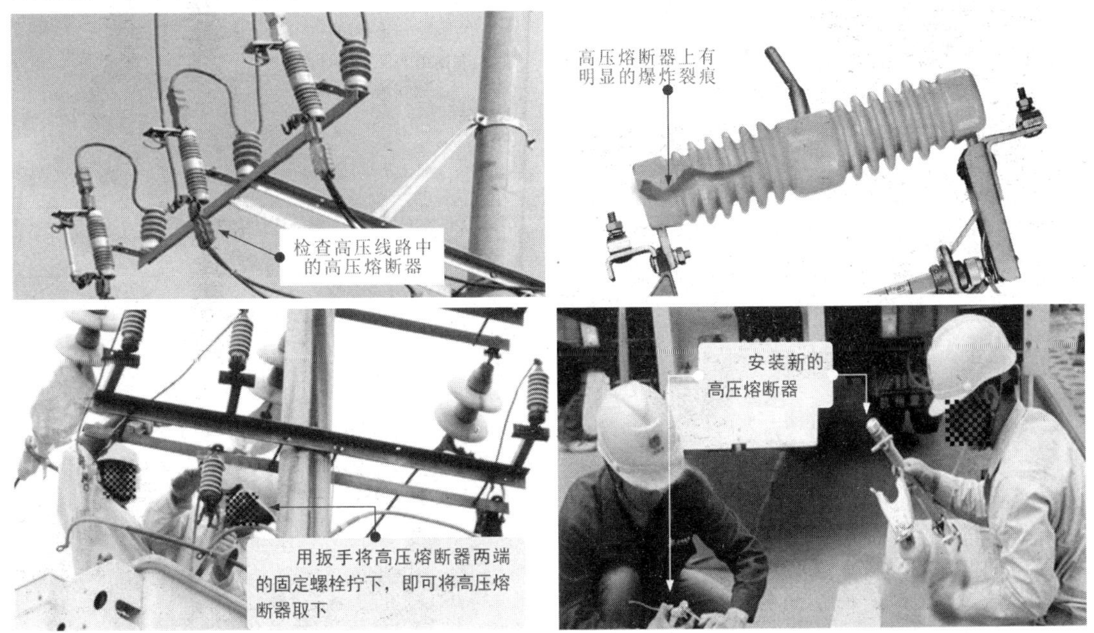

图 12-9　检查高压熔断器

提示

查看线路中的高压熔断器，经检查后，发现有两个高压熔断器已熔断并自动脱落，在绝缘支架上还有明显的击穿现象。高压熔断器支架出现故障就需要更换。断开电路后，将损坏的高压熔断器支架拆下，检查相同型号的新高压熔断器及其支架并安装到电路中。

在更换高压器件之前，应使用接地棒释放高压线缆中原有的电荷，以免对维修人员造成人身伤害，如图 12-10 所示。

图 12-10 高压线缆接地释放高压电荷

5 检查高压电流互感器

如果发现高压熔断器损坏，说明该线路中曾发生过流雷击等意外情况。如果电流指示失常，应检查高压电流互感器等部件，如图 12-11 所示。

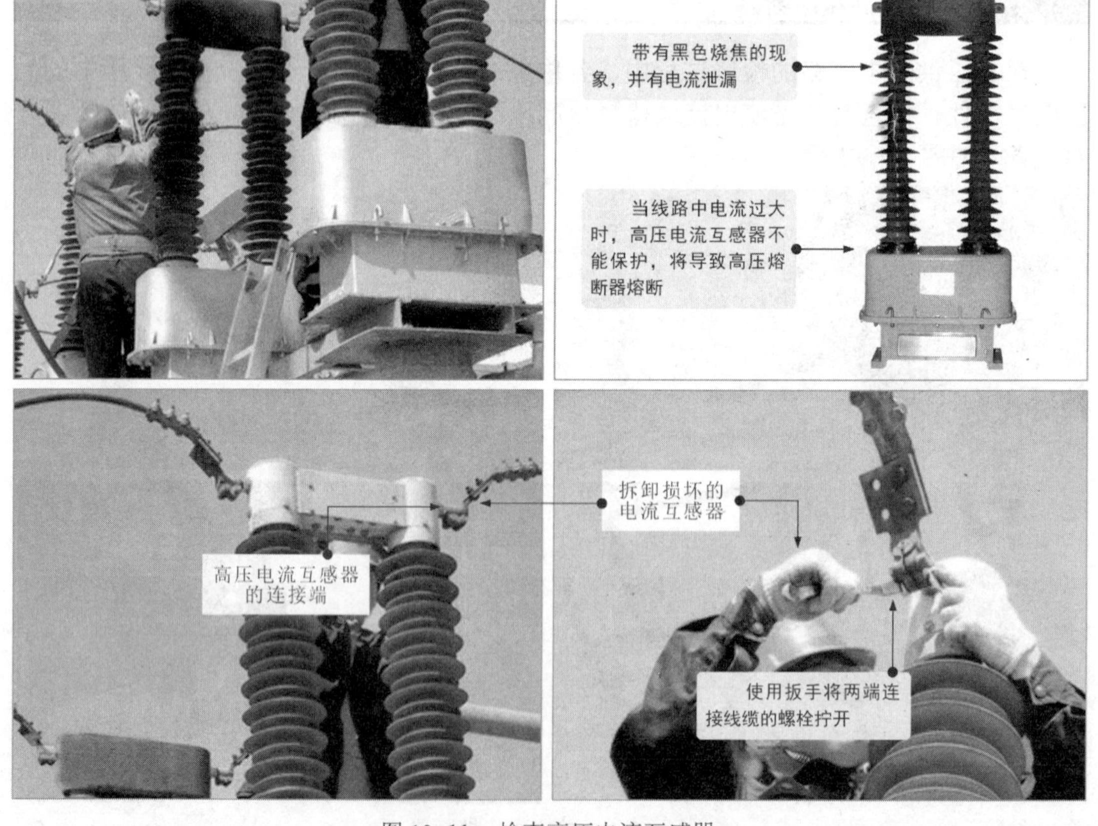

图 12-11 检查高压电流互感器

提示

经检查，发现高压电流互感器上带有黑色烧焦痕迹，并有电流泄漏现象，表明该器件已损坏，失去电流检测与保护作用。使用扳手将高压电流互感器两端连接高压线缆的螺栓拧下，使用吊车将损坏的高压电流互感器取下，将相同型号的新高压电流互感器重新安装。

高压电流互感器可能存有剩余电荷，拆卸前，应当使用绝缘棒接地释放电荷后，再检修和拆卸。

检修操作高压线路时，应当将电路中的高压断路器和高压隔离开关断开，放置安全警示牌，如图 12-12 所示，提示并防止其他人员合闸，导致人员伤亡。

图 12-12 高压线路作业时的安全措施

6 检查高压隔离开关

高压隔离开关是高压线路的供电开关，如损坏，则会引起供电失常，如图 12-13 所示。

图 12-13 检查高压隔离开关

提示

经检查，高压隔离开关出现黑色烧焦的迹象，说明该高压隔离开关已损坏。使用扳手将高压隔离开关连接的线缆拆卸下来，拧下螺栓后，使用吊车将高压隔离开关吊起，更换相同型号的高压隔离开关。

高压供配电系统的故障常常是由于线路中的避雷器损坏引起的，也有可能是由于电线杆上的连接绝缘子发生损坏引起的，因此应做好定期维护和检查，保证设备的正常运行。

12.2.2 低压供配电线路的检修调试

如图 12-14 所示，低压供配电线路出现故障时，需要通过故障现象分析整个低压供配电线路，缩小故障范围，锁定故障器件。下面以典型楼宇配电系统的线路图为例进行故障分析。

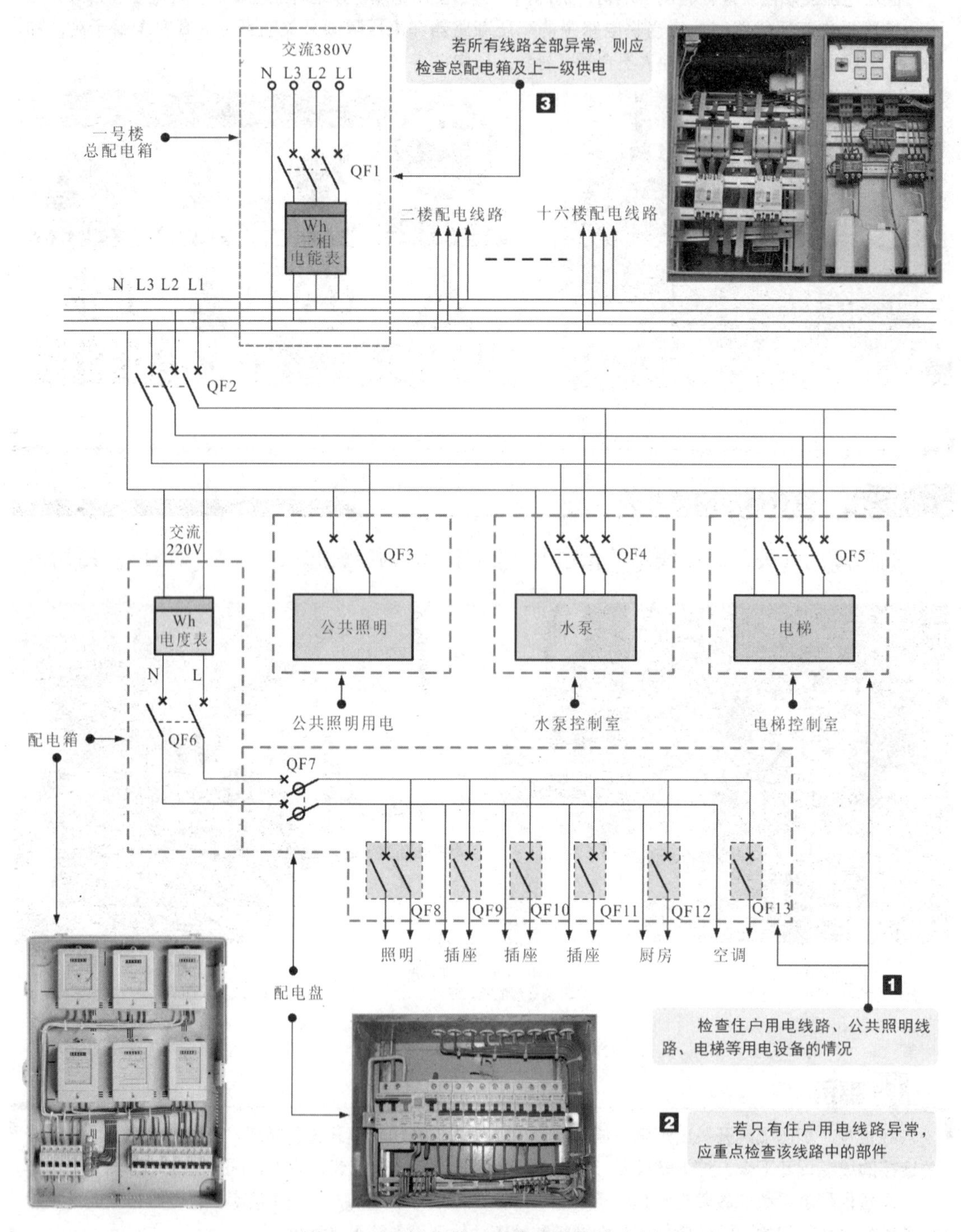

图 12-14 低压供配电线路的故障分析

图 12-15 为低压供配电线路的检修流程。

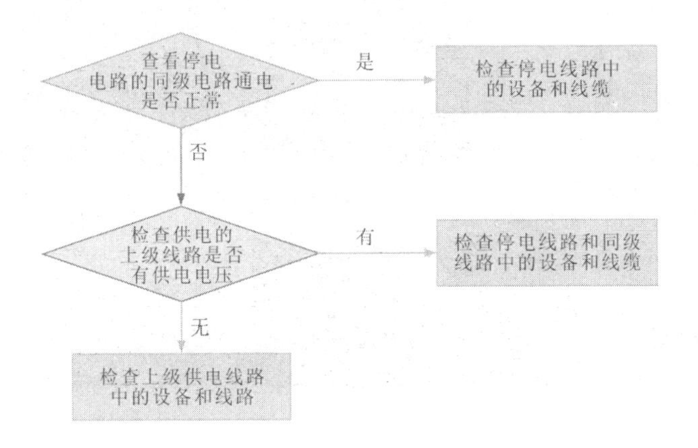

图 12-15　低压供配电线路的检修流程

1 检查同级低压线路

若住户用电线路发生故障，则应先检查同级低压线路，如查看楼道照明线路和电梯供电线路是否正常，如图 12-16 所示。

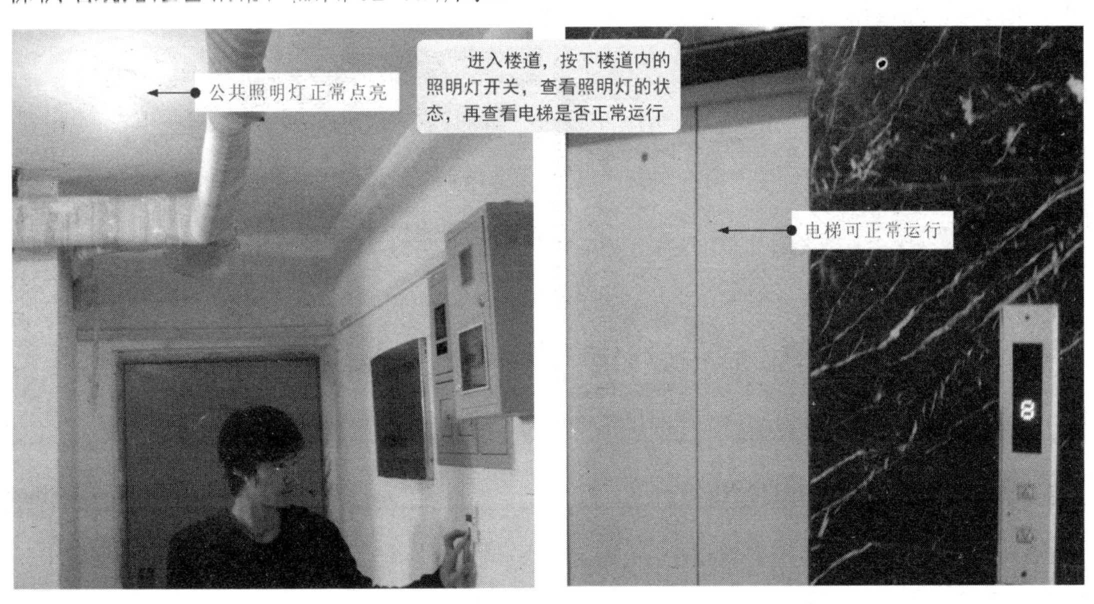

图 12-16　检查同级低压线路

2 检查电度表的输出

若发现楼道内照明灯可正常点亮，电梯也可以正常运行，说明用户的供配电线路有故障，应当使用钳形表检查配电箱中的线路是否有电流通过，观察电度表是否正常运转。

如图 12-17 所示，将钳形表的挡位调整至“AC 200A”电流挡，按下钳形表的钳头扳机，钳住经电度表输出的任意一根线缆，查看钳形表上是否有电流读数。

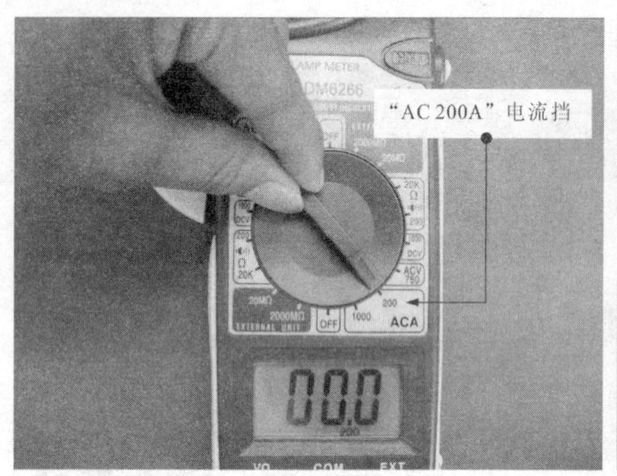

图 12-17　检查电度表的输出

提示

当低压供配电系统中的用户线路出现停电现象时，应先从外观上观察电度表及连接线路，看是否有损坏或烧损迹象。

另外，还应考虑是否由于电度表预存电耗尽引起的，检测配电盘中的电流前，应当检查电度表中的剩余电量，将用户的购电卡插入电度表的卡槽中，在显示屏上即会显示剩余电量。

图 12-18 为观察电度表及连接线路、检查剩余电量。

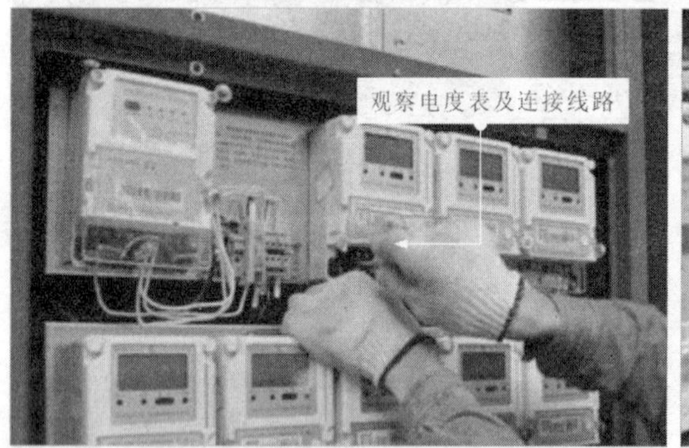

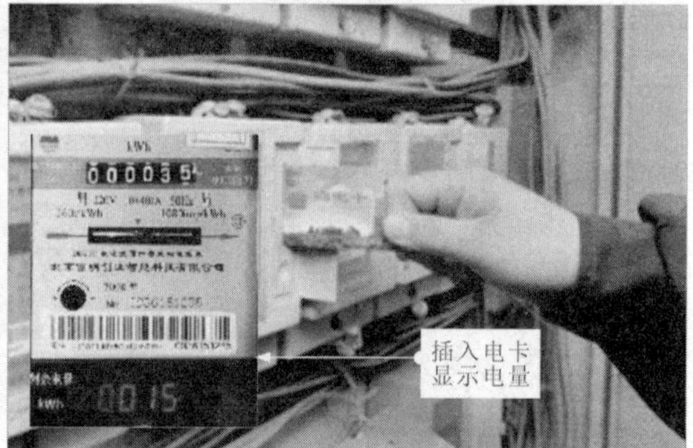

图 12-18　观察电度表及连接线路、检查剩余电量

3　检查配电箱的输出

电度表有电流通过，说明电度表正常，继续使用钳形表检查配电箱中是否有电流输出，如图 12-19 所示。

4　检查总断路器

当用户配电箱输出的供电电压正常时，应当继续检查用户配电盘中的总断路器，可以使用电子试电笔检查，如图 12-20 所示。

5　检查进入配电盘的线路

若配电盘内的总断路器无电压，可使用电子试电笔检测进入配电盘的供电线路是否正常，如图 12-21 所示，找到损坏的线路或部件，修复或更换，排除故障。

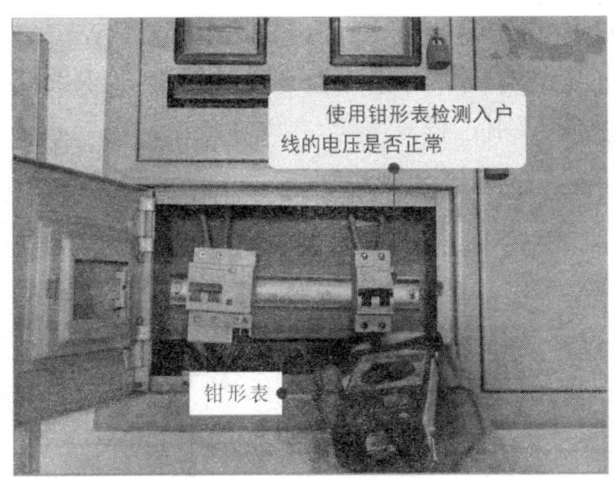

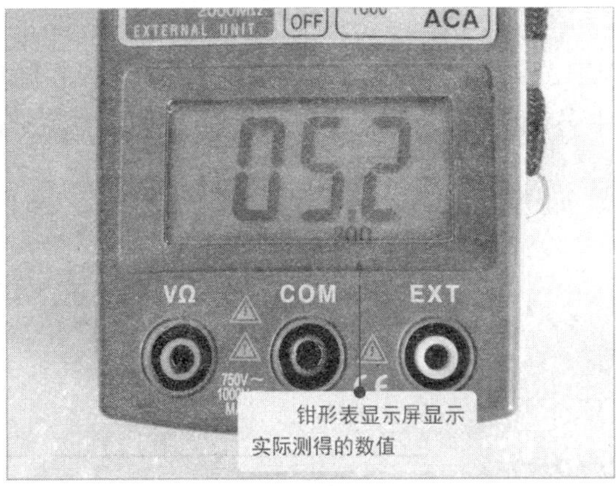

图 12-19　检查配电箱的输出

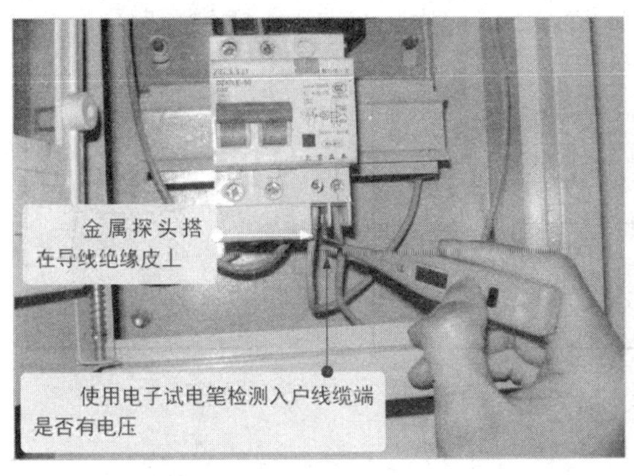

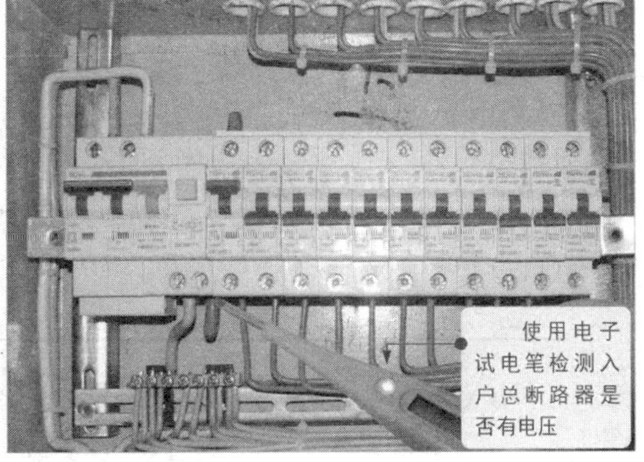

图 12-20　检查总断路器

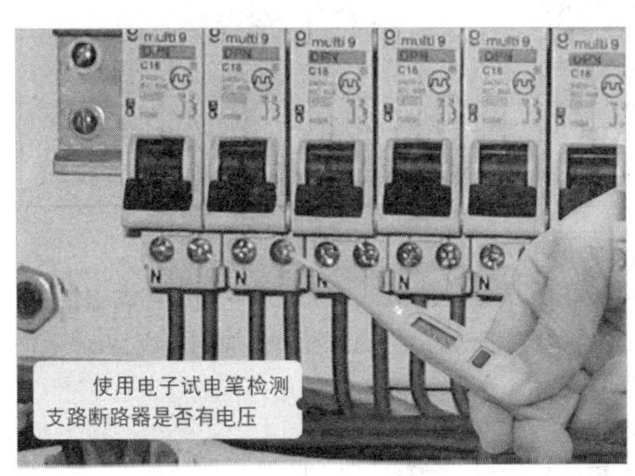

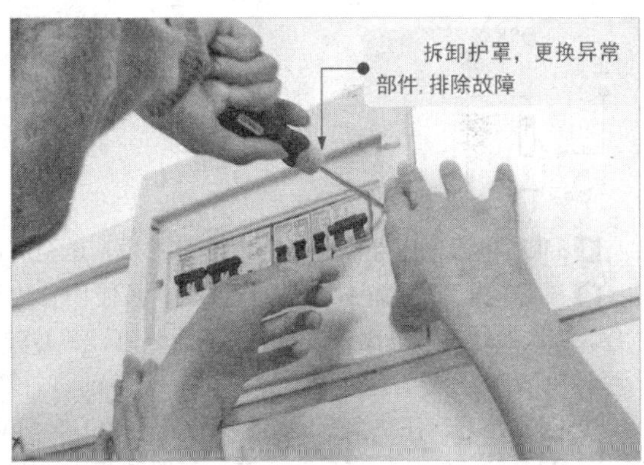

图 12-21　检查进入配电盘的线路

12.3 常用供配电线路

12.3.1 高压变电所供配电线路的功能与实际应用

高压变电所供配电线路是将 35kV 电压进行传输并转换为 10kV 高压，再进行分配与传输的线路，在传输和分配高压电的场合十分常见，如高压变电站、高压配电柜等。

图 12-22 为高压变电所供配电线路的结构和实际应用过程，主要由母线 WB1、WB2 及连接在两条母线上的高压设备和配电线路构成，可根据高压变电所供配电线路中各部件的功能特点和连接关系理清线路的实际应用过程。

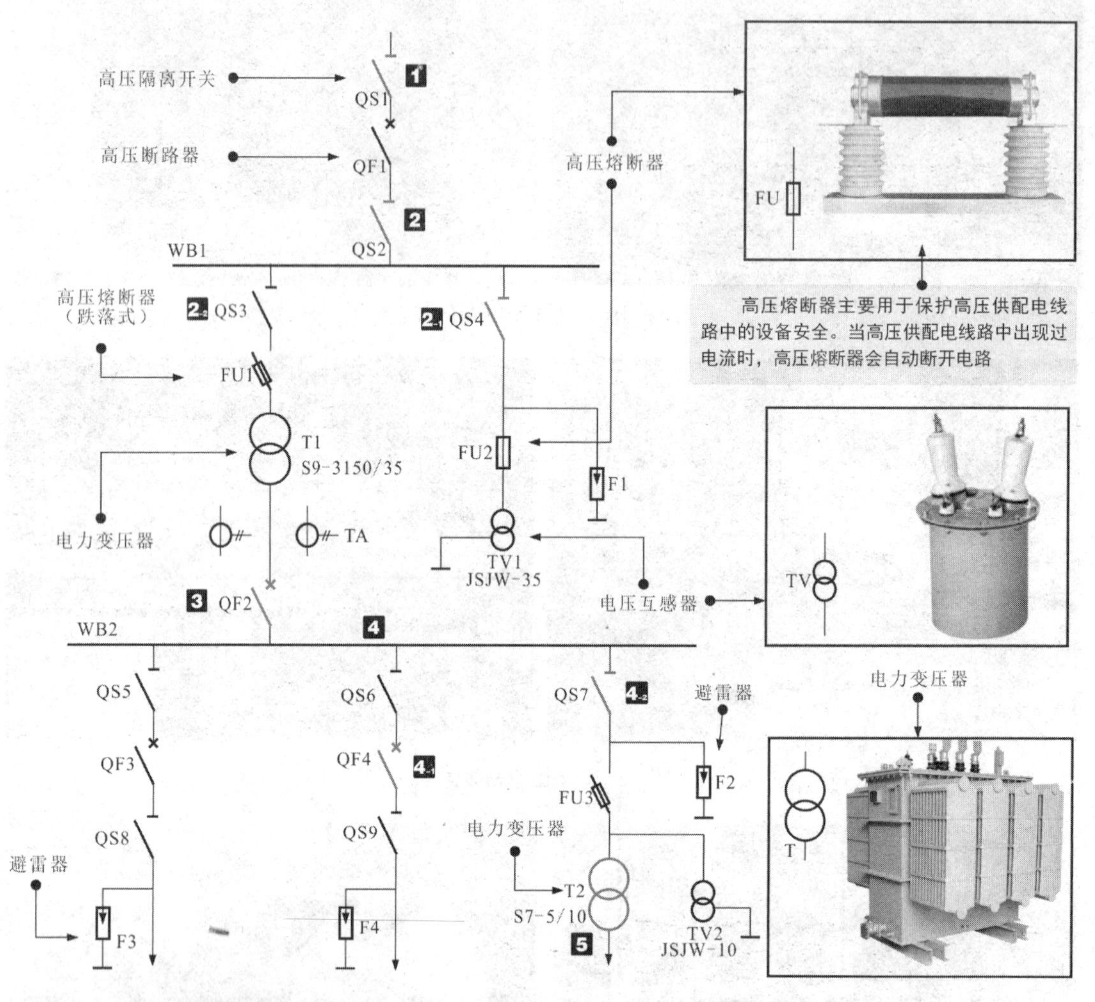

1 35kV 电源电压经高压架空线路引入后，送至高压变电所供配电线路中。

2 根据高压配电线路倒闸操作要求，按照闭合电源侧隔离开关→负荷侧隔离开关→闭合断路器的顺序，依次接通高压隔离开关 QS1、高压隔离开关 QS2、高压断路器 QF1 后，35kV 电压加到母线 WB1 上，经母线 WB1 后分为两路。

2-1 一路经高压隔离开关 QS4 后，连接 FU2、TV1 及避雷器 F1 等高压设备。

2-2 一路经高压隔离开关 QS3、高压跌落式熔断器 FU1 后送至电力变压器 T1。

2-2 → 3 变压器 T1 将 35kV 高压降为 10kV，再经电流互感器 TA、QF2 后加到 WB2 母线上。

4 10kV 电压加到母线 WB2 后分为三条支路。

4-1 第一条支路和第二条支路相同，经高压隔离开关、高压断路器后送出，并在线路中安装避雷器。

4-2 第三条支路首先经高压隔离开关 QS7、高压跌落式熔断器 FU3 后送至电力变压器 T2 降压为 0.4 kV 电压后输出。

4-2 → 5 在变压器 T2 前安装电压互感器 TV2，由电压互感器测量配电线路中的电压。

图 12-22　高压变电所供配电线路的结构和实际应用过程

12.3.2 10kV 楼宇变电所供配电线路的功能与实际应用

楼宇变电所高压供配电线路应用在高层住宅小区或办公楼中时，内部采用多个高压开关设备控制线路的通、断，为各个楼层供电。

图 12-23 为典型 10kV 楼宇变电所高压供配电线路的实际应用过程。

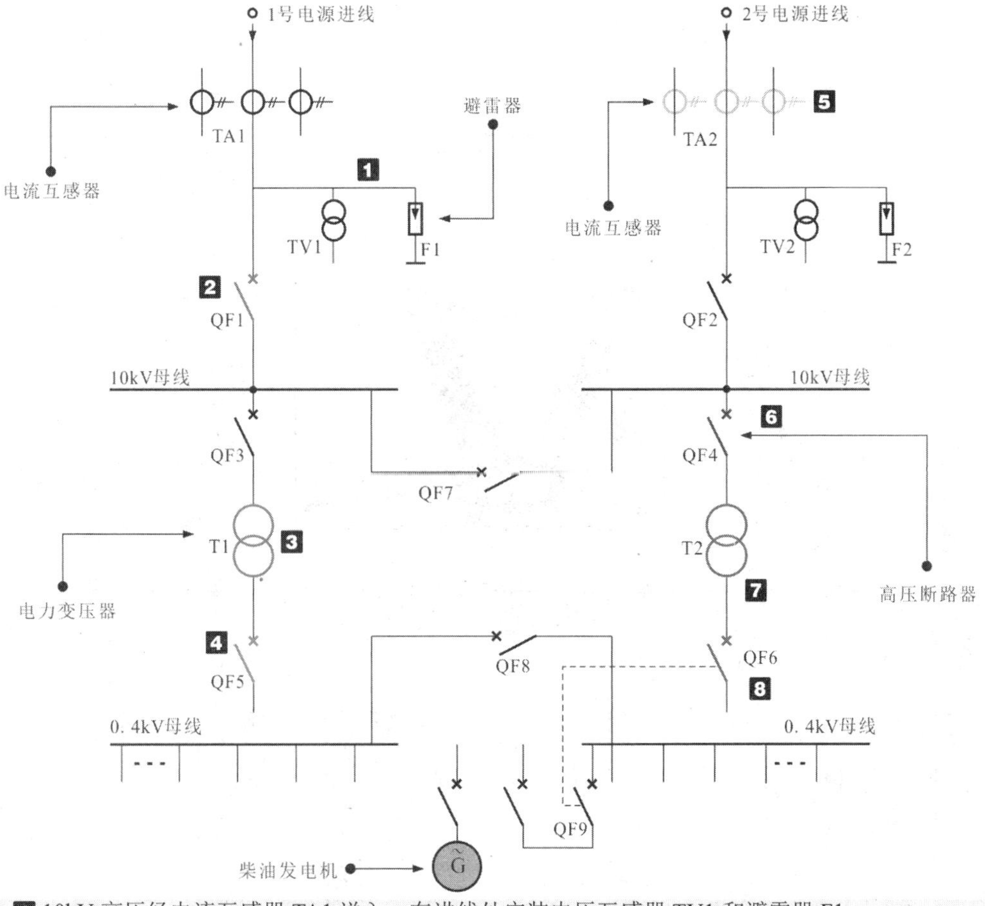

1 10kV 高压经电流互感器 TA1 送入，在进线处安装电压互感器 TV1 和避雷器 F1。

2 合上高压断路器 QF1 和 QF3，10kV 高压经母线后送入电力变压器 T1 的输入端。

3 电力变压器 T1 输出端输出 0.4kV 低压。

3 → 4 合上低压断路器 QF5 后，0.4kV 低压为用电设备供电。

5 10kV 高压经电流互感器 TA2 送入，在进线处安装有电压互感器 TV2 和避雷器 F2。

6 合上高压断路器 QF2 和 QF4，10kV 高压经母线后送入电力变压器 T2 的输入端。

7 电力变压器 T2 输出端输出 0.4kV 低压。

7 → 8 合上低压断路器 QF6 后，0.4kV 低压为用电设备供电。

图 12-23　典型 10kV 楼宇变电所高压供配电线路的实际应用过程

提示

当 1 号电源线路中的电力变压器 T1 出现故障后，1 号电源线路停止工作，合上低压断路器 QF8，由 2 号电源线路输出的 0.4kV 电压便会经 QF8 为 1 号电源线路中的负载设备供电，维持正常工作。此外，在该线路中还设有柴油发电机 G，在两路电源均出现故障后，可启动柴油发电机临时供电。

12.3.3 工厂高压供配电线路的工作特点

工厂高压供配电线路是为工厂车间供电的配线系统，设置多个高压开关设备，如高压断路器、高压隔离开关等控制线路的通、断，为车间的用电设备供电。

图 12-24 为典型工厂高压供配电线路的实际应用过程。

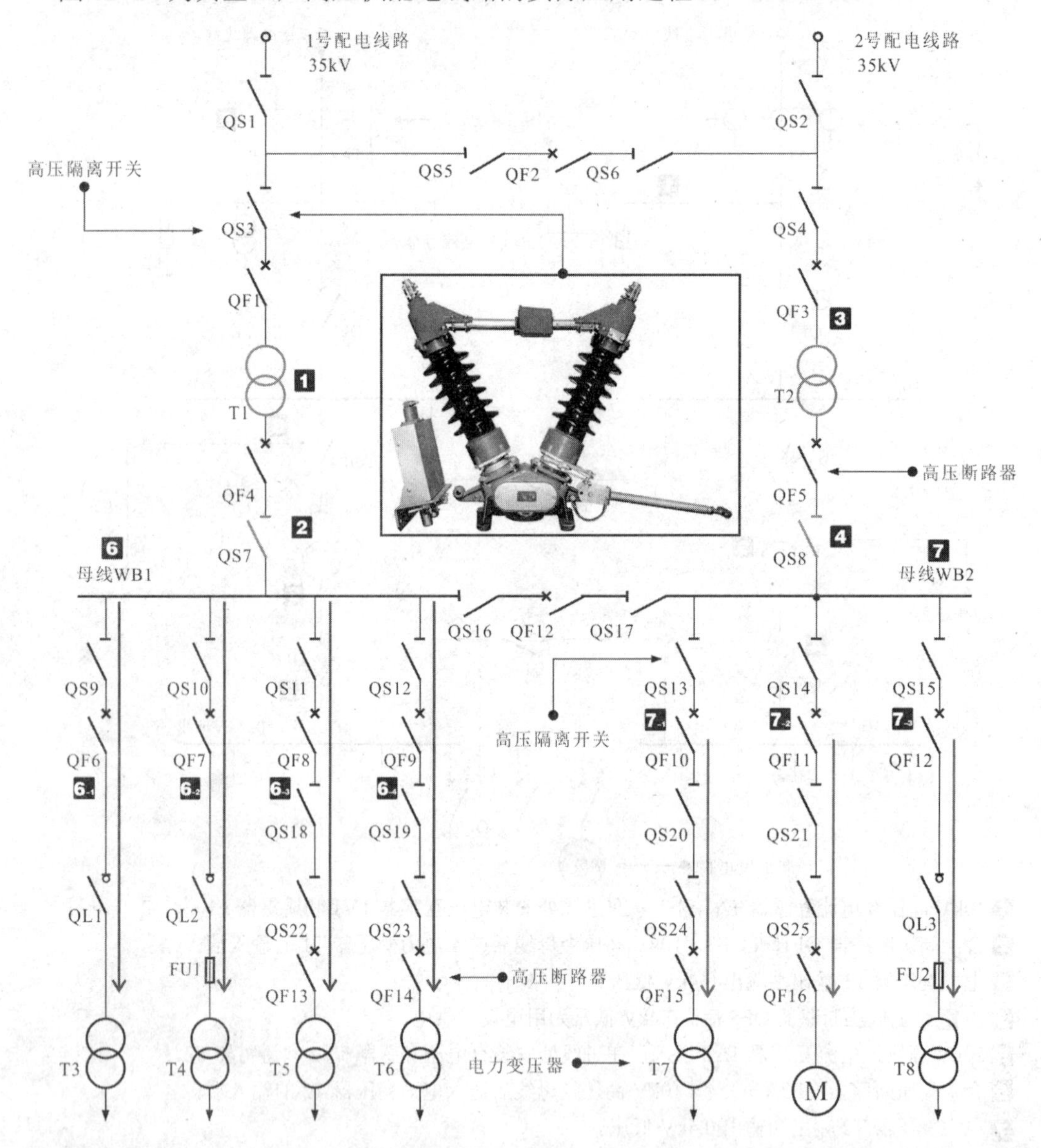

1 1 号配电线路中，35kV 高压经高压隔离开关 QS1 和 QS3、高压断路器 QF1 后送入 T1 的输入端。

1 → 2 电力变压器 T1 降压后输出 6kV 高压，经 QF4 和高压隔离开关 QS7 后送到 6kV 母线 WB1 上。

3 2 号配电线路与 1 号线路结构相同，35kV 高压经高压隔离开关 QS2 和 QS4、高压断路器 QF3 后送入电力变压器 T2 的输入端。

3 → 4 T2 降压后输出 6kV 高压，经高压断路器 QF5 和高压隔离开关 QS8 后送入 6kV 母线 WB2 上。

图 12-24 典型工厂高压供配电线路的实际应用过程

5 当1号配电线路或2号配电线路中有一路出现故障、电力变压器T1或T2出现故障时，可以闭合高压隔离开关QS5/QS6/QS16/QS17、高压断路器QF2/QF12使线路互相供电，保证线路稳定。

2 → 6 6kV母线WB1分为多路为各车间供电。

6-1 一路经QS9、QF6和QL1送入T3的输入端，T3输出端输出的电压为金工车间供电。

6-2 一路经QS10、QF7、QL2和FU1送入电力变压器T4的输入端，T4输出端输出的电压为铸件清理车间供电。

6-3 一路经QS11、QF8、QS18、QS22、QF13送入电力变压器T5的输入端，T5输出端输出的电压为铸钢车间供电。

6-4 一路经QS12、QF9、QS19、QS23、QF14送入电力变压器T6的输入端，T6输出端输出的电压为铸铁车间供电。

4 → 7 6kV母线WB2也分为多路为各车间供电。

7-1 一路经QS13、QF10、QS20、QS24、QF15送入电力变压器T7的输入端，T7输出端输出的电压为水压机车间供电。

7-2 一路经QS14、QF11、QS21、QS25、QF16为煤气站电动机供电。

7-3 一路经QS15、QF12、QL3和FU2送入电力变压器T8的输入端，T8输出端输出的电压为冷处理和热处理车间供电。

图12-24　典型工厂高压供配电线路的实际应用过程（续）

12.3.4 深井高压供配电线路的功能与实际应用

深井高压供配电线路是应用在矿井、深井等工作环境下的高压供配电线路，使用高压隔离开关、高压断路器等控制线路的通、断。母线可以将电源分为多路，为各设备提供工作电压。

图12-25为深井高压供配电线路的实际应用过程。

1 1号电源进线中，合上高压隔离开关QS1和QS3、高压断路器QF1、高压隔离开关QS6后，35～110kV电源电压送入电力变压器T1的输入端。

2 由电力变压器T1的输出端输出6～10kV的高压。

3 合上高压断路器QF4和高压隔离开关QS11后，6～10kV高压送入6～10kV母线中。

3-1 经母线后分为多路，分别为主副提升机、通风机、空压机、变压器和避雷器等设备供电，每个分支中都设有控制开关（变压隔离开关），便于进行供电控制。

3-2 还有一路经QS19、高压断路器QF11及电抗器L1后，送入井下主变电所中。

4 2号电源进线中，合上高压隔离开关QS2和QS4、高压断路器QF2、高压隔离开关QS9后，35～110kV电源电压送入电力变压器T2的输入端。

5 由电力变压器T2的输出端输出6～10kV的高压，合上高压断路器QF5和高压隔离开关QS12后，6～10kV高压送入6～10kV母线中。该母线的电源分配方式与1号电源的分配方式相同。

5 → 6 高压电源经QS22、高压断路器QF13及电抗器L2后，为井下主变电所供电。

3-2 + 6 → 7 由6～10kV母线送来的高压送入6～10kV子线中，再由子线对主水泵和低压设备供电。

7-1 一路直接为主水泵供电。

7-2 一路作为备用电源。

7-3 一路经电力变压器T4后变为0.4kV（380V）低压，为低压动力设备供电。

7-4 一路经高压断路器QF19和T5后变为0.69kV低压，为开采区低压负荷设备供电。

图12-25　深井高压供配电线路的实际应用过程

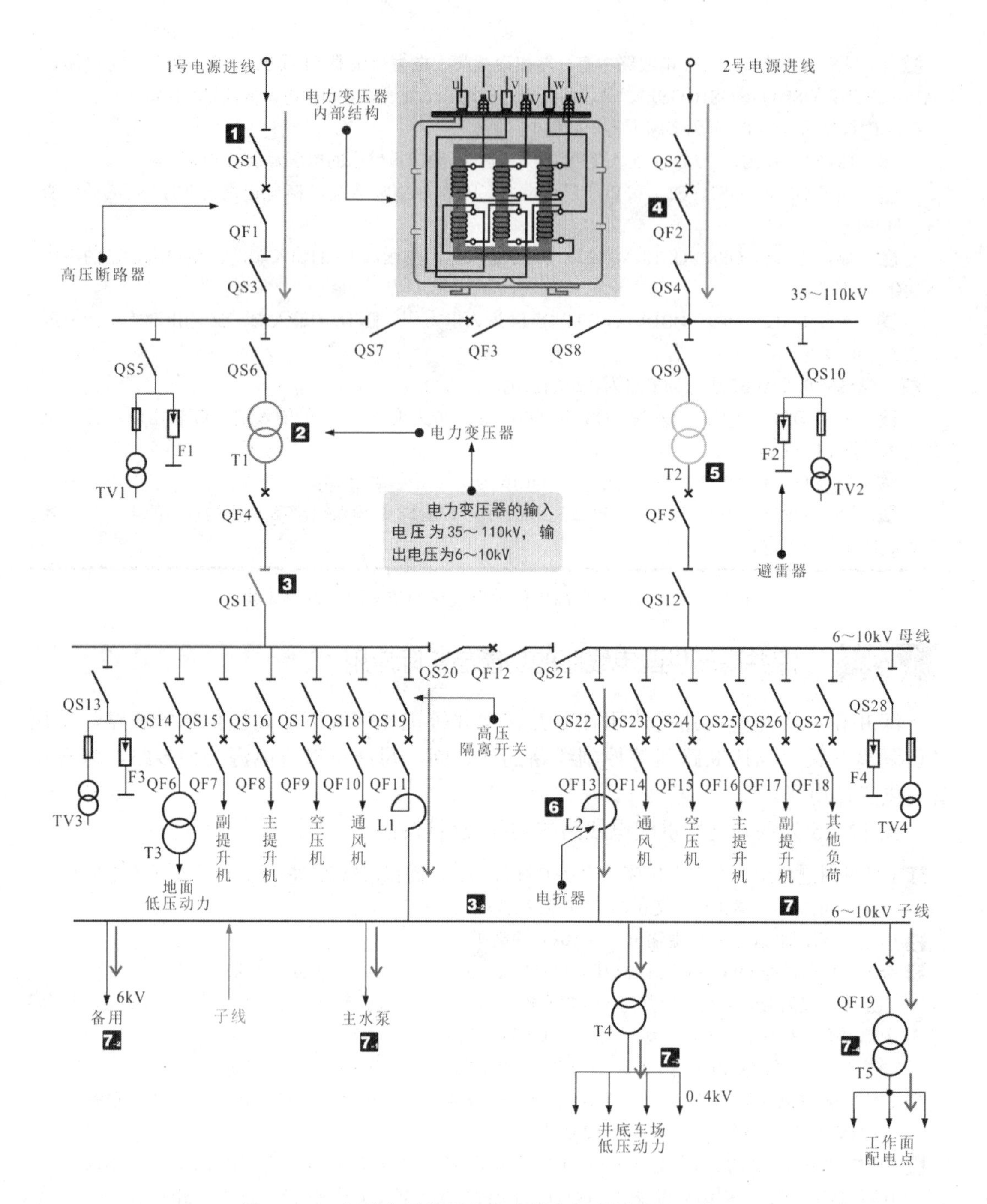

图 12-25　深井高压供配电线路的实际应用过程（续）

12.3.5　低压配电柜供配电线路的功能与实际应用

低压配电柜供配电线路主要用来传输和分配低电压，为低压用电设备供电。

低压配电柜供配电线路中的一路作为常用电源，另一路作为备用电源，当两路电源均正常时，黄色指示灯 HL1、HL2 均点亮，若指示灯 HL1 不能正常点亮，则说明常用电源出现故障或停电，此时需要使用备用电源供电，维持正常工作。

图 12-26 为低压配电柜供配电线路的实际应用过程。

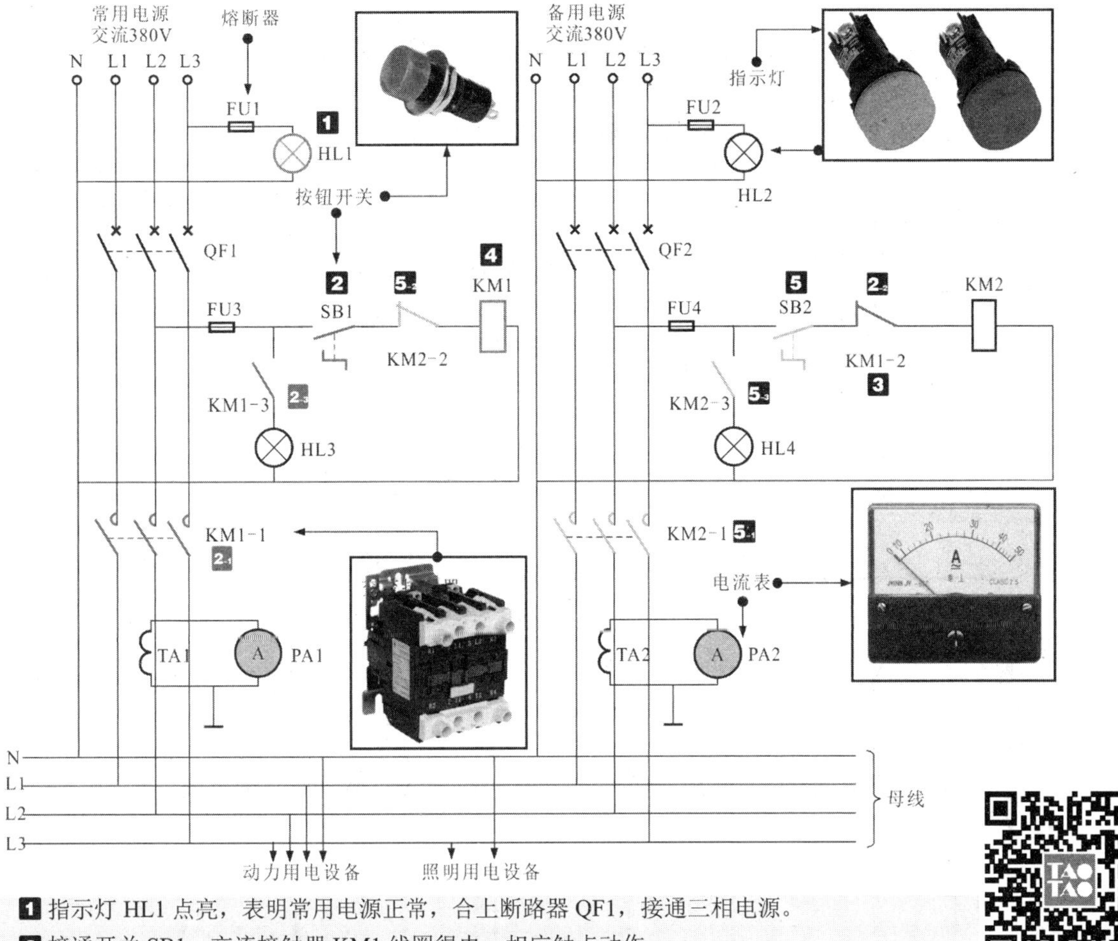

1 指示灯 HL1 点亮，表明常用电源正常，合上断路器 QF1，接通三相电源。

2 接通开关 SB1，交流接触器 KM1 线圈得电，相应触点动作。

2-1 常开触点 KM1-1 接通，向母线供电。

2-2 常闭触点 KM1-2 断开，防止备用电源接通，起联锁保护作用。

2-3 常开触点 KM1-3 接通，红色指示灯 HL3 点亮。

2-2 → **3** 常用电源供电电路正常工作时，KM1 的常闭触点 KM1-2 处于断开状态，备用电源不能接入母线。

4 当常用电源出现故障或停电时，交流接触器 KM1 线圈失电，常开、常闭触点复位。

5 接通断路器 QF2、开关 SB2，交流接触器 KM2 线圈得电，相应触点动作。

5-1 常开触点 KM2-1 接通，向母线供电。

5-2 常闭触点 KM2-2 断开，防止常用电源接通，起联锁保护作用。

5-3 常开触点 KM2-3 接通，红色指示灯 HL4 点亮。

图 12-26　低压配电柜供配电线路的实际应用过程

提示

当常用电源恢复正常后，由于交流接触器 KM2 的常闭触点 KM2-2 处于断开状态，因此交流接触器 KM1 不能得电，常开触点 KM1-1 不能自动接通，此时需要断开开关 SB2，使交流接触器 KM2 线圈失电，常开、常闭触点复位，为交流接触器 KM1 线圈再次工作提供条件，此时再操作 SB1 才起作用。

12.3.6 低压设备供配电线路的功能与实际应用

低压设备供配电线路是为低压设备供电的配电线路，6 ～ 10kV 的高压经降压器变压后变为交流低压，经开关为低压动力柜、照明设备或动力设备等提供工作电压。

图 12-27 为低压设备供配电线路的实际应用过程。

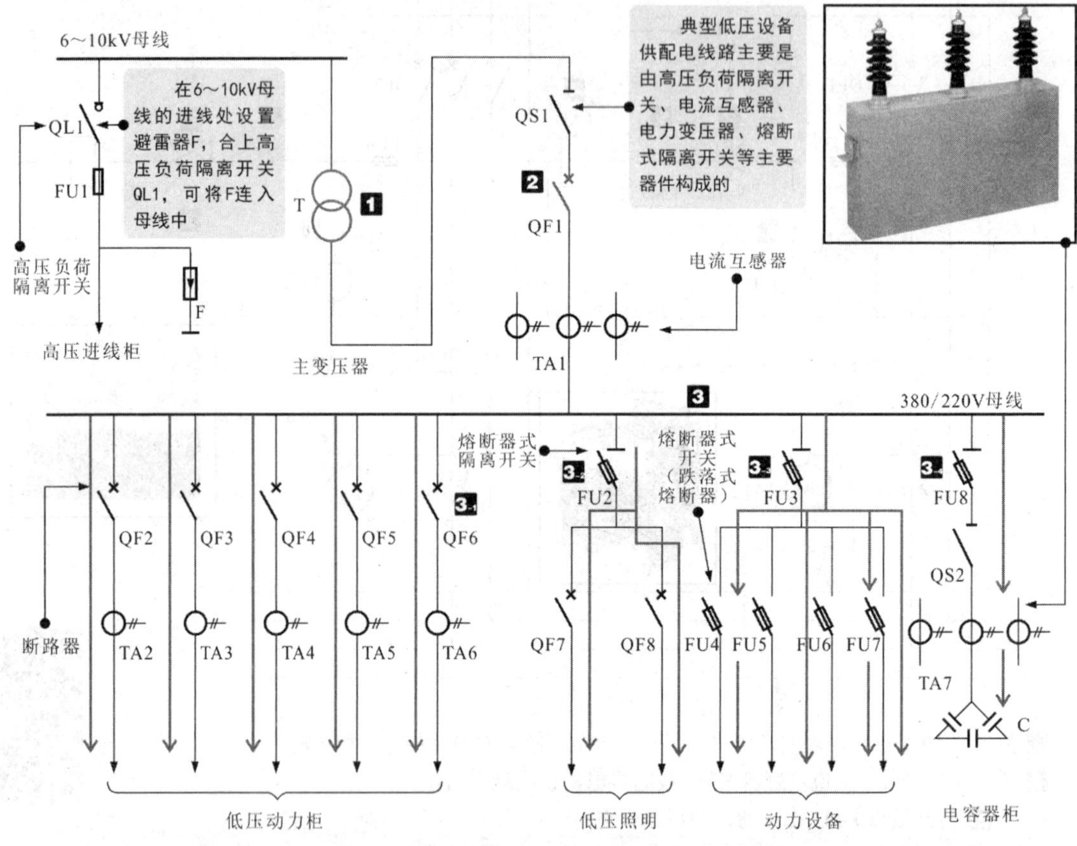

1 6 ～ 10kV 高压送入电力变压器 T 的输入端，输出端输出 380/220V 低压。

2 合上隔离开关 QS1、断路器 QF1 后，380/220V 低压经 QS1、QF1 和电流互感器 TA1 送入 380/220V 母线中。

3 380/220V 母线上接有多条支路，分别送往不同的地方。

3-1 合上断路器 QF2 ～ QF6 后，380/220V 电压经 QF2 ～ QF6、电流互感器 TA2 ～ TA6 为低压动力柜供电。

3-2 合上 FU2、断路器 QF7/QF8 后，380/220V 电压经 FU2、QF7/QF8 为低压照明电路供电。

3-3 合上 FU3 ～ FU7 后，380/220V 电压经 FU3、FU4 ～ FU7 为动力设备供电。

3-4 合上 FU8 和隔离开关 QS2 后，380/220V 电压经 FU8、QS2 和电流互感器 TA7 为电容器柜供电。

图 12-27 低压设备供配电线路的实际应用过程

12.3.7 低层住宅低压供配电线路的功能与实际应用

低层住宅供配电线路是适用于六层楼以下的供配电线路，主要是由低压配电室、楼层配线间及室内配电盘等部分构成的。

图 12-28 为低层住宅低压供配电线路的实际应用过程，电源引入线（380/220V 架空线）选用三相四线制，有三根相线和一根零线；进户线有三条，分别为一根相线、一根零线和一根地线。

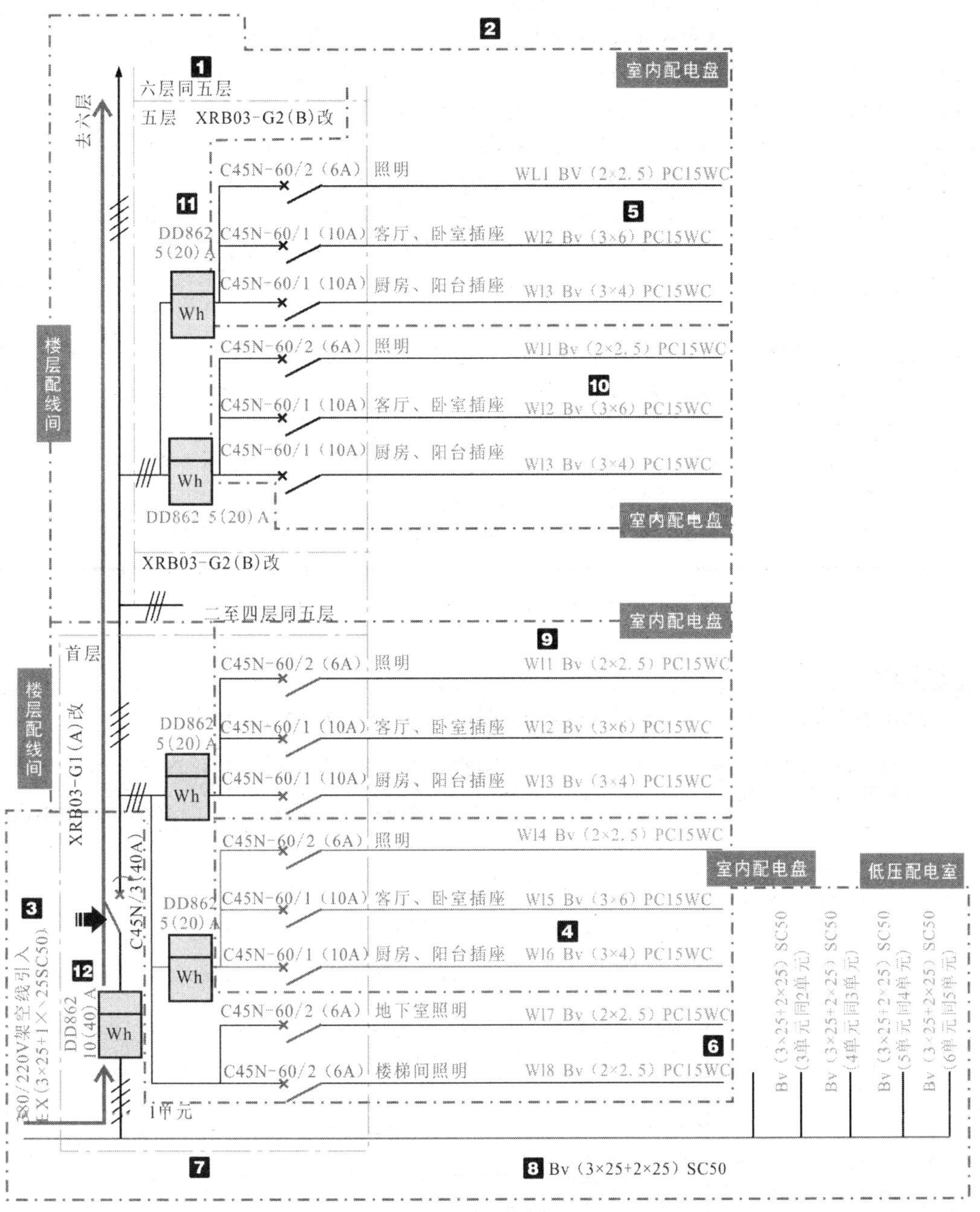

1 供配电线路适用于六层楼以下的供配电系统，主要是由低压配电室、楼层配线间及室内配电盘等部分构成的。

2 进户线、电度表、总断路器 C45N/3（40A）、断路器 C45N-60/1（10 A）和 C45N-60/2（6 A）、供电线等为核心元件。

图 12-28 低层住宅低压供配电线路的实际应用过程

❸电源引入线选用三相四线制，有三根相线和一根零线，经过总电度表 DD862、总断路器 C45N 送入各个楼层中。

❹一个楼层有两个用户，将进户线分为两条，每一条都经过一个电度表 DD862 5（20）A 后分为三路。

❺一路经断路器 C45N-60/2（6A）为照明灯供电。

另外两路分别经断路器 C45N-60/1（10 A）为客厅、卧式、厨房和阳台的插座供电。

❻还有一条进户线经两个断路器 C45N-60/2（6 A）后为地下室和楼梯的照明灯供电。

❼进户线规格为 BX（3×25+1×25SC50），表示进户线为铜芯橡胶绝缘导线（BX）。其中，3 根横截面积为 $25mm^2$ 的相线，1 根 $25mm^2$ 的零线，采用管径为 50mm 的焊接钢管（SC）穿管敷设。

❽同一楼层不同单元的线路规格为 BV（3×25+2×25）SC50，是铜芯塑料绝缘导线（BV）。其中，3 根横截面积为 $25mm^2$ 的相线，2 根 $25mm^2$ 的零线，采用管径为 50mm 的焊接钢管（SC）穿管敷设。

❾某一用户照明线路的规格为 WL1 BV（2×2.5）PC15WC，表示编号为 WL1、线材类型为铜芯塑料绝缘导线（BV），2 根横截面积为 $2.5mm^2$ 的导线，采用管径为 15mm 的硬塑料导管（PC15）穿管暗敷设在墙内（WC）。

❿客厅、卧室插座线路的规格为 WL2 BV（3×6）PC15WC，表示编号为 WL2、线材类型为铜芯塑料绝缘导线（BV），3 根横截面积为 $6mm^2$ 的导线，采用管径为 15mm 的硬塑料导管（PC15）穿管暗敷设在墙内（WC）。

⓫每户使用独立的电度表，规格为 DD862 5(20)A，第一个字母 D 表示电度表；第二个字母 D 表示单相；862 为设计型号；5（20）A 表示额定电流为 5 ～ 20A。

⓬设有一块总电度表，规格标识为 DD862 10（40）A，10（40）A 表示额定电流为 10 ～ 40A。

图 12-28　低层住宅低压供配电电路的实际应用过程（续）

提示

家庭供配电线路也是一种常见的低压供配电线路。图 12-29 为家庭供配电线路。

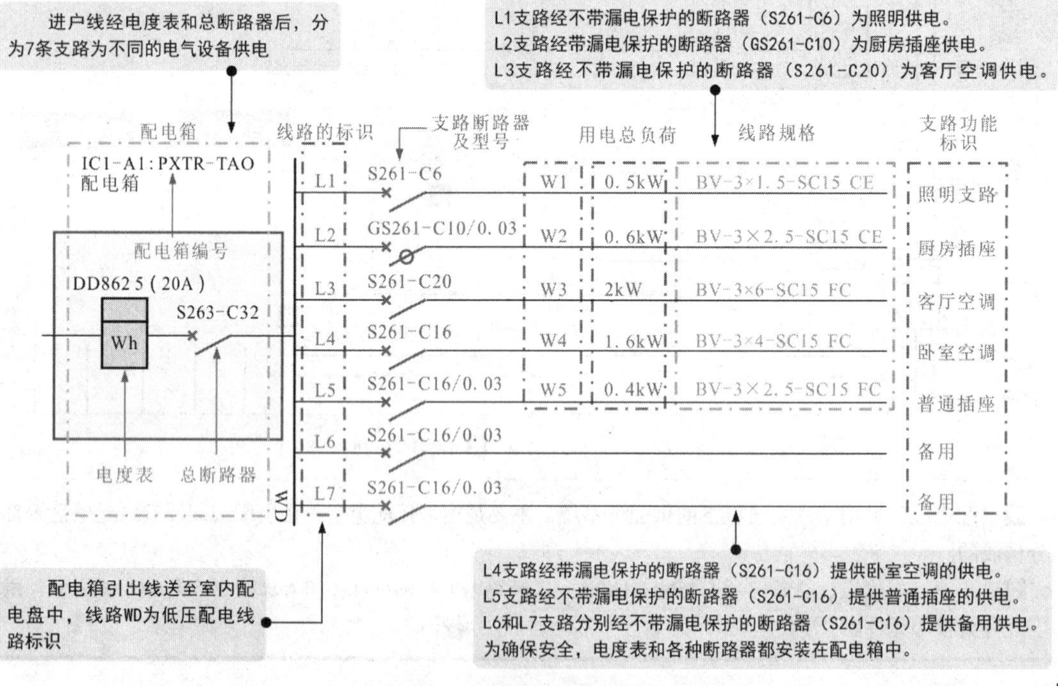

图 12-29　家庭供配电线路

第13章 照明控制电路

13.1 照明控制电路的特点与控制关系

13.1.1 室内照明控制电路的特点与控制关系

室内照明控制电路是指应用在室内场合，在室内自然光线不足的情况下，创造明亮环境的照明控制电路，主要由控制开关和照明灯具等构成。

图 13-1 为典型室内照明控制电路的结构组成，是由三个控制开关和一盏照明灯构成的。

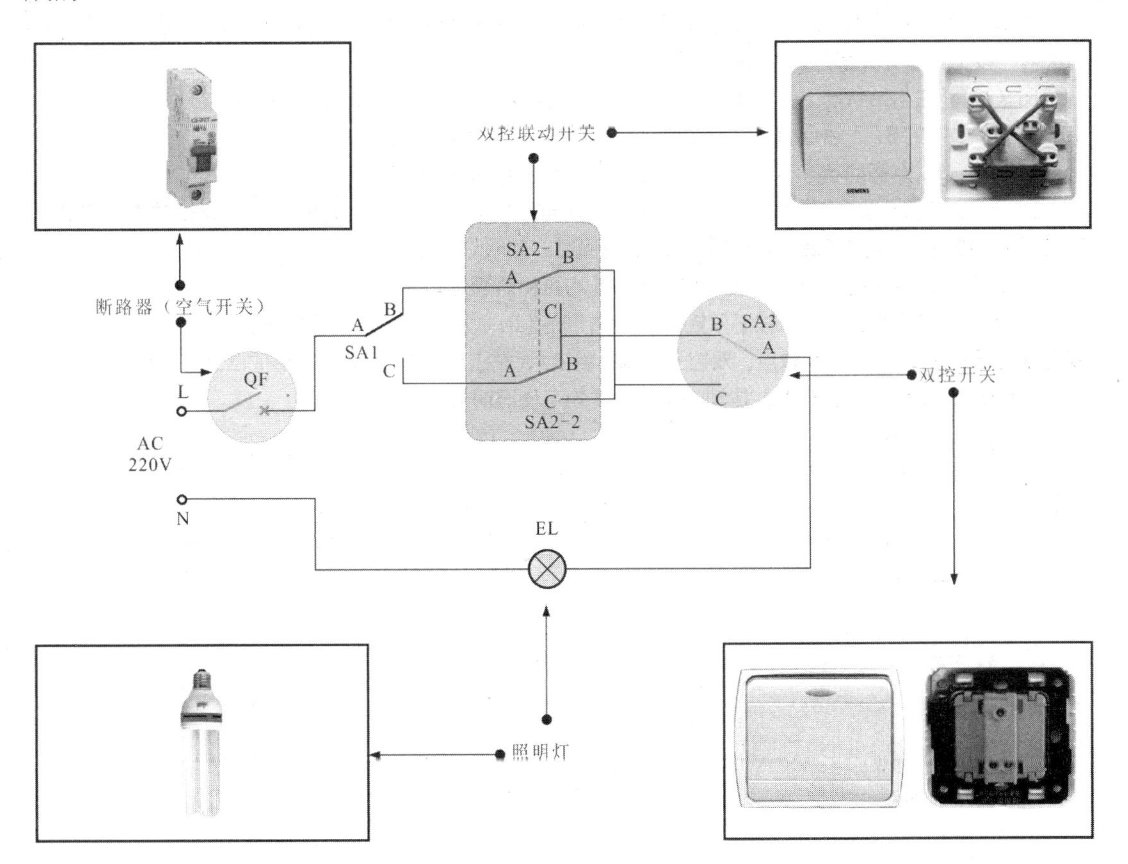

图 13-1　典型室内照明控制电路的结构组成

照明控制电路依靠开关、电子元件等控制部件控制照明灯，完成对照明灯亮度、开关状态及时间的控制。

图 13-2 为三个开关控制一盏照明灯电路的连接关系示意图。根据连接关系能够比较清晰明地看出电路中开关与照明灯的控制关系。

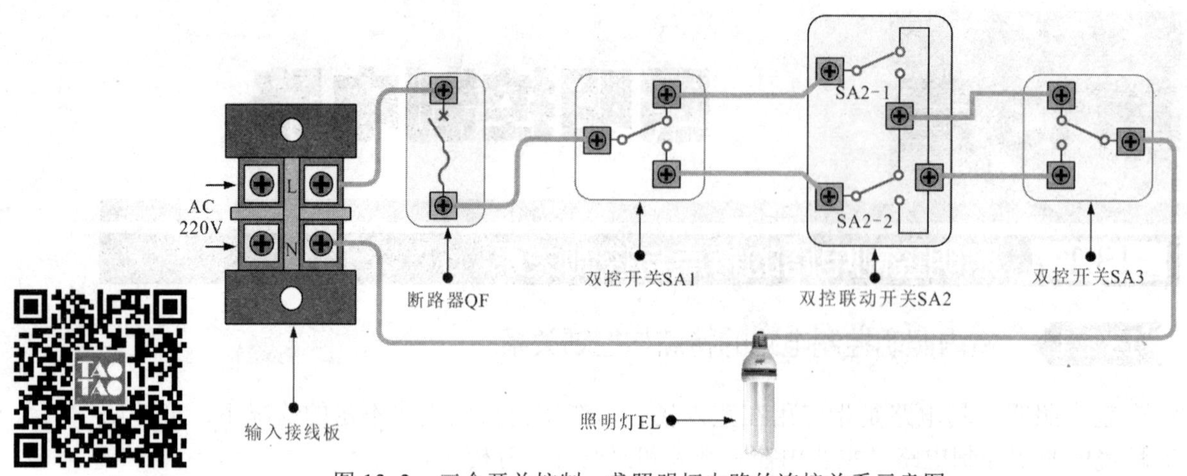

图 13-2 三个开关控制一盏照明灯电路的连接关系示意图

提示

图 13-3 为上述电路工作过程分析。合上供电线路中的断路器 QF，接通交流 220V 电源，照明灯未点亮时，按下任意开关都可以点亮照明灯 EL。

图（a），在初始状态下，按下双控开关 SA1，触点 A、B 接通，电源经 SA1 的 A、B 触点，SA2-1 的 A、B 触点，SA3 的 B、A 触点后，与照明灯 EL 形成回路，照明灯点亮。

在照明灯 EL 点亮的状态下，按动 SA2 或 SA3 均可使照明灯 EL 熄灭。

图（b），在初始状态下，按下 SA2，触点 A、B 接通，电源经 SA1 的 A、C 触点，双 SA2-2 的 A、B 触点，双控开关 SA3 的 B、A 触点后，与照明灯 EL 形成回路，照明灯点亮。

在照明灯 EL 点亮的状态下，按动 SA1 或 SA3 均可使照明灯 EL 熄灭。

图（c），在初始状态下，按下双控开关 SA3，触点 C、A 接通，电源经双控开关 SA1 的 A、C 触点，双控联动开关 SA2-2 的 A、C 触点，双控开关 SA3 的 C、A 触点后，与照明灯 EL 形成回路，照明灯点亮。

在照明灯 EL 点亮的状态下，按动 SA1 或 SA2 均可使照明灯 EL 熄灭。

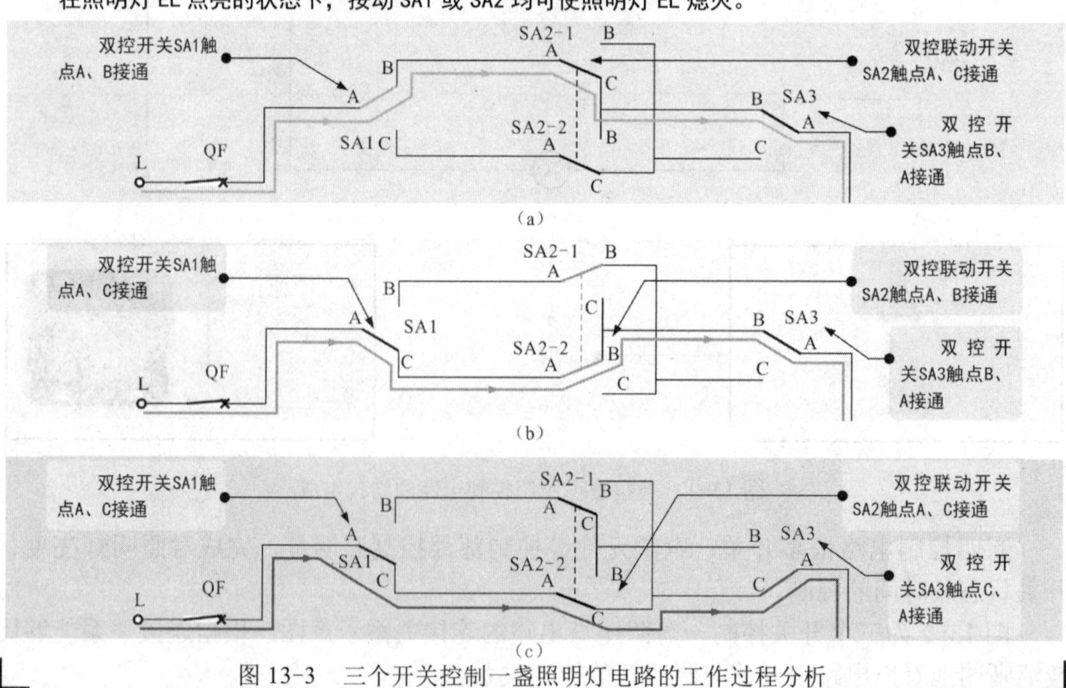

图 13-3 三个开关控制一盏照明灯电路的工作过程分析

13.1.2 公共照明控制电路的特点与控制关系

公共照明控制电路是指在公共场所，当自然光线不足的情况下，用来创造明亮环境的照明控制电路。

图 13-4 为典型公共照明控制电路的结构组成。可以看到，该公共照明控制电路是由多盏照明路灯、总断路器 QF、双向晶闸管 VT、控制芯片（NE555 时基集成电路）、光敏电阻器 MG 等构成的。

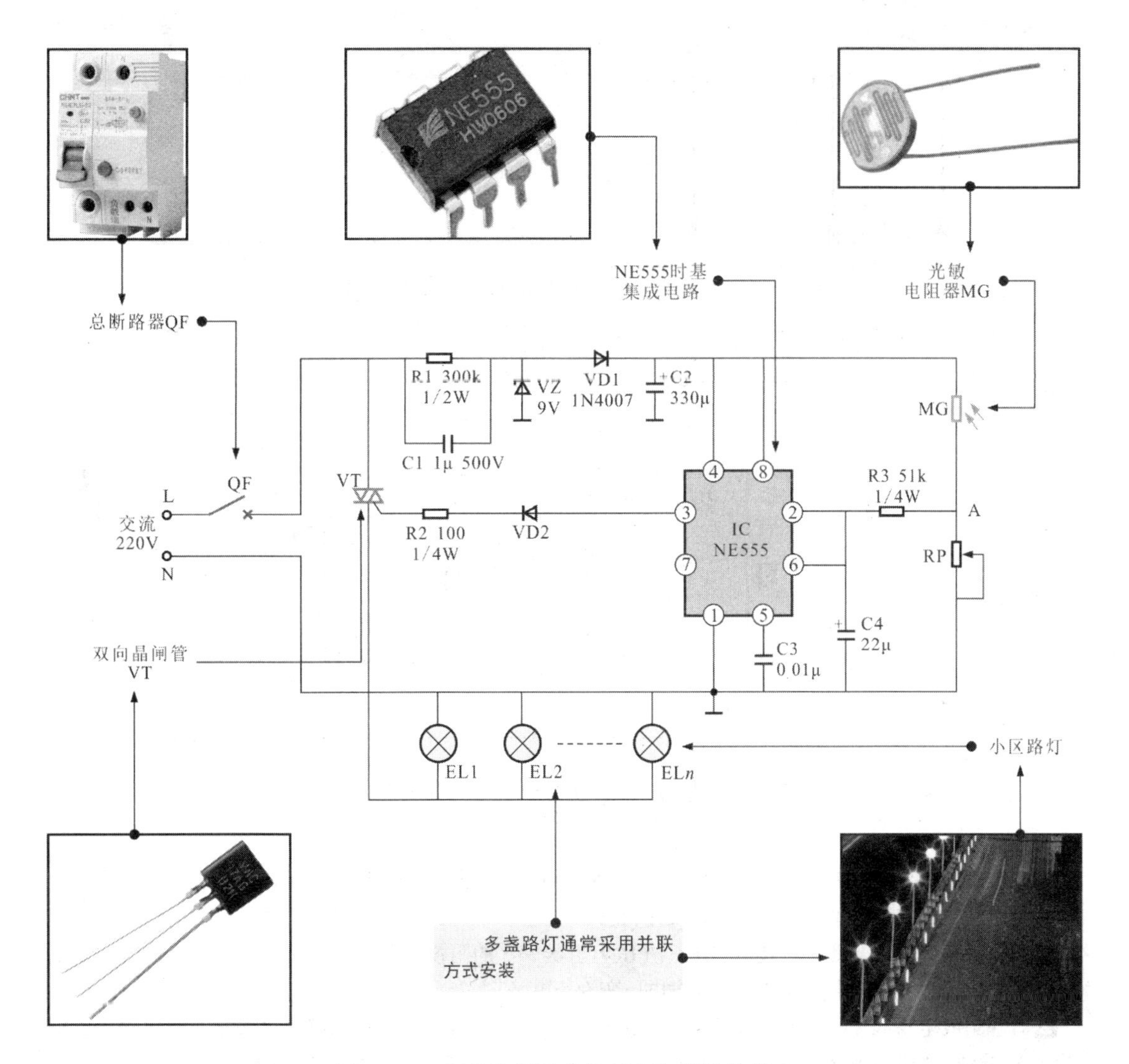

图 13-4　典型公共照明控制电路的结构组成

提示

公共照明控制电路大多是依靠自动感应元件、触发控制器件等组成的触发控制电路对照明灯进行控制的。

在公共照明控制电路中，NE555 时基集成电路是主要的控制器件之一，可将送入的信号经处理后输出控制电路的整体工作状态，在公共照明控制电路中应用较多。

图 13-5 为典型公共照明控制电路的连接关系示意图。

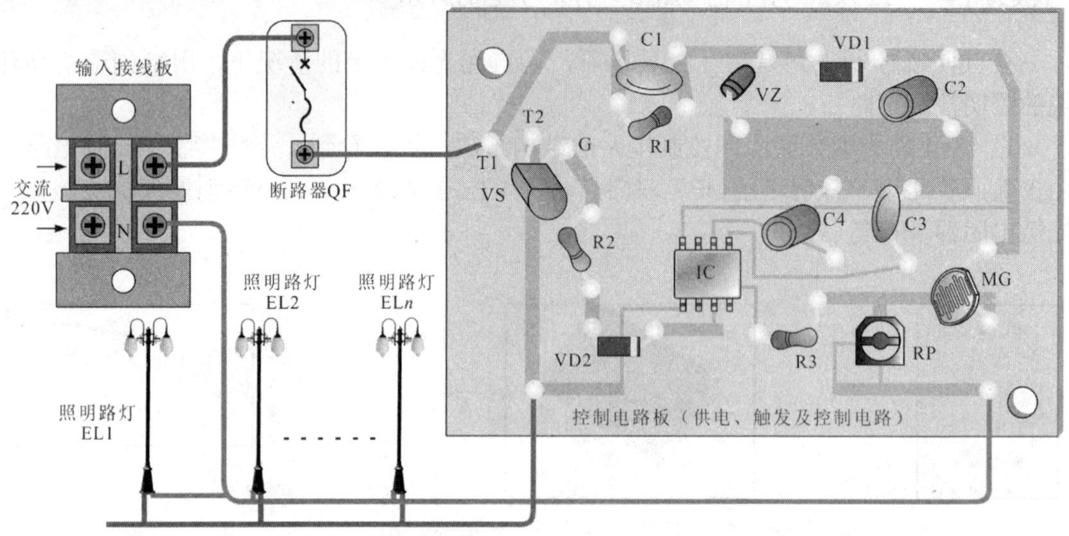

图 13-5　典型公共照明控制电路的连接关系示意图

图 13-6 为典型公共照明控制电路的工作过程分析。

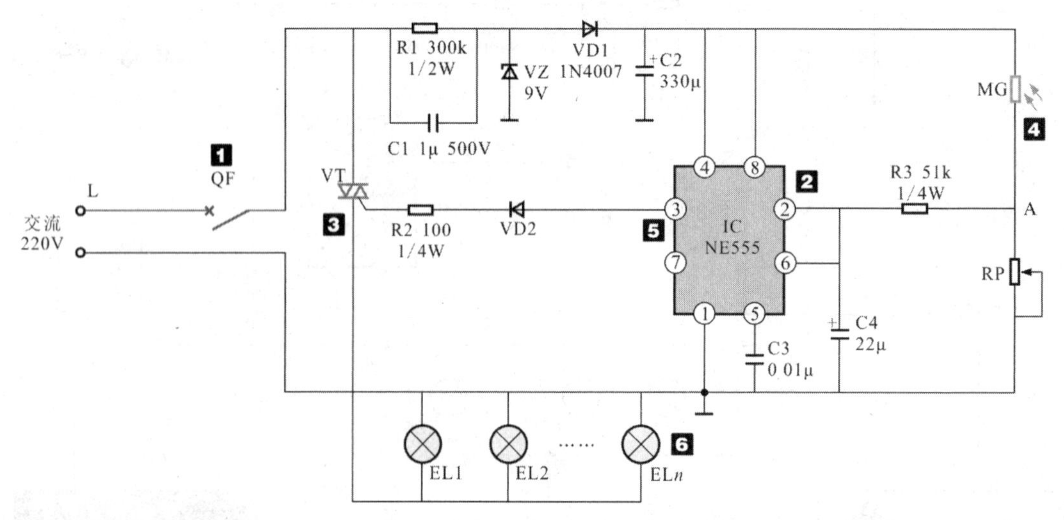

1 合上供电电路中的断路器 QF，接通交流 220V 电源，经整流和滤波电路后，输出直流电压为时基集成电路 IC（NE555）供电，进入准备工作状态。

2 当夜晚来临时，光照强度逐渐减弱，光敏电阻器 MG 的阻值逐渐增大，压降升高，分压点 A 点电压降低，加到时基集成电路 IC 的 2、6 脚电压变为低电平。

3 时基集成电路 IC 的 2、6 脚为低电平（低于 $1/3V_{DD}$）时，内部触发器翻转，3 脚输出高电平，二极管 VD2 导通，触发晶闸管 VT 导通，照明路灯形成供电回路，EL1 ～ EL*n* 同时点亮。

4 当第二天黎明来临时，光照强度越来越高，光敏电阻器 MG 的阻值逐渐减小，降压降低，分压点 A 点电压升高，加到时基集成电路 IC 的 2、6 脚上的电压逐渐升高。

5 当 IC 的 2 脚电压上升至大于 $2/3V_{DD}$，6 脚电压也大于 $2/3V_{DD}$ 时，IC 内部触发器再次翻转，IC 的 3 脚输出低电平，二极管 VD2 截止，晶闸管 VT 截止。

6 晶闸管 VT 截止，照明路灯 EL1 ～ EL*n* 供电回路被切断，所有照明路灯同时熄灭。

图 13-6　典型公共照明控制电路的工作过程分析

13.2 照明控制电路的检修调试

当照明控制电路出现异常时会影响到照明灯的工作，检修调试之前，要先做故障分析，为检修调试做好铺垫。

13.2.1 室内照明控制电路的检修调试

当室内照明控制电路出现故障时，可以通过故障现象，分析整个照明控制电路，如图 13-7 所示，缩小故障范围，锁定故障器件。

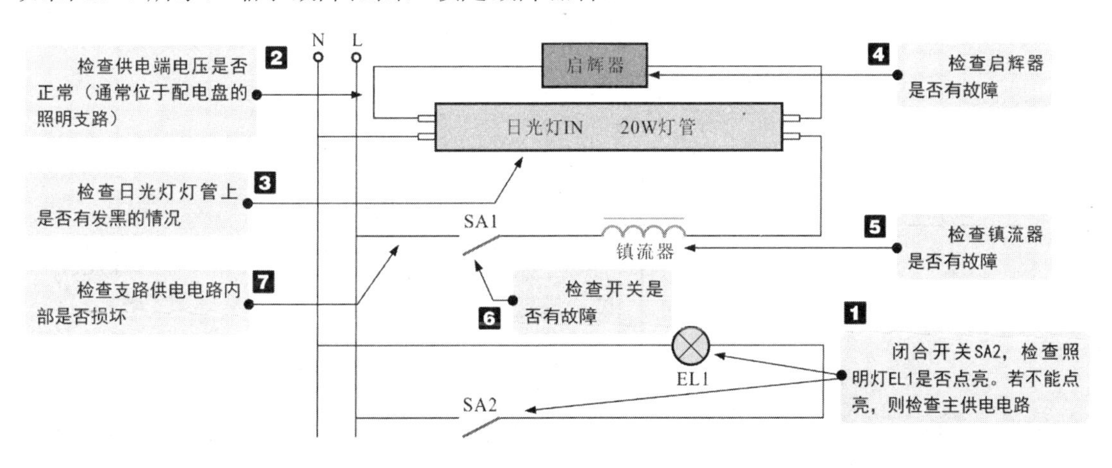

图 13-7 室内照明控制电路的故障分析

当楼道照明控制电路出现故障时，可以通过故障现象，分析整个照明控制电路，如图 13-8 所示，缩小故障范围，锁定故障器件。

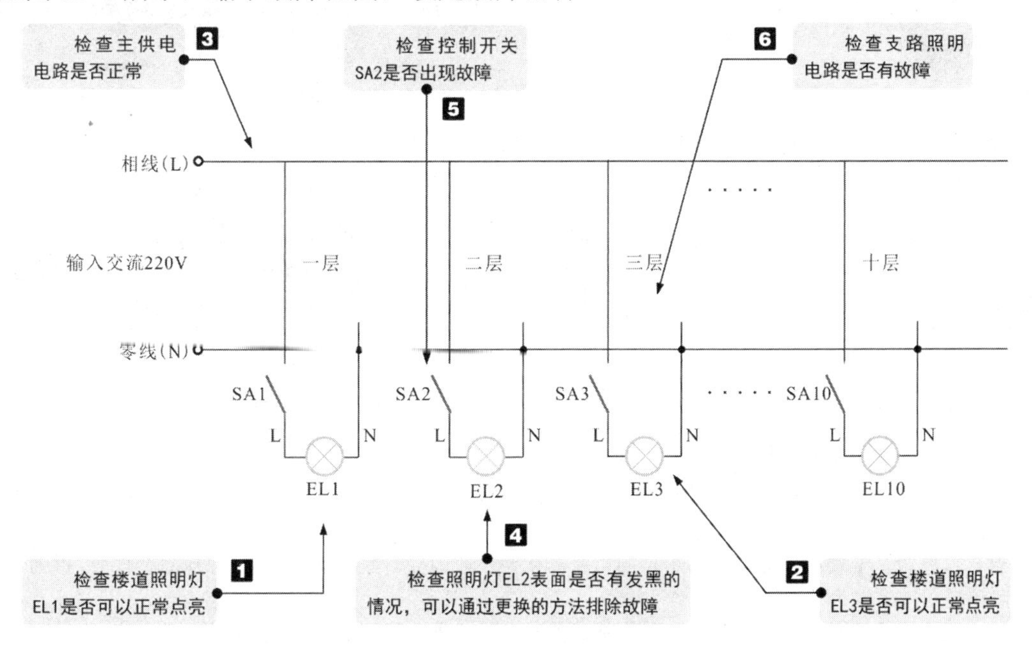

图 13-8 楼道照明控制电路的故障分析

1 室内照明控制电路的检修方法

当室内照明控制电路出现故障时，应先了解该照明控制电路的控制方式，然后按照检修流程进行检修，如图 13-9 所示。

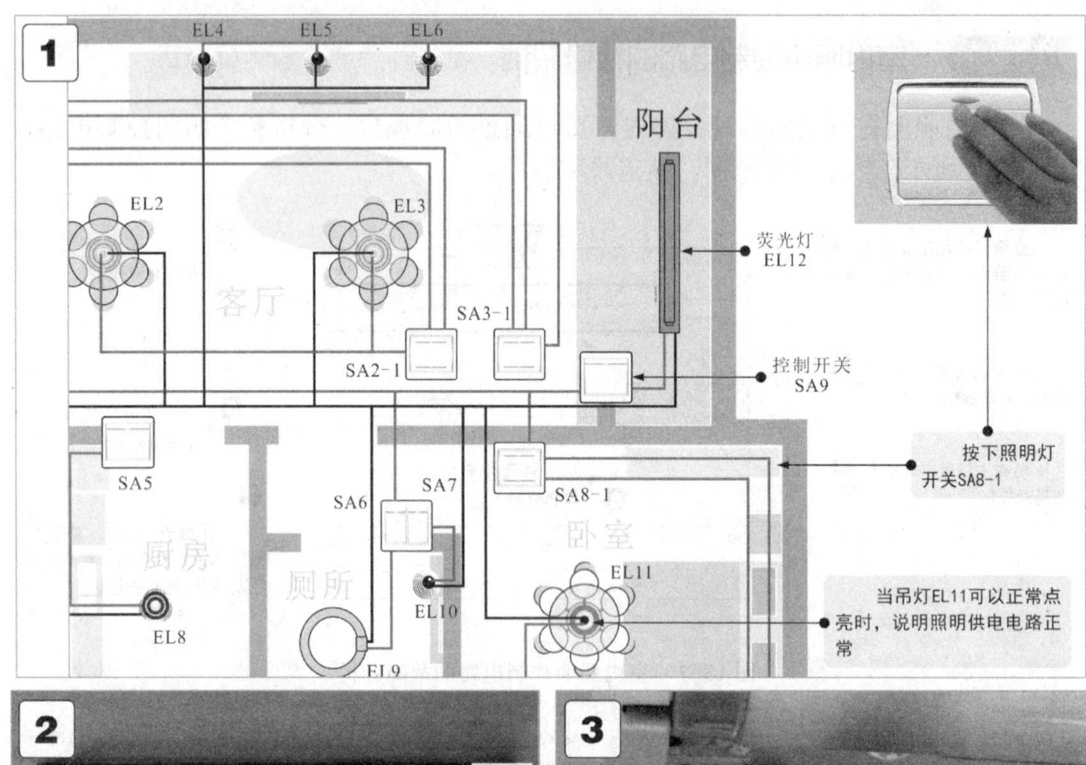

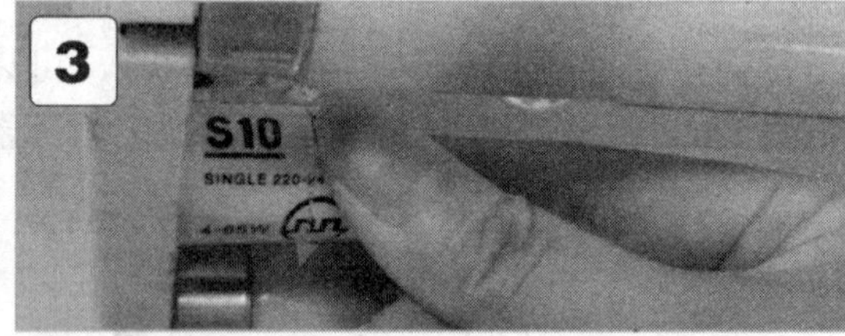

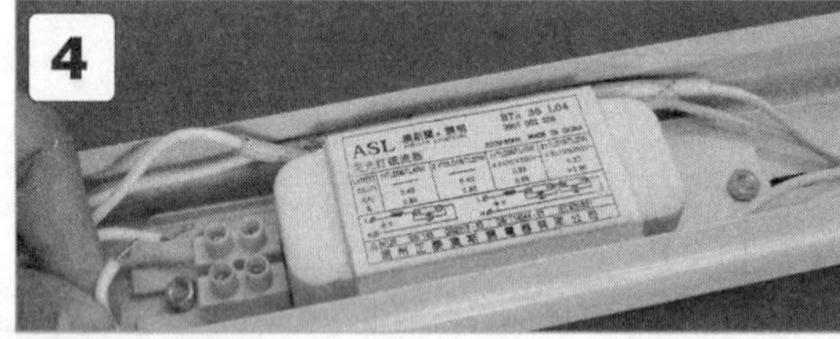

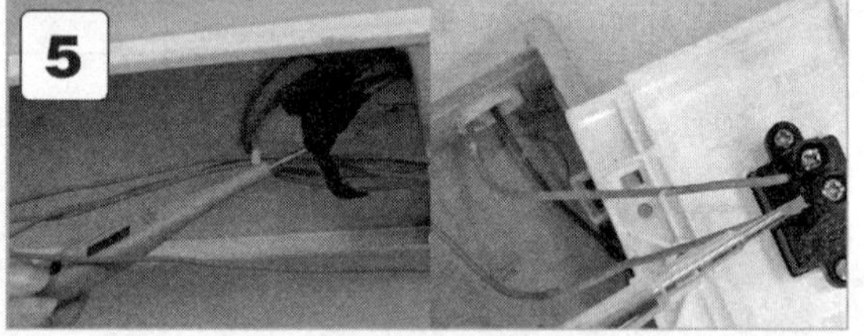

1 当荧光灯EL12不亮时，首先应当检查与荧光灯EL12使用同一供电线缆的其他照明灯是否可以正常点亮，按下照明灯开关SA8-1，检查吊灯EL11是否可以正常点亮。当吊灯EL11可以正常点亮时，说明照明供电电路正常。

2 检查照明灯外观有无明显损坏迹象。

3 当荧光灯正常时，可检查辉光启动器，更换性能良好的辉光启动器，若荧光灯同样无法点亮，则辉光启动器正常。

4 检查镇流器，若发现损坏，则可用新的镇流器代换；若荧光灯正常点亮，说明故障被排除；否则说明故障不是由镇流器引起的。

5 检查线路连接情况、控制开关接线和控制开关的功能状态，找到故障部位，排除故障

图 13-9 室内照明控制电路的检修方法

2 楼道照明控制电路的检修方法

当楼道照明控制电路出现故障时，应当查看楼道照明控制电路的控制方式：由楼道配电箱中引出的相线连接触摸延时开关，经触摸延时开关连接至节能灯的灯口上；零线由楼道配电箱送出后连接至节能灯灯口。当楼道照明电路中某一层的节能灯不亮时，应当根据检修流程进行检查。图 13-10 为楼道照明控制电路的检修方法。

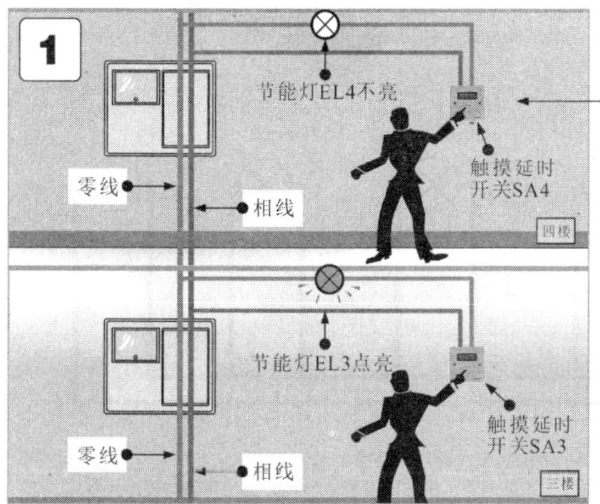

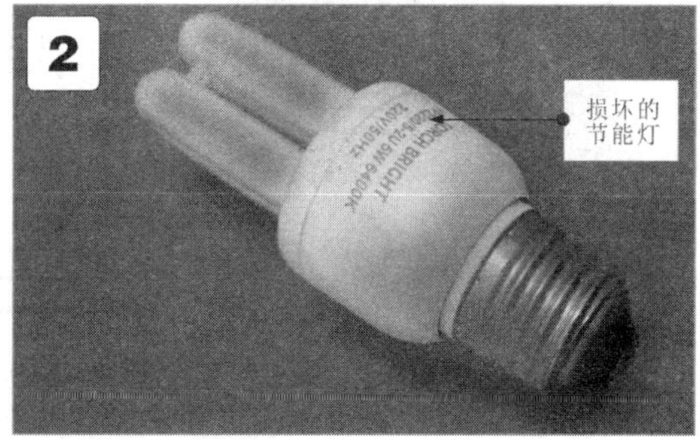

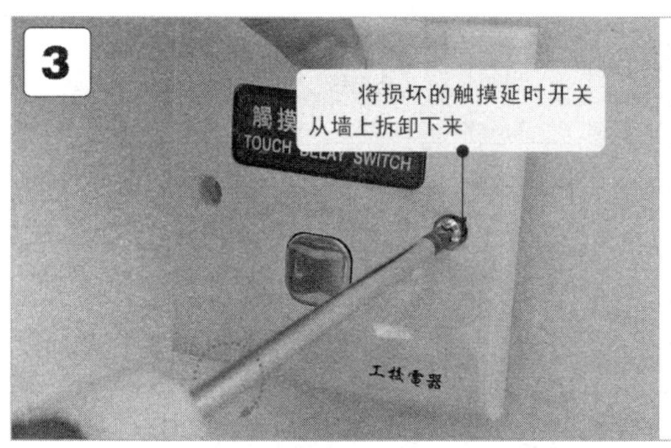

1 当按下触摸延时开关SA4时，节能灯EL4不亮。首先检查其他楼层的楼道照明灯，若正常，说明本层线路异常。

2 检查节能灯本身，若发现外观明显变黑，说明节能灯损坏，应更换。

3 当灯座正常时，检查控制开关，楼道照明控制电路中使用的控制开关多为触摸延时开关、声光控延时开关等，可以采用替换的方法排除故障。

图 13-10 楼道照明控制电路的检修方法

提示

触摸延时开关的内部由多个电子元器件和集成电路构成，不能使用单控开关的检测方法进行检测。检测时，将触摸延时开关连接在 220V 供电电路中，再连接一盏照明灯，在确定供电电路和照明灯都正常的情况下触摸开关，若可以控制照明灯点亮，则正常；若仍无法控制照明灯点亮，则说明已经损坏。

需要注意的是，灯座的检查也不可忽略，若节能灯、控制开关均正常，则应查看灯座中的金属导体是否锈蚀，使用万用表检查供电电压，将表笔分别搭在灯座金属导体的相线和零线上，应当检测到交流 220V 左右的供电电压，否则说明灯座异常。

13.2.2 公共照明控制电路的检修调试

当公共照明控制电路出现故障时，可以通过故障现象，分析整个照明电路，如图 13-11 所示，缩小故障范围，锁定故障器件。

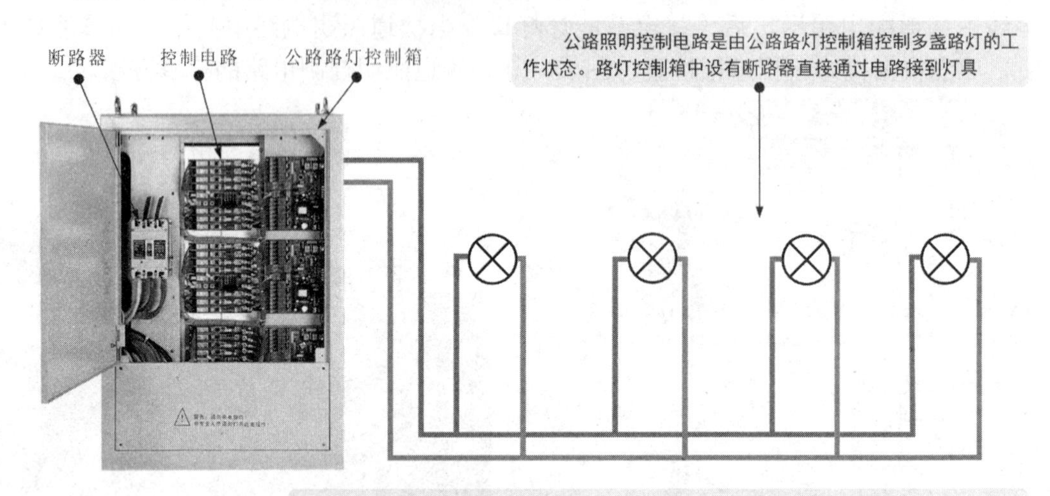

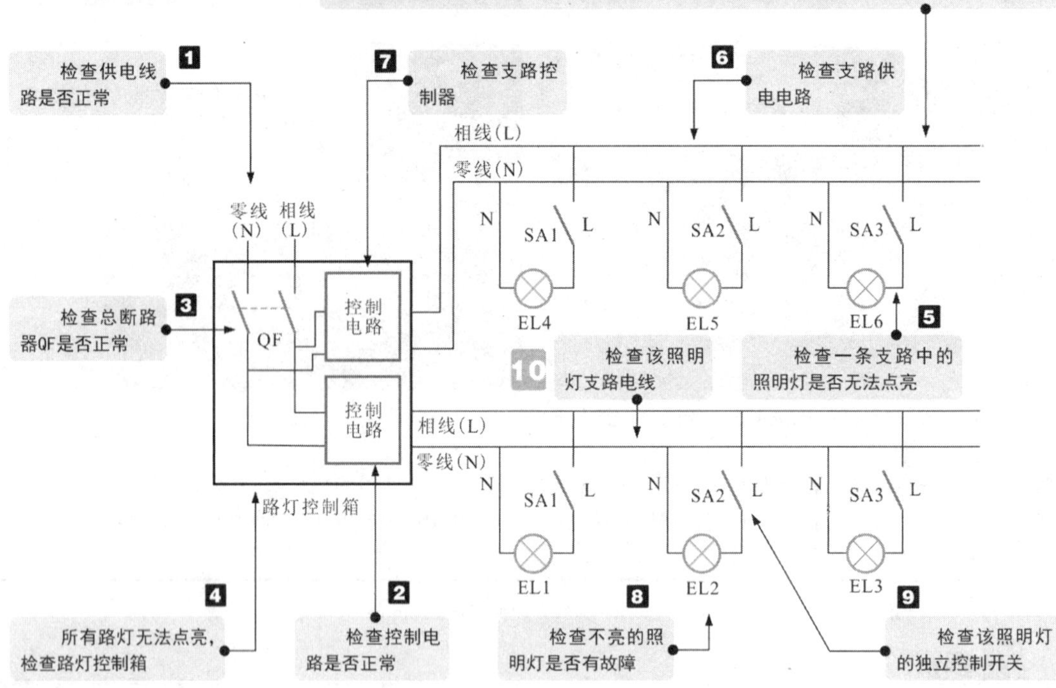

图 13-11　公共照明控制电路的故障分析

提示

当公路路灯出现白天点亮、黑夜熄灭的故障时，应当查看电路的控制方式。若控制方式为控制器自动控制时，则可能是由于控制器的设置出现故障；若控制方式为人为控制，则可能是由于控制室操作失误导致的。

公共照明控制电路多用一个控制器控制多盏照明路灯，可分为供电电路、触发及控制电路和照明路灯三个部分。图 13-12 为典型公共照明控制电路的检修调试。

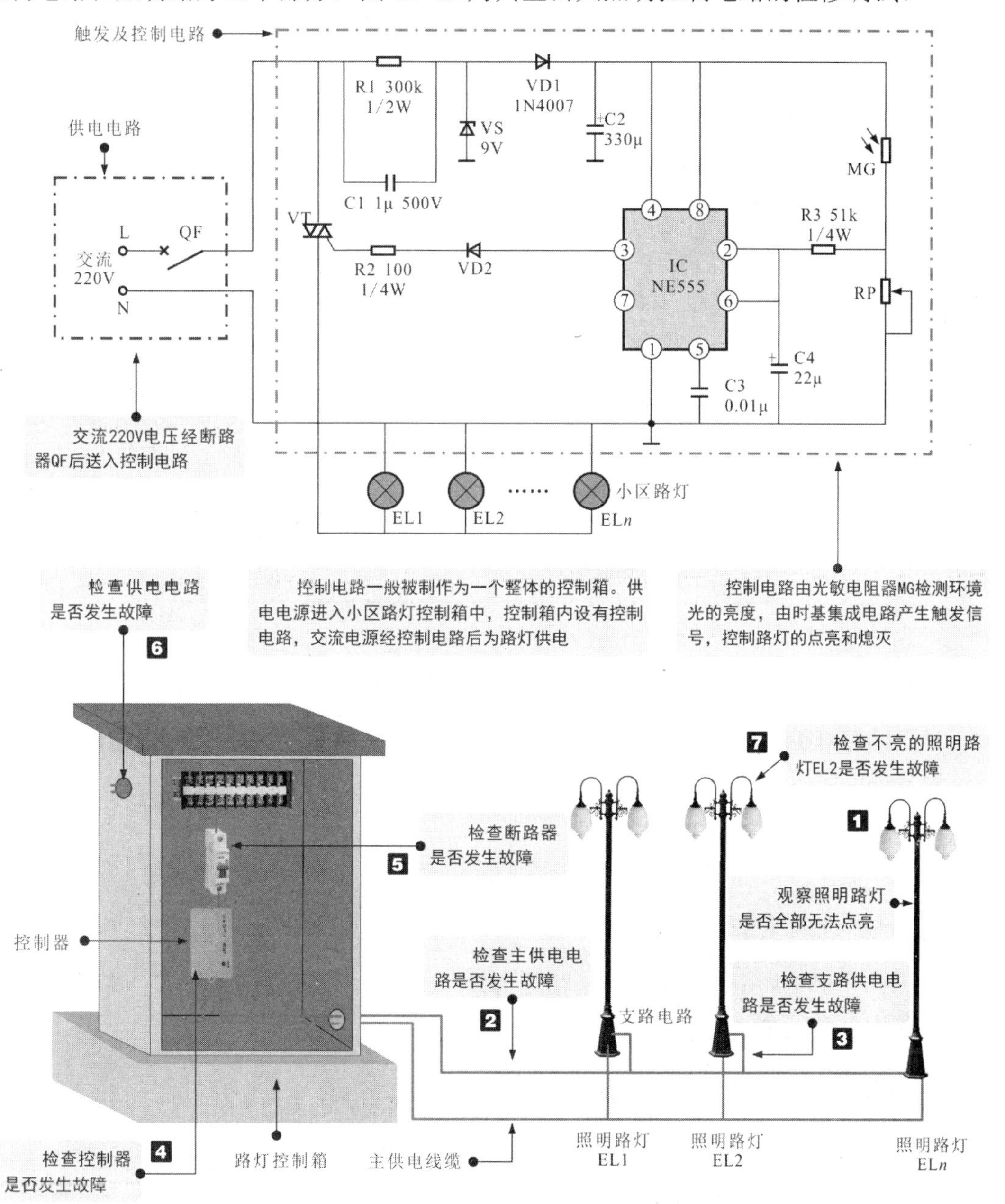

图 13-12 典型公共照明控制电路的检修调试

提示

首先检查照明路灯是否全部无法点亮，若全部无法点亮，则应当检查主供电电路是否存在故障；当主供电电路正常时，应当查看路灯控制器是否存在故障；若路灯控制器正常，则应当检查断路器是否正常；当路灯控制器和断路器都正常时，应检查供电电路是否存在故障；若照明支路中的一盏照明路灯无法点亮，则应当查看该照明路灯是否存在故障；若照明路灯正常，则检查支路供电电路是否正常；若支路供电电路存在故障，则应更换故障部件。

图 13-13 为小区照明控制电路。

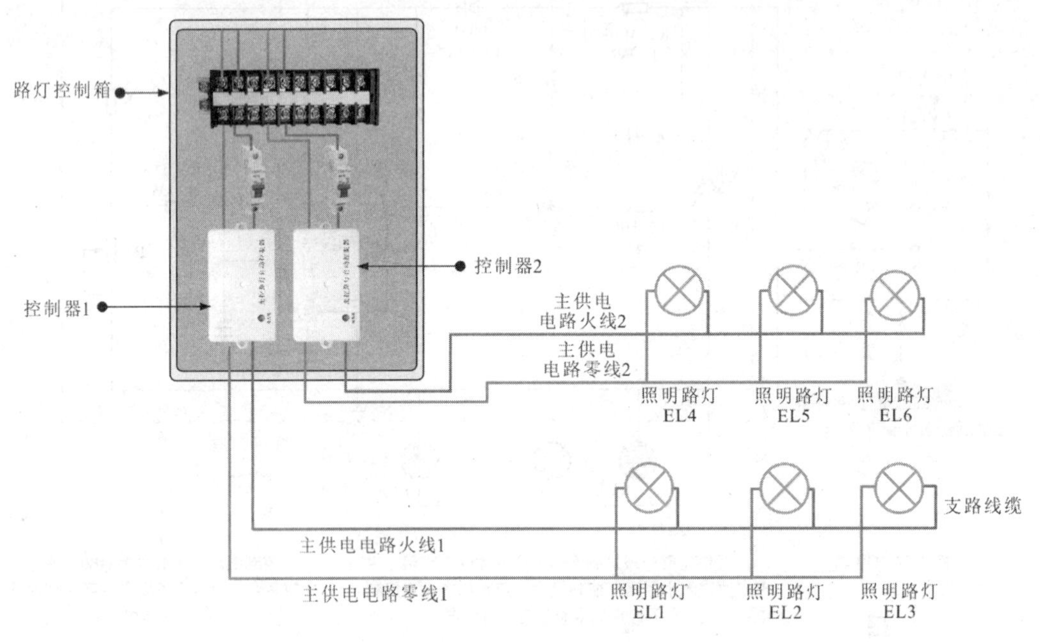

图 13-13 小区照明控制电路

当照明路灯 EL1、EL2、EL3 不能正常点亮时，应当检查路灯控制箱输出的供电线缆是否有供电电压，如图 13-14 所示。

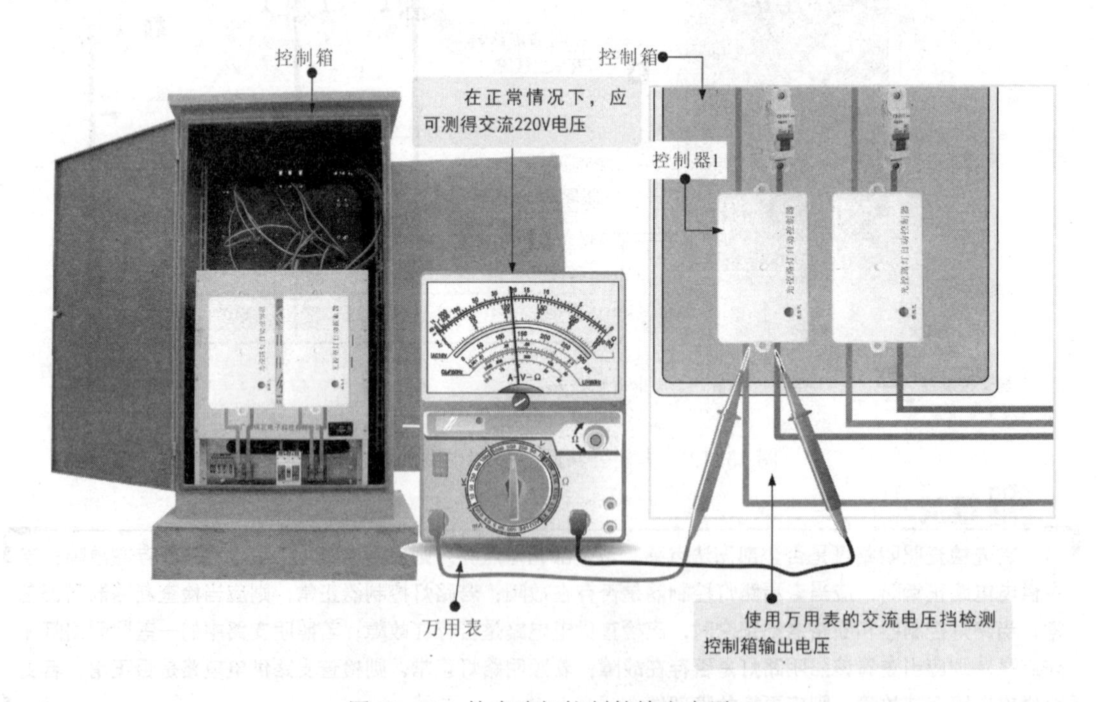

图 13-14 检查路灯控制箱输出电压

当输出电压正常时，应当检查主供电电路，使用万用表在照明路灯 EL1 处检查线路中的电压，如图 13-15 所示，若无电压，则说明支路供电电路有故障。

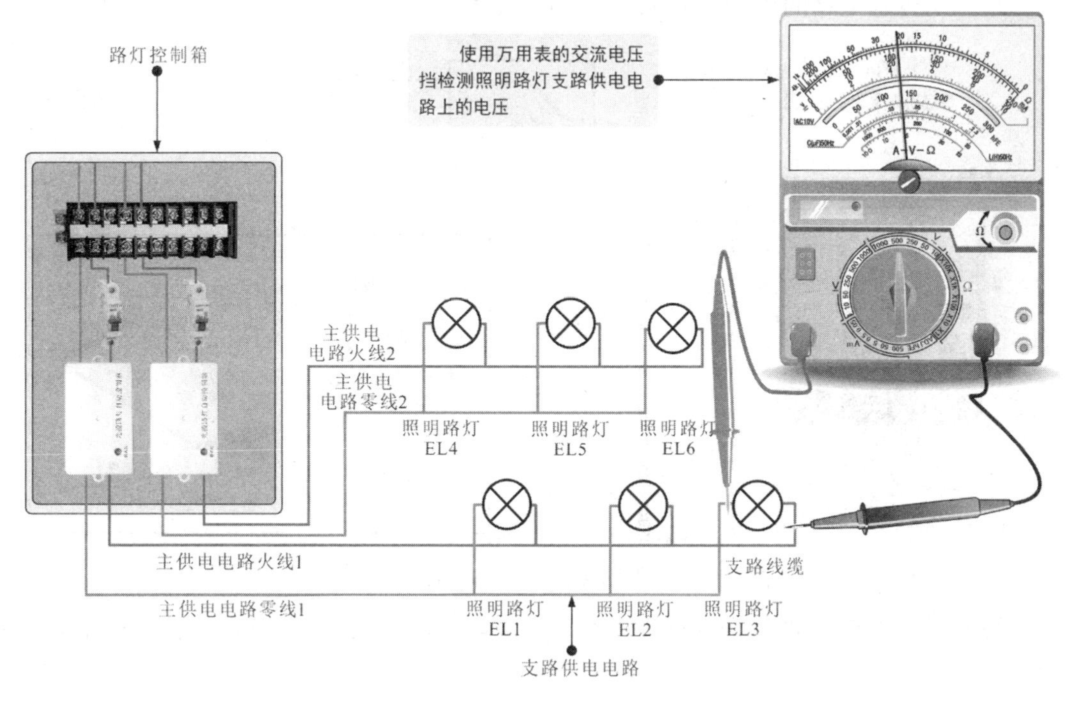

图 13-15　检查供电电路中的电压

当小区供电电路正常或一条照明电路中仅个别路灯不亮时，应当检查照明路灯，可以更换相同型号的照明路灯，如图 13-16 所示，若照明路灯可以点亮，则说明原照明路灯有故障。

图 13-16　检查和更换照明路灯灯泡

2 公路照明控制电路的检修调试

公路照明控制电路的控制方式如图 13-17 所示。

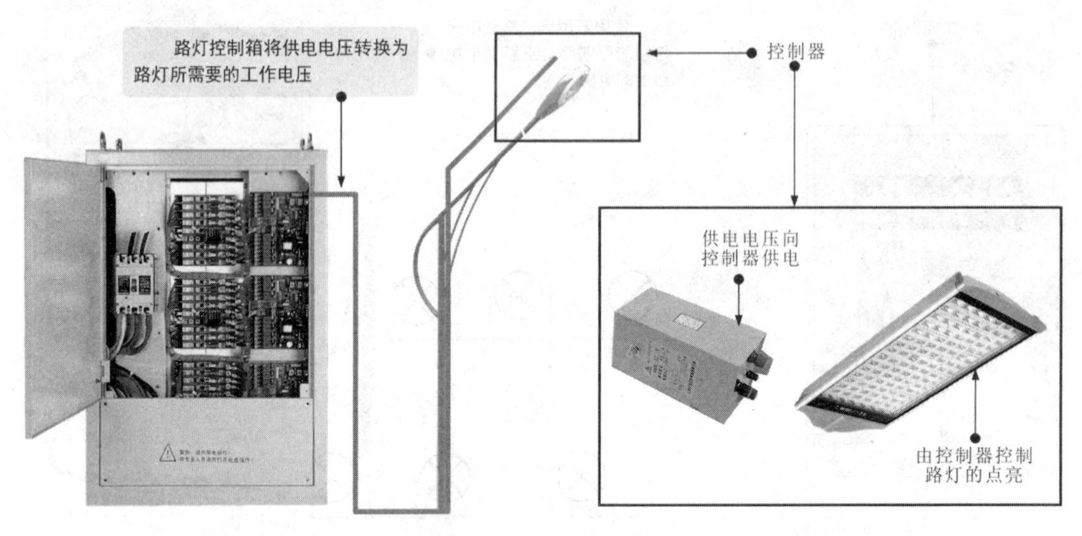

图 13-17 公路照明控制电路的控制方式

当公路照明电路中的一盏照明路灯不能正常点亮时，可通过代换的方式排除故障，如图 13-18 所示。

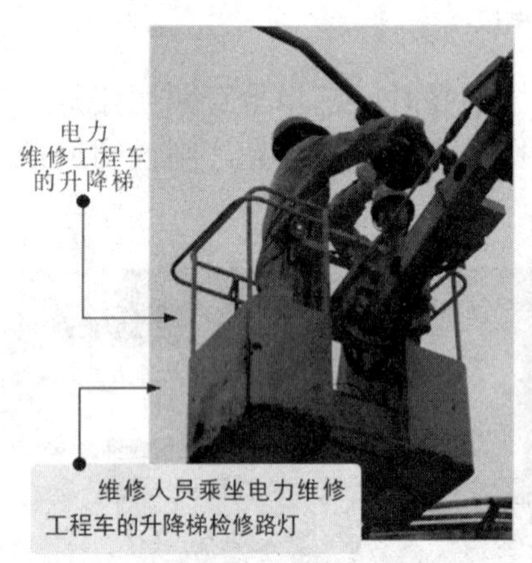

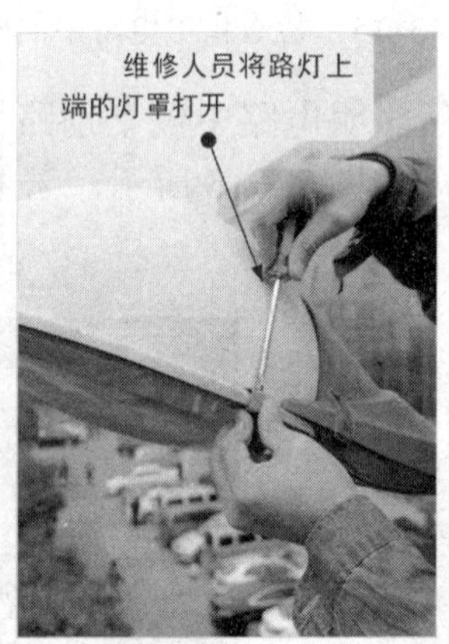

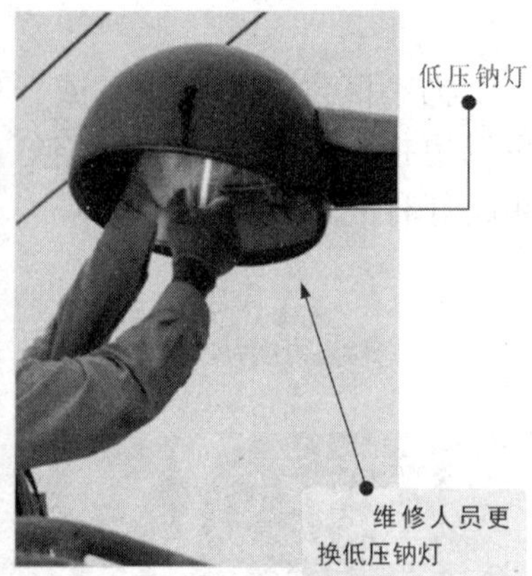

图 13-18 检查照明路灯

提示

使用电力维修工程车维修时，应当在电力维修工程车的前方设立警示牌，如图 13-19 所示，以确保维修人员的安全。

图 13-19 维修时的安全措施

当照明路灯正常时，应当检查该路灯的控制器，如图 13-20 所示，可以通过替换的方法检测控制器。

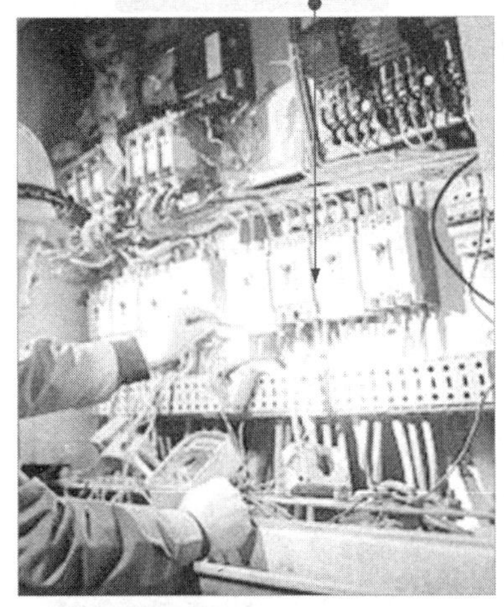

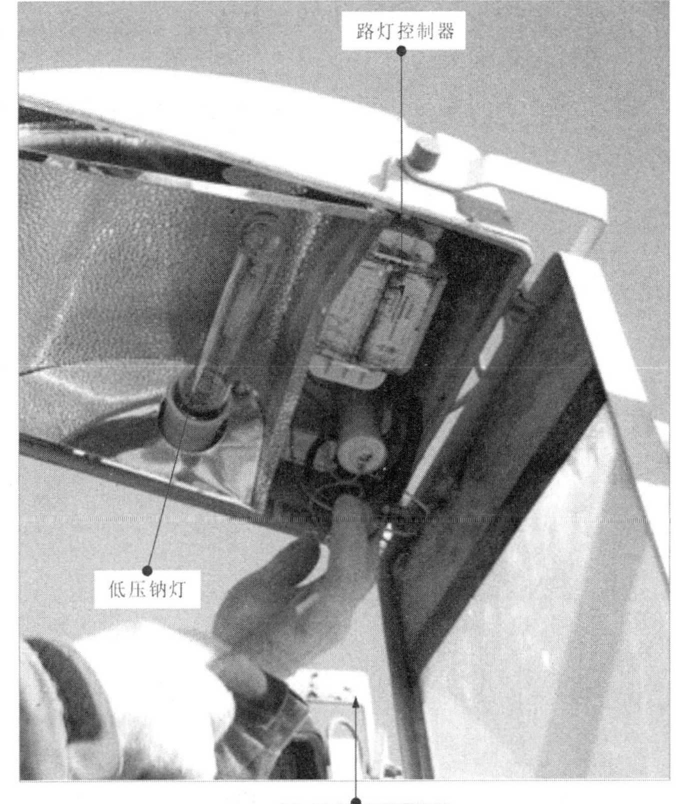

图 13-20　检查路灯控制器

提示

公路照明控制电路设有专用的城市路灯监控系统，可以远程控制。通常，公路照明控制电路多采用微电脑控制，可实现自动开启和关闭、循环启动等功能，如图 13-21 所示。

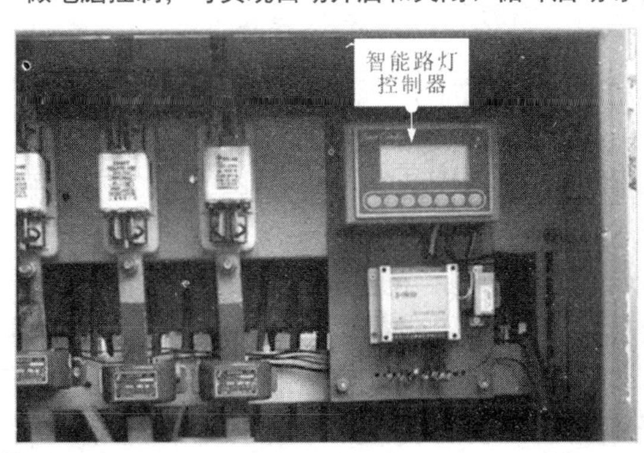

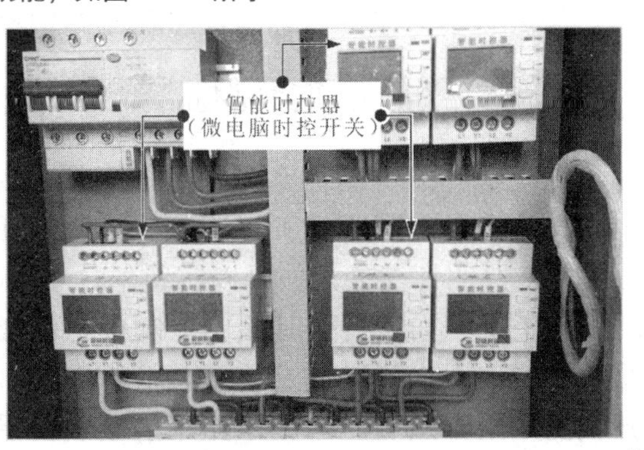

图 13-21　公路照明控制电路中的监控系统

13.3 常用照明控制电路

13.3.1 室内照明控制电路的功能与实际应用

两室一厅室内照明控制电路包括客厅、卧室、书房、厨房、厕所、玄关等部分的吊灯、顶灯、射灯的控制电路，为室内各部分提供照明控制。

图 13-22 为两室一厅室内照明控制电路的实际应用过程。

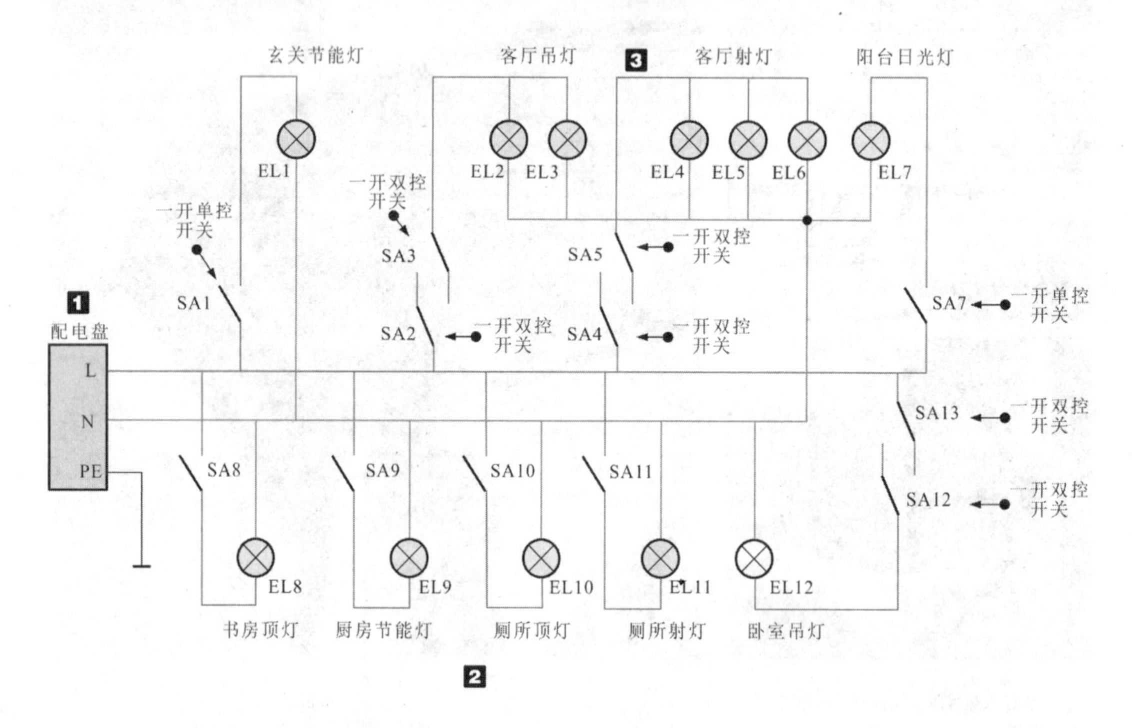

1 两室一厅照明控制电路由室内配电盘引出各分支供电引线。

2 玄关节能灯、书房顶灯、厨房节能灯、厕所顶灯、厕所射灯、阳台日光灯都采用一开单控开关控制一盏照明灯的结构形式。闭合一开单控开关，照明灯得电点亮；断开一开单控开关，照明灯失电熄灭。

3 客厅吊灯、客厅射灯和卧室吊灯三个照明支路均采用一开双控开关控制，可实现两地控制一盏或一组照明灯的点亮和熄灭。

图 13-22　两室一厅室内照明控制电路的实际应用过程

13.3.2 触摸延时照明控制电路的功能与实际应用

触摸延时照明控制电路利用触摸开关控制照明电路中三极管与晶闸管的导通与截止状态，实现对照明灯工作状态的控制。在待机状态，照明灯不亮；当有人碰触触摸开关时，照明灯点亮，并可以实现延时一段时间后自动熄灭的功能。

图 13-23 为触摸延时照明控制电路的实际应用过程。触摸延时开关是主要的控制器件之一。用户可以通过该开关控制照明灯的点亮。单向晶闸管在电路中可起到电子开关的作用。照明灯是该电路中的负载，受电路控制器件的控制。桥式整流堆主要对交流 220V 电压进行整流操作。

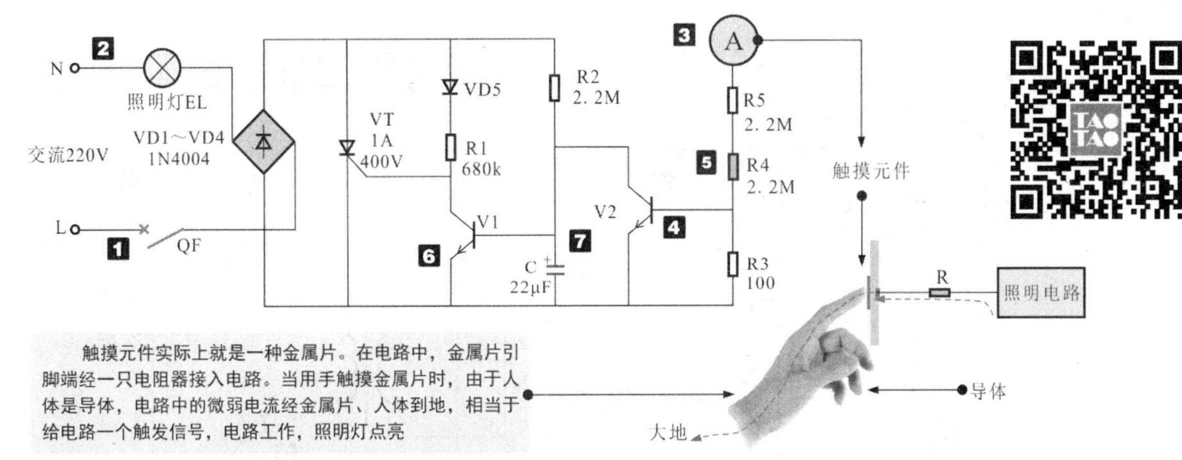

1合上总断路器 QF，接通交流 220V 电源。电压经桥式整流电路 VD1 ～ VD4 整流后输出直流电压，为后级电路供电。

2直流电压经电阻器 R2 后为电解电容器 C 充电，充电完成后，为三极管 V1 提供导通信号，三极管 V1 导通。电流经三极管 V1 的集电极、发射极到地，晶闸管 VT 触发端为低电压，处于截止状态。当晶闸管 VT 截止时，照明灯供电电路中流过的电流很小，照明灯 EL 不亮。

3当人体碰触触摸开关 A 时，经电阻器 R5、R4 将触发信号送到三极管 V2 的基极，三极管 V2 导通。

4当三极管 V2 导通后，电解电容器 C 经三极管 V2 放电，三极管 V1 因基极电压降低而截止。晶闸管 VT 的控制极电压升高达到触发电压，晶闸管 VT 导通，照明灯供电电路形成回路，电流量满足照明灯 EL 点亮的需求，点亮。

5人体离开触摸开关 A 后，三极管 V2 无触发信号，三极管 V2 截止，电解电容器 C 再次充电。由于电阻器 R2 的阻值较大，导致电解电容器 C 的充电电流较小，充电时间较长。

6在电解电容器 C 充电完成之前，三极管 V1 一直处于截止状态，晶闸管 VT 仍处于导通状态，照明灯 EL 继续点亮。

7电解电容器 C 充电完成后，三极管 V1 导通，晶闸管 VT 因触发电压降低而截止，照明灯供电电路中的电流再次减小至等待状态，无法使照明灯 EL 维持点亮，导致照明灯 EL 熄灭。

图 13-23　触摸延时照明控制电路的实际应用过程

13.3.3 声控照明控制电路的功能与实际应用

声控照明控制电路是指利用声音感应器件和晶闸管对照明灯的供电进行控制，利用电解电容器的充、放电特性实现延时作用，可实现当声控开关感应到有声音时自动亮起，当声音结束一段时间后照明灯自己熄灭的控制功能。

图 13-24 为声控照明控制电路的实际应用过程。

13.3.4 声光双控照明控制电路的功能与实际应用

声光双控照明控制电路是指通过声波传感器和光敏器件控制照明灯电路。白天光照较强，即使有声音，照明灯也不亮；当夜晚降临或光照较弱时，可通过声音控制照明灯点亮，并可以实现延时一段时间后自动熄灭的功能。

图 13-25 为声光双控照明控制电路的实际应用过程，可根据工作状态分为光线较强和光线较暗两种情况进行分析。

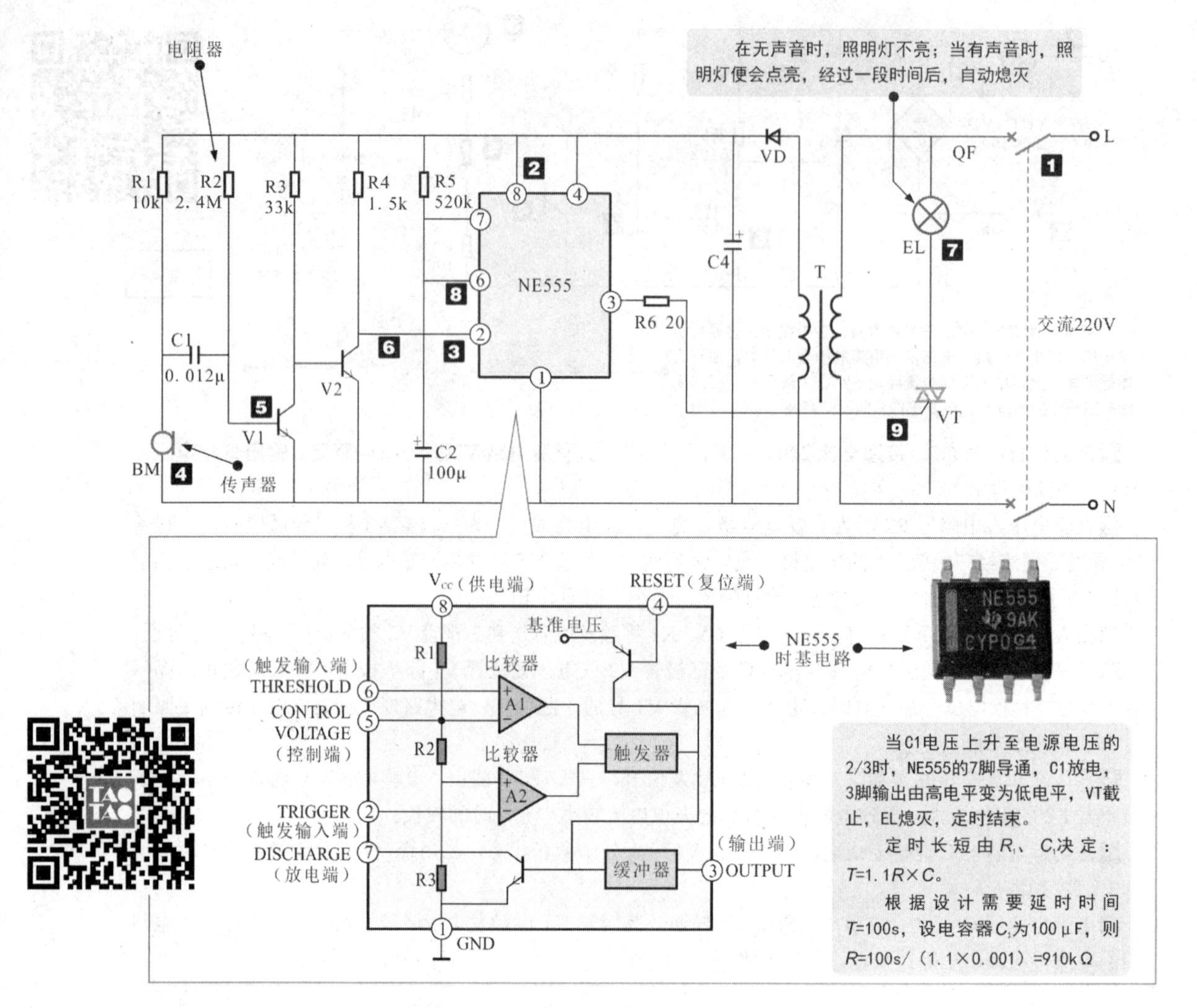

1 合上总断路器 QF，接通交流市电电源，经变压器 T 降压、整流二极管 VD 整流、滤波电容器 C4 滤波后变为直流电压。

2 直流电压为 NE555 时基电路的 8 脚提供工作电压。

3 无声音时，NE555 时基电路的 2 脚为高电平，3 脚输出低电平，VT 处于截止状态。

4 有声音时，传声器 BM 将声音信号转换为电信号。

5 电信号经电容器 C1 后送往三极管 V1 的基极，放大后，经 V1 的集电极送往三极管 V2 的基极，由 V2 输出放大后的音频信号。

6 三极管 V2 将放大后的音频信号加到 NE555 时基电路的 2 脚，此时 NE555 时基电路受到信号的作用，3 脚输出高电平，双向晶闸管 VT 导通。

7 交流 220V 市电电压为照明灯 EL 供电，开始点亮。

8 当声音停止后，三极管 V1 和 V2 无信号输出，电容器 C2 的充电使 NE555 时基电路 6 脚的电压逐渐升高。

9 当电压升高到一定值后（8 V 以上，2/3 的供电电压），NE555 时基电路内部复位，由 3 脚输出低电压，双向晶闸管 VT 截止，照明灯 EL 熄灭。

图 13-24　声控照明控制电路的实际应用过程

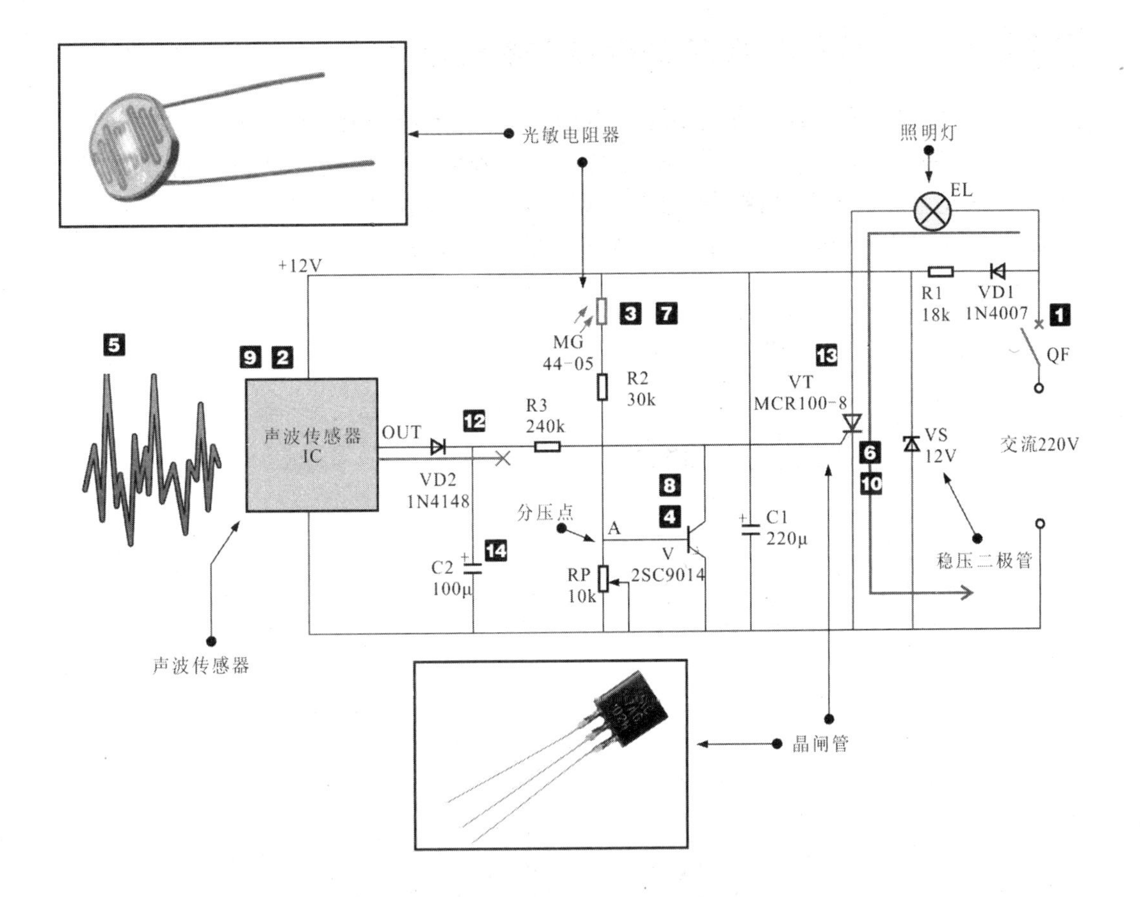

1 合上总断路器 QF，接通交流 220V 电源。

2 交流 220V 电压经二极管 VD1 整流、稳压二极管 VS 稳压、滤波电容器 C1 滤波后，输出 +12V 直流电压，为声波传感器 IC 供电。

3 白天光照强度较高时，光敏电阻器 MG 受强光照射，呈低阻状态，压降较低，分压点 A 点电压偏高。

4 由于分压点 A 点电压偏高，加到三极管 V 基极，三极管 V 导通，将晶闸管的触发电极接地。

5 若声波传感器 IC 接收到声音，转换为电信号后，由输出端输出高电平，由于晶闸管 VT 的触发极接地，声波传感器的触发信号不起作用。

6 晶闸管 VT 无法接收到触发信号处于截止状态，照明灯供电电路不能形成回路，照明灯 EL 不亮。

7 夜晚来临时，光照强度逐渐减弱，光敏电阻器 MG 的阻值逐渐增大。

8 光敏电阻器 MG 阻值增大，压降升高，分压点 A 点电压降低，三极管 V 截止。

9 当声波传感器 IC 接收到声音后，转换为电信号，由输出端输出放大的音频信号，经 VD2 整流后为电解电容器 C2 充电。

10 电解电容器 C2 充电后，电压升高，为晶闸管 VT 提供触发信号，VT 导通。

11 晶闸管 VT 导通后，照明灯供电电路形成回路，照明灯 EL 点亮。

12 声音停止后，声波传感器 IC 停止输出电信号。

13 当声波传感器停止输出电信号时，由电解电容器 C2 放电，并能维持晶闸管 VT 导通，使照明灯 EL 继续点亮。

14 当电解电容器 C2 的放电量逐渐减小，直至无法维持晶闸管 VT 导通时，照明灯 EL 才会完全熄灭。

图 13-25　声光双控照明控制电路的实际应用过程

13.3.5 大厅调光灯照明控制电路的功能和实际应用

大厅调光灯照明控制电路主要通过电源开关与控制电路配合实现控制照明灯点亮的个数，即电源开关按动一次，照明灯点亮一盏；按动两次，照明灯点亮两盏；按动三次，照明灯点亮 *n* 盏，实现总体照明亮度的调整，多用于大厅等公共场合。

图 13-26 为大厅调光灯照明控制电路的实际应用过程。

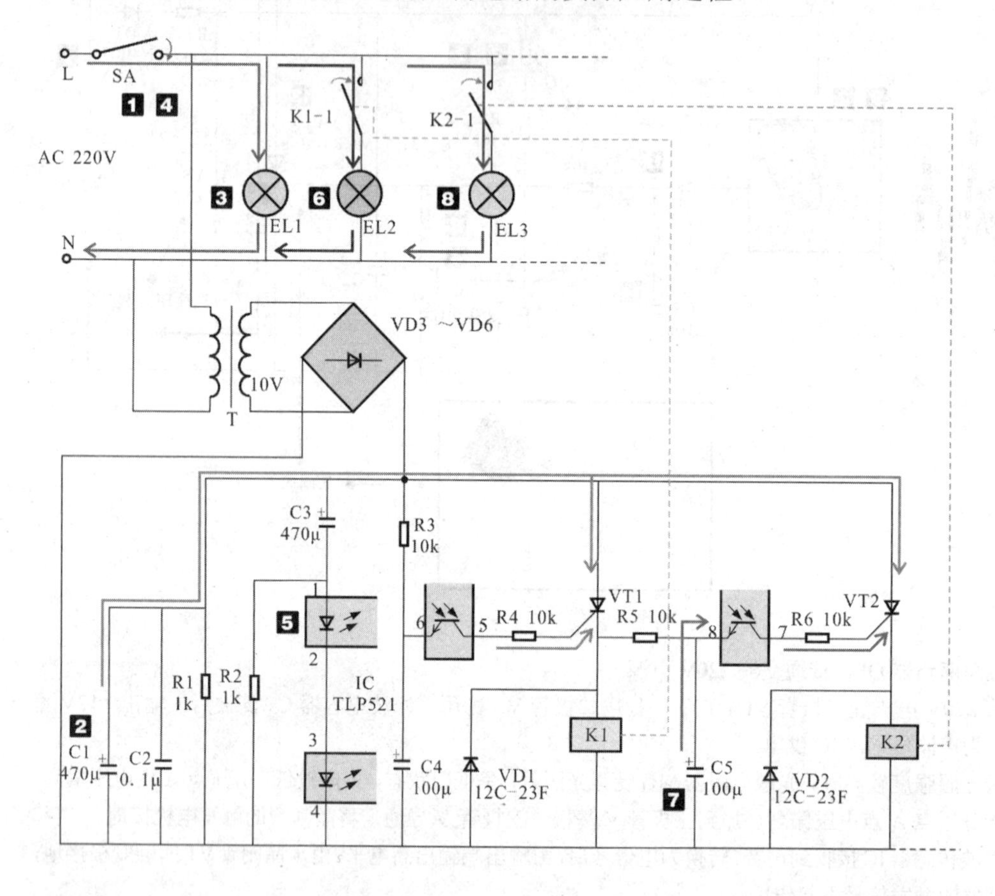

1 当电源开关 SA 第一次接通时，AC 220V 经变压器和桥式整流堆整流后送入控制电路中。

2 在开机瞬间，电容器 C1 和 C4 上的电压还未充电。电容器 C3 两端的电压不能突变。

3 光电耦合器 IC 瞬间导通然后截止，电容器 C4 未充电，晶闸管 VT1、VT2 截止，照明电路中只有照明灯 EL1 亮。

4 当单联开关 SA 在短时间内断开后再次接通时，电容器 C1 将直流电压加载到晶闸管 VT1 和 VT2 的阳极上。

5 光电耦合器 IC 再次导通，由于此时电容器 C4 上已充电为正电压，光电耦合器导通后使晶闸管 VT1 导通。

6 继电器 K1 动作，常开触点 K-1 闭合，同时为电容器 C5 充电，照明灯 EL1 和 EL2 同时点亮。

7 当单联开关 SA 在短时间内再次断开后再次接通时，由于电容器 C5 已充电，因而会使晶闸管 VT2 导通。

8 继电器 KM2 动作，常开触点 KM2-1 闭合，照明灯 EL1、EL2 和 EL3 同时点亮。

图 13-26 大厅调光灯照明控制电路的实际应用过程

13.3.6 光控路灯照明控制电路的功能和实际应用

光控路灯照明控制电路使用光敏电阻器代替手动开关，自动控制路灯的工作状态。白天，光照较强，路灯不工作；夜晚降临或光照较弱时，路灯自动点亮。

图 13-27 为光控路灯照明控制电路的实际应用过程。

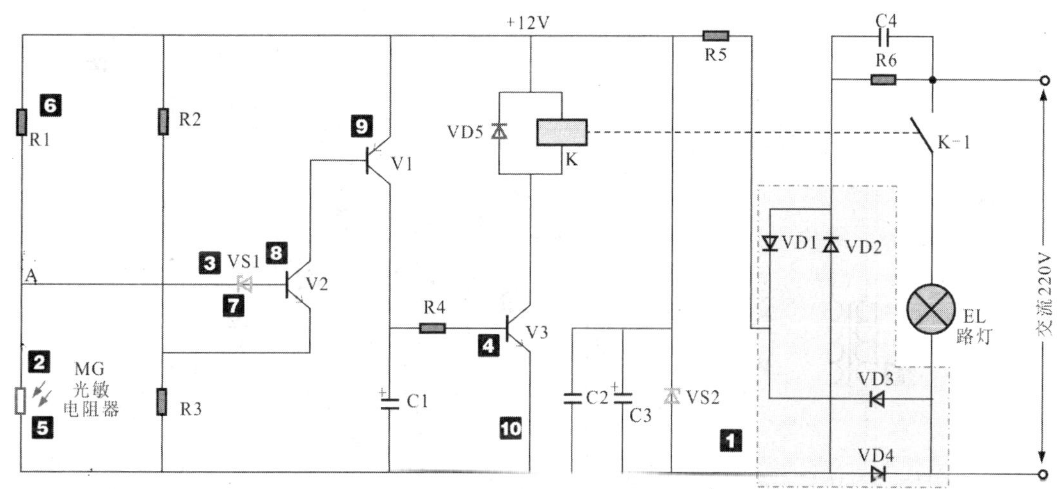

1 交流 220V 电压经桥式整流电路 VD1 ～ VD4 整流、稳压二极管 VS2 稳压后，输出 +12V 直流电压，为路灯控制电路供电。

2 白天光照强度较大，光敏电阻器 MG 的阻值较小。

3 光敏电阻器 MG 与电阻器 R1 形成分压电路，电阻器 R1 上的压降较大，分压点 A 点电压偏低，低于稳压二极管 VS1 的导通电压。

4 由于 VS1 无法导通，三极管 V2、V1、V3 均截止，继电器 K 不吸合，路灯 EL 不亮。

5 夜晚时，光照强度减弱，光敏电阻器 MG 的阻值增大。

6 光敏电阻器 MG 的阻值增大，在分压电路中，分压点 A 点电压升高。

7 分压点 A 点电压升高，超过稳压二极管 VS1 导通电压时，稳压二极管 VS1 导通。

8 稳压二极管 VS1 导通后，为三极管 V2 提供基极电压，使三极管 V2 导通。

9 三极管 V2 导通后，为三极管 V1 提供导通条件，使三极管 V1 导通。

10 三极管 V1 导通后，为三极管 V3 提供导通条件，使三极管 V3 导通，继电器 K 线圈得电，带动常开触点 K-1 闭合，形成供电回路，路灯 EL 点亮。

图 13-27 光控路灯照明控制电路的实际应用过程

提示

光敏电阻器大多是由半导体材质制成的，利用半导体材料的光导电特性，使电阻器的电阻随入射光线的强弱发生变化，内部结构如图 13-28 所示。

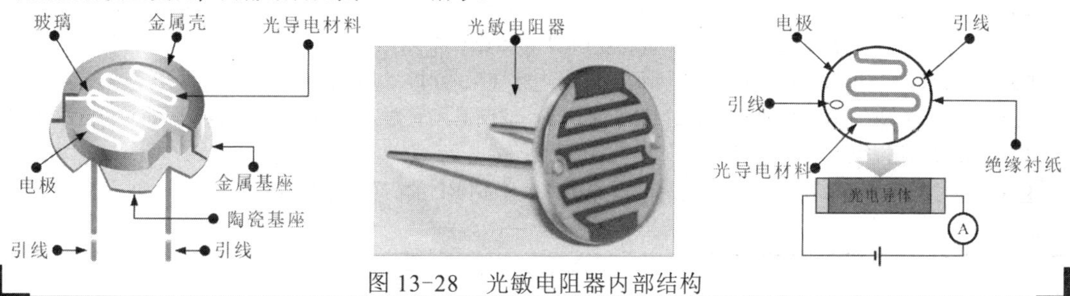

图 13-28 光敏电阻器内部结构

13.3.7 景观照明控制电路的功能和实际应用

景观照明控制电路是指应用在一些观赏景点或广告牌上，或者用在一些比较显著的位置上，控制用来观赏或提示功能的公共用电电路。

图 13-29 为景观照明控制电路的实际应用过程。

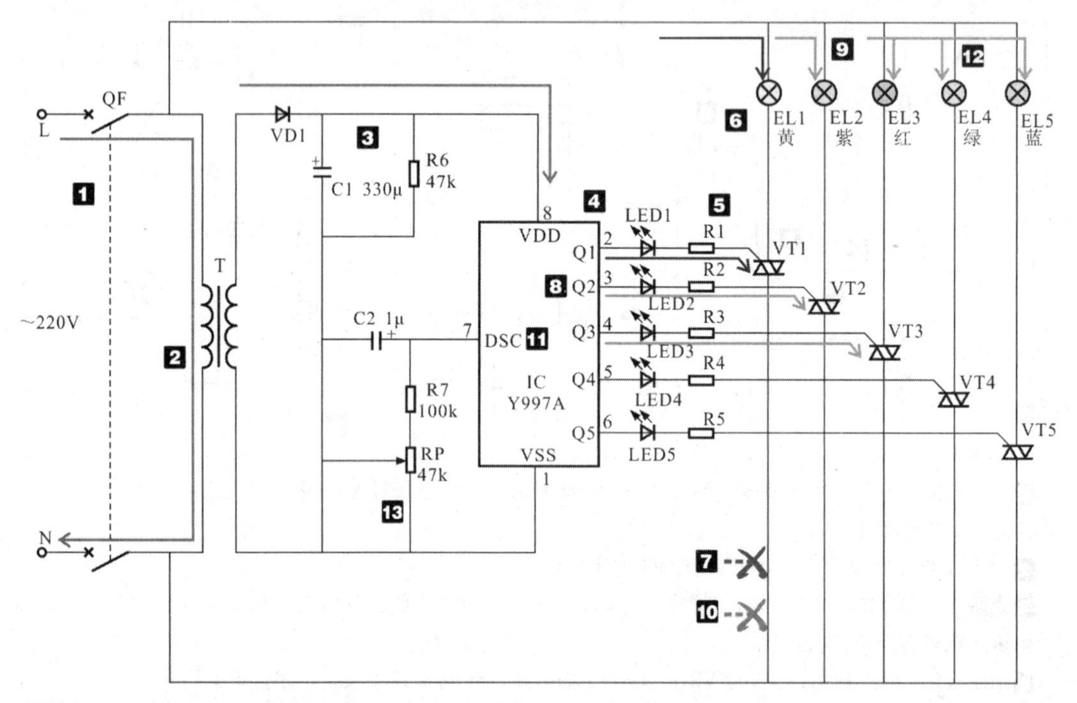

❶合上总断路器 QF，接通交流 220V 市电电源。

❷交流 220V 市电电压经变压器 T 变压后变为交流低压。

❸交流低压再经整流二极管 VD1 整流、滤波电容器 C1 滤波后变为直流电压。

❹直流电压加到 IC（Y997A）的 8 脚上提供工作电压。

❺IC 的 8 脚有供电电压后，内部电路开始工作，2 脚首先输出高电平脉冲信号，使 LED1 点亮。

❻同时，高电平信号经电阻器 R1 后，加到双向晶闸管 VT1 的控制极上，VT1 导通，彩色灯 EL1（黄色）点亮。

❼此时，IC 的 3 脚、4 脚、5 脚、6 脚输出低电平脉冲信号，外接晶闸管处于截止状态，LED 和彩色灯不亮。

❽一段时间后，IC 的 3 脚输出高电平脉冲信号，LED2 点亮。

❾同时，高电平信号经电阻器 R2 后，加到双向晶闸管 VT2 的控制极上，VT2 导通，彩色灯 EL2（紫色）点亮。

❿此时，IC 的 2 脚和 3 脚输出高电平脉冲信号，有两组 LED 和彩色灯点亮，4 脚、5 脚和 6 脚输出低电平脉冲信号，外接晶闸管处于截止状态，LED 和彩色灯不亮。

⓫依此类推，当 IC 的输出端 2 ～ 6 脚输出高电平脉冲信号时，LED 和彩色灯便会点亮。

⓬由于 2 ～ 6 脚输出脉冲的间隔和持续时间不同，双向晶闸管触发的时间也不同，因而 5 个彩色灯便会按驱动脉冲的规律点亮和熄灭。

⓭IC 内的振荡频率取决于 7 脚外的时间常数电路，微调 RP 的阻值可改变振荡频率。

图 13-29 景观照明控制电路的实际应用过程

13.3.8 超声波遥控照明控制电路的功能和实际应用

超声波遥控照明控制电路设有超声波接收器，可使用遥控器近距离控制照明灯的亮、灭，使用十分方便。

图 13-30 为超声波遥控照明控制电路的实际应用过程。

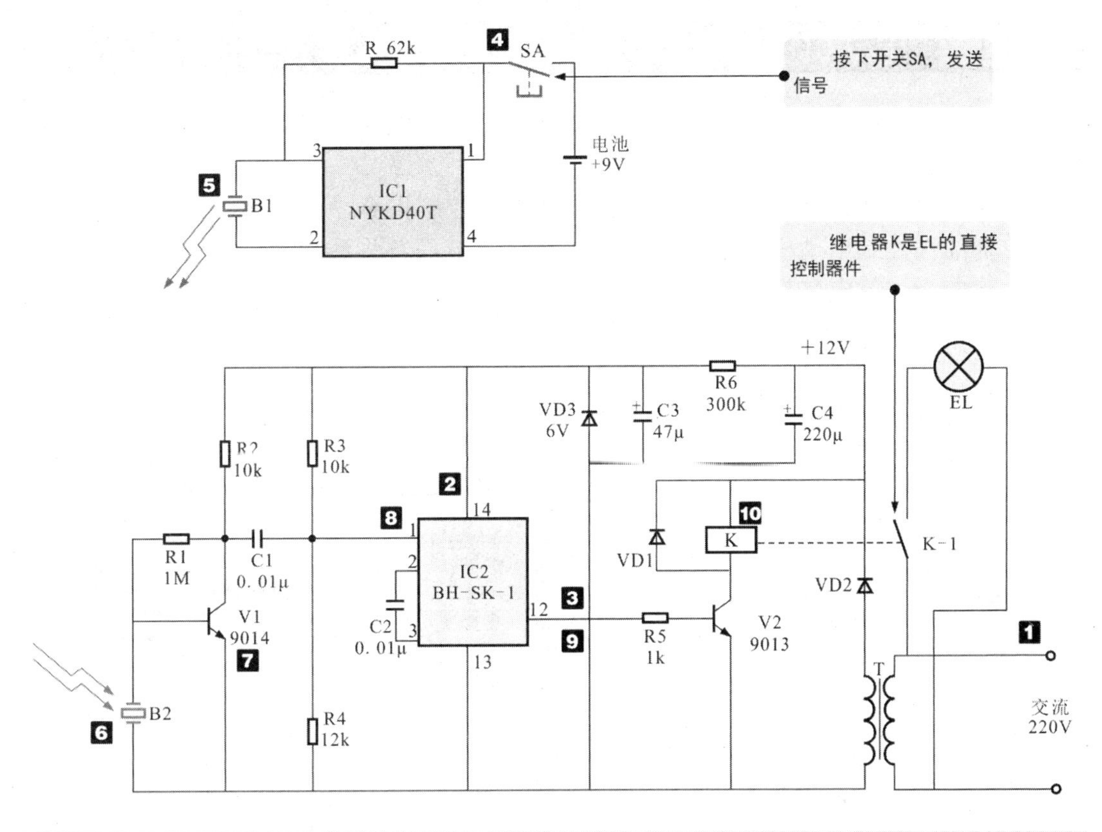

1 接通电源后，交流 220V 电源经变压器 T 降压和二极管 VD2 整流后输出 +12V 电压。

2 直流电压送到超声波接收器 B2 和 IC2 的 14 脚供电。

3 在待机状态下，IC2 的 12 脚输出低电平，晶体管 V2 截止，继电器 K 不动作，照明灯 EL 不亮。

4 按下超声波发生器电路中的开关 SA 时，SA 接通。

5 超声波发射器发出超声波信号。

6 超声波接收器接收到超声波信号后，将超声波信号变为电信号输出。

7 该电信号经晶体管 V1 放大。

8 放大后的信号输入 IC2 的 1 脚。

9 放大后的信号经 IC2 处理后由 12 脚输出高电平。

10 晶体管 V2 导通，继电器 K 线圈得电，常开触点 K-1 闭合，照明灯 EL 点亮。

图 13-30　超声波遥控照明控制电路的实际应用过程

提示

当开关 SA 再次接通时，超声波接收器再次接收到超声波信号，经 V1 放大后，输入 IC2 的 1 脚，再由 12 脚输出低电平，使晶体管 V2 截止，继电器 K 断开，照明电路断路，照明灯熄灭。

第14章 电动机控制电路

14.1 电动机控制电路的特点与控制关系

电动机控制电路通过控制部件、功能部件完成对电动机启动、运转、变速、制动和停机等的控制。

在电动机控制电路中，由控制按钮发送人工控制指令，通过接触器、继电器及相应的控制部件控制电动机的启、停运转，指示灯指示当前系统的工作状态，保护器件负责电路安全，各电气部件与电动机根据设计需要，按照一定的控制关系连接在一起实现相应的功能，如图 14-1 所示。

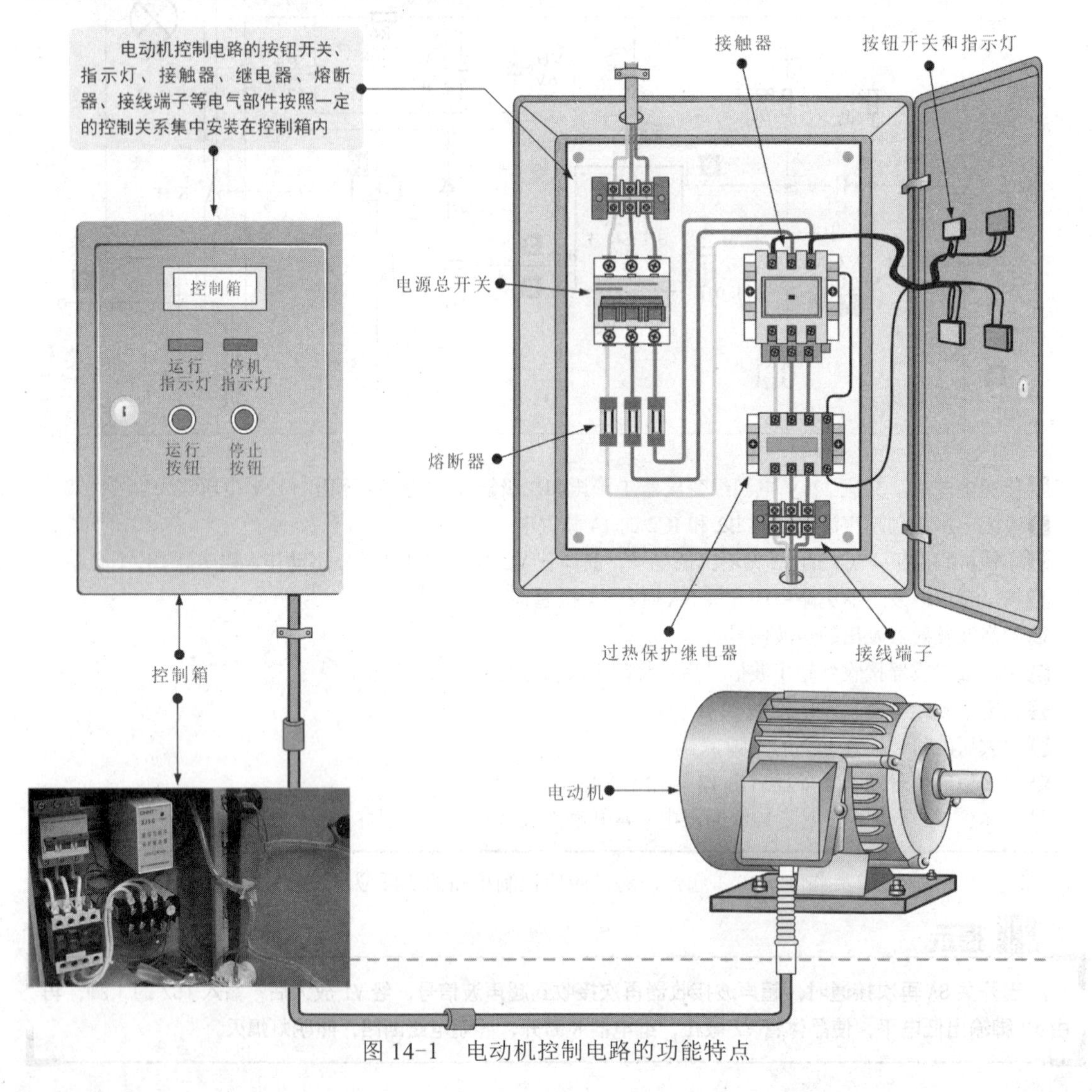

图 14-1　电动机控制电路的功能特点

电动机控制电路应用在一些需要带动机械部件工作的环境，由电子元器件或电气控制部件组成，如图 14-2 所示。常见的工业机床和农业灌溉都是典型电动机控制电路的应用。

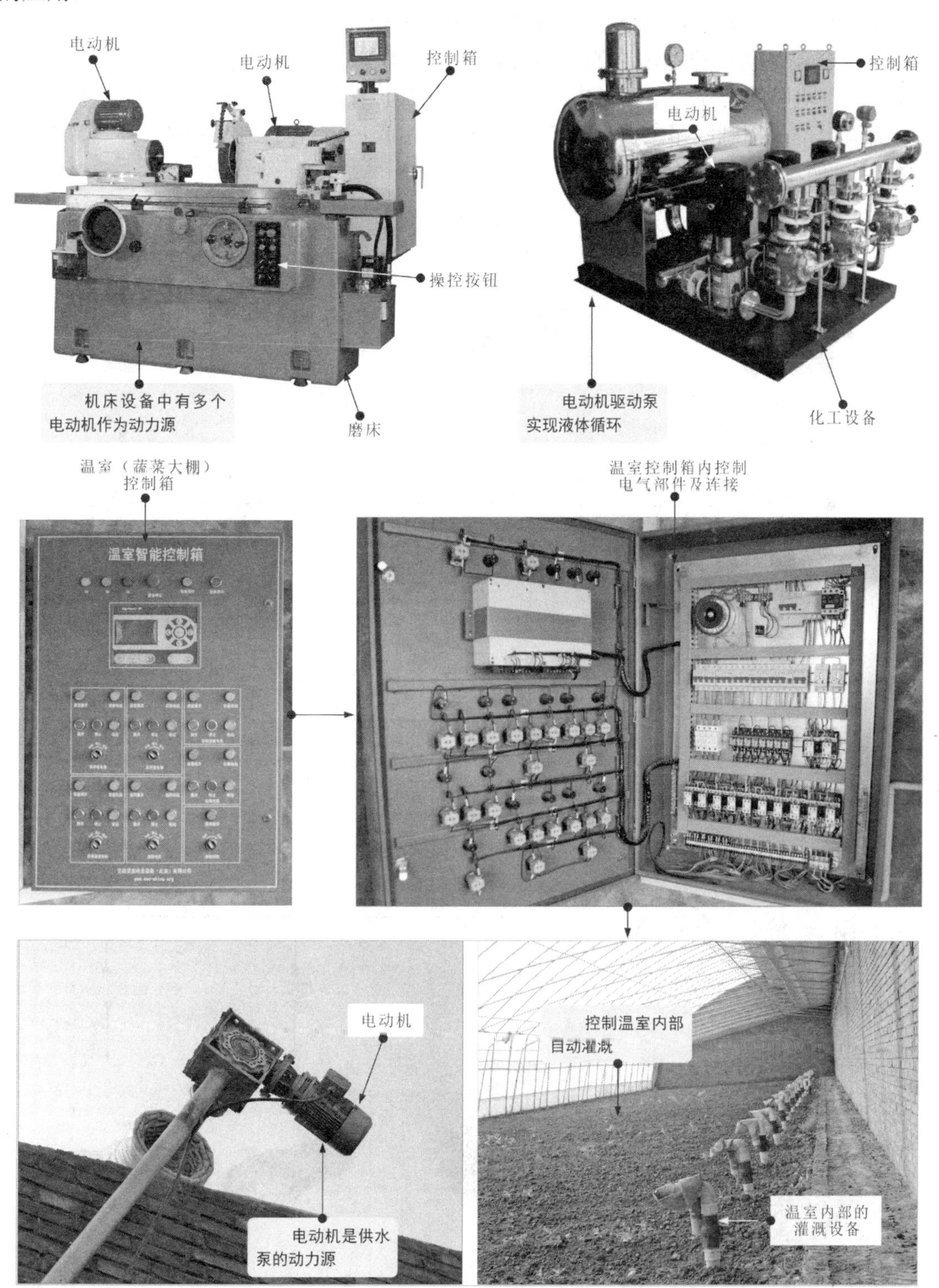

图 14-2　电动机控制电路的应用

14.1.1 交流电动机控制电路的特点与控制关系

交流电动机控制电路是指对交流电动机进行控制的电路，根据选用控制部件数量的不同及不同部件的不同组合，加上电路的连接差异，可实现多种控制功能。

了解交流电动机控制电路的控制关系，需先熟悉电路的结构组成。只有知晓交流电动机控制电路的功能、结构及电气部件的作用后，才能清晰地理清电路控制关系。

交流电动机控制线路主要由交流电动机（单相或三相）、控制部件和保护部件构成，如图 14-3 所示。

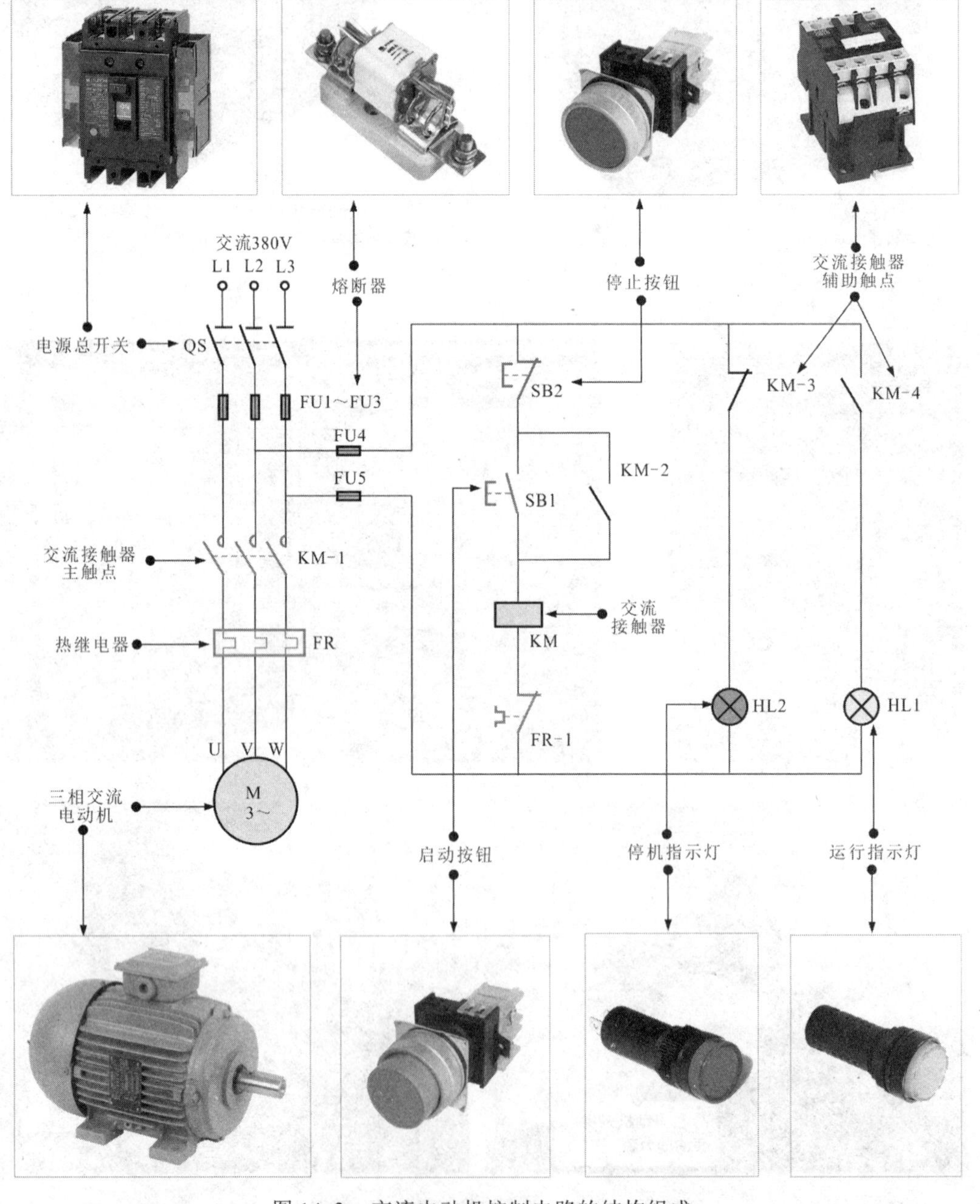

图 14-3 交流电动机控制电路的结构组成

交流电动机控制电路通过连线清晰地表达了各主要部件的连接关系，控制电路中的主要部件用规范的电路图形符号和标识表示。为了更好地理解交流电动机控制电路的结构关系，可以将电路图还原成电路接线图。

图 14-4 为交流电动机控制电路的接线图。

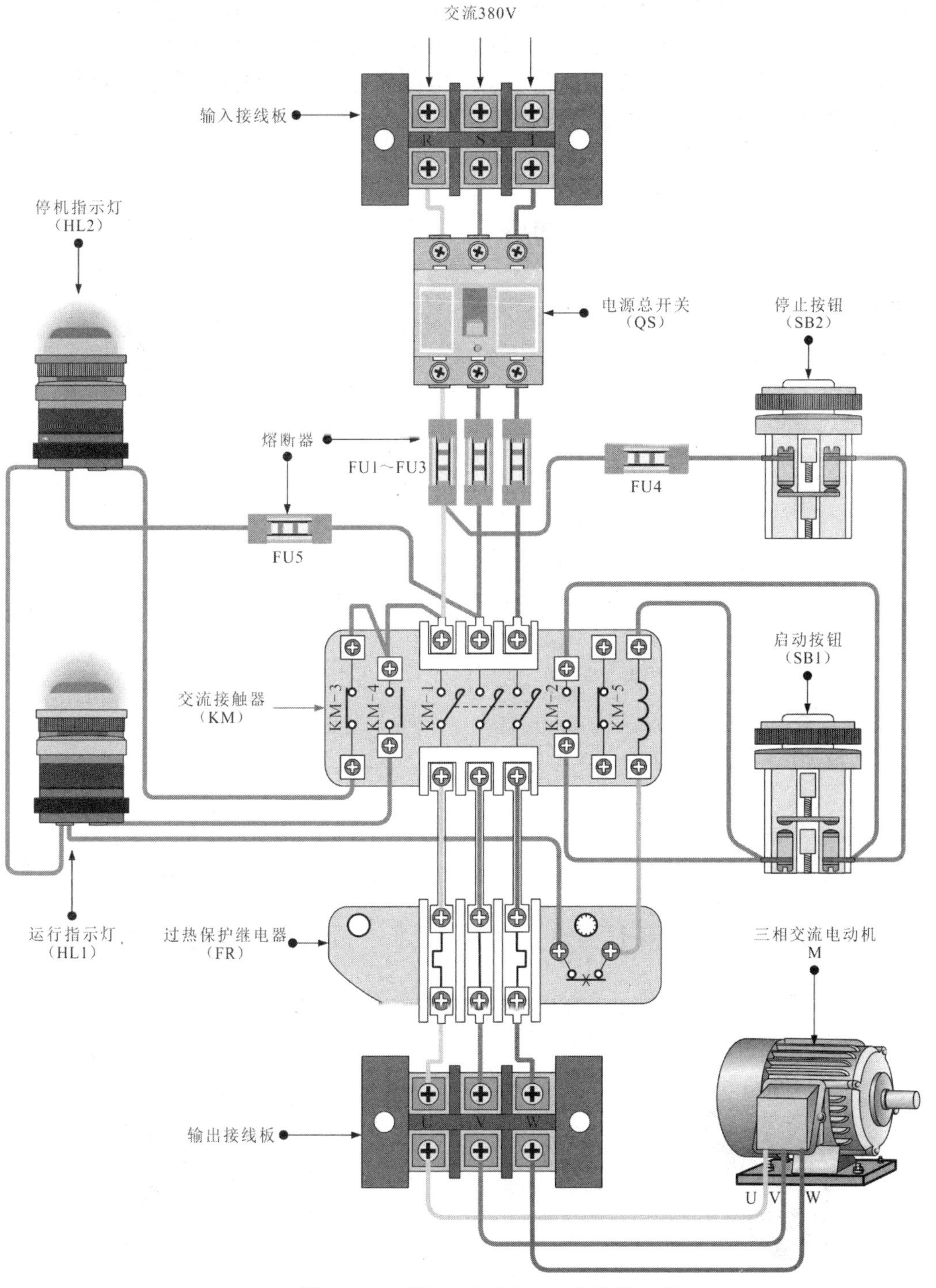

图 14-4　交流电动机控制电路的接线图

14.1.2 直流电动机控制电路的特点与控制关系

直流电动机控制电路主要是指对直流电动机进行控制电路，根据选用控制部件数量的不同及不同部件的不同组合，可实现多种控制功能。

了解直流电动机控制电路的控制关系，需先熟悉电路的结构组成。只有知晓直流电动机控制电路的功能、结构及电气部件的作用后，才能清晰地理清电路控制关系。

直流电动机控制电路的主要特点是由直流电源供电，由控制部件和执行部件协同作用，控制直流电动机的启、停等工作状态。

图 14-5 为直流电动机控制电路的结构组成。

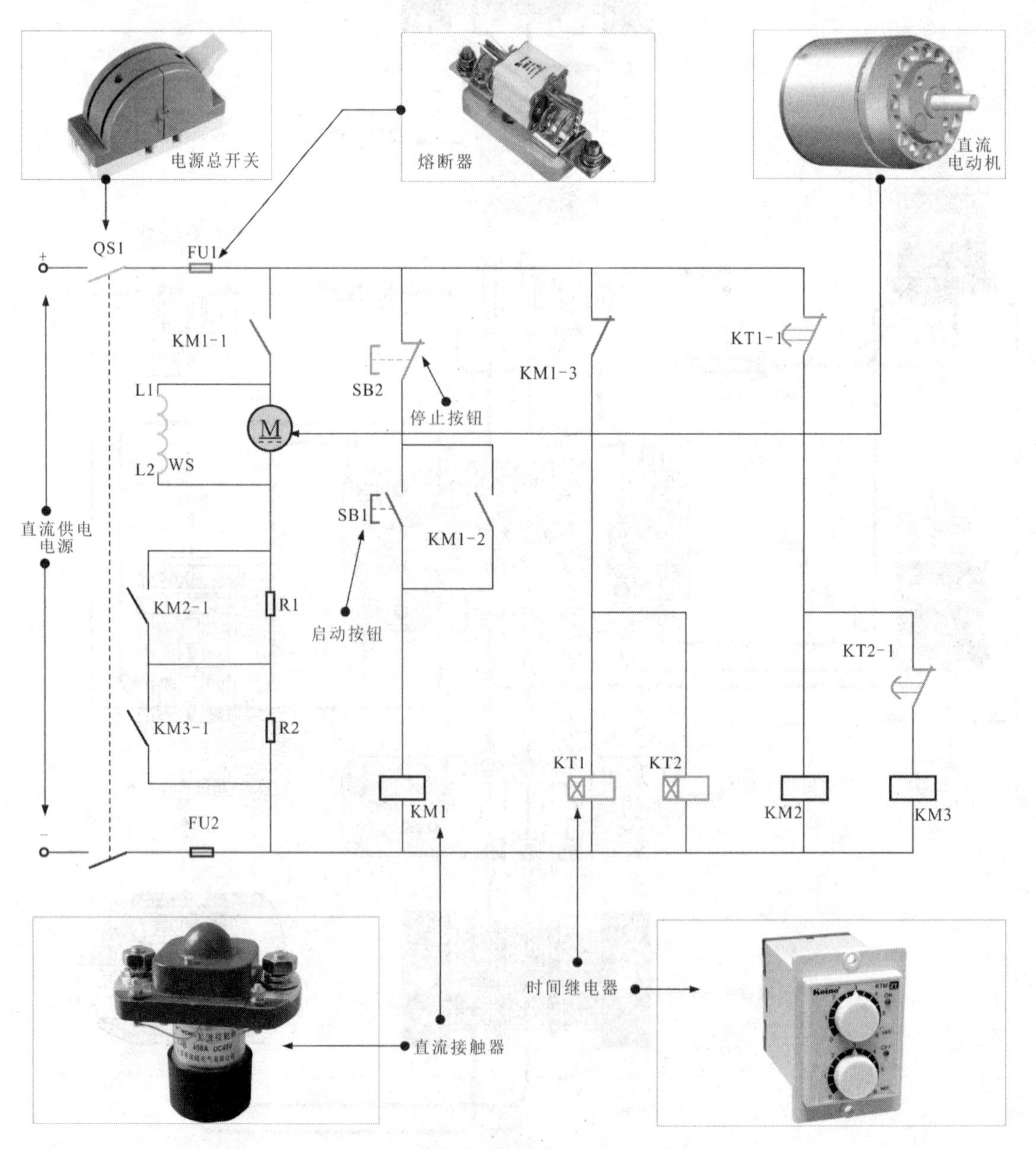

图 14-5　直流电动机控制电路的结构组成

直流电动机控制电路通过连线清晰地表达了各主要部件的连接关系，控制电路中的主要部件用规范的电路图形符号和标识表示。为了更好地理解直流电动机控制电路的结构关系，可以将电路图还原成电路接线图。

图 14-6 为直流电动机控制电路的接线图。

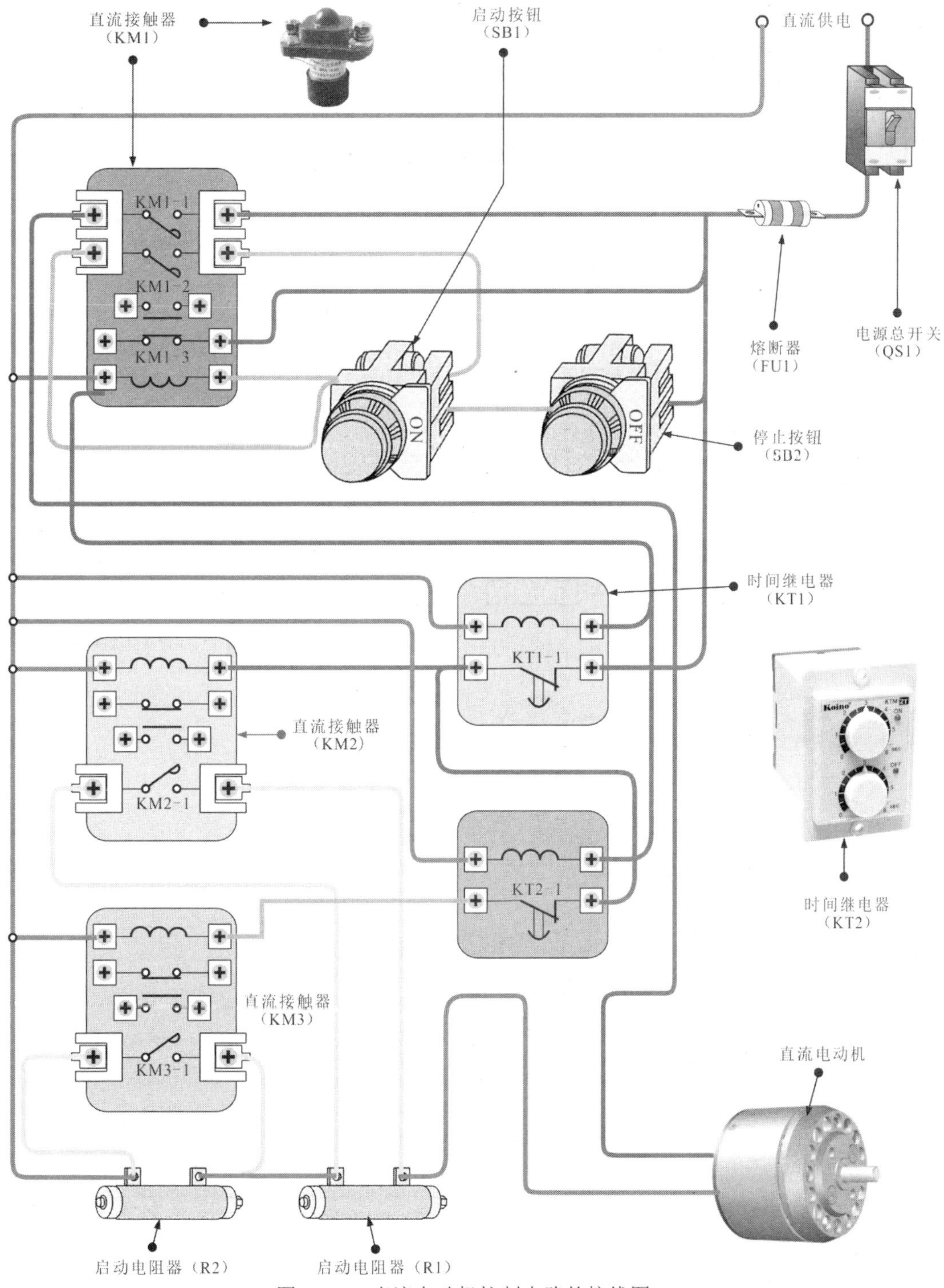

图 14-6　直流电动机控制电路的接线图

14.2 电动机控制电路的检修调试

当电动机控制电路出现异常时，会影响到电动机的工作，检修调试之前，先要做好电路的故障分析，为检修调试做好铺垫。

14.2.1 交流电动机控制电路的检修调试

当交流电动机控制电路出现故障时，可以通过故障现象分析整个控制电路，如图 14-7 所示，缩小故障范围，锁定故障器件。

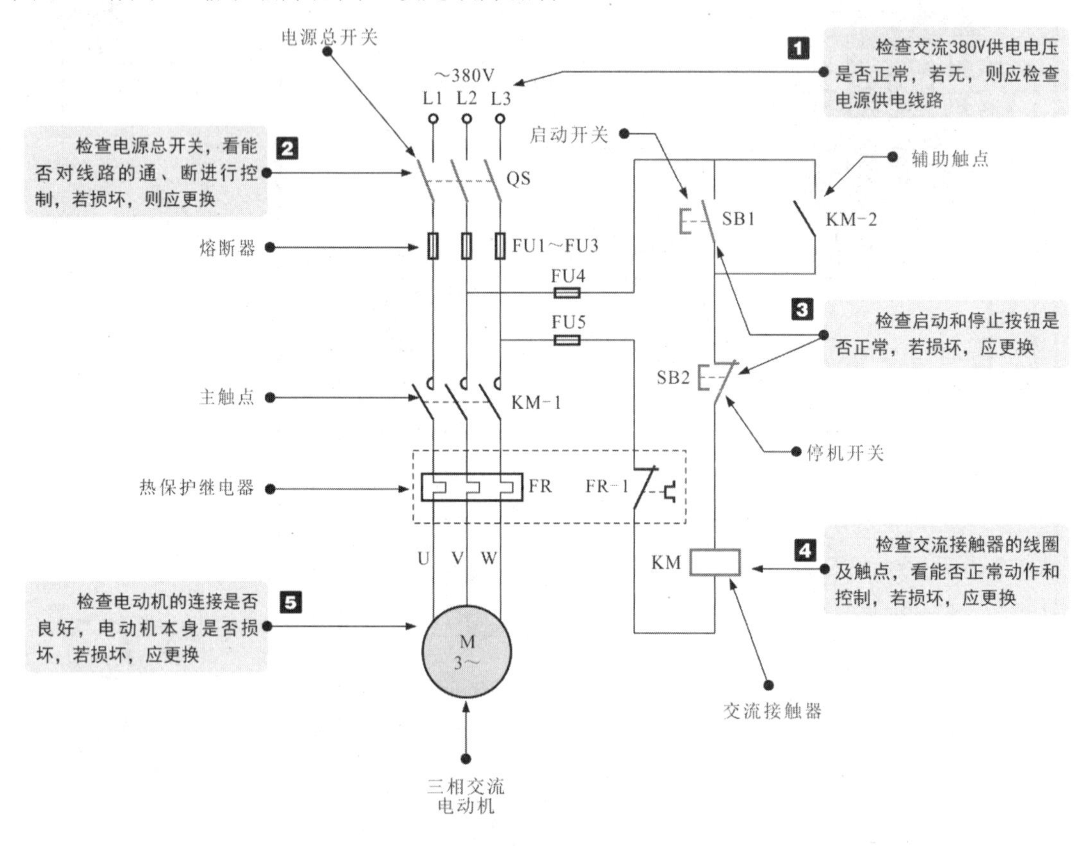

交流电动机控制线路的常见故障分析		
通电跳闸	闭合总开关后跳闸。 按下启动按钮后跳闸	电路中存在短路性故障 热保护继电器或电动机短路、接线间短路
电动机不启动	按下启动按钮后电动机不启动；电动机通电不启动并伴有“嗡嗡”声	电源供电异常、电动机损坏、接线松脱（至少有两相）、控制器件损坏、保护器件损坏 电源供电异常、电动机损坏、接线松脱（一相）、控制器件损坏、保护器件损坏
运行停机	运行过程中无故停机，热保护器断开	熔断器烧断、控制器件损坏、保护器件损坏 电流异常、过热保护继电器损坏、负载过大
电动机过热	电动机运行正常，但温度过高	电流异常、负载过大

图 14-7　交流电动机控制电路的故障分析及检修流程

14.2.2 直流电动机控制电路的检修调试

当直流电动机控制电路出现故障时，可以通过故障现象分析整个控制电路，如图 14-8 所示，缩小故障范围，锁定故障器件。

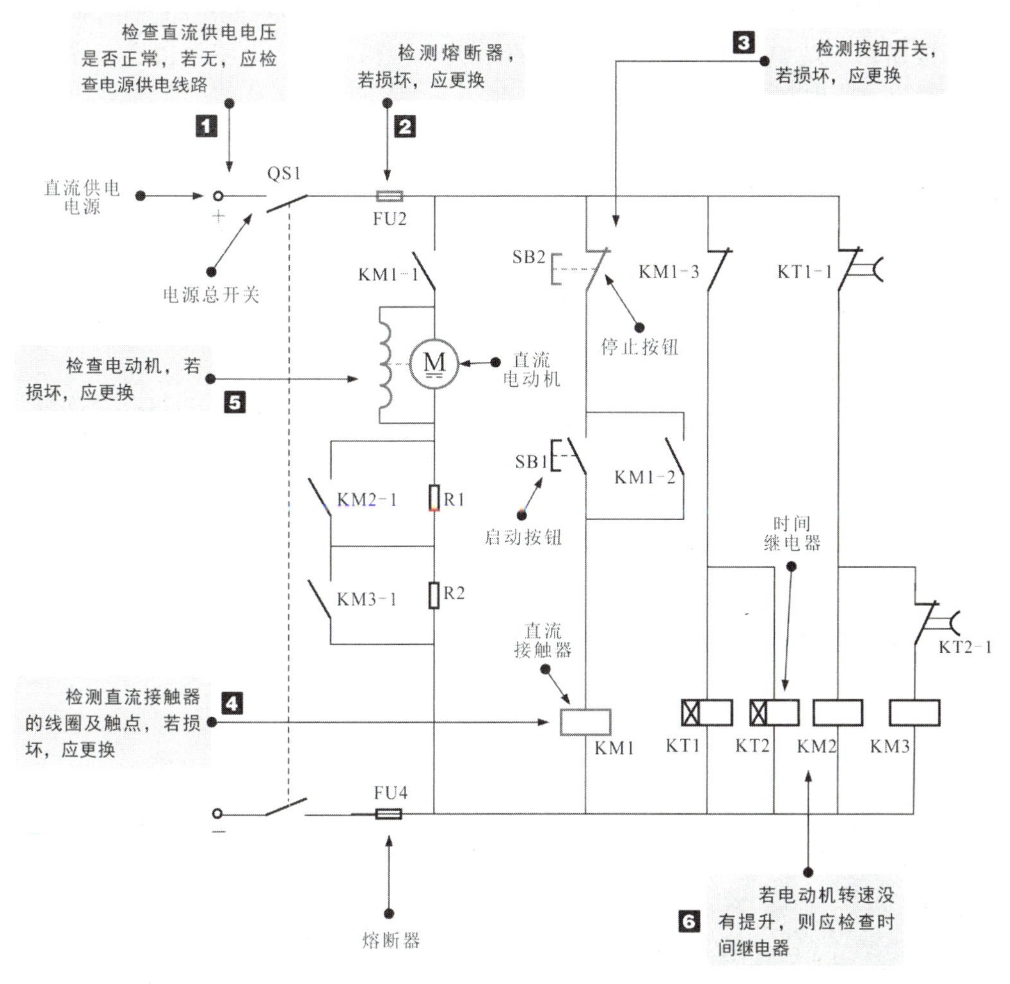

直流电动机控制电路的常见故障分析		
电动机不启动	按下启动按钮后，电动机不启动；电动机通电不启动并伴有“嗡嗡”声	电源供电异常、电动机损坏、接线松脱（至少有两相）、控制器件损坏、保护器件损坏；电动机损坏、启动电流过小、线路电压过低
电动机转速异常	转速过快、过慢或不稳定	接线松脱、接线错误、电动机损坏、电源电压异常
电动机过热	电动机运行正常，温度过高	电流异常、负载过大、电动机损坏
电动机异常振动	电动机运行时，振动频率过高	电动机损坏、安装不稳
电动机漏电	电动机停机或运行时，外壳带电	引出线碰壳、绝缘电阻下降、绝缘老化

图 14-8 直流电动机控制电路的故障分析及检修流程

14.2.3 常见电动机控制电路故障的检修操作

1 交流电动机控制电路通电后电动机不启动

图 14-9 为三相交流电动机点动控制电路。接通交流电动机控制电路的电源开关后，按下点动按钮，发现电动机不动作，经检查，供电电源正常，电路内接线牢固，无松动现象，说明电路内部或电动机损坏。

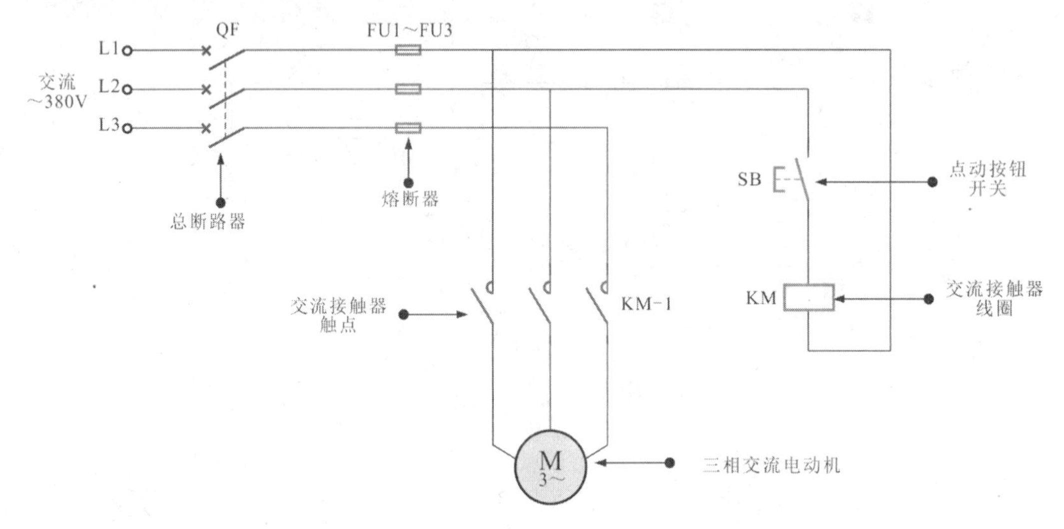

图 14-9 三相交流电动机点动控制电路

结合故障表现，可首先检测电路中电动机的供电电压是否正常，根据检测结果确定检测范围或部位，如图 14-10 所示。

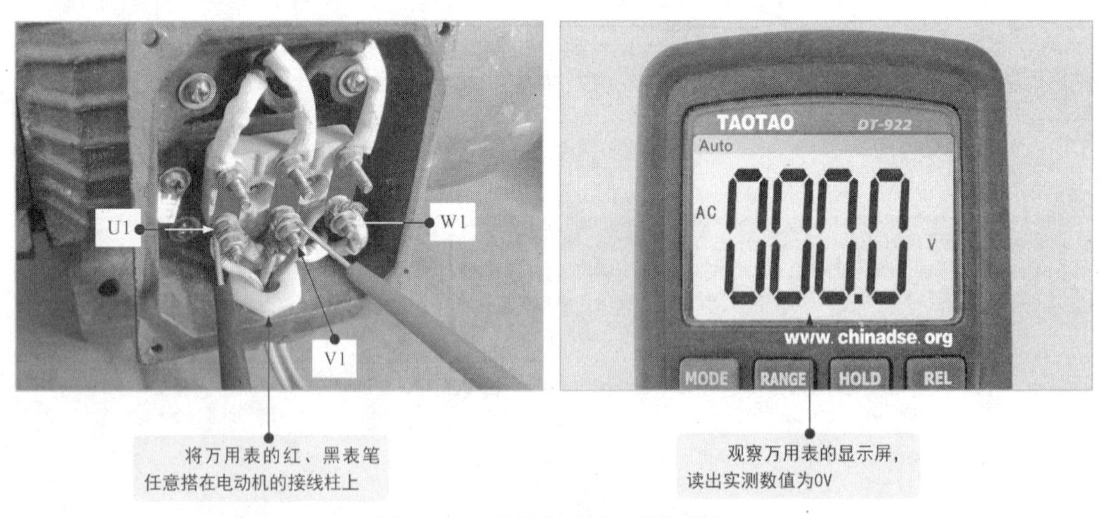

图 14-10 检测电动机的供电电压

接通电源后，按下点动按钮，使用万用表检测电动机接线柱是否有电压，任意两接线柱之间的电压应为 380V。经检测，发现电动机没有供电电压，说明控制电路中有器件发生断路故障。

依次检测电路中的总断路器、熔断器、按钮开关和交流接触器等器件，找到故障部件，排除故障，如图 14-11 所示。

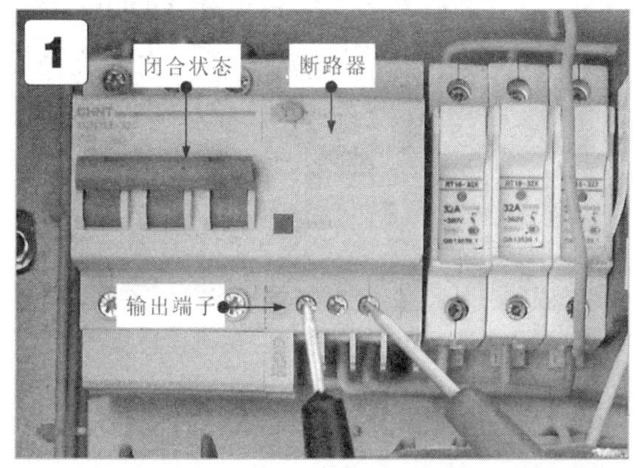

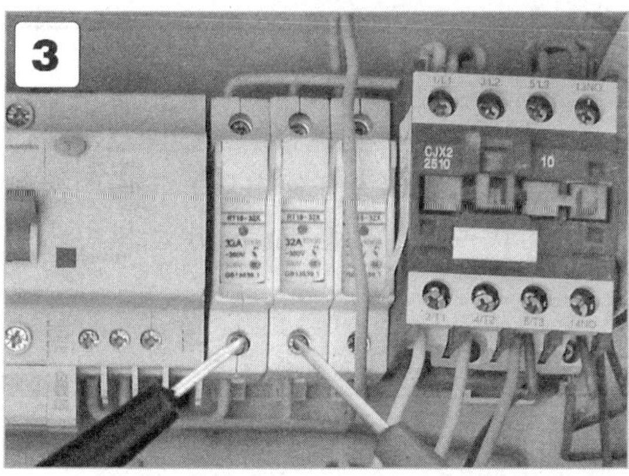

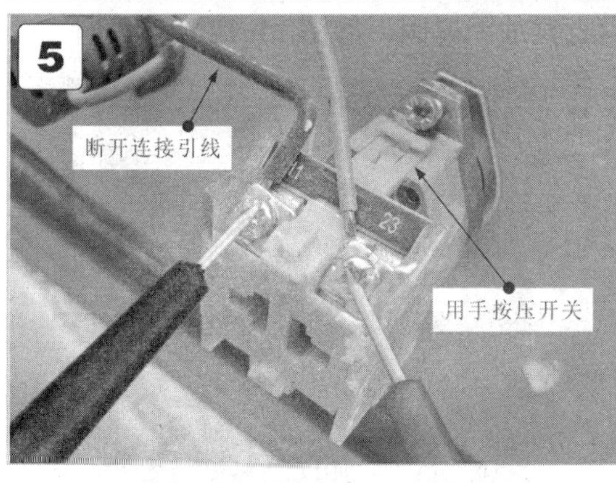

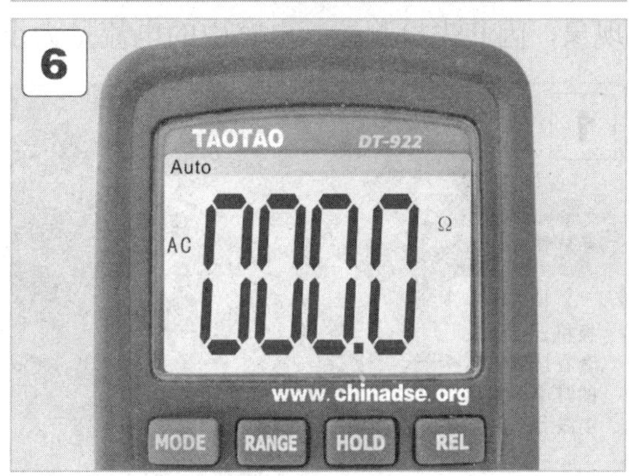

1 将万用表的红、黑表笔分别搭在待测断路器的输出接线端子上。

2 断路器处于断开状态时，测得断路器输出的电压应为0；断路器处于闭合状态时，测得断路器输出的电压为交流380V。

3 将万用表的红、黑表笔搭在熔断器的输入端接线端子上检测输入电压，搭在输出端接线端子上检测输出电压。

4 经检测，熔断器的输入端有电压，输出端也有电压，说明熔断器良好。

5 断开按钮开关的连接引线，将万用表的表笔搭在按钮的两个接线柱上，用手按压开关。

6 用手按压按钮开关时，可测得阻值为零；松开按钮开关时，可测得阻值为无穷大，说明点动开关正常。

图 14-11　电动机控制电路中主要功能部件的检测

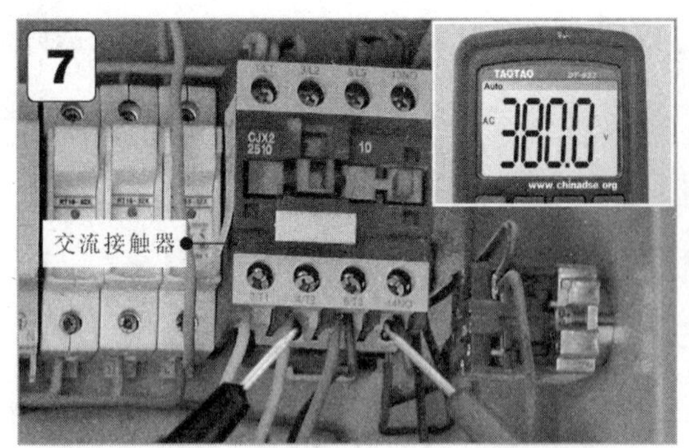

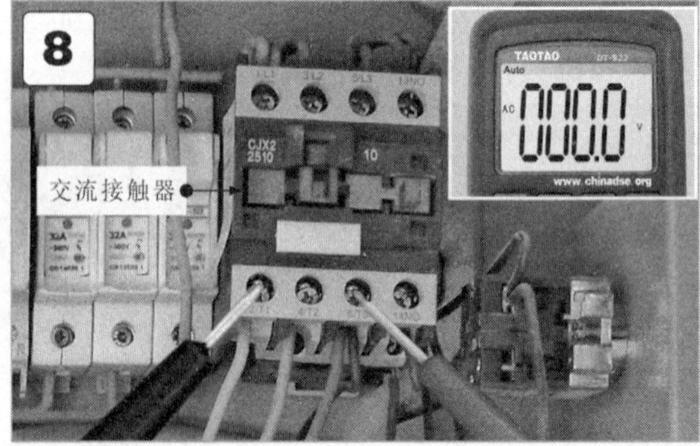

7 将万用表的红、黑表笔分别搭在交流接触器的线圈端，实测得380V交流电压，说明接触器线圈已得电。

8 将万用表的红、黑表笔分别搭在交流接触器常开主触点输入端或输出端，在正常情况下也应可测得380V交流电压。

图 14-11 电动机控制电路中主要功能部件的检测（续）

经检测，断路器、熔断器和按钮开关均正常，但实测时，交流接触器线圈得电后，其主触点闭合，但触点无法接通电路供电（检测触点出线端无任何电压），说明接触器已损坏，需要更换。使用相同规格参数的接触器代换后，接通电源，电动机可正常启动运行，排除故障。

2 交流电动机控制电路运行一段时间后电动机过热

交流电动机控制电路运行一段时间后，电动机外壳温度过高，并且经常出现这种现象，因此先检测控制电路中的电流量大小，查找故障原因，如图 14-12 所示。

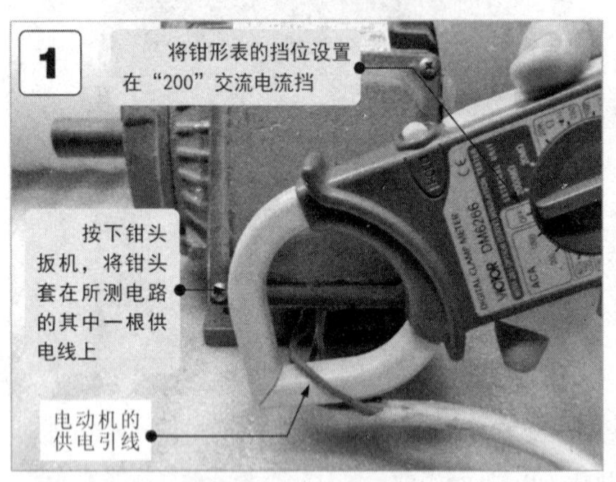

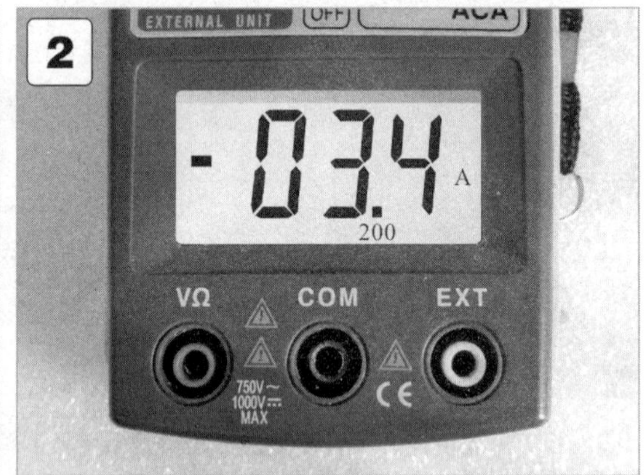

1 闭合电源开关后，启动电动机，使用钳形表检测电动机单根相线的电流量。

2 经检测，发现电流量为3.4A，与电动机铭牌上的额定电流标识相同，说明控制电路中的电流量正常。

图 14-12 检测电动机的工作电流

控制电路中的电流正常，怀疑交流电动机内部出现部件摩擦、老化情况，致使电动机温度过高。将电动机外壳拆开后，仔细检查电动机的轴承及轴承的连接等部位，如图 14-13 所示。

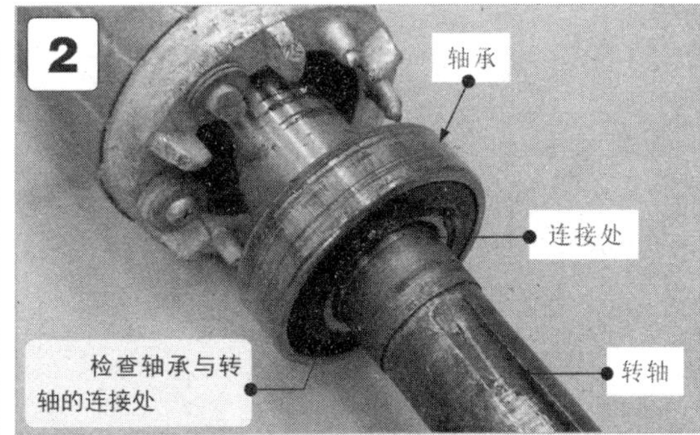

1 检查轴承与端盖的连接部位，查看轴承与端盖之间的距离是否过紧。经检查，轴承与端盖的松紧度适中，无需调整。

2 经检查，轴承与转轴的连接部位没有明显的磨损痕迹，说明轴承与转轴的连接部位松紧度适合。

图 14-13　电动机控制电路中主要功能部件的检测

将轴承从电动机上拆下，检测轴承内的钢珠是否磨损，如图 14-14 所示。经检查，轴承内的钢珠有明显的磨损痕迹，润滑脂已经干涸。使用新的钢珠代换后，在轴承内涂抹润滑脂，润滑脂涂抹应适量，最好不超过轴承内容积的 70%。

1 从电动机轴上取下轴承，观察轴承内的磨损情况，更换轴承内损坏的钢珠。

2 更换轴承内钢珠后，在轴承中涂抹润滑脂，重新安装轴承，故障被排除。

图 14-14　检查并修复轴承

提示

皮带过紧或联轴器安装不当，会引起轴承发热，需要调整皮带的松紧度，校正联轴器等传动装置。若是因为电动机转轴的弯曲而引起轴承过热，则可校正转轴或更换转子。轴承内有杂物时，轴承转动不灵活，可造成发热，应清洗并更换润滑油。轴承间隙不均匀，过大或过小都会造成轴承不正常转动，可更换新轴承，排除故障。

3　交流电动机控制电路启动后跳闸

交流电动机控制电路通电后，启动电动机时，电源供电箱出现跳闸现象，经过检查，控制电路内的接线正常，此时应重点检测热继电器和电动机。

热继电器的检测如图 14-15 所示。

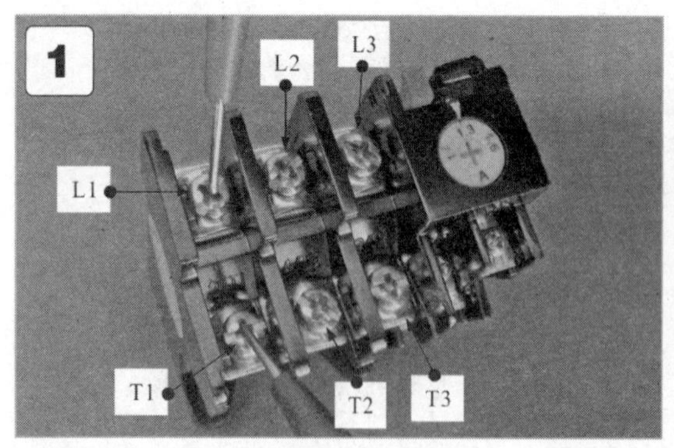

■1 将万用表的表笔分别搭在热继电器三组触点的接线柱上（L1和T1、L2和T2、L3和T3）。

■2 观察万用表表盘，结合挡位设置读出实测阻值极小，说明热继电器正常。

图 14-15　热继电器的检测方法

检测电动机绕组间的绝缘阻值如图 14-16 所示。

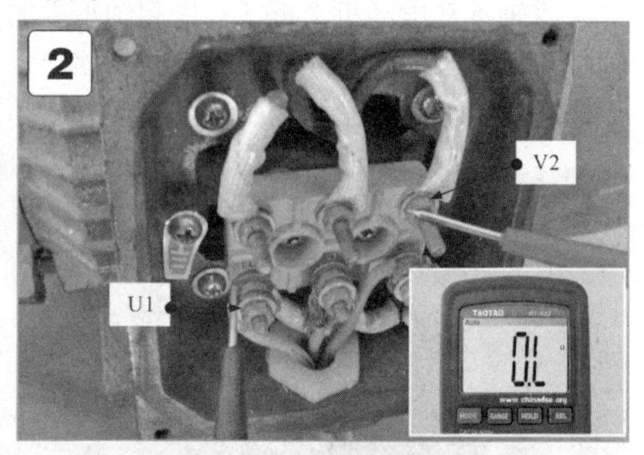

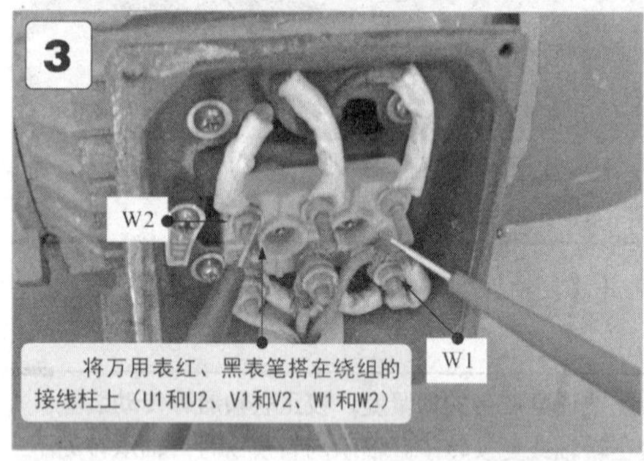

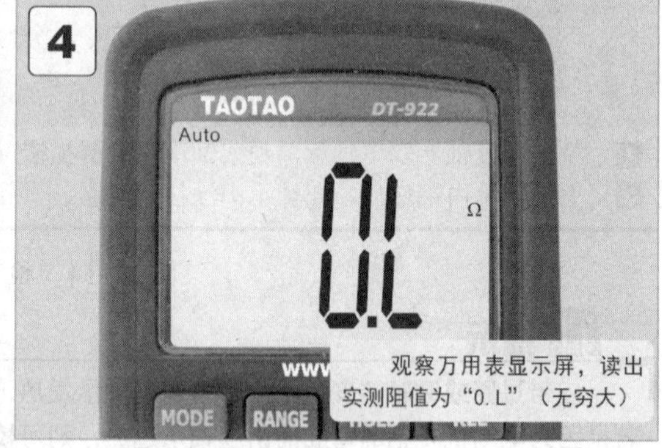

■1 检测前，先将接线盒中绕组接线端的金属片取下，使电动机绕组无连接关系，为独立的三个绕组，为检测绕组间绝缘阻值和绕组本身阻值做好准备。

■2 电动机绕组间的绝缘性能不好，会使电动机内部出现短路现象，严重时可能将电动机烧坏，将表笔分别搭在绕组的接线端上，测量结果均为无穷大，说明电动机绕组间绝缘性能良好。

■3 将万用表表笔搭在同一组绕组的两个接线柱上（U1和U2、V1和V2、W1和W2）。

■4 经检测，发现电动机U相和V相绕组有一个固定值，说明这两相绕组正常，而W相绕组阻值为无穷大，说明有断路故障，重新绕制绕组或更换电动机后，故障被排除。

图 14-16　检测绕组间绝缘阻值

14.3 常用电动机控制电路

14.3.1 单相交流电动机启、停控制电路的功能和实际应用

电动机启、停控制电路的控制过程比较简单，主要包括启动和停机两个过程，可根据电路结构和电路中各部件的连接关系，并结合各部件的功能特点分析电路。

图 14-17 为单相交流电动机启、停控制电路的功能和实际应用。

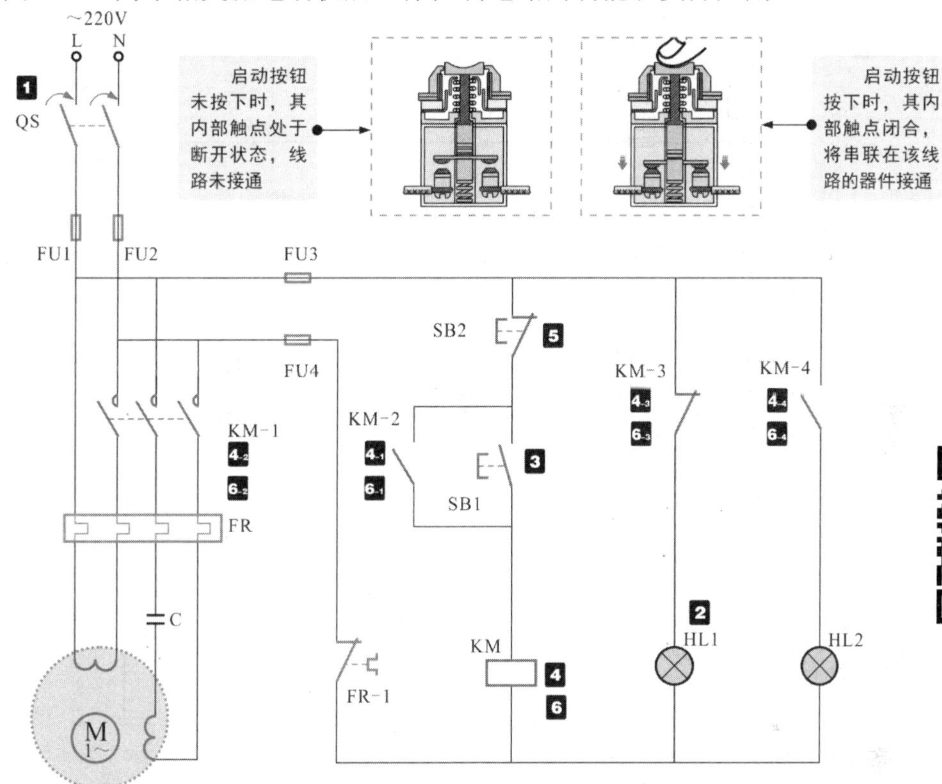

1 合上电源总开关 QS，接通单相电源。

1→**2** 电源经常闭触点 KM-3 为停机指示灯 HL1 供电，HL1 点亮。

3 按下启动按钮 SB1。

3→**4** 交流接触器 KM 线圈得电。

- **4-1** KM 的常开辅助触点 KM-2 闭合，实现自锁功能。
- **4-2** 常开主触点 KM-1 闭合，电动机接通单相电源，开始启动运转。
- **4-3** 常闭辅助触点 KM-3 断开，切断停机指示灯 HL1 的供电电源，HL1 熄灭。
- **4-4** 常开辅助触点 KM-4 闭合，运行指示灯 HL2 点亮，指示电动机处于工作状态。

5 当需要电动机停机时，按下停止按钮 SB2。

5→**6** 交流接触器 KM 线圈失电。

- **6-1** 常开辅助触点 KM-2 复位断开，解除自锁功能。
- **6-2** 常开主触点 KM-1 复位断开，切断电动机的供电电源，电动机停止运转。
- **6-3** 常闭辅助触点 KM-3 复位闭合，停机指示灯 HL1 点亮，指示电动机目前处于停机状态。
- **6-4** 常开辅助触点 KM-4 复位断开，切断运行指示灯 HL2 的电源供电，HL2 熄灭。

图 14-17　单相交流电动机启、停控制电路的功能和实际应用

14.3.2 单相交流电动机正、反转控制电路的功能和实际应用

电动机正、反转控制电路是指对电动机的转动方向进行控制，一般通过改变单相交流电动机辅助线圈和主线圈的连接方式来改变电动机的转动方向。

图 14-18 为单相交流电动机正、反转控制电路的实际应用过程。

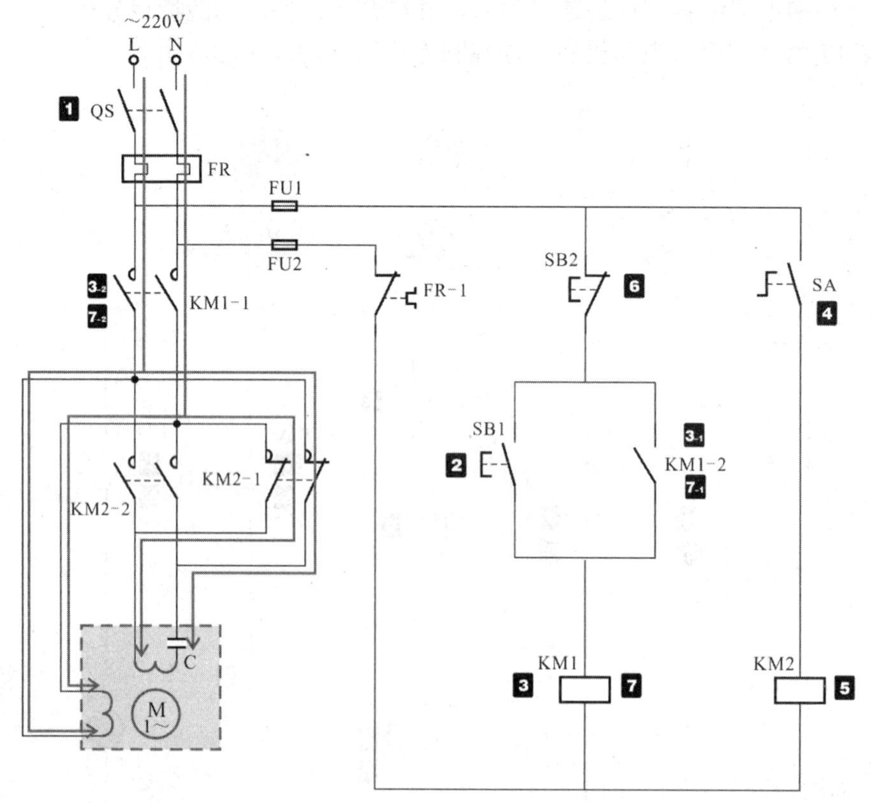

1 合上电源总开关 QS，接通单相电源。

2 按下启动按钮 SB1，接通控制线路。

2 → 3 交流接触器 KM1 线圈得电。

3-1 常开辅助触点 KM1-2 闭合，实现自锁功能。

3-2 常开主触点 KM1-1 闭合，电动机主线圈接通电源相序 L、N，电流经启动电容器 C 和辅助线圈形成回路，电动机正向启动运转。

4 按下开关 SA，内部常开触点闭合。

4 → 5 交流接触器 KM2 线圈得电。

5-1 常闭触点 KM2-1 断开。

5-2 常开触点 KM2-2 闭合，电动机主线圈接通电源相序 L、N，电流经辅助线圈和启动容器 C 形成回路，电动机开始反向运转。

6 当需要电动机停机时，按下停止按钮 SB2。

6 → 7 交流接触器 KM1 线圈失电。

7-1 常开辅助触点 KM1-2 复位断开，解除自锁功能。

7-2 常开主触点 KM1-1 复位断开，切断电动机供电电源，电动机停止运转。

图 14-18　单相交流电动机正、反转控制电路的实际应用过程

14.3.3 三相交流电动机联锁控制电路的功能和实际应用

电动机联锁控制电路是指对电路中两台或两台以上电动机的启动顺序进行控制，也称顺序控制电路，通常应用在要求一台电动机先运行、另一台或几台电动机后运行的设备中。

图 14-19 为两台三相交流电动机联锁控制电路的实际应用过程。

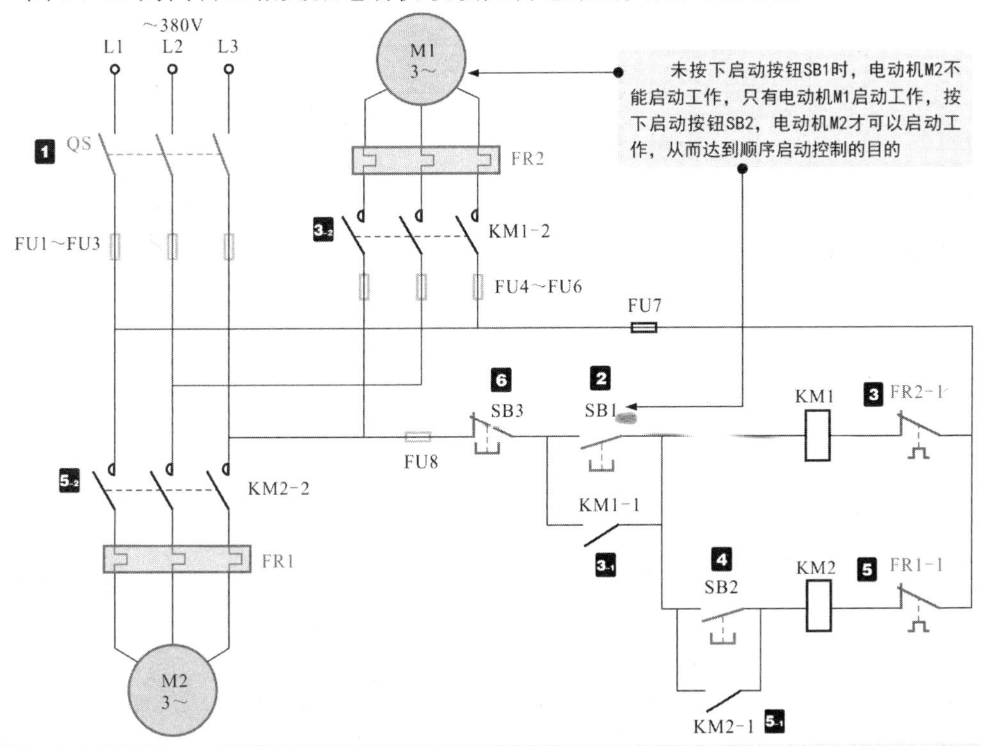

1 合上电源开关 QS，接通电源。

2 按下启动按钮 SB1，常开触点闭合。

2 → **3** 交流接触器 KM1 线圈得电。

　　3-1 常开辅助触点 KM1-1 接通，实现自锁功能。

　　3-2 常开主触点 KM1-2 接通，电动机 M1 开始运转。

4 当按下启动按钮 SB2 时，常开触点闭合。

4 → **5** 交流接触器 KM2 线圈得电。

　　5-1 常开辅助触点 KM2-1 接通，实现自锁功能。

　　5-2 常开主触点 KM2-2 接通，电动机 M2 开始运转，实现顺序启动。

6 当两台电动机需要停机时，按下停止按钮 SB3，交流接触器 KM1、KM2 线圈失电，所有触点全部复位，电动机 M1、M2 停止运转。

图 14-19　两台三相交流电动机联锁控制电路的实际应用过程

改变电动机联锁控制电路的控制关系或控制部件的数量、类型可实现不同联锁控制功能。例如，图 14-20 为由时间继电器控制的电动机自动联锁控制电路，按下启动按钮后，第一台电动机启动，由时间继电器控制第二台电动机自动启动。停机时，按下停机按钮，断开第二台电动机，由时间继电器控制第一台电动机自动停机。两台电动机的启动和停止时间间隔由时间继电器预设。

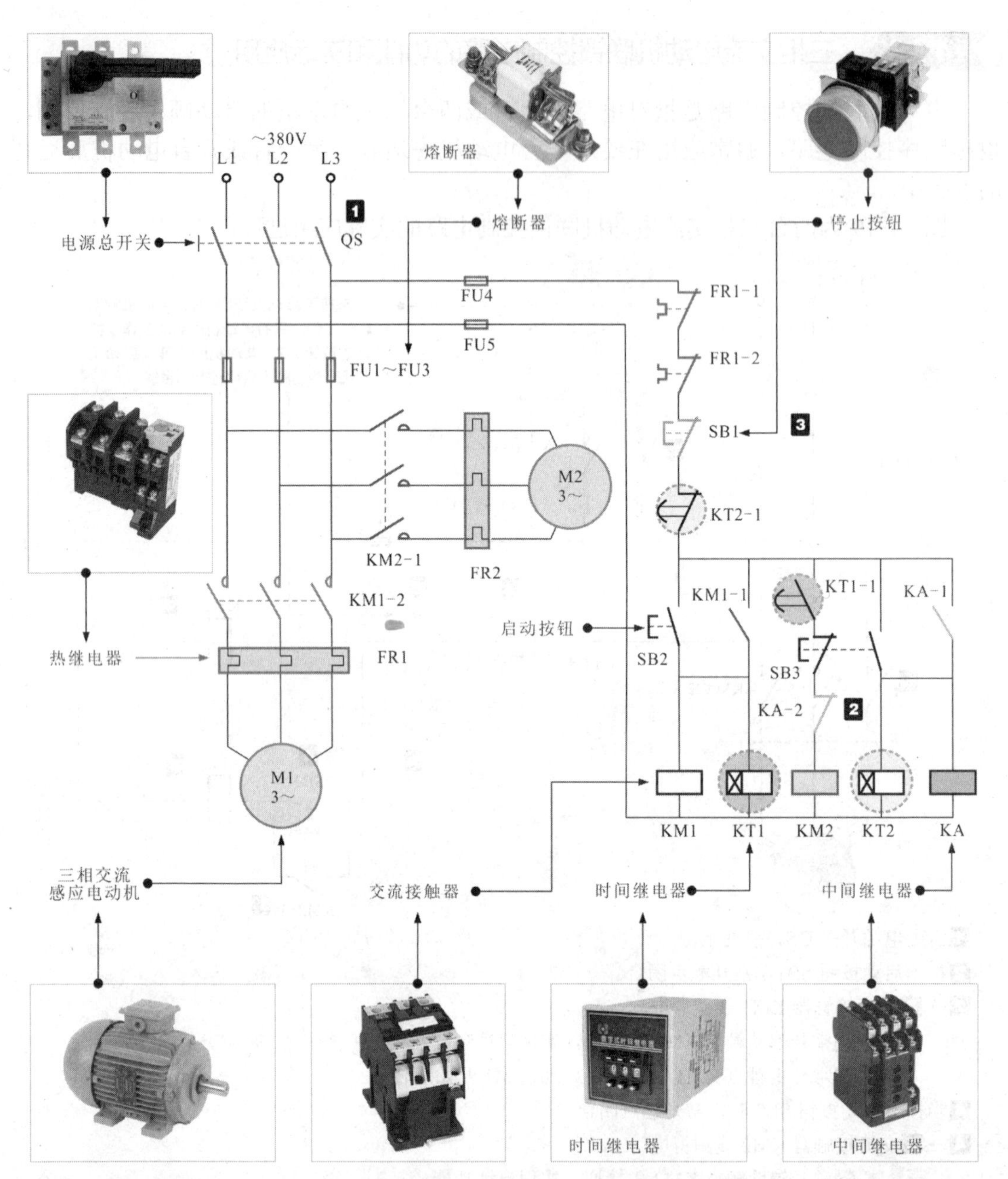

1 合上电源总开关QS，按下启动按钮SB2，交流接触器KM1线圈得电，常开辅助触点KM1-1接通，实现自锁功能；常开主触点KM1-2接通，电动机M1启动运转，时间继电器KT1线圈得电，延时常开触点KT1-1延时接通，接触器KM2线圈得电，常开主触点KM2-1接通，电动机M2启动运转。

2 当需要电动机停机时，按下停止按钮SB3，常闭触点断开，KM2线圈失电，常开触点KM2-1断开，电动机M2停止运转；SB3的常开触点接通，时间继电器KT2线圈得电，常闭触点KT2-1断开，接触器线圈KM1线圈失电，常开触点KM1-2断开，电动机M1停止运转。按下SB3的同时，过电流继电器KA线圈得电，常开触点KA-1接通，锁定KA继电器，即使停止按钮复位，电动机仍处于停机状态，常闭触点KA-2断开，保证线圈KM2不会得电。

3 当电路出现故障，需要立即停止电动机时，按下紧急停止按钮SB1，两台电动机立即停机。

图14-20　由时间继电器控制的电动机自动联锁控制电路

14.3.4 三相交流电动机串电阻降压启动控制电路的功能和实际应用

电阻降压启动控制电路是指在电动机定子电路中串入电阻器，启动时，利用串入的电阻器起降压、限流作用，当电动机启动完毕后，再通过电路将串联的电阻器短接，使电动机进入全压正常运行状态，如图 14-21 所示。

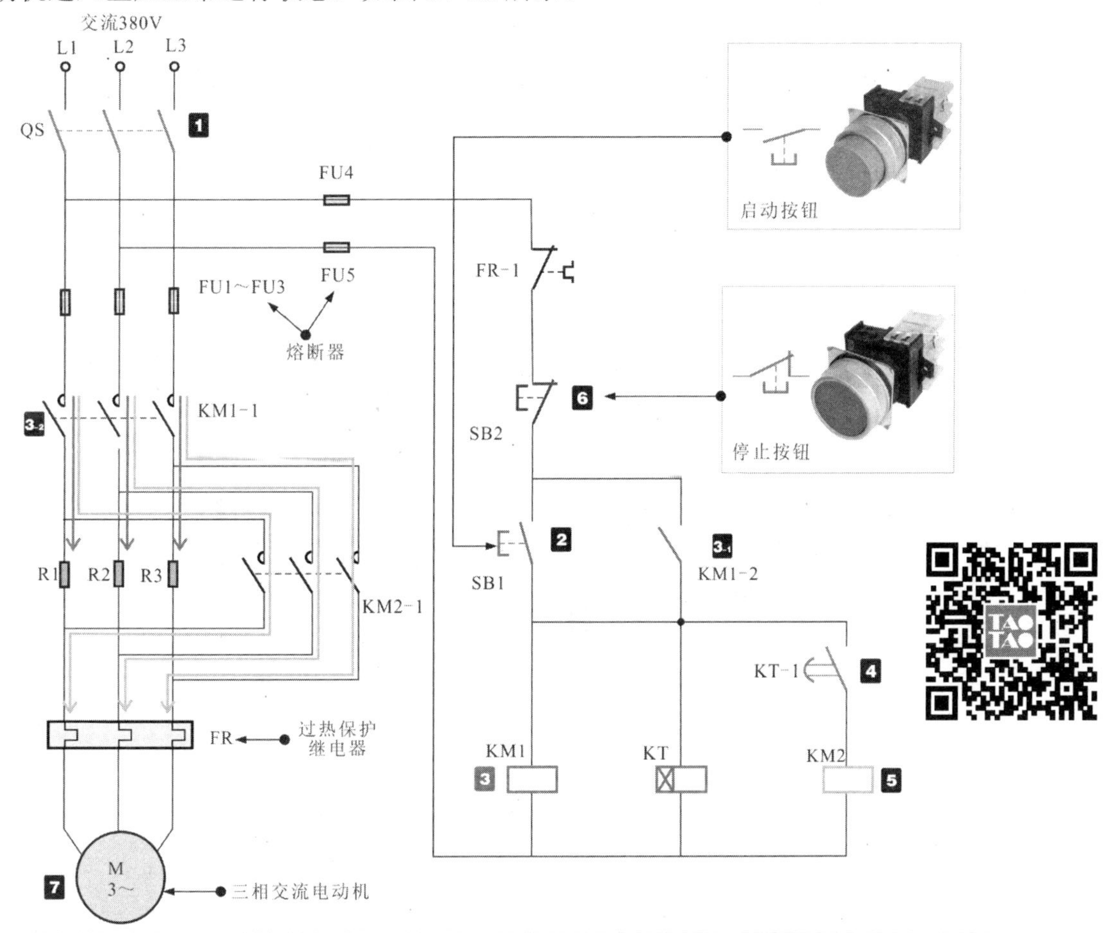

1 合上电源总开关 QS，接通三相电源。

2 按下启动按钮 SB1，常开触点闭合。

2 → 3 交流接触器 KM1 线圈得电，时间继电器 KT 线圈得电。

3-1 常开辅助触点 KM1-2 闭合，实现自锁功能。

3-2 常开主触点 KM1-1 闭合，电源经电阻器 R1、R2、R3 后为三相交流电动机 M 提供电源，三相交流电动机 M 降压启动。

4 当时间继电器 KT 达到预定的延时时间后，常开触点 KT-1 延时闭合。

4 → 5 交流接触器 KM2 线圈得电，常开主触点 KM2-1 闭合，短接电阻器 R1、R2、R3，三相交流电动机在全压状态下运行。

6 当需要三相交流电动机停机时，按下停止按钮 SB2，交流接触器 KM1、KM2 和时间继电器 KT 线圈均失电，触点全部复位。

6 → 7 KM1、KM2 的常开主触点 KM1-1、KM2-1 复位断开，切断三相交流电动机供电电源，三相交流电动机停止运转。

图 14-21 电动机串电阻降压启动控制电路的实际应用

14.3.5 三相交流电动机 Y—Δ 降压启动控制电路的功能和实际应用

电动机 Y—△降压启动控制电路是指三相交流电动机启动时，先由电路控制三相交流电动机定子绕组连接成 Y 形进入降压启动状态，待转速达到一定值后，再由电路控制三相交流电动机定子绕组换接成△形，进入全压正常运行状态。

图 14-22 为三相交流电动机 Y—△降压启动控制电路的实际应用过程。

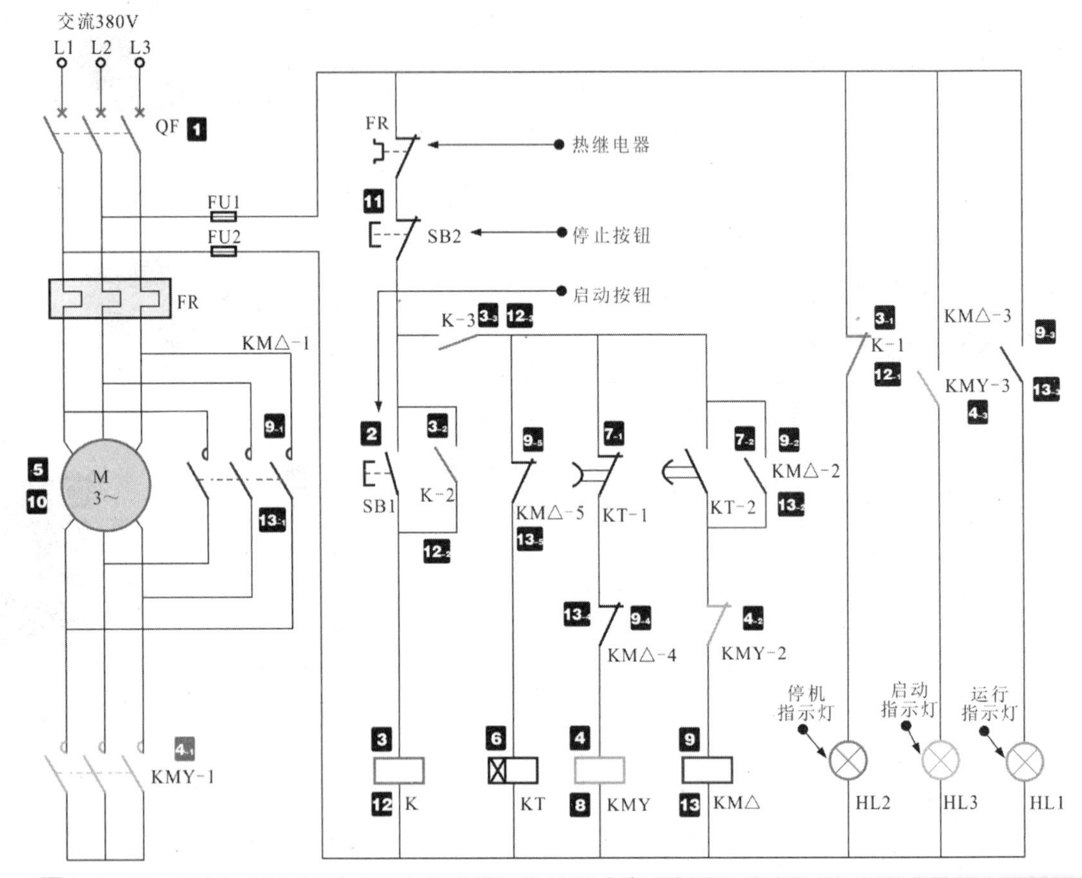

1 闭合总断路器 QF，接通三相电源，停机指示灯 HL2 点亮。

2 按下启动按钮 SB1，触点闭合。

2 → 3 电磁继电器 K 的线圈得电。

3-1 常闭触点 K-1 断开，停机指示灯 HL2 熄灭。

3-2 常开触点 K-2 闭合自锁。

3-3 常开触点 K-3 闭合，接通控制电路供电电源。

3-3 → 4 交流接触器 KMY 的线圈得电。

4-1 KMY 常开主触点 KMY-1 闭合，三相交流电动机以 Y 形方式接通电源。

4-2 KMY 常闭辅助触点 KMY-2 断开，防止 KM △线圈得电，起联锁保护作用。

4-3 KMY 常开辅助触点 KMY-3 闭合，启动指示灯 HL3 点亮。

4-1 → 5 电动机降压启动运转。

3-3 → 6 时间继电器 KT 线圈得电，开始计时。

图 14-22　三相交流电动机 Y—△降压启动控制电路的实际应用过程

6→**7**时间继电器 KT 到达预定时间。

7-1 KM 常闭触点 KT-1 延时断开。

7-2 KM 常开触点 KT-2 延时闭合。

7-1→**8**断开交流接触器 KMY 的供电，KMY 触点全部复位。

7-2→**9**交流接触器 KM △的线圈得电。

9-1 KM △常开主触点 KM △ -1 闭合，三相交流电动机以△形方式接通电源。

9-2 KM △常开辅助触点 KM △ -2 闭合自锁。

9-3 KM △常开辅助触点 KM △ -3 闭合，运行指示灯 HL1 点亮。

9-4 KM △常闭辅助触点 KM △ -4 断开，防止 LMY 线圈得电，起联锁保护作用。

9-5 KM △常闭辅助触点 KM △ -5 断开，切断 KT 线圈的供电，触点全部复位。

9-1→**10**电动机开始全压运行。

11当需要三相交流电动机停机时，按下停止按钮 SB2。

11→**12**电磁继电器 K 线圈失电。

12-1常闭触点 K-1 复位闭合，停机指示灯 HL2 点亮。

12-2常开触点 K-2 复位断开，解除自锁功能。

12-3常开触点 K-3 复位断开，切断控制电路的供电电源。

11→**13**交流接触器 KM △线圈失电。

13-1常开主触点 KM △ -1 复位断开，切断供电电源，三相交流电动机停止运转。

13-2常开辅助触点 KM △ -2 复位断开，解除自锁功能。

13-3常开辅助触点 KM △ -3 复位断开，切断运行指示灯 HL1 的供电，HL1 熄灭。

13-4常闭辅助触点 KM △ -4 复位闭合，为下一次降压启动做好准备。

13-5常闭辅助触点 KM △ -5 复位闭合，为下一次降压启动运转时间计时控制做好准备。

图 14-22　三相交流电动机 Y—△降压启动控制电路的实际应用过程（续）

提示

当三相交流电动机绕组采用 Y 形连接时，每相绕组承受的电压均为 220V；当三相交流电动机绕组采用△形连接时，每相绕组承受的电压为 380V，如图 14-23 所示。

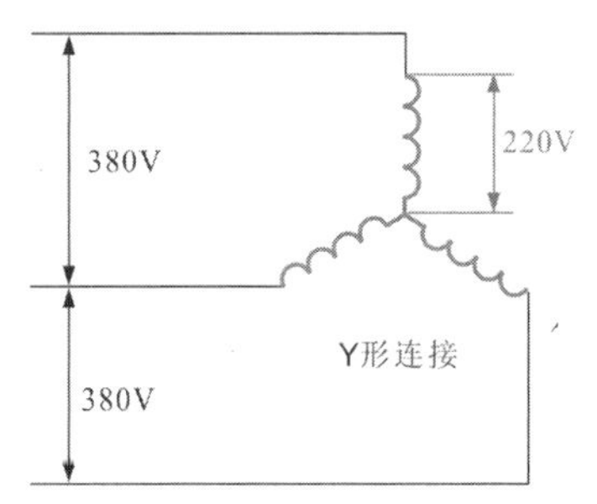

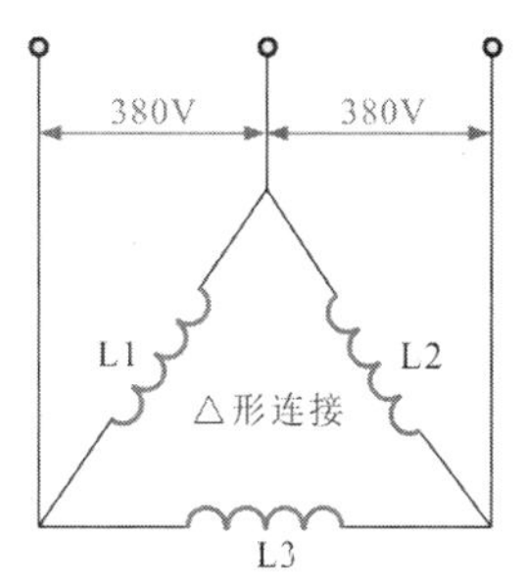

图 14-23　三相交流电动机绕组的连接形式

14.3.6　三相交流电动机反接制动控制电路的功能和实际应用

电动机反接制动控制电路是指通过反接电动机的供电相序改变电动机的旋转方向降低电动机转速，最终达到停机的目的。电动机在反接制动时，电路会改变电动机定子绕组的电源相序，使之有反转趋势而产生较大的制动力矩，从而迅速使电动机的转速降低，最后通过速度继电器自动切断制动电源，确保电动机不会反转。

图 14-24 为三相交流电动机反接制动控制电路的实际应用过程。

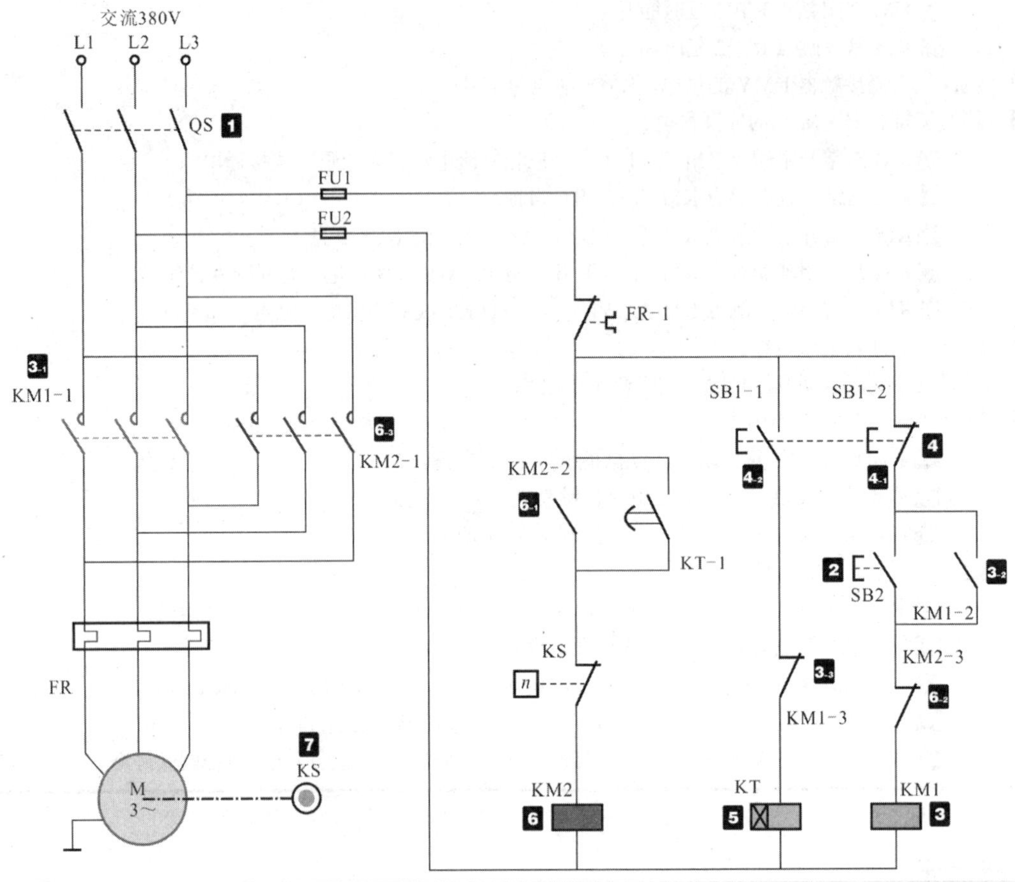

1 合上电源总开关 QS，接通三相电源。

2 按下启动按钮 SB2，常开触点闭合。

2 → 3 交流接触器 KM1 线圈得电。

3-1 常开主触点 KM1-1 闭合，三相交流电动机按 L1、L2、L3 的相序接通三相电源，开始正向启动运转。

3-2 常开辅助触点 KM1-2 闭合，实现自锁功能。

3-3 常闭触点 KM1-3 断开，防止 KT 线圈得电。

4 如需制动停机，按下制动按钮 SB1。

4-1 常闭触点 SB1-2 断开，交流接触器 KM1 线圈失电，触点全部复位。

4-2 常开触点 SB1-1 闭合，时间继电器 KT 线圈得电。

5 当达到时间继电器 KT 预先设定的时间时，常开触点 KT-1 延时闭合。

6 交流接触器 KM2 线圈得电。

6-1 常开触点 KM2-2 闭合自锁。

6-2 常闭触点 KM2-3 断开，防止交流接触器 KM1 线圈得电。

6-3 常开触点 KM2-1 闭合，改变电动机中定子绕组电源相序，电动机有反转趋势， 产生较大的制动力矩，开始制动减速。

7 当电动机转速减小到一定值时，速度继电器 KS 断开，KM2 线圈失电，触点全部复位，切断电动机的制动电源，电动机停止运转。

图 14-24　三相交流电动机反接制动控制电路的实际应用过程

14.3.7 三相交流电动机正、反转限位点动控制电路的功能和实际应用

电动机正、反转限位点动控制电路是指通过正、反转启动按钮控制电动机正向运转或反向运转的电路，通过正转启动按钮和反转启动按钮对电动机正、反向运转状态进行控制，同时在电路中还设有限位开关，可检测电动机驱动对象的位移，当到达正转或反转限位开关限定的位置时，电动机便会自动停止工作。

图 14-25 为三相交流电动机正、反转限位点动控制电路的实际应用过程。

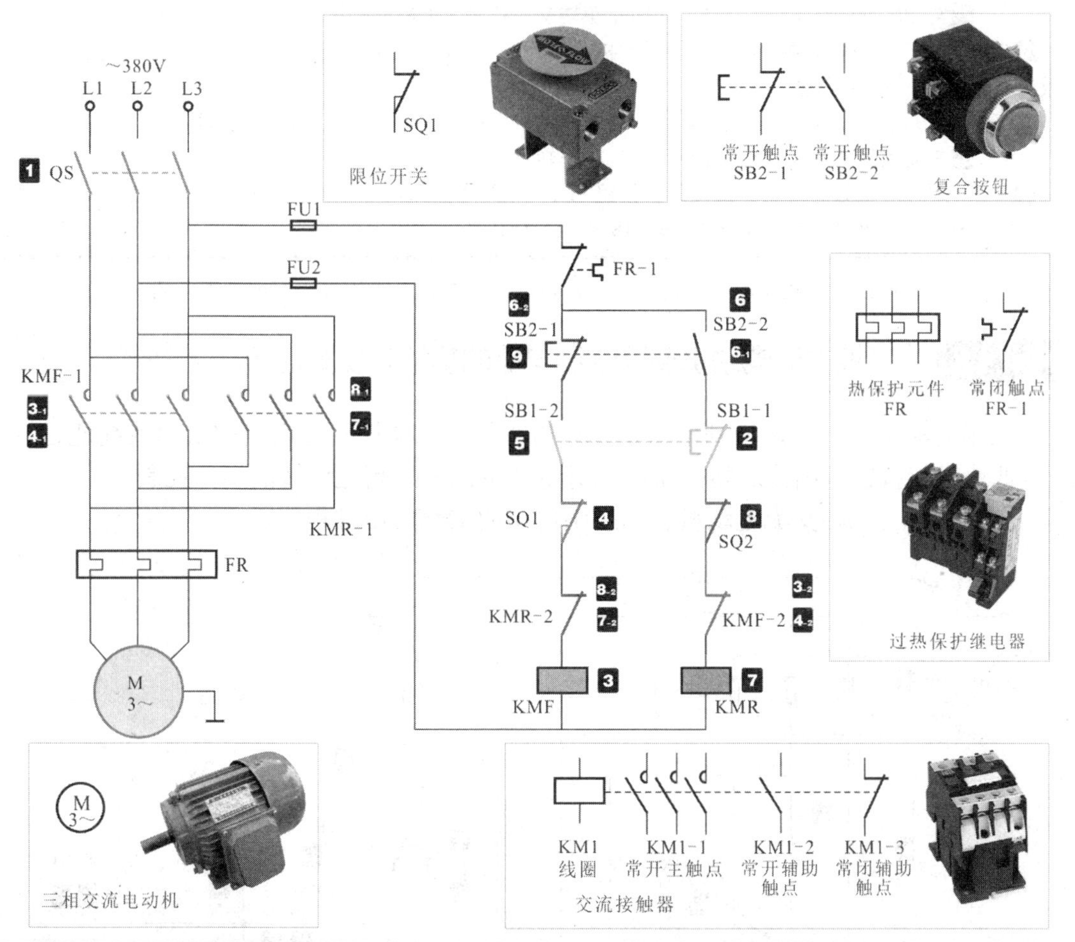

1 合上电源总开关 QS，接通三相电源。

2 按下正转复合按钮 SB1。

2-1 常闭触点 SB1-1 断开，防止反转交流接触器 KMR 线圈得电。

2-2 常开触点 SB1-2 闭合，接通正转交流接触器 KMF 线圈的供电线路。

2-2 → 3 正转交流接触器 KMF 线圈得电。

3-1 常开主触点 KMF-1 闭合，电动机接通三相电源相序 L1、L2、L3，正向启动运转。

3-2 常闭辅助触点 KMF-2 断开，防止反转交流接触器 KFR 线圈得电。

4 当电动机的驱动对象到达正转限位开关 SQ1 限定的位置时，触动正转限位开关 SQ1，常闭触点断开，正转交流接触器 KMF 线圈失电。

4-1 常开主触点 KMF-1 复位断开，切断电动机供电电源，电动机停止正向运转。

图 14-25 三相交流电动机正、反转限位点动控制电路的实际应用过程

4-2 常闭辅助触点 KMF-2 复位闭合，为反转启动做好准备。

5 若在电动机正转过程中松开正转复合按钮 SB1，常开触点 SB1-2 断开，正转交流接触器 KMF 线圈失电，常开主触点 KMF-1 复位断开，电动机停止正向运转。

6 当需要电动机反向运转时，按下反转复合按钮 SB2。

6-1 常闭触点 SB2-1 断开，防止交流正转接触器 KMF 线圈得电。

6-2 常开触点 SB2-2 闭合，接通交流接触器 KMR 线圈的供电线路。

6-2 → 7 反转交流接触器 KMR 线圈得电。

7-1 常开主触点 KMR-1 闭合，电动机接通三相电源相序 L3、L2、L1，反向启动运转。

7-2 常闭辅助触点 KMR-2 断开，防止正转交流接触器 KMF 得电。

8 当电动机的驱动对象到达反转限位开关 SQ2 限定的位置时，触动反转限位开关 SQ2，常闭触点断开，反转交流接触器 KMR 线圈失电。

8-1 常开主触点 KMR-1 复位断开，切断电动机供电电源，电动机停止反向运转。

8-2 常闭辅助触点 KMR-2 复位闭合，为正转启动做好准备。

9 若在电动机反转过程中松开反转复合按钮 SB2，常开触点 SB2-2 断开，反转交流接触器 KMR 线圈失电，常开主触点 KMR-1 复位断开，电动机停止反向运转。

图 14-25　三相交流电动机正、反转限位点动控制电路的实际应用过程（续）

14.3.8　三相交流电动机调速控制电路的功能和实际应用

三相交流电动机调速控制电路是指利用时间继电器控制电动机的低速或高速运转，通过低速运转按钮和高速运转按钮实现对电动机低速和高速运转的切换控制。

图 14-26 为三相交流电动机调速控制电路的实际应用过程。

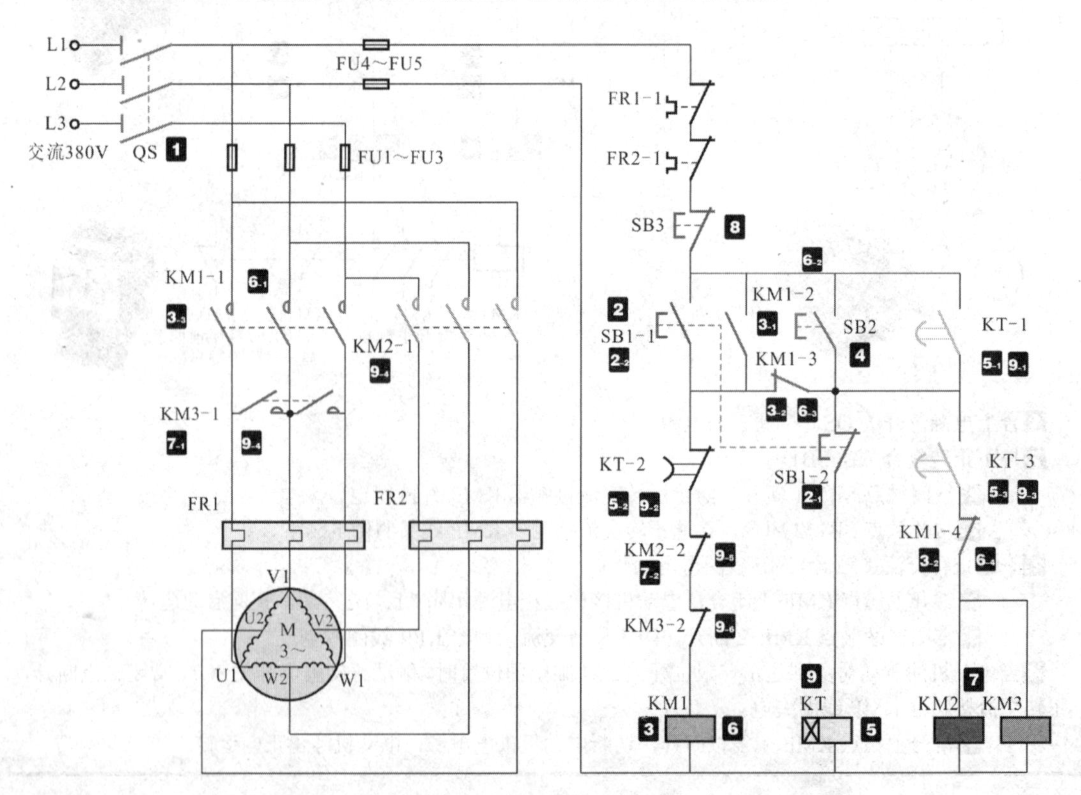

图 14-26　三相交流电动机调速控制电路的实际应用过程

1 合上电源总开关 QS，接通三相电源。

2 按下低速运转控制按钮 SB1。

2-1 常闭触点 SB1-2 断开，防止时间继电器 KT 线圈得电，起到连锁保护作用。

2-2 常开触点 SB1-1 闭合。

2-2 → 3 交流接触器 KM1 线圈得电。

3-1 KM1 的常开辅助触点 KM1-2 闭合自锁。

3-2 KM1 的常闭辅助触点 KM1-3 和 KM1-4 断开，防止交流接触器 KM2 和 KM3 的线圈及时间继电器 KT 得电，起连锁保护功能。

3-3 常开主触点 KM1-1 闭合，三相交流电动机定子绕组成△形连接，开始低速运转。

4 按下高速运转控制按钮 SB2。

4 → 5 KT 的线圈得电，进入高速运转计时状态，达到预定时间后，相应延时动作的触点发生动作。

5-1 KT 的常开触点 KT-1 闭合，锁定 SB2，即使松开 SB2 也仍保持接通状态。

5-2 KT 的常闭触点 KT-2 断开。

5-3 KT 的常开触点 KT-3 闭合。

5-2 → 6 交流接触器 KM1 线圈失电。

6-1 常开主触点 KM1-1 复位断开，切断三相交流电动机的供电电源。

6-2 常开辅助触点 KM1-2 复位断开，解除自锁。

6-3 常开辅助触点 KM1-3 复位闭合。

6-4 常开辅助触点 KM1-4 复位闭合。

6-3 → 7 交流接触器 KM2 和 KM3 线圈得电。

7-1 常开主触点 KM3-1 和 KM2-1 闭合，使三相交流电动机定子绕组成 YY 形连接，三相交流电动机开始高速运转。

7-2 常闭辅助触点 KM2-2 和 KM3-2 断开，防止 KM1 线圈得电，起连锁保护作用。

8 当需要停机时，按下停止按钮 SB3。

8 → 9 交流接触器 KM2/KM3 和时间继电器 KT 线圈均失电，触点全部复位。

9-1 常开触点 KT-1 复位断开，解除自锁。

9-2 常闭触点 KT-2 复位闭合。

9-1 常开触点 KT-3 复位断开。

9-2 常开主触点 KM3-1 和 KM2-1 断开，切断三相交流电动机电源供电，停止运转。

9-1 常开辅助触点 KM2-2 复位闭合。

9-2 常开辅助触点 KM3-2 复位闭合。

图 14-26 典型三相交流电动机调速控制电路的实际应用过程（续）

提示

三相交流电动机的调速方法有多种，如变极调速、变频调速和变转差率调速等方法，通常，车床设备电动机的调速方法主要是变极调速，且双速电动机控制是目前应用中最常用一种变极调速形式。

图 14-27 为双速电动机定子绕组的连接方法。图（a）为低速运行时电动机定子的三角形（△）连接方法，电动机的三相定子绕组接成三角形，三相电源线 L1、L2、L3 分别连接在定子绕组三个出线端 U1、V1、W1 上，且每相绕组中点接出的接线端 U2、V2、W2 悬空不接，此时电动机三相绕组构成三角形连接，每相绕组的①、②线圈相互串联，电路中的电流方向如图中箭头所示。若此电动机磁极为 4 极，则同步转速为 1500r/min。

图（b）为高速运行的 YY 形连接方法，将三相电源 L1、L2、L3 连接在定子绕组的出线端 U2、V2、W2 上，且将接线端 U1、V1、W1 连接在一起，此时电动机每相绕组的①、②线圈相互并联，电流方向如图中箭头所示。此时电动机磁极为 2 极，同步转速为 3000r/min。

提示

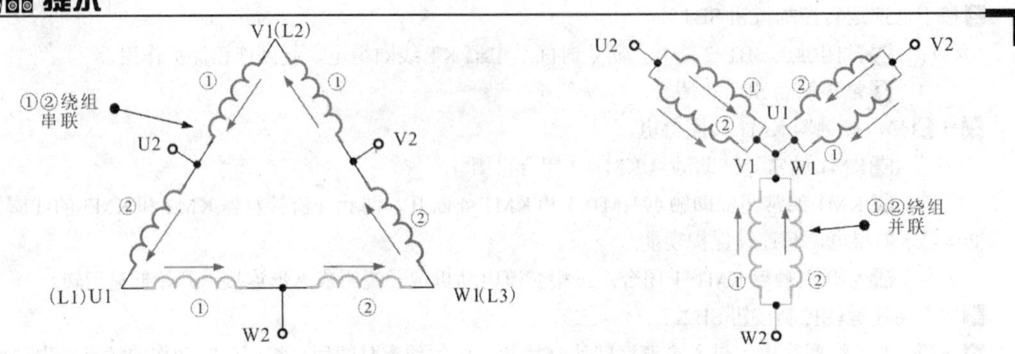

（a）低速运行时电动机定子的三角形连接方法　　（b）高速运行时的YY形连接方法

图 14-27　双速电动机定子绕组的连接方法

14.3.9　三相交流电动机间歇启、停控制电路的功能和实际应用

三相交流电动机间歇启、停控制电路是指控制三相交流电动机运行一段时间，自动停止，然后自动启动，反复控制，实现三相交流电动机的间歇运行。通常，三相交流电动机的间歇是通过时间继电器进行控制的，通过预先设定时间继电器的延迟时间实现对三相交流电动机启动时间和停机时间的控制。

图 14-28 为三相交流电动机间歇启、停控制电路的实际应用过程。

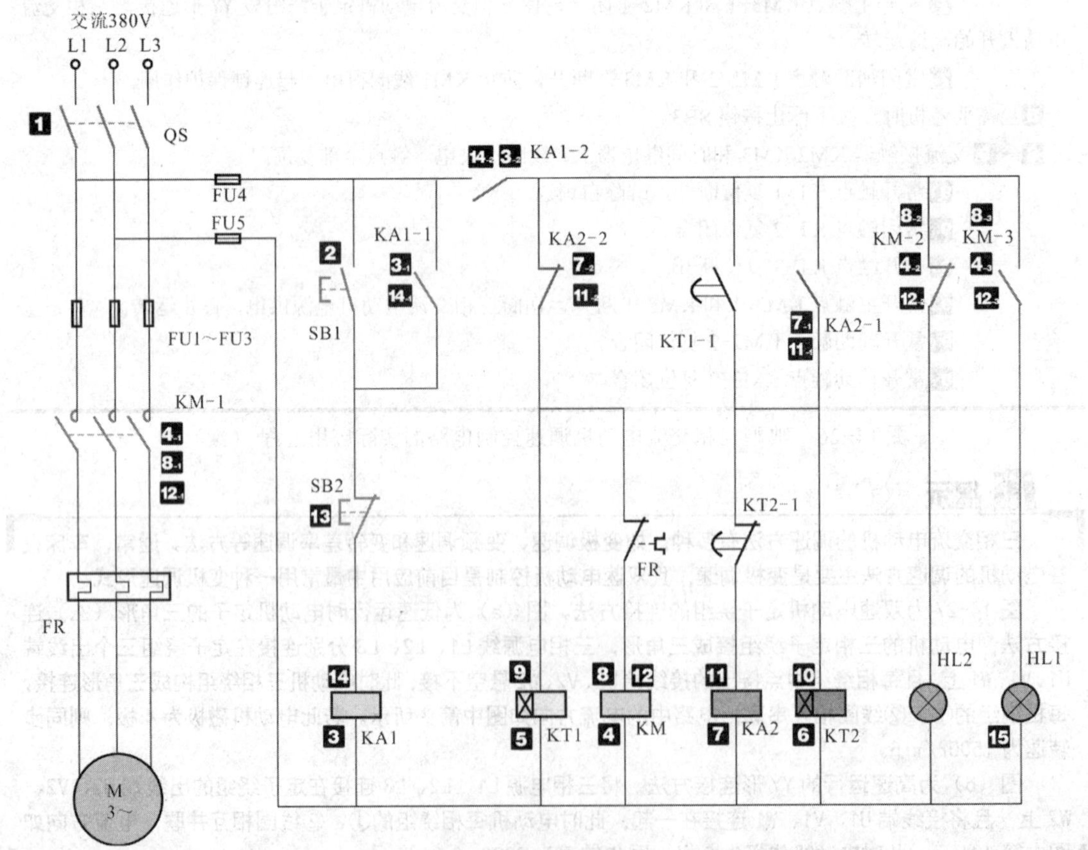

图 14-28　三相交流电动机间歇启、停控制电路的工作过程

1 合上电源总开关 QS，接通三相电源。

2 按下启动按钮 SB1，常开触点闭合，接通线路。

2 → **3** 中间继电器 KA1 线圈得电。

3-1 常开触点 KA1-1 闭合，实现自锁功能。

3-2 常开触点 KA1-2 闭合，接通控制电路的供电电源，电源经交流接触器 KM 的常闭辅助触点 KM-2 为停机指示灯 HL2 供电，HL2 点亮。

3-2 → **4** 交流接触器 KM 线圈得电。

4-1 常开主触点 KM-1 闭合，三相交流电动机接通三相电源，启动运转。

4-2 常闭辅助触点 KM-2 断开，切断停机指示灯 HL2 的供电，HL2 熄灭。

4-3 常开辅助触点 KM-3 闭合，运行指示灯 HL1 点亮，三相交流电动机处于工作状态。

3-2 → **5** 时间继电器 KT1 线圈得电，进入延时控制。当延时到达时间继电器 KT1 预定的延时时间后，常开触点 KT1-1 闭合。

5 → **6** 时间继电器 KT2 线圈得电，进入延时状态。

5 → **7** 中间继电器 KA2 线圈得电。

7-1 常开触点 KA2-1 闭合，实现自锁功能。

7-2 常闭触点 KA2-2 断开，切断线路。

7-2 → **8** 交流接触器 KM 线圈失电。

8-1 常开主触点 KM-1 复位断开，切断三相交流电动机供电电源，三相交流电动机停止运转。

8-2 常闭辅助触点 KM-2 复位闭合，停机指示灯 HL2 点亮，指示三相交流电动机处于停机状态。

8-3 常开辅助触点 KM-3 复位断开，切断运行指示灯 HL1 的供电，HL1 熄灭。

7-2 → **9** 时间继电器 KT1 线圈失电，常开触点 KT1-1 复位断开。

6 → **10** 时间继电器 KT2 进入延时状态后，当延时到达预定的延时时间后，常闭触点 KT2-1 断开。

10 → **11** 中间继电器 KA2 线圈失电。

11-1 常开触点 KA2-1 复位断开，解除自锁功能，同时时间继电器 KT2 线圈失电。

11-2 常闭触点 KA2-2 复位闭合，接通线路电源。

11-2 → **12** 交流接触器 KM 和时间继电器 KT1 线圈再次得电。

12-1 交流接触器 KM 线圈得电，常开主触点 KM-1 再次闭合，三相交流电动机接通三相电源，再次启动运转。

12-2 常闭辅助触点 KM-2 再次断开，切断停机指示灯 HL2 的供电，HL2 熄灭。

12-3 常开辅助触点 KM-3 再次闭合，运行指示灯 HL1 点亮，指示三相交流电动机处于工作状态。

如此反复动作，实现三相交流电动机的间歇运转控制。

13 当需要三相交流电动机停机时，按下停止按钮 SB2。

13 → **14** 中间继电器 KA1 线圈失电。

14-1 常开触点 KA1-1 复位断开，解除自锁功能。

14-2 常开触点 KA1-2 复位断开，切断控制电路的供电电源，交流接触器 KM、时间继电器 KT1/KT2、中间继电器 KA2 线圈均失电，触点全部复位。

14-2 → **15** 当三相交流电动机处于间歇运转过程时，三相交流电动机立即停机，运行指示灯 HL1 熄灭，停机指示灯 HL2 点亮，再次启动时，需重新按下启动按钮 SB1。

当三相交流电动机处于间歇停机过程时，三相交流电动机将不能再次启动运转，若需重新启动，需再次按下启动按钮 SB1。

图 14-28　三相交流电动机间歇启、停控制电路的工作过程（续）

14.3.10 直流电动机能耗制动控制电路的功能和实际应用

电动机能耗制动控制电路多用于直流电动机制动电路中。该电路的工作原理是：维持直流电动机的励磁不变，把正在接通电源并具有较高转速的直流电动机电枢绕组从电源上断开，使直流电动机变为发电机，并与外加电阻器连接为闭合回路，利用此电路中产生的电流及制动转矩使直流电动机快速停车。在制动过程中，将拖动系统的动能转化为电能并以热能的形式消耗在电枢电路的电阻器上。

图 14-29 为直流电动机能耗制动控制电路的实际应用过程。

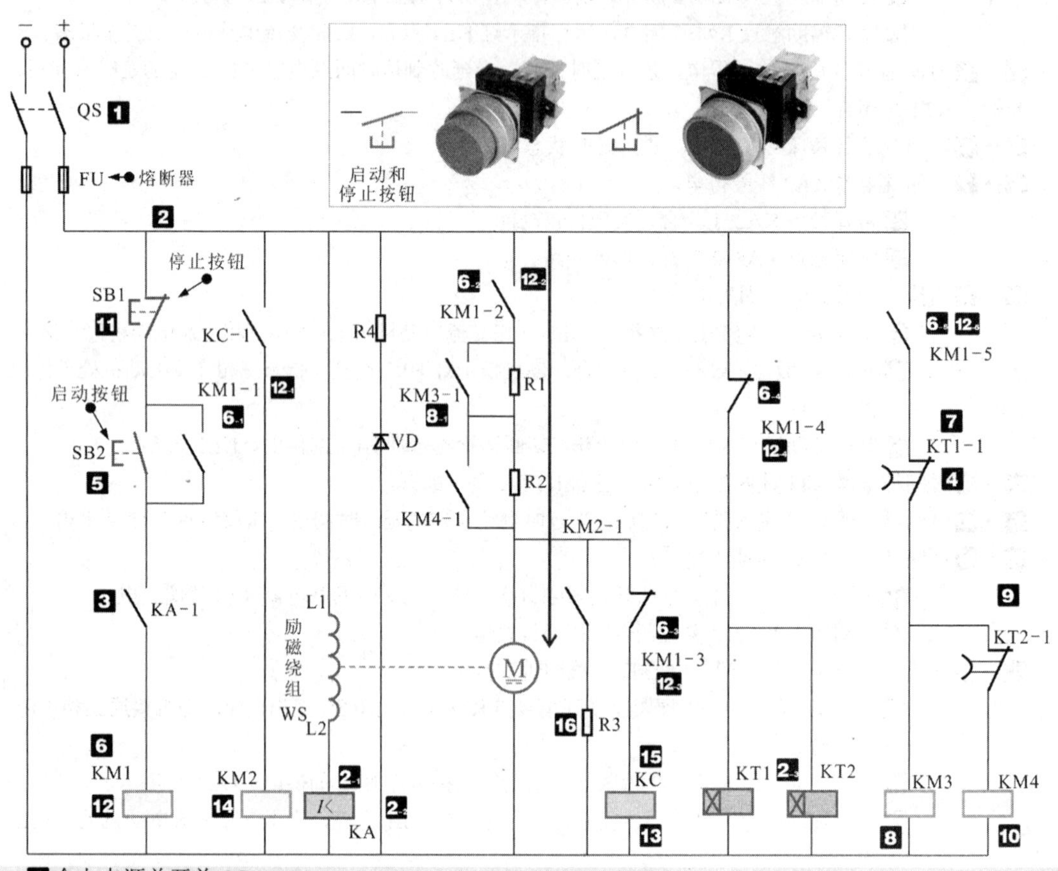

1 合上电源总开关 QS。

1 → 2 接通电动机控制电路的直流电源。

2-1 励磁绕组 WS 中有直流电压通过。

2-2 欠电流继电器 KA 线圈得电。

2-3 时间继电器 KT1、KT2 线圈得电。

2-2 → 3 KA 的常开触点 KA-1 闭合。

2-3 → 4 KT1、KT2 的延时闭合触点 KT1-1、KT2-1 瞬间断开，防止 KM2、KM3 线圈得电。

5 按下启动按钮 SB2，常开触点闭合。

5 → 6 直流接触器 KM1 线圈得电。

6-1 常开触点 KM1-1 闭合，实现自锁功能。

6-2 常开触点 KM1-2 闭合，直流电动机串联启动电阻器 R1、R2 后，开始低速启动运转。

图 14-29　直流电动机能耗制动控制电路的实际应用过程

6-3 常闭触点 KM1-3 断开，防止中间继电器 KA 线圈得电。

6-4 常闭触点 KM1-4 断开，KT1、KT2 线圈均失电，进入延时复位闭合计时状态。

6-5 常开触点 KM1-5 闭合，为直流接触器 KM3、KM4 线圈得电做好准备。

6-4→7 时间继电器 KT1、KT2 线圈失电后，经一段时间延时（该电路中，时间继电器 KT2 的延时复位时间要长于时间继电器 KT1 的延时复位时间），时间继电器的常闭触点 KT1-1 首先复位闭合。

7→8直流接触器 KM3 线圈得电。

8-1 常开触点 KM3-1 闭合，短接启动电阻器 R1，直流电动机串联启动电阻器 R2 进行运转，速度提升。

9当到达时间继电器 KT2 的延时复位时间时，常闭触点 KT2-1 复位闭合。

9→10直流接触器 KM4 线圈得电，常开触点 KM4-1 闭合，短接启动电阻器 R2，电压经闭合的常开触点 KM3-1 和 KM4-1 直接为直流电动机 M 供电，直流电动机工作在额定电压下，进入正常运转状态。

直流电动机的停机控制过程如下：

11当需要直流电动机停机时，按下停机按钮 SB1。

11→12 直流接触器 KM1 线圈失电。

12-1常开触点 KM1-1 复位断开，解除自锁功能。

12-2常开触点 KM1-2 复位断开，切断直流电动机的供电电源，直流电动机做惯性运转。

12-3常闭触点 KM1-3 复位闭合，为中间继电器 KC 线圈的得电做好准备。

12-4常闭触点 KM1-4 复位闭合，再次接通时间继电器 KT1、KT2 的供电。

12-5常开触点 KM1-5 复位断开，直流接触器 KM3、KM4 线圈失电。

13惯性运转的电枢切割磁力线，在电枢绕组中产生感应电动势，并联在电枢两端的中间继电器 KC 线圈得电，常开触点 KC-1 闭合。

13→14直流接触器 KM2 线圈得电，常开触点 KM2-1 闭合，接通制动电阻器 R3 回路，电枢的感应电流方向与原来的方向相反，电枢产生制动转矩，使直流电动机迅速停止转动。

14→15 当直流电动机转速降低到一定程度时，电枢绕组的感应电动势也降低，中间继电器 KC 线圈失电，常开触点 KC-1 复位断开。

15→16 直流接触器 KM2 线圈失电，常开触点 KM2-1 复位断开，切断制动电阻器 R3 回路，停止能耗制动，整个系统停止工作。

图 14-29 直流电动机能耗制动控制电路的实际应用过程（续）

提示

图 14-30 为直流电动机能耗制动控制电路的原理图。直流电动机制动时，激励绕组 L1、L2 两端电压极性不变，励磁的大小和方向不变。常开触点 KM-1 断开，电枢脱离直流电源，常开触点 KM-2 闭合，外加制动电阻器 R 与电枢绕组构成闭合回路。

此时，由于直流电动机存在惯性，仍会按照直流电动机原来的方向继续旋转，因此电枢反电动势的方向也不变，并且成为电枢回路的电源，使制动电流的方向与原来的供电方向相反，电磁转矩的方向也随之改变，成为制动转矩，促使直流电动机迅速减速至停止。在能耗制动过程中，还需要考虑制动电阻器 R 的大小，若制动电阻器 R 的阻值太大，则制动缓慢。选择 R 阻值的大小时，要使得最大制动电流不超过电枢额定电流的 2 倍。

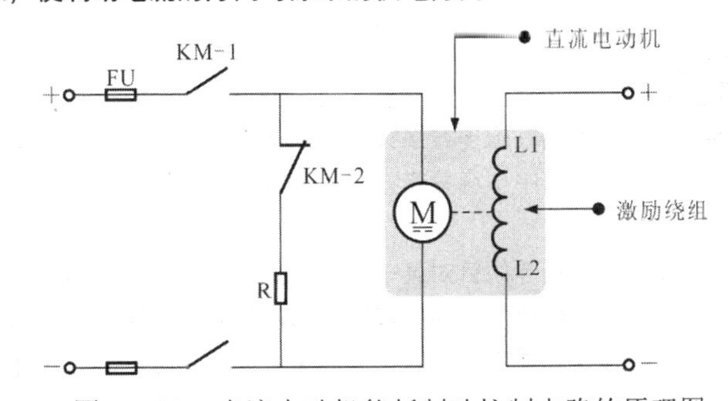

图 14-30 直流电动机能耗制动控制电路的原理图

第15章　变频器与变频电路

15.1　变频器的种类与功能特点

15.1.1　变频器的种类

变频器的英文名称为 VFD 或 VVVF，是一种利用逆变电路的方式将工频电源变为频率和电压可变的变频电源，进而对电动机进行调速控制的电气装置。

变频器种类很多，分类方式多种多样，可根据需求按用途、变换方式、电源性质、变频控制、调压方法等多种方式分类。

1　按用途分类

变频器按用途可分为通用变频器和专用变频器两大类，如图 15-1 所示。

三菱D700型通用变频器

安川J1000型通用变频器

西门子MM420型通用变频器

西门子MM430型
水泵风机专用变频器

风机专用变频器

恒压供水（水泵）
专用变频器

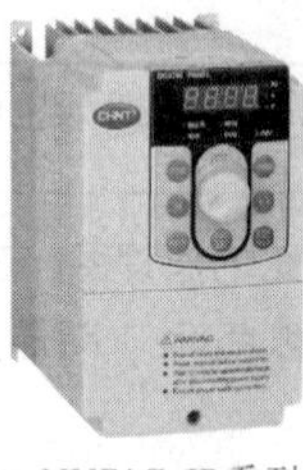

NVF1G-JR系列
卷绕专用变频器

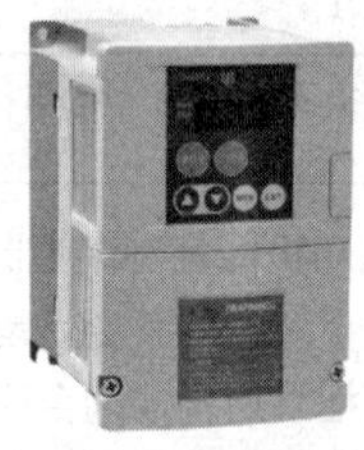

LB-60GX系列线
切割专用变频器

电梯专用变频器

图 15-1　变频器按用途分类

提示

通用变频器是指在很多方面具有很强通用性的变频器。该类变频器简化了一些系统功能，主要以节能为主要目的，多为中小容量变频器，一般应用在水泵、风扇、鼓风机等对于系统调速性能要求不高的场合。

专用变频器是指专门针对某一方面或某一领域而设计研发的变频器，针对性较强，具有适用于针对领域独有的功能和优势，能够更好地发挥变频调速的作用，但通用性较差。

目前，较常见的专用变频器主要有风机类专用变频器、恒压供水（水泵）专用变频器、机床专用变频器、重载专用变频器、注塑机专用变频器、纺织专用变频器、电梯专用变频器等。

2 按变换方式分类

变频器按变换方式主要分为交—直—交变频器和交—交变频器，如图 15-2 所示。

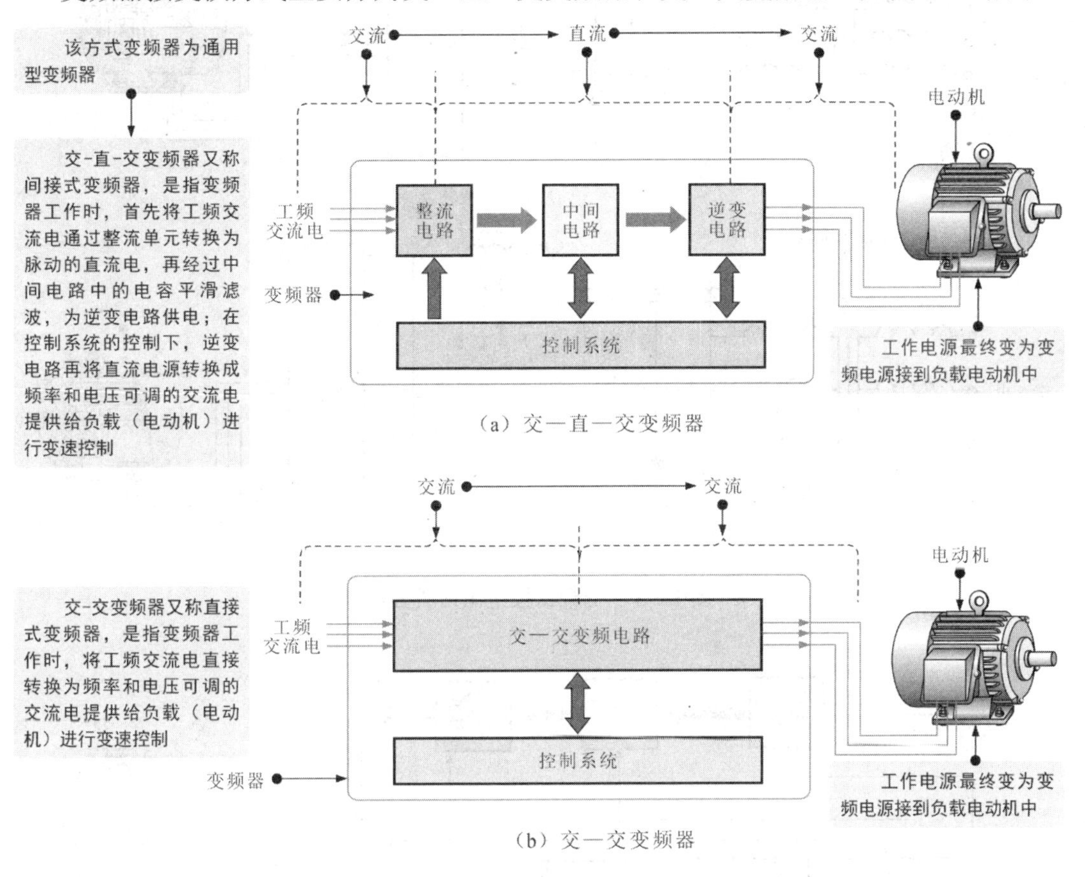

图 15-2　变频器按变换方式分类

3 按电源性质分类

变频器按电源性质可分为电压型变频器和电流型变频器，如图 15-3 所示。

电压型变频器的特点是中间电路采用电容器作为直流储能元件缓冲负载的无功功率，直流电压比较平稳，直流电源内阻较小，相当于电压源，故电压型变频器常用于负载电压变化较大的场合。

电流型变频器的特点是中间电路采用电感器作为直流储能元件缓冲负载的无功功率，即扼制电流的变化，使电压接近正弦波，由于该直流内阻较大，可扼制负载电流频繁的急剧变化，故电流型变频器常用于负载电流变化较大的场合，适用于需要回馈制动和经常正、反转的生产机械。

4 按调压方法分类

变频器按调压方法主要分为 PAM 变频器和 PWM 变频器，如图 15-4 所示。

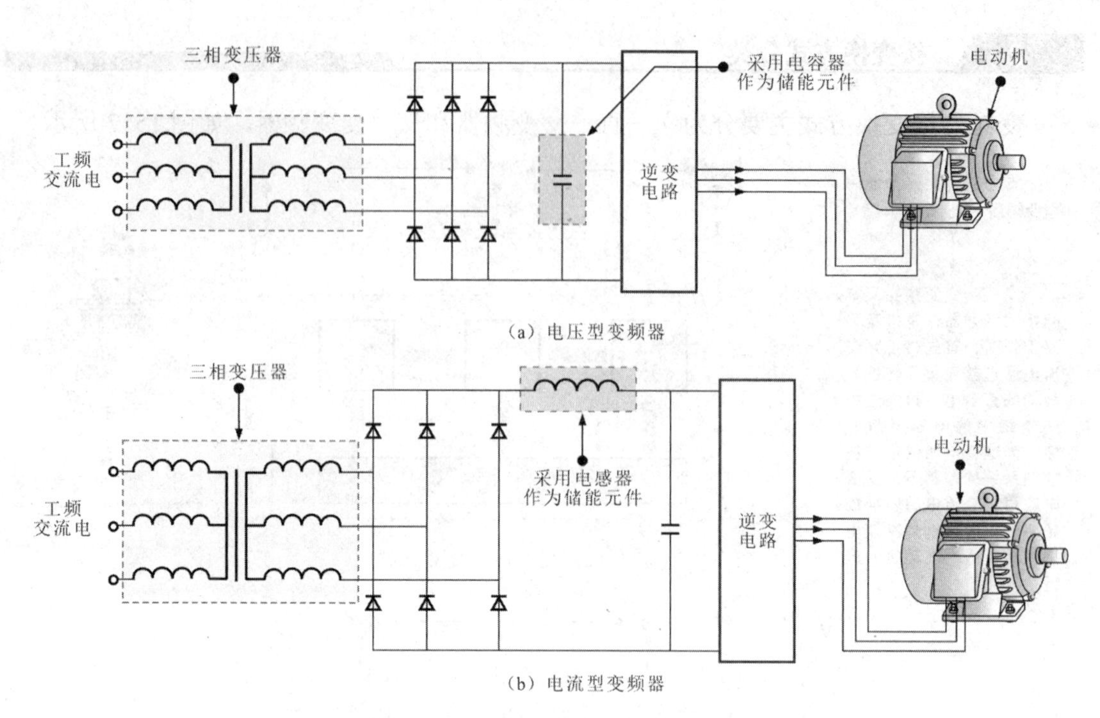

图 15-3 变频器按电源性质分类

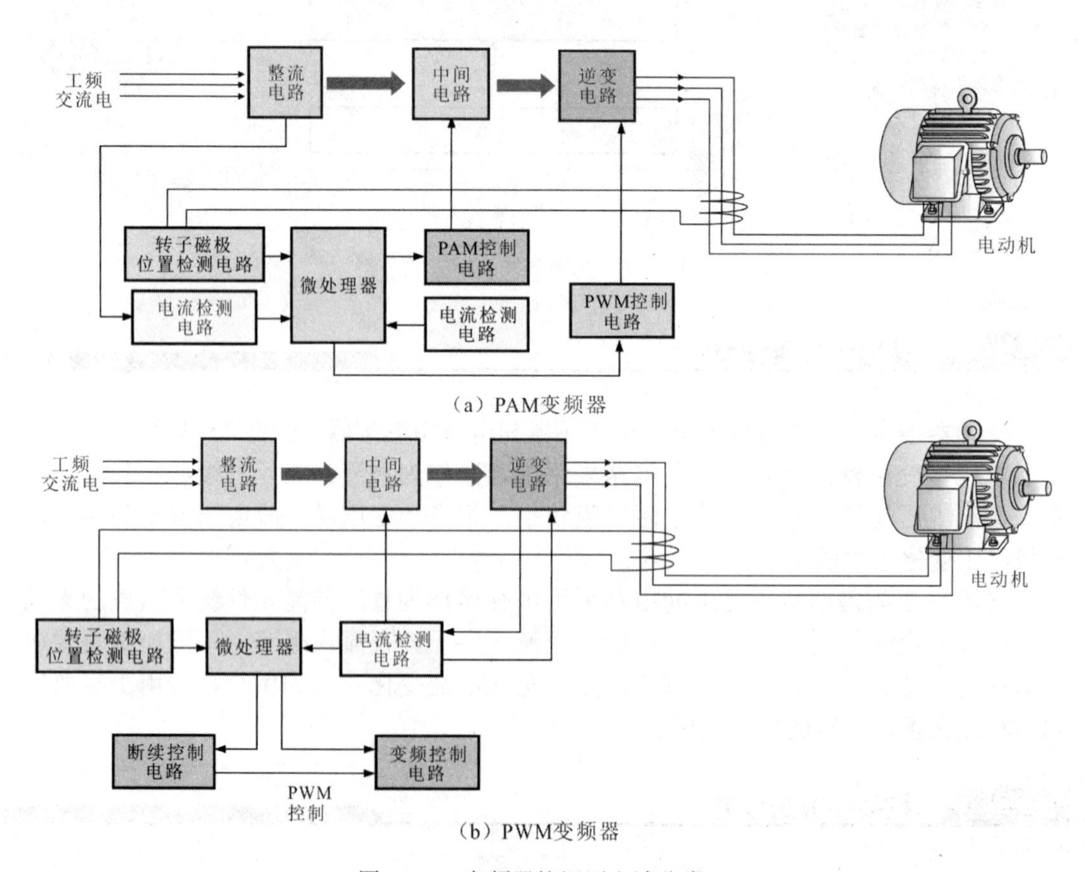

图 15-4 变频器按调压方法分类

提示

PAM 是 Pulse Amplitude Modulation（脉冲幅度调制）的缩写。PAM 变频器按照一定的规律对脉冲列的脉冲幅度进行调制，控制输出的量值和波形，实际上就是能量的大小用脉冲的幅度来表示，整流输出电路中增加绝缘删双极型晶体管（IGBT），通过对 IGBT 的控制改变整流电路输出的直流电压幅度（140 ～ 390V），变频电路输出的脉冲电压不但宽度可变，而且幅度也可变。

PWM 是 Pulse Width Modulation（脉冲宽度调制）的缩写。PWM 变频器同样按照一定的规律对脉冲列的脉冲宽度进行调制，控制输出量和波形，实际上就是能量的大小用脉冲的宽度来表示，整流电路输出的直流供电电压基本不变，变频器功率模块的输出电压幅度恒定，控制脉冲的宽度受微处理器控制。

5 按变频控制分类

变频器按变频控制分为压 / 频（*U*/*f*）控制变频器、转差频率控制变频器、矢量控制变频器、直接转矩控制变频器等。

15.1.2 变频器的功能特点

变频器是一种集启停控制、变频调速、显示及按键设置功能、保护功能等于一体的电动机控制装置，主要用于需要调整转速的设备中，既可以改变输出的电压又可以改变频率（改变电动机的转速）。

图 15-5 为变频器的功能原理。从图中可以看到，变频器可将频率一定的交流电源转换为频率可变的交流电源，实现对电动机的启动及转速的控制。

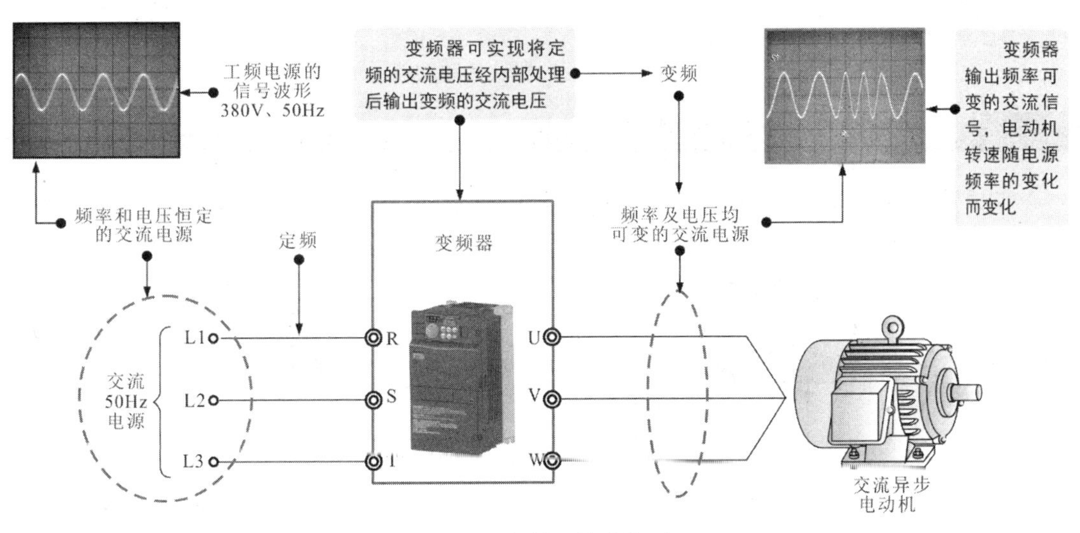

图 15-5 变频器的功能原理

1 变频器具有软启动功能

如图 15-6 所示，变频器具备最基本的软启动功能，可实现被控制电动机的启动电流从零开始，最大值也不超过额定电流的 150%，减轻了对电网的冲击和对供电容量的要求。

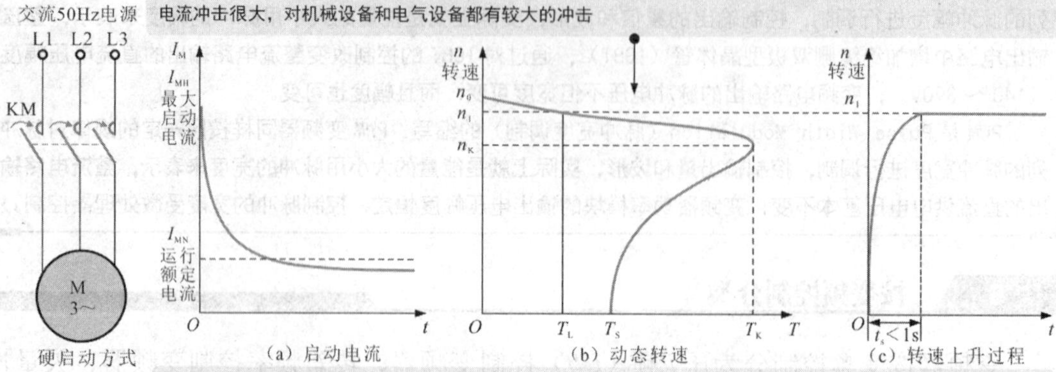

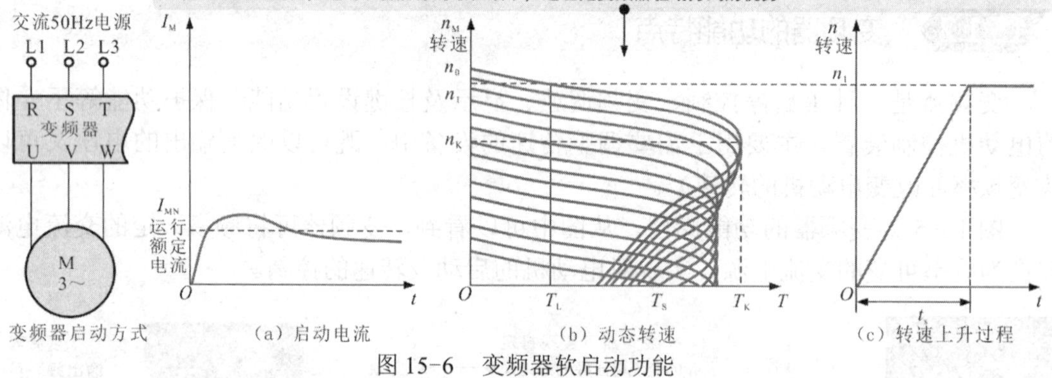

图 15-6　变频器软启动功能

2　变频器具有突出的变频调速功能

变频器具有调速控制功能，可以将工频电源通过一系列的转换使输出频率可变，自动完成电动机的调速控制，如图 15-7 所示。

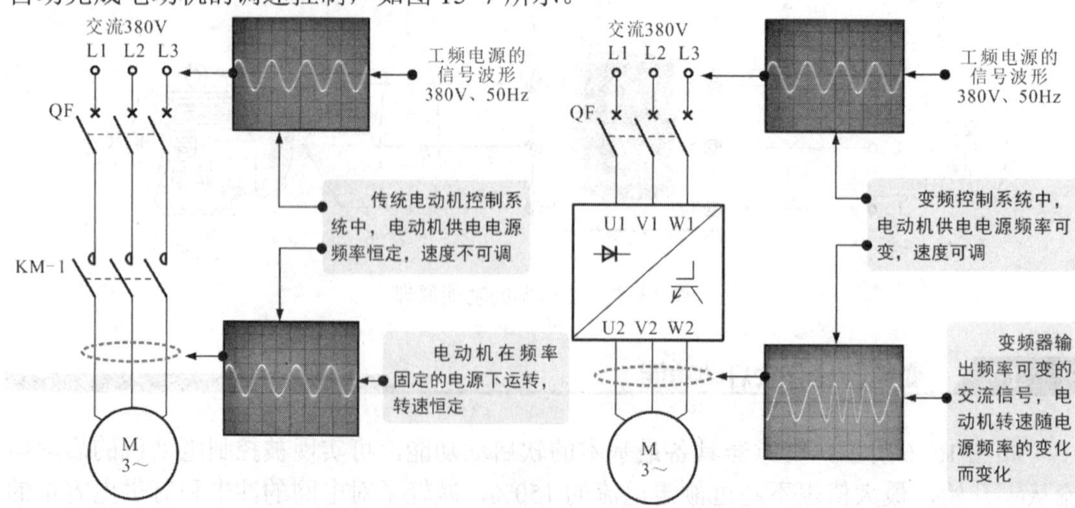

图 15-7　变频器的变频调速功能

3 变频器具有通信功能

为了便于通信及人机交互，变频器上通常设有不同的通信接口，可与 PLC 自动控制系统及远程操作器、通信模块、计算机等通信连接，如图 15-8 所示。

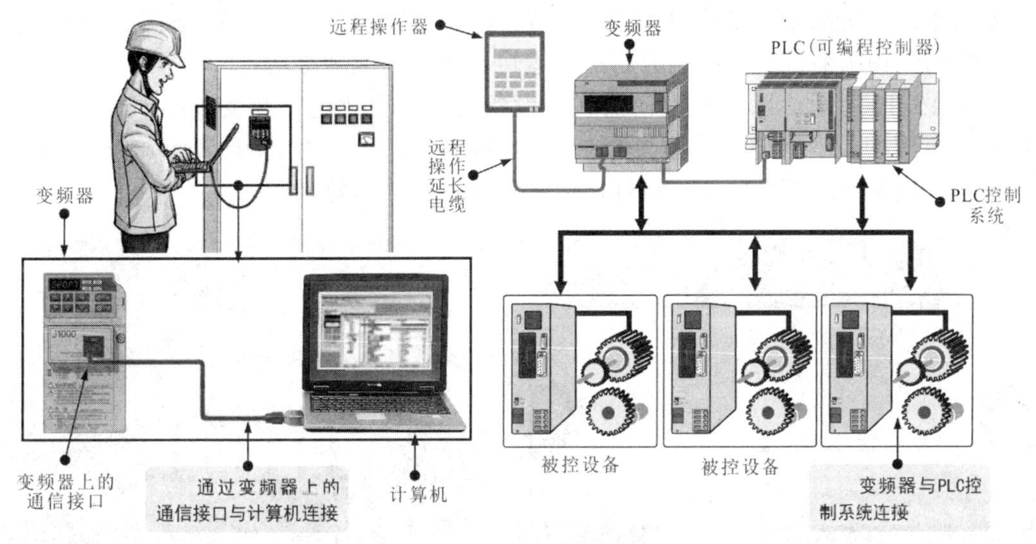

图 15-8　变频器的通信功能

4 变频器的其他功能

变频器除了基本的软启动、调速和通信功能外，在制动停机、安全保护、监控和故障诊断方面也具有突出的优势，如图 15-9 所示。

可受控的停机及制动功能

▶▶ 在变频器控制中，停机及制动方式可以受控，而且一般变频器都具有多种停机方式及制动方式的设定或选择，如减速停机、自由停机、减速停机+制动等，可减少对机械部件和电动机的冲击，使整个系统更加可靠。

安全保护功能

变频器内部设有保护电路，可实现自身及负载电动机的各种异常保护功能，主要包括过热（过载）保护和防失速保护。

▶▶ 过热（过载）保护功能

变频器的过热（过载）保护即过电流保护或电动机过热保护。在所有的变频器中都配置电子热保护功能或采用热继电器进行保护。过热（过载）保护功能是通过监测负载电动机及变频器本身温度，当变频器所控制的负载惯性过大或因负载过大引起电动机堵转时，输出电流超过额定值或交流电动机过热时，保护电路动作，使电动机停转，防止变频器及负载电动机损坏。

▶▶ 防失速保护

失速是指当给定的加速时间过短，电动机加速变化远远跟不上变频器的输出频率变化时，变频器将因电流过大而跳闸，运转停止。为了防止上述失速现象使电动机正常运转，变频器内部设有防失速保护电路，该电路可检出电流的大小，当加速电流过大时适当放慢加速速率，减速电流过大时也适当放慢减速速率，以防出现失速情况。

监控和故障诊断功能

▶▶ 变频器显示屏、状态指示灯及操作按键可用于变频器各项参数的设定及对设定值、运行状态等监控显示，且大多变频器内部都设有故障诊断功能，可对系统构成、硬件状态、指令的正确性等进行诊断，当发现异常时，会控制报警系统发出报警提示声，同时显示错误信息，故障严重时会发出控制指令停止运行，从而提高变频器控制系统的安全性。

图 15-9　变频器的其他功能

15.2 变频器的应用

15.2.1 制冷设备中的变频电路

变频电路是变频制冷设备中特有的电路模块，通过控制输出频率和电压可变的驱动电流驱动变频压缩机和电动机的启动、运转，从而实现制冷功能。

如图 15-10 所示，以变频空调器制冷设备为例，变频电路和变频压缩机位于空调器室外机机组中，变频电路在室外机控制电路的控制下，输出驱动变频压缩机的变频驱动信号，使变频压缩机启动、运行，达到制冷或制热的效果。

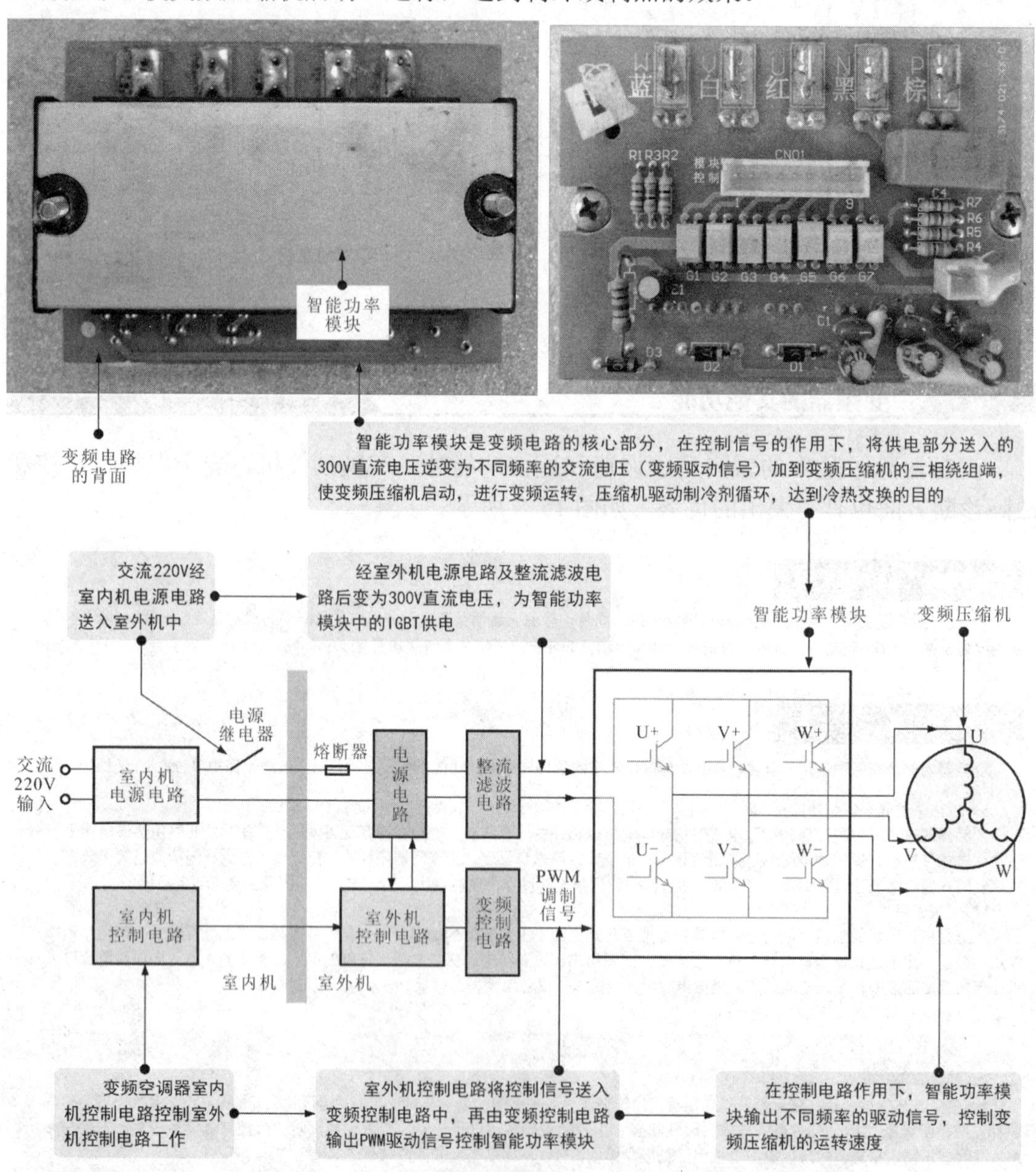

图 15-10　变频空调器中变频电路的特点

15.2.2 机电设备中的变频电路

机电设备中变频电路的控制过程与传统工业设备的控制过程基本类似，只是电动机的启动、停机、调速、制动、正 / 反转等运转方式及耗电量方面有明显的区别，采用变频器控制的机电设备，工作效率更高，更加节约能源。

图 15-11 为机电设备中变频电路的特点。

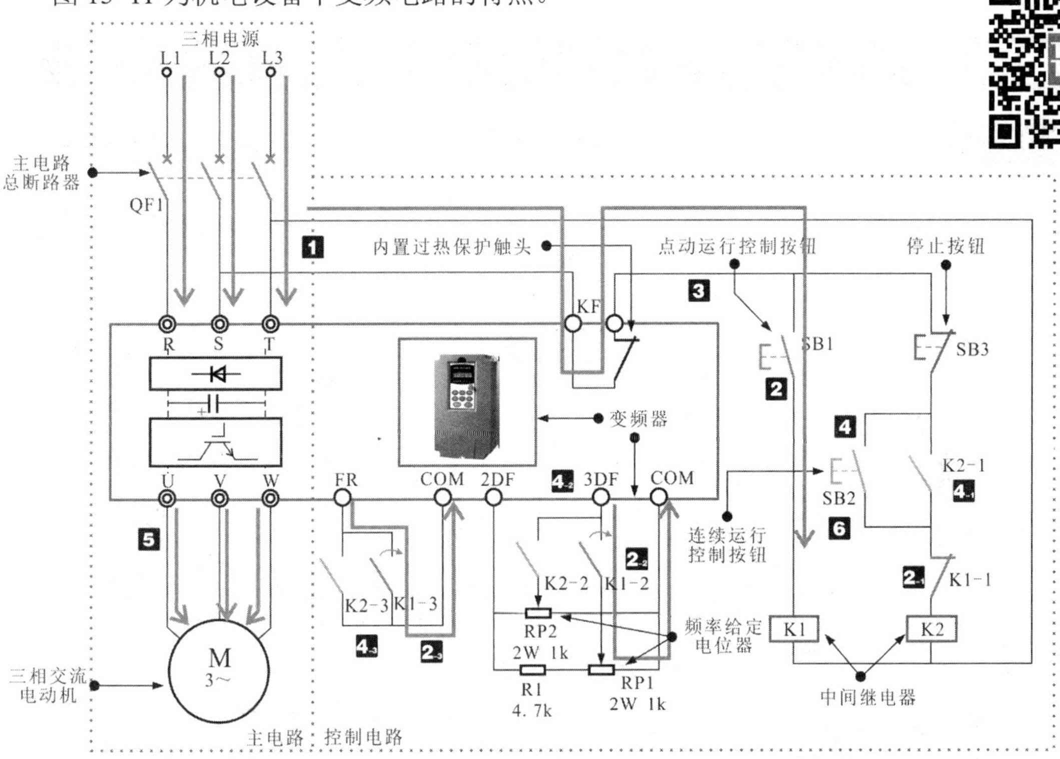

1 合上主电路的总断路器 QF1，接通三相电源，变频器主电路输入端 R、S、T 得电，控制电路部分接通电源进入准备状态。

2 当按下点动控制按钮 SB1 时，继电器 K1 线圈得电，对应的触头动作。

2-1 常闭触头 K1-1 断开，实现联锁控制，防止继电器 K2 得电。

2-2 常开触头 K1-2 闭合，变频器的 3DF 端与 RP1 及 COM 端构成回路，RP1 有效，调节 RP1 电位器即可获得三相交流电动机点动运行时需要的工作频率。

2-3 常开触头 K1-3 闭合，变频器的 FR 端经 K1-3 与 COM 端接通，变频器内部主电路开始工作，U、V、W 端输出变频电源，电源频率按预置的升速时间上升至给定对应数值，三相交流电动机得电启动运行。

3 在电动机运行过程中，松开按钮开关 SB1，继电器 K1 线圈失电，常闭触头 K1-1 复位闭合，为继电器 K2 工作做好准备；常开触头 K1-2 复位断开，变频器的 3DF 端与频率给定电位器 RP1 触点被切断；常开触头 K1-3 复位断开，变频器的 FR 端与 COM 端断开，变频器内部主电路停止工作，三相交流电动机失电停转。

4 当按下连续控制按钮 SB2 时，继电器 K2 线圈得电，对应的触头动作。

4-1 常开触头 K2-1 闭合，实现自锁功能。

4-2 常开触头 K2-2 闭合，变频器的 3DF 端与 RP2 及 COM 端构成回路，此时 RP2 电位器有效，调节 RP2 的阻值即可获得三相交流电动机连续运行时需要的工作频率。

图 15-11 机电设备中变频电路的特点

4-3 常开触头K2-3闭合，变频器的FR端经K2-3与COM端接通。

5 变频器内部主电路开始工作，U、V、W端输出变频电源，电源频率按预置的升速时间上升至给定对应的数值，三相交流电动机得电启动运行。

6 需要电动机停机时，按下停止按钮SB3，继电器K2线圈失电，常开、常闭触头全部复位，变频器内部主电路停止工作，三相交流电动机失电停转。

图15-11 机电设备中变频电路的特点（续）

15.3 变频器电路

15.3.1 海信KFR—4539（5039）LW/BP型变频空调器中的变频电路

图15-12为海信KFR—4539（5039）LW/BP型变频空调器中的变频电路，主要由控制电路、过电流检测电路、变频模块和变频压缩机构成。

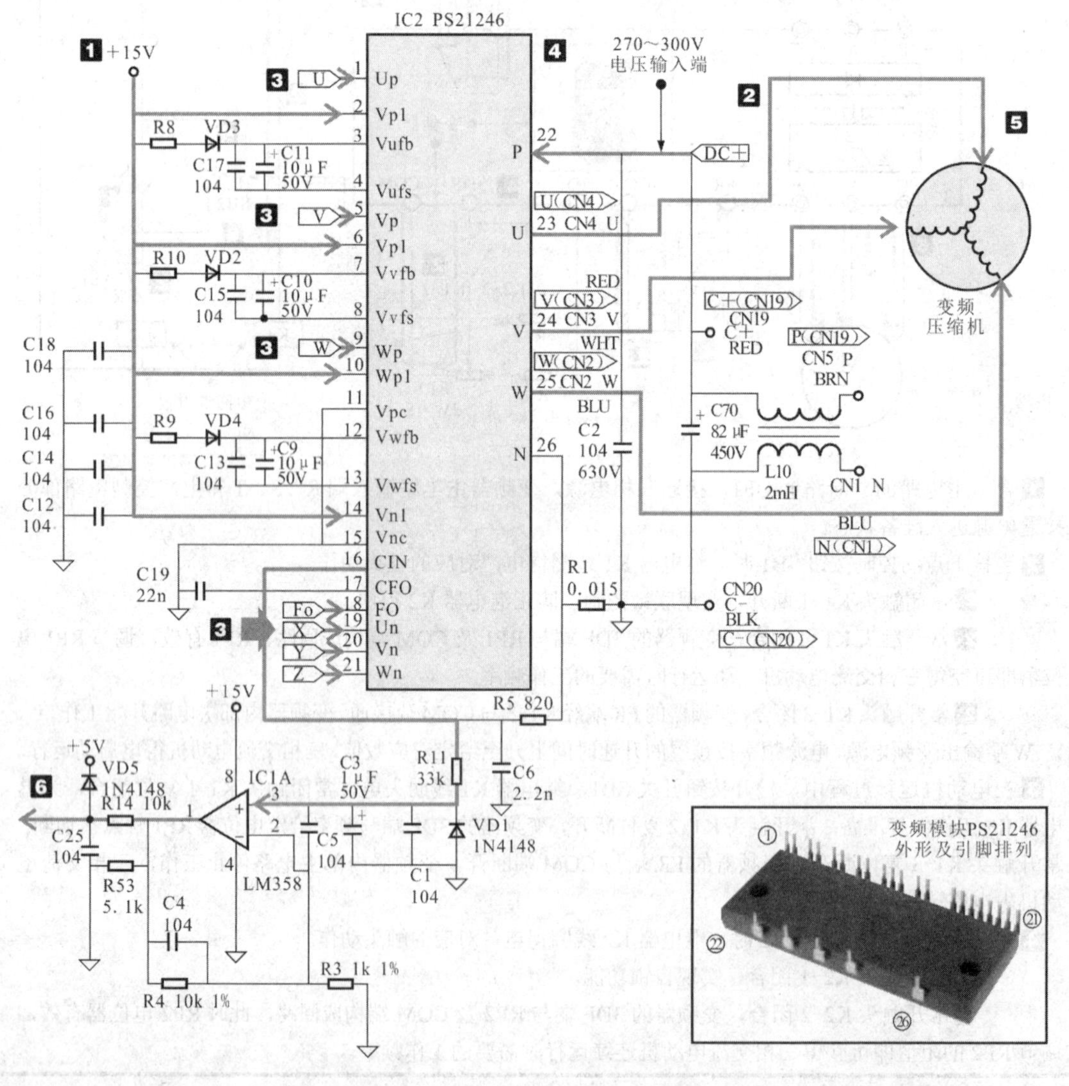

图15-12 海信KFR—4539（5039）LW/BP型变频空调器中的变频电路

❶ 电源供电电路输出的＋15V直流电压分别送入变频模块IC2(PS21246)的2脚、6脚、10脚和14脚中，为变频模块提供所需的工作电压。

❷变频模块 IC2（PS21246）的 22 脚为 +300V 电压输入端，为 IC2 的 IGBT 提供工作电压。

❸室外机控制电路中的微处理器 CPU 为变频模块 IC2（PS21246）的 1 脚、5 脚、9 脚、18 ～ 21 脚提供控制信号，控制变频模块内部逻辑电路工作。

❹控制信号经变频模块 IC2（PS21246）内部电路逻辑控制后，由 23 ～ 25 脚输出变频驱动信号，分别加到变频压缩机的三相绕组端。

❺变频压缩机在变频驱动信号的驱动下启动运转。

❻过电流检测电路对变频电路进行检测和保护，当变频模块内部的电流值过高时，便将过电流检测信号送往微处理器中，由微处理器对室外机电路实施保护控制。

图 15-12　海信 KFR—4539（5039）LW/BP 型变频空调器中的变频电路（续）

提示

变频模块 PS21246 的内部主要由 HVIC1、HVIC2、HVIC3 和 LVIC 4 个逻辑控制电路，6 个功率输出 IGBT（门控管）和 6 个阻尼二极管等部分构成，如图 15-13 所示。+300V 的 P 端为 IGBT 提供电源电压，由供电电路为逻辑控制电路提供 +5V 的工作电压，由微处理器为 PS21246 输入控制信号，经功率模块内部的逻辑处理后为 IGBT 控制极提供驱动信号，U、V、W 端为直流无刷电动机绕组提供驱动电流。

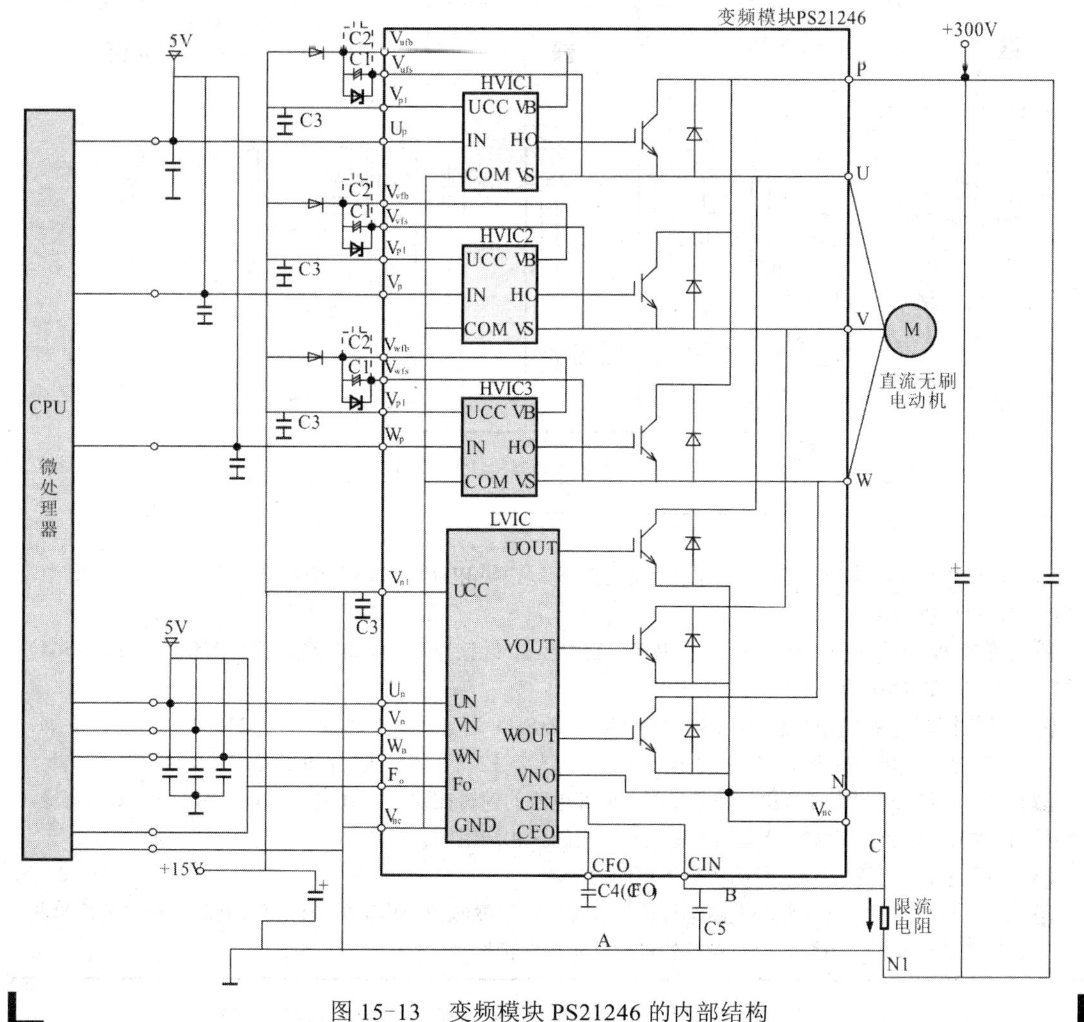

图 15-13　变频模块 PS21246 的内部结构

15.3.2 海信 KFR—25GW/06BP 型变频空调器中的变频电路

图 15-14 为海信 KFR—25GW/06BP 型变频空调器中的变频电路。该电路采用智能变频模块作为变频电路对变频压缩机进行调速控制，同时智能变频模块的电流检测信号会送到微处理器中，由微处理器根据信号保护变频模块。变频电路满足供电等工作条件后，由室外机控制电路中的微处理器（MB90F462—SH）为变频模块 IPM201（PS21564）提供控制信号，经变频模块 IPM201（PS21564）内部电路的逻辑控制后，为变频压缩机提供变频驱动信号，驱动变频压缩机启动运转。

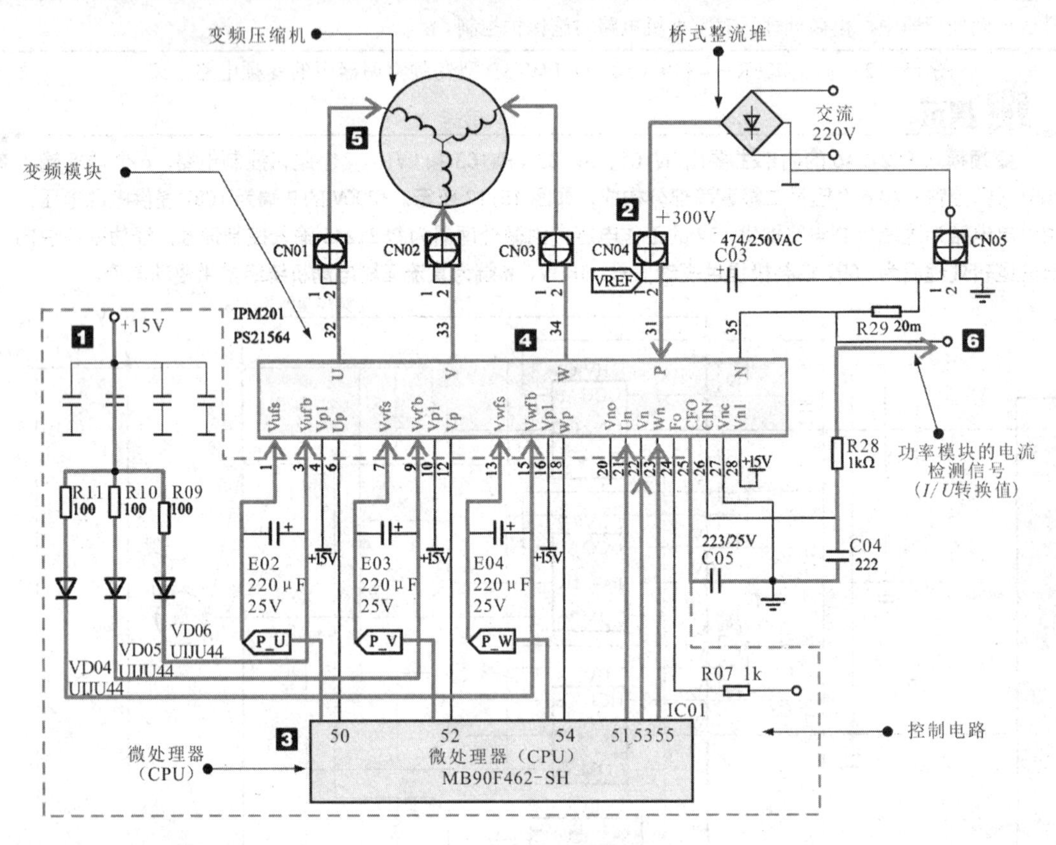

1 电源供电电路输出的 +15V 直流电压分别送入变频模块 IPM201（PS21564）的 3 脚、9 脚和 15 脚中，为变频模块提供所需的工作电压。

2 交流 220V 电压经桥式整流堆输出 +300V 直流电压，经接口 CN04 加到变频模块 IPM201（PS21564）的 31 脚，为 IPM201 的 IGBT 提供工作电压。

3 室外机控制电路中的微处理器 CPU（MB90F462-SH）为变频模块 PM201（PS21564）的 1 脚、6 脚、7 脚、 12 脚、13 脚、18 脚、21 ～ 23 脚提供控制信号，控制变频模块内部的逻辑控制电路工作。

4 控制信号经变频模块 PM201（PS21564）内部电路的逻辑控制后，由 32 ～ 34 脚输出变频驱动信号，经接口 CN01、CN02、CN03 分别加到变频压缩机的三相绕组端。

5 变频压缩机在变频驱动信号的驱动下启动运转。

6 过电流检测电路对变频驱动电路进行检测和保护，当变频模块内部的电流值过高时，将过电流检测信号送往微处理器中，由微处理器对室外机电路实施保护控制。

图 15-14 海信 KFR—25GW/06BP 型变频空调器中的变频电路

提示

图 15-15 为 PS21564 智能功率模块的实物外形、引脚排列、内部结构及引脚功能。

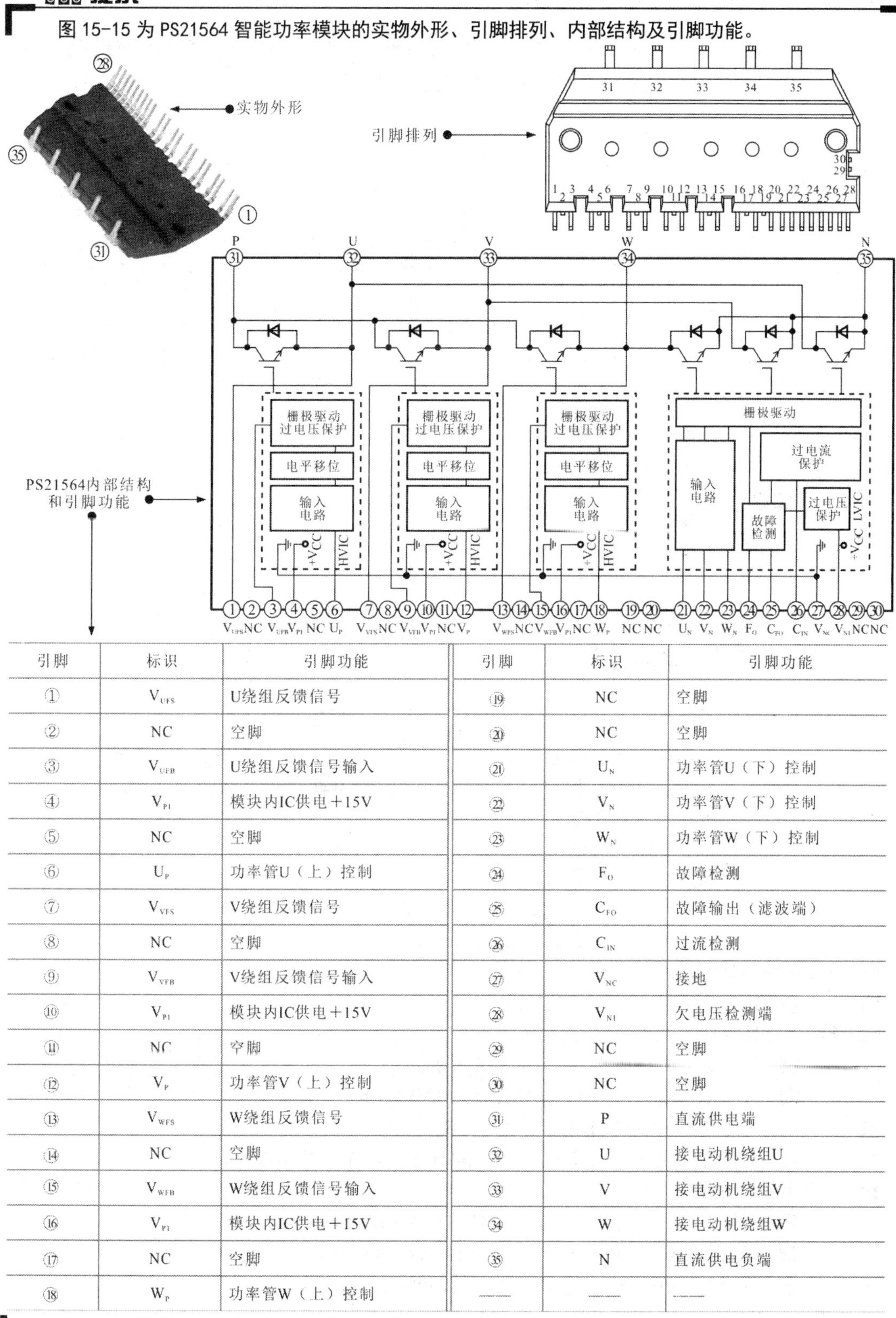

引脚	标识	引脚功能	引脚	标识	引脚功能
①	V_{UFS}	U绕组反馈信号	⑲	NC	空脚
②	NC	空脚	⑳	NC	空脚
③	V_{UFB}	U绕组反馈信号输入	㉑	U_N	功率管U（下）控制
④	V_{P1}	模块内IC供电＋15V	㉒	V_N	功率管V（下）控制
⑤	NC	空脚	㉓	W_N	功率管W（下）控制
⑥	U_P	功率管U（上）控制	㉔	F_O	故障检测
⑦	V_{VFS}	V绕组反馈信号	㉕	C_{FO}	故障输出（滤波端）
⑧	NC	空脚	㉖	C_{IN}	过流检测
⑨	V_{VFB}	V绕组反馈信号输入	㉗	V_{NC}	接地
⑩	V_{P1}	模块内IC供电＋15V	㉘	V_{N1}	欠电压检测端
⑪	NC	空脚	㉙	NC	空脚
⑫	V_P	功率管V（上）控制	㉚	NC	空脚
⑬	V_{WFS}	W绕组反馈信号	㉛	P	直流供电端
⑭	NC	空脚	㉜	U	接电动机绕组U
⑮	V_{WFB}	W绕组反馈信号输入	㉝	V	接电动机绕组V
⑯	V_{P1}	模块内IC供电＋15V	㉞	W	接电动机绕组W
⑰	NC	空脚	㉟	N	直流供电负端
⑱	W_P	功率管W（上）控制	——	——	——

图 15-15　PS21564 智能功率模块的外形、引脚排列、内部结构及引脚功能

15.3.3 恒压供气变频控制电路

恒压供气系统的控制对象为空气压缩机电动机，通过变频器对空气压缩机电动机
图 15-16 为恒压供气变频控制电路的结构及控制过程分析。

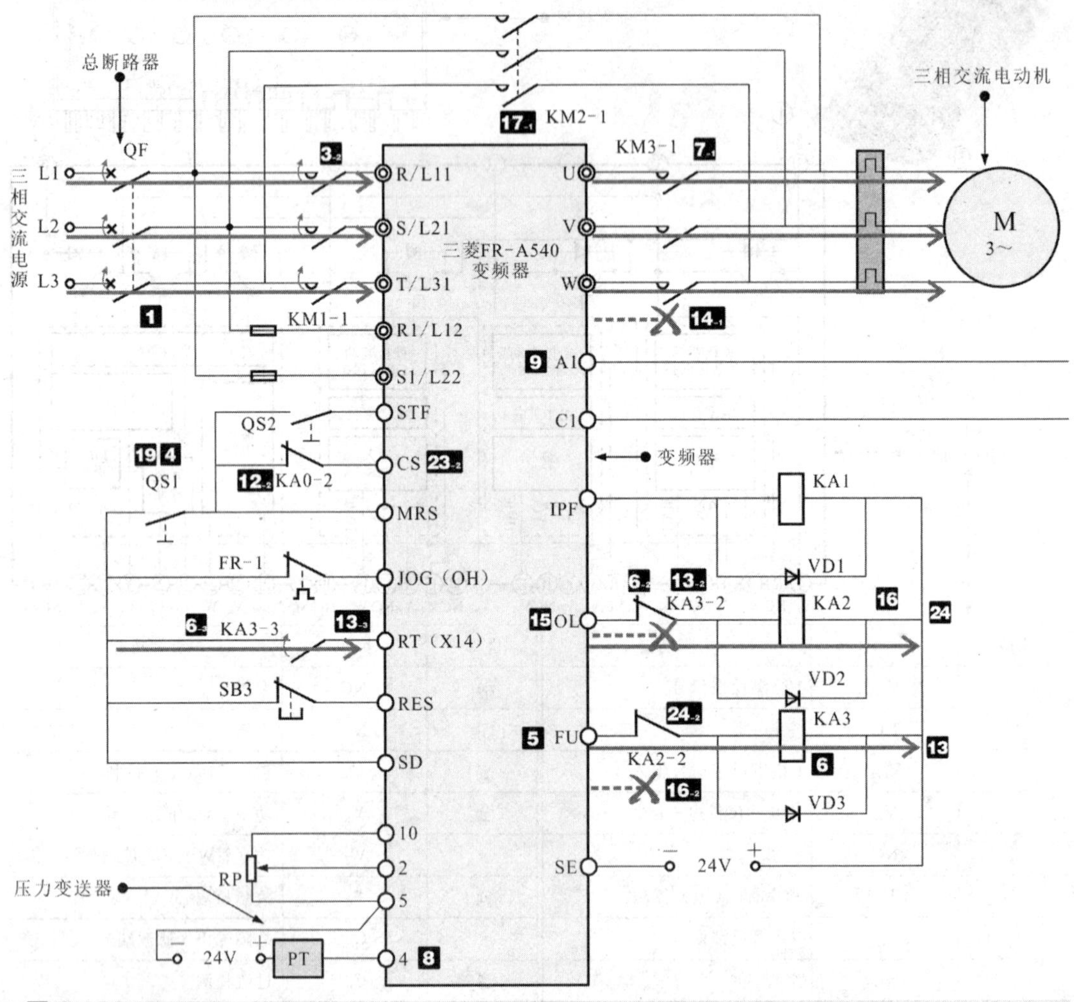

1 合上总断路器 QF，接通三相电源。

2 按下启动按钮 SB1。

2 → 3 交流接触器 KM1 线圈得电。

- 3-1 常开辅助触点 KM1-2 闭合，实现自锁功能。
- 3-2 常开主触点 KM1-1 闭合，变频器的主电路输入端 R、S、T 得电。

4 合上变频器启动电源开关 QS2 和运行联锁开关 QS1。

5 变频器接收到变频启动指令，经变频器内部电路处理后由 FU 端输出低电平。

6 中间继电器 KA3 线圈得电。

- 6-1 常开触点 KA3-1 闭合，接通交流接触器 KM3 线圈供电回路。
- 6-2 常闭触点 KA3-2 断开，防止中间继电器 KA2 线圈得电。
- 6-3 常开触点 KA3-3 闭合，变频器进行 PID 控制。

图 15-16　恒压供气变频控制电路的结构及控制过程分析

的转速进行控制，可调节供气量，系统压力维持在设定值上。

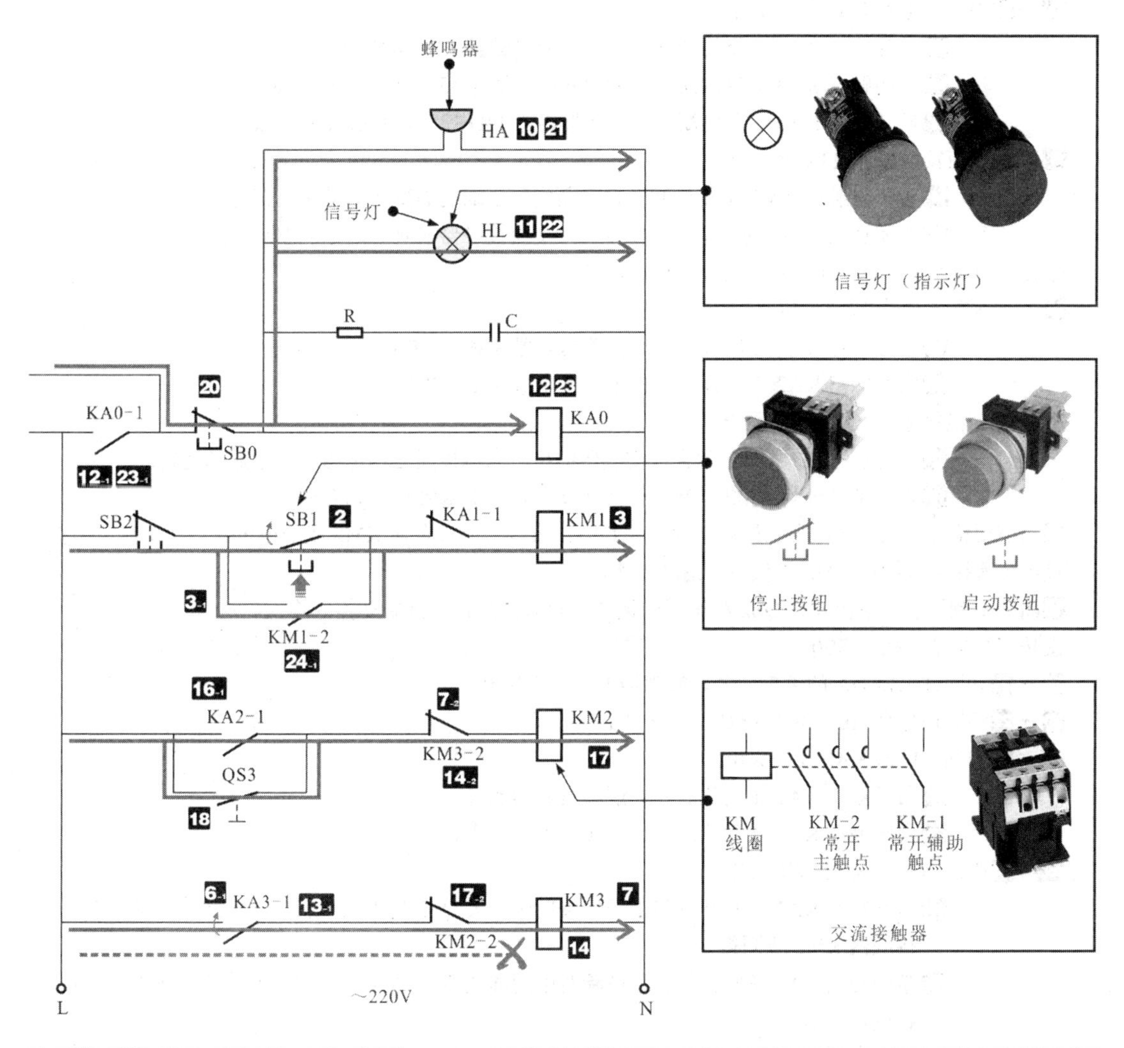

6-1→7 交流接触器 KM3 线圈得电。

7-1 常开主触点 KM3-1 闭合，变频器 U、V、W 端输出的变频启动驱动信号，经 KM3-1 后加到空气压缩机电动机的三相绕组上，空气压缩机电动机启动运转。

7-2 常闭辅助触点 KM3-2 断开，防止交流接触器 KM2 的线圈得电，起联锁保护作用。

7-1→8 空气压缩机电动机启动运转后，带动空气压缩机供气，压力变送器 PT 将检测的气压信号转换为电信号送到变频器中。

9 当变频器或外围电路发生故障时，可以使电动机的供电电源直接切换到输入电源（工频电源），故障输出端子 A1、C1 闭合。

9→10 蜂鸣器 HA 发出报警提示声。

9→11 信号灯 HL 点亮，指示变频器出现故障。

图 15-16　恒压供气变频控制电路的结构及控制过程分析（续 1）

9→12中间继电器 KA0 线圈得电。

12-1常开触点 KA0-1 闭合，实现自锁功能。

12-2常闭触点 KA0-2 断开，变频器接收到停机指令，经变频器内部电路处理后由 FU 端输出高电平。

12-2→13中间继电器 KA3 线圈失电。

13-1常开触点 KA3-1 复位断开，切断交流接触器 KM3 的供电回路。

13-2常闭触点 KA3-2 复位闭合，为中间继电器 KA2 线圈得电做好准备。

13-3常开触点 KA3-3 复位断开，变频器停止 PID 控制，系统转入工频供电方式。

13-1→14交流接触器 KM3 线圈失电。

14-1常开主触点 KM3-1 复位断开，切断空气压缩机的变频启动驱动信号。

14-2常闭辅助触点 KM3-2 复位闭合，为交流接触器 KM2 线圈得电做好准备。

15经一段时间延时后，由变频器 OL 端输出低电平。

16中间继电器 KA2 线圈得电。

16-1常开触点 KA2-1 闭合，接通交流接触器 KM2 供电回路。

16-2常开触点 KA2-2 断开，防止中间继电器 KA3 线圈得电。

16-1→17交流接触器 KM2 线圈得电。

17-1常开主触点 KM2-1 闭合，空气压缩机电动机接通三相电源，工频启动运转。

17-2常闭辅助触点 KM2-2 断开，防止交流接触器 KM3 线圈得电。

18当需要检修变频器时，合上检修电源开关 QS3，维持交流接触器 KM2 线圈得电，三相交流电动机直接由交流接触器触点 KM2-1 供电，继续工作。

19断开变频器启动电源开关 QS2 和运行联锁开关 QS1，禁止变频启动指令输入。

20按下故障解除按钮 SB0。

20→21切断蜂鸣器 HA 的供电电源，蜂鸣器 HA 停止报警。

20→22切断信号灯 HL 的供电电源，信号灯 HL 熄灭。

20→23中间继电器 KA0 线圈失电。

23-1常开触点 KA0-1 复位断开，解除自锁功能。

23-2常闭触点 KA0-2 复位闭合，变频器停止工作。

23-2→24中间继电器 KA2 线圈失电。

24-1常开触点 KA2-1 断开，但由于检修电源开关 QS3 处于闭合状态，因此仍能维持交流接触器 KM2 线圈得电。

24-2常闭触点 KA2-2 复位闭合，解除对中间继电器 KA3 的联锁功能可对变频器及外围电路进行控制。

图 15-16 恒压供气变频控制电路的结构及控制过程分析（续 2）

15.3.4 多台并联电动机正、反转变频控制电路

多台并联电动机正、反转变频控制电路的核心为变频器，由一台变频器对多台并联电动机进行正、反转控制，可使多台电动机在同一频率下工作，实现多台并联电动机的变频启动、运行和停机等控制功能。

图 15-17 为多台并联电动机正、反转变频控制电路的结构组成。

根据变频器与外部电气部件的连接关系，结合各组成部件的功能特点，可分析多台并联电动机正、反转控制电路的工作过程。

图 15-18 为多台并联电动机正、反转变频控制电路的工作过程分析。

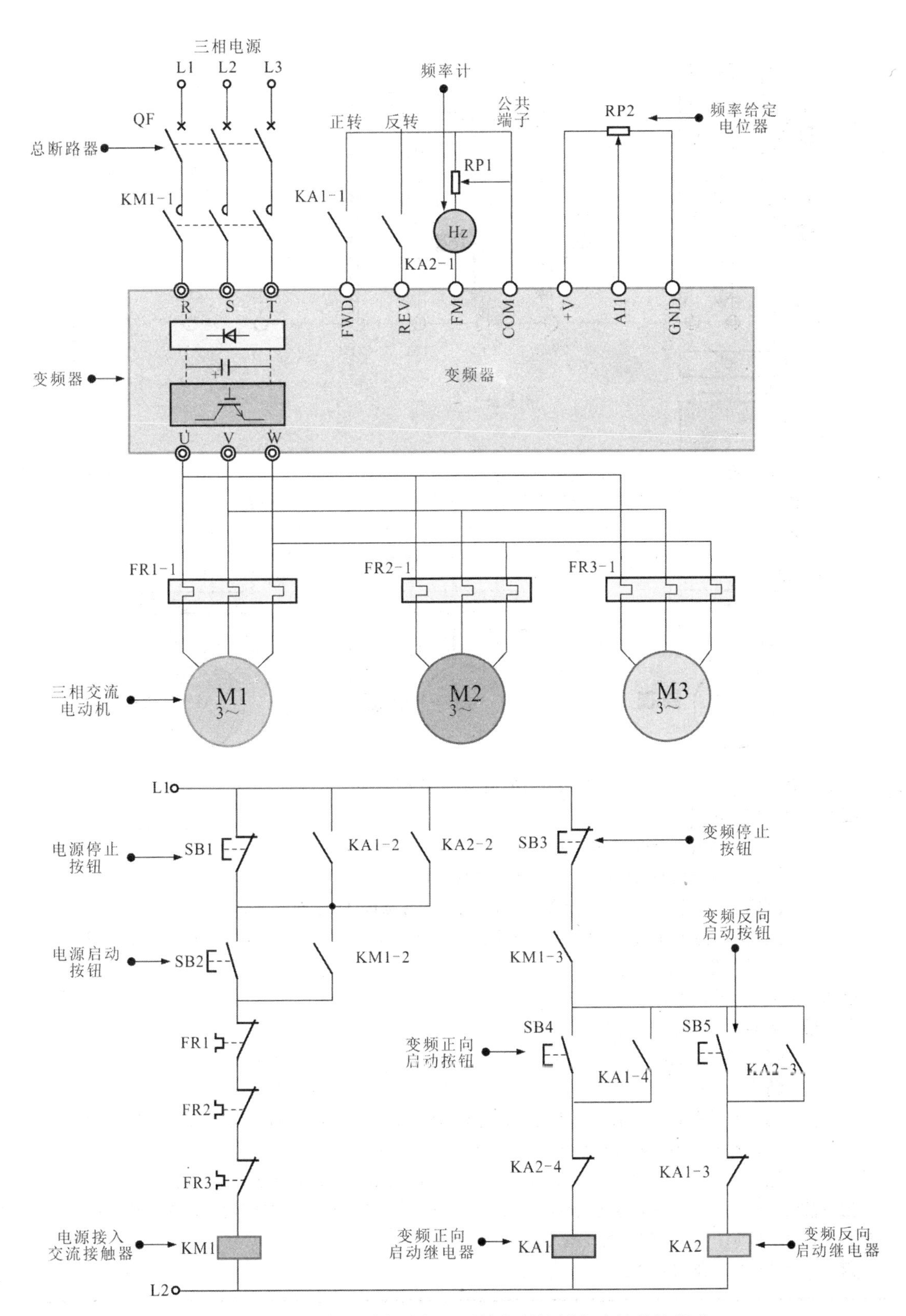

图 15-17　多台并联电动机正反转变频控制电路的结构组成

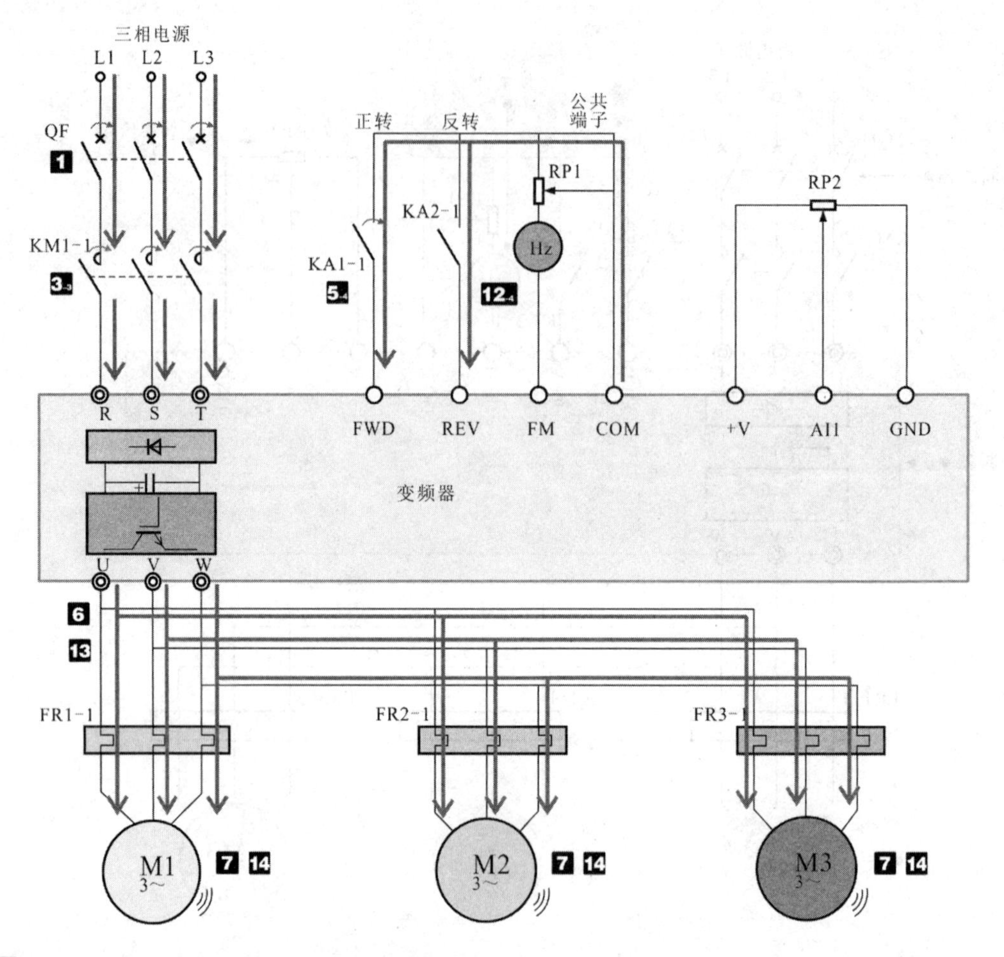

1 合上总断路器 QF，接通主电路三相电源，控制电路得电。

2 按下电源启动按钮 SB2。

2 → 3 交流接触器 KM1 线圈得电。

3-1 常开辅助触点 KM1-2 闭合，实现自锁。

3-2 常开辅助触点 KM1-3 闭合，为中间继电器 KA1、KA2 得电做好准备。

3-3 常开主触点 KM1-1 闭合，变频器的主电路输入端 R、S、T 接入三相交流电源，变频器进入准备工作状态。

4 按下变频正向启动按钮 SB4。

4 → 5 变频器正向启动继电器 KA1 线圈得电。

5-1 常开触点 KA1-4 闭合，实现自锁。

5-2 常闭触点 KA1-3 断开，防止变频器反向启动继电器 KA2 线圈得电。

5-3 常开触点 KA1-2 闭合，锁定电源停止按钮 SB1（此状态下按下按钮 SB1 无效），防止误操作使变频器在运转状态下突然断电影响变频器使用及电路安全。

5-4 常开触点 KA1-1 闭合，变频器正转启动端子 FWD 与公共端子 COM 短接。

5-4 → 6 变频器收到正转启动运转指令，内部主电路开始工作，U、V、W 端输出正向变频启动信号，加到三台电动机 M1 ～ M3 的三相绕组上。

7 三台电动机同时正向启动运转。

图 15-18　多台并联电动机正、反转变频器控制的工作过程分析

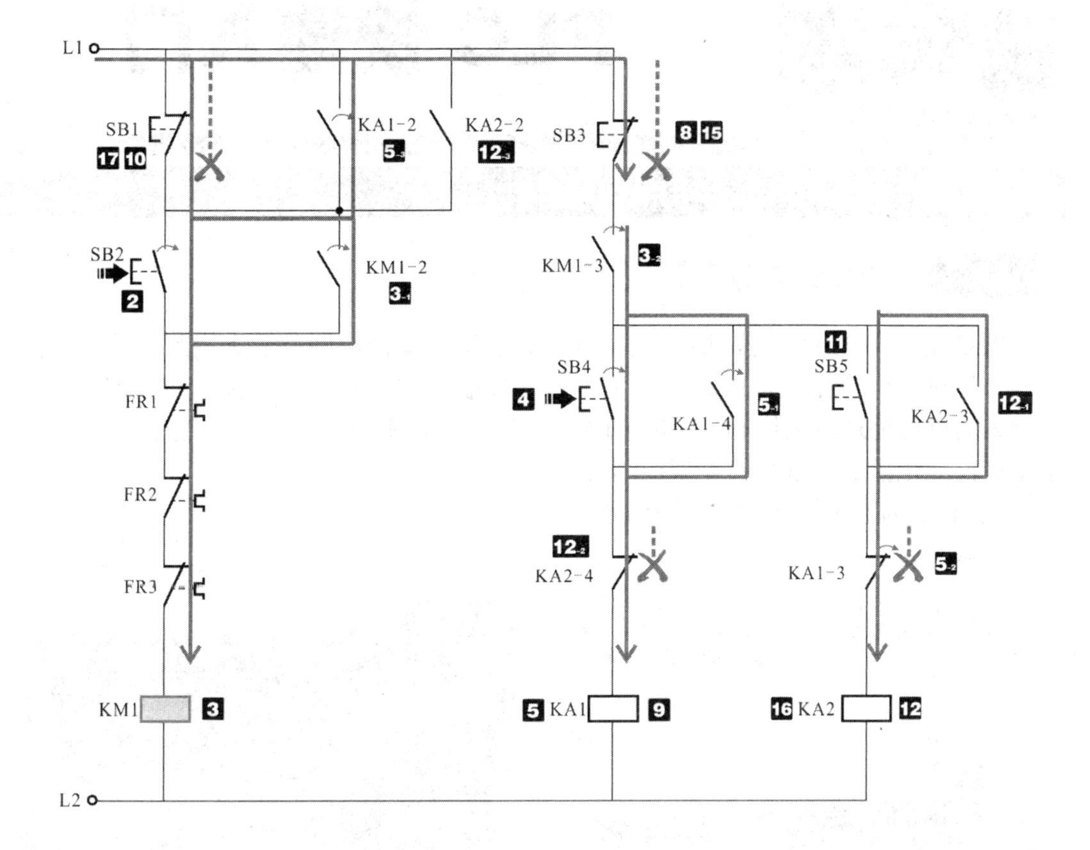

8若需要电动机停止运转，则按下变频器停止按钮 SB3。

8→9变频器正向启动继电器 KA1 线圈失电，带动所有触点均复位到初始状态，变频器再次进入准备工作状态。

10若长时间不使用该变频系统，可按下电源停止按钮 SB1，切断电路供电电源。

11当需要电动机反向运转时，按下变频器反向启动按钮 SB5。

12变频器反向启动继电器 KA2 线圈得电。

12-1常开触点 KA2-3 闭合，实现自锁。

12-2常闭触点 KA2-4 断开，防止变频器正向启动继电器 KA1 线圈得电。

12-3常开触点 KA2-2 闭合，锁定电源停止按钮 SB1。

12-4常开触点 KA2-1 闭合，变频器反转启动端子 REV 与公共端子 COM 短接。

13变频器收到反转启动运转指令，内部主电路开始工作，U、V、W 端输出反向变频启动信号，加到三台电动机 M1 ～ M3 的三相绕组上。

14三台电动机同时反向启动运转。

15若需要电动机停止运转，则按下变频器停止按钮 SB3。

16变频器反向启动继电器 KA2 线圈失电，带动所有触点复位，变频器再次进入准备工作状态（进入下一次工作循环）。

17若长时间不使用变频系统，可按下电源停止按钮 SB1，切断电路供电电源。

图 15-18　多台并联电动机正、反转变频器控制的工作过程分析（续）

第16章 PLC 快速入门

16.1 PLC 的功能特点与应用

16.1.1 PLC 的功能特点

PLC 是一种电子装置，能够直接进行数字运算操作，服务于大中型工业用户现场的操作管理。综合来说，PLC 是在继电器、接触器控制和计算机技术的基础上逐渐发展起来的以微处理器为核心，集微电子技术、自动化技术、计算机技术、通信技术为一体，以工业自动化控制为目标的新型控制装置。

图 16-1 为 PLC 实物外形及内部结构。

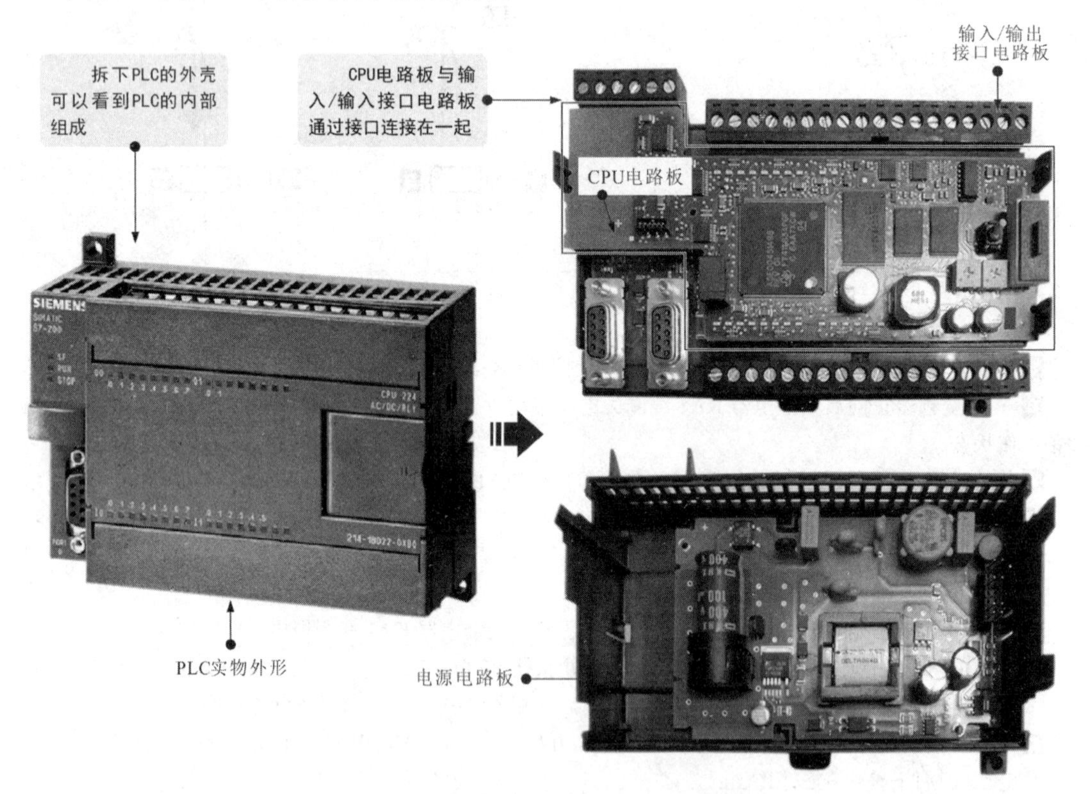

图 16-1　PLC 的实物外形及内部结构（西门子 S7-200 系列 PLC）

PLC 内部主要由三块电路板构成，分别是 CPU 电路板、输入 / 输出接口电路板和电源电路板。

CPU 电路板主要用于完成 PLC 的运算、存储和控制功能。

输入 / 输出接口电路板主要用于处理 PLC 输入、输出信号。

电源电路板主要用于为 PLC 内部各电路提供所需的工作电压。

图 16-2 为 PLC 的整机工作原理图。PLC 可以划分为 CPU 模块、存储器、通信接口、基本 I/O 接口、电源五部分。

控制及传感部件发出的状态信息和控制指令通过输入接口（I/O 接口）送入存储器的工作数据存储器中，在 CPU 的控制下从工作数据存储器中调入 CPU 寄存器，与 PLC 认可的编译程序结合，由运算器进行数据分析、运算和处理，将运算结果或控制指令通过输出接口传送给继电器、电磁阀、指示灯、蜂鸣器、电磁线圈、电动机等外部设备及功能部件执行相应的工作。

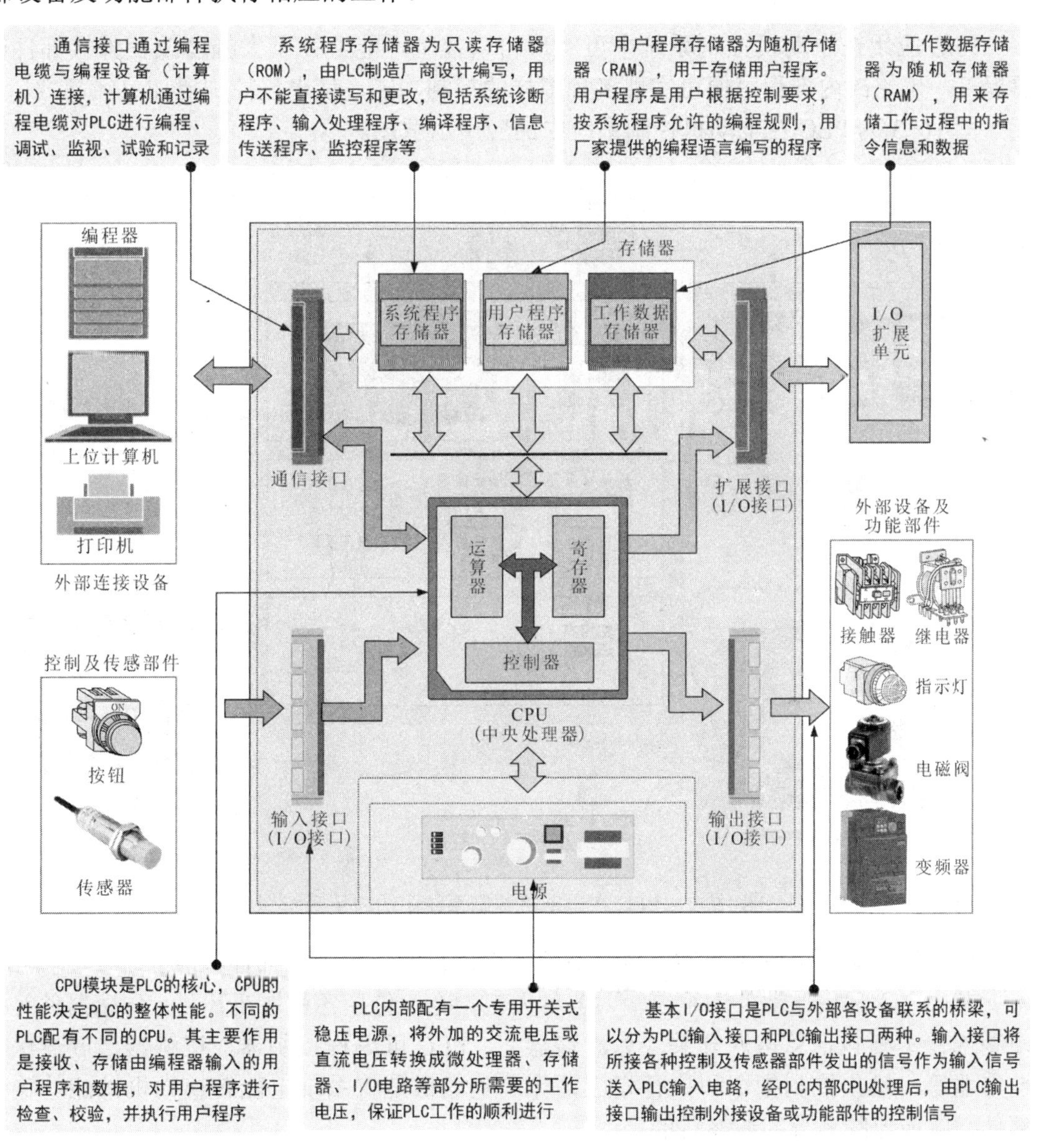

图 16-2　PLC 的整机工作原理图

提示

CPU（中央处理器）是 PLC 的控制核心，主要由控制器、运算器和寄存器三部分构成，通过数据总线、控制总线和地址总线与内部存储器及 I/O 接口相连。

16.1.2 PLC的应用

PLC发展极为迅速，随着技术的不断更新，控制功能，数据采集、存储、处理功能，可编程、调试功能，通信联网功能，人机界面功能等也逐渐变得强大起来，使得PLC的应用领域得到进一步急速扩展，广泛应用在各行各业的控制系统中。

1 PLC在电动机控制系统中的应用

PLC应用在电动机控制系统中可实现自动控制，能够在不大幅度改变外接部件的前提下，仅修改内部程序便可实现多种多样的控制功能，使电气控制更加灵活高效。

图16-3为PLC在电动机控制系统中的应用示意图。

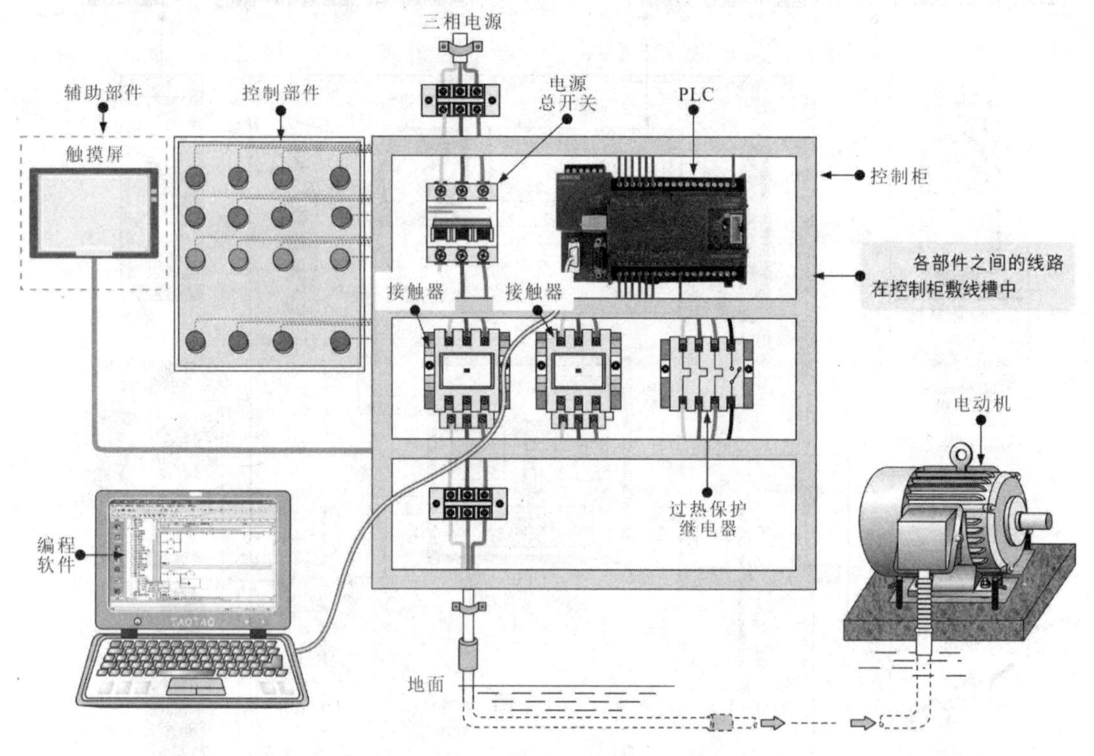

图16-3 PLC在电动机控制系统中的应用示意图

该系统主要是由操作部件、控制部件、电动机及一些辅助部件构成的。

其中，各种操作部件为系统输入各种人工指令，包括各种按钮开关、传感器件等；控制部件主要包括总电源开关（总断路器）、PLC可编程控制器、接触器、过热保护继电器等，输出控制指令和执行相应动作；电动机是将系统电能转换为机械能的输出部件，实现控制系统的最终目的。

2 PLC在复杂机床设备中的应用

机床设备是工业领域中的重要设备之一，功能强大，控制要求高，普通的继电器控制虽然能够实现基本的控制功能，但早已无法满足安全可靠、高效的管理要求。

用PLC控制机床设备，不仅能提高自动化水平，而且在实现相应的切削、磨削、钻孔、传送等功能中更具有突出的优势。

图16-4为机床PLC控制系统。

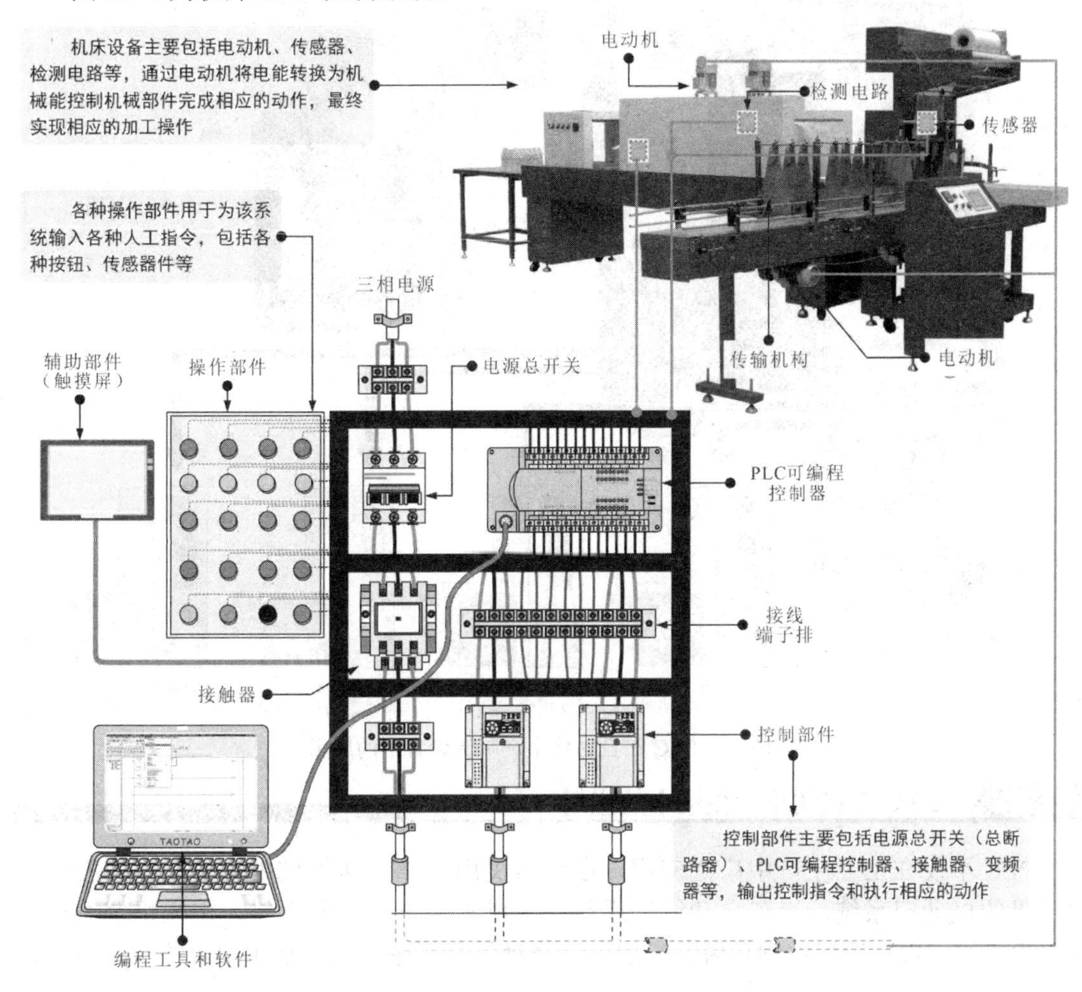

图16-4　机床PLC控制系统

该系统主要是由操作部件、控制部件和工控机床构成的。

其中，各种操作部件为系统输入各种人工指令，包括各种按钮开关、传感器件等；控制部件主要包括电源总开关（总断路器）、PLC可编程控制器、接触器、变频器等，输出控制指令和执行相应的动作；机床设备主要包括电动机、传感器、检测电路等，通过电动机将系统电能转换为机械能控制机械部件完成相应的动作，最终实现相应的加工操作。

3　PLC在自动化生产制造设备中的应用

PLC在自动化生产制造设备中主要用来实现自动控制功能，在电子元件加工、制造设备中作为控制中心，控制设备中的输送定位驱动电动机、加工深度调整电动机、旋转电动机和输出电动机等协调运转，相互配合实现自动化工作。

PLC 在自动化生产制造设备中的应用如图 16-5 所示。

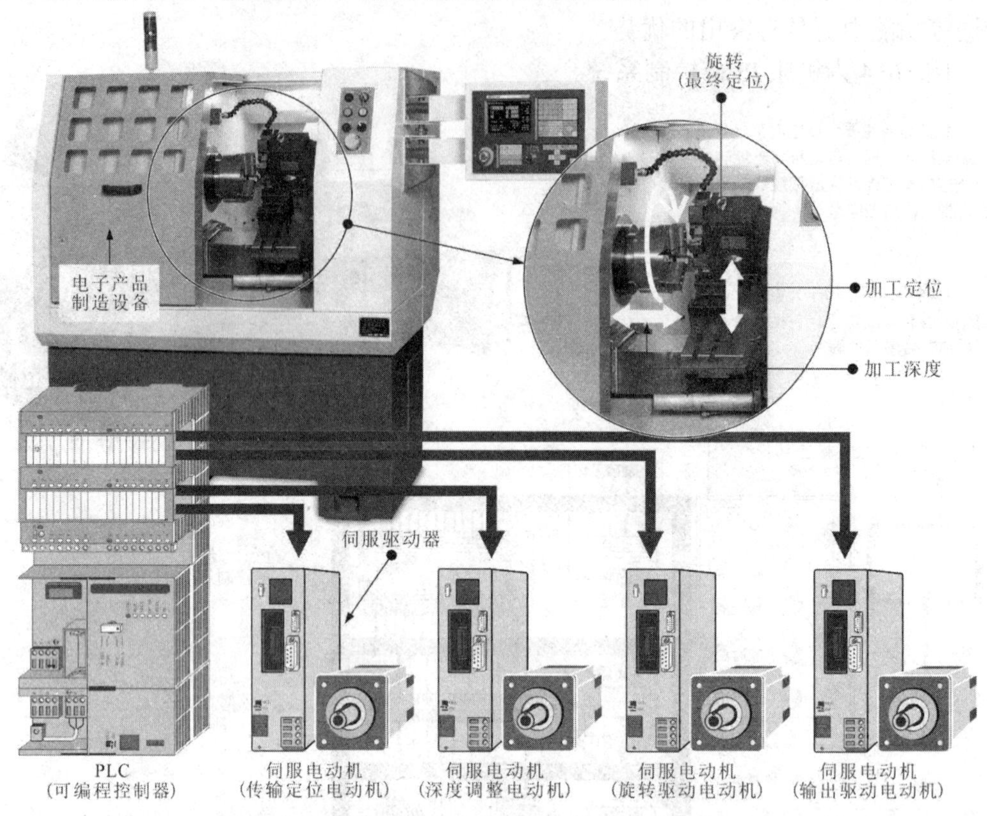

图 16-5　PLC 在自动化生产制造设备中的应用

4　PLC 在民用生产生活中的应用

PLC 不仅在工业生产中广泛应用，在很多民用生产生活领域中也得到迅速发展，如常见的自动门系统、汽车自动清洗系统、水塔水位自动控制系统、声光报警系统、流水生产线、农机设备控制系统、库房大门自动控制系统、蓄水池进出水控制系统等，都可由 PLC 控制、管理实现自动化功能。

图 16-6 为 PLC 控制库房大门示意图。

库房大门可通过传感器检测驶进的车辆状态自动控制开启和关闭，以便让车辆进入或离开库房。

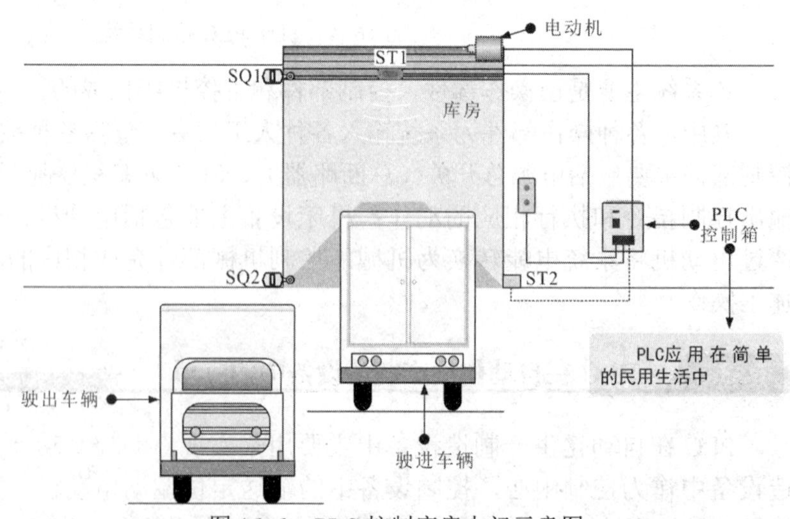

图 16-6　PLC 控制库房大门示意图

16.2 PLC 编程

16.2.1 PLC 的编程语言

PLC 作为一种可编程控制器，各种控制功能的实现都是通过内部预先编好的程序实现的，而控制程序的编写就需要使用相应的编程语言来实现。

不同品牌和型号的 PLC 都有各自的编程语言。例如，三菱公司的 PLC 产品有自己的编程语言，西门子公司的 PLC 产品也有自己的语言。但不管什么类型的 PLC，基本上都包含梯形图和语句表两种基础编程语言。

1 PLC 梯形图

PLC 梯形图是 PLC 程序设计中最常用的一种编程语言。它继承了继电器控制线路的设计理念，采用图形符号的连通图形式直观形象地表达电气线路的控制过程，与电气控制线路非常类似，易于理解，是广大电气技术人员最容易接受和使用的编程语言。

图 16-7 为电气控制线路与 PLC 梯形图的对应关系。

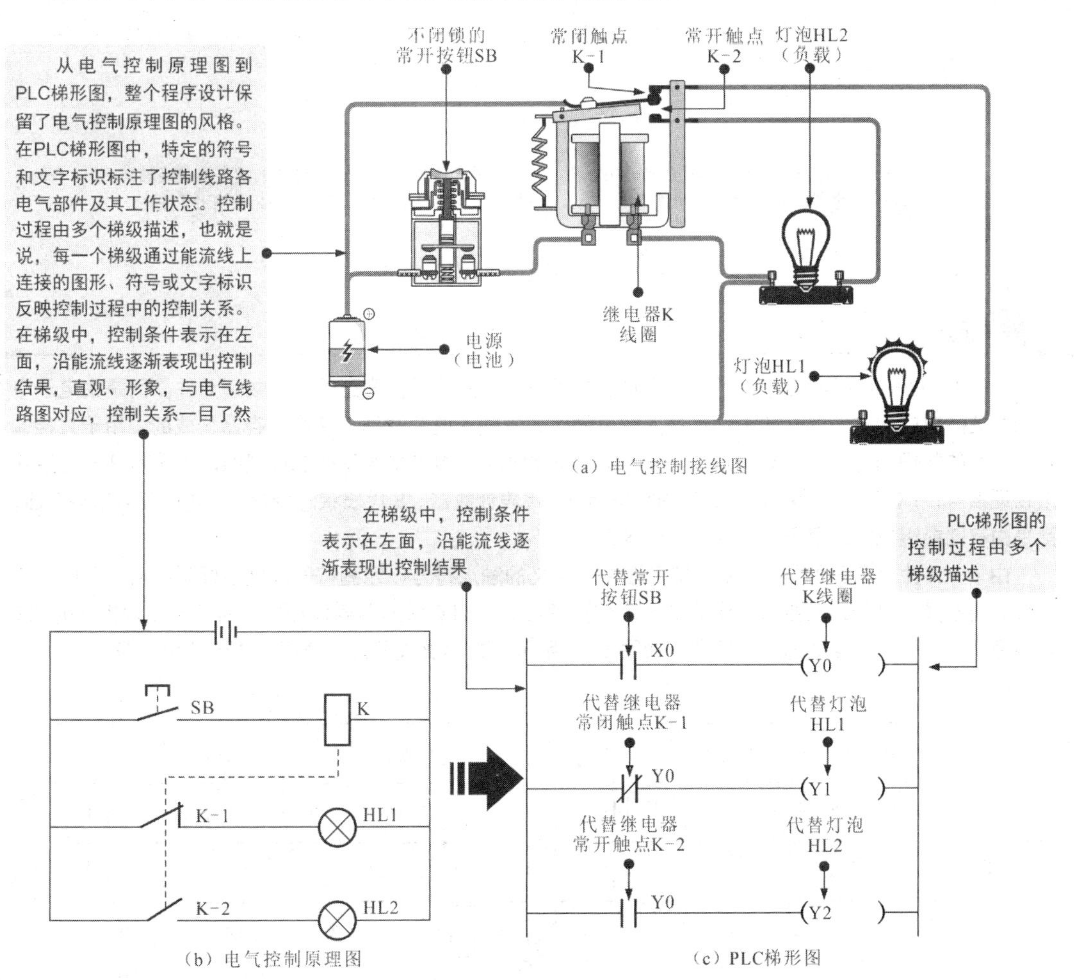

图 16-7　电气控制线路与 PLC 梯形图的对应关系

提示

搞清 PLC 梯形图可以非常快速地了解整个控制系统的设计方案（编程），洞悉控制系统中各电气部件的连接和控制关系，为控制系统的调试、改造提供帮助，若控制系统出现故障，从 PLC 梯形图入手也可准确快捷地做出检测分析，有效完成对故障的排查。可以说，PLC 梯形图在电气控制系统的设计、调试、改造及检修中有重要的意义。

梯形图主要是由母线、触点、线圈构成的。其中，梯形图中两侧的竖线为母线；触点和线圈是梯形图中的重要组成元素，如图 16-8 所示。

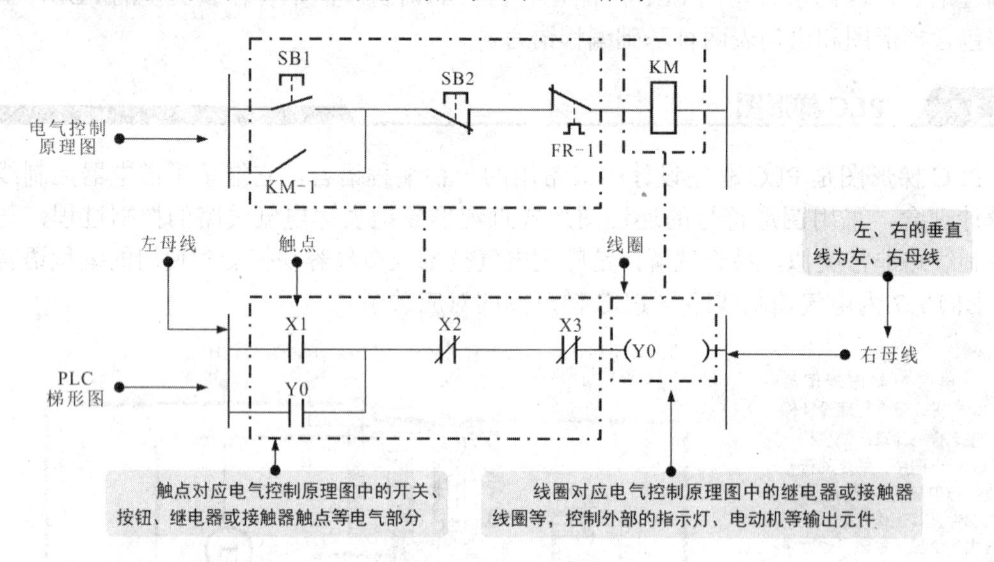

图 16-8　梯形图的结构和特点

提示

PLC 梯形图的内部是由许多不同功能元件构成的。它们并不是真正的硬件物理元件，而是由电子电路和存储器组成的软元件，如 X 代表输入继电器，是由输入电路和输入映像寄存器构成的，用于直接输入给 PLC 的物理信号；Y 代表输出继电器，是由输出电路和输出映像寄存器构成的，用于从 PLC 直接输出物理信号；T 代表定时器、M 代表辅助继电器、C 代表计数器、S 代表状态继电器、D 代表数据寄存器，都是由存储器组成的，用于 PLC 内部的运算。

由于 PLC 生产厂家的不同，PLC 梯形图中所定义的触点符号、线圈符号及文字标识等所表示的含义都会有所不同。例如，三菱公司生产的 PLC 就要遵循三菱 PLC 梯形图编程标准，西门子公司生产的 PLC 就要遵循西门子 PLC 梯形图编程标准，如图 16-9 所示，具体要以设备生产厂商的标准为依据。

三菱PLC梯形图基本标识和符号

继电器符号	继电器标识	符号
常开触点	X0	┤├
常闭触点	X1	┤/├
线圈	Y0	-(Y1)-

西门子PLC梯形图基本标识和符号

继电器符号	继电器标识	符号
常开触点	I0.0	┤├
常闭触点	I0.1	┤/├
线圈	Q0.0	—( )

图 16-9　PLC 梯形图基本标识和符号

2 PLC 语句表

PLC 语句表是另一种重要的编程语言，形式灵活、简洁，易于编写和识读，深受很多电气工程技术人员的欢迎。因此，无论是 PLC 的设计，还是 PLC 的系统调试、改造、维修，都会用到 PLC 语句表。

PLC 语句表是指运用各种编程指令实现控制对象控制要求的语句表程序。针对 PLC 梯形图直观形象的图示化特色，PLC 语句表正好相反，编程最终以“文本”的形式体现。

图 16-10 是用 PLC 梯形图和 PLC 语句表编写的同一个控制系统的程序。

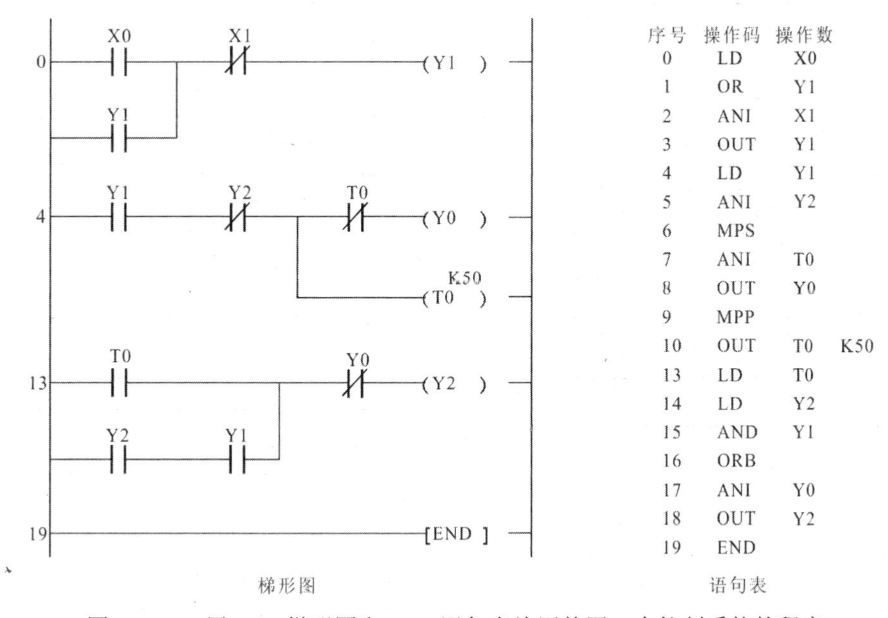

图 16-10 用 PLC 梯形图和 PLC 语句表编写的同一个控制系统的程序

PLC 语句表虽没有 PLC 梯形图直观、形象，但表达更加精练、简洁。如果了解了 PLC 语句表和 PLC 梯形图的含义后，就会发现，PLC 语句表和 PLC 梯形图是一一对应的。

如图 16-11 所示，PLC 语句表是由序号、操作码和操作数构成的。

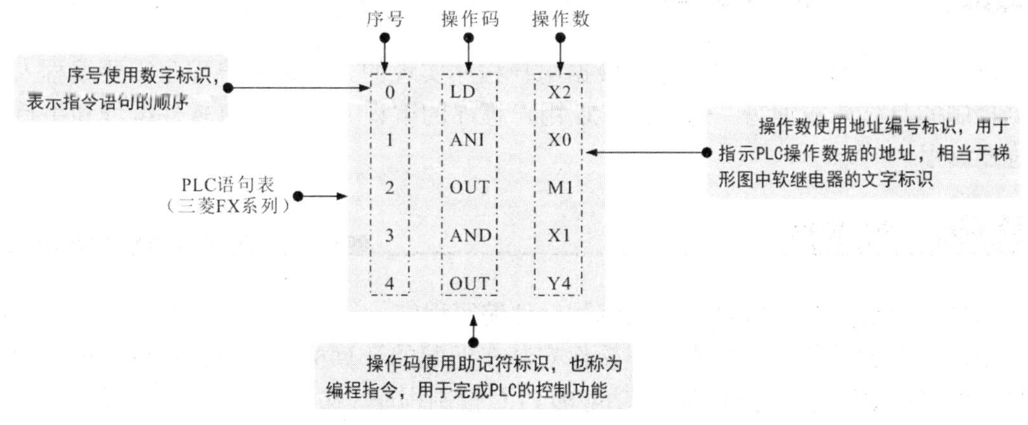

图 16-11 PLC 语句表的结构组成和特点

提示

不同厂家生产的PLC，其语句表使用的助记符（编程指令）也不相同，对应语句表使用的操作数（地址编号）也有差异，具体可参考PLC的编程说明，见表16-1。

表16-1　不同厂家的助记符和操作数

三菱FX系列常用操作码（助记符）	
名称	符号
读指令（逻辑段开始-常开触点）	LD
读反指令（逻辑段开始-常闭触点）	LDI
输出指令（驱动线圈指令）	OUT
与指令	AND
与非指令	ANI
或指令	OR
或非指令	ORI
电路块与指令	ANB
电路块或指令	ORB
置位指令	SET
复位指令	RST
进栈指令	MPS
读栈指令	MRD
出栈指令	MPP
上升沿脉冲指令	PLS
下降沿脉冲指令	PLF

西门子S7-200系列常用操作码（助记符）	
名称	符号
读指令（逻辑段开始-常开触点）	LD
读反指令（逻辑段开始-常闭触点）	LDN
输出指令（驱动线圈指令）	=
与指令	A
与非指令	AN
或指令	O
或非指令	ON
电路块与指令	ALD
电路块或指令	OLD
置位指令	S
复位指令	R
进栈指令	LPS
读栈指令	LRD
出栈指令	LPP
上升沿脉冲指令	EU
下降沿脉冲指令	ED

三菱FX系列常用操作数	
名称	符号
输入继电器	X
输出继电器	Y
定时器	T
计数器	C
辅助继电器	M
状态继电器	S

西门子S7-200系列常用操作数	
名称	符号
输入继电器	I
输出继电器	Q
定时器	T
计数器	C
通用辅助继电器	M
特殊标志继电器	SM
变量存储器	V
顺序控制继电器	S

16.2.2 PLC的编程方式

PLC所实现的各项控制功能是根据用户程序实现的。各种用户程序需要编程人员根据控制的具体要求编写。通常，PLC用户程序的编程方式主要有软件编程和手持式编程器编程。

1 软件编程

软件编程是指借助PLC专用的编程软件编写程序。

采用软件编程的方式需将编程软件安装在匹配的计算机中，在计算机上根据编程软件的使用规则编写具有相应控制功能的PLC控制程序（梯形图程序或语句表程序），最后借助通信电缆将编写好的程序写入PLC内部即可。

图 16-12 为 PLC 的软件编程方式。

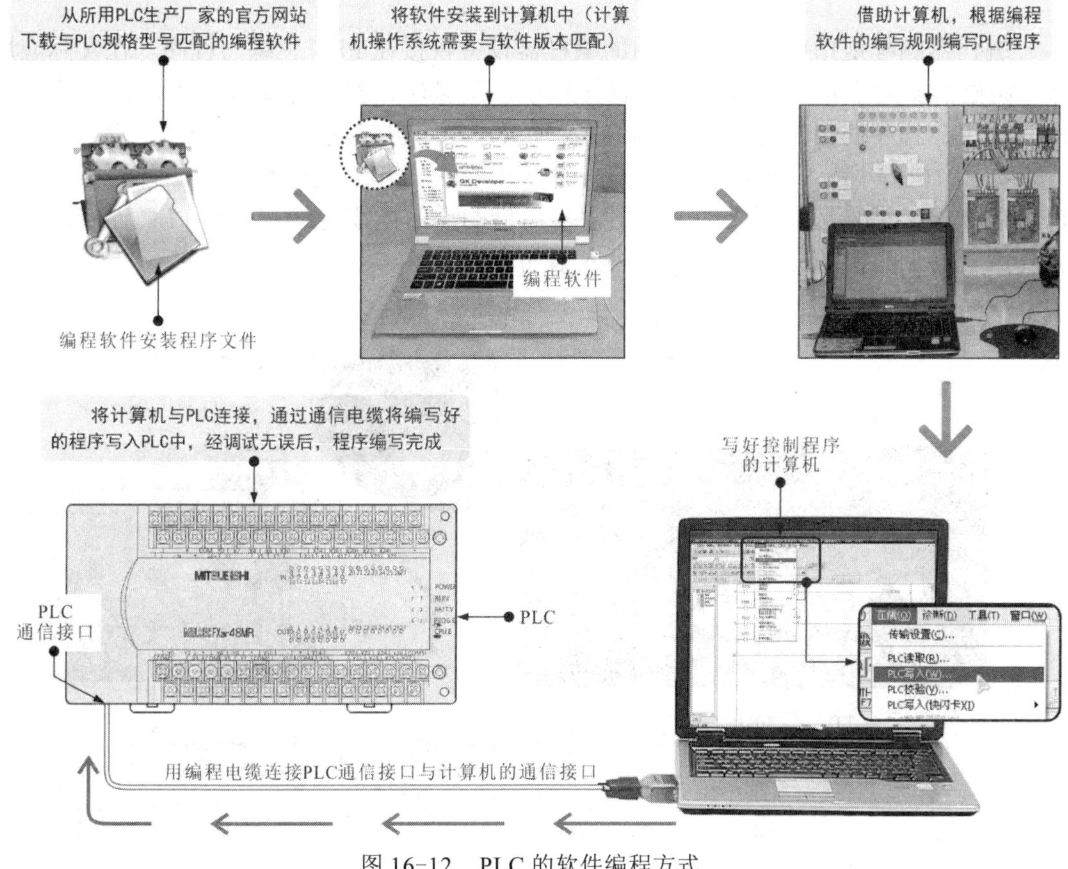

图 16-12　PLC 的软件编程方式

提示

不同类型 PLC 可采用的编程软件不相同，甚至有些相同品牌不同系列 PLC 可用的编程软件也不相同。表 16-2 为几种常用 PLC 可用的编程软件汇总。随着 PLC 的不断更新换代，对应的编程软件及版本都有不同的升级和更换，在实际选择编程软件时，应首先按品牌和型号对应查找匹配的编程软件。

表16-2 几种常用PLC可用的编程软件汇总

PLC的品牌	编辑软件	
三菱	GX-Developer	三菱通用
	FXGP-WIN-C	FX系列
	Gx Work2（PLC综合编程软件）	Q、QnU、L、FX等系列
西门子	STEP 7-Micro/WIN	S7-200
	STEP7 V系列	S7-300/400
松下	FPWIN-GR	
欧姆龙	CX-Programmer	
施耐德	unity pro XL	
台达	WPLSoft或ISPSoft	
AB	Logix5000	

2 编程器编程

编程器编程是指借助 PLC 专用的编程器设备直接在 PLC 中编写程序。在实际应用中，编程器多为手持式编程器，具有体积小、质量轻、携带方便等特点，在一些小型 PLC 的用户程序编制、现场调试、监视等场合应用十分广泛。

如图 16-13 所示，编程器编程是一种基于指令语句表的编程方式。首先需要根据 PLC 的规格、型号选配匹配的编程器，然后借助通信电缆将编程器与 PLC 连接，通过操作编程器上的按键直接向 PLC 中写入语句表指令。

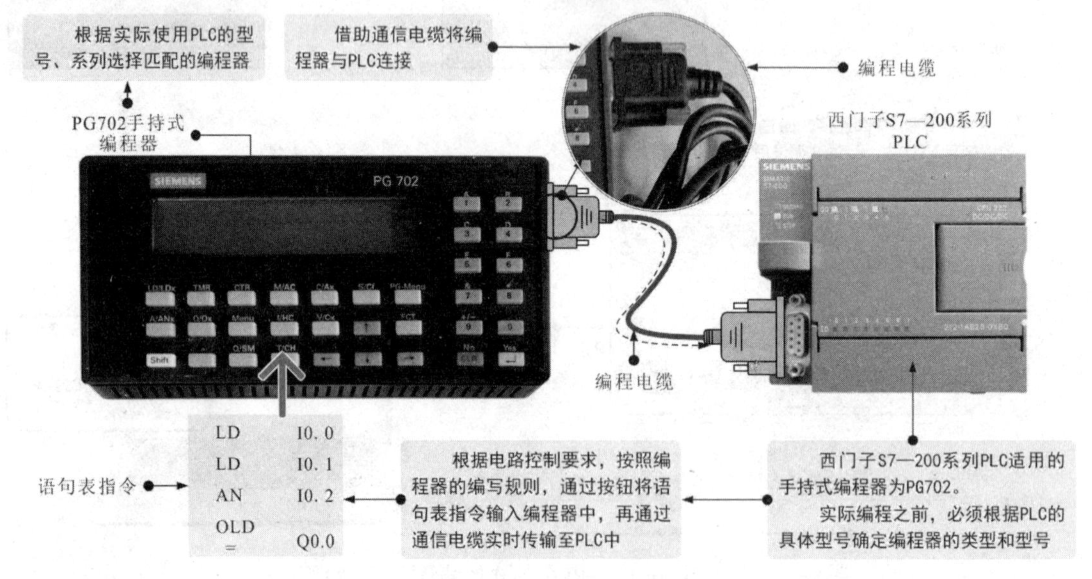

图 16-13　PLC 的编程器编程

提示

不同品牌或不同型号 PLC 所采用的编程器类型不相同，在将指令语句表程序写入 PLC 时，应注意选择合适的编程器。表 16-3 为各种 PLC 对应匹配的手持式编程器型号汇总。

表16-3 各种PLC对应匹配的手持式编程器型号汇总

PLC		手持式编程器型号
三菱（MISUBISHI）	F/F1/F2系列	F1—20P—E、GP—20F—E、GP—80F—2B—E
		F2—20P—E
	Fx系列	FX—20P—E
西门子（SIEMENS）	S7—200系列	PG702
	S7—300/400系列	一般采用编程软件进行编程
欧姆龙（OMRON）	C**P/C200H系列	C120—PR015
	C**P/C200H/C1000H/C2000H系列	C500—PR013、C500—PR023
	C**P系列	PR027
	C**H/C200H/C200HS/C200Ha/CPM1/CQM1系列	C200H—PR 027
光洋（KOYO）	KOYO SU—5/SU—6/SU—6B系列	S—01P—EX
	KOYO SR21系列	A—21P

16.3 PLC控制技术的应用

16.3.1 电力拖动的PLC控制系统

PLC控制技术在电力拖动控制系统中的应用比较广泛。图16-14为电动机电阻器降压启动和反接制动PLC控制电路。

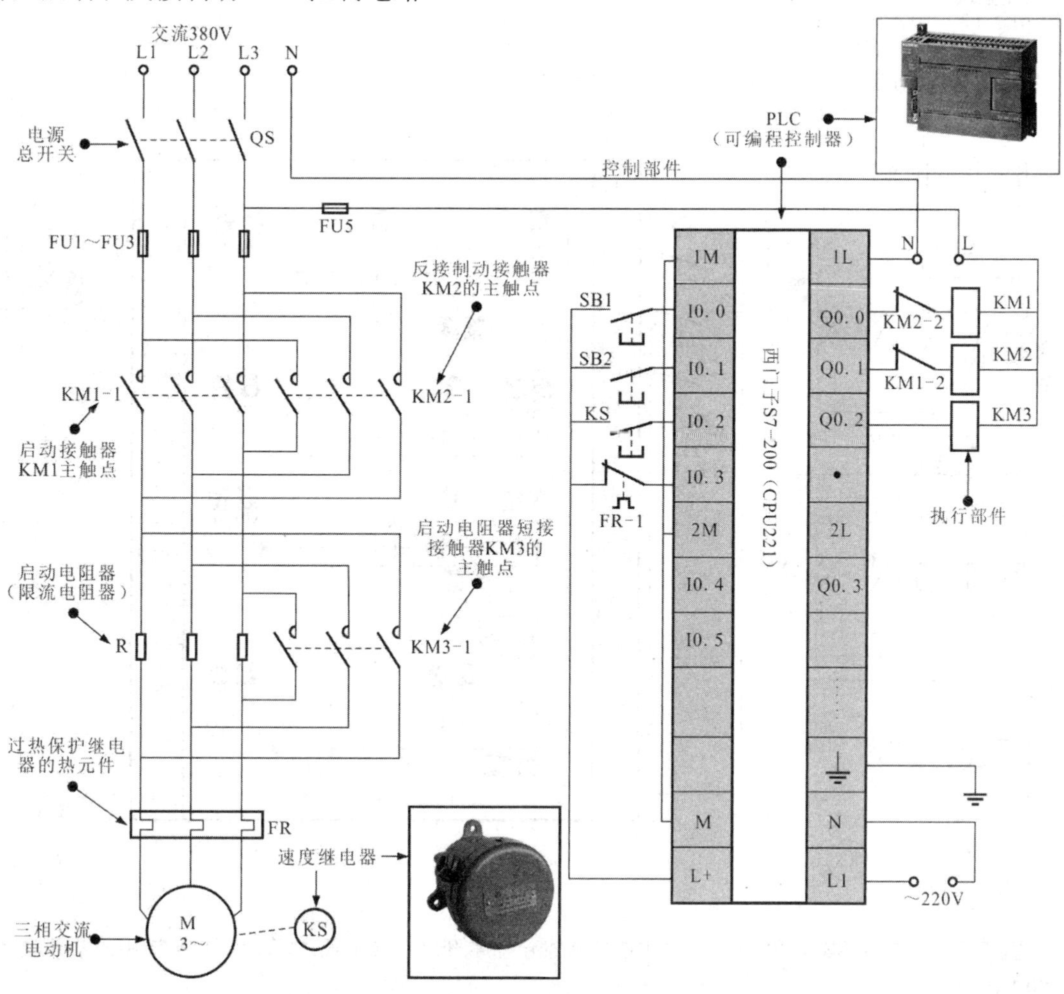

图16-14　电动机电阻器降压启动和反接制动PLC控制电路

电动机电阻器降压启动和反接制动PLC控制电路中的I/O地址编号见表16-4。

表16-4　电动机电阻器降压启动和反接制动PLC控制电路中的I/O地址编号（西门子S7-200系列）

输入信号及地址编号			输出信号及地址编号		
名称	代号	输入点地址编号	名称	代号	输出点地址编号
停止按钮	SB1	I0.0	启动接触器	KM1	Q0.0
启动按钮	SB2	I0.1	反接制动接触器	KM2	Q0.1
速度继电器	KS	I0.2	启动电阻器短接接触器	KM3	Q0.2
过热保护继电器	FR	I0.3			

在该控制电路中，闭合电源总开关 QS，按下启动按钮 SB2 后，为 PLC 输入相应的开关量信号，经 PLC 输入接口端子 I0.1 后送入内部，由 CPU 识别后，使用户梯形图程序中的相应编程元件动作，并将处理结果经 PLC 输出端子 Q0.0、Q0.2 输出，控制外部执行部件动作，继而控制主电路中三相交流电动机 M 实现串电阻器降压启动和短路电阻器全压运行等过程，工作过程分析如图 9-9 所示。

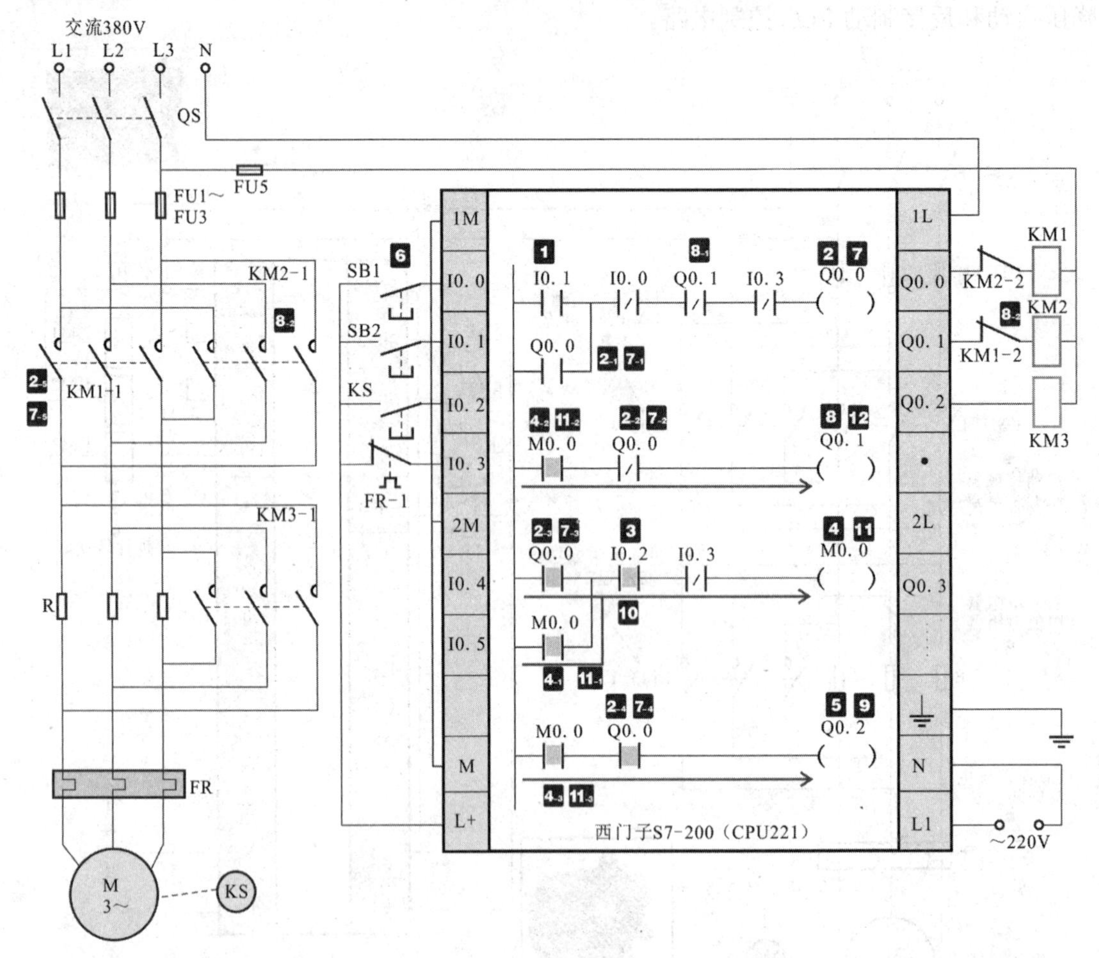

1 按下启动按钮 SB2，将 PLC 程序中的输入继电器常开触点 I0.1 置“1”，即梯形图中的常开触点 I0.1 闭合。

1 → 2 输出继电器 Q0.0 线圈得电。

2-1 自锁常开触点 Q0.0 闭合，实现自锁功能。

2-2 常闭触点 Q0.0 断开，实现互锁功能，防止输出继电器 Q0.1 线圈得电。

2-3 速度控制辅助继电器 M0.0 的常开触点 Q0.0 闭合。

2-4 控制输出继电器 Q0.2 的常开触点 Q0.0 闭合。

2-5 控制 PLC 外接启动接触器 KM1 线圈得电，带动主电路中的主触点闭合，接通电动机电源，电动机启动运转。

2-3 + 2-5 → 3 当电动机的转速 n > 100r/min 时，速度继电器触点 KS 闭合，将 PLC 程序中的输入继电器常开触点 I0.2 置“1”，即常开触点 I0.2 闭合。

图 16-15　电动机电阻器降压启动和反接制动 PLC 控制电路的工作过程分析

3→4速度控制辅助继电器 M0.0 线圈得电。

4-1自锁常开触点 M0.0 闭合，实现自锁功能。

4-2控制输出继电器 Q0.1 的常开触点 M0.0 闭合。

4-3控制输出继电器 Q0.2 的常开触点 M0.0 闭合。

2-4 +4-3→5输出继电器 Q0.2 线圈得电，控制 PLC 外接启动电阻器短接，接触器 KM3 线圈得电，带动主电路中的主触点闭合，短接启动电阻器，电动机在全压状态下开始运行。

6按下停止按钮 SB1，将 PLC 程序中的输入继电器常闭触点 I0.0 置"0"，梯形图中的常闭触点 I0.0 断开。

6→7 输出继电器 Q0.0 线圈失电。

7-1自锁常开触点 Q0.0 复位断开。

7-2常闭触点 Q0.0 复位闭合。

7-3速度控制辅助继电器 M0.0 的常开触点 Q0.0 复位断开。

7-4控制输出继电器 Q0.2 的常开触点 Q0.0 复位断开。

7-5控制 PLC 外接启动接触器 KM1 线圈失电，带动主电路中的主触点 KM1-1 复位断开，切断电动机电源，电动机做惯性运转。

4-2+ 7-2 →8 输出继电器 Q0.1 线圈得电。

8-1常闭触点 Q0.1 断开，实现互锁功能，防止输出继电器 Q0.0 线圈得电。

8-2控制 PLC 外接的反接制动接触器 KM2 线圈得电，带动主触点闭合，接通反向运行电源。

7-4→9 输出继电器 Q0.2 线圈失电，控制 PLC 外接启动电阻器短接，接触器 KM3 线圈失电，带动主电路中的主触点复位断开，反向电源接入限流电阻器。

8-2+ 9→ 10电动机串联限流电阻器后反接制动，当电动机的转速 $n <$ 100r/min 时，速度继电器触点 KS 复位断开，将 PLC 程序中的输入继电器常开触点 I0.2 置"0"，常开触点 I0.2 复位断开。

10→11 速度控制辅助继电器 M0.0 线圈失电。

11-1 自锁常开触点 M0.0 复位断开。

11-2控制输出继电器 Q0.1 的常开触点 M0.0 复位断开。

11-3控制输出继电器 Q0.2 的常开触点 M0.0 复位断开。

11-2→12 输出继电器 Q0.1 线圈失电。

12-1常闭触点 Q0.1 复位闭合。

12-2控制 PLC 外接反接制动接触器 KM2 线圈失电，带动主电路中的主触点复位断开，切断反向运行电源，制动结束，电动机停止运转。

图 16-15　电动机电阻器降压启动和反接制动 PLC 控制电路的工作过程分析（续）

16.3.2 数控机床的 PLC 控制系统

数控机床的种类较多，不同类型的数控机床对应相应的 PLC 控制系统。以 C650 型卧式车床为例。C650 型卧式车床是一种应用较为广泛的金属切削机床，多用于切削工件的外圆、内圆、端面和螺纹等。

图 16-16 为 C650 型卧式车床的 PLC 控制电路的结构组成。该控制电路主要由西门子 S7-200 系列的 PLC、控制部件（SB1 ～ SB7、KS1、KS2）、执行部件（FR、KM1 ～ KM6）和三相交流电动机等部分构成。控制部件和执行部件都直接连接到 PLC 相应的接口上。

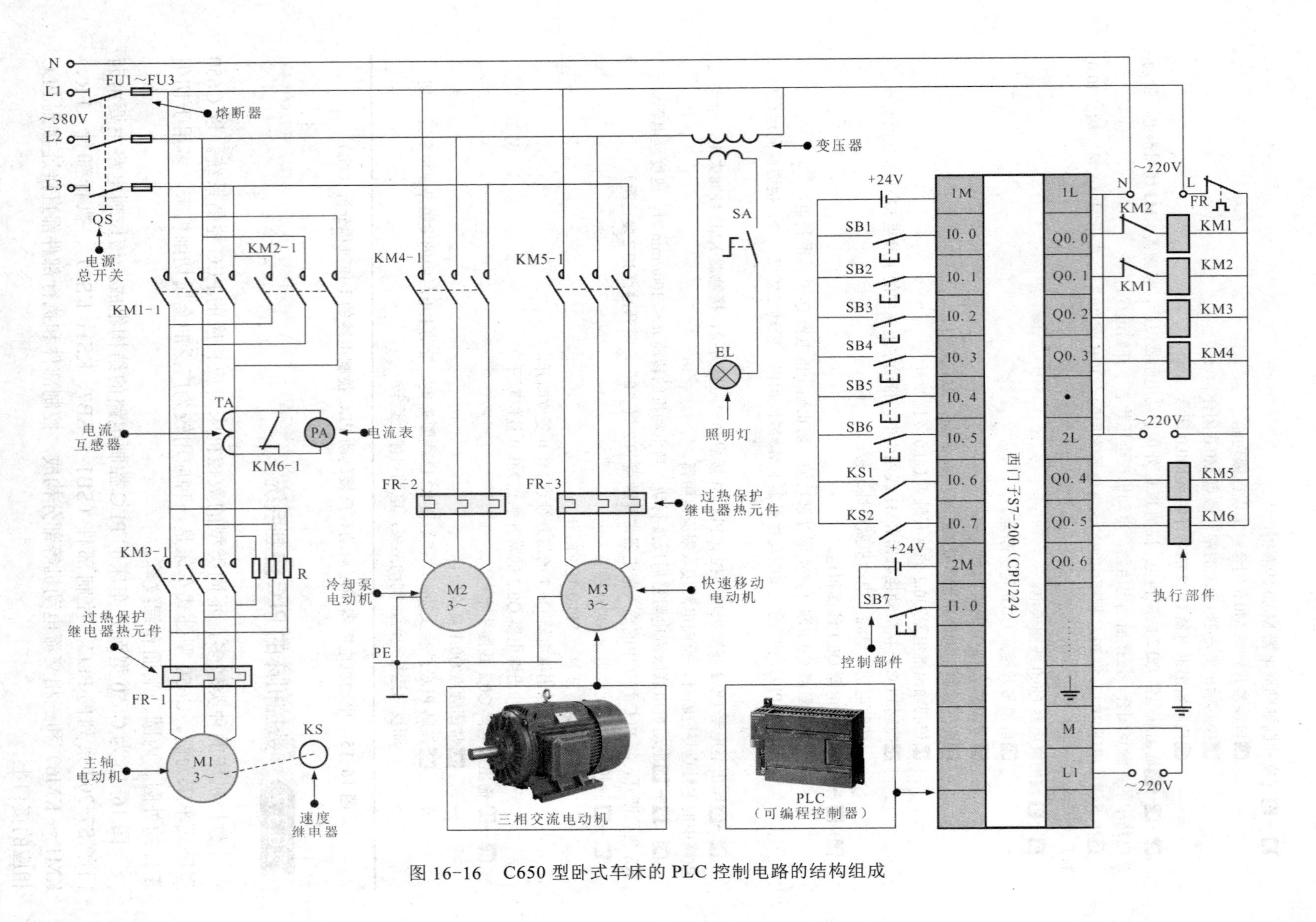

图 16-16　C650 型卧式车床的 PLC 控制电路的结构组成

表 16-5 为 C650 型卧式车床 PLC 控制电路中的 I/O 地址编号。

表 16-5　C650 型卧式车床 PLC 控制电路中的 I/O 地址编号（西门子 S7-200 系列）

输入信号及地址编号			输出信号及地址编号		
名称	代号	输入点地址编号	名称	代号	输出点地址编号
停止按钮	SB1	I0.0	主轴电动机M1正转接触器	KM1	Q0.0
点动按钮	SB2	I0.1	主轴电动机M2反转接触器	KM2	Q0.1
正转启动按钮	SB3	I0.2	切断电阻接触器	KM3	Q0.2
反转启动按钮	SB4	I0.3	冷却泵接触器	KM4	Q0.3
冷却泵启动按钮	SB5	I0.4	快速电动机接触器	KM5	Q0.4
冷却泵停止按钮	SB6	I0.5	电流表接入接触器	KM6	Q0.5
速度继电器正转触点	KS1	I0.6			
速度继电器反转触点	KS2	I0.7			
刀架快速移动点动按钮	SB7	I1.0			

C650 型卧式车床 PLC 控制电路的工作过程分析，如图 16-17 所示。

1 按下点动按钮 SB2，PLC 程序中的输入继电器常开触点 I0.1 置“1”，即常开触点 I0.1 闭合。

1 → 2 输出继电器 Q0.0 线圈得电，控制 PLC 外接主轴电动机 M1 的正转接触器 KM1 线圈得电，带动主电路中的主触点闭合，接通电动机 M1 正转电源，电动机 M1 正转启动。

3 松开点动按钮 SB2，PLC 程序中的输入继电器常开触点 I0.1 复位置“0”，常开触点 I0.1 断开。

3 → 4 输出继电器 Q0.0 线圈失电，控制 PLC 外接主轴电动机 M1 的正转接触器 KM1 线圈失电释放，电动机 M1 停转。

通过上述控制过程主轴电动机 M1 完成一次点动控制循环。

5 按下正转启动按钮 SB3，将 PLC 程序中的输入继电器常开触点 I0.2 置“1”。

5-1 控制输出继电器 Q0.2 的常开触点 I0.2 闭合。

5-2 控制输出继电器 Q0.0 的常开触点 I0.2 闭合。

5-1 → 6 输出继电器 Q0.2 线圈得电。

6-1 PLC 外接接触器 KM3 线圈得电，带动主触点闭合，短接电阻器 R。

6-2 自锁常开触点 Q0.2 闭合，实现自锁功能。

6-3 控制输出继电器 Q0.0 的常开触点 Q0.2 闭合。

6-4 控制输出继电器 Q0.0 的常闭触点 Q0.2 断开。

6-5 控制输出继电器 Q0.1 的常开触点 Q0.2 闭合。

6-6 控制输出继电器 Q0.1 制动线路中的常闭触点 Q0.2 断开。

5-1 → 7 定时器 T37 线圈得电，开始 5s 计时。计时时间到，定时器延时闭合常开触点 T37 闭合。

5-2 + 6-3 → 8 输出继电器 Q0.0 线圈得电。

8-1 PLC 外接接触器 KM1 线圈得电吸合。

8-2 自锁常开触点 Q0.0 闭合，实现自锁功能。

8-3 控制输出继电器 Q0.1 的常闭触点 Q0.0 断开，实现互锁，防止 Q0.1 得电。

6-1 + 8-1 → 9 电动机 M1 短接电阻器 R 正转启动。

7 → 10 输出继电器 Q0.5 线圈得电，PLC 外接接触器 KM6 线圈得电吸合，带动主电路中常闭触点断开，电流表 PA 投入使用。

主轴电动机 M1 反转启动运行的控制过程与上述过程大致相同，可参照上述分析，这里不再重复。

图 16-17　C650 型卧式车床 PLC 控制电路的工作过程分析

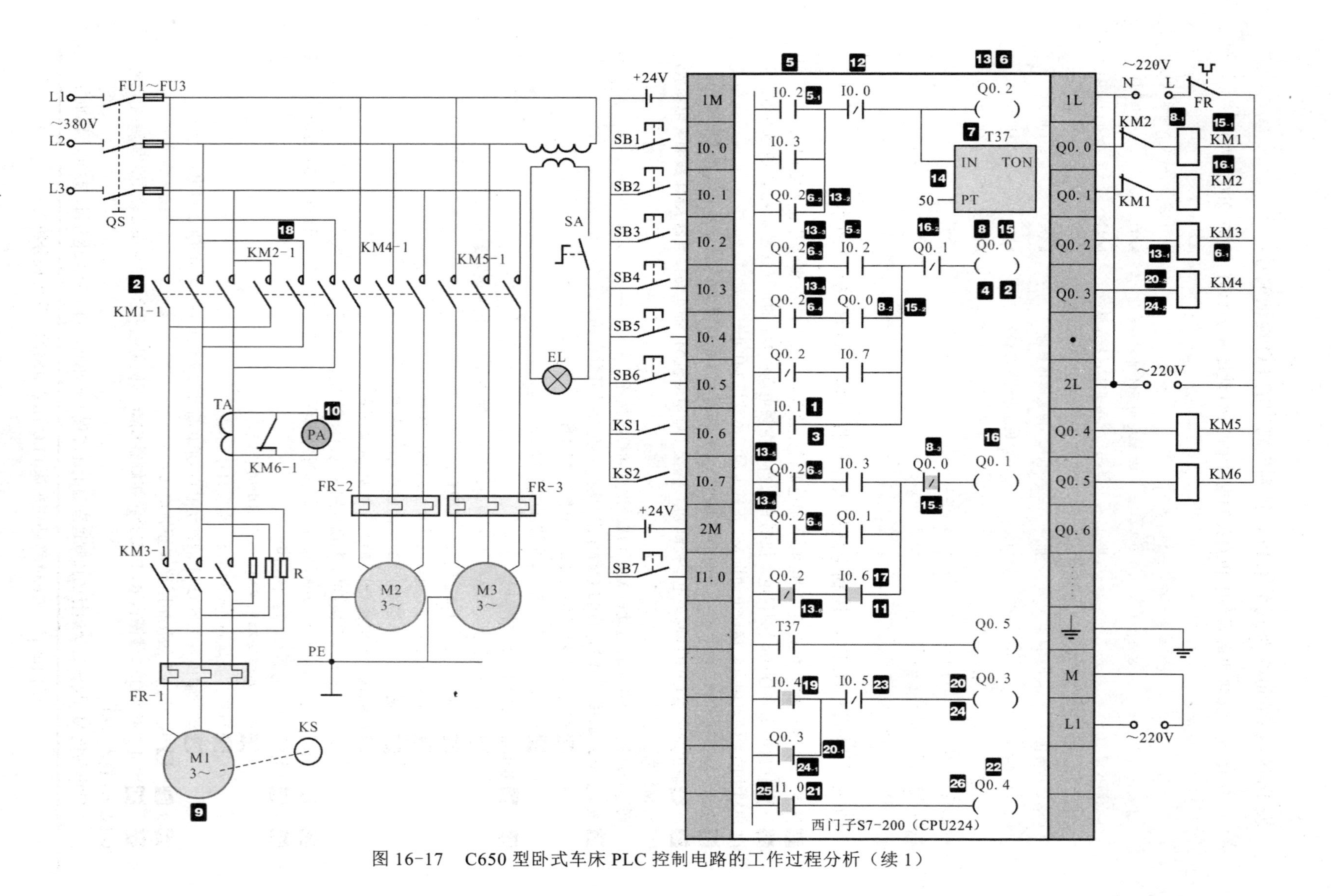

图 16-17　C650 型卧式车床 PLC 控制电路的工作过程分析（续 1）

11 主轴电动机正转启动，转速上升至130r/min以上后，速度继电器的正转触点KS1闭合，将PLC程序中的输入继电器常开触点I0.6置“1”，常开触点I0.6闭合。

12 按下停止按钮SB1，将PLC程序中的输入继电器常闭触点I0.0置“0”，梯形图中的常闭触点I0.0断开。

12 → 13 输出继电器Q0.2线圈失电。

13-1 PLC外接接触器KM3线圈失电释放。

13-2 自锁常开触点Q0.2复位断开，解除自锁。

13-3 控制输出继电器Q0.0中的常开触点Q0.2复位断开。

13-4 控制输出继电器Q0.0制动线路中的常闭触点Q0.2复位闭合。

13-5 控制输出继电器Q0.1中的常开触点Q0.2复位断开。

13-6 控制输出继电器Q0.1制动线路中的常闭触点Q0.2复位闭合。

12 → 14 定时器线圈T37失电。

13-1 → 15 输出继电器Q0.0线圈失电。

15-1 PLC外接接触器KM1线圈失电释放，带动主电路中常开触点复位断开。

15-2 自锁常开触点Q0.0复位断开，解除自锁。

15-3 控制输出继电器Q0.1的互锁常闭触点Q0.0闭合。

11 + 13-6 + 15-3 → 16 输出继电器Q0.1线圈得电。

16-1 控制PLC外接接触器KM2线圈得电，电动机M1串电阻R反接启动。

16-2 控制输出继电器Q0.0的互锁常闭触点Q0.1断开，防止Q0.0得电。

16-1 → 17 当电动机转速下降至130 r/min以下时，速度继电器正转触点KS1断开，PLC程序中的输入继电器常开触点I0.6复位置“0”，常开触点I0.6断开。

17 → 18 输出继电器Q0.1线圈失电，PLC外接的交流接触器KM2线圈失电释放，电动机停转，反接制动结束。

19 按下冷却泵启动按钮SB5，PLC程序中的输入继电器常开触点I0.4置“1”，梯形图程序中的常开触点I0.4闭合。

19 → 20 输出继电器线圈Q0.3得电。

20-1 自锁常开触点Q0.3闭合，实现自锁功能。

20-2 PLC外接接触器KM4线圈得电吸合，带动主电路中主触点闭合，冷却泵电动机M2启动，提供冷却液。

21 按下刀架快速移动点动按钮SB7，PLC程序中的输入继电器常开触点I1.0置“1”，常开触点I1.0闭合。

21 → 22 输出继电器线圈Q0.4得电，PLC外接接触器KM5线圈得电吸合，带动主电路中主触点闭合，快速移动电动机M3启动，带动刀架快速移动。

23 按下冷却泵停止按钮SB6，PLC程序中的输入继电器常闭触点I0.5置“0”，常闭触点I0.5断开。

23 → 24 输出继电器线圈Q0.3失电。

24-1 自锁常开触点Q0.3复位断开，解除自锁。

24-2 PLC外接的交流接触器KM4线圈失电释放，带动主电路中主触点断开，冷却泵电动机M2停转。

25 松开刀架快速移动点动按钮SB7，PLC程序中的输入继电器常闭触点I1.0置“0”，常闭触点I1.0断开。

25 → 26 输出继电器线圈Q0.4失电，PLC外接接触器KM5线圈失电释放，主电路中主触点断开，快速移动电动机M3停转。

图16-17　C650型卧式车床PLC控制电路的工作过程分析（续2）

16.3.3 水塔给水的 PLC 控制系统

水塔在工业设备中主要起到蓄水的作用，水塔的高度很高，为了使水塔中的水位保持在一定的高度，通常需要自动控制电路对水塔的水位进行检测，同时为水塔进行给水控制。

图 16-18 为水塔水位自动控制电路的结构，是由 PLC 控制各水位传感器、水泵电动机、电磁阀等部件实现对水塔和蓄水池蓄水、给水自动控制的。

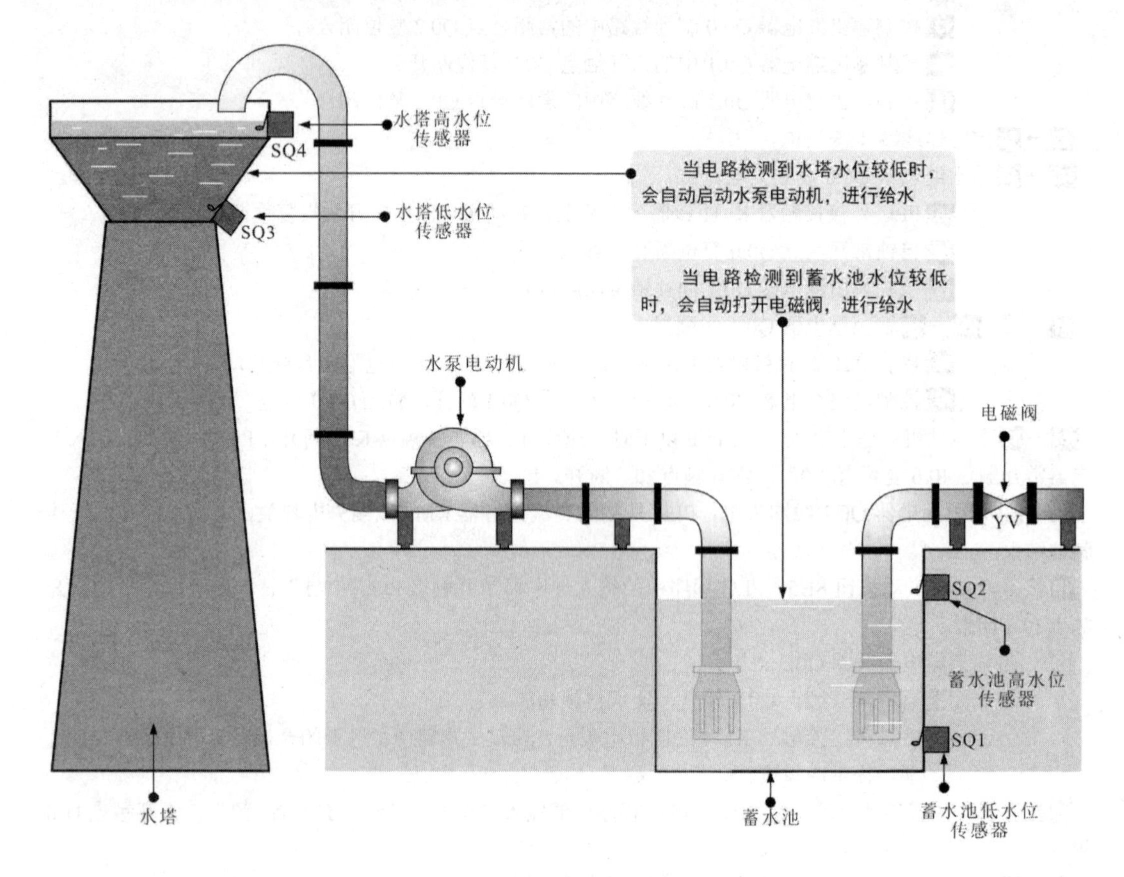

图 16-18　水塔水位自动控制电路的结构

表 16-6 为水塔水位 PLC 自动控制电路的 I/O 地址编号。结合 I/O 地址分配表，了解梯形图和语句表中各触点及符号标识的含义，并将梯形图和语句表相结合进行分析。

表16-6　水塔水位PLC自动控制电路的I/O地址编号（三菱FX2N系列PLC）

输入信号及地址编号			输出信号及地址编号		
名称	代号	输入点地址编号	名称	代号	输出点地址编号
蓄水池低水位传感器	SQ1	X0	电磁阀	YV	Y0
蓄水池高水位传感器	SQ2	X1	蓄水池低水位指示灯	HL1	Y1
水塔低水位传感器	SQ3	X2	电动机供电控制接触器	KM	Y2
水塔高水位传感器	SQ4	X3	水塔低水位指示灯	HL2	Y3

图 16-19 为水塔水位自动控制电路中的 PLC 梯形图和语句表。

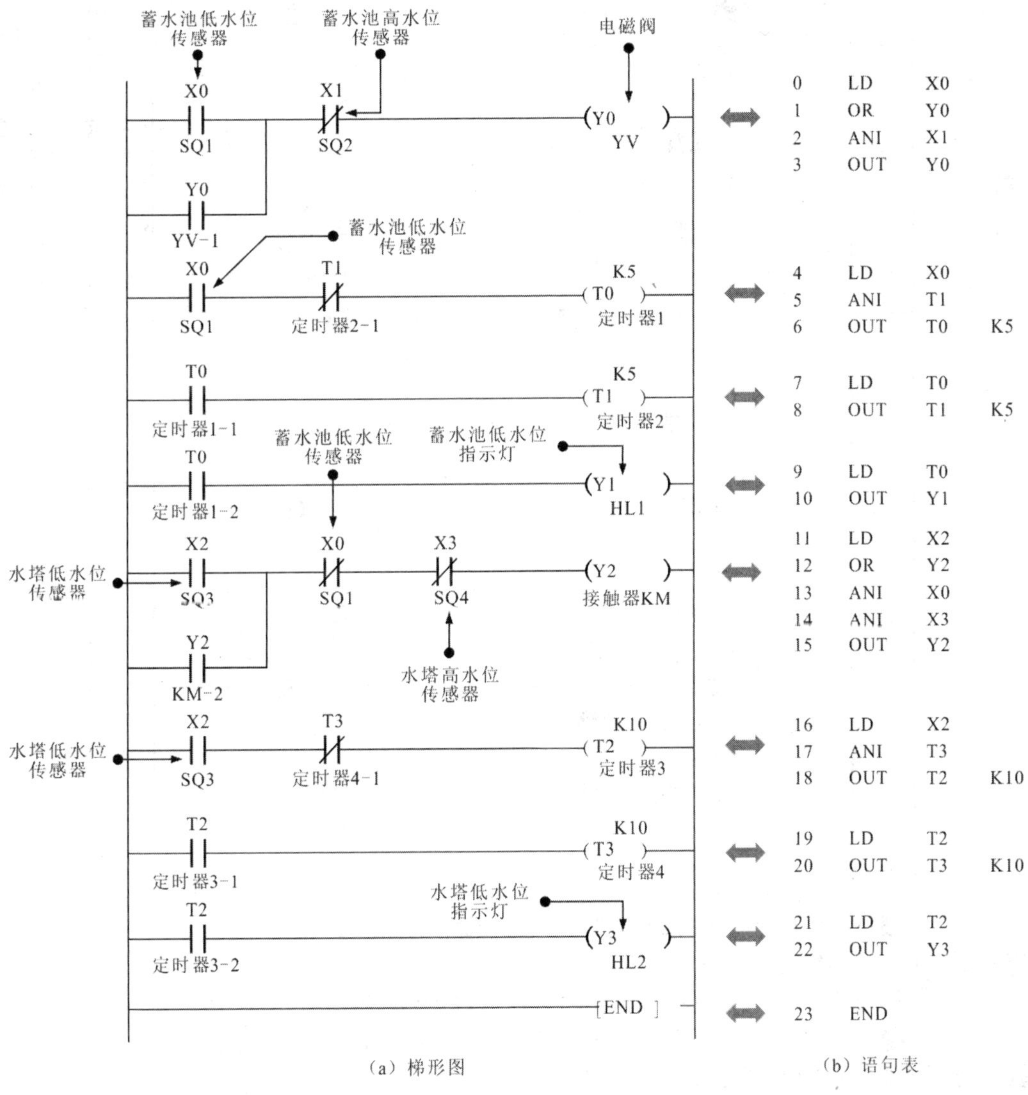

图 16-19　水塔水位自动控制电路中的 PLC 梯形图和语句表

当水塔水位低于水塔低水位，并且蓄水池水位高于蓄水池低水位时，控制电路便会自动启动水泵电动机开始给水。

图 16-20 为蓄水池自动进水的控制过程。

1 当蓄水池水位低于低水位传感器 SQ1 时，SQ1 动作，将 PLC 程序中的输入继电器常开触点 X0 置 1，常闭触点 X0 置 0。

1-1 控制输出继电器 Y0 的常开触点 X0 闭合。

1-2 控制定时器 T0 的常开触点 X0 闭合。

1-3 控制输出继电器 Y2 的常闭触点 X0 断开，锁定 Y2 不能得电。

1-1 → **2** 输出继电器 Y0 线圈得电。

2-1 自锁常开触点 Y0 闭合实现自锁功能。

图 16-20　蓄水池自动进水的控制过程

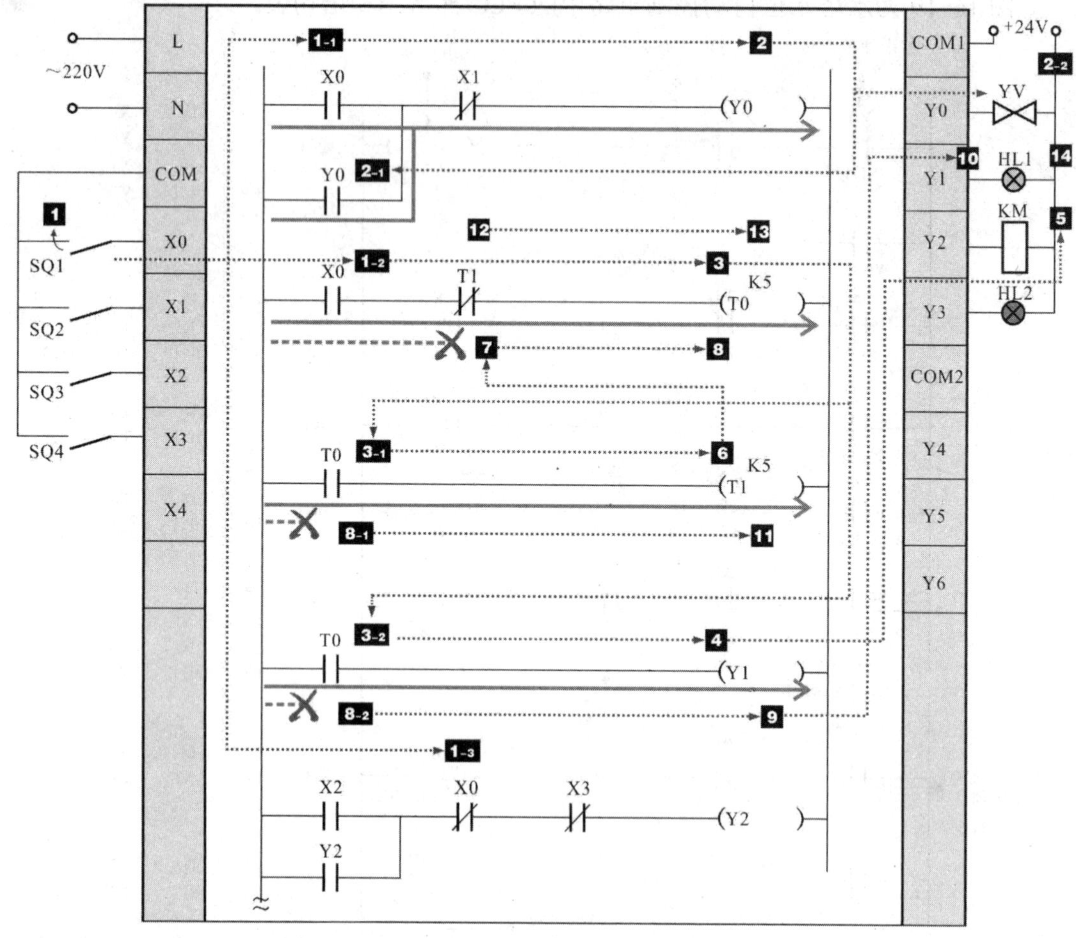

2-2 控制 PLC 外接电磁阀 YV 线圈得电，电磁阀打开，蓄水池进水。

1-2 → 3 定时器 T0 线圈得电，开始计时。

3-1 计时时间到（延时 0.5s），控制定时器 T1 的延时闭合常开触点 T0 闭合。

3-2 计时时间到（延时 0.5s），控制输出继电器 Y1 的延时闭合常开触点 T0 闭合。

3-2 → 4 输出继电器 Y1 线圈得电。

5 控制 PLC 外接蓄水池低水位指示灯 HL1 点亮。

3-1 → 6 定时器 T1 线圈得电，开始计时。

7 计时时间到（延时 0.5s），延时断开的常闭触点 T1 断开。

8 定时器 T0 线圈失电。

8-1 控制定时器 T1 的延时闭合的常开触点 T0 复位断开。

8-2 控制输出继电器 Y1 的延时闭合的常开触点 T0 复位断开。

8-2 → 9 输出继电器 Y1 线圈失电。

10 控制 PLC 外接蓄水池低水位指示灯 HL1 熄灭。

8-1 → 11 定时器 T1 线圈失电。

12 延时断开的常闭触点 T1 复位闭合。

13 定时器 T0 线圈再次得电，开始计时。

14 如此反复循环，蓄水池低水位指示灯 HL1 以 1s 的周期闪烁。

图 16-20　蓄水池自动进水的控制过程（续）

图 16-21 为蓄水池自动停止进水的控制过程。

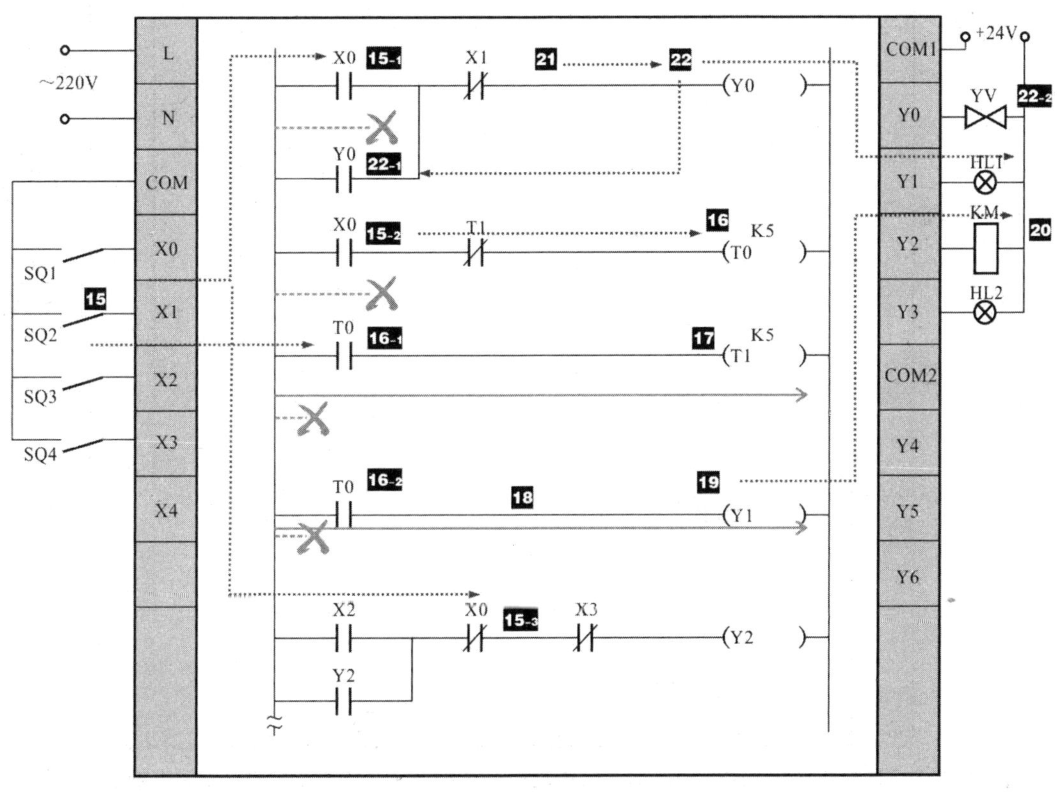

15 当蓄水池水位高于低水位传感器 SQ1 时，SQ1 复位，将 PLC 程序中的输入继电器常开触点 X0 复位置 0，常闭触点 X0 复位置 1。

15-1 控制输出继电器 Y0 的常开触点 X0 复位断开。

15-2 控制定时器 T0 的常开触点 X0 复位断开。

15-3 控制输出继电器 Y2 的常闭触点 X0 复位闭合。

15-2→16 定时器 T0 线圈失电。

16-1 控制定时器 T1 的延时闭合常开触点 T0 复位断开。

16-2 控制输出继电器 Y1 的延时闭合常开触点 T0 复位断开。

16-1→17 定时器 T1 线圈失电。

18 延时断开的常闭触点 T1 复位闭合。

16-2→19 输出继电器 Y1 线圈失电。

20 控制 PLC 外接蓄水池低水位指示灯 HL1 熄灭。

21 蓄水池水位高于蓄水池高水位传感器 SQ2 时，SQ2 动作，将 PLC 程序中的输入继电器常闭触点 X1 置 0，常闭触点 X1 断开。

22 输出继电器 Y0 线圈失电。

22-1 自锁常开触点 Y0 复位断开。

22-2 控制 PLC 外接电磁阀 YV 线圈失电，电磁阀关闭，蓄水池停止进水。

图 16-21 蓄水池自动停止进水的控制过程

当 PLC 输入接口外接的水塔水位传感器输入信号时，结合内部 PLC 梯形图程序，详细分析水塔水位的自动控制过程如图 16-22、图 16-23 所示。

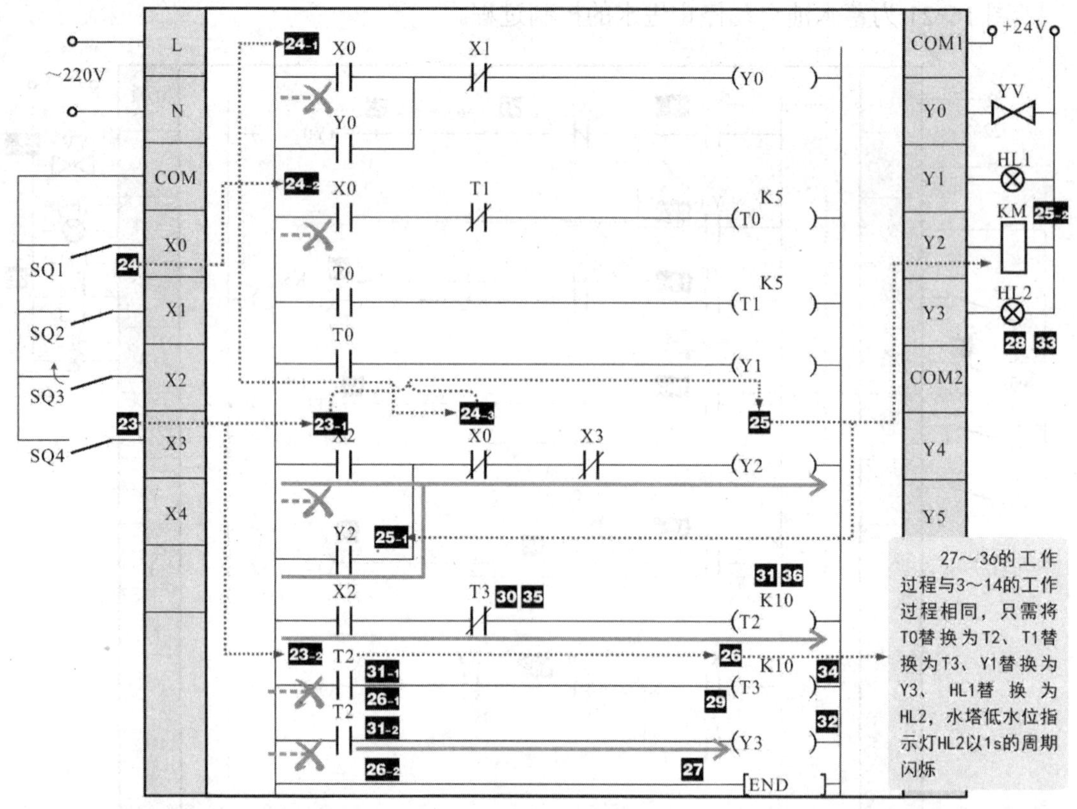

23 当水塔水位低于低水位传感器SQ3时，SQ3动作，将PLC程序中的输入继电器常开触点X2置1。

23-1 控制输出继电器Y2的常开触点X2闭合。

23-2 控制定时器T2的常开触点X2闭合。

24 若蓄水池水位高于蓄水池的低水位传感器SQ1时，SQ1不动作，PLC程序中的输入继电器常开触点X0保持断开，常闭触点保持闭合。

24-1 控制输出继电器Y0的常开触点X0断开。

24-2 控制定时器T0的常开触点X0断开。

24-3 控制输出继电器Y2的常闭触点X0闭合。

23-1 + 24-3 → 25 输出继电器Y2线圈得电。

25-1 自锁常开触点Y2闭合实现自锁功能。

25-2 控制PLC外接接触器KM线圈得电，带动主电路中的主触点闭合，接通水泵电动机电源，水泵电动机进行抽水作业。

23-2 → 26 定时器T2线圈得电，开始计时。

26-1 计时时间到（延时1s），控制定时器T3的延时闭合常开触点T2闭合。

26-2 计时时间到（延时1s），控制输出继电器Y3的延时闭合常开触点T2闭合。

26-2 → 27 输出继电器Y3线圈得电。

28 控制PLC外接水塔低水位指示灯HL2点亮。

26-1 → 29 定时器T3线圈得电，开始计时。

30 计时时间到（延时1s），延时断开的常闭触点T3断开。

31 定时器T2线圈失电。

31-1 控制定时器T3的延时闭合的常开触点T2复位断开。

图16-22　水塔水位自动控制过程（一）

31-2控制输出继电器 Y3 的延时闭合的常开触点 T2 复位断开。

31-2→32输出继电器 Y3 线圈失电。

33控制 PLC 外接水塔低水位指示灯 HL2 熄灭。

34定时器线圈 T3 失电。

35延时断开的常闭触点 T3 复位闭合。

36定时器 T2 线圈再次得电，开始计时。如此反复循环，水塔低水位指示灯 HL2 以 1s 周期闪烁。

图 16-22　水塔水位自动控制过程（一）（续）

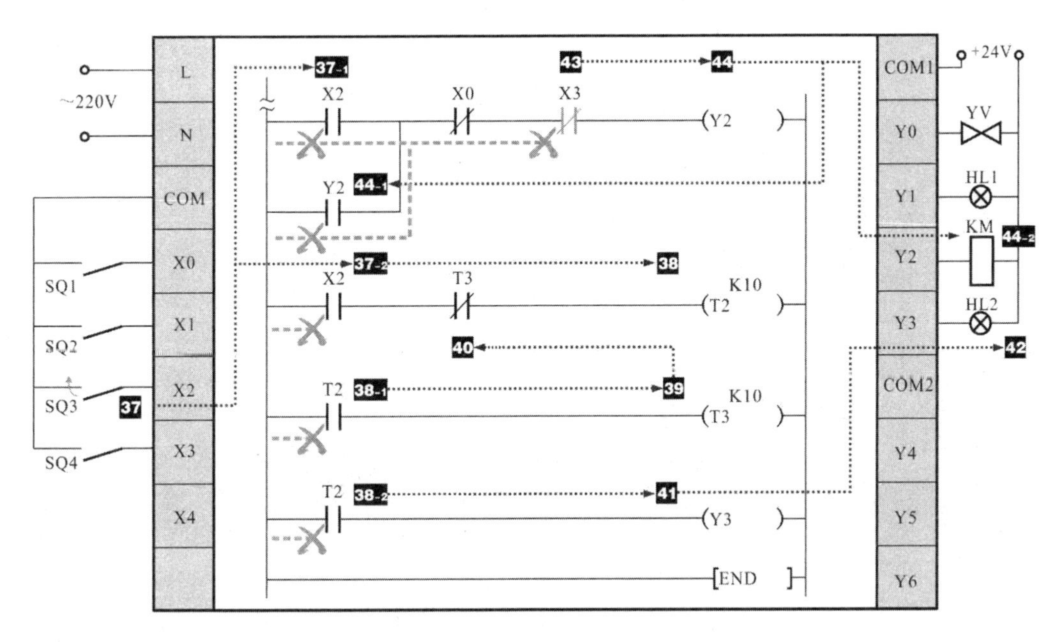

37当水塔水位高于低水位传感器 SQ3 时，SQ3 复位，将 PLC 程序中的输入继电器常开触点 X2 置 0，常闭触点 X2 置 1。

37-1控制输出继电器 Y2 的常开触点 X2 复位断开。

37-2控制定时器 T2 的常开触点 X2 复位断开。

37-2→38定时器 T2 线圈失电。

38-1控制定时器 T3 的延时闭合常开触点 T2 复位断开。

38-2控制输出继电器 Y3 的延时闭合常开触点 T2 复位断开。

38-1→39定时器线圈 T3 失电。

40延时断开的常闭触点 T3 复位闭合。

38-2→41输出继电器 Y3 线圈失电。

42控制 PLC 外接水塔低水位指示灯 HL2 熄灭。

43当水塔水位高于水塔高水位传感器 SQ4 时，SQ4 动作，将 PLC 程序中的输入继电器常闭触点 X3 置 0，常闭触点 X3 断开。

44输出继电器 Y2 线圈失电。

44-1自锁常开触点 Y2 复位断开。

44-2控制 PLC 外接接触器 KM 线圈失电，带动主电路中的主触点复位断开，切断水泵电动机电源，水泵电动机停止抽水作业。

图 16-23　水塔水位自动控制过程（二）

反侵权盗版声明

举报电话：（010）88254396；（010）88258888

传　　真：（010）88254397

E-mail：　dbqq@phei.com.cn

通信地址：北京市万寿路 173 信箱

　　　　　电子工业出版社总编办公室

邮　　编：100036